U0356351

防水技术与管理丛书

建筑防水工程设计

沈春林　主编

中国建筑工业出版社

图书在版编目（CIP）数据

建筑防水工程设计/沈春林主编. —北京：中国建筑工业出版社，2007
（防水技术与管理丛书）
ISBN 978-7-112-09748-7

Ⅰ. 建… Ⅱ. 沈… Ⅲ. 建筑防水-建筑设计
Ⅳ. TU761.1

中国版本图书馆 CIP 数据核字（2007）第 178930 号

本分册介绍了地下防水工程、屋面防水工程、墙体防水工程、地面防水工程和室内防水工程的刚性防水、柔性防水、接缝密封防水、注浆防水、排水等防水技术的设计原则、设计顺序、设计要点、注意事项、防水构造和防水原理，各种防水对材料的选择和要求等内容。

书中提供的大量设计图和数据表都根据现行国家和行业标准规范要求编写，可供建筑防水设计和施工等人员参考，也可作防水从业人员的职业培训教材。

* * *

责任编辑：唐炳文
责任设计：董建平
责任校对：刘 钰

防水技术与管理丛书
建筑防水工程设计
沈春林 主编
*
中国建筑工业出版社出版、发行（北京西郊百万庄）
各地新华书店、建筑书店经销
霸州市顺浩图文科技发展有限公司制版
北京蓝海印刷有限公司印刷
*
开本：787×1092 毫米 1/16 印张：24 字数：599 千字
2008 年 2 月第一版 2008 年 2 月第一次印刷
印数：1—4000 册 定价：**49.00** 元
ISBN 978-7-112-09748-7
（16412）

前　言

随着我国国民经济的持续快速发展，众多的建设项目已遍布城乡各地，但如果建筑物出现渗漏，不仅要花费大量的人力、物力去进行维修，而且还将给人们的生产、生活带来诸多的不便，因此，如何提高建筑物的质量是至关重要的。建筑防水工程是一项保证建筑物结构免受水侵袭的分部工程，在建筑工程中占有十分重要的地位。

建筑防水工程是一项系统工程，不仅涉及房屋的地下室、楼地面、墙面、屋面等诸多部位，还涉及材料、设计、施工、验收和维护管理等诸多方面的因素。

为了促进我国建筑防水事业的发展，规范防水市场，推动我国建筑防水从业人员的技术培训和职业技能鉴定工作的展开，为了使广大读者能及时系统地掌握相关防水技能知识，在中国建筑工业出版社的大力支持下，由中国硅酸盐学会防水材料专业委员会主任委员、苏州非金属矿工业设计研究院防水材料设计研究所所长沈春林教授级高级工程师主持编写了这套《防水技术与管理丛书》。

防水工程是基本建设工程中的一项重要工程。材料是基础，设计是前提，施工是关键，管理是保证。如能在防水工程诸多方面做到科学先进、经济合理、确保质量，这将对整个建筑工程具有重要的意义。本丛书是根据这一前提进行编写的。全套丛书由《建筑防水材料试验》、《建筑防水工程设计》、《建筑防水工程施工》、《建筑防水工程造价与监理》等四个分册组成。全书以国家职业标准为依据，在内容上力求体现“以职业活动为导向、以职业技能为核心”的指导思想，在结构上针对防水职业活动的领域，根据防水工程的特点，较为详尽地介绍了建筑防水的各个关键要点，可供防水从业人员在参加职业培训和在实际工作中参考。

《建筑防水工程设计》是本丛书中的一个分册，书中就地下防水工程、屋面防水工程、墙体防水工程、地面防水工程、室内防水工程所采用的刚性防水、柔性防水、接缝密封防水、注浆防水、排水等防水技术的设计顺序、设计理念、设计要点、注意事项以及防水构造、防水原理作了较为详尽的介绍。本分册提供了大量的设计图，可供相关人员在进行防水设计时作参考之用。

笔者在编写本丛书过程中，参考了多位学者的著作文献、工具书、标准资料，并得到了许多单位和同仁的支持与帮助，在此对其作者、编者致以诚挚的谢意，并衷心希望得到各位同仁的帮助和指正。

本书由沈春林任主编，李芳、苏立荣、杨炳元任副主编，由杨乃浩、褚建军、康杰分、王玉峰、邱钰明、何克文、姚勇、王创焕、刘立、朱炳光、高德才、樊细杨、章宗友、王荣柱、郑楚群、蔡京福等参加编写。由于编者水平有限，加之时间仓促，不足之处在所难免，书中肯定存在着许多不足之处，敬请读者批评指正，提出宝贵意见和建议，以便再版之时更正。

编者

2007年10月

目　录

第一章　概　论

第二章　地下防水工程的设计

第三章　屋面防水工程的设计

第四章 墙体防水工程的设计

第五章　地面防水工程设计

第六章　室内防水工程的设计

第七章　防水混凝土与砂浆的设计

第一章　概　论

随着建筑科学技术的快速发展，建筑物和构筑物正在向高、深两个方向发展，就空间的利用和开发而言，随着设施不断的增多，规模不断的扩大，对屋面的功能要求也越来越高。屋面的防水和保温功能在建筑功能中占有十分重要的地位，其技术亦随之日益显示出其重要性。

第一节　防水工程

一、房屋建筑的基本构成

一般的民用建筑主要是由基础、墙体、楼地面、楼梯、屋面、门窗等构件组成，工业建筑则有单层厂房、多层厂房及混合层数的厂房之分。这些构件由于所处的位置不同，故各起着不同的作用。

基础是建筑物最下部的承重构件，其作用是承受建筑物的全部荷载，并把这些荷载传给地基。因此，基础必须具备足够的强度和稳定性，并能抵御地下各种有害因素的侵蚀。

墙体是建筑物的承重构件和围护构件。作为承重构件的外墙，其作用是承重并抵御自然界各种因素对室内的侵袭；内墙起着分隔空间的作用。在框架或排架结构中，柱起承重作用，墙仅起围护作用。因此，对墙体的要求根据其功能的不同，应具有足够的强度、稳定性、保温和隔热、隔声、环保、防火、防水、耐久、经济等性能。

楼地面是指楼面和地面，它是建筑物水平方向的承重构件，并在竖向将整幢建筑物按层高划分为若干部分。楼层的作用是承受家具、设备和人体等以及本身的自重，并把这些荷载传给墙（或柱）。同时，墙面还对墙身起水平支撑作用，增强建筑的刚度和整体性。因此，墙面必须具有足够的强度和刚度以及隔声性能，对水有侵蚀的房间，还应具有防潮和防水性能。地面又称地坪，它是底层房间与地基土层相接的构件，起承受底层房间荷载的作用。因此，地面不仅有一定的承载能力，还应具有耐磨、防潮、防水和保温的性能。

楼梯是楼房建筑的垂直交通设施，供人和物上下楼层和紧急疏散之用。因此，楼梯应有适宜的坡度、足够的通行能力以及防火、防滑，确保安全使用。

屋面是建筑物顶部的承重和围护构件。作为承重构件，它承受着建筑物顶部的各种荷载，并将荷载传给墙或柱；作为围护构件，它抵御着自然界中雨、雪、太阳辐射等对建筑物顶层房间的影响。因此，屋顶应具有足够的强度和刚度，并要有防水、保温和隔热等性能。

门窗属非承重构件，也称配件。门的作用主要是供人们内外出入和分隔房间，有时也兼有采光、通风、分隔、眺望等围护作用。根据建筑使用空间的要求不同，门和窗还应有一定的密封、保温、隔声、防火、防水、防风沙的能力。

建筑物中，除了上述的基本组成构件以外，还有许多特有的构件和配件，例如：烟道、阳台、雨篷、台阶等。

二、建筑防水工程的功能和基本内容

建筑防水工程是建筑工程中的一个重要组成部分，建筑防水技术是保证建筑物和构筑物的结构不受水的侵袭，内部空间不受水危害的专门措施。具体而言，是指为防止雨水、生产或生活用水、地下水、滞水、毛细管水以及人为因素引起的水文地质改变而产生的水渗入建筑物、构筑物内部或防止蓄水工程向外渗漏所采取的一系列结构、构造和建筑措施。概括地讲，防水工程包括防止外水向防水建筑内部渗透、蓄水结构内的水向外渗漏和建筑物、构筑物内部相互止水三大部分。

建筑物防水工程涉及建筑物、构筑物的地下室、楼地面、墙体、屋面等诸多部位，其功能就是要使建筑物或构筑物在设计耐久年限内，防止各类水的侵蚀，确保建筑结构及内部空间不受污损，为人们提供一个舒适和安全的环境。对于不同部位的防水，其防水功能的要求是有所不同的。

屋面防水的功能是防止雨水或人为因素产生的水从屋面渗入建筑物内部所采取的一系列结构、构造和建筑措施，对于屋面有综合利用要求的，如用作活动场所、屋顶花园，则对其防水的要求将更高。屋面防水工程的做法很多，大体上可分为：卷材防水屋面、涂膜防水屋面、刚性防水屋面、保温隔热屋面、瓦材防水屋面等。

墙体防水的功能是防止风雨袭击时，雨水通过墙体渗透到室内。墙面是垂直的，雨水虽无法停留，但墙面有施工构造缝以及毛细孔等，雨水在风力作用下，产生渗透压力可达到室内。

楼地面防水功能是防止生活、生产用水和生活、生产产生的污水渗漏到楼下或通过隔墙渗入其他房间，楼地面设置管道多，用水量集中，飞溅严重。有时不但要防止渗漏，还要防止酸碱液体的侵蚀，尤其是化工生产车间。

贮水池和贮液池等的防水功能是防止水或液体往外渗漏，设在地下时还要考虑地下水向里渗漏。贮水池和贮液池等结构除本身具有防水能力外，一般还将防水层设在内部，并且要求所使用防水材料不能污染水质或液体，同时又不能被贮液所腐蚀，这些防水材料多数采用无机类材料，如聚合物砂浆等。

建筑防水工程的主要内容见表 1-1。

三、防水工程的分类

建筑防水工程的分类，可依据设防的部位、设防的方法、所采用的设防材料性能和品种来进行分类。

1. 按土木工程的类别进行分类

防水工程就土木工程的类别而言，可分为建筑物防水和构筑物防水。

2. 按设防的部位进行分类

依据房屋建筑的基本构成及各构件所起的作用，按建筑物、构筑物工程设防的部位可划分为地上防水工程和地下防水工程。地上防水工程包括屋面防水工程、墙体防水工程和地面防水工程。地下防水是指地下室、地下管沟、地下铁道、隧道、地下建筑物、构筑物等处的防水。

建筑防水工程的主要内容　　表 1-1

类　别			防水工程的主要内容
建筑物地上工程防水	屋面防水		混凝土结构自防水、卷材防水、涂膜防水、砂浆防水、瓦材防水、金属屋面防水、屋面接缝密封防水
	墙、地面防水	墙体防水	混凝土结构自防水、砂浆防水、卷材防水、涂膜防水、接缝密封防水
		地面防水	混凝土结构自防水、砂浆防水、卷材防水、涂膜防水、接缝密封防水
建筑物地下工程防水			混凝土结构自防水、砂浆防水、卷材防水、涂膜防水、接缝密封防水、注浆防水、排水、塑料板防水、金属板防水、特殊施工法防水
特种工程防水			特种构筑物防水、路桥防水、市政工程防水、水工建筑物防水等

屋面防水是指各类建筑物、构筑物屋面部位的防水；

墙体防水是指外墙立面、坡面、板缝、门窗、框架梁底、柱边等处的防水；

地面防水是指楼面、地面以及卫生间、浴室、盥洗间、厨房、开水间楼地面、管道等处的防水；

特殊建筑物、构筑物等部位的防水是指水池、水塔、室内游泳池、喷水池、四季厅、室内花园、储油罐、储油池等处的防水。

3. 按设防方法分类

按设防方法可分为复合防水和构造自防水等。

复合防水是指采用各种防水材料进行防水的一种新型防水做法。在设防中采用多种不同性能的防水材料，利用各自具有的特性，在防水工程中复合使用，发挥各种防水材料的优势，以提高防水工程的整体性能，做到“刚柔结合，多道设防，综合治理”。如在节点部位，可用密封材料或性能各异的防水材料与大面积的一般防水材料配合使用，形成复合防水。

构造自防水是指采用一定形式或方法进行构造自防水或结合排水的一种防水做法。如地铁车站为防止侧墙渗水采用的双层侧墙内衬墙（补偿收缩防水钢筋混凝土）、为防止顶板结构产生裂纹而设置的诱导缝和后浇带、为解决地铁结构漂浮而在底板下设置的倒滤层（渗排水层）等。

4. 按设防材料的品种分类

防水工程按设防材料的品种可分为：卷材防水、涂膜防水、密封材料防水、混凝土和水泥砂浆防水、塑料板防水、金属板防水等。

5. 按设防材料性能分类

按设防材料的性能进行分类，可分为刚性防水和柔性防水。

刚性防水是指采用防水混凝土和防水砂浆作防水层。防水砂浆防水层则是利用抹压均匀、密实的素灰和水泥砂浆分层交替施工，以构成一个整体防水层。由于是相间抹压的，各层残留的毛细孔道相互弥补，从而阻塞了渗漏水的通道，因此具有较高的抗渗能力。

柔性防水则是依据具有防水作用的柔性材料作防水层，如卷材防水层、涂抹防水层、密封材料防水等。

四、防水工程的质量保证体系

防水工程的整体质量要求是不渗不漏，保证排水畅通，使建筑物具有良好的防水和使用功能。要保证地下工程的质量，涉及材料、设计、施工、维护以及管理诸多方面的因素，材料是基础，设计是前提，施工是关键，管理是保证，因此必须实施“综合治理”的原则方可获得防水工程的质量保证。

第二节 防水工程的设计

优质的建筑防水工程是要有正确、合理、科学的防水设计。防水设计不仅要考虑到建筑物的有效使用期限和安全，还要考虑改善和提高建筑防水功能。因此，防水工程的设计任务是科学地制定先进技术与经济合理相结合的防水设计方案，采取一切可靠的措施来确保工程的质量，从而做到不渗、不漏，并保证防水工程具有一定的使用年限。

进行防水工程设计，其设计人员应注意掌握以下要点：

(1) 正确选择和合理使用防水材料，所选用的各类防水材料必须符合国家的产业政策、国家和行业的产品标准、技术规范的产品要求。

(2) 明确防水工程的基本条件和要求，遵循多道设防的设计原则，运用“以防为主，防排结合”的手法；以规范为依据，结合防水工程的实际情况，提出细部构造的具体做法，重视防水保护层的设计。

(3) 选用新型、环保的施工工艺。

一、防水设计是前提

设计是前提。这是因为建筑工程（包括防水方案）首先是由建筑设计人员制定的，建筑设计人员是防水工程的首先策划者，是防水工程的先行官，建筑工程设计人员对所设计的建筑物的防水工程全部情况最为了解，应全部掌握。制定防水方案应根据工程地质、水文、建筑造型、结构类型、防水功能要求、建筑使用性质、房屋等级、耐久年限、气候特点等诸多因素进行综合考虑，绘制出详细施工图的完善的防水方案。设计所选用的防水材料，应是最适宜该工程特点的，能够充分发挥材料最大优势、避开缺点的，涉及的防水构造详图，应该构造科学合理，施工可行、方便的。完善的防水方案便是防水质量的保证。如果选用的防水材料不适宜结构的特点，不适宜当地气候、水文地质，耐久年限与建筑等级等不相符，那么设计的防水构造就难以施工，待施工时再更换材料，改变设计构造节点就太晚了。不合理的防水设计，势必将导致渗漏，浪费防水材料，增加施工的难度，延长工期。

选用什么样的防水材料，不是建设单位决定的，也不是由施工人员来选定的，而是应该由建筑设计人员选定。材料选择的合理或不合理将直接影响防水质量，因此选择何种防水材料是合理设计的主要环节，设计者首先应掌握了解各种防水材料的理化性能，然后再根据工程的特点需要，选择恰当的材料。

防水施工是防水方案的具体执行和实现者，施工人员依照防水方案的设计图纸进行施工，按图施工已成法定。设计方案是先行的、法律性的，施工中出现的技术性问题，应由各方进行协商加以解决，施工人员是不能随意改变设计方案的。如果设计不合理，把应该采用空铺工艺的而设计成采用满粘工艺，再按不合理的设计进行施工，必然事倍功半，花钱多而质量差。

此外，监理工程师依照设计方案、设计图进行监理工作，质检部门亦依据质量验收规范和设计方案、设计图进行工程验收。由此可见，设计是前提的意义是不言而喻的了。

二、防水工程的设计原则

防水工程设计的内容主要包括对基层、找平层、防水层、保护层、面层等的层次设计，并通过设计来保证在规定的耐用年限内能满足功能要求。防水工程的设计原则如下：

1. 防水可靠性设计

防水工程是建筑工程中的一个要求较高的分项工程，要求其在防水层材料耐用年限内不会漏水，防水质量可靠。因此，必须考虑设计方案的适用性、防水材料的耐久性和合理性以及节点的详细处理，必须考虑操作工艺和技术的可行性、成品保护和管理维修制度等因素，只有对上述许多因素进行充分的考虑后，才能在此基础上提出可靠的防水设计方案。

2. 按防水等级设防

不论何种类别的防水工程，如都采用相同的防水构造层次，例“二毡三油一砂”的做法，势必将造成许多工程出现渗漏，因此，相关的技术规范、质量验收规范，根据建筑物的性质、重要程度、使用功能要求、建筑结构特点和防水层耐用年限，对防水工程进行了等级划分，并按不同等级进行防水设防。在划分防水等级时综合考虑了以下几种情况：一是渗漏后会造成巨大损失，直至人身伤亡；二是渗漏后会造成重大的经济损失；三是渗漏后会造成一般经济损失；四是渗漏后会影响美观。

我国已根据《屋面工程质量验收规范》（GB 50207—2002）标准，提出了按5年、10年、15年、25年四种不同屋面防水等级的防水设计和施工要求；根据《地下防水工程质量验收规范》（GB 50208—2002）标准，将地下工程防水等级分为4级，并对每个防水等级标准进行了量化；卫生间和地面防水等级，根据北京市建委和首规委办关于厕浴间防水推荐做法设计基本要求和基本做法，认为将卫生间和地面防水划分为三个等级较为合适；外墙面防水根据广东省标准《建筑防水工程技术规程》（DBJ 15—19—97）提出了两种不同的设防标准。

另外，还规定不同等级的防水层耐用年限、层次和防水材料的选用范围，因此按等级设防的要求是合理、经济、可行的。

3. 遵循“以防为主，防排结合”的原则

平屋面防水应以防为主，还要尽量把水快速排走，这样方可减轻防水层的负担。有关排水坡度、水落口的内径和最大汇水面积等要求必须在设计中明确。

4. 板块分格、刚柔相济

为了防止基层混凝土、找平层和刚性防水层的开裂，应将刚性层事先留出分格缝，使大面积变成规则的小板块，板块间留出伸缩缝，缝中间嵌填柔性防水密封材料，使变形应力转移到板缝中。

5. 自由脱离、互不制约

为了避免刚性防水层与基层或刚性保护层与柔性防水层之间变形相互制约而发生裂缝，在两者之间设置隔离层，使之自由脱离、互不限制，从而可达到减少开裂的目的。

6. 多道防线，防水可靠

防水工程最基本的要求就是要绝对不漏水，这是功能上的要求。为了提高防水的可靠性，必须遵循多道设防的原则。例Ⅰ级屋面防水工程应有三道或三道以上防水设防；Ⅱ级屋面防水工程应采用有两道防水设防。在易出现渗漏的节点部位应采用防水卷材、防水涂料、密封材料、刚性防水材料等互补并用的多道防水设防。节点是最容易漏水的部位，应采用强度高、弹性好、延伸性大、耐久性长的高分子密封材料对节点进行密封处理。

7. 复合防水，加强保护

复合防水是采用几种不同的防水材料组合在一起，发挥各自独立承担防水能力的特点，从而形成一种整体防水层，达到优势互补，以确保防水效果的一种防水工艺。采用多种材料复合使用，能够提高整体防水功能，是一种经济、合理、可靠的做法。其如何组合，具体由设计人员结合防水工程的具体情况灵活选用。复合防水只要设计合理，完全可以达到相关规范中对不同防水等级的要求。在进行复合防水方案的设计时，应注意材料的化学结构和极性相似、溶解度参数相近，只有这样的材料组合才不会产生脱离现象。

复合防水方案常见的有以下几种：

(1) 大面积用防水卷材，特殊部位用密封材料或防水涂料。

(2) 不同防水材料组合施工在一个层次上，如底层用涂料，面层用卷材。

(3) 多道防水采用不同的材料层次复合使用。

(4) 复合防水卷材。

在防水层上加保护层，则可以保护柔性防水层不受紫外线的照射和雨水的直接冲刷，不受外力损坏，降低防水层温度，减缓其老化过程，延长柔性防水层的使用寿命。

8. 防水层的设防要求

在进行防水工程设计时，确定了防水等级和耐用年限后，随之就应确定防水层道数和屋面构造，在相关规范中所规定厚度的卷材、涂膜、细石混凝土均称为一道，也可以用一层涂膜、一层卷材复合组成达到厚度要求的亦称为一道。在相关的规范中对不同防水等级均明确规定了设防要求，如《屋面工程技术规范》对Ⅰ级屋面防水工程所作的规定为："应有三道或三道以上的防水设防要求。其中应有一道厚度不小于 1.5mm 的合成高分子防水卷材，并只能有一道厚度不小于 2mm 的合成高分子防水涂料，另外还允许选用不宜小于 3mm 厚的高聚物改性沥青防水卷材或细石混凝土刚性防水层，采用三道或三道以上的合成高分子卷材也是可以的。"

9. 考虑施工工艺

目前防水工程的施工主要是以手工操作为主，施工人员的技术水平、心理修养、工作责任心、工艺的难易程度对施工的质量的影响是很大的。因此，设计人员在进行防水工程设计时，要充分考虑防水施工中的各种因素，提高设防能力、增加层次和选用优良的新型防水材料，克服施工可能产生的缺陷，提高防水层的质量。

三、构造层次的设计要求

防水层次确定之后，就要设计与防水层相邻近的各构造层次，如屋面的构造层次，包括找平层、隔汽层、保温层、防水层、隔离层、保护层、隔热层、使用面层等。

1. 构造层次的选择和安排

（1）构造层次的选择和安排应根据使用要求和条件，可以选择其中的一些层次，并由这些层次组合成不同的构造形式。如屋面防水层做在保温层上的称作正铺法，防水层做在保温层下的称作倒铺法或倒置式屋面，几道防水层可以组合在一起，也可以分开在几个功能层次中。

（2）层次的安排与材料选择之间的关系，应根据构造要求选择相应的材料，也可以先定材料，再调整构造方案，在选材时要充分了解材料的技术性能指标和材料特性的关系。

2. 防水层次的设计要求

以屋面防水层次的安排为例，其安排原则如下：

（1）多道防水层的安排原则是将高性能、耐老化、耐穿刺性能好的材料放在上部，对适应基层变形性能好的材料放在下部。将柔性防水层放在刚性防水层下部。

（2）防水层基层通常是由结构层和找平层组成。

① 对结构层的要求。要有较强的刚性、整体性好、变形小，为了提高结构的刚度和整体性，设计时应全面考虑各种因素，以提高结构层的整体性能。

② 找平层是防水层的基层，找平层的排水坡度、表面平整度、砂浆强度对大部分防水材料和施工工艺是十分重要的，用满粘法施工的防水材料还要求基层表面光滑、平整、不起砂、不起皮，达到规定的强度；另外还应避免找平层出现裂缝。

③ 对找平层材料的要求。找平层一般有水泥砂浆、细石混凝土或沥青砂浆等。第一种砂浆配合比为水泥：中粒砂＝1：(2.5～3)，并掺减水剂和抗裂剂；第二种砂浆要求低一些，配合比为水泥：中粒砂＝1：4；第三种砂浆可以采用混合砂浆。

3. 与防水层相邻的各构造层次的设计要求

仍以屋面防水层次的安排为例，其安排原则如下：

（1）屋面找坡层其平屋面的排水坡度中结构找坡宜为3%，材料找坡宜为2%。

（2）隔汽层：设置隔汽层的目的是为了防止水蒸气渗入保温层内，影响保温效果。防水卷材表面容易起鼓，应选用水密性、气密性好的防水材料作隔汽层，不宜选用气密性差的防水材料作隔汽层。

（3）隔离层：隔离层的作用是减少防水层与其他层次之间的粘结力、摩擦力，以减少层次间的变形。刚性防水层与基层之间、刚性保护层与防水层之间、倒置式屋面的卵石保护层与保温层之间均应设置隔离层。

（4）隔汽层：为了减少太阳辐射，在屋面上采用各种隔热措施，常用的有架空隔热层、蓄水隔热层、种植隔热层（屋顶花园）等。

（5）保护层：防水材料大多为高分子材料，长期处于紫外线、臭氧、雨、雪、冰冻、上人等恶劣条件下，很容易使防水层加速老化或损坏，因此要加以保护，从而延长防水层的使用年限。故对防水卷材屋面、涂膜屋面、屋面接缝密封等均要求加保护层。

四、防水工程细部构造的设计原则

防水工程细部构造的特点是：节点部位大多数是变形集中产生的地方，容易产生开裂；节点部位大部分比较复杂，施工操作困难；节点部位最容易受到损坏，是防水工程的薄弱环节。

防水工程细部构造处理的合理与否是防水工程的关键所在。因此必须进行防水构造设计，重要部位必须有详图。实践证明，大量渗漏是节点部位引起的，因此要进行防水节点大样设计或编制防水工程施工图集。

防水细部构造设计原则如下：

（1）充分考虑变形的影响。

（2）遵循材料防水和构造防水相结合、柔性密封和防排结合的原则。

（3）优势互补、多道设防的原则，即根据不同节点情况，先用卷材、涂料、密封材料、刚性防水材料等互补使用的方法进行多道设防。

（4）提高整体防水能力，节点部位的防水材料性能应比大面积的防水材料好。

五、排水系统的设计要求

排水是防水的另一个方面，如果能迅速将雨水排走，则可以减少防水层的负担，减少渗漏的发生，故要执行防排结合的原则。

屋面排水系统的设计，其主要要求如下：

1. 排水坡度设计

屋面坡度采取2%～3%，天沟坡度采取1%。平屋面排水坡度：结构找坡宜为3%，材料找坡宜为2%，天沟、檐沟纵向坡度不应小于1%。从降雨量角度考虑：一般多雨地区排水坡度不小于3%；少雨地区排水坡度不小于2%。

2. 天沟水容积、水落管、汇水面积的设计

天沟水容积与水落管直径和数量有关，水落管内径不应小于75mm，一根水落管的最大汇水面积宜小于200m²。

3. 排水距离规定

雨水流到排水口的距离一般不大于30m，天沟的水落差不得超过200mm。

第二章　地下防水工程的设计

我国地下工程防水技术伴随着科学技术的提高和建筑业的发展，得到了迅速的发展。

在防水设计方面，注重整体设防的观念，建立起“防、排、截、堵，刚柔结合，因地制宜，综合治理”和“多道设防、复合用材”的原则，并总结出了在不同类型工程中采用材料防水（靠建筑材料阻断水的通路，如结构自防水和设置防水层，以达到全封闭的防水目的）、构造防水（采用合适的构造形式，如工程结构底板设置盲沟、倒滤层排水系统、离壁式衬砌等）。以及材料与构造相结合防水（如墙拱为复合式结构，底板设排水沟的隧道等地下工程）；在施工技术方面，防水卷材施工工法由传统的热粘贴发展到冷粘贴、热熔粘贴、热风焊接、自粘法及压埋法和机械固定法；粘贴方法除满粘外，出现了空铺、条粘、点粘等方法；在防水材料方面，从少数品种迈向多类型、多品种格局，合成高分子卷材、沥青基防水卷材、建筑防水涂料、接缝密封材料和刚性防水材料等大类，形成了门类齐全、档次配套的建筑防水体系。

地下室工程应根据建筑物的性质、重要程度、使用功能、水文地质状况、水位高低以及埋置深度等，按不同等级进行防水设防。

（1）当设计最高地下水位高于地下室地面时，地下室的外墙受到地下水位的侧压力，而底板则受到上浮力。此时地下室的底板和外墙均应作防水处理，并形成连续封闭式；而防水层的设防高度，应比室外地面高出300mm。

（2）地下防水工程应以混凝土结构自防水为基础。但在地下工程中仍是很难避免防水混凝土不受到地下水侵蚀作用的；很难避免各种外力和内力可能给混凝土结构带来的不利影响；很难避免混凝土结构产生有害裂缝而导致渗漏水的。此外，防水混凝土虽然不透水，但透湿量还很大以及考虑混凝土的耐久性（如徐变、碳化因素）等。因此，对防水、防潮要求较高的地下工程，即便地下水位不高，也应在混凝土结构的迎水面上设置刚性材料或柔性材料防水层。

（3）在混凝土结构自防水的基础上，如选择刚性材料或柔性材料设防，应以迎水面设防为好。当无法进行迎水面设防或修补工程时，则可在背水面设防，但设防标准应按迎水面要求提高一级设计。

（4）受振动、冲击或基层刚度较弱、变形较大的地下建筑，宜在迎水面采用柔性材料设防。处在腐蚀介质的地下工程，则应在迎水面采用耐腐蚀的柔性防水材料。

（5）结构防水混凝土在地板与立墙、立墙与立墙交界处，均应做成倒八字角，倒角边长不应小于200mm。

（6）在地下工程中，防水层的质量取决于防水材料、使用环境与施工方法诸因素。目前柔性防水层中，应用效果较好的有在潮湿基面上施工的聚氨酯防水涂料及涂膜防水工法，适用于干燥基面上施工的SBS改性沥青卷材及热熔工法等。

第一节　地下防水工程设计概述

一、地下防水工程设计的基本规定

地下工程修建在含水地层中，受到地下水的有害作用，还受到地面水的影响。如果没有可靠的防水措施，地下水就会渗入，影响结构物的使用寿命。因此，在修建地下工程时，应根据工程的水文地质情况、地质条件、区域地形、环境条件、埋置深度、地下水位高低、工程结构特点及修建方法、防水标准、工程用途和使用要求、材料来源等技术经济指标综合考虑确定防水方案。防水方案的基本原则是遵循“防、排、截、堵，刚柔结合，因地制宜，综合治理”进行设计。

（1）地下工程必须进行防水设计，防水设计应定级准确、方案可靠、施工简便、经济合理。

（2）地下工程必须从工程规划、建筑结构设计、材料选择、施工工艺等全面系统地做好地下工程的防排水。

（3）地下工程的防水设计，应考虑的地表水、地下水、毛细管水等的作用，以及由于人为等因素引起的附近水文地质改变的影响。单建式的地下工程，应采用全封闭、部分封闭防排水设计；附建式的全地下或半地下工程的防水设防高度，应高出室外地坪高程500mm以上。

地下工程防水等级标准　　　　**表 2-1**

防水等级	标　准
一级	不允许渗水，结构表面无湿渍
二级	不允许漏水，结构表面可有少量湿渍 工业与民用建筑：总湿渍面积不应大于总防水面积（包括顶板、墙面、地面）的1/1000；任意100m² 防水面积上的湿渍不超过1处，单个湿渍的最大面积不大于0.1m² 其他地下工程：总湿渍面积不应大于总防水面积的6/1000；任意100m² 防水面积上的湿渍不超过4处，单个湿渍的最大面积不大于0.2m²
三级	有少量漏水点，不得有线流和漏泥沙 任意100m² 防水面积上的漏水点数不超过7处，单个漏水点的最大漏水量不大于2.5L/d，单个湿渍的最大面积不大于0.3m²
四级	有漏水点，不得有线流和漏泥沙 整个工程平均漏水量不大于2L/(m²·d)；任意100m² 防水面积的平均漏水量不大于4L/(m²·d)

不同防水等级的适用范围　　　　**表 2-2**

防水等级	适 用 范 围
一级	人员长期停留的场所；因有少量湿渍会使物品变质、失效的贮物场所及严重影响设备正常运转和危及工程安全运营的部位；极重要的战备工程
二级	人员经常活动的场所；在有少量湿渍的情况下不会使物品变质、失效的贮物场所及基本不影响设备正常运转和工程安全运营的部位；重要的战备工程
三级	人员临时活动的场所；一般战备工程
四级	对渗漏水无严格要求的工程

(4) 地下工程的钢筋混凝土结构，应采用防水混凝土，并应根据防水等级的要求采用其他防水措施。

(5) 地下工程的变形缝、施工缝、诱导缝、后浇带、穿墙管（盒）、预埋件、预留通道接头、桩头等细部构造，应加强防水措施。

(6) 地下工程排水管沟、地漏、出入口、窗井、风井等，应有防倒灌措施，寒冷及严寒地区的排水沟应有防冻措施。

(7) 地下工程防水设计，应根据工程的特点和需要搜集有关资料。

① 最高地下水位的高程、出现的年代，近几年的实际水位高程和随季节变化情况；

② 地下水类型、补给来源、水质、流量、流向、压力；

③ 工程地质构造，包括岩层走向、倾角、节理及裂隙，含水地层的特性、分布情况和渗透稀疏，溶洞及陷穴，填土区、湿陷性土和膨胀土层等情况；

④ 历年气候变化情况、降水量、地层冻结深度；

⑤ 区域地形、地貌、天然水流、水库、废弃坑井以及地表水、洪水和给水排水系统资料；

⑥ 工程所在区域的地震烈度、地热，含瓦斯等有害物质的资料；

⑦ 施工技术水平和材料来源。

(8) 地下工程防水设计的内容应包括：

① 地下工程的防水等级和设防要求；

② 地下工程混凝土结构自防水所选用防水混凝土的抗渗等级和其他技术指标，质量保证措施；

③ 其他防水层选用的防水材料及其技术指标、质量保证措施；

④ 防水工程细部构造的防水措施，选用的材料及其技术指标，质量保证措施；

⑤ 工程的防排水系统，地面挡水、截水系统及工程各种洞口的防倒灌措施。

二、地下工程的防水等级和设防要求

1. 防水等级

地下工程的防水等级分为四级，各级的标准应符合表 2-1 的规定。

2. 不同防水等级地下防水工程的适用范围

地下工程的防水等级，应根据工程的重要性和使用中对防水的要求按表 2-2 选定。

3. 设防要求

(1) 地下工程的设防要求，应根据使用功能、结构形式、环境条件、施工方法及材料性能等因素合理确定。

① 明挖法的防水设防要求应按表 2-3 选用。

② 暗挖法的防水设防要求应按表 2-4 选用。

(2) 处于侵蚀性介质中的工程，应采用耐侵蚀的防水混凝土、防水砂浆、卷材或涂料等防水材料。

(3) 处于冻土层中的工程，当采用混凝土结构时，其混凝土抗冻融循环能力不得少于 100 次。

明挖法地下工程防水设防　　表 2-3

工程部位		主体						施工缝					后浇带				变形缝、诱导缝						
防水措施		防水混凝土	防水砂浆	防水卷材	防水涂料	塑料防水板	金属板	遇水膨胀止水条	中埋式止水带	外贴式止水带	外抹防水砂浆	外涂防水涂料	膨胀混凝土	遇水膨胀止水条	外贴式止水带	防水嵌缝材料	中埋式止水带	外贴式止水带	可卸式止水带	防水嵌缝材料	外贴防水卷材	外涂防水涂料	遇水膨胀止水带
防水等级	一级	应选	应选1～2种					应选2种					应选	应选2种			应选	应选2种					
	二级	应选	应选1种					应选1～2种					应选	应选1～2种			应选	应选1～2种					
	三级	应选	宜选1种					宜选1～2种					应选	宜选1～2种			应选	宜选1～2种					
	四级	宜选	—					宜选1种					应选	宜选1种			应选	宜选1种					

暗挖法地下工程防水设防　　表 2-4

工程部位		主体				内衬砌施工缝					内衬砌变形缝、诱导缝				
防水措施		复合式衬砌	离壁式衬砌、衬套	贴壁式衬砌	喷射混凝土	外贴式止水带	遇水膨胀止水带	防水嵌缝材料	中埋式止水带	外涂防水涂料	中埋式止水带	外贴式止水带	可卸式止水带	防水嵌缝材料	遇水膨胀止水带
防水等级	一级	应选1种			—	应选2种					应选	应选2种			
	二级	应选1种				应选1～2种					应选	应选1～2种			
	三级	—		应选1种		宜选1～2种					应选	宜选1种			
	四级			应选1种		宜选1种					应选	宜选1种			

（4）结构刚度较差或受振动作用的工程，应采用卷材或涂料等柔性防水材料。

（5）具有自流排水条件的工程，应设自流排水系统；无自流排水条件的工程，应设机械排水系统。

（6）防水等级为一级时，除坚持混凝土结构自防水外，还应设置全外包柔性防水层：采用高聚物改性沥青防水卷材层，厚度宜用 8mm；合成高分子橡胶防水卷材层厚度宜用 2.4mm；塑料类防水卷材厚度不小于 1.5mm；聚氨酯涂层成膜防水层厚度宜为 3mm。防水等级为二级时，除坚持混凝土结构自防水外，还宜设置外包柔性防水层：若采用高聚物改性沥青防水卷材层，厚度宜采用 6mm；合成高分子橡胶防水卷材层厚度宜采用 1.5mm；塑料类防水卷材层厚度不应小于 1.2mm；聚氨酯涂层成膜厚度宜为 2mm。防水等级为三级时，除坚持结构自防水外，还可设置外包柔性防水层一道：若采用高聚物改性沥青防水卷材层厚度宜为 4mm；合成高分子橡胶防水卷材层厚度宜为 1.2mm；塑料类防水卷材层厚度宜为 1.0mm；聚氨酯涂层成膜防水层厚度宜为 1.5mm。防水等级为四级时，除强调做好结构自防水的同时，可根据需要局部设置柔性附加防水层，以加强整体结构的防水能力。

三、防水构造

1. 地下室防潮

当设计最高地下水位低于地下室地板标高，又无形成滞水可能时，可采用防潮做法。其一般构造如图 2-1 所示。

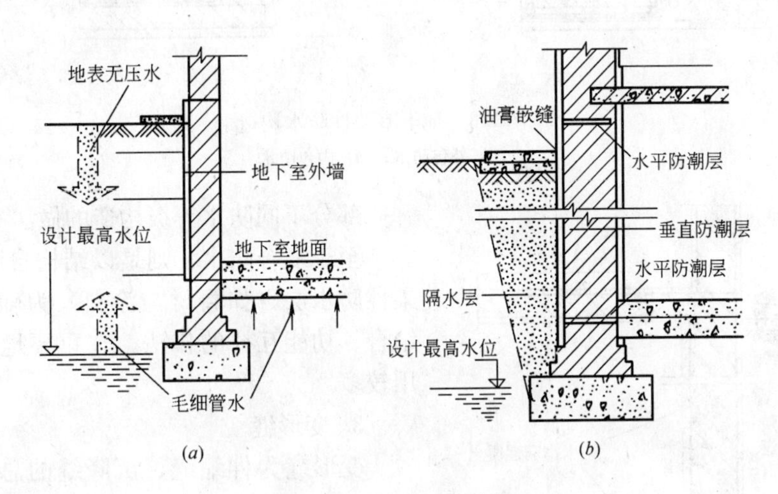

图 2-1　地下室防潮构造

(*a*) 地下水作用情况；(*b*) 外墙做隔水层

2. 地下室防水

当设计最高地下水位高于地下室地面时（图 2-2），必须考虑在地下室外墙和地面作防水处理。此时应根据实际情况，可采用柔性防水、刚性防水做法，如图 2-3 和图 2-4 所示。有些工程视其重要性，则应采用多道防线、刚柔结合的复合防水做法。

柔性防水层可以做在迎水面一边（简称外防水），也可以做在背水面一边（简称内防水）。做在迎水面一边对保护墙身有利，但施工、维修不便；做在背水面一边，施工维修方便，但墙身长期处于地下水中，对钢筋锈蚀以及建筑物的寿命都有一定影响。

刚性防水又称结构自防水，一般采用补偿收缩的防水混凝土材料，主要通过改善混凝土颗粒级配以及掺入化学外加剂等，不仅提高了混凝土本身的憎水性、密实性和抗渗性，同时还可以减少混凝土的收缩和裂缝的发生，从而达到结构承重与防水的双重目的。在地下室的刚性防水构造中，还可采用防水砂浆，但仅用于修补工程或作为一种附加防水措施，一般新建工程不宜单独采用。

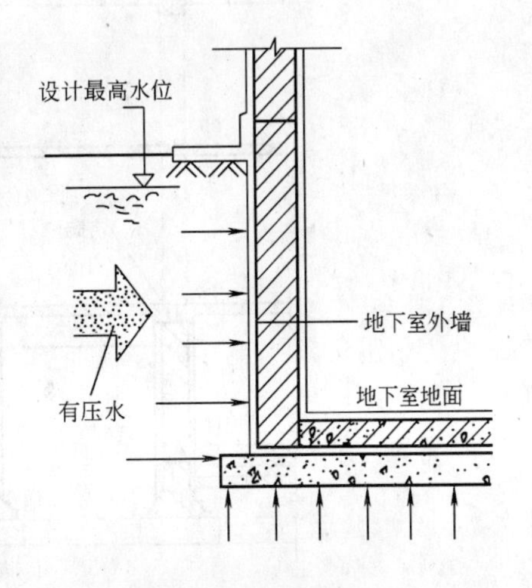

图 2-2　地下水侵袭示意

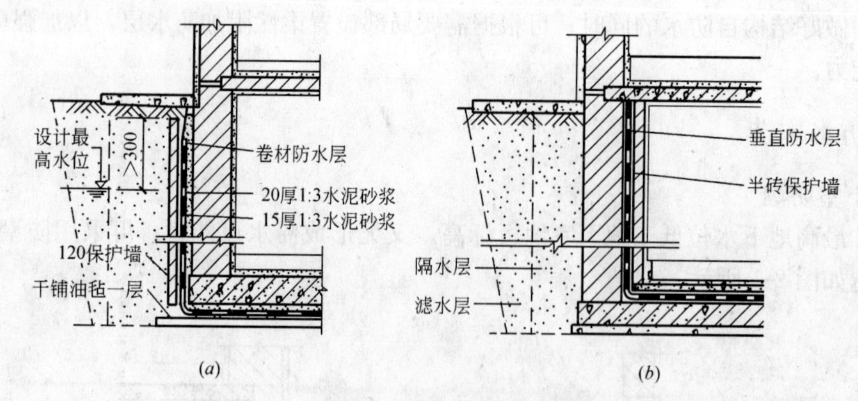

图 2-3　地下室柔性防水构造

(a) 外包防水；(b) 内包防水

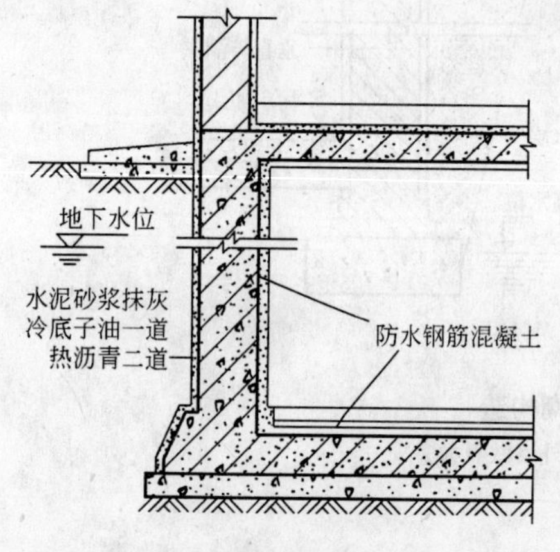

图 2-4　地下室刚性防水构造

部分不同防水等级构造的做法参见表 2-5。

至于复合防水，则是以结构自防水为主体，柔性防水层（如卷材与涂料）为辅。这种刚柔结合、功能互补的作法，在重要地下工程中采用较多。

3. 变形缝

变形缝为伸缩缝、沉降缝的总称。它是将建筑物分为几个相对独立的部分，使各部分能自由变形，建筑物不致受到不利的应力而破坏。

由于变形缝是地下室防水的薄弱环节，也是最易发生渗漏的地方。因此在进行建筑设计时，首先尽可能减少变形缝的数量，同时尽量避免地下室通过变形缝（图 2-5），或使变形缝的位置尽可能避开不易处理的位置。

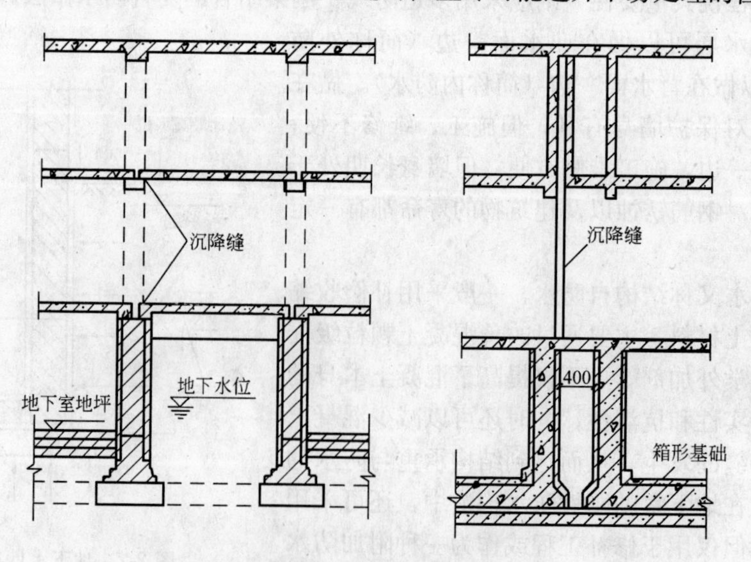

图 2-5　变形缝不通过地下室的设计方案

表 2-5

部分不同防水等级构造的做法

防水材料	构造简图	防水等级							
		1级		2级		3级		4级	
		构造做法	备注	构造做法	备注	构造做法	备注	构造做法	备注
防水混凝土防水卷材		保护层 合成高分子防水卷材 找平层 防水混凝土侧墙	合成高分子防水卷材必须双层铺设，总厚度≥2.4mm	保护层 合成高分子防水卷材 找平层 防水混凝土侧墙	合成高分子防水卷材厚度≥1.5mm，如果找平层选用防水砂浆，则可达到1级防水	保护层 防水卷材 找平层 防水混凝土侧墙	防水卷材厚度>1.5mm		
		保护层 合成高分子防水卷材 找平层 防水混凝土顶板		保护层 合成高分子防水卷材 找平层 防水混凝土顶板		保护层 防水卷材 找平层 防水混凝土顶板			
		防水混凝土底板 保护层 合成高分子防水卷材 找平层 垫层		防水混凝土底板 保护层 合成高分子防水卷材 找平层 垫层		防水混凝土底板 防水卷材 找平层 垫层			

续表

防水材料	构造简图	防水等级							
		1级		2级		3级		4级	
		构造做法	备注	构造做法	备注	构造做法	备注	构造做法	备注
防水混凝土防水卷材	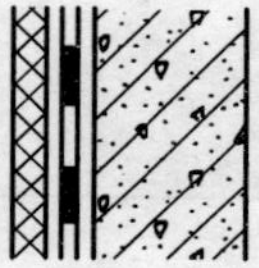	保护层 高聚物改性沥青防水卷材 找平层 防水混凝土侧墙	高聚物改性沥青防水卷材必须双层铺设，总厚度≥6mm	保护层 高聚物改性沥青防水卷材 找平层 防水混凝土侧墙	高聚物改性沥青防水卷材厚度≥4mm，如果找平层选用防水砂浆，则可达到1级防水				
	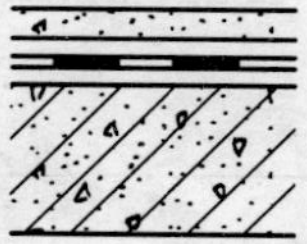	保护层 高聚物改性沥青防水卷材 找平层 防水混凝土顶板		保护层 高聚物改性沥青防水卷材 找平层 防水混凝土顶板					
	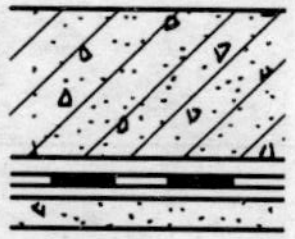	防水混凝土底板 保护层 高聚物改性沥青防水卷材 找平层		防水混凝土底板 保护层 高聚物改性沥青防水卷材 找平层					

续表

防水材料	构造简图	防水等级							
		1级		2级		3级		4级	
		构造做法	备注	构造做法	备注	构造做法	备注	构造做法	备注
防水混凝土防水卷材		保护层 自粘性橡胶沥青防水卷材 清洁剂一道 找平层 防水混凝土侧墙		保护层 自粘性橡胶沥青防水卷材 清洁剂一道 找平层 防水混凝土侧墙					
		保护层 自粘性橡胶沥青防水卷材 清洁剂一道 找平层 防水混凝土顶板	自粘性橡胶沥青防水卷材厚度≥4.5mm	保护层 自粘性橡胶沥青防水卷材 清洁剂一道 找平层 防水混凝土顶板	自粘性橡胶沥青防水卷材双层铺设厚度≥3mm				
		防水混凝土底板 自粘性橡胶沥青防水卷材 清洁剂一道 找平层 保护层		防水混凝土底板 自粘性橡胶沥青防水卷材 清洁剂一道 找平层 保护层					

续表

防水材料	构造简图	防水等级							
		1级		2级		3级		4级	
		构造做法	备注	构造做法	备注	构造做法	备注	构造做法	备注
防水混凝土防水卷材		保护层 水泥基柔性防水卷材 清洁剂一道 找平层 防水混凝土侧墙	水泥基柔性防水卷材必须双层铺设厚度≥2.4mm	保护层 水泥基柔性防水卷材 清洁剂一道 找平层 防水混凝土侧墙	水泥基柔性防水卷材厚度≥1.5mm，如果找平层选用防水砂浆，则可达到1级防水				
		保护层 水泥基柔性防水卷材 配套底胶料 找平层 防水混凝土顶板		保护层 水泥基柔性防水卷材 配套底胶料 找平层 防水混凝土顶板					
		防水混凝土底板 水泥基柔性防水卷材 配套底胶料 找平层 垫层		防水混凝土底板 水泥基柔性防水卷材 配套底胶料 找平层 垫层					

续表

防水材料	构造简图	防水等级							
		1级		2级		3级		4级	
		构造做法	备注	构造做法	备注	构造做法	备注	构造做法	备注
防水混凝土 膨润土防水毯	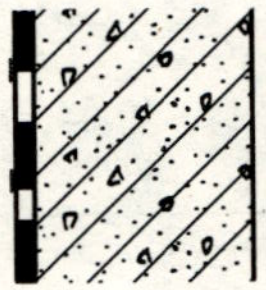	膨润土防水毯 防水混凝土侧墙	膨润土防水毯厚度≥6.4mm						
	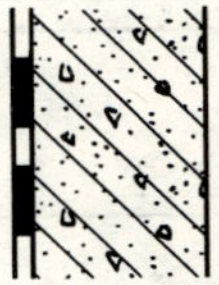	膨润土防水毯 隔离层 防水混凝土顶板							
	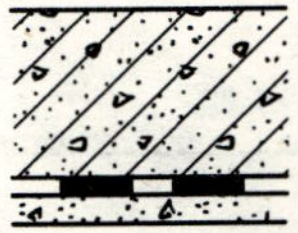	防水混凝土底板 隔离层 膨润土防水毯 垫层							

续表

防水材料	构造简图	防水等级							
		1级		2级		3级		4级	
		构造做法	备注	构造做法	备注	构造做法	备注	构造做法	备注
防水混凝土防水涂料		保护层 有机防水涂料 找平层(防水砂浆) 防水混凝土侧墙	有机防水涂料防水层厚度≥2mm	保护层 有机防水涂料 找平层 防水混凝土侧墙	有机防水涂料防水层厚度≥2mm				
		保护层 有机防水涂料 找平层(防水砂浆) 防水混凝土顶板		保护层 有机防水涂料 隔离层 找平层 防水混凝土顶板					
		防水混凝土底板 有机防水涂料 找平层(防水砂浆) 垫层		防水混凝土底板 保护层 有机防水涂料 垫层					

续表

防水材料	构造简图	防水等级							
		1级		2级		3级		4级	
		构造做法	备注	构造做法	备注	构造做法	备注	构造做法	备注
防水混凝土 防水涂料	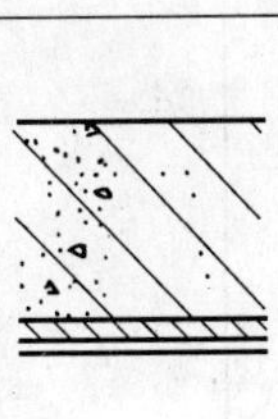			保护层 无机防水涂料 找平层 防水混凝土侧墙	无机防水涂料防水层厚度≥2mm				
	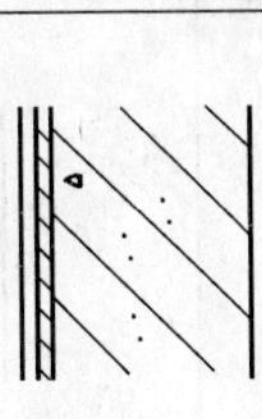			保护层 无机防水涂料 找平层 防水混凝土顶板					
	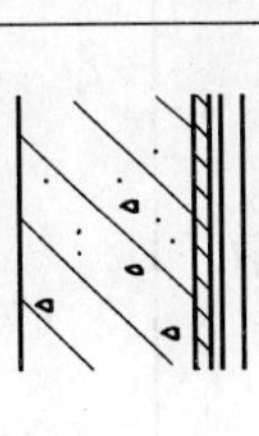			防水混凝土底板 保护层 无机防水涂料 垫层					

续表

<table>
<tr><th rowspan="3">防水材料</th><th rowspan="3">构造简图</th><th colspan="8">防 水 等 级</th></tr>
<tr><th colspan="2">1 级</th><th colspan="2">2 级</th><th colspan="2">3 级</th><th colspan="2">4 级</th></tr>
<tr><th>构造做法</th><th>备注</th><th>构造做法</th><th>备注</th><th>构造做法</th><th>备注</th><th>构造做法</th><th>备注</th></tr>
<tr><td rowspan="3">防水混凝土
防水涂料</td><td>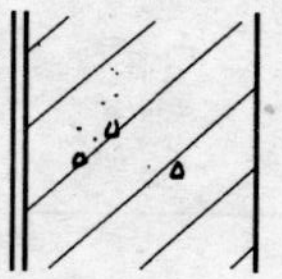</td><td>水泥基渗透结晶型防水涂料
防水混凝土侧墙</td><td rowspan="3">水泥基渗透结晶型防水涂料用量：≥1.0kg/m²</td><td></td><td rowspan="3"></td><td></td><td rowspan="3"></td><td></td><td rowspan="3"></td></tr>
<tr><td></td><td>水泥基渗透结晶型防水涂料
防水混凝土顶板</td><td></td><td></td><td></td></tr>
<tr><td>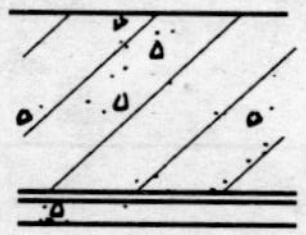</td><td>防水混凝土底板
水泥基渗透结晶型防水涂料
垫层</td><td></td><td></td><td></td></tr>
</table>

续表

防水材料	构造简图	防水等级							
		1级		2级		3级		4级	
		构造做法	备注	构造做法	备注	构造做法	备注	构造做法	备注
防水混凝土 防水涂料	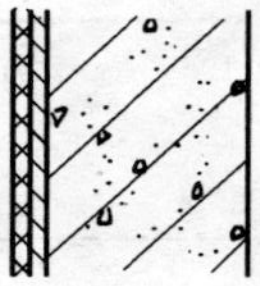					保护层 防水涂料找平层 防水混凝土侧墙	涂料厚度≥1.0，采用无机防水涂料时可不用保护层		
	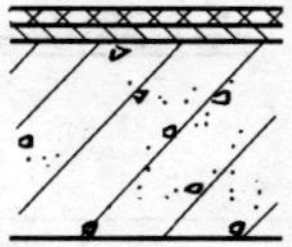					保护层 防水涂料 找平层 防水混凝土顶板			
	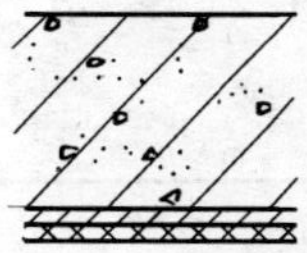					防水混凝土底板 防水涂料 找平层 垫层			

续表

防水材料	构造简图	防水等级							
		1级		2级		3级		4级	
		构造做法	备注	构造做法	备注	构造做法	备注	构造做法	备注
防水混凝土 防水砂浆						防水砂浆 防水混凝土侧墙	聚合物防水砂浆厚度≥10mm，掺外加剂、掺合料防水砂浆厚度≥18mm		
						防水砂浆 防水混凝土顶板			
						防水混凝土底板 防水砂浆 垫层			

续表

防水材料	构造简图	防水等级							
		1级		2级		3级		4级	
		构造做法	备注	构造做法	备注	构造做法	备注	构造做法	备注
防水混凝土 金属防水层		金属防水层 防水混凝土侧墙	金属防水层采用4～6mm厚钢板，表面防锈处理						
		金属防水层 防水混凝土顶板							
		防水混凝土底板 金属防水层 垫层							

续表

防水材料	构造简图	防水等级							
		1级		2级		3级		4级	
		构造做法	备注	构造做法	备注	构造做法	备注	构造做法	备注
防水混凝土								防水混凝土侧墙	当采用砖砌体时，表面必须用防水砂浆抹面，厚度≥15mm
								防水混凝土顶板	
	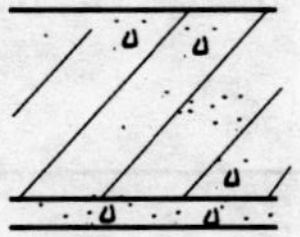							防水混凝土底板垫层	

地下室变形缝按构造可分为内埋式与可卸式两种（图 2-6），其止水带的材料一般是塑料、橡胶和金属三种。

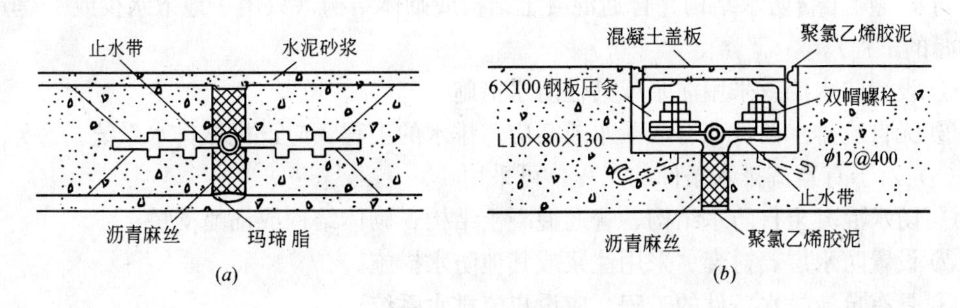

图 2-6 地下室变形缝构造

(a) 内埋式；(b) 可卸式

应该指出，在软土地基，尤其是含饱和水的软土地基中，建筑物虽然按设计规定设置了变形缝，但由于沉降的差异，仍然可能引起开裂。为了避免上述情况，体积量大的建筑物应当首先建造，而体积较小的应待相邻建筑物沉降减弱后再建造。

4. 穿墙管

各种管线如上下水管、煤气管、暖气热水管、动力电缆等，穿过地下室防水层时，如处理不当，也是造成渗漏的原因。图 2-7 是一种非热力金属管道的穿墙构造图，供参考。

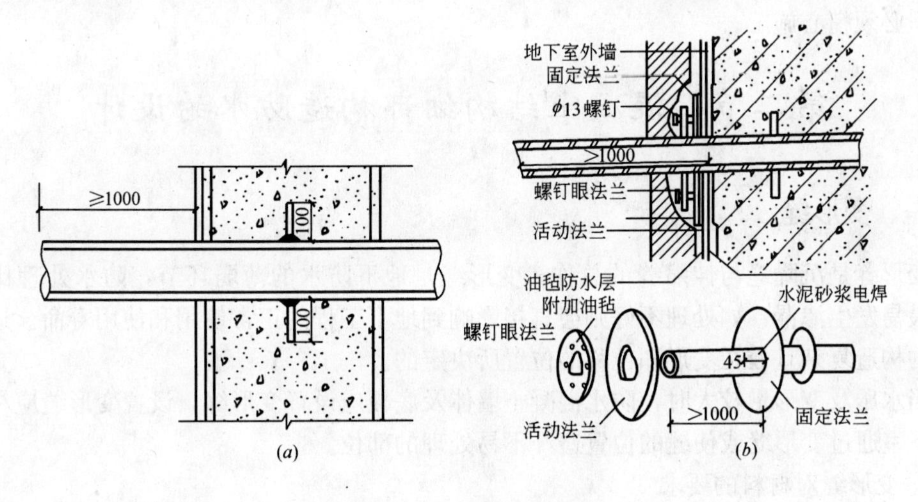

图 2-7 穿墙管防水构造

(a) 防水混凝土穿墙管的作法；(b) 柔性防水穿墙管的作法

四、地下工程防水方案的确定

合理确定地下工程防水方案，其依据是该工程的使用要求、地形地貌、水文地质、工程地质、地震烈度、冻结深度、环境条件、结构形式、施工工艺及其材料来源诸因素。

(1) 对于没有自流排水条件而处于饱和土层或岩层中的工程，可采用：

① 防水混凝土自防水结构；

② 钢、铸铁管筒或管片防水材料；

③ 设置防水层，采用注浆或其他防水措施。

(2) 对于没有自流排水条件而处于非饱和土层或岩层中的工程，可采用：

防水混凝土自防水结构、普通混凝土结构或砌体结构（只用于地下水少或工程允许少量渗漏的工程）。

① 设置防水层或采用注浆或其他防水措施。

② 无自流排水条件，有渗漏水或需应急排水的工程，应设机械排水系统。

(3) 对于有自流排水条件的工程，可采用：

① 防水混凝土自防水结构、普通混凝土结构、砌体结构或锚喷支护。

② 设置防水层、衬套、采用注浆或其他防水措施。

③ 具有自流排水条件的工程，应设自流排水系统。

(4) 对于有特殊情况的工程，可采用下列措施：

① 如侵蚀性介质中工作，应采用耐侵蚀的防水砂浆、混凝土、卷材或涂料等防水方案。

② 如受到振动作用的工程，如受机械振动影响或重要的防护工程，应采用柔性的防水层（塑料、橡胶类卷材）或乳胶类涂料等防水方案。

③ 如处于冻土层中的工程，当采用混凝土结构时，其混凝土抗冻融循环不得小于100次。

实践证明，防水混凝土结构自防水或设置防水层防水措施既可单独采用，也可复合使用。但必须精心施工。

第二节　混凝土结构细部构造防水的设计

一、变形缝

变形缝是沉降缝与伸缩缝的总称。变形缝是地下防水的薄弱环节，防水处理比较复杂、最易发生渗漏，如处理不好则会直接影响到地下工程的正常使用和使用寿命。这是由于缝的构造复杂且处在变形和位移的位置所决定的。

当水压及变形量较大时，防水混凝土墙体及底板应设置变形缝，设置变形缝应尽量避免地下室通过变形缝或使缝的位置避开不易处理的部位。

1. 变形缝对材料的要求

变形缝所采用的防水材料应满足密封防水、适应变形、施工方便、检查容易等要求。在选用材料时，应考虑到变形缝处的沉降、伸缩的可变性，并且还应适应其在变化中的密闭性。

橡胶止水带的外观质量、尺寸偏差、物理性能应符合 GB 18173.2—2000 的规定。

遇水膨胀橡胶条的性能指标应符合 GB 18173.3—2000 的规定。

嵌缝材料最大拉伸强度不应小于0.2MPa，最大伸长率应大于300%，拉伸-压缩循环性能的级别不应小于8020。

2. 变形缝设计的要点

(1) 变形缝的构造形式及选用材料应满足密封防水，适应地基或结构变形情况及水压、水质情况，并达到施工方便、检修容易等要求。

(2) 用于伸缩的变形缝宜不设或少设，可根据不同的工程结构类别及工程地质情况采用诱导缝、加强带、后浇带等替代措施。

(3) 变形缝处混凝土结构的厚度不应小于 300mm。

(4) 用于沉降的变形缝其最大允许沉降差值不应大于 30mm。当计算沉降差值大于 30mm 时，应在设计时采取措施。

(5) 用于沉降的变形缝的宽度宜为 20～30mm，用于伸缩的变形缝的宽度宜小于此值。

(6) 变形缝的防水措施可根据工程开挖方法、防水等级按表 2-1～表 2-4 选用。

(7) 变形缝所选用的材料要求如下：

① 变形缝的宽度在 20～30mm 之间，应根据构造下料。

② 对于水压小于 0.03MPa、变形量宽小于 10mm 的变形缝，可采用弹性密封胶嵌实密封，或采用粘贴式变形缝橡胶片，参见图 2-8 和图 2-9。

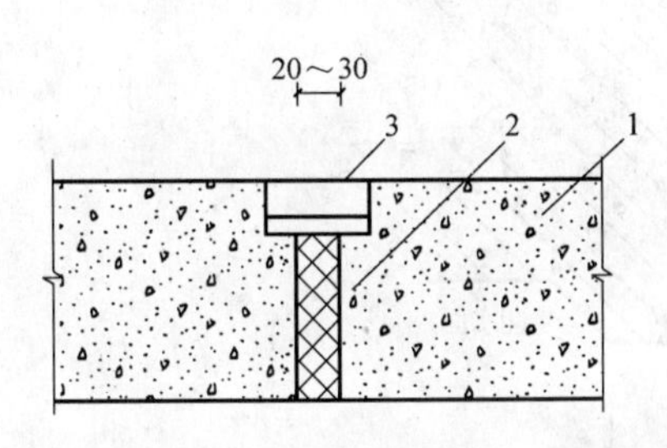

图 2-8　嵌缝式变形缝

1—围护结构；2—填缝材料；3—嵌缝材料

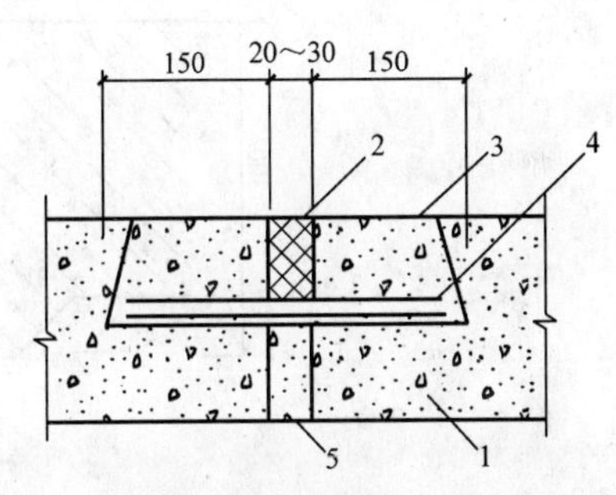

图 2-9　粘贴式变形缝

1—围护结构；2—填缝材料；3—细石混凝土；4—粘贴式变形缝橡胶片；5—嵌缝材料

③ 对于水压小于 0.03MPa、变形量宽为 20～30mm 的变形缝，宜用附贴式止水带，参见图 2-10 和图 2-11。

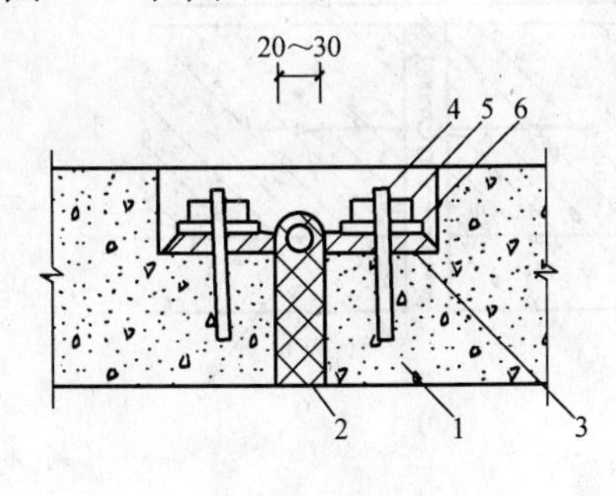

图 2-10　附贴式止水带变形缝（一）

1—围护结构；2—填缝材料；3—止水带；4—螺栓；5—螺母；6—压铁

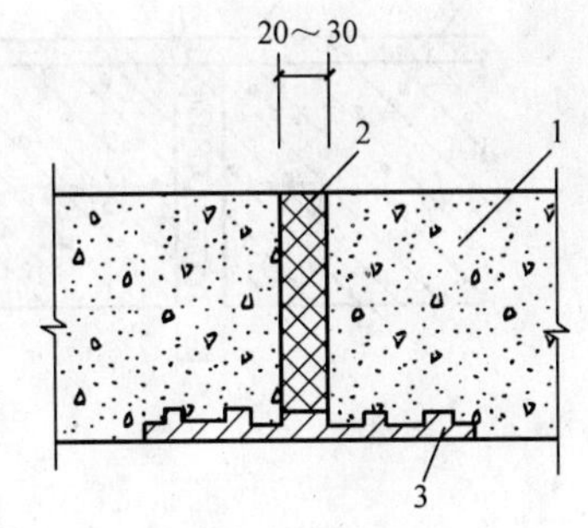

图 2-11　附贴式止水带变形缝（二）

1—围护结构；2—填缝材料；3—止水带

④ 对于水压大于 0.03MPa、变形量宽为 20～30mm 的变形缝，应采用埋入式橡胶或塑料止水带，参见图 2-12。

⑤ 对于环境温度高于 50℃处的变形缝，可采用 2mm 厚的、中间呈圆弧形的紫铜片

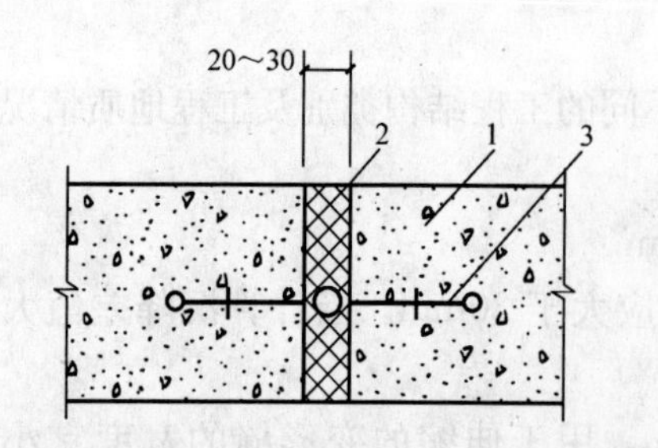

图 2-12　埋入式橡胶（塑料）止水带变形缝

1—围护结构；2—填缝材料；3—止水带

或 3mm 厚、中间呈圆弧形的不锈钢等金属止水带，参见图 2-13。

⑥ 需要增强变形缝的防水能力，可采用两道埋入式止水带或嵌缝式、粘贴式、附贴式、埋入式等复合适用。

⑦ 变形缝的宽度为 30mm，在结构厚度中心处埋设橡胶止水带或塑料止水带，止水带中间空心圆应位于变形缝中心。在变形缝内填塞 30mm 厚浸乳化沥青的木丝板，在背水面的变形缝口填塞牛皮纸及聚氯乙烯胶泥，参见图 2-14。止水带在混凝土浇筑前，必须妥善地固定在专用的钢筋套中，并在止水带的边缘处用镀锌钢丝绑牢，以防止位移，参见图 2-15。止水带的接茬不得留在转角处，宜留在较高部位。

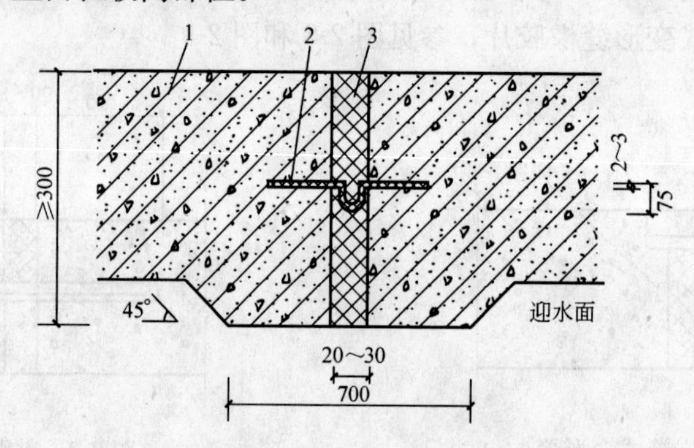

图 2-13　中埋式金属止水带

1—混凝土结构；2—金属止水带；3—填缝材料

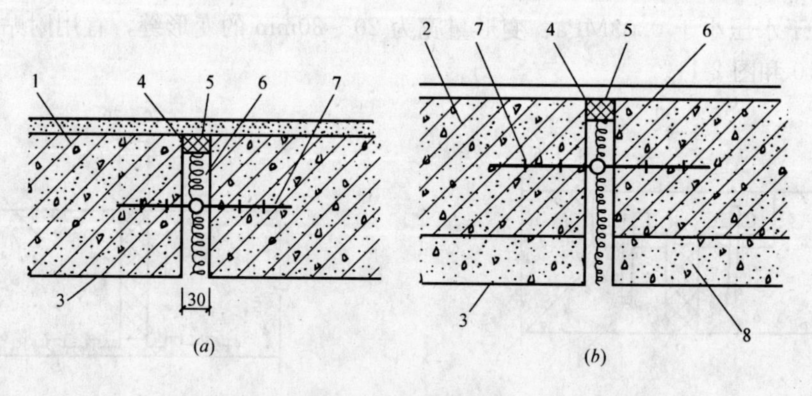

图 2-14　变形缝

1—墙体；2—底板；3—迎水面；4—牛皮纸；5—聚氯乙烯胶泥；
6—浸乳化沥青木丝板；7—止水带；8—底板垫层

⑧ 变形缝几种复合形式防水构造。

半埋式和组合式止水带变形缝构造见图 2-16～图 2-23。

如图 2-20 所示的两相邻地下室变形缝防水构造施工程序繁琐，防水层与结构和填充

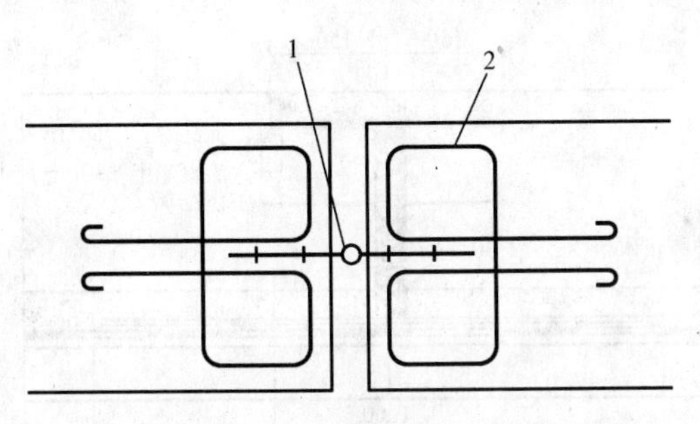

图 2-15 止水带的固定方法

1—止水带；2—ϕ6 钢筋套

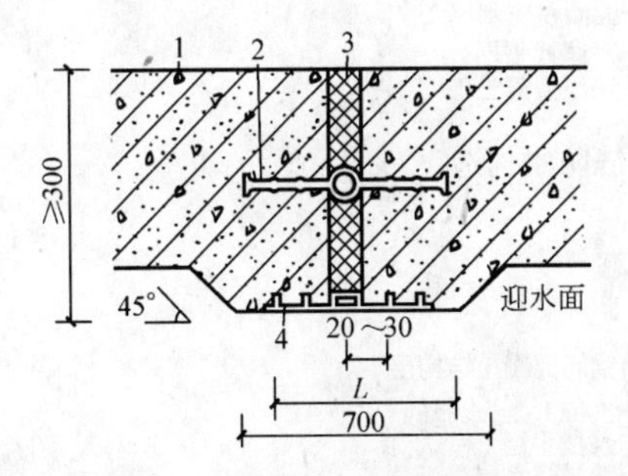

图 2-16 中埋式止水带与外贴防水层复合使用

外贴式止水带 $L \geqslant 300$；外贴防水卷材 $L \geqslant 400$；

外涂防水涂层 $L \geqslant 400$。

1—混凝土结构；2—中埋式止水带；

3—填缝材料；4—外贴防水层

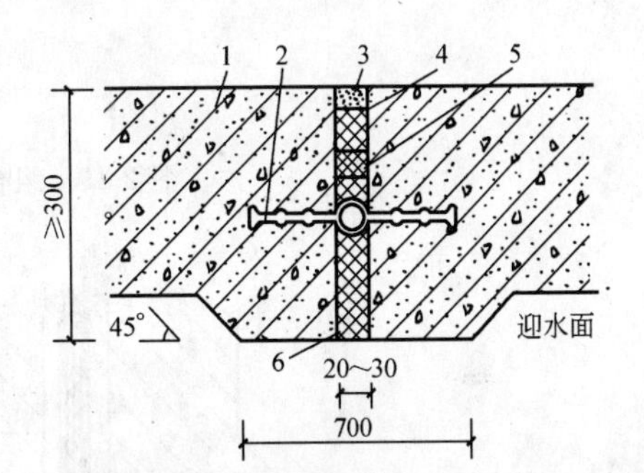

图 2-17 中埋式止水带与遇水膨胀橡胶条、嵌缝材料复合使用

1—混凝土结构；2—中埋式止水带；3—嵌缝材料；

4—背衬材料；5—遇水膨胀橡胶条；6—填缝材料

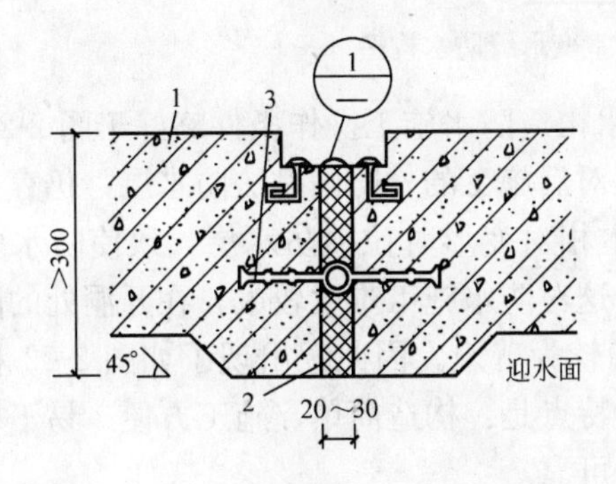

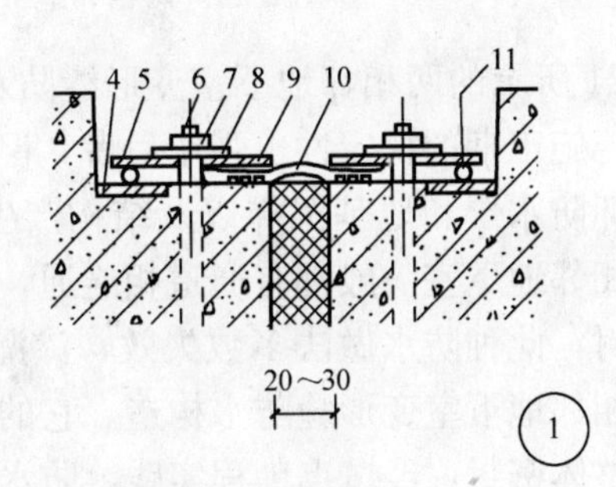

图 2-18 中埋式止水带与可卸式止水带复合使用

1—混凝土结构；2—填缝材料；3—中埋式止水带；4—预埋钢板；

5—紧固件压板；6—预埋螺栓；7—螺母；8—垫圈；

9—紧固件压块；10—Ω 形止水带；11—紧固件圆钢

物相互粘结过程中，由于填充物狭窄而且高，仅依靠先施工的结构墙面防水层粘贴聚苯乙烯泡沫塑料板，再通过泡沫塑料板将另一侧防水层（另一侧结构外防内贴法）粘附牢固，然后抹 20mm 厚、1∶3 水泥砂浆保护层，此做法稳定性差，稍有疏忽极易造成倒塌，结构施工过程也易损坏防水层，损坏了也不容易被发现。另外，建筑物建成后由于种种因素引起地层不均匀沉降，使建筑物产生相对位移，致使防水层相互挤压摩擦，损坏防水层而造成渗漏。

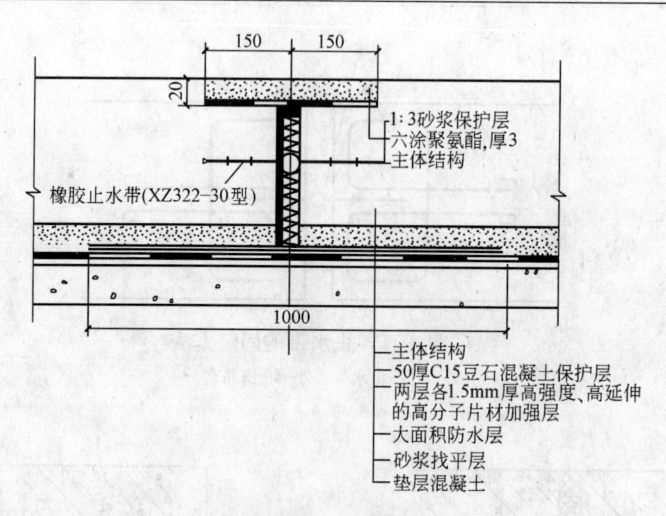

图 2-19　组合式止水变形缝防水构造

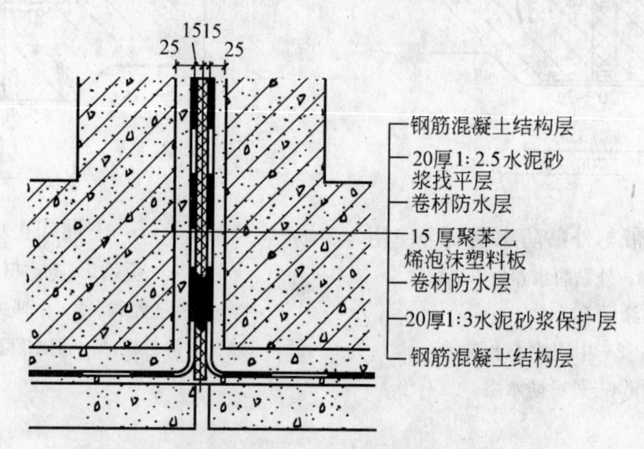

图 2-20　两相邻地下室变形缝防水构造（一）

图 2-21 所示的两相邻地下室变形缝防水构造防水施工操作条件略好于图 2-20 所示的防水构造，施工期的稳定性也强于后者，但对后施工的外防内贴法防水层，仍存在结构施工过程损坏防水层和地基沉降以及结构产生相对变形时拉损防水层，致使防水失效。另外，对于相邻地下室一般都有通道相连通，这对防水施工难度较大，在开洞处的防水层难以做到密封，此种防水做法多数失效，渗漏较为普遍。因此，出现了如图 2-22 和图 2-23 所示的两相邻地下室变形缝防水构造。它的特点是：构造简单、施工方便、易于检查、适应变形、整体密封，经试点工程实践，防水可靠。

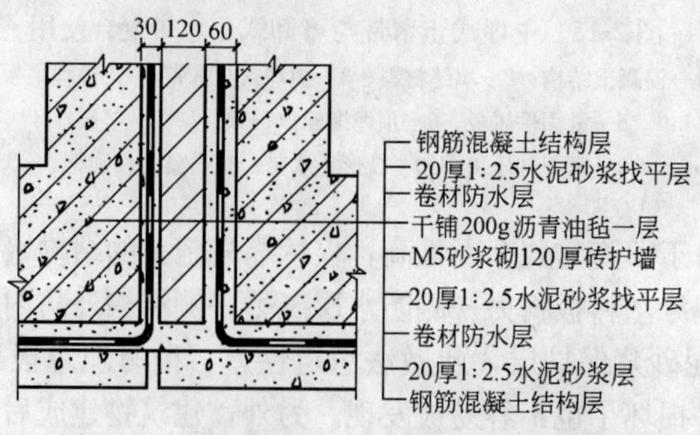

图 2-21　两相邻地下室变形缝防水构造（二）

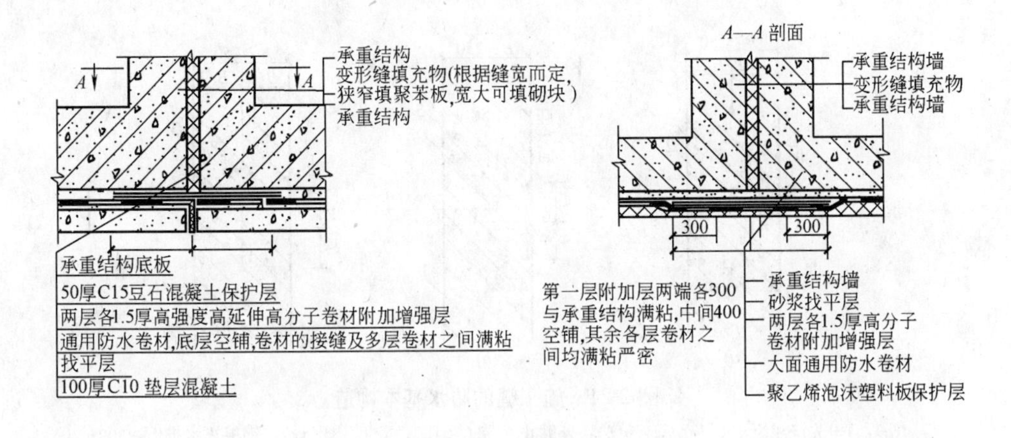

图 2-22　两相邻地下室变形缝防水构造（三）

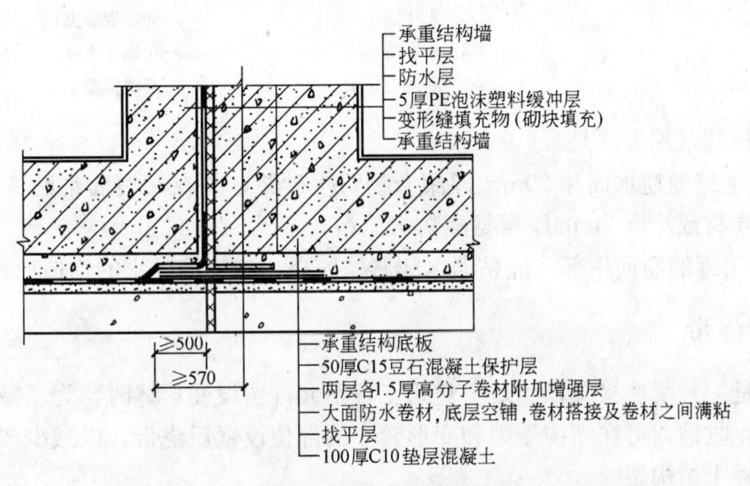

图 2-23　两相邻地下室变形缝防水构造（四）

二、施工缝

施工缝是混凝土结构的薄弱环节，也是地下工程易出现渗漏的部位，因此其防水设防应采用多道设防的处理方法。施工缝其防水的基本构造形式见图 2-24，实际工程应用时应根据设防等级要求复合使用。

防水混凝土应连续进行浇筑，宜少留施工缝。顶板、底板不宜留施工缝，墙体必须留设施工缝时，只准留水平缝，当留设施工缝时，应遵守下列规定：

(1) 墙体水平施工缝不应留在剪力与弯矩最大处或底板与侧墙的交接处，应留在高出底板表面不小于 300mm 的墙体上，拱（板）墙结合的水平施工缝宜留在拱（板）墙接缝线以下 150～300mm 处，墙体有预留孔洞时，施工缝距孔洞边缘不应小于 300mm。

(2) 墙体垂直方向如需留施工缝，应避开地下水和裂隙水较多的地段，应尽量与变形缝相结合，并按变形缝的构造处理。

(3) 施工缝是地下防水工程的薄弱环节，对受水压较大的重要工程，施工缝处理宜采

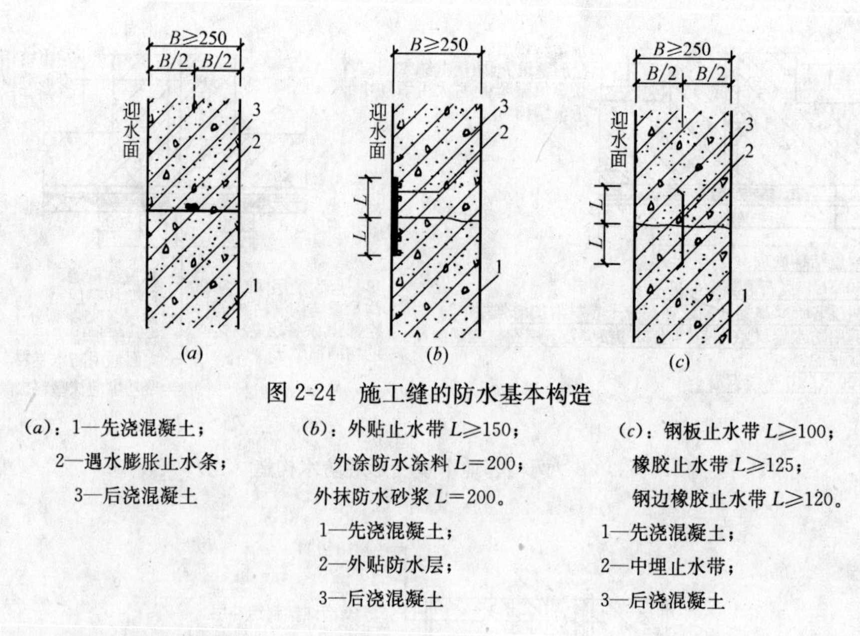

图 2-24　施工缝的防水基本构造

(*a*)：1—先浇混凝土；2—遇水膨胀止水条；3—后浇混凝土

(*b*)：外贴止水带 $L\geqslant150$；外涂防水涂料 $L=200$；外抹防水砂浆 $L=200$。1—先浇混凝土；2—外贴防水层；3—后浇混凝土

(*c*)：钢板止水带 $L\geqslant100$；橡胶止水带 $L\geqslant125$；钢边橡胶止水带 $L\geqslant120$。1—先浇混凝土；2—中埋止水带；3—后浇混凝土

用多道防线。其常用做法是：

① 在施工缝的迎水面抹 20mm 厚聚合物防水砂浆，并在其表面粘贴 3～4mm 厚高聚物改形沥青卷材或涂刷 2mm 厚聚氨酯防水涂料；

② 在施工缝的断面中部，嵌粘遇水膨胀橡胶条，施工缝防水的构造形式参见表 2-6。

三、后浇带

后浇带是一种刚性接缝，当地下建筑工程不允许留设变形缝时，为了减少混凝土结构的干缩、水化收缩，可在结构受力和变形较小的部位设置后浇带，以减少或避免混凝土收缩引起的混凝土结构裂缝。

后浇带设置和防水处理应按下列要点进行。

(1) 地下工程的后浇带应设在受剪力和变形较小的部位。一般在跨中 1/3 范围内，因为设置后浇带后，则在缝的两侧可出现两条施工缝，因而就成为受力的薄弱部位，而混凝土在结构中主要承受剪力，跨中 1/3 范围内的剪力较小，而且后浇带的接缝属于刚性接缝，所以也应设在变形较小的部位。

(2) 设置后浇带的目的就是为了减少混凝土的收缩裂缝，但同时也增加了两条施工缝，这就成为受力和防水的薄弱部位，故不宜多设，其间距以 30～60m 为宜，宽度以 700～1000mm 为宜。

(3) 后浇带的接缝可做成平直缝或阶梯缝（图 2-25）。为使其在受力上尽量与主体结构相同，结构主筋不宜在缝中断开，如必须断开，则主筋搭接长度应大于 45 倍主筋直径，并应按设计要求加设附加钢筋。后浇带的防水构造见图 2-26～图 2-28。

(4) 后浇带需超前止水时，后浇带部位混凝土应局部加厚，并增设外贴式或中埋式止水带，见图 2-29。

(5) 为加强后浇带两侧施工缝的防水能力，其施工缝应采用遇水膨胀橡胶条、外贴式止水带或外设防水层等进行增强处理。

施工缝的防水构造　　表 2-6

<table>
<tr><th>防水级别</th><th>防水构造</th></tr>
<tr><td rowspan="4">1级</td><td>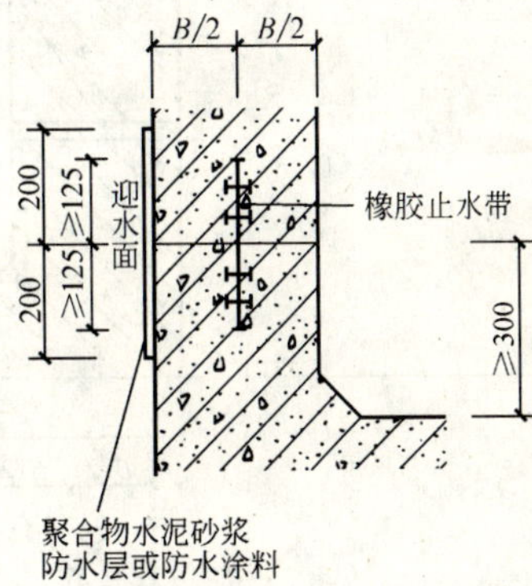
</td></tr>
<tr><td>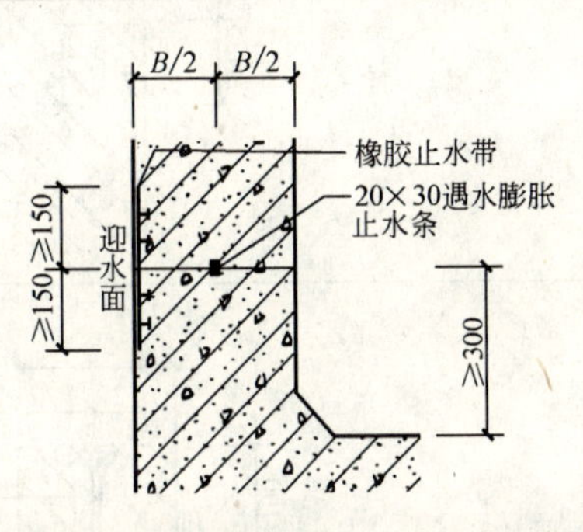
</td></tr>
<tr><td>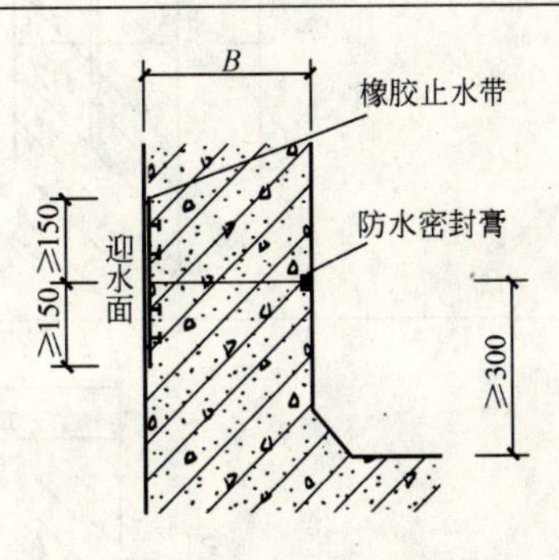
</td></tr>
<tr><td>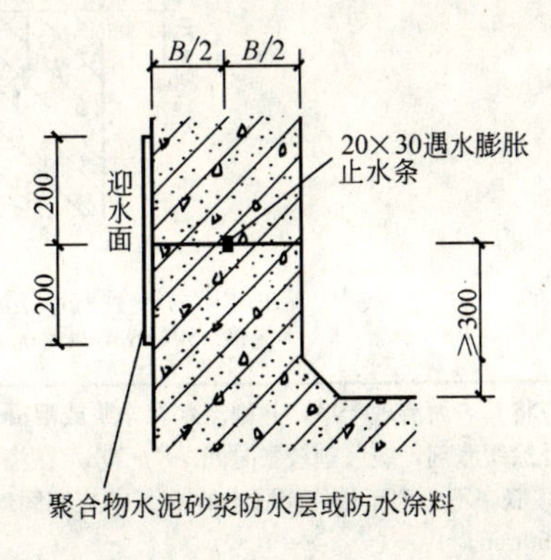
</td></tr>
</table>

续表

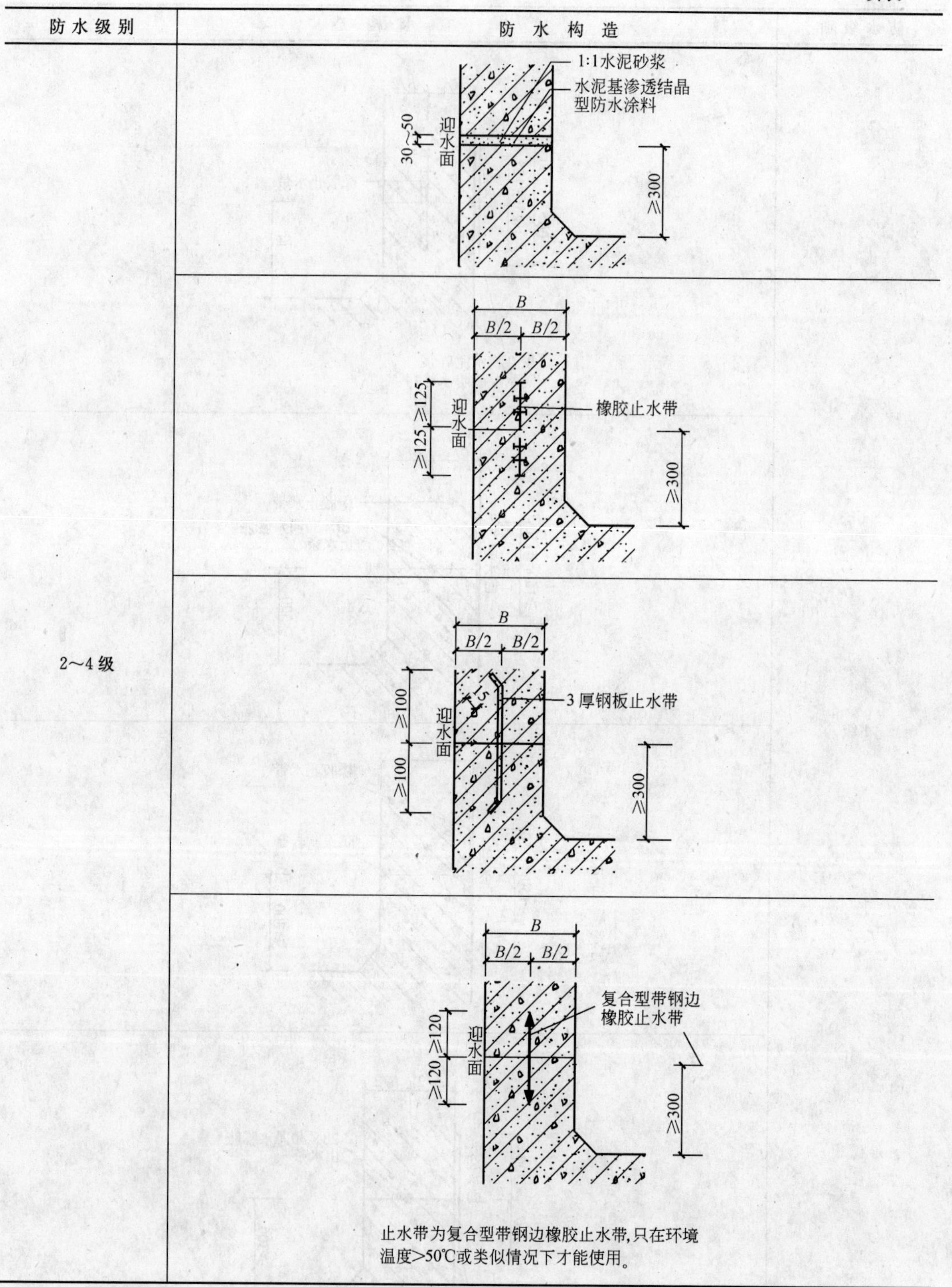

注：1. 施工缝浇灌前，应将其表面清理干净，并刷涂水泥净浆或混凝土界面处理剂，并及时浇灌混凝土。

2. 遇水膨胀止水条外涂缓胀剂，缓胀剂缓胀时间>8～10h，在浇灌新混凝土前应严防水浸泡失效。其搭接长度宜为50～100mm，7d缓胀率不应大于最终膨胀率的60%，应牢固地安装在混凝土表面或预留槽内。

3. B为墙厚，应≥250mm。

4. 施工缝处模板后拆。

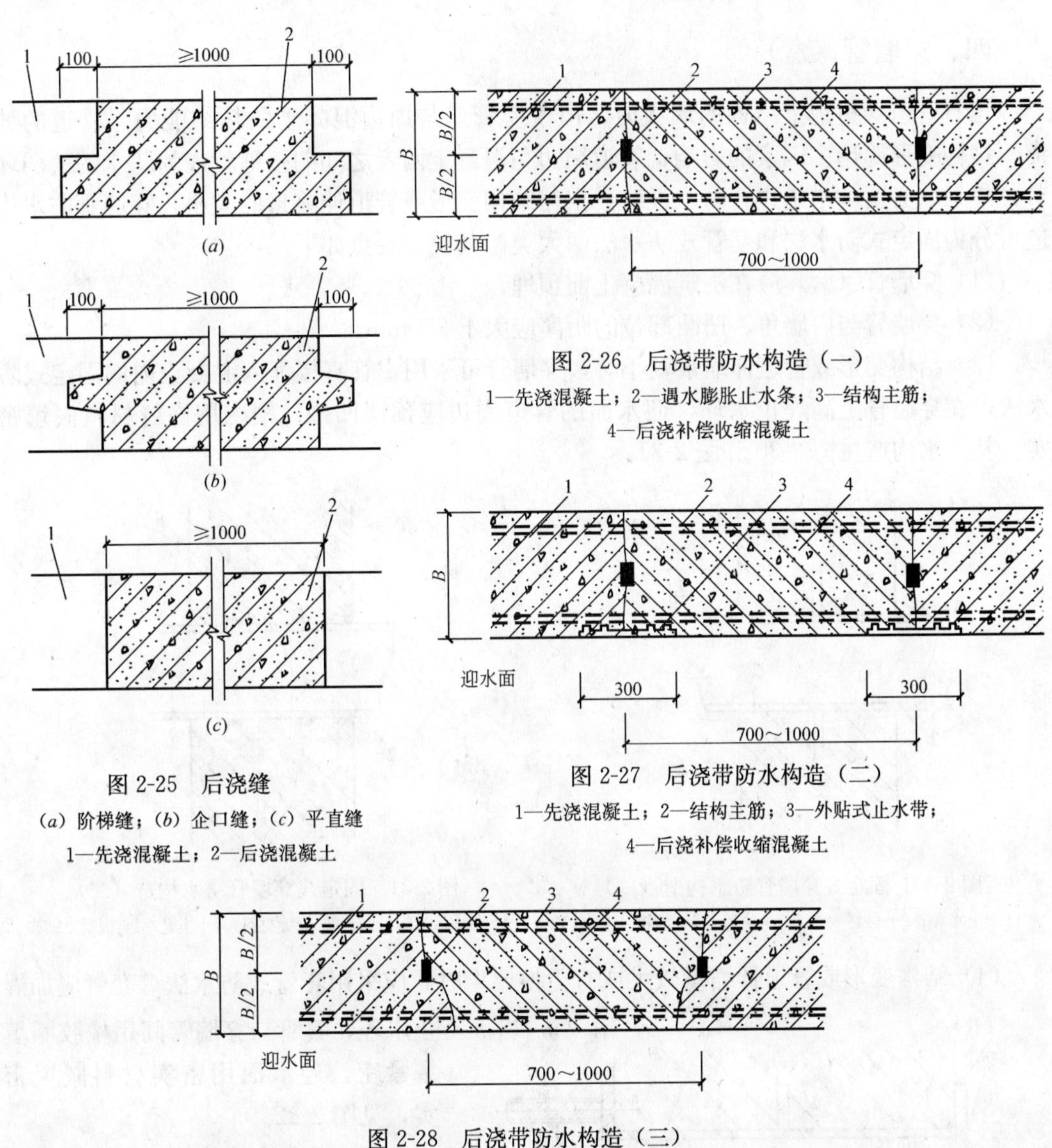

图 2-25　后浇缝

(a) 阶梯缝；(b) 企口缝；(c) 平直缝

1—先浇混凝土；2—后浇混凝土

图 2-26　后浇带防水构造（一）

1—先浇混凝土；2—遇水膨胀止水条；3—结构主筋；4—后浇补偿收缩混凝土

图 2-27　后浇带防水构造（二）

1—先浇混凝土；2—结构主筋；3—外贴式止水带；4—后浇补偿收缩混凝土

图 2-28　后浇带防水构造（三）

1—先浇混凝土；2—遇水膨胀止水条；3—结构主筋；4—后浇补偿收缩混凝土

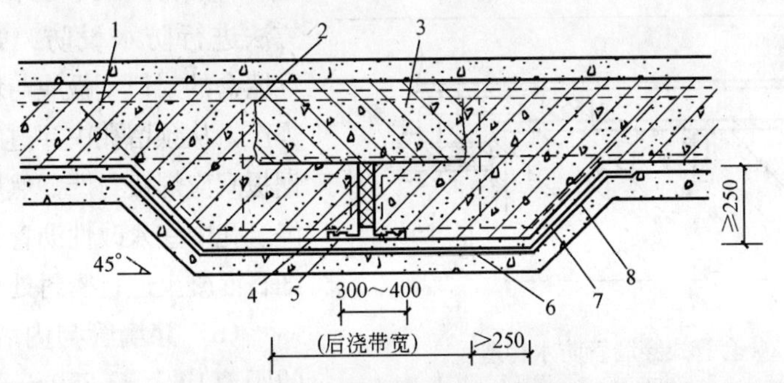

图 2-29　后浇带超前止水构造

1—混凝土结构；2—钢丝网片；3—后浇带；4—填缝材料；5—外贴式止水带；6—细石混凝土保护层；7—卷材防水层；8—垫层混凝土

四、穿墙管（盒）

当有管道穿过地下结构的墙板时，由于受管道与周边混凝土的粘结能力、管道的伸缩、结构变形等诸多因素的影响，管道周边与混凝土两者之间的接缝就成为防水的薄弱环节，应采取必要的措施进行防水设防。根据结构变形或管道伸缩量的大小，穿墙管防水构造可分为固定式防水法和套管式防水法两大类。其设计要点如下：

(1) 穿墙管（盒）应在浇筑混凝土前预埋。

(2) 穿墙管与内墙角、凹凸部位的距离应大于250mm。

(3) 结构变形或管道伸缩量较小时，穿墙管可采用主管直接埋入混凝土内的固定式防水法，在穿墙管上满焊止水环，迎水面的管道周边应预留凹槽，槽内用嵌缝材料嵌填密实。其防水构造见图2-30和图2-31。

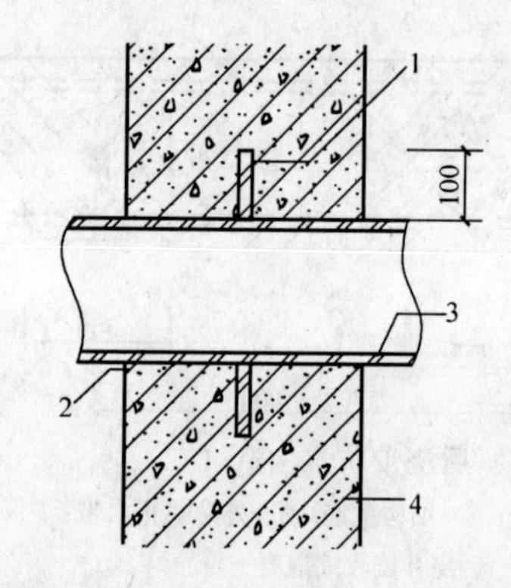

图2-30 固定式穿墙管防水构造（一）
1—止水环；2—嵌缝材料；3—主管；4—混凝土结构

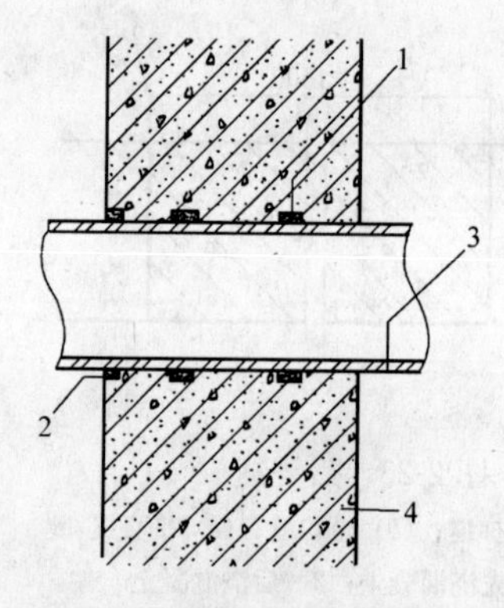

图2-31 固定式穿墙管防水构造（二）
1—遇水膨胀橡胶圈；2—嵌缝材料；3—主管；4—混凝土结构

(4) 结构变形或管道伸缩量较大或有更换要求时，应采用套管式防水法，套管应加焊止水环，套管与穿墙管间用橡胶圈填塞紧密，迎水面用密实材料嵌填密实，见图2-32。

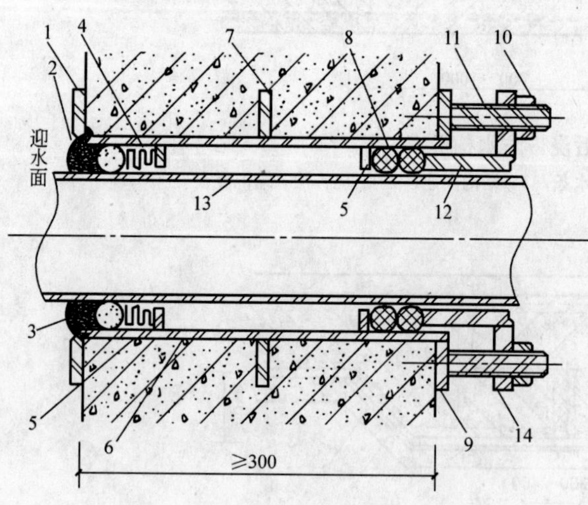

图2-32 套管式穿墙管防水构造
1—翼环；2—嵌缝材料；3—背衬材料；4—填缝材料；5—挡圈；6—套管；7—止水环；8—橡胶圈；9—翼盘；10—螺母；11—双头螺栓；12—短管；13—主管；14—法兰盘

(5) 当穿墙管线较多时，设计时应尽可能将其集中起来，采用穿墙盒的方法进行防水设防，如图2-33所示。穿墙盒的封口钢板应与墙上的预埋角钢焊严，从预留孔中穿过的穿墙管预封口钢板间应焊接封严，然后向钢板的预留浇筑孔中注入改性沥青柔性密封材料或细石混凝土进行密封处理。

(6) 穿墙管与内墙角、凹凸部位的距离应大于250mm，以方便进行穿墙管周边的防水设防处理。此外，转角部位在结构上受力较集中，如穿墙管从该部位穿过，则对结构受力影响较大，易发生墙体开裂现象。

(7) 穿墙管（盒）套管或群管穿墙的封口钢板均应在混凝土浇筑前进行预埋，这样既可以在周边预先设置止水环或遇水膨胀橡胶条等防水设防措施，同时可以使其与地下室墙体的混凝土能牢固粘接在一起，以加强穿墙管与混凝土之间的防水设防。

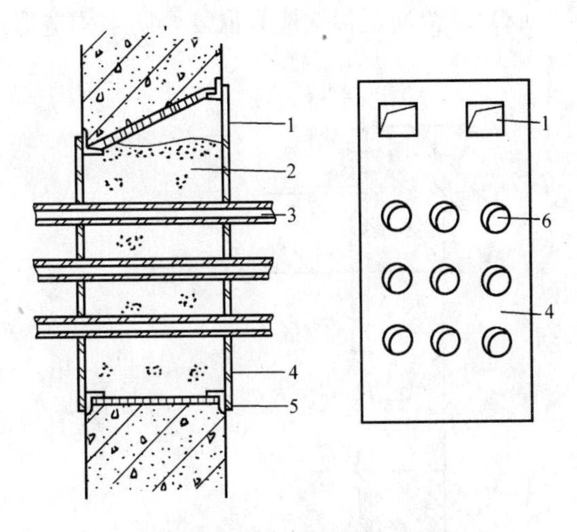

图 2-33　穿墙群管防水构造

1—浇筑孔；2—柔性材料或细石混凝土；3—穿墙管；4—封口钢板；5—固定角钢；6—预留孔

五、埋设件

结构上的埋设件宜预埋。

在地下工程结构中设置预埋件或预留孔（槽）时，将会使这些部位防水混凝土结构的厚度较小，这势将使防水抗渗能力减弱，为此要求预埋件端部或预留孔（槽）底部的混凝土厚度不得小于 250mm；当其厚度小于 250mm 时，应采取局部加厚或其他防水措施，参见图 2-34 和图 2-35。

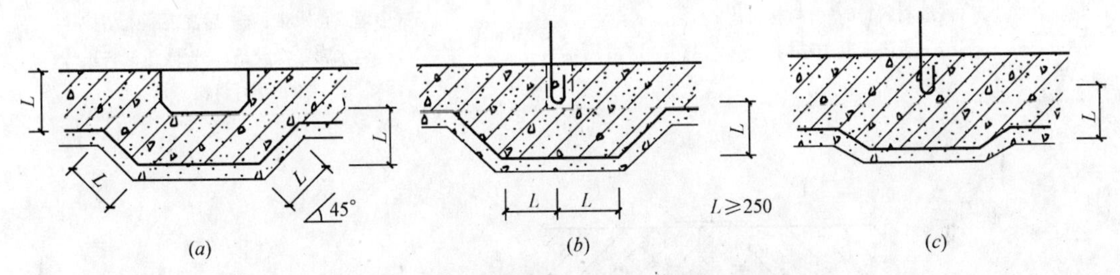

图 2-34　预埋件或预留孔（槽）处理示意图

(*a*) 预留槽；(*b*) 预留孔；(*c*) 预埋件

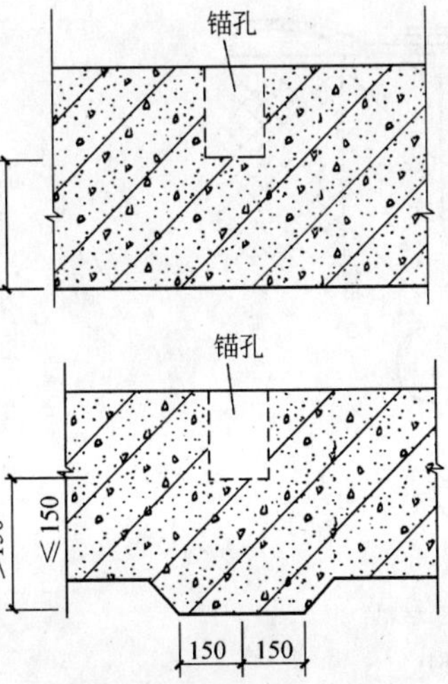

预留孔（槽）内的防水层，宜与孔（槽）外的结构防水层保持连续。

特殊工程需要做好内防水，其防水层一定要与预埋件紧密结合，封闭严密。

图 2-35　锚孔处局部加厚

六、预留通道接头

预留通道是指地下工程的进出口或地下室与地下通道之间的接口部位，该部位往往处于上部结构的变化部位或地下室与室外坡道的连接处等，其接缝两侧具有一定的沉降差，因此其接缝构造应采用柔性材料，使其具有适应变形的能力。

(1) 预留通道接缝处的最大沉降差值不得大于 30mm。

（2）预留通道接头应采取复合防水构造形式，见图 2-36～图 2-38。

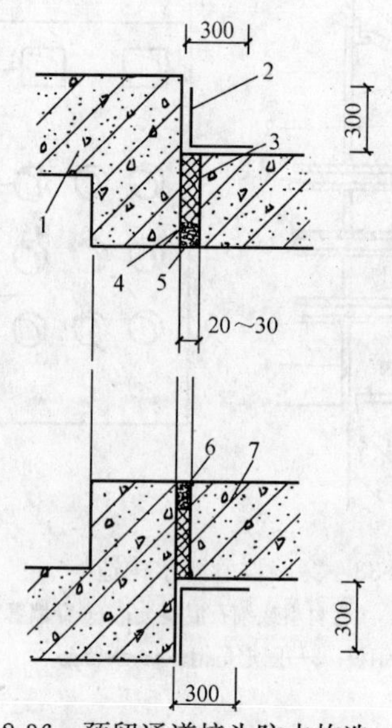

图 2-36　预留通道接头防水构造（一）

1—先浇混凝土结构；2—防水涂料；
3—填缝材料；4—遇水膨胀止水条；
5—嵌缝材料；6—背衬材料；
7—后浇混凝土结构

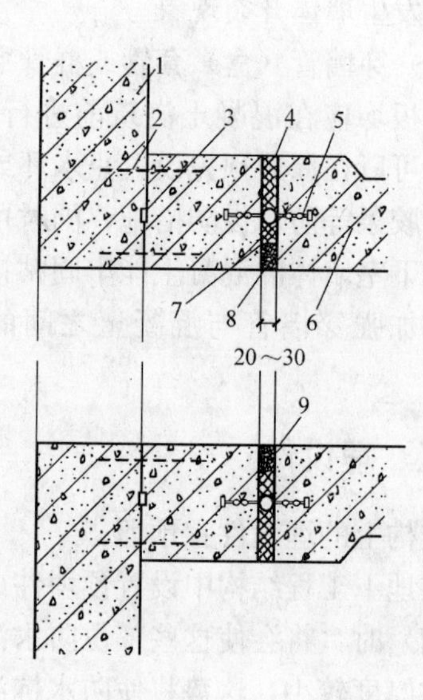

图 2-37　预留通道接头防水构造（二）

1—先浇混凝土结构；2—连接钢筋；
3—遇水膨胀止水条；4—填缝材料；
5—中埋式止水带；6—后浇混凝土结构；
7—遇水膨胀橡胶条；8—嵌缝材料；
9—背衬材料

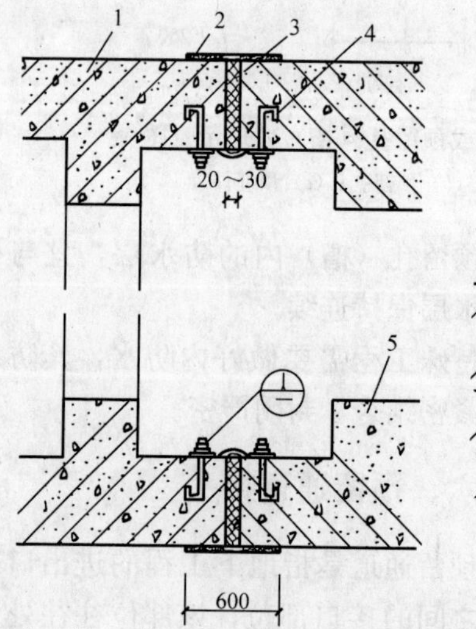

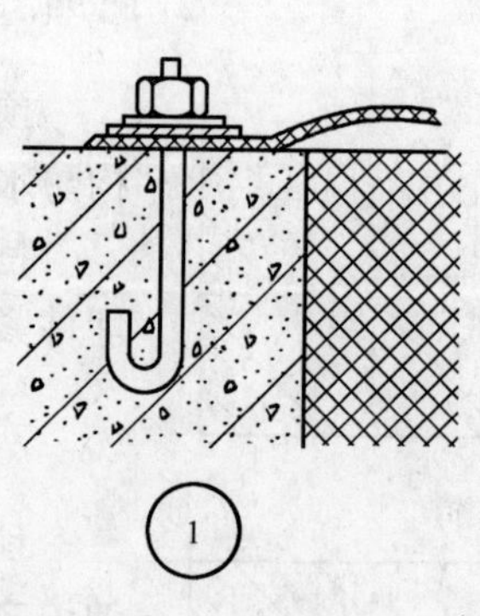

图 2-38　预留通道接头防水构造（三）

1—先浇混凝土结构；2—防水涂料；3—填缝材料；
4—可卸式止水带；5—后浇混凝土结构

(3) 预留通道接头的防水施工应符合下列规定：

① 中埋式止水带、遇水膨胀橡胶带、嵌缝材料、可卸式止水带的施工应符合《地下工程防水技术规范》(GB 50108) 中变形缝的有关规定；

② 预留通道先施工部位的混凝土、中埋式止水带、与防水相关的预埋件等应及时保护，确保端部表面混凝土和中埋式止水带清洁，埋件不锈蚀；

③ 采用图 2-37 的防水构造时，在接头混凝土施工前应将先浇混凝土端部表面凿毛，露出钢筋或预埋的钢筋接驳器钢板，与待浇混凝土部位的钢筋焊接或连接好后再行浇筑；

④ 当先浇混凝土中未预埋可卸式止水带的预埋螺栓时，可选用金属或尼龙的膨胀螺栓固定可卸式止水带。采用金属膨胀螺栓时，可用不锈钢材料或用金属涂膜、环氧涂料进行防锈处理。

七、桩头

桩头部位桩的混凝土与底板混凝土是分两次浇筑的，桩的受力钢筋深入到底板，故该部位混凝土断面受到削弱，故桩的受力钢筋成为渗水的通道之一，在防水等级为一级或二级的地下建筑工程中，应使底板防水层在桩头部位连续，以形成整体的防水层。

(1) 桩头部位的防水不应采用柔性防水卷材，也不宜采用一般涂膜类防水（如类似聚氨酯类涂膜防水），应采用聚合物水泥防水砂浆、水泥基渗透结晶型防水涂料等刚性防水涂层。

(2) 采用的防水材料应承受在施工中钢筋处于变位时，防水层应紧密地与钢筋粘结牢固，同时保持在动态变位过程中不致断裂，而且起到桩头与底板新旧混凝土之间界面连接作用，同时要解决桩基与底板结构之间粘结强度和桩头本身的防水密封以及和底板垫层大面防水层连成一个连续整体，使其形成天衣无缝的防水层。其主要技术性能要求为：

① 材料粘结强度高，确保防水层与桩头钢筋牢固地粘结，同时与混凝土之间有着牢固的握裹力，使其形成一体，并在施工过程中钢筋往返弯曲时，防水材料性能不受较大影响；

② 材料应具有弹性和柔韧性，以适应基面的扩展与收缩，自由改变形状而不断裂；

③ 适应在潮湿环境下固结或固化的防水材料。防水层的耐水性好、无毒、施工方便。

(3) 桩头防水构造见图 2-39 和图 2-40。

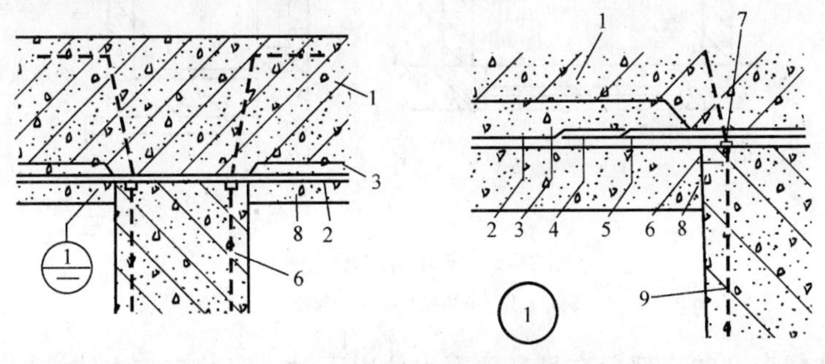

图 2-39　桩头防水构造（一）

1—结构底板；2—底板防水层；3—细石混凝土保护层；4—聚合物水泥防水砂浆；5—水泥基渗透结晶型防水涂料；6—桩基受力筋；7—遇水膨胀止水条；8—混凝土垫层；9—桩基混凝土

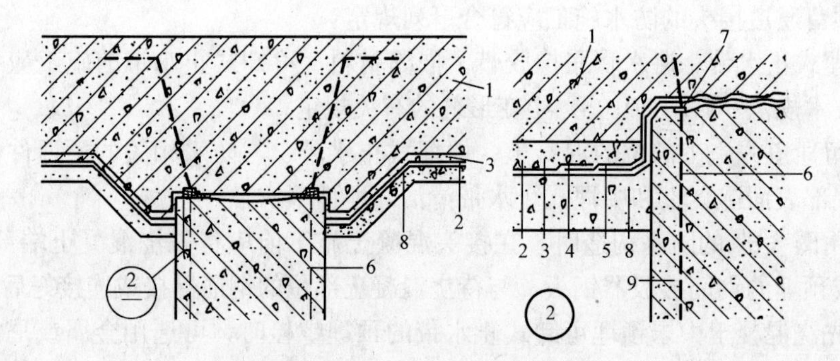

图 2-40 桩头防水构造（二）

1—结构底板；2—底板防水层；3—细石混凝土保护层；4—聚合物水泥防水砂浆；5—水泥基渗透结晶型防水涂料；6—桩基受力筋；7—遇水膨胀止水条；8—混凝土垫层；9—桩基混凝土

(4) 桩头防水施工应符合下列要求：

① 破桩后如发现渗漏水，应先采取措施将渗漏水止住；

② 采用其他防水材料进行防水时，基面应符合防水层施工的要求；

③ 应对遇水膨胀止水条进行保护。

八、孔口

(1) 地下工程通向地面的各种孔口应设置防地面水倒灌措施。地下工程的人员出入口高出地面不小于 500mm，汽车出入口设明沟排水时，其高度宜为 150mm，并应有防雨措施。

(2) 窗井的底部在最高地下水位以上时，窗井的底板和墙应做防水处理，并宜与主体结构断开，见图 2-41。

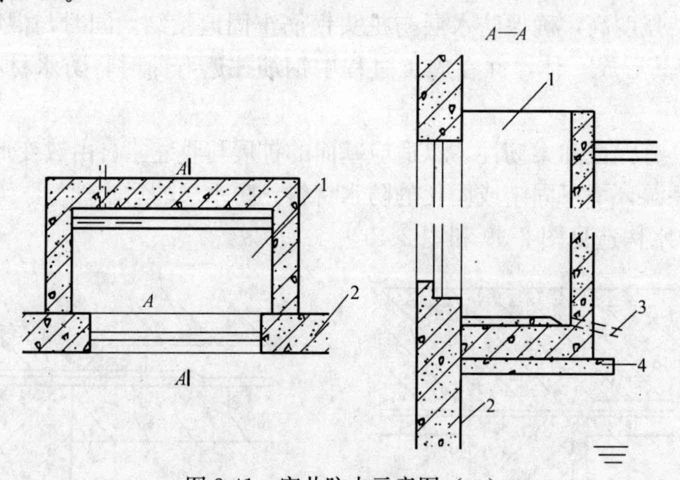

图 2-41 窗井防水示意图（一）

1—窗井；2—主体结构；3—排水管；4—垫层

(3) 窗井或窗井的一部分在最高地下水位以下时，窗井应与主体结构连成整体，其防水层也连成整体，并在窗井内设集水井，见图 2-42。

(4) 无论地下水位高低，窗台下部的墙体和底板均应做防水层。

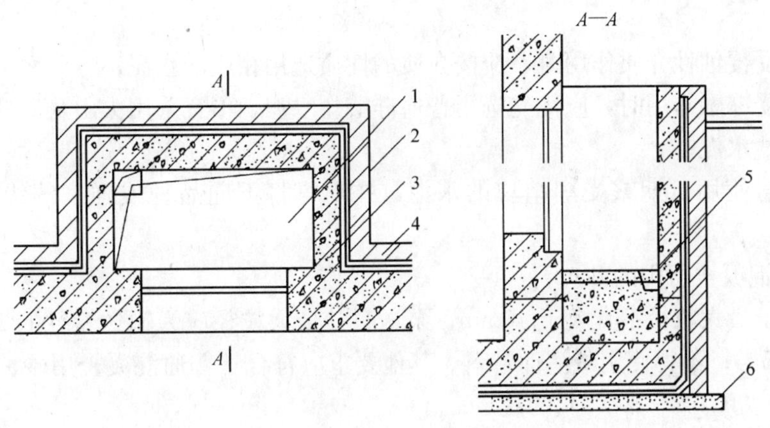

图 2-42　窗井防水示意图（二）

1—窗井；2—防水层；3—主体结构；4—防水层保护层；5—集水井；6—垫层

（5）窗井内的底板，应比窗下缘低 300mm。窗井墙高出地面不得小于 500mm。窗井外地面应做散水，散水与墙面间采用密封材料嵌填。

（6）通风口应与窗井同样处理，竖井窗下缘离室外地面高度不得小于 500mm。

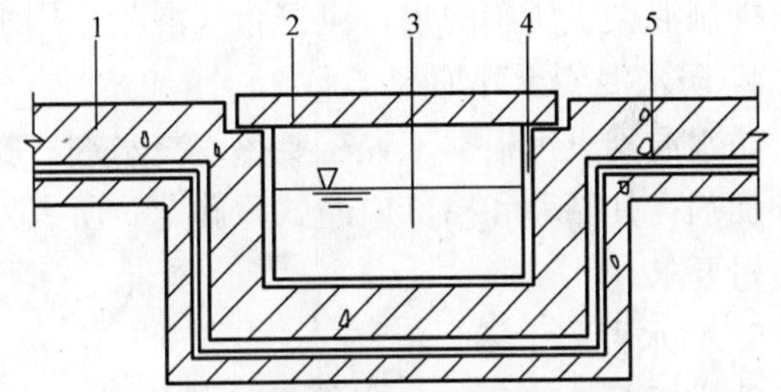

图 2-43　底板下坑、池的防水构造

1—底板；2—盖板；3—坑、池；

4—坑、池防水层；5—围护结构防水层

九、坑、池

坑、池、储水库宜用防水混凝土整体浇筑，内设其他防水层。受到振动作用时应设柔性防水层。

底板以下的坑、池，其局部底板必须相应降低，并应使防水层保持连续，见图 2-43。

第三节　地下工程刚性防水设计

一、防水混凝土的设计

防水混凝土是人为地从材料和施工两个方面着手，采取种种措施，提高其自身的密实性，抑制和减少其内部孔隙的生成，改变孔隙的特征，堵塞渗水通路，并以自身壁厚及其憎水性来达到自防水的一种混凝土。地下工程防水设计应以结构自防水为主，而结构自防水应采用防水混凝土。

（一）防水混凝土对组成材料的要求

1. 防水混凝土使用的水泥

（1）水泥的强度等级不应低于 32.5；

（2）在不受侵蚀性介质和冻融作用时，宜采用普通硅酸盐水泥、硅酸盐水泥、火山灰质硅酸盐水泥、粉煤灰硅酸盐水泥、矿渣硅酸盐水泥，使用矿渣硅酸盐水泥必须掺用高效减水剂；

（3）在受侵蚀性介质作用时，应按介质的性质选用相应的水泥；

（4）在受冻融作用时，应优先选用普通硅酸盐水泥，不宜采用火山灰质硅酸盐水泥和粉煤灰硅酸盐水泥；

（5）不得使用过期或受潮结块的水泥，并不得将不同品种或强度等级的水泥混合使用。

2. 防水混凝土所用的砂、石

（1）石子最大粒径不宜大于40mm，泵送时其最大粒径应为输送管径的1/4；吸水率不应大于1.5%；不得使用碱活性骨料。其他要求应符合《普通混凝土用砂、石质量及检验方法标准》（JGJ 52—2006）的规定；

（2）砂宜采用中砂，其要求应符合《普通混凝土用砂、石质量及检验方法标准》（JGJ 52—2006）的规定。

3. 拌制混凝土所用的水

拌制混凝土所用的水，应符合《混凝土用水标准》（JGJ 63—2006）的规定。

4. 防水混凝土外加剂

防水混凝土可根据工程需要掺入减水剂、膨胀剂、防水剂、密实剂、引气剂、复合型等外加剂，其品种和掺量应经试验确定。所有外加剂应符合国家或行业标准一等品及以上的质量要求。

5. 防水混凝土掺合料

防水混凝土可掺入一定数量的粉煤灰、磨细矿渣粉、硅粉等。粉煤灰的级别不应低于二级，掺量不宜大于20%；硅粉掺量不应大于3%；其他掺合料的掺量应经过试验确定。

防水混凝土可根据工程抗裂需要掺入钢纤维或合成纤维。

6. 防水混凝土中的总碱量

每立方米防水混凝土中各类材料的总碱量（Na_2O当量）不得大于3kg。

（二）防水混凝土设计的要点

采用结构本体防水的混凝土工程，除了考虑结构承重要求外，还必须同时考虑防水功能要求，才能从设计角度上来保证其工程的质量。

（1）防水混凝土适用于一般工业民用建筑的地下室、地下水泵房、水塔、水池、地下通廊、沉箱、设备基础和地下人防工程等地下的建（构）筑物，以及水坝桥墩、码头等构筑物。

（2）防水混凝土不得使用于耐侵蚀系数小于0.8的受侵蚀的防水工程。耐侵蚀系数是指混凝土试块分别在侵蚀介质与在饮用水中养护6个月的抗折强度之比。其表达式如下：

$$\text{耐蚀系数}=\frac{\text{在侵蚀性水中养护6个月的混凝土试抗折强度}}{\text{在饮用水中养护6个月的混凝土试块抗折强度}}$$

当在耐蚀系数小于0.8和地下混有酸、碱等腐蚀性介质的条件下应用时，应采取可靠的防腐蚀措施。当防水混凝土采用耐侵蚀材料配制时，则不受此限制。

(3) 防水混凝土应用于受热部位时，其表面温度不应大于80℃，否则应采取相应的隔热保温措施。

(4) 防水混凝土不宜单独用于遭受剧烈振动或冲击的地下结构。

(5) 防水混凝土不适用于裂缝宽度的开展大于现行《混凝土结构设计规范》规定的结构。

(6) 防水工程的设防高度应根据地下水情况和建筑物周围土的情况而确定，详见表2-7。

设防高度确定　**表2-7**

土的性质	地下水情况	设防高度
强透水地基，渗透＞1m/24h或有裂缝的坚硬岩层	潜水水位较高，建筑物在潜水水位以下	设在毛细管带区，即取潜水水位以下1m
	潜水水位较低，建筑物基础在潜水水位以下	毛细管带区以上放置防潮层
弱透水性地基，渗透0.001m/24h的黏土、重黏土及密实的块状坚硬岩石	有潜水或海水	防水高度设至地面
一般的透水性地基，渗透1～0.001m/24h，如黏土、粉质黏土及裂缝小的坚硬岩石	有潜水或海水	防水高度设至地面

(7) 防水混凝土应通过调整配合比，掺加外加剂、掺合料配制而成，抗渗等级不得小于P6，重要工程的抗渗等级应根据计算确定。

(8) 防水混凝土的施工配合比应通过实验确定，抗渗等级应比设计要求提高一级。

(9) 防水混凝土除满足强度要求外，还应满足抗渗等级要求，防水混凝土的抗渗等级用Pn表示，一般有P4、P6、P8、P10、P12、P16、P20等，相当于0.4～2.0MPa。防水混凝土的设计抗渗等级，应符合表2-8的规定。

防水混凝土设计抗渗等级　**表2-8**

工程埋置深度(m)	设计抗渗等级	工程埋置深度(m)	设计抗渗等级
＜10	P6	20～30	P10
10～20	P8	30～40	P12

注：1. 本表适用于Ⅳ、Ⅴ级围岩（土层及软弱围岩）。
2. 山岭隧道防水混凝土的抗渗等级可按铁道部门的有关规范执行。

在满足抗渗等级要求的同时，其抗压强度一般可以控制在20～30MPa范围内。

(10) 防水混凝土结构底板的混凝土垫层，强度等级不应小于C15，厚度不应小于100mm，在软弱土层中厚度不应小于150mm。

(11) 防水混凝土结构，应符合下列规定：

① 结构厚度不应小于250mm；

② 裂缝宽度不得大于0.2mm，并不得贯通；

③ 迎水面钢筋保护层厚度不应小于50mm。

防水混凝土的配制技术要求　表 2-9

项　目	技　术　要　求
水泥用量	不得少于 $320kg/m^3$；如掺有活性掺合料时，其用量则不得少于 $280kg/m^3$
砂率	宜为 35％～40％(对于厚度较小、钢筋稠密、埋设件较多等不易浇筑施工的工程，应提高到 40％)，泵送时可增至 45％
灰砂比	1∶1.5～1∶2.5
水灰比	不得大于 0.55
含气量	掺加引气剂或引气型减水剂时，混凝土含气量应控制在 3％～5％
缓凝时间	防水混凝土采用预拌混凝土时，缓凝时间宜为 6～8h
坍落度	普通防水混凝土坍落度不宜大于 50mm。防水混凝土采用预拌混凝土时，入泵坍落度宜控制在(120±20)mm，入泵前坍落度每小时损失值不应大于 30mm，坍落度总损失值不应大于 60mm
骨料	细骨料采用中砂。粗骨料最大粒径≤40mm，级配为(5～20mm)∶(20～40mm)＝(30∶70)～(70∶30)，或自然级配 防水混凝土配料必须按配合比准确称量。计算允许偏差不应大于下列情况：水泥、水、外加剂、掺合料为±1％；砂、石为±2％

(12) 钢筋保护层的厚度，在迎水面不应小于 35mm，当直接处于侵蚀介质中时，不应小于 50mm。

(13) 地下工程结构自防水其抗裂比抗渗更为重要，因此，在有条件的情况下，应尽可能选用外加剂防水混凝土，并优先采用膨胀剂防水混凝土。防水混凝土的配制技术要求参见表 2-9。

(14) 防水混凝土地下工程周围应做散水坡，其坡度不宜小于 5％，标高略高于室外地坪，必要时，可在散水坡的前沿增设排水明沟。

(15) 设计防水混凝土结构时，应优先采用变形钢筋，其配置细而密，直径宜用 $\phi8$～$\phi25$，中距≤200mm，分布应尽可能均匀。

二、水泥砂浆防水层的设计

水泥砂浆防水层包括普通水泥砂浆、聚合物水泥防水砂浆、掺外加剂和掺合料的防水砂浆等，其施工方法可以采用人工多层抹压法或机械喷涂法。

水泥砂浆防水层适用于防水等级为 3～4 级的地下工程防水，如高于 3 级时，则需与其他防水措施复合使用。

1. 水泥砂浆防水层对组成材料的要求

(1) 水泥砂浆防水层所用的材料应符合下列规定：

① 应采用强度等级不低于 32.5 的普通硅酸盐水泥、硅酸盐水泥、特种水泥，严禁使用过期或受潮结块水泥；

② 砂宜采用中砂，含泥量不大于 1％，硫化物和硫酸盐含量不大于 1％；

③ 拌制水泥砂浆所用的水，应符合《混凝土用水标准》(JGJ 63—2006) 的规定；

④ 聚合物乳液：外观应无颗粒、异物和凝固物，固体含量应大于 35％。宜选用专用产品；

⑤ 外加剂的技术性能应符合国家或行业产品标准一等品以上的质量要求。

（2）水泥砂浆防水层宜掺入外加剂、掺合料、聚合物等进行改性，改性后防水砂浆的性能应符合表2-10的规定。

改性后防水砂浆的主要性能 表2-10

改性剂种类	粘结强度(MPa)	抗渗性(MPa)	抗折强度(MPa)	干缩率(%)	吸水率(%)	冻融循环(次)	耐碱性	耐水性(%)
外加剂、掺合料	>0.5	≥0.6	同一般砂浆	同一般砂浆	≤3	>D50	10%NaOH溶液浸泡14d无变化	—
聚合物	>1.0	≥1.2	≥7.0	≤0.15	≤4	>D50	10%NaOH溶液浸泡14d无变化	≥80

注：耐水性指标是在浸水168h后材料的粘结强度及抗渗性的保持率。

2. 水泥砂浆防水层的设计要点

（1）水泥砂浆防水层可用于结构主体的迎水面或背水面。

（2）水泥砂浆防水层应在基础垫层、初期支护、围护结构及内衬结构验收合格后方可施工。

（3）水泥砂浆品种和配合比设计应根据防水工程要求确定。

（4）聚合物水泥砂浆防水层厚度单层施工宜为6～8mm，双层施工宜为10～12mm，掺外加剂、掺合料等水泥砂浆防水层厚度宜为18～20mm。

（5）水泥砂浆防水层基层，其混凝土强度等级不应小于C15；砌体结构砌筑用的砂浆强度等级不应低于M7.5。

（6）混凝土基层处理的要求如下：

① 新建混凝土工程拆模后，立即用钢丝刷将混凝土结构表面刷毛，并在抹面前浇水冲刷干净。

② 旧混凝土工程补做防水层时，用扁铲、剁斧、钢丝刷将表面凿毛，清理后再冲水洗净。

③ 若混凝土结构表面有凹凸不平、蜂窝、孔洞，应根据不同情况分别进行处理，见图2-44。

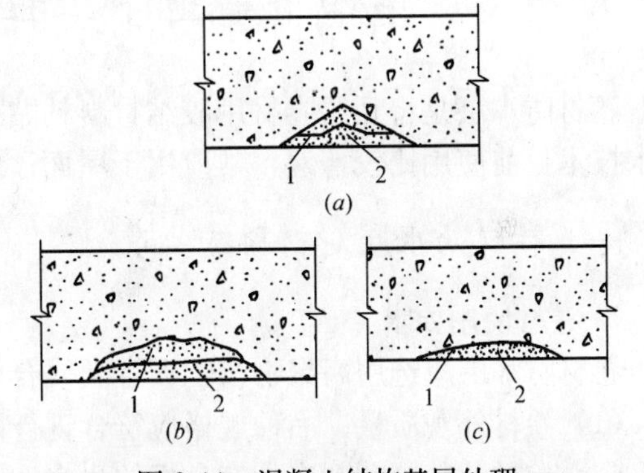

图2-44 混凝土结构基层处理
(a) 凹凸不平的处理；(b) 蜂窝孔洞的处理；(c) 蜂窝麻面的处理
1—素灰2mm；2—砂浆层

④ 施工缝处应沿缝剔成八字形凹槽，用水冲洗后，用素灰打底。水泥砂浆压实抹平见图2-45。

（7）砖砌体基层处理的要求如下：

① 新砌体应清除干净表面残留的砂浆等污物，浇水冲洗。

② 旧砌体应将其表面酥松表皮及砂浆等污物清理干净，直至露出砖面，再浇水冲洗。

③ 石灰砂浆或混合砂浆砌筑的砖砌体，应将砖灰缝剔深1cm，缝内呈直角，见图2-46。

（8）防水层施工缝构造的要求：

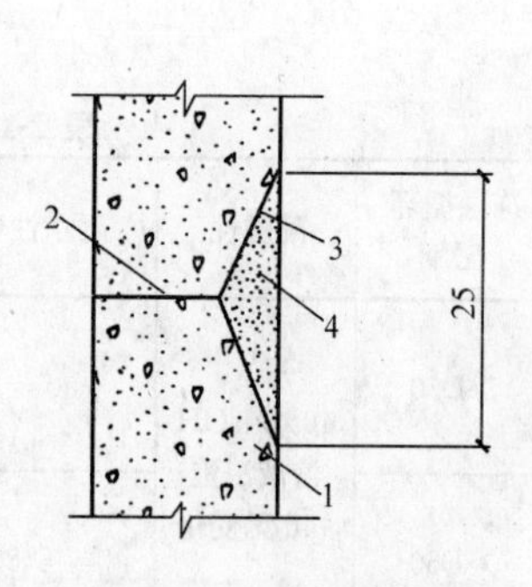

图 2-45 施工缝处处理

1—结构；2—施工缝；3—素灰；4—水泥砂浆

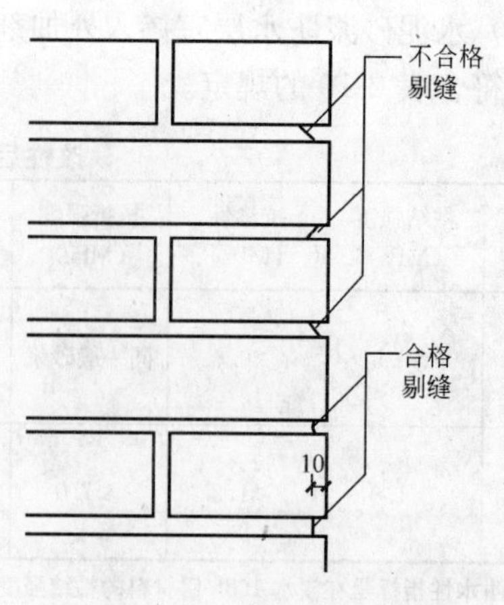

图 2-46 砖墙基层处理

① 阳阴角处的防水层，均应抹成圆角，阳角半径 R 为 5mm，阴角半径 R 为 25mm。

② 防水层的施工缝须留斜坡阶梯形茬，留茬时层次要分明，留茬的位置一般宜留在地面上，但离阴阳角处不得＜200mm（当地面积水时，也可留在立墙上，但均需离开阴阳角≥300mm，以利搭接）。

第四节 地下工程卷材防水层设计

卷材防水层是将几层卷材用胶结材料粘贴在结构基层上而构成的一种防水工程。这种防水技术目前使用比较普遍，常应用于屋面、地下室及地下构筑物的防水工程。

一、卷材防水层对材料的要求

1. 卷材使用要求

卷材防水层应选用高聚物改性沥青类或合成高分子类防水卷材，并符合下列规定：

(1) 卷材外观质量、品种规格应符合现行国家标准和行业标准；

(2) 卷材及其胶粘剂应具有良好的耐水性、耐久性、耐刺穿性、耐腐蚀性和耐菌性；

(3) 高聚物改性沥青防水卷材的主要物理性能应符合表 2-11 的要求；

高聚物改性沥青防水卷材的主要物理性能 表 2-11

项目		性能要求		
		聚酯毡胎体卷材	玻纤毡胎体卷材	聚乙烯膜胎体卷材
拉伸性能	拉力(N/50mm)	≥800(纵横向)	≥500(纵向)	≥140(纵向)
			≥300(横向)	≥120(横向)
	最大拉力时延伸率(%)	≥40(纵横向)	—	≥250(纵横向)
低温柔性(℃)		≤−15		
		3mm 厚，r=15mm；4mm 厚，r=25mm；3S，弯 180°无裂纹		
不透水性		压力 0.3MPa，保持时间 30min，不透水		

（4）合成高分子防水卷材的主要物理性能应符合表 2-12 的要求。

合成高分子防水卷材的主要物理性能　表 2-12

项　目	性　能　要　求				
	硫化橡胶类		非硫化橡胶类	合成树脂类	纤维胎增强类
	JL_1	JL_2	JF_3	JS_1	
拉伸性能（MPa）	≥8	≥7	≥5	≥8	≥8
断裂伸长率（%）	≥450	≥400	≥200	≥200	≥10
低温弯折性（℃）	−45	−40	−20	−20	−20
不透水性	压力 0.3MPa，保持时间 30min，不透水				

2. 辅助材料要求

粘贴各类卷材必须采用与卷材材性相容的胶粘剂，胶粘剂的质量应符合下列要求：

（1）高聚物改性沥青卷材间的粘合剥离强度不应小于 8N/10mm；

（2）合成高分子卷材胶粘剂的粘结剥离强度不应小于 15N/10mm，浸水 168h 后的粘结强度保持不应小于 70%。

二、卷材防水层的设计要点

（1）卷材防水层适用于受侵蚀性介质作用或受振动作用的地下工程。

（2）卷材防水层应铺设在混凝土结构主体的迎水面上。受压力水作用时则紧压在结构上，防水效果更好。

（3）卷材防水层用于建筑物地下室应铺设在结构主体底板垫层至墙体顶端的基面上，在外围形成封闭的防水层。

（4）卷材防水层宜为一或二层。高聚物改性沥青防水卷材厚度不应小于 3mm，单层使用时，厚度不应小于 4mm，双层使用时，总厚度不应小于 6mm；合成高分子防水卷材单层使用时，厚度不应小于 1.5mm，双层使用时，总厚度不应小于 2.4mm。

（5）地下工程在施工阶段长期处于潮湿状态，使用后又受地下水的侵蚀，故采用卷材防水层时，宜选用抗菌的高聚物改性沥青防水卷材（如 SBS 改性沥青防水卷材、合成高分子防水卷材），施工时必须确保混凝土基面干燥，这样才能使卷材与结构混凝土密贴，否则将失去防水性能。

（6）地下室卷材防水构造层次：

① 地下室底板卷材防水构造层次参见图 2-47。

a. 基土层：是素土夯实。

b. 垫层：C10 混凝土，厚度由设计确定。

c. 找平层：20mm 厚 1∶2.5 水泥砂浆。

d. 防水层：冷底子油一道、沥青防水卷材或涂刷基层处理剂、合成高分子卷材、点粘沥青防水卷材一层；卷材层数依水头压力定。

e. 保护层：40mm 厚 C20 细石混凝土。

f. 结构层：钢筋混凝土底板，厚度由设计确定。

② 地下室墙体卷材防水构造层次参见图 2-48。

a. 结构层：砖石或钢筋混凝土墙体。

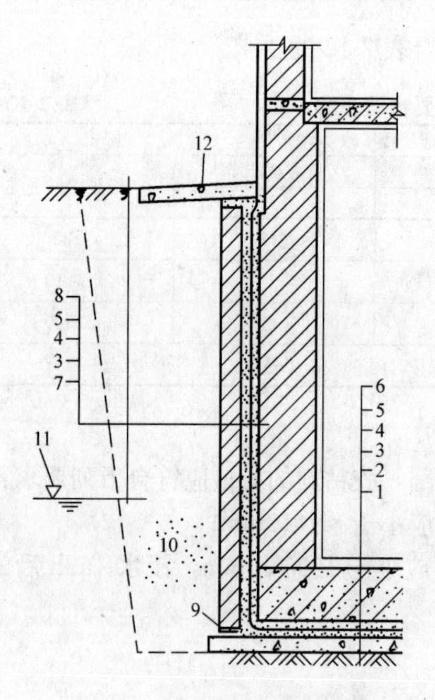

图 2-47 地下室卷材防水构造

1—基土；2—垫层；3—找平层；4—防水层；5—保护层；6—结构层（底板）；7—结构层（墙体）；8—保护墙；9—干铺卷材；10—2∶8 灰土回填；11—地下水位；12—混凝土散水

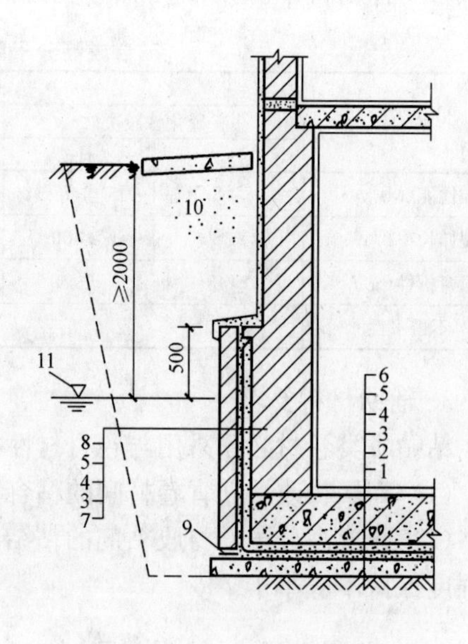

图 2-48 低水位地下室卷材防水

1—基土；2—垫层；3—找平层；4—防水层；5—保护层；6—结构层（底板）；7—结构层（墙体）；8—保护墙；9—干铺卷材；10—2∶8 灰土回填；11—地下水位

b. 找平层：20mm 厚 1∶2.5 水泥砂浆。

c. 防水层：冷底子油一道、沥青防水卷材或涂刷基层处理剂、合成高分子防水卷材、点粘沥青防水卷材一层。

d. 保护层：20mm 厚 1∶3 水泥砂浆。

e. 保护墙：115mm 厚，用 M5 砂浆及普通黏土砖砌筑。

③ 卷材防水层的甩茬构造见图 2-49。

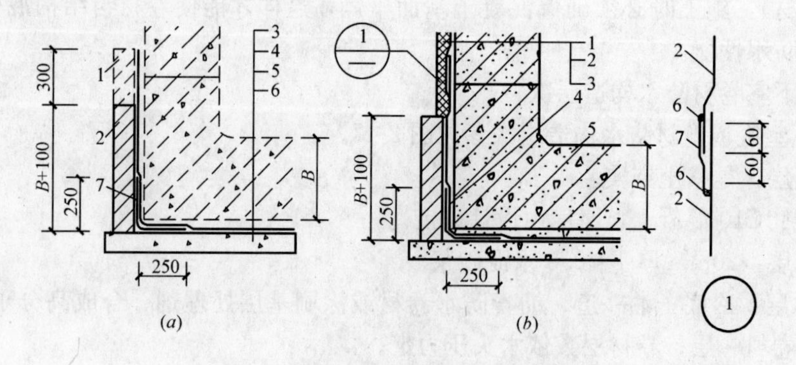

图 2-49 卷材防水层甩茬、接茬做法

(*a*) 甩茬：1—临时保护墙；2—永久保护墙；3—细石混凝土保护层；4—卷材防水层；5—水泥砂浆找平层；6—混凝土垫层；7—卷材加强层

(*b*) 接茬：1—结构墙体；2—卷材防水层；3—卷材保护层；4—卷材加强层；5—结构底板；6—密封材料；7—盖缝条

④ 隧道卷材防水构造参见图 2-50～图 2-53。

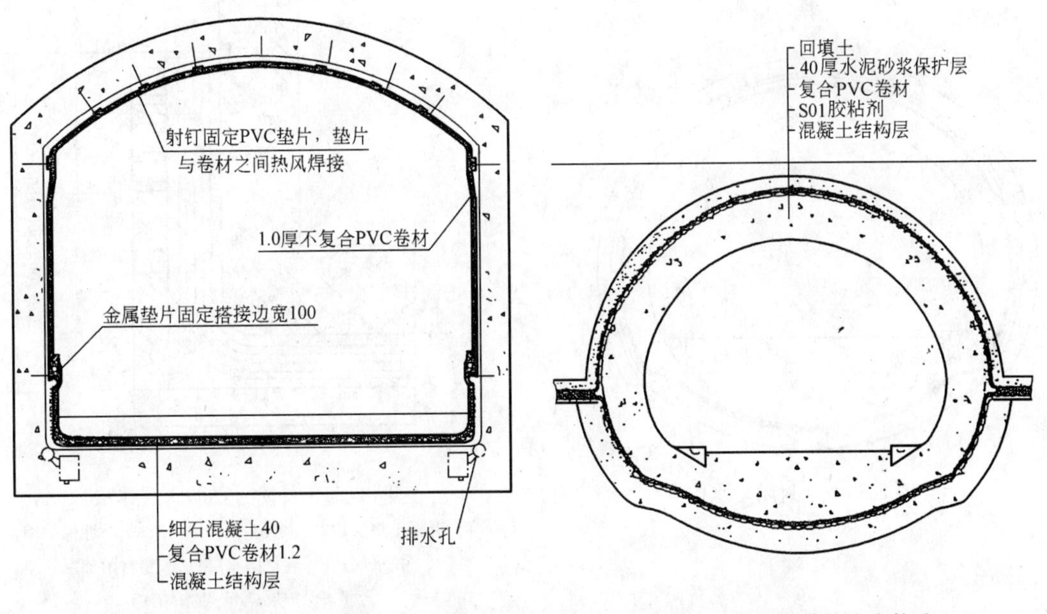

图 2-50　隧道内防水构造　　　　图 2-51　明挖隧道外防水构造

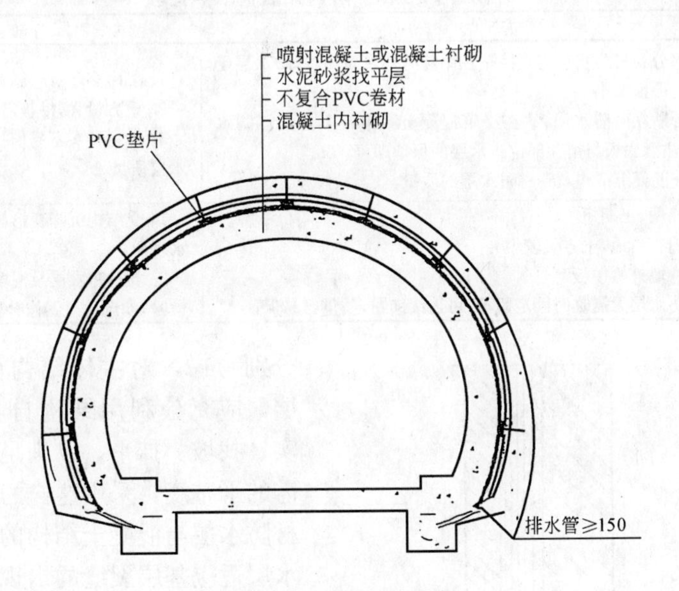

图 2-52　隧道顶部防水

(7) 地下防水工程一般把卷材防水层设置在建筑物结构的外侧，称之为外防水，外防水又有两种处置方法，即“外防外贴法”和“外防内贴法”，“外防外贴法”的设置方法见图 2-54，“外防内贴法”的设置方法见图 2-55。两者的优缺点比较见表 2-13。

(8) 阴阳角处应做成圆弧或 45°（135°）折角，其尺寸视卷材品质确定。在转角处、阴阳角等特殊部位，应增贴 1～2 层相同的卷材，宽度不宜小于 500mm。

(9) 铺贴防水卷材采用的水泥砂浆找平层，其厚度为 15～20mm，水泥与砂的体积配合比为：1∶2.5～1∶3，水泥强度等级不宜低于 42.5 级。关于找平层的做法，应根据不同部位

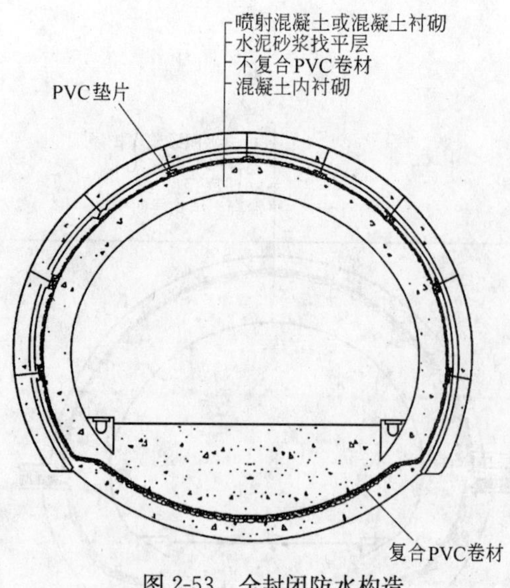

图 2-53　全封闭防水构造

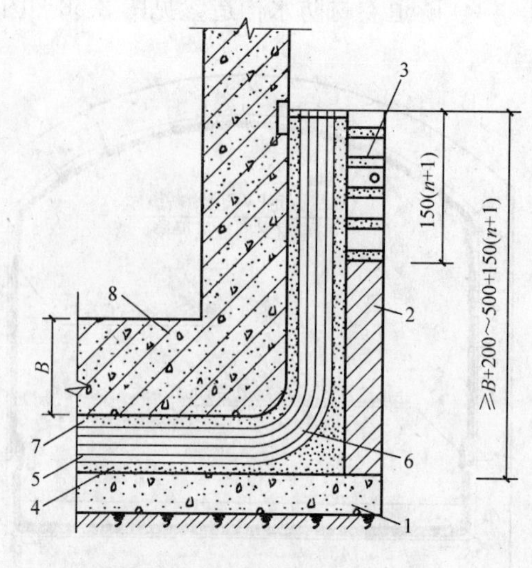

图 2-54　外防外贴防水层作法

1—混凝土垫层；2—永久性保护墙；3—临时性保护墙；4—找平层；5—卷材防水层；6—卷材附加层；7—保护层；8—防水结构

外防外贴法和外防内贴法优缺点比较　**表 2-13**

名　称	优　点	缺　点
外防外贴法	因绝大部分卷材防水层均直接贴在结构的外表面，故其防水层受结构沉降变形影响小 由于是后贴立面防水层，故在浇筑混凝土结构时不会损坏防水层，只需要注意底板与留茬部位防水层的保护即可 便于检查混凝土结构及卷材防水层的质量，且容易修补	1. 工序多，工期长，需要一定的工作面 2. 土方量大，模板需用量亦较大 3. 卷材接头不易保护好，施工繁琐，影响防水层质量
外防内贴法	1. 工序简便、工期短 2. 节省施工占地，土方量较小 3. 节约外墙外侧模板 4. 卷材防水层无需临时固定留茬，可连续铺贴，质量容易保证	1. 受结构沉降变形影响，容易断裂，产生漏水现象 2. 卷材防水层及混凝土结构抗渗质量不易检验，如产生渗漏修补较困难

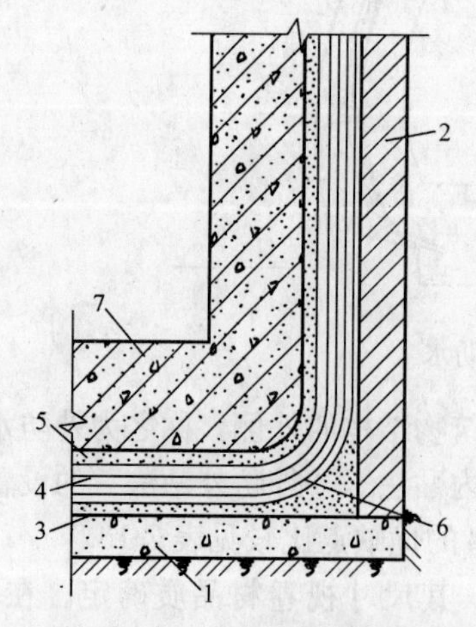

图 2-55　外防内贴法防水层作法

1—混凝土垫层；2—永久性保护墙；3—找平层；4—卷材防水层；5—保护层；6—卷材附加层；7—防水结构

分别考虑，对主体结构平面不宜做找平层，应充分利用结构自身通过收水、压实、找坡、抹平，以满足做卷材防水层所需的平整度，采用这样的做法，有利于卷材防水层与混凝土结构的结合，有利于防水层适应基层裂缝的出现与展开；对于结构侧墙的找平，应在找平层施工前先涂刷一道界面处理剂，然后再做找平层，避免出现找平层空鼓、开裂。

（10）平面卷材防水层的保护层宜采用 C15 的细石混凝土，50～70mm 厚；侧墙防水层的保护层则应根据工程条件和防水层的特性选用适合的保护层材料。保护层应能经受回填土或施工机械的碰撞与穿刺，并能在建筑物出现不均匀沉降时起到滑移层的功能。此外保护层不能因回填土而形成含水带，成为细菌生成的场所和工程产生静水压，导致危害立体结构。

对结构埋置深度较浅，并采用人工回填土工艺时，可直接采用6mm厚的闭孔泡沫聚乙烯（PE）板，用卷材表层材料相容的胶粘剂粘贴或热熔点粘，构成保护层，当结构埋置深度在10m以上，回填采用机械施工工艺时，其保护层则可采用复合做法，如先粘4mm厚聚乙烯板后砌砖或其他砌块以抵抗回填土、施工机械的撞击和穿刺，同时可避免保护层与防水层之间的摩擦作用而产生损坏防水层的现象。

第五节　地下工程涂膜防水层的设计

涂膜防水是在自身有一定防水能力的结构层表面涂刷一定厚度的防水涂料，经过常温胶联固化后，形成一层具有一定坚韧性的防水涂膜的防水方法。根据防水基层的情况和适用部位，还可将加固材料和缓冲材料铺设在防水层内，以达到提高涂膜防水效果、增强防水层强度和耐久性的目的。涂膜防水由于防水效果好，施工简单、方便，特别适合于表面形状复杂的结构防水施工。它不仅适用于建筑物的屋面防水、墙面防水，而且还广泛用于地下防水以及其他工程的防水。

用于建筑防水的防水涂料一般都具有以下共同特点：

（1）防水涂料所形成的防水膜具有较好的延伸性、耐水性和耐候性，防水效果好。

（2）防水层自重小，特别适合于轻型屋面防水。

（3）防水涂料施工方便。它不仅能在水平面施工，而且能在立面、阴阳角及各种形状复杂的表面施工，形成无接缝的、完整的防水涂膜。

（4）在基层面上的防水涂料，既是防水层的主体材料，又是一种性能较好的胶粘剂，可用于基层裂缝、施工缝、雨水斗及贯穿管道周围等处粘贴胎体增强材料，施工方便，防水堵渗效果好。

（5）采用涂膜防水，维修比较方便。

(6) 使用防水涂料时，无需加热，既减少了环境污染，又便于施工操作，改善了劳动条件。

一、涂膜防水层对组成材料的要求

涂膜防水工程材料的组成与作用如表2-14。

涂料防水层所选用的涂料应符合下列规定：

（1）具有良好的耐水性、耐久性、耐腐蚀性及耐菌性；

（2）无毒、难燃、低污染；

（3）无机防水涂料应具有良好的湿干粘结性、耐磨性和抗刺穿性；有机防水涂料应具有较好的延伸性及较大适应基层变形能力。

无机防水涂料、有机防水涂料的性能指标应符合表2-15和表2-16的规定。

二、涂膜防水层的设计要点

（1）涂料防水层包括无机防水涂料和有机防水涂料。无机防水涂料可选用水泥基防水涂料、水泥基渗透结晶型涂料。有机涂料可选用反应型、水乳型、聚合物水泥防水涂料。

涂膜防水工程材料组成与作用　　表 2-14

项　次	项　目	主要材料	作　用
1	底漆	合成树脂、合成橡胶以及橡胶沥青(溶剂型或乳液型)材料	刷涂、喷涂或抹涂于基层表面,用做防水施工第一阶段的基层处理材料
2	防水涂料	聚氨酯类防水涂料、丙烯酸类防水涂料、橡胶沥青类防水涂料、氯丁橡胶类防水涂料、有机硅类防水涂料以及其他防水涂料	是构成涂膜防水的主要材料,使建筑物表面与水隔绝,对建筑物起到防水与密封作用;同时还起到美化建筑物的装饰作用。
3	胎体增强材料	玻璃纤维纺织物、合成纤维纺织物、合成纤维非纺织物等	增加涂膜防水层的强度,当基层发生龟裂时,可防止涂膜破裂或蠕变破裂;同时还可防止涂料流坠
4	隔热材料	聚苯乙烯板等	起隔热保温作用
5	保护材料	装饰涂料、装饰材料、保护缓冲材料	保护防水涂膜免受破坏和装饰美化建筑物

无机防水涂料的性能指标　　表 2-15

涂料种类	抗折强度(MPa)	粘结强度(MPa)	抗渗性(MPa)	冻融循环
水泥基防水涂料	＞4	＞1.0	＞0.8	＞D_{50}
水泥基渗透结晶型防水涂料	≥3	≥1.0	＞0.8	＞D_{50}

有机防水涂料的性能指标　　表 2-16

涂料种类	可操作时间(min)≥	潮湿基面粘结强度(MPa)≥	抗渗性(MPa)≥			浸水 168h 后拉伸强度(MPa)≥	浸水 168h 后断裂伸长率(%)≥	耐水性(%)≥	表干(h)≤	实干(h)≤
			涂膜(30min)	砂浆迎水面	砂浆背水面					
反应型	20	0.3	0.3	0.6	0.2	1.65	300	80	8	24
水乳型	50	0.2	0.3	0.6	0.2	0.5	250	80	4	12
聚合物水泥	50	0.6	0.3	0.8	0.6	1.5	80	80	4	12

注：1. 浸水 168h 后拉伸强度和断裂伸长率是在浸水取出后只经擦干即进行试验所得的值。
2. 耐水性指标是指材料浸水 168h 后取出擦干即进行试验，其粘结强度即抗渗性的保持率。

（2）涂料防水层适用于防水等级为 1～3 级的地下工程防水。

（3）无机防水涂料宜用于结构主体的背水面，有机防水涂料宜用于结构主体的迎水面。用于背水面的有机防水涂料应具有较高的抗渗性，且与基层有较强的粘结性。

（4）防水涂料品种的选择应符合下列规定：

① 潮湿基层宜选用与潮湿基面粘结力大的无机涂料或有机涂料，或采用先涂水泥基类无机涂料，而后涂有机涂料的复合涂层。

② 冬期施工宜选用反应型涂料，如水乳型涂料，温度不得低于 5℃。

③ 埋置深度较深的重要工程、有振动或有较大变形的工程宜选用高弹性防水涂料。

④ 有腐蚀性的地下环境宜选用耐腐蚀性较好的反应型、水乳型、聚合物水泥涂料并

做刚性保护层。

⑤ 采用有机防水涂料时，应在阴阳角及底板增加一层胎体增强材料，并增涂 2～4 遍防水保护涂料。

⑥ 防水涂料可采用外防外涂、外防内涂两种做法，见图 2-56 和图 2-57。

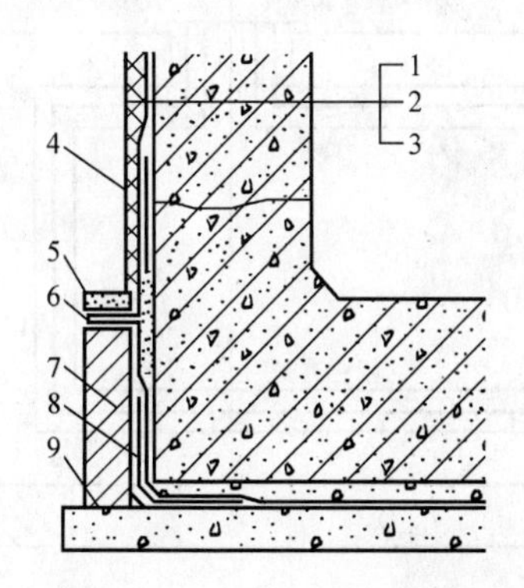

图 2-56 防水涂料外防外涂做法

1—结构墙体；2—涂料防水层；3—涂料保护层；4—涂料防水加强层；5—涂料防水层搭接部位保护层；6—涂料防水层搭接部位；7—永久保护墙；8—涂料防水加强层；9—混凝土垫层

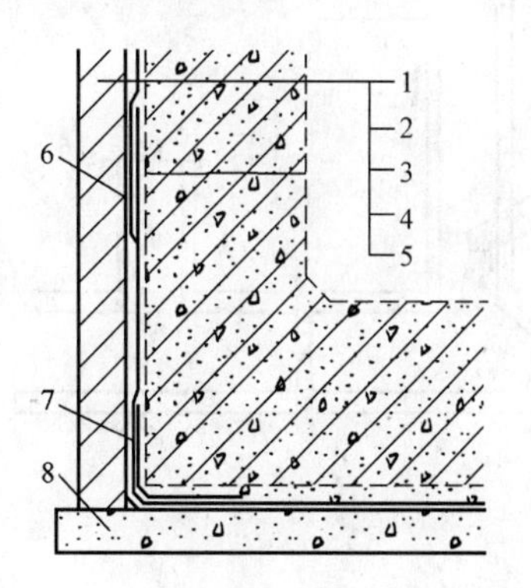

图 2-57 防水涂料外防内涂做法

1—结构墙体；2—砂浆保护层；3—涂料防水层；4—砂浆找平层；5—保护墙；6—涂料防水加强层；7—涂料防水加强层；8—混凝土垫层

⑦ 水泥基防水涂料的厚度宜为 1.5～2.0mm；水泥基渗透结晶型防水涂料的厚度不应小于 0.8mm；有机防水涂料根据材料的性能，厚度宜为 1.2～2.0mm。

⑧ 地下室涂膜防水层的构造层次见图 2-58～图 2-63。

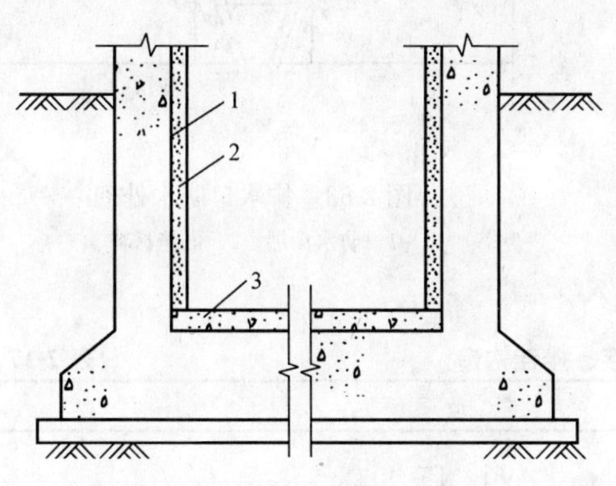

图 2-58 地下室内防水层

1—防水涂层；2—砂浆或饰面砖保护层；3—细石混凝土保护层

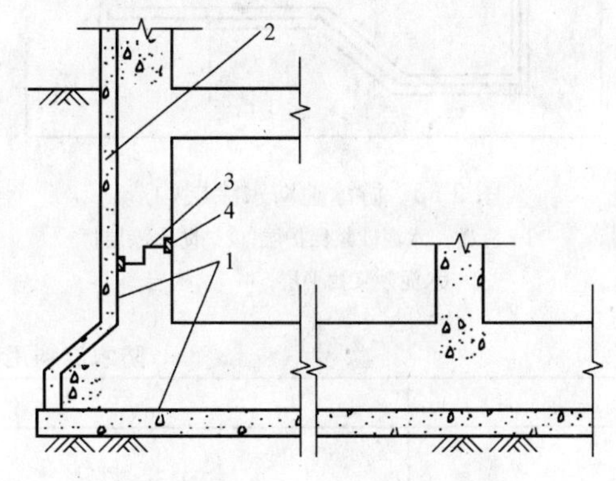

图 2-59 地下室外防水层

1—防水涂层；2—砂浆或砖保护层；3—施工缝；4—嵌缝材料

⑨ 涂膜防水层的甩茬、接茬构造见表 2-17。

⑩ 涂膜防水层保护墙可根据具体情况选用聚苯乙烯泡沫塑料板保护墙或抹砂浆进行保护，采用水泥基防水涂料或水泥基渗透结晶型防水材料时，则可以不设保护墙或砂浆保护层。

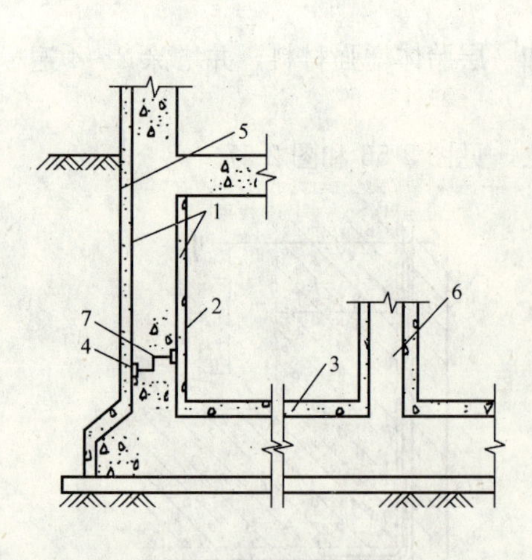

图 2-60 地下室外防水涂层

1—防水涂层；2—砂浆保护层；3—细石混凝土保护层；4—嵌缝材料；5—砂浆或砖墙保护层；6—内隔墙，柱；7—施工缝

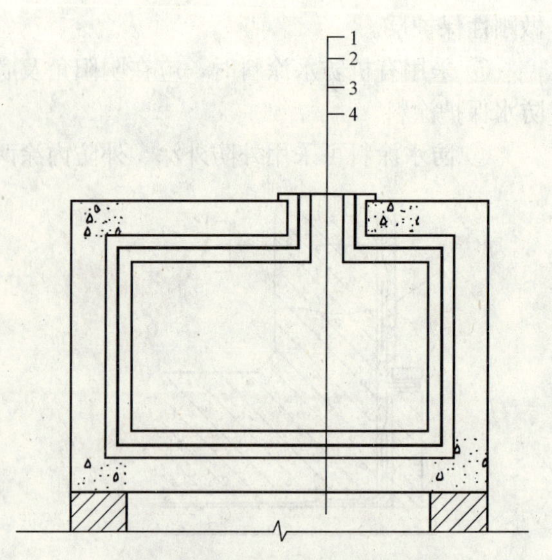

图 2-61 水池防水涂层构造

1—水泥砂浆等保护层；2—防水涂层；3—找平层；4—结构层

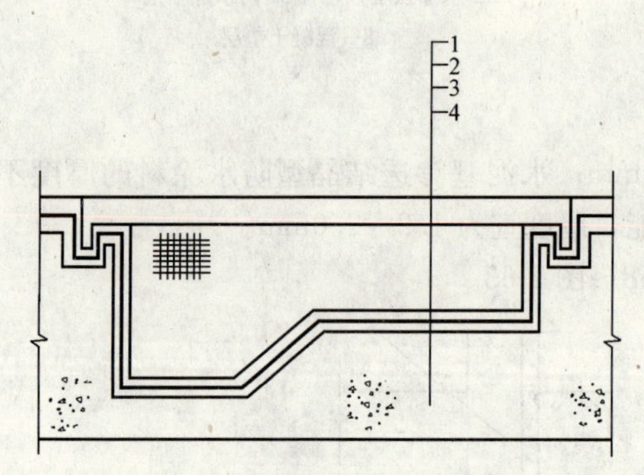

图 2-62 游泳池防水涂层构造

1—瓷砖、水泥砂浆保护层；2—防水涂层；3—水泥砂浆找平层；4—结构层

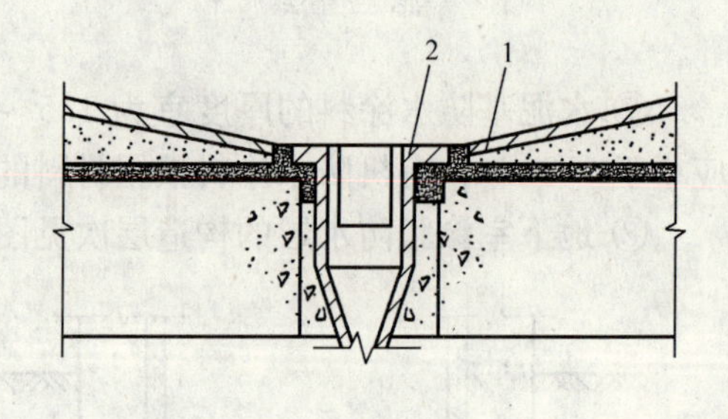

图 2-63 排水口防水处理

1—防水涂层；2—嵌缝材料

防水涂料甩茬、接茬构造 **表 2-17**

项　目	构　造
甩茬构造	1∶3白灰砂浆砌临时保护墙 M5砂浆砌单砖护墙或聚苯乙烯板 20厚1∶2.5水泥砂浆找平层 结构底板 50厚C20细石混凝土 点粘200g油毡一层 涂料防水层(由设计人定) 1∶2.5水泥砂浆找平层 100厚C15混凝土垫层 素土夯实 120 1000 120 120 100 ≥300 ①

续表

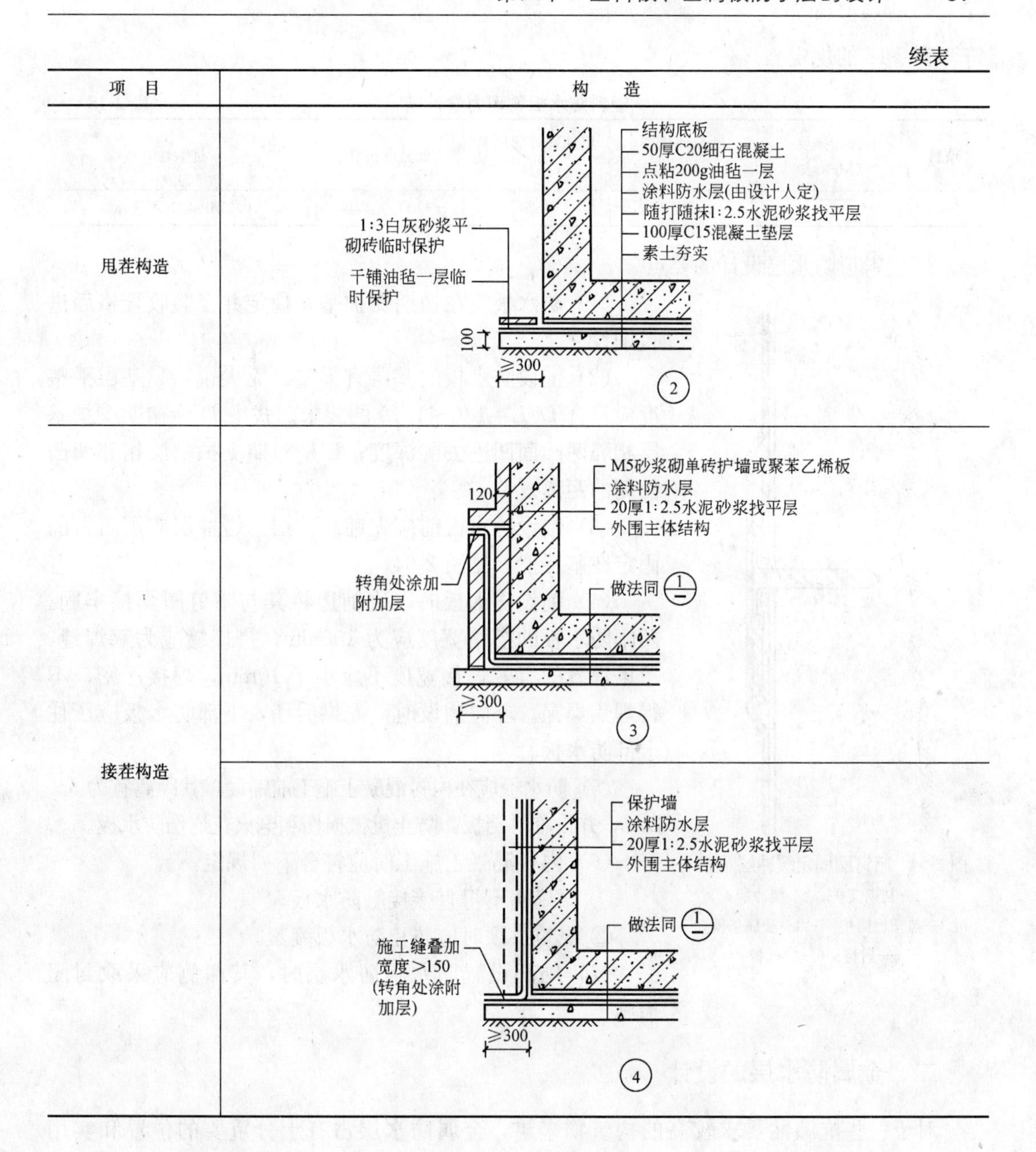

项　目	构　造
甩茬构造	结构底板 50厚C20细石混凝土 点粘200g油毡一层 涂料防水层(由设计人定) 随打随抹1:2.5水泥砂浆找平层 100厚C15混凝土垫层 素土夯实 1:3白灰砂浆平砌砖临时保护 干铺油毡一层临时保护 100 ≥300 ②
接茬构造	M5砂浆砌单砖护墙或聚苯乙烯板 涂料防水层 20厚1:2.5水泥砂浆找平层 外围主体结构 120 转角处涂加附加层 做法同 1/— ≥300 ③
	保护墙 涂料防水层 20厚1:2.5水泥砂浆找平层 外围主体结构 做法同 1/— 施工缝叠加宽度>150(转角处涂附加层) ≥300 ④

第六节　塑料板、金属板防水层的设计

除了卷材和涂膜防水外，常见的还有塑料板防水层和金属板防水层等柔性防水。

一、塑料板防水层的设计

1. 塑料板防水层对材料的要求

塑料防水板应符合下列规定：(1) 幅宽宜为2～4m；(2) 厚度宜为1～2mm；(3) 耐刺穿性好；(4) 耐久性、耐水性、耐腐蚀性、耐菌性好；(5) 塑料防水板物理力学性能应符合表2-18的规定。

塑料防水板物理力学性能　表2-18

项目	拉伸强度(MPa)≥	断裂伸长率(%)≥	热处理时变化率(%)≤	低温弯折性	抗渗性
指标	12	200	2.5	－20℃无裂纹	0.2MPa24h不透水

2. 塑料板防水层设计的要点

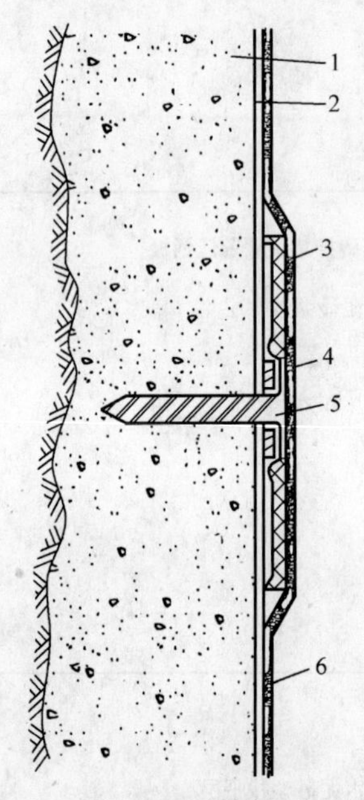

图2-64　暗钉圈固定缓冲层示意图

1—初期支护；2—缓冲层；
3—热塑性圆垫圈；4—金属垫圈；
5—射钉；6—防水板

(1) 防水板应在初期支护基本稳定并经验收合格后进行铺设。

(2) 铺设防水板的基层宜平整、无尖锐物。基层平整度应符合 $D/L=1/6\sim1/10$ 的要求。式中 D 为初期支护基层相邻两凸面凹进去的深度；L 是初期支护基层相邻两凸面间的距离。

(3) 铺设防水板前应先铺缓冲层。缓冲层应用暗钉圈固定在基层上，见图2-64。

(4) 铺设防水板时，边铺边将其与暗钉圈焊接牢固。两幅防水板的搭结宽度应为100mm，搭接缝应为双焊缝，单条焊缝的有效焊接宽度不应小于10mm，焊接严密，不得焊焦焊穿。环向铺设时，先拱后墙，下部防水板应压住上部防水板。

(5) 防水板应在内衬混凝土施工前铺设，其距离宜为5～20m，并设临时挡板，防止机械损伤和电火花灼伤防水板。

(6) 内衬混凝土施工时应符合下列规定：

① 振捣棒不得直接接触防水板；

② 浇筑拱顶时应防止防水板绷紧。

(7) 局部设置防水板防水层时，其两侧应采取封闭措施。

二、金属防水层的设计

对于一些抗渗性要求较高的构筑物来讲，金属防水层占有十分重要的位置和实用价值。

1. 金属防水层对材料的要求

(1) 金属板材主要是采用钢板来作为防水层的，但也有采用铜板或铝合金板等来做防水层的，所用的板材均应有出厂合格证。抽样检验时，其各项技术性能均应符合相应的国家标准的规定。连接材料如焊条、螺栓、型钢、铁件等各项技术性能也均应符合国家标准。

金属防水层所用的金属板和焊条等连接材料的规格及材料性能，均应符合设计要求。对于有缺陷的材料均不能用于金属防水层，以避免降低金属防水层的抗渗性。

金属板的拼接应采用焊接，拼接焊缝应严密。竖向金属板的垂直接缝，应相互错开。

(2) 金属防水层和混凝土结构层必须紧密结合，金属防水层仅起防水作用，其承重部分仍以钢筋混凝土承担，一般采用钢筋锚固法，即在防水钢板上每 300mm×300mm 焊一根≥ϕ8 钢筋，与结构层牢固结合。其具体做法必须根据水压情况进行验算设计，以确定锚固钢筋的大小、锚固深度以及焊接长度（焊缝高度≥6mm）。

2. 金属防水层设计的要点

(1) 金属防水层适用防水等级为 1～2 级的地下工程防水，主要应用于工业厂房地下烟道、电炉基坑、热风道等有高温高热的地下防水工程以及振动较大、防水要求严格的地下防水工程。

(2) 结构施工前在其内侧设置金属防水层时，金属防水层应与围护结构内的钢筋焊牢，或在金属防水层上焊接一定数量的锚固件，见图 2-65。

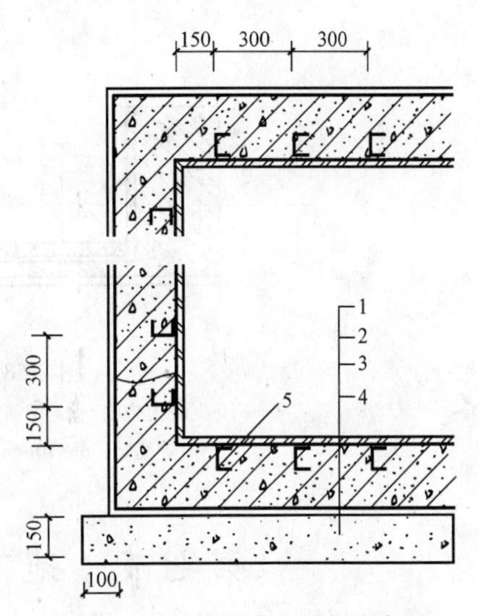

图 2-65 结构层内金属板防水层

1—金属防水层；2—结构；3—砂浆防水层；4—垫层；5—锚固筋

(3) 在结构外设置金属防水层时，金属板应焊在混凝土或砌体的预埋件上。金属防水层焊缝检查合格后，应将其与结构间的空隙用水泥砂浆灌实，见图 2-66。

(4) 金属板防水层如先焊成箱体，再整体吊装就位，应在其内部加设临时支撑，防止箱体变形。

(5) 金属板防水层应采取防锈措施。

金属防水层一般设在构筑物的内侧，可为整体或装配式。图 2-67 和图 2-68 为严禁地下水渗入坑内的铸造浇注坑和电炉钢水坑的金属防水层构造。

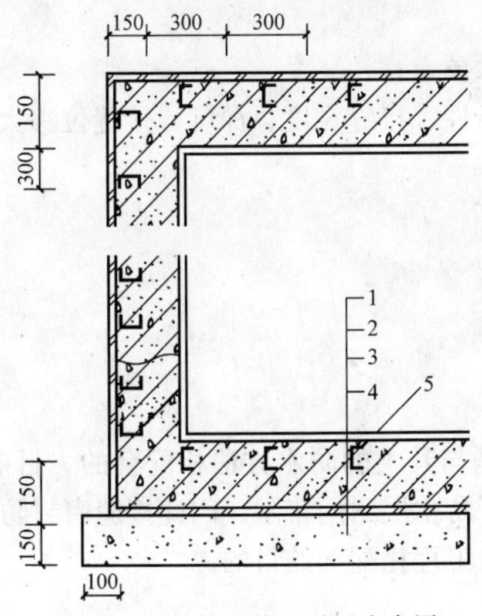

图 2-66 结构层外金属板防水层

1—砂浆防水层；2—结构；3—金属防水层；4—垫层；5—锚固筋

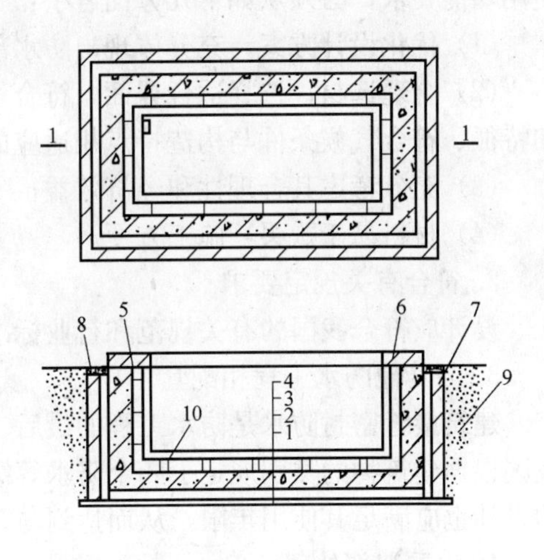

图 2-67 钢板浇注坑的金属防水层

1—150mm 厚 C10 混凝土垫层抹水泥砂浆找平层；2—二毡三油防水层；3—C20 普通防水混凝土；4—6mm 厚钢板内衬；5—30mm 厚钢盖板；6—通气孔；7—保护墙；8—压顶；9—黏土（夯实）；10—钢板锚固筋

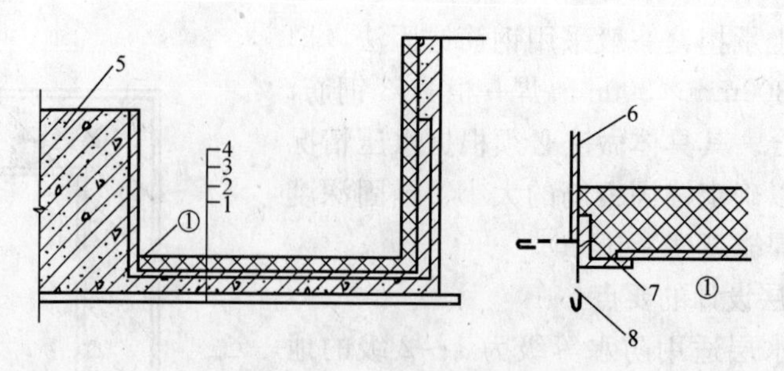

图 2-68 电炉钢水坑钢板防水层

1—C10 混凝土垫层；2—钢筋混凝土；3—10mm 厚钢板；4—用耐火泥砌耐火砖；5—电炉基础；6—10mm 厚钢板；7—└100×10 角钢；8—ϕ12mm 钢筋

第七节 地下工程密封防水的设计

密封防水系指对建筑物或构筑物的接缝、节点等部位运用“加封”或“密封”材料进行水密和气密处理，起着密封、防水、防尘和隔声等功能。同时还可与卷材防水、涂料防水和刚性防水等工程配套使用，因而是防水工程中的重要组成部分。

建筑密封材料防水工程的设计，实际上是建筑接缝密封工程的防水设计，采用密封材料进行接缝防水设计，其基本内容包括设计条件、接缝设计与密封材料的选择。

一、密封设计原则

1. 满足使用功能要求

接缝密封防水在设计上应保证密封部位不渗水，并满足防水耐用年限的要求。为满足使用功能要求，必须从如下几方面着手：

（1）优化设计方案，充分体现出防水部位和防水要点；

（2）合理选材，选择适合界面，符合当地环境条件、接缝宽度、深度、接缝位移大小和特征、符合气候条件与构造特点相适应的材料；

（3）充分考虑其合理性和经济效益；

（4）材料易于购买，施工方便。

2. 符合有关规定要求

设计应符合我国的有关规范和行业标准。

3. 与其他防水工程相配套

建筑接缝密封防水是防水工程的最后一关，它是与其上的防水方法相配套的。目前，我国根据建筑物的类别规定了四个防水等级，确定了防水层耐用年限。因此接缝密封防水的设计也应满足其使用年限，从而达到与其上的防水工程相配套的目的。

4. 注重细部处理

（1）密封防水处理连接的部位和界面上部应涂刷基层处理剂。基层处理剂应与密封材料物理性质相近，化学结构和极性相似，满足其相互粘结性能的要求。

（2）接缝处，密封材料底部宜设置背衬材料，背衬材料是防止接缝位移过大时密封材料向接缝中流淌。

（3）接缝处外露的密封材料上宜设置保护层，保护密封材料不被污染，其宽度不应小于100mm。

（4）为了便于施工，在各细部需要密封防水部位应有详图说明。

5. 及时排水、加强构造防水

密封防水的接缝宽度不应大于40mm，最小不应小于10mm，接缝深度可取接缝宽度的0.5～0.7倍。每个节点除密封防水外，还应加强构造防水，减少对密封材料造成的压力。接缝宽度不符合要求时，对其进行一定的处理，达到接缝宽度范围内后再设密封防水。

二、密封设计的基本内容

（一）设计条件

建筑接缝密封防水设计中对接缝的设计是一个重要的环节，但目前实际情况往往是构件安装后形成的接缝形状（宽度与深度）呈何形状就按何形状施工，而不是根据构件的材质、尺寸及外界条件的影响因素等进行接缝设计，往往即使采用性能优良的材料，在接缝密封施工后，也不能达到满意的防水效果。

接缝设计与密封材料的选择中的一个重要参数，是接缝的活动量，即接缝的位移量。接缝的位移量取决于构件本身的材质、收缩膨胀、温度、湿度及外界风荷、地震、沉降等参数的影响。

建筑物本身刚度越大，其接缝的活动量越小。构件材质热胀冷缩系数的大小及构件干湿度交替作用下尺寸长短的变化，必然引起结构的变形，从而使接缝产生移位。

建筑物在地震与风荷的作用下，使构件产生层间位移，从而使密封材料产生剪切变形。

建筑接缝的活动量与密封材料的选择有密切关系，密封材料的长期变形率必须满足建筑接缝活动量的要求。

（二）接缝设计

1. 接缝的种类

接缝是指在建筑结构中，两个或两个以上相邻表面之间预留或装配形成的间隙。

（1）施工缝和变形缝

按接缝的主要功能通常可分为两大类，即施工缝和变形缝。施工缝是指装配式墙板与四周相邻墙板之间的接缝或现浇混凝土施工中因间断作业而预留的接缝。由于预制混凝土构件在长期使用过程中，随着季节的冷热变化和昼夜温差的变化，会有膨胀和收缩的变化，特别是温差变化较大的地区或季节，混凝土构件的胀缩变化非常明显，因此在施工装配时要留出一定宽度的接缝，以利于构件的胀缩变化，这类接缝称为变形缝。这类包括沉降缝、伸缩缝等。沉降缝是指避免因不同层高建筑物不均匀沉陷产生裂缝而设计的接缝。伸缩缝是指因避免建筑物受温度影响产生裂缝而设计的竖向接缝。

（2）整体接缝和附件接缝

按接缝的形状，可分为整体接缝和附件接缝，整体接缝是指构件本身端部形成的接缝，附件接缝是指用附加配件将构件连接起来的接缝。整体接缝按其接缝的形状又可细分为平接接缝、搭接接缝、榫接接缝三类。整体接缝和附件接缝的形状见图2-69。

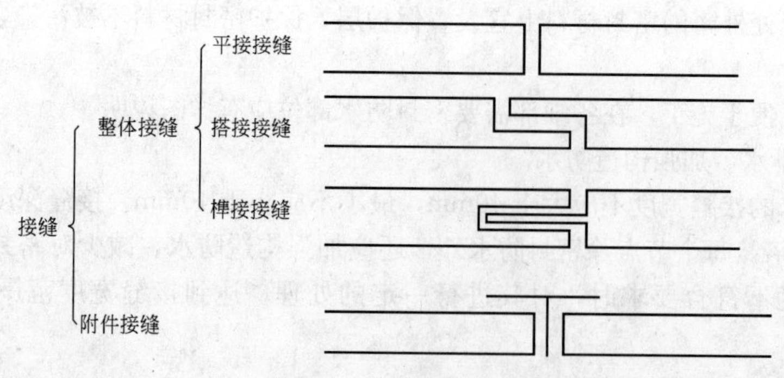

图 6-69　接缝的形状

平接接缝是一种最简单、用得最多的一种接缝形式，具有多种做法。这类接缝的特点是施工容易；密封材料的活动形式为伸缩与收缩，应注意的是必须两面粘结，即使接缝深度比较浅，也必须使用隔离条，以避免三面粘结的情况。

搭接接缝主要用于特殊板材的组合或板材的转角部位的接缝。这类接缝形式的特点是接缝宽度小；施工难而不能做到充分的填充；承受一定剪应力。除了在不得已的情况下使用外，一般应避免选用这种接缝的构造。对板材的活动留有适当的接缝宽度，对一定的风压，密封材料需要的粘结强度与承受的剪应力等原因引起的接缝的错动比较复杂，因而很难确定密封材料的形状。

榫接接缝主要用于玻璃与窗框的连接，也用于特殊板材的构造，这类接缝要承受伸缩、剪切等方面的压力，所以接缝的宽度必须在允许应变范围内。如果用于玻璃周围，必须充分考虑由风压产生的应力（受拉应力和另一侧面的压应力）。密封材料的弹性系数在受拉应力和压应力上各不相同，考虑到这一点，就要改变外侧与里侧的接缝宽度。

（3）承力接缝和非承受接缝

承力接缝和非承力接缝是根据其接缝是否产生活动进行分类得出的两类接缝，非承力接缝的防水较简单，而承力接缝的防水则较为复杂。

2. 接缝的设计

（1）接缝活动量的确定

建筑接缝的活动首先是由于建筑构件本身热胀冷缩的温度变形以及干湿交替引起的活动，属于长期活动。其次，接缝活动是受风力与地震影响造成的，为短期活动。

由温度引起的活动可由下式求得：

$$\Delta L=\alpha\times\Delta T\times L$$

式中　ΔL——温度活动量（mm）；

α——构件的热胀系数（$\times10^{-6}$/℃）；

ΔT——构件的温度差（℃）；

L——构件的长度（mm）。

风力和地震引起的活动，虽属短期活动，但其速度及变形量都很大，因此要求密封材料具有随动性。

层间变位，是指多、高层建筑因地震和风力使上下层之间产生水平方向相对的位移。我国高层建筑的层间变位的控制值是：

框架结构 1/600～1/400，则 ΔL=5～7.5mm；

剪力墙结构 1/1000～1/800，则 ΔL=3～4mm。

（2）施工季节

在进行建筑密封工程接缝设计时，接缝的形状、尺寸大小也受到季节气候热胀冷缩的影响，即接缝在冬季因构件收缩而张开，在夏季因构件膨胀而闭合。以平缝为例，春秋施工时，受到周期性拉伸和压缩；夏季施工时，只受拉伸；在冬季只受压缩，因此在冬夏施工时要考虑压缩与拉伸的活动方向。

（3）设计伸缩率和剪切错位率

密封材料的允许伸缩率，一般以活动量与接缝宽度的百分比表示，不同密封材料的允许伸缩率与剪切错位率是不同的，并且随接缝的形状、尺寸和施工季节的不同而变化。

例如，某一接缝的伸缩量为 1.5mm，接缝宽度为 10mm，那么要求密封材料的允许伸缩率为 15%以上。如果现有密封材料的允许收缩率小于 15%，那么就要加宽接缝的宽度。接缝的宽度是指施工安装后实际接缝的宽度。

不同品种的密封材料其允许伸缩率与剪切错位率不同，但由于原料不同，配方不同，因此即使是同一种原料，其允许伸缩率与剪切错位率也有不同。因此在设计密封工程时，应针对各厂家所提供的产品说明书中所列的性能指标作为设计依据。

（4）形状系数

形状系数为接缝深度（D）与接缝宽度（W）之比（D/W）。形状系数大，则接缝深度大，嵌填的密封材料厚，与接缝两侧的粘结面大，拉伸压缩时，对密封材料的负担大。形状系数小，接缝深度浅，密封材料厚度薄，与接缝两侧粘结面小，不易保证粘结性。因此必须选择适当的形状系数。国外有关资料介绍，根据接缝的宽度，密封材料形状系数选择 0.5～0.7 较为宜。

（5）最大、最小接缝尺寸

接缝宽度大，对密封材料的活动更有利；但接缝过宽，不但浪费材料，影响工程造价，而且由于密封材料下垂，影响美观，给施工带来难度，也影响施工质量。因此选择适当的接缝尺寸是必要的。参照日本建筑工程规范，密封材料最大最小接缝尺寸标准值见表 2-19。

密封材料最大最小接缝尺寸标准值　　**表 2-19**

密封材料	接缝尺寸(mm)	
	最大宽度×深度	最小宽度×深度
硅酮系	40×20	10×10(5×5)
聚硫化物系	40×20	10×10(6×6)
聚氨酯系	40×20	10×10
丙烯酸系	20×15	10×10
丁苯橡胶系	20×15	10×10
丁基橡胶系	20×15	10×10
油性系	20×15	10×10

注：括号内的值是表示装配玻璃时的尺寸。

3. 不定型建筑密封材料和底涂料的选用

密封材料品种繁多，各有不同的用途和适用范围，选用合适的密封材料是每一个设计人员必须考虑的问题。地下工程常用的密封材料参见表2-20。

地下工程常用密封材料 表2-20

名称	密封材料	类别	特点	使用年限	档次
合成高分子密封材料	聚硫建筑密封膏	弹性体	弹性好，抗撕裂性强，且具有良好的粘结性、耐水性、耐候性	20年左右	高
	聚氨酯建筑密封膏	弹性体	弹性高、延伸率大、粘结性好，耐水、耐油、耐低温、耐酸碱，粘结强度≥0.2MPa，伸长率200%～400%，低温柔性−30～−40℃	20年左右	高
	丙烯酸酯建筑密封膏	弹性体	具有良好的粘结性、延伸性，耐高、低温性以及耐老化性，低温柔性−20～−40℃，粘结强度0.02～0.15MPa，伸长率150%～400%	20年左右	中
	氯磺化聚乙烯密封膏	弹性体	具有优良的耐候性，弹性好、粘结力强，耐水性、耐高低温性、耐酸碱性俱佳，粘结强度≥0.4MPa，伸长率150%，低温柔性−30℃	15年以上	中
改性沥青密封材料	橡胶沥青嵌缝油膏	塑性体	具有优良的粘结性及防水性，有较好的延伸性、耐久性、耐高低温性、冷施工、安全，且价格较低，耐热度80℃，拉伸粘结性≥25%，低温柔性−20℃	年限较短	低
	聚氯乙烯胶泥	弹塑性体	具有优良的弹塑性、粘结性、防水性、耐热性和较好的耐寒性、耐腐蚀性和耐老化性，耐热度80℃，粘结强度0.196MPa，延伸率380%	10年左右	低

(1) 选择密封材料的基本考虑

① 建筑规模和重要性　对于建筑密封防水工程应根据建筑规模、种类和重要性确定密封防水等级和合理选用密封材料。

② 界面、接缝位移的大小和特征：

a. 接缝的界面。接缝界面按组成材料可分：

(a) 金属包括铝、不锈钢、铜、黄铜、着色铝、锌、电镀铬；

(b) 硅酸盐，包括玻璃、混凝土、砂浆、石棉板、硅酸钙板、花岗石、上釉磁板、素磁板；

(c) 涂料，包括聚氨酯类、环氧类、焦油环氧类、氟树脂类、丙烯类、电涂漆、氯化橡胶、其他水性涂料等；

(d) 钢塑料类，包括聚酯、沥青钢板、氯化乙烯树脂钢板、氟树脂层压钢板等。

b. 接缝位移的大小和特征：

(a) 接缝的形状一般有平接型、搭接型、榫接型三种；

(b) 地下工程的接缝宽度不应大于40mm，也不应小于10mm。表2-21中叙述了接缝尺寸与密封膏的选择。

c. 接缝的形成特点。产生接缝的原因可分为四种：

(a) 由温度应力引起的接缝；

(b) 对地震力和重力不均的设防；

(c) 因施工需要；

(d) 因水分的变化和风的影响。

接缝尺寸与密封膏的选择　　　表 2-21

密封膏种类	接缝尺寸(mm)		密封膏种类	接缝尺寸(mm)	
	最大宽度×深度	最小宽度×深度		最大宽度×深度	最小宽度×深度
有机硅系	40×20	10×10	聚氯乙烯系	20×15	10×10
聚硫系	40×20	10×10	氯磺化聚乙烯	20×15	10×10
聚氨酯系	40×20	10×10	油膏系	20×15	10×10
水乳丙烯酸系	20×15	10×10	丁苯橡胶系	30×15	10×10
丁基橡胶系	20×15	10×10			

对于不同的产生原因应选择不同的材料。

③ 密封材料相互粘着性和本身特点。根据界面材料特点和使用部位的不同应从粘结性、界面强度、耐溶剂性、持久性、美观性对密封材料进行选择。

④ 确定密封材料时还应考虑密封材料的使用部位，接缝密封防水应保证密封部位不渗水，并满足防水层的耐用年限的要求，选择原则应根据当地历年来最高气温、最低气温、构造特点和使用条件等因素，确定其耐热度、低温柔性相适应的材料，同时也应考虑价格适中。

(2) 确定密封材料

① 根据选择密封材料的基本考虑，才能合理地确定密封材料。

② 避免污染。有的接缝密封材料有毒，对操作人员和环境都会造成一定的危害，同时也会对建筑物的美观造成一定的影响，设计人员在选材方面也应有一定的考虑。表 2-22 和表 2-23 示出了各类密封材料选择注意事项。

双组分反应硬化型密封材料选择注意事项　　　表 2-22

密封材料	注意事项
硅类	1. 在装饰材料表面上较难粘结 2. 有焊接火口现象 3. 对接缝周边容易污染，应事先做防污处理 4. 密封材料上易粘上灰尘，应在其上加保护层
聚硫类	1. 把石材接缝界面污染成红色或黄色 2. 使装饰材料表面和涂料变色、软化，要事先做好防污处理 3. 材料的使用时间和硬化时间随环境温度变化较大 4. 不能在金属幕墙和金属盖顶上使用
聚氨酯系	1. 受硫磺类气体作用表面变褐色 2. 表面胶易粘残留物引起的污染 3. 产品按比例配合后要一次使用完 4. 受紫外线作用易变黄，应加保护层 5. 不适用于金属板及金属顶盖 6. 气温、湿度太高时，施工易出现气泡
丙烯酸系	1. 产品按配比一次使用完 2. 施工时气温、湿度太高时可能出现气泡 3. 表面有胶粘残留物存在 4. 不适用于门窗玻璃的密封固定

(3) 底涂料和密封材料的适应性

除油性密封材料外，其他密封材料均需采用底涂料，特别是弹性密封材料。

① 底涂料的作用　底涂料的作用有：

单组分型湿硬化型密封材料选择注意事项 表 2-23

密封材料	注意事项
硅高模量类	1. 乙酸型易与金属发生反应 2. 从表面向里硬化,接缝较深时硬化时间较长 3. 粘结性能不好
硅低模量类	1. 施工前应做防污处理 2. 对铝合金门窗、幕墙密封性能不好 3. 粘结性能不好,但极易粘灰
聚氨酯类	1. 不能作门窗玻璃的密封膏 2. 极易粘灰,应加保护层 3. 如气温、湿度过高时易起气泡
聚硫类	接缝较深时硬化时间较长

a. 改善密封材料和粘结体之间的粘结性。

b. 密封混凝土及水泥砂浆表面，防止内部渗水、渗碱。防止可塑剂成分的转移。

② 底涂料的选用 底涂料的选用原则是根据其粘结性能来确定的。

a. 底涂料与密封材料化学结构相似，化学性能相近。

b. 与界面和密封材料都有较好的粘结性。

c. 不同的密封材料选择时应按其厂家生产或指定的底涂料品种。

③ 底涂料与密封材料的选择性 底涂料与密封材料的选择性参考表 2-24。

底涂料与密封材料的选择性 表 2-24

被粘结物	密封膏系列			
	硅酮系	聚硫系	聚氨酯系	丙烯酸系
混凝土	硅烷系、改性硅烷系、硅树脂系	改性硅烷系、氨基甲酸酯系、环氧系	氨基甲酸酯系	硅烷系、改性硅烷系、丙烯酸系、合成橡胶系
塑料	硅烷系、改性硅烷系、硅树脂系	硅烷系、改性硅烷系、氨基甲酸酯系、环氧系	氨基甲酸酯系、改性硅烷系	硅烷系、丙烯酸系、合成橡胶系
玻璃	硅烷系、改性硅烷系、硅树脂系	硅烷系、改性硅烷系	硅烷系、改性硅烷系	丙烯酸系、合成橡胶系

④ 底涂料的主要成分 底涂料的主要成分参见表 2-25。

底涂料的主要成分 表 2-25

底涂料名称	主要成分	备注
合成橡胶系 丙烯酸类 聚氨酯类	氯化橡胶、环化橡胶 丙烯树脂 聚氨酯	树脂状 乳胶、溶剂 单液、双液型
环氧类	环氧树脂	单液、双液型
硅类	有机硅树脂	树脂状
改性硅类	有机硅烷、其他同分异构体	溶剂型

4. 辅助材料

辅助材料有背衬材料、隔离条、防污条三种。

(1) 背衬材料的作用 背衬材料主要用于控制密封膏嵌入深度，确保两面粘结。一般设置在接缝的底板，应选择与密封材料粘结性能差的材料。特别在结构层板缝中浇筑细石混凝土前一定要设置背衬材料。一般，选用聚乙烯闭孔泡沫体作为背衬材料。

(2) 隔离条　隔离条主要用于控制接缝深度，保持两边粘结；金属管道根部、檐口、泛水卷材收头节点等节点处应选用隔离条。隔离条一般有聚四氟乙烯条、硅酮条、聚酯条、氯乙烯条四种。

(3) 防污条　防污条是保持粘结物不对界面两边造成污染，其粘性要恰当。

(三) 接缝设计程序和设计的重要性

在进行采用密封材料填充接缝的接缝设计时，必须有充分的资料。资料不足，不了解工程的条件和密封材料的性能，就进行接缝设计，即使使用一些高档的密封材料，也未必能充分发挥其防水功能。

接缝设计程序可参考图 2-70。

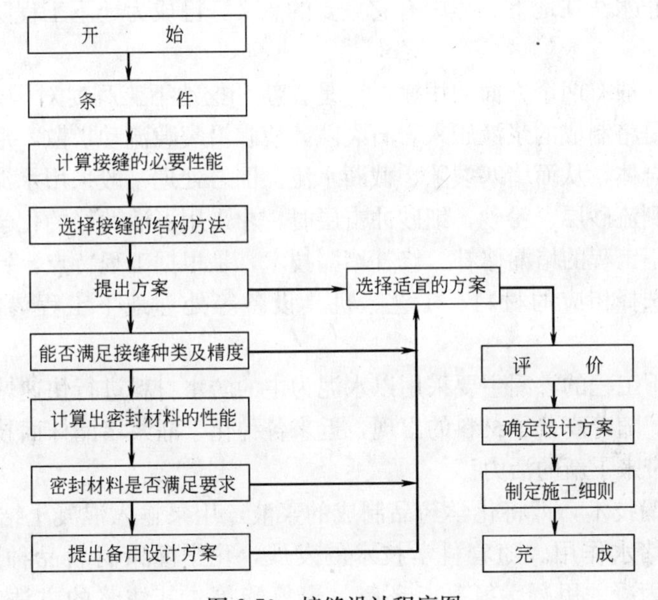

图 2-70　接缝设计程序图

屋面、地下外墙、厕浴间的防水工程都离不开对缝的处理，因为各类接缝是建筑物由于内部和外部原因产生变动、位移的关键部位。水无缝不漏，缝、洞、沟、墙、角等任何一处如未能处理好，均将是造成渗漏的直接原因，我们必须认识到接缝设计的重要性。

第八节　地下工程注浆防水的设计

注浆防水又称灌浆防水，是指在渗漏水的地层、围岩、回填、衬砌内，利用液压、气压或电化学原理，通过注浆管把无机或有机浆液均匀地注入其内，浆液以填充、渗透和挤密等方式，将土颗粒或岩石裂隙中的水分和空气排除后，占据其位置，并将原来松散的土粒或裂隙胶结成一个整体，形成一个结构体，强度大、防水性能高和化学稳定性良好“结石体”的一种防水技术。

注浆防水可分为预注浆和后注浆。预注浆是指当地下室、隧道等地下工程在开凿前或开凿到接近含水层前所进行的注浆工程；后注浆是指当地下室、隧道等地下工程掘砌以后，采用注浆工艺治理水害和地层加固的注浆工程。

注浆防水按注浆使用的浆液材料可分为水泥注浆、黏土注浆、化学注浆；按浆液在地层中运动的方式可分为充填注浆、挤压注浆或劈裂注浆、置换注浆、高压喷射注浆；按浆液进入地层产生能量的方式可分为静压注浆、高压喷射注浆。

各种防水混凝土虽然在地下工程中已经广泛采用，但仍有不少工程存在着渗漏。人们发现，渗漏水的部分或大部分都发生在施工缝、裂缝、蜂窝麻面、埋设件、穿墙孔以及变形缝部位，这种渗漏水一般是由于施工不慎或基础沉降所造成的。

在新开挖地下工程中，同时亦会遇到大量的地下水涌出，特别是在岩石中构筑的地下工程，地下水通过岩石裂隙对地下工程造成严重的危害，此时如果不先止水，工程则无法开展。因此注浆止水法在地下工程中有它重要的意义，已成为地下工程防水施工中一种必不可少的手段。

注浆止水法一般有两个方面的用途：一是在新开挖地下工程时对围岩进行防水处理，它的基本原理就是将制成的浆液压入岩石裂隙，使它沿裂隙流动扩散，形成具有一定强度的低透水性的结合体，从而堵塞裂隙、截断水流。围岩处理一般采用水泥浆液和水泥化学浆液，只有在碰到流砂层、粉砂、细砂冲击层时，才采用可灌性好的化学浆液注浆；二是对防水混凝土地下工程的堵漏修补。修补堵漏技术，是根据工程特点，针对不同的渗水情况，分析原因，选择相应的材料、工艺、机具设备等处理地下工程渗漏的一项专门性技术。

过去，对地下工程的渗漏主要采用以水泥为主的防水材料进行快速堵漏和大面积砂浆抹面修补的方法，随着高分子材料的出现，近来各种化学灌浆堵漏抹面技术纷纷出现，给地下工程的防水带来了新的活力。

化学灌浆堵漏技术，即将化学药品制成的浆液，用泵输入混凝土结构裂隙之中，凝结、硬化后起到堵水作用。随着科学技术的发展，化学灌浆材料品种越来越多，其最主要的品种有：丙凝、甲凝、氰凝、环氧、聚氨酯等。其注浆的方法亦有单液、双液两种。

一、注浆防水的一般规定

（1）注浆包括预注浆（含高压喷射注浆）和后注浆（衬砌前围岩注浆、回填注浆、衬砌内注浆、衬砌后围岩注浆等），应根据工程地质及水文地质条件按下列要求选择注浆方案：

① 在工程开挖前，预计涌水量大的地段、软弱地层，宜采用预注浆；

② 开挖后有大股涌水或大面积渗漏水时，应采用衬砌前围岩注浆；

③ 衬砌后渗漏水严重的地段或充填壁后的空隙地段，宜进行回填注浆；

④ 衬砌后或回填注浆后仍有渗漏水时，宜采用衬砌内注浆或衬砌后围岩注浆。

注浆防水方案选择及选用材料参见表 2-26。

在注浆方案选择中，应进行实地调查，收集有关基本资料，作为注浆设计和施工前的依据。注浆防水、资料收集内容见表 2-27。

注浆防水方案选择及选用材料表　表 2-26

项次	注浆方案	基本条件	选用材料
1	预注浆	在工程开挖前，预计涌水量大的地段、软弱地层	水泥浆、水泥-水玻璃或化学浆液
2	衬砌前围岩注浆	开挖后有大股涌水或大面积渗漏水	水泥浆、水泥-水玻璃或化学浆液
3	回填注浆	衬砌后渗漏水严重的地段或充填壁后的空隙地段	水泥浆、水泥砂浆或掺有石灰、黏土、粉煤灰的水泥浆液
4	衬砌内注浆	衬砌后仍有渗漏水时	水泥浆液、化学浆液
5	衬砌后围岩注浆	回填注浆后仍有渗漏水时	水泥浆或化学浆液

注浆防水资料收集内容　表 2-27

项　次	资　料　内　容
1	工程地质纵横剖面图及工程地质、水文地质资料，如围岩孔隙率、渗透系数、解理裂隙发育情况、涌水量、水压和软土地层颗粒级配、土的标准贯入试验值及其物理力学指标等
2	工程开挖中工作面的岩性、岩层产状、解理裂隙发育程度及超、欠挖值等
3	工程衬砌类型、防水等级等
4	工程渗漏水的地点、位置、渗漏形式、水量大小、水质、水压等

(2) 注浆实施前应符合下列规定：

① 预注浆前先做止浆墙（垫），其在注浆时应达到设计强度；

② 回填注浆应在衬砌混凝土达到设计强度的 70%后进行；

③ 衬砌后围岩注浆应在回填注浆固结体强度达到 70%后进行。

(3) 在岩溶发育地区，注浆防水应从勘测、选料、布孔、注浆施工等方面作出专业设计。

(4) 在注浆施工期间及工程结束后，应对水源取样检查，如有污染，应及时采取相应措施。

二、注浆防水的设计要点

(1) 预注浆钻孔，应根据岩层裂隙状态、地下水情况、设备能力、浆液有效扩散半径、钻孔偏斜率和对注浆效果的要求等，综合分析后确定注浆孔数、布孔方式及钻孔角度。

(2) 预注浆的段长，应根据工程地质、水文地质条件、钻孔设备及工期要求确定，宜为 10～50m，但掘进时必须保留止水岩垫（墙）的厚度。注浆孔底距开挖轮廓的边缘，宜为毛洞高度（直径）的 0.5～1 倍，特殊工程可按计算和试验确定。

(3) 高压喷射注浆孔间距应根据地质情况及施工工艺确定，宜为 0.4～2.0m。

(4) 高压喷射注浆帷幕宜插入不透水层，其深度应按下式计算：

$$d=\frac{h-b\alpha}{2\alpha}$$

式中　d——帷幕插入深度（m）；

h——作用水头（m）；

α——接触面允许坡降，取 5～6；

b——帷幕厚度（m）。

（5）衬砌前围岩注浆的布孔，应符合下列规定：

① 在软弱地层或水量较大处布孔；

② 大面积渗漏，布孔宜密，钻孔宜浅；

③ 裂隙渗漏，布孔宜疏，钻孔宜深；

④ 大股涌水，布孔应在水流上游，且从涌水点四周由远到近布设。

（6）回填注浆孔的孔径，不宜小于 40mm，间距宜为 2～5m，可按梅花形排列。检查注浆孔宜深入岩壁 100～200mm。

（7）衬砌后围岩注浆钻孔深入围岩不应小于 1m，孔径不宜小于 40mm，孔距可根据渗漏水的情况确定。

（8）岩石地层预注浆或衬砌后围岩注浆的压力，应比静水压力大 0.5～1.5MPa，回填注浆及衬砌内注浆的压力应小于 0.5MPa。

（9）衬砌内注浆钻孔应根据衬砌渗漏水情况布置，孔深宜为衬砌厚度的 1/3～2/3。

三、常用注浆法的机理、特点和适用工程

常用注浆法机理、特点和适用工程参见表 2-28。

常用注浆法机理、特点和适用工程　　**表 2-28**

注浆法	机理	特点	适用工程
钻杆注浆	充填、压密	方便、廉价，适用于深度较小的、填充型注浆。操作场地小，一般用后推式注浆，浆液分布呈团块状，不均匀	充填隧道衬砌和土层之间的空隙；充填并堵塞大量渗漏水造成的空洞；道面板下由于砂土流失造成的空隙等
双层管注浆索莱坦修法	充填、挤密、劈裂渗透并能通过钙钠离子交换实现化学加固，且注浆管本身也起到支撑和抗压的作用	适用于各种土层条件，可任选注浆土层，反复用多种材料注浆；浆液分布较钻杆注浆均匀，能有效提高土体整体强度	提高土体抗剪强度、承载力、压缩模量等，但不适于提高土体的抗渗性能
高压喷射注浆	先破坏原有的土体结构强度，再将注浆材料和土体均匀混合，建立新的强度体系，可用浆液部分或全部置换土体	均匀、高强，在管线等地下障碍物下时对于加固范围没有影响，抗渗效果好	挡墙、帷幕、抗渗帷幕、桩基础
搅拌注浆	搅拌并注入浆液，并不置换土体	软均匀、高强，但在有地下障碍物时加固无法连续，抗渗性较好	挡墙、帷幕、抗渗帷幕、桩基础
布袋注浆	浆液被压入土布工袋中，布袋膨胀对周围土体压密，其主要作用同桩	浆液不会被注到布袋外的范围	用于承受垂直、水平荷载裂缝堵漏，用于充填挤密空隙

第九节　地下工程排水工程的设计

排水是采用疏导的方法，将地下水有组织地经过排水系统排走，以削弱地下水对地下工程结构的压力，减少水对地下结构的渗透作用，从而使地下工程达到防水目的的一种

方法。

排水工程是专指工业与民用建筑地下室、隧道、坑道的构造排水，即指设计采用各种排水措施，使地下水能顺着预先设计的各种管沟被排到工程外，以降低地下水位，减少地下工程的渗漏水。

对于重要的、防水要求较高的大型工业与民用建筑的地下工程，在制定防水方案时，应结合排水一起考虑。

凡具有自流排水条件的地下工程，可采用自流排水的方法进行排水，如无自流排水条件，防水要求较高且具有抗浮要求的地下工程，则可采用渗排水、盲沟排水或机械排水，但应防止由于排水而危及地面建筑物及农田水利设施。

通向江、河、湖、海的排水口其高程如低于洪（潮）水位时，应采取防倒灌措施。隧道、坑道宜采用贴壁式衬砌，对防水防潮要求较高的地下工程则应优先采用复合式衬砌，也可采用离壁式衬砌或衬套。

一、渗排水层排水

渗排水防水是地下工程防水采用疏水法排水的一种形式，其原理是采用疏导的方法，将地下水有组织地经过排水系统排走，以削弱水对结构的压力，减少水对结构的渗透作用，从而使地下工程达到防水目的。对于重要的、面积较大的地下防水工程采用“以防为主，防排结合”的原则，更能保证防水结构的正常使用。

地下工程渗排水防水主要采用渗排水层排水、盲沟排水、内排法排水等三种形式，参见图 2-71。

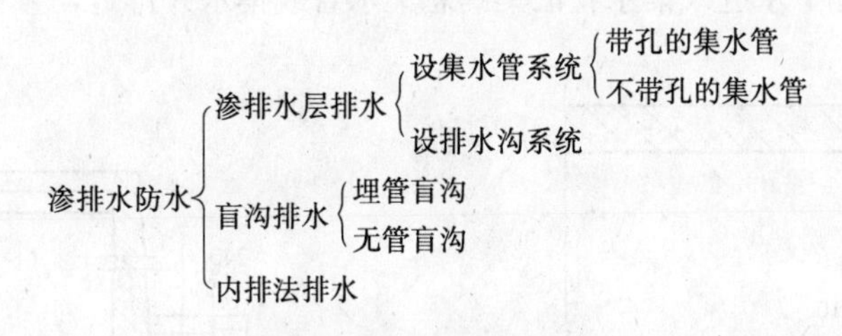

图 2-71　渗排水防水的形式

渗排水是在地下构筑物下面铺设一层碎石或卵石作渗水层，在渗水层内再设置集水管或排水沟，从而将水排走，渗排水适用于地下水为上层滞水且防水要求较高的地下防水工程。

（一）渗排水的基本要求

渗排水应符合下列要求：

（1）渗排水层设置在工程结构底板下面，由粗砂过滤层与集水管组成，见图 2-72；

（2）粗砂过滤层总厚度宜为 300mm，如较厚时应分层铺填。过滤层与基坑土层接触处，应用厚度为 100～150mm、粒径为 5～10mm 的石子铺填；过滤层顶面与结构底面之间，宜干铺一层卷材或 30～50mm 厚的 1∶3 水泥砂浆作隔浆层；

（3）集水管应设置在粗砂过滤层下部，坡度不宜小于 1%，且不得有倒坡现象。集水管之间的距离宜为 5～10m。渗入集水管的地下水导入集水井后用泵排走。

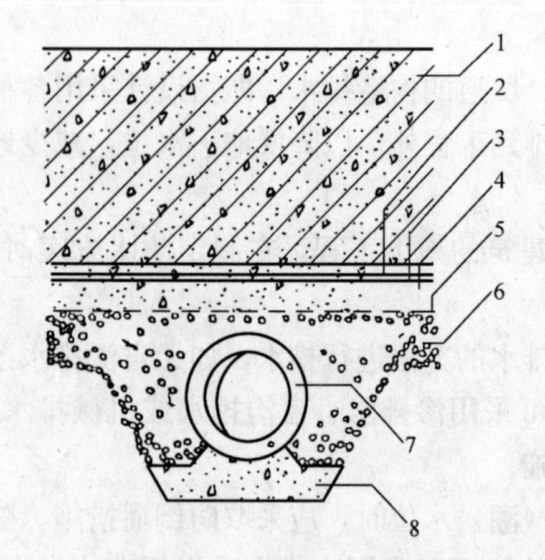

图 2-72 渗排水层构造

1—结构底板；2—细石混凝土；3—底板防水层；4—混凝土垫层；5—隔浆层；6—粗砂过滤层；7—集水管；8—集水管座

（二）渗排水层的构造

渗排水层的构造有设集水管系统和设排水沟系统两种类型，参见图 2-71。

1. 设集水管系统的构造

即在基底下满铺卵石作渗水层，在渗水层下面按一定的间距设置渗排水沟，渗排水沟内设置集水管，沿基底外围有渗水墙，地下水经过渗水墙、渗排水层流入渗排水沟内，进入集水管、沿管流入集水井，然后汇集于吸水泵房排出。

渗排水层采用集水管排水时，渗排水层与土体之间不设混凝土垫层，地下水通过滤水层和渗水层进入集水管。为了防止泥土颗粒随着地下水一起进入渗水层将集水管堵塞，可在集水管周围采用粒径为 20～40mm、厚度不小于 400mm 的碎石或卵石作为渗水层，在渗水层下面采用粒径为 5～15mm、厚 100～150mm 的粗砂或豆石作滤水层，渗水层与混凝土底板之间应抹 15～20mm 厚的水泥砂浆或加一层油毡作为隔浆层，以防止在浇捣混凝土时将渗水层堵塞。

集水管可以采用两种做法，其一采用直径为 150～250mm 带孔的铸铁管或钢筋混凝土管；其二采用不带孔的长度为 500～700mm 的预制管，为了达到渗水的要求，在管子端部之间留出 10～15mm 的间隙，以便向集水管内渗水。集水管的坡度一般为 1%，集水管要顺坡铺设，不能反坡，地下水进入集水管汇集到总集水管或集水井排走，参见图 2-73。

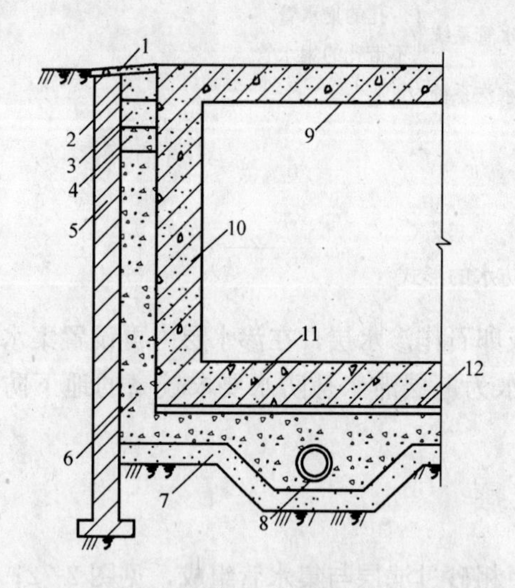

图 2-73 渗排水层（有集水管）构造

1—混凝土保护层；2—300mm 厚细砂层；3—300mm 厚粗砂层；4—300mm 厚小卵石或碎石层；5—保护墙；6—20～40mm 碎石或卵石；7—砂滤水层；8—集水管；9—地下结构顶板；10—地下结构外墙；11—地下结构底板；12—水泥砂浆或卷材层

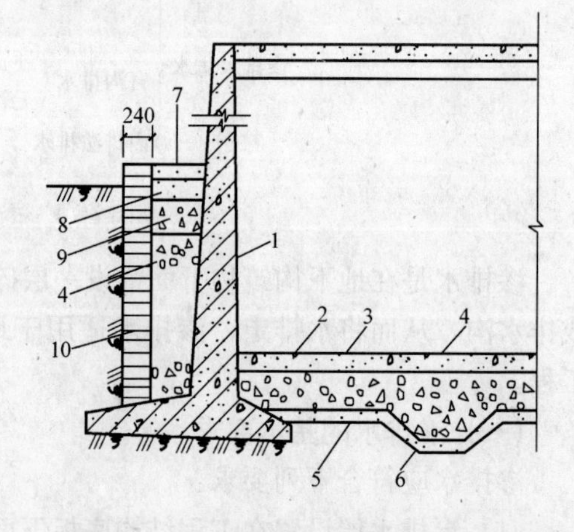

图 2-74 渗排水层（无集水管）构造

1—钢筋混凝土壁；2—混凝土地坪或钢筋混凝土底板；3—油毡或 1∶3 水泥砂浆隔浆层；4—400mm 厚卵石渗水层；5—混凝土垫层；6—排水沟；7—300mm 厚细砂；8—300mm 厚粗砂；9—400mm 厚粒径 5～20mm 卵石层；10—保护砖墙

集水管宜采用无砂混凝土管。

集水管在转角处和直线段设计规定处应设检查井。井底距集水管底应留设深 200～300mm 的沉淀部分，井盖应封严。

2. 设排水沟系统的构造

基底下每隔 20m 左右设置渗排水沟，并与基底四周的渗水墙或渗排水沟相连通，形成外部渗排水系统，地下水从易透水的砂质土层中流入渗排水沟中，经由集水管流入与其相连的若干集水井中，然后汇集于吸水泵房中排出。

渗排水层采用排水沟排水（无集水管）时，在渗排水层与土体之间设混凝土垫层及排水沟，整个渗排水层应作 1%的坡度，水方可通过排水沟流向集水井。设排水沟的渗排水层构造参见图 2-74。

（三）渗排水对材料的要求

（1）作滤（渗）水层的石子宜选用粒径分别为 5～15mm、20～40mm 和 60～100mm 的石子，要求其洁净、坚硬、无泥砂、不易风化；砂子宜采用粗砂，要求干净、无杂质、含泥量不大于 2%。

（2）渗排水作滤水层的材料宜选用粒径为 5～15mm 的石子或粗砂，要求洁净。

（3）集水管宜采用无砂混凝土管、有孔（ϕ12mm）普通硬塑料管、加筋软管式透水盲管，还可采用 150～200mm 直径带孔的铸铁管、陶土管等。

二、盲沟排水

盲沟排水法是在构筑物四周设置盲沟，使地下水沿着盲沟向低处排走的一种渗排水方法。

采用盲沟排水法排水效果好，并可节约材料和工程的费用。凡有自流排水条件而无倒灌可能时，则可采用盲沟排水法，参见图 2-75。当地形受到限制，无自流排水条件，也可以利用盲沟将地下水引入集水井内，然后再用水泵抽走。盲沟排水法也可以作为解决渗漏水的一种措施。盲沟排水适用于地基为弱透水性土层，地下水量不大，排水面积较小或常用地下水位低于地下建筑物室内地坪，只是在雨季丰水期的短期内稍高于地下建筑物室内地坪的地下防水工程。

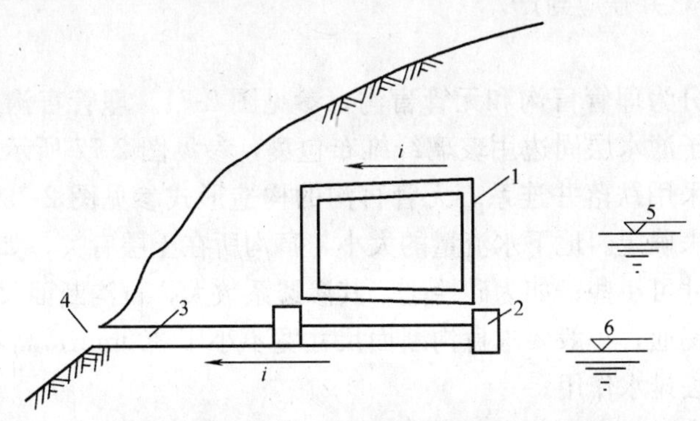

图 2-75　盲沟排水示意图

1—地下构筑物；2—盲沟；3—排水管；4—排水口；
5—原地下水位；6—降低后地下水位

1. 盲沟排水的基本要求

盲沟排水应符合下列要求：

（1）宜将基坑开挖时的施工排水明沟与永久盲沟结合；

（2）盲沟的构造类型与基础的最小距离等应根据工程地质情况由设计选定，盲沟设置见图 2-76；

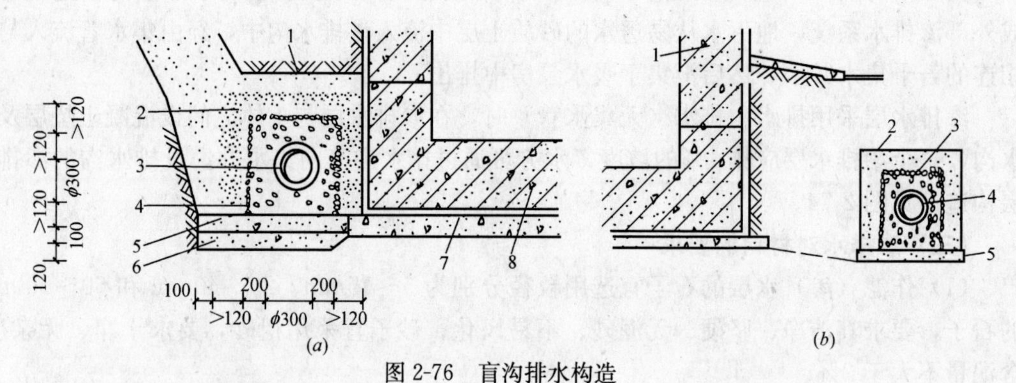

图 2-76　盲沟排水构造

(*a*) 贴墙盲沟

1—素土夯实；2—中砂反滤层；3—集水管；
4—卵石反滤层；5—水泥/砂/碎砖层；6—碎砖夯实层；
7—混凝土垫层；8—主体结构

(*b*) 离墙盲沟

1—主体结构；2—中砂反滤层；
3—卵石反滤层；4—集水管；5—水泥/砂/碎砖层

（3）盲沟反滤层的层次和粒径组成应符合表 2-29 的规定；

盲沟反滤层的层次和粒径组成　　　　**表 2-29**

反滤层的层次	建筑物地区地层为砂性土时（塑性指数 $I_P<3$）	建筑物地区地层为黏性土时（塑性指数 $I_P>3$）
第一层(贴天然土)	用 0.1～2mm 粒径砂子组成	用 2～5mm 粒径砂子组成
第二层	用 1～7mm 粒径小卵石组成	用 5～10mm 粒径小卵石组成

（4）集水管宜采用无砂混凝土管；

（5）集水管在转角处和直线段设计规定处应设检查井。井底距集水管底应留深 200～300mm 的沉淀部分，井盖应封严。

2. 盲沟的构造

盲沟的构造可分为埋管盲沟和无管盲沟，参见图 2-71。埋管盲沟其集水管放置在石子滤水层中央，石子滤水层周边用玻璃纤维布包裹，参见图 2-77 所示，基底标高相差较小，上下层盲沟可采用跌落井连系。无管盲沟的构造形式参见图 2-78，其断面尺寸的大小按水流量的大小来确定。地下水流量的大小与盲沟所在土层有关，如为黏性土，渗透系数小，盲沟断面尺寸可小些；如为砂性土，其渗透系数大，盲沟断面尺寸要大些。但从构造上讲，为使排水畅通，一般要求盲沟断面尺寸宽不小于 300mm，高不小于 400mm，否则易发生堵塞，失去排水作用。

为防止盲沟堵塞，沟内应填以粒径为 60～100mm 的卵石或碎石，周围与土层接触的部位应设置粒径 5～10mm 的粗砂或小碎石作滤水层。

盲沟的排水坡度一般不小于 3‰，为防止碎石或卵石流失，出水口应设滤水箅子。

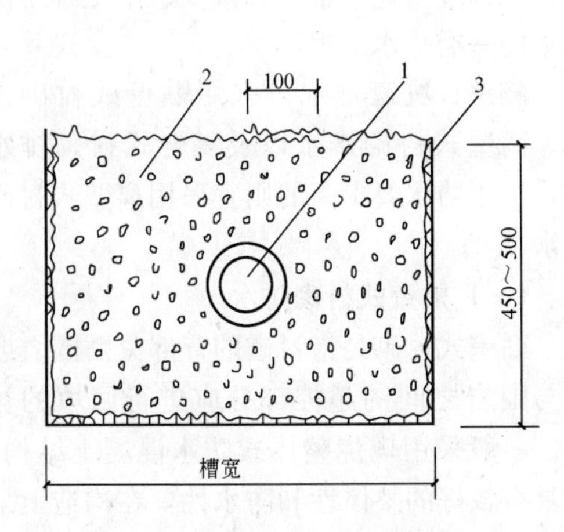

图 2-77　埋管盲沟剖面示意

1—集水管；2—粒径 10～30mm 石子，厚 440～500mm；3—玻璃纤维布

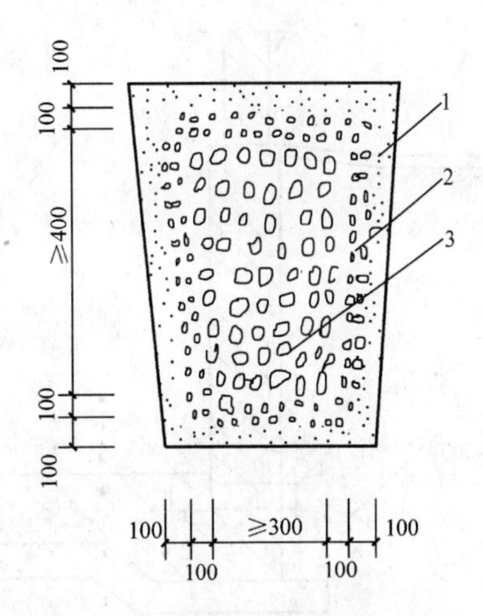

图 2-78　无管盲沟构造剖面示意

1—粗砂滤水层；2—小石子滤水层；3—石子透水层

在使用过程中，由于地下水的流动，难免带走一些土的颗粒，时间久了，可能会发生淤塞，为清除淤塞物，可在盲沟的转角处设置窨井，供清淤时用。

3. 盲沟排水对材料的要求

(1) 滤水层选用 10～30mm 的洗净碎石或卵石，含泥量不应大于 2%；

(2) 分隔层选用玻璃纤维布，规格 12～14 目，幅宽 980mm；

(3) 盲沟集水管选用内径为 100mm 的硬质 PVC 管，壁厚 6mm，沿管周六等分，间隔 150mm，钻 ϕ12mm 孔眼，隔行交错制成透水管；也可在现场制作无砂混凝土管，但要控制无砂混凝土的配合比和构造尺寸；如选用加筋软管式透水盲管，则应遵守行标《铁路路基土工合成材料应用技术规范》(TB 10118—99) 的有关规定；

排水管选用内径为 100mm 的硬质 PVC 管，壁厚 6mm；

跌落井用无孔管，内径为 100mm、壁厚 6mm 硬质 PVC 管。

(4) 管材零件有弯头、三通、四通等。

三、内排法排水

内排法排水是把地下室结构外的地下水通过外墙上的预埋管流入室内的排水沟中，然后再汇集到集水坑内用水泵抽走，如图 2-79 所示。或者是在地下构筑物室内地面，用钢筋混凝土预制板铺在地垄墙上做成架空地面，房心土上铺设粗砂和卵石，当地下水从外墙预埋管流入室内后，顺房心土形成的坡度流向集水坑，再用水泵抽走。采用内排法时，为防止外墙预埋管处堵塞，在预埋管入口处应设钢筋隔栅，隔栅外用石子做渗水层，粗砂作滤水层。

内排法排水比较可靠，且检修方便。当地基土为弱透水性土，地下水量较小时，采用此法较为合适。

四、隧道、坑道排水

隧道、坑道排水是采用各种排水措施，使地下水能够顺着预设的各种管、沟被排到工

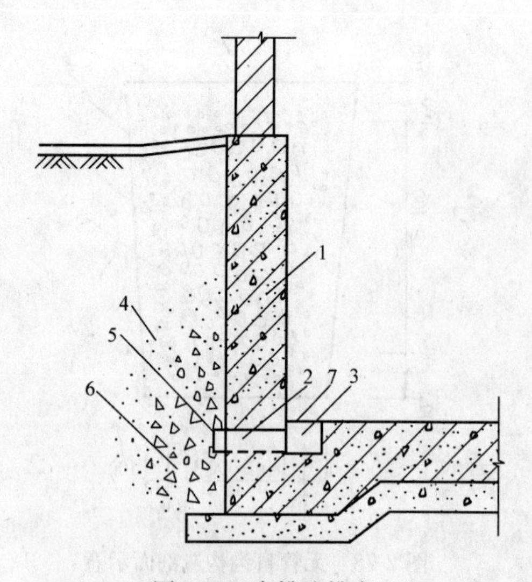

图 2-79　内排法排水

1—地下构筑物；2—预埋管；3—排水沟；4—粗砂滤水层；5—钢筋箅子；6—石子渗水层；7—沟盖板

程外，以降低地下水位和减少地下工程中渗水量的一类排水工程。

隧道、坑道排水可采用贴壁式衬砌排水、离壁式衬砌排水以及复合式衬砌排水等，对于防水要求高的则宜采用离壁式衬砌防水。

（一）贴壁式衬砌防水

贴壁式衬砌是指衬砌的背部紧贴围岩或其与围岩之间的超控部分应进行回填的衬砌。一般采用现浇整体式防水混凝土结构，其具有较好的整体性和防水性，在构造上采用防排结合的防水技术。按地质条件的不同，贴壁式衬砌又可分为拱型半衬砌、厚拱薄墙衬砌、直墙拱形衬砌及由墙拱复合型衬砌等几种形式。

贴壁式衬砌排水系统的构造参见图 2-80。

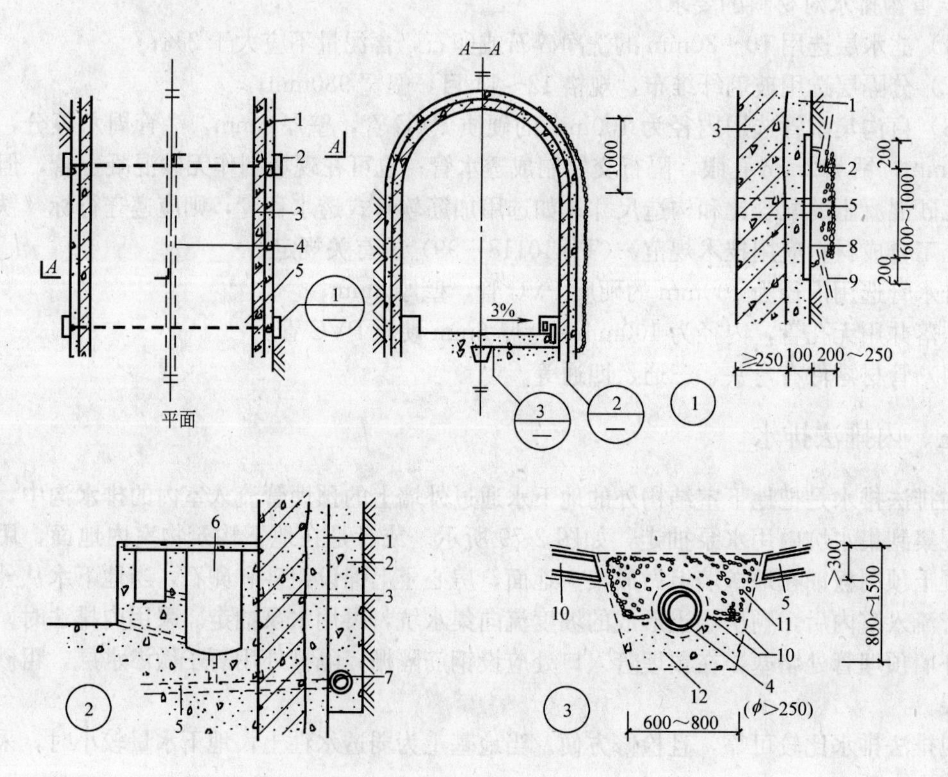

图 2-80　贴壁式衬砌排水构造

1—初期支护；2—盲沟；3—主体结构；4—中心排水盲管；5—横向排水管；6—排水明沟；7—纵向集水盲管；8—隔浆层；9—引流孔；10—无纺布；11—无砂混凝土；12—管座混凝土

1. 贴壁式衬砌围岩渗漏水采用的排水系统

贴壁式衬砌围岩渗漏水可通过盲沟、盲管（导水管）、暗沟导入基底的排水系统。

(1) 采用盲沟排水时，盲沟的设置应符合下列规定：

① 盲沟宜设在衬砌与围岩间。拱顶部位设置盲沟困难时，可采用钻孔引流的措施。

② 盲沟沿洞室纵轴方向设置的距离，宜为5～15m。

③ 盲沟断面的尺寸应根据渗水量及洞室超挖情况确定。

④ 盲沟宜先设反滤层，后铺石料。铺设石料粒径由围岩向衬砌方向逐渐减小。石料必须洁净、无杂质，含泥量不得大于2%。

⑤ 盲沟的出水口应设滤水箅子或反滤层，寒冷及严寒地区应采取防冻措施。

(2) 采用盲管（导水管）排水时，盲管（导水管）的设置应符合下列规定：

① 盲管（导水管）应沿隧道、坑道的周边固定于围岩表面。

② 盲管（导水管）的间距宜为5～20m，当水较大时，可在水较大处增设1～2道盲管。

③ 盲管（导水管）与混凝土衬砌接触部位应外包无纺布作隔浆层。

(3) 排水暗沟可设置在衬砌内，宜采用塑料管或塑料排水带等。

2. 基底排水系统的组成

基底排水系统由纵向集水盲管、横向排水管、排水明沟、中心排水盲管组成。

(1) 纵向集水盲管的设置应符合下列要求：

① 应与盲沟、盲管（导水管）连接畅通。

② 坡度应符合设计要求，当设计无要求时，其坡度不得小于0.2%。

③ 宜采用外包加强无纺布的渗水盲管，其管径由围岩渗漏水量的大小决定。

(2) 横向排水管的设置应符合下列要求：

① 宜采用渗水盲管或混凝土暗槽。

② 间距宜为5～15m。

③ 坡度宜为2%。

(3) 排水明沟的设置应符合下列规定：

① 排水明沟的纵向坡度不得小于0.5%。铁路和公路隧道长度大于200m时宜设双侧排水沟，纵向坡度应与线路坡度一致，但不得小于0.1%。

② 排水明沟的断面尺寸视排水量而定，可按表2-30选用。

③ 排水明沟应设盖板。排污水时应有密闭措施。

④ 在直线段50～200m及交叉、转弯、变坡处，应设置检查井，井口须设活动盖板。

⑤ 在寒冷及严寒地区应有防冻措施。

(4) 中心排水盲管的设置应符合下列要求：

① 中心排水盲管宜采用无砂大孔混凝土管或渗水盲管，其管径应由渗漏水量大小决定，且其内径不得小于ϕ250mm。

② 中心排水盲管的纵向坡度和埋设深度应符合设计规定。

3. 贴壁式衬砌

贴壁式衬砌应用防水混凝土浇筑，其防水与隔潮除提高现浇混凝土衬砌本身的抗渗能力外，还应在混凝土内表面喷涂一道无机渗透结晶型防水材料，以提高混凝土结构自防水的抗裂、防水与隔潮能力。

排水明沟断面　　表 2-30

通过排水明沟的排水量 (m^3/h)	排水明沟净断面(mm)	
	沟　宽	沟　深
50 以下	300	250
50～100	350	350
100～150	350	400
150～200	400	400
200～250	400	450
250～300	400	500

4. 混凝土及细部构造的施工要求

混凝土及细部构造的施工要求应符合《地下工程防水技术规范》（GB 50108—2001）中的有关规定。

（二）离壁式衬砌防水

离壁式衬砌是指顶拱边墙与围岩分离，其两者之间的空隙不做回填，拱肩（水平支撑）与围岩顶紧的衬砌。

离壁式衬砌防水、排水与防潮效果均较好，防水防潮要求高的工程均可采用离壁式衬砌。离壁式衬砌适用于地质条件稳定或基本稳定的围岩及静荷载区段，不适用于动荷载区段以及 8～9 度地震区（这些地区为防止发生较大的塌方，最好采用贴壁式衬砌为宜）。

（1）围岩稳定和防潮要求高的工程可设置离壁式衬砌，衬砌与岩壁间的距离应符合下列规定：

① 拱顶上部宜为 600～800mm；

② 侧墙处不应小于 500mm。

（2）衬砌拱部宜作卷材、塑料防水板、水泥砂浆等防水层。拱肩应设置排水沟，沟底预埋排水管或设排水孔，直径宜为 50～100mm，间距不宜大于 6m。在侧墙和拱肩处应设检查孔，见图 2-81。

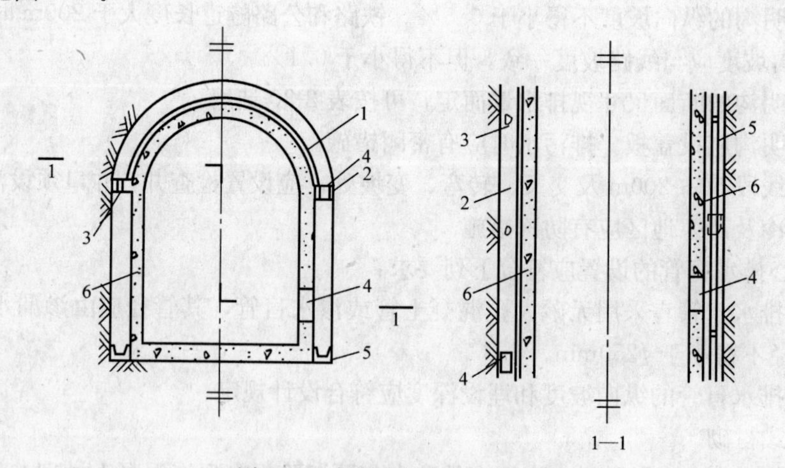

图 2-81　离壁式衬砌排水示意图

1—防水层；2—拱肩排水沟；3—排水孔；4—检查孔；5—外排水沟；6—内衬混凝土

(3) 侧墙外排水沟应做明沟，其纵向坡度不应小于0.5%。

(三) 复合式衬砌防水

复合式衬砌是指衬砌背部紧贴围岩表面缓冲排水层的衬砌。

(1) 初期支护与内衬结构中间设有塑料防水板的复合式衬砌的排水系统设置要求，除纵向集水盲管应设置在防水板外侧并与缓冲排水层连接畅通外，其他均应符合《地下工程防水技术规范》(GB 50108—2001) 中6.4条的有关规定。

(2) 初期支护基面清理完后，即可铺设缓冲排水层。缓冲排水层用暗钉圈固定在初期支护上。暗钉圈的设置应符合《地下工程防水技术规范》(GB 50108—2001) 中4.5.5条的有关规定。

(3) 塑料防水板可由拱顶中心向两侧铺设，铺设要求应符合《地下工程防水技术规范》(GB 50108—2001) 中4.5.6条、4.5.7条的有关规定。

(4) 内衬混凝土应用防水混凝土浇筑。防水混凝土及细部构造的施工要求应符合《地下工程防水技术规范》(GB 50108—2001) 中4.1条、4.5.8条和第五章中的有关规定。浇筑时如发现防水板损坏应及时予以修补。

(四) 衬套

(1) 衬套应采用防火、隔热性能好的材料，接缝宜采用嵌填、粘结、焊接等方法密封。

(2) 衬砌外形应有利于排水，底板宜架空。

(3) 离壁衬套与衬砌或围岩的间距不应小于150mm，在衬套外侧应设置明沟。半离壁衬套应在拱肩处设置排水沟。

(五) 贴壁式、离壁式、复合式衬砌排水对材料的要求

(1) 隧道、坑道排水所用的衬砌材料应符合设计要求。

(2) 缓冲排水层选用的土工布应符合以下要求：

① 具有一定的厚度，其单位面积质量不宜小于280g/m²；

② 具有良好的导水性；

③ 具有适应初期支护由于荷载或温度变化引起变形的能力；

④ 具有良好的化学稳定性和耐久性，能抵抗地下水或混凝土、砂浆析出水的侵蚀。

(3) 施工用的钢筋、水泥、砂、石经检验合格后方可使用。

(4) 购置的预制管、塑料管、射钉、热塑性垫圈、土工布等，其质量保证资料应齐全。

第十节　明挖法和特殊施工法防水工程的设计

一、明挖法防水工程

明挖法按其主体结构的施工顺序可分为明挖顺做法和明挖覆盖法两类施工做法。明挖顺做法施工的基坑可分为敞口放坡基坑和围护结构的基坑两大类。明挖覆盖法又称盖挖法，可进一步分为盖挖顺做法、盖挖逆做法和盖挖半逆做法三种施工做法。明挖顺做法的分类参见图2-82。

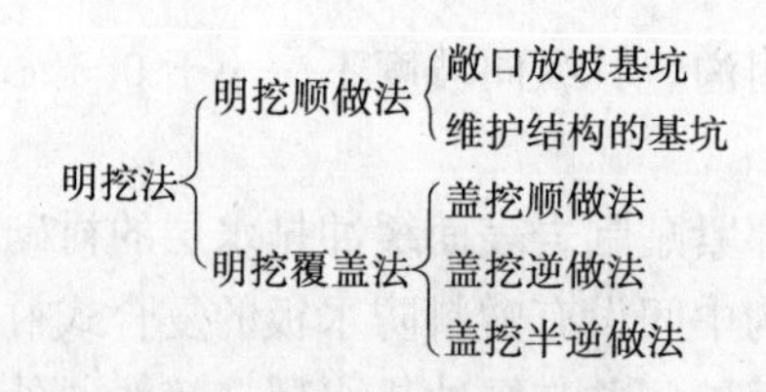

图 2-82　明挖法的分类

1. 明挖法的基本要求

(1) 明挖法地下工程的结构自重应大于静水压头造成的浮力，在自重不足时必须采用锚桩或其他措施。抗浮力安全系数应大于 1.05～1.1。施工期间应采用有效的抗浮力措施。

(2) 明挖法地下工程施工时应符合以下规定：

① 地下水位应降至工程底部最低高程 500mm 以下，降水作业应持续至回填完毕；

② 工程底板范围内的集水井，在施工排水结束后应用微膨胀混凝土填筑密实；

③ 工程顶板、侧墙留设大型孔洞，如出入口通道、电梯井口、天棚口等，应采用临时封闭、遮盖措施。

(3) 明挖法地下工程的混凝土和防水层的保护层在满足设计要求、检查合格后，应及时回填。并应满足以下要求：

① 基坑内杂物应清理干净，无积水。

② 工程周围 800mm 以内宜用灰土、黏土或粉质黏土回填，其中不得含有石块、碎砖、灰渣及有机杂物，也不得有冻土。

回填施工应均匀对称进行，并分层夯实。人工夯实每层厚度不大于 250mm，机械夯实每层厚度不大于 300mm，并应防止损伤防水层。

③ 工程顶部回填土厚度超过 500mm 时，才允许采用机械回填碾压。

2. 明挖顺做法的结构防水

采用明挖施工的结构防水，一般由结构的自防水和卷材、涂膜和防水砂浆防水层组成。通常卷材、涂膜、砂浆防水层都设在主体结构外侧（即迎水面），并要求其防水层与结构的表面粘结良好。

根据基坑护坡方法，如敞口放坡、桩柱法、地下连续墙法等，所提供的防水层施做条件，可选择先贴法或后贴法，底板及侧墙下部、桩柱法、地下连接墙法侧墙部位一般选择先贴法。

明挖顺做法结构防水的设计要点如下：

(1) 防水材料如处于侵蚀性介质中的要耐受侵蚀，处于受振动作用的要有足够的柔性。

(2) 地下铁道明挖结构的外贴式防水层多选用改性沥青卷材或高分子防水卷材。卷材的配套材料（如胶粘剂）应与所选的卷材匹配。无论是卷材还是胶粘剂都应能与结构表面粘结良好，且能在水中保持其粘结性。此外，在选材时还应考虑施工的季节性和经济性，如溶剂型胶粘剂冬天难以挥发，将影响质量和工期。

(3) 敞口放坡明挖结构外贴式防水层结构参见图 2-83。

(4) 结构防水层必须设计保护层，保护层的材料选择可根据其部位的施工条件分别设

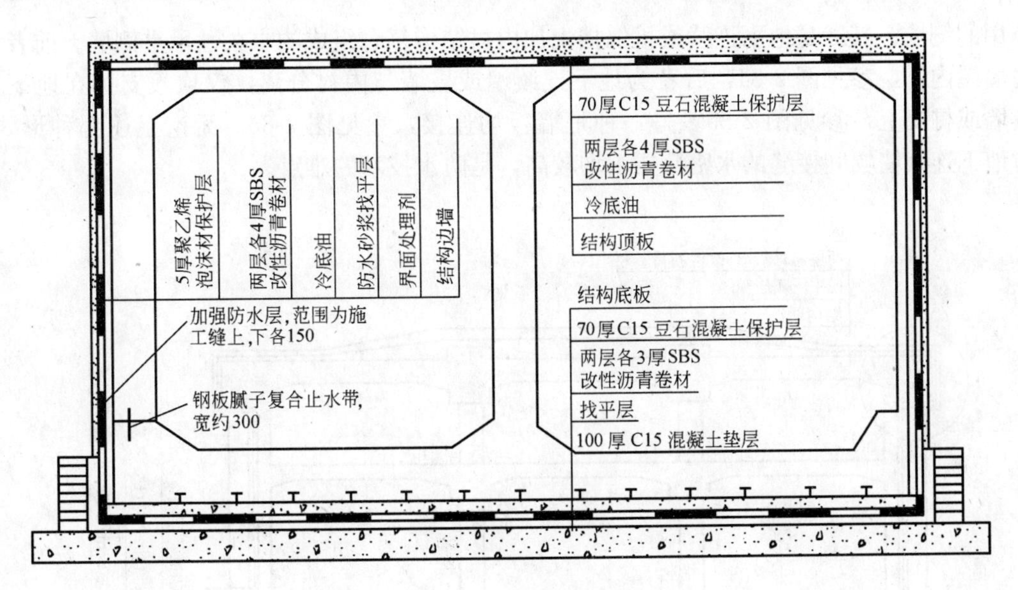

图 2-83　防水概貌图

置，顶、底浇筑50～70mm厚细石混凝土保护层，结构边墙卷材防水层的外侧用胶粘剂点粘5～6mm厚聚乙烯泡沫塑料片材或在聚乙烯泡沫塑料片材外侧再砌120mm厚砖组成复合保护层。

3. 明挖覆盖（盖挖）法的结构防水

明挖覆盖法是在城市交通繁忙的街道下修建地铁车站所用的一种施工方法，其边墙形式有两种：其一是地下连续墙，既是结构的永久性承重墙，又是兼防水、基坑支护等多重

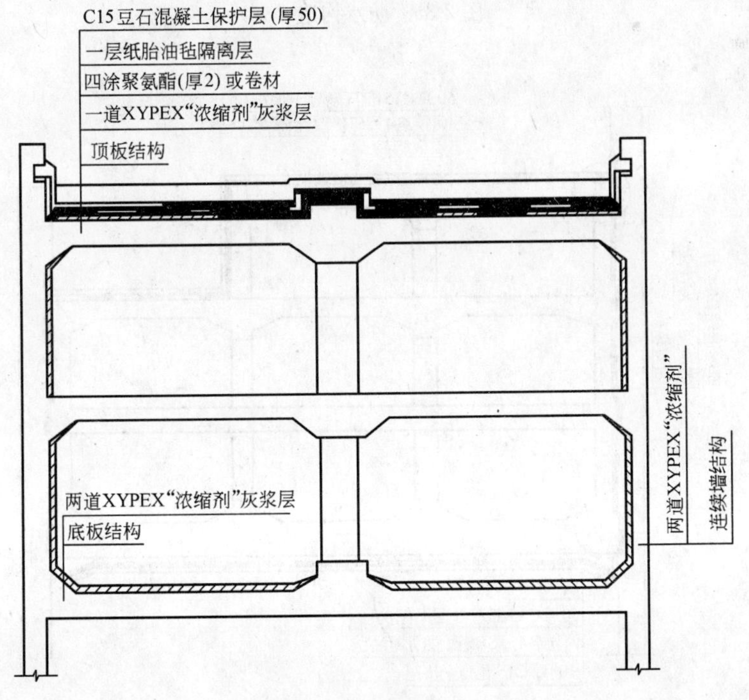

图 2-84　防水构造（一）

作用的侧墙；其二是地下连续或桩墙挡土加内衬结构复合组成的永久性承重侧墙。前者为边墙屋内衬，参见图 2-84，后者为地下连续墙或桩墙与内衬分离，仅顶板支撑在地下连续墙或桩墙上，参见图 2-85。另一种是墙板均连接，参见图 2-86。无论上述哪种形式，对地下连续墙幅间接缝的水密性要求均较高，是防水技术的难点。

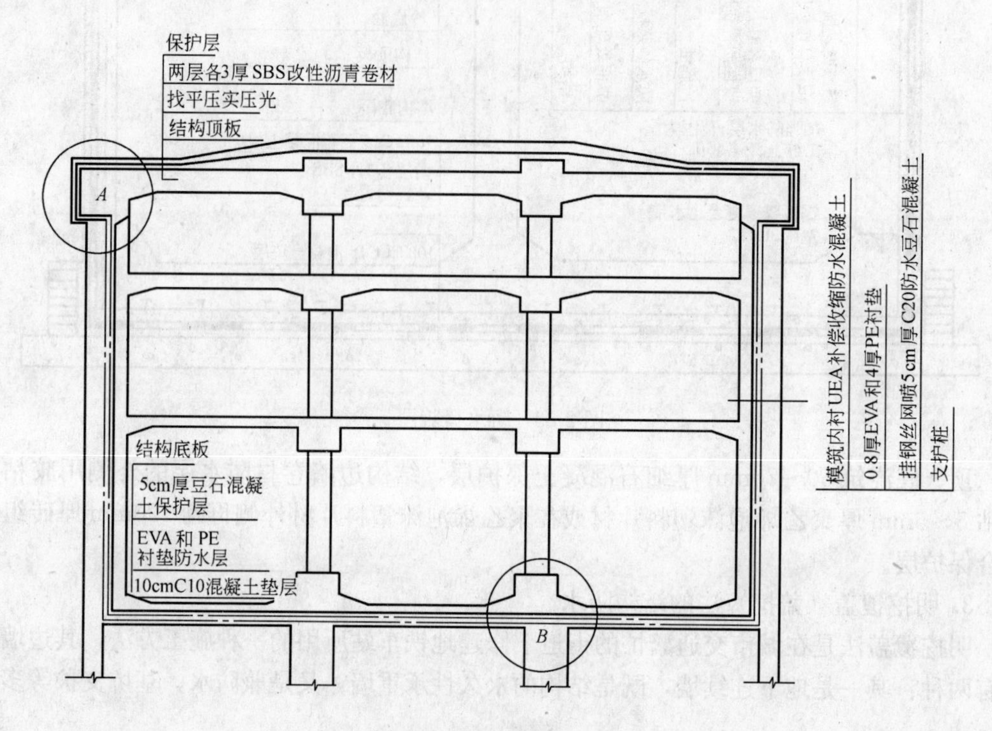

图 2-85　防水构造（二）

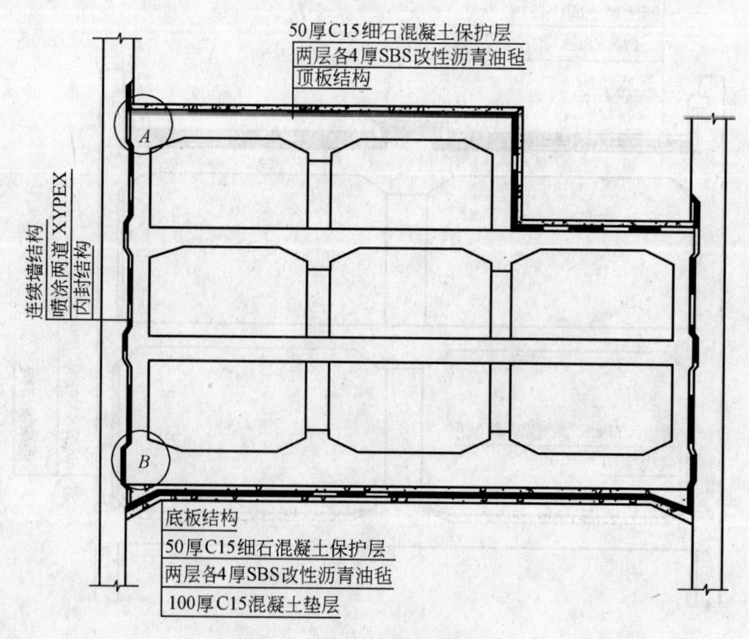

图 2-86　防水构造（三）

二、盾构法隧道防水

盾构法施工是以盾构施工机械在地面以下软土层中进行暗挖隧道的一种施工方法，采用盾构法可以修建水底公路隧道、地下铁道等。盾构法最大的特点是不受地面建筑物和交通的影响，其埋设的深度可以根据设计要求而定。

盾构是隧道施工时进行土方开挖和衬砌拼装时起保护作用的施工设备，盾构顶进挖掘后，应及时进行衬砌工作，衬砌的作用是在施工过程中，作为施工临时支撑，并承受盾构千斤顶后背的顶力，盾构结束后，则作为永久性承载结构，承受周围的水土压力，同时防止泥水的渗入，满足盾构内部的设计要求。

盾构法隧道出现渗水，除会带来地下工程渗漏的一般危害，如损坏结构、腐蚀设备、影响外观和危害运营安全外，更易造成隧道及地面建筑物的不均匀沉降和破坏。盾构法隧道的防水和渗漏水的治理是至关重要的。

（一）盾构法隧道的分类

盾构法隧道的分类有多种方法，按衬砌结构形式可分为单层衬砌防水和双层衬砌防水；按衬砌的组成可分为衬砌结构自防水和衬砌接缝防水；按隧道构造可分为隧道衬砌防水和竖井接头防水；按衬砌材质可分为钢筋混凝土管片衬砌防水、铸铁管片衬砌防水、钢管片衬砌防水、钢与钢筋混凝土组合管片衬砌防水等。

1. 单层衬砌与双层衬砌防水

（1）单层衬砌防水

衬砌在施工阶段作为隧道施工的支护结构，它保护开挖面，以防止土体变形、土体坍塌以及泥水渗入，并承受盾构推进时千斤顶顶力以及其他施工荷载。同样，它也可以单独作为隧道永久性支护结构，这就是单层装配式衬砌结构。

单层衬砌的防水与单层衬砌的形式、构造、拼装方式有关。

衬砌环的环宽越大，在同等里程内，隧道环的环向接缝越少，漏水概率越小。同样衬砌环的分块越少，隧道环纵向接缝越小，漏水概率越小。实际工程上应从结构所处的土层特性、受荷情况、构造特点、计算模式、运输能力和制作拼装方便等因素综合考虑。

（2）双层衬砌的内衬是施工缝和变形缝防水

为满足结构补强、修正施工误差以及防水、防腐蚀、通风和减小流动阻力等特殊要求（如水工隧道既要减小内壁粗糙系数，又要方便检修；又如应用于电力、通讯的隧道其防渗漏要求十分严格），有些盾构隧道在单层装配式衬砌结构的内面再浇筑整体式混凝土或钢筋混凝土内衬，构成双层衬砌结构。

双层衬砌包括在单层装配式衬砌内再浇筑整体式内衬和浇筑设置局部内衬两种形式。

隧道内侧做整体地层衬砌时，包括：

① 用内衬自身做防水层，这就必须注重内衬结构自防水与内衬施工缝、变形缝的防水，但内外衬砌间一般不进行凿毛处理；

② 衬砌与内衬混凝土之间局部或全部衬铺防水膜作为隔离层的防水。

浇筑设置局部内衬时，需在该范围内进行凿毛处理，增加内外层粘合力与整体性，从而加强隧道拱底接缝的防水，满足使用要求。

2. 衬砌结构自防水和衬砌接缝防水

隧道防水按衬砌构造分为衬砌结构本体自身的防水与衬砌间的接缝防水，这是有代表性的常用的划分方法。

衬砌结构自防水是根本。只有衬砌混凝土满足自防水的要求，盾构隧道的防水才有基本保证。

衬砌混凝土自防水的关键是采用防水混凝土，其中包括正确选用原材料以及混凝土的配合比、水泥用量、水灰比与坍落度等工艺参数等，以满足混凝土的强度等级和抗渗要求。规范的管片制作、工艺流程十分必要，其中浇捣、养护、堆放、质检、运输是重要工序。

衬砌接缝防水是盾构防水的核心，而衬砌接缝防水的关键是接缝面防水密封垫材料及其设置方法。

（二）盾构法隧道防水的基本要求

(1) 盾构法施工的隧道，宜采用钢筋混凝土管片、复合管片、切块等装配式衬砌或现浇混凝土衬砌。装配式衬砌应采用防水混凝土制作。当隧道处于侵蚀介质的地层时，应采用相应的耐侵蚀混凝土或耐侵蚀的防水涂层。

(2) 不同防水等级盾构隧道衬砌防水措施应符合表 2-31 的要求

不同防水等级盾构隧道的衬砌防水措施　　**表 2-31**

防水措施 / 措施选择 / 防水等级	高精度管片	接缝防水				混凝土内衬或其他内衬	外防水涂料
		密封垫	嵌缝	注入密封剂	螺孔密封圈		
一级	可选	必选	应选	可选	必选	宜选	宜选
二级	可选	必选	宜选	可选	应选	局部宜选	部分区段宜选
三级	可选	必选	宜选	—	宜选	—	部分区段宜选
四级	可选	宜选	可选	—	—	—	—

(3) 钢筋混凝土管片应采用高精度钢模制作，其钢模宽度及弧弦长允许偏差均为±0.4mm。

钢筋混凝土管片制作尺寸的允许偏差应符合下列规定：

① 宽度为±1mm；

② 弧、弦长为±1mm；

③ 厚度为 3～－1mm。

(4) 管片、砌块的抗渗等级应等于隧道埋深水压力的 3 倍，且不得小于 P8。管片、砌块必须按设计要求经抗渗检验合格后方可使用。

(5) 管片至少应设置一道密封垫沟槽。接缝密封垫宜选择具有合理构造形式、良好回弹性或遇水膨胀性、耐久性、耐水性的橡胶类材料，其外形应与沟槽相匹配。弹性密封橡胶垫与遇水膨胀橡胶密封垫的性能应符合规定。

(6) 管片接缝密封垫应满足在设计水压和接缝最大张开值下不渗漏的要求。密封垫沟槽的截面积应大于等于密封垫的截面积，当环缝张开量为 0mm 时，密封垫可完全压入储于密封沟槽内。其关系符合下列规定：

$$A=1\sim1.15A_0$$

式中 A——密封垫沟槽截面积；

A_0——密封垫截面积。

（7）螺孔防水应符合下列规定：

① 管片肋腔的螺孔口应设置锥形倒角的螺孔密封圈沟槽；

② 螺孔密封圈的外形应与沟槽相匹配，并有利于压密止水或膨胀止水。在满足止水的要求下，其断面宜小。

螺孔密封圈应是合成橡胶、遇水膨胀橡胶制品。其技术指标应符合规定。

（8）嵌缝防水应符合下列规定：

① 在管片内侧环纵向边沿设置嵌缝槽，其深宽比大于 2.5，槽深宜为 25～55mm，单面槽宽宜为 3～10mm。嵌缝槽断面构造形状宜从图 2-87 中选定；

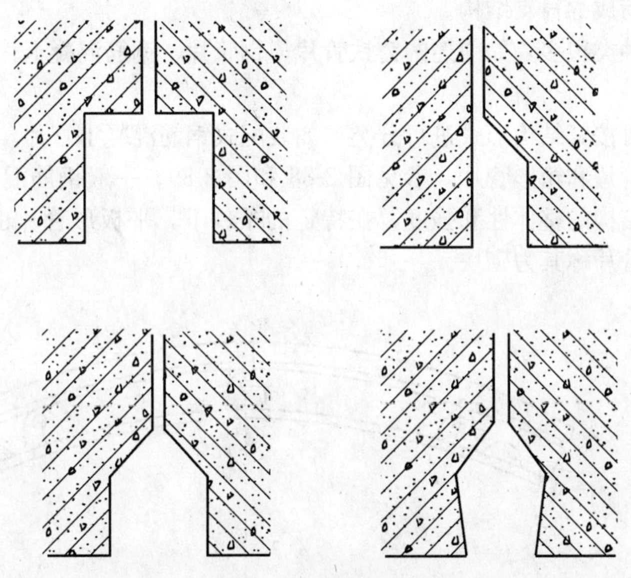

图 2-87 管片嵌缝槽构造形式示意图

② 不定型嵌缝材料应有良好的不透水性、潮湿面粘结性、耐久性、弹性和抗下坠性；定性嵌缝材料应有与嵌缝槽能紧贴密封的特殊构造，有良好的可卸换性、耐久性；

③ 嵌缝作业区的范围与嵌填嵌缝槽的部位，除了根据防水等级要求设计外，还应根据工程的特点和要求而定；

④ 嵌缝防水施工必须在盾构千斤顶影响范围外进行。同时，应根据盾构施工方法、隧道的稳定性确定嵌缝作业开始的时间；

⑤ 嵌缝作业应在接缝堵漏和无明显渗水后进行，嵌缝槽表面混凝土如有缺损，应采用聚合物水泥砂浆或特种水泥修补牢固。嵌缝材料嵌填时，应先涂刷基层处理剂，嵌填应密实、平整。

（9）双层衬砌的内层衬砌混凝土浇筑前，应将外层衬砌的渗漏水引排或封堵。采用复合式衬砌时，应根据隧道排水情况选用相应的缓冲层和防水板材料，并按有关规定进行。

（10）管片外防水涂层应符合下列规定：

① 耐化学腐蚀性、抗微生物侵蚀性、耐水性、耐磨性良好，且无毒或低毒；

② 在管片外弧面混凝土裂缝宽度达到 0.3mm 时，仍能抗最大埋深处水压，不渗漏；

③ 具有防杂散电流的功能，体积电阻率高；

④ 施工简便，且能在冬期操作。

(11) 竖井与隧道结合处，可用刚性接头，但接缝宜采用柔性材料密封处理，并宜加固竖井洞圈周围土体。在软土地层距竖井结合处一定范围内的衬砌段，宜增设变形缝。变形缝环面应贴设垫片，同时采用适应变形量大的弹性密封垫。

(三) 盾构法隧道衬砌管片的防水技术

采用盾构法修建的隧道，常用的衬砌方法有预制的管片衬砌、现浇混凝土衬砌、挤压混凝土衬砌以及先安装预制管片外衬后再现浇混凝土内衬的复合式衬砌。在这些众多的衬砌方法中，以管片衬砌最为常见。

管片衬砌就是采用预制管片，随着盾构的推进在盾尾依次拼装衬砌环，由无数个衬砌环纵向依次连接而成的衬砌结构。

预制管片的种类很多，如前述的铸铁管片、钢管片、钢筋混凝土管片、钢与钢筋混凝土组合管片等。

预制管片还可按其结构形式进行分类，如装配式钢筋混凝土管片。按其使用要求的不同可分为平板形管片和箱形管片，参见图 2-88 和图 2-89。一般钢筋混凝土管片均采用螺栓连接，以增加结构的整体性和强度，在特定的条件下，平板形管片也可不设螺栓连接，不设螺栓连接的管片称其为砌块。

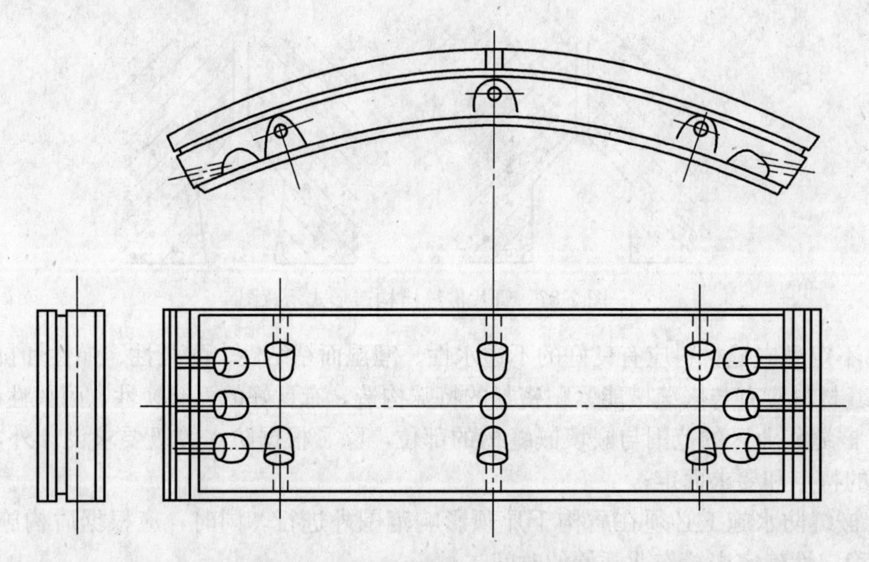

图 2-88　平板形管片（钢筋混凝土）

管片是衬砌的基本受力和防水结构。不论采用单层衬砌防水还是双层衬砌防水，管片的防水技术均包括四项主要内容，即管片本身的防水、管片接缝的防水、螺栓孔的防水以及衬砌结构内外的防水处理、二次衬砌防水等。

1. 管片本身的防水要求

最典型的管片构造如图 2-90 所示，管片的宽度一般为 300～1200mm，其中多数为 750～900mm。管片的防水设计应是在施工阶段和使用阶段不开裂漏水，在特殊荷载作用下，接头不产生脆性破坏而导致渗漏。

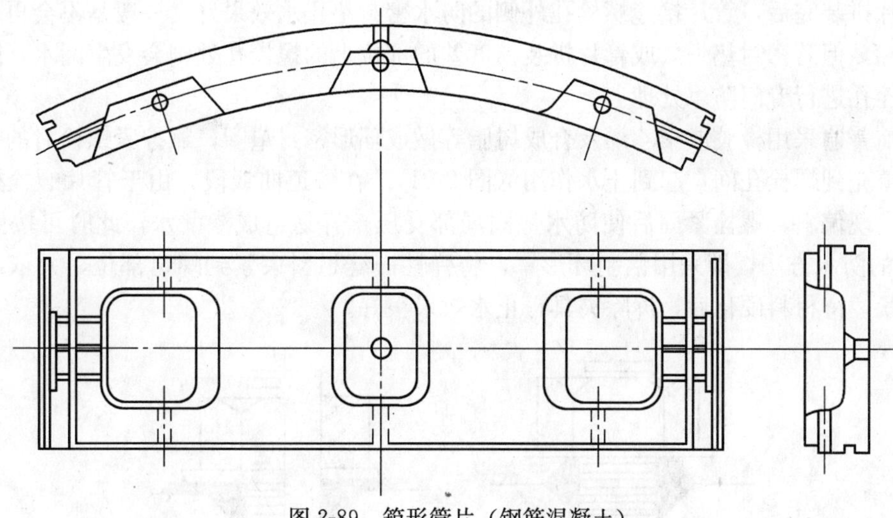

图 2-89　箱形管片（钢筋混凝土）

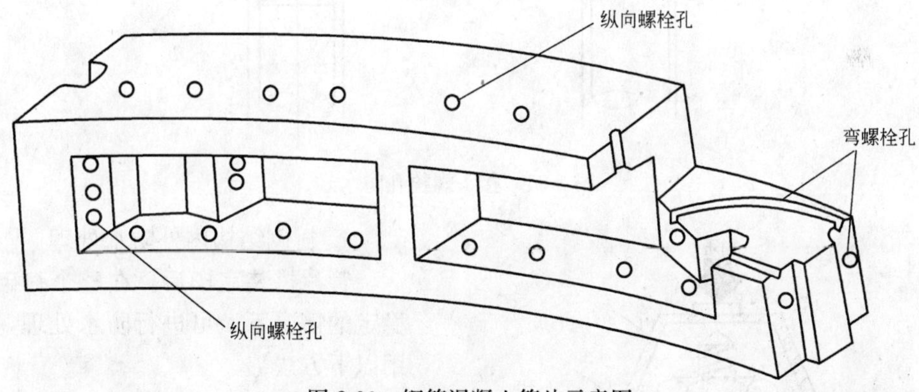

图 2-90　钢筋混凝土管片示意图

结构自防水是首选的防水措施，其管片材料应采用防水混凝土、聚合物混凝土或浸渍混凝土制作，以保证管片本身具有较高的强度等级和高抗渗指标，并有足够的精度。混凝土管片采用防水混凝土，其抗渗等级可达 P12 以上，渗透系数 $K<10^{-11}$ cm/s。

2. 管片接缝的防水

盾构隧道的各种防水措施中，管片接缝的防水措施不仅是最为重要的，而且是可靠性最高的防水措施。管片接缝防水可分为密封垫防水和嵌缝防水。

管片的接缝分环缝和纵缝两种。采用密封垫防水是接缝防水的主要措施。密封垫要有足够的承压能力、弹性复原力和粘着力，使其在盾构千斤顶的往复作用下仍然能保持良好的弹性变形性能，因此一般均采用弹性密封垫。弹性密封防水主要是利用接缝弹性材料的挤密来达到防水的目的。弹性密封垫分定型和未定型两种：未定型制品主要是指现场浇涂的液状或膏状材料；定型制品通常使用的是采用各种不同硬度的固体氯丁橡胶、泡沫氯丁橡胶、丁基橡胶、天然橡胶、乙丙胶改性的橡胶、遇水膨胀橡胶等加工制成的各种不同断面的带形制品。嵌缝防水是对密封垫防水的补充措施，即在管片环缝和纵缝中沿管片内侧设置的嵌缝槽内，采用嵌缝止水材料填嵌密实而达到防水目的的一种接缝防水方法。

3. 螺栓孔防水

管片拼装完后，管片接缝螺栓孔外侧的防水密封垫止水效果好，一般是不会再从螺栓发生渗漏，但若密封垫失效或管片拼装精度差的部位上的螺栓孔处则会发生漏水，因此必须对螺栓孔进行专门防水处理。

目前普遍采用橡胶或聚乙烯及合成树脂等做成环形密封垫圈，靠拧紧螺栓时的挤压作用使其填充到螺栓孔间，起到止水作用（图 2-91）。在隧道曲线段，由于管片螺栓插入螺孔时常出现偏斜，螺栓紧固后使防水垫圈局部受压，容易造成渗漏水，此时可按照图 2-92 所示的防水方法，即采用铝制环形罩，将弹性嵌缝材料束紧到螺母部位，并依靠专门夹具挤紧，待材料硬化后，拆除夹具，止水效果很好。

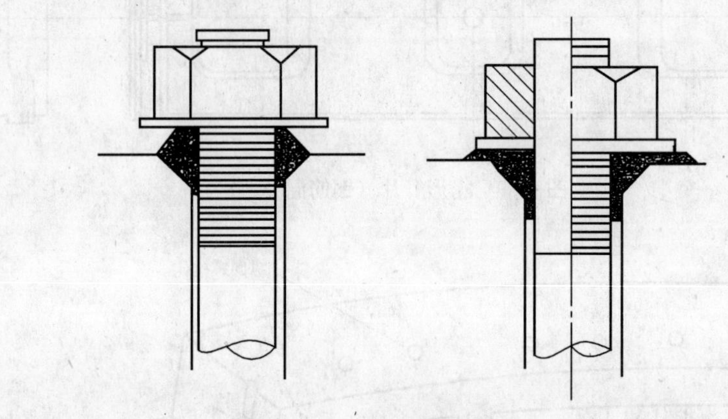

图 2-91　接头螺栓孔防水

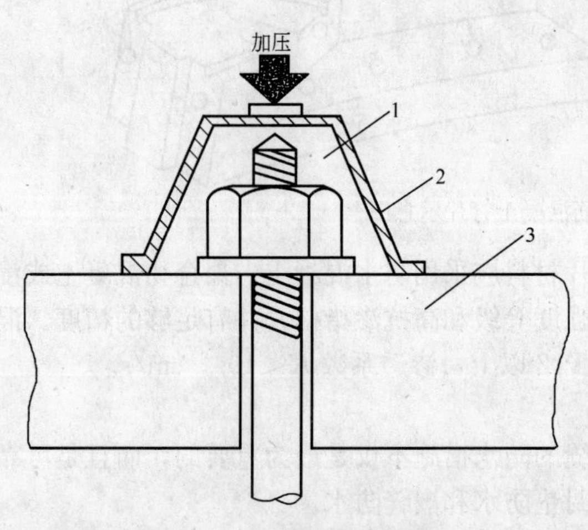

图 2-92　铝杯罩螺栓孔防水
1—嵌缝材料；2—止水铝质罩壳；3—管片

4. 衬砌结构内外防水处理

管片拼装完毕后，在整个衬砌趋于稳定的情况下，可进行防水处理，通常用以下方法：

（1）设置内衬套防水层　构筑内衬前，通常先设置卷材防水层、喷涂防水层或喷射混凝土作防水层，然后构筑内衬套。内衬套的形式不一，有的是构筑混凝土整体内衬砌，其厚度根据防水需要确定；有的设置各种轻型衬套。不管采用哪一种形式，在内外衬砌间均须设置可靠的防水材料。

（2）设置防水槽　防水槽是在内防水内侧预设螺孔，埋设螺栓连接件，如遇管片接缝漏水，即在渗漏水处覆上导水板，导水板用预埋的螺栓固定，使漏水从板后流入集水井中，以便及时抽排掉，保持隧道内干燥。

（3）向衬砌外压注防水水泥砂浆。

5. 二次衬砌防水

以拼装管片作为单层衬砌，其接缝防水措施仍不能完全满足止水要求时，可在管片内侧再浇筑一层混凝土或钢筋混凝土二次衬砌，构成双层衬砌，使隧道衬砌符合防水要求。

在二次衬砌施工前，应对外层管片衬砌内侧的渗漏点进行修补堵漏，污泥必须冲洗干净，最好凿毛。当外层管片衬砌已趋于基本稳定时，方可进行二次衬砌施工。二次衬砌做法各异，有的在外层管片衬砌内直接浇筑混凝土内衬砌；有的在外层衬砌内表面先喷涂一层15～25mm厚的找平层后粘贴油毡或合成橡胶类的防水卷材，再在内贴式防水层上浇筑混凝土内衬。

混凝土内衬砌的厚度应根据防水和混凝土内衬砌施工的需要决定，一般约为150～300mm。

二次衬砌混凝土浇筑一般在钢模台车配合下采用泵送混凝土浇筑，每段浇筑长度大约8～10m。由于浇筑时隧道拱顶部分质量不易保证，容易形成空隙，故在顶部必须预留一定数量的压浆孔，以备压注水泥砂浆补强。此外也有用喷射混凝土来进行内衬砌施工的。

单层与双层衬砌防水各有其特点。由于采用了二次衬砌，内外两层衬砌成为整体结构，从而达到抵抗外荷载与防水的目的。但却导致了开挖断面增大，增加了开挖土方量，施工工序也复杂；使工期延长；材料增多；造价增大。目前大多数国家都致力于研究解决单层衬砌防水技术，逐步以单层衬砌防水取代二次衬砌防水，以提高建造隧道的经济效益。

三、沉井

沉井是将位于地下一定深度的建筑物或构筑物先在地面以上制作，形成一个筒状结构(作为地下结构的竖向墙壁，起承重、挡土、挡水作用)，然后在筒状结构内不断地挖土，借助井体自重而逐步下沉，下沉到预先设计的标高后，再进行封底，构筑筒体内底扳、梁、楼板、内隔墙、顶板等构件，最终形成一个能防水的地下建筑物基础或地下构筑物基础的一种施工方法。

沉井施工方法占地面积小，不需要板桩围护，其挖土量远比大开挖基坑要少，对邻近建筑物影响较小。近年来为降低沉井施工中井壁侧面的摩擦阻力，出现了触变泥浆润滑套法、壁后压气法等新工艺。

1. 沉井的类型及其应用

沉井是由井壁、刃脚、凹槽、封底和顶盖等部分组成。其构造参见图2-93。

沉井按其平面形状可分为圆形、方形、矩形、椭圆形以及两孔、多孔等，也可按其竖向剖面形状分为圆柱形、外壁单阶形或多阶形、内壁多阶形等。

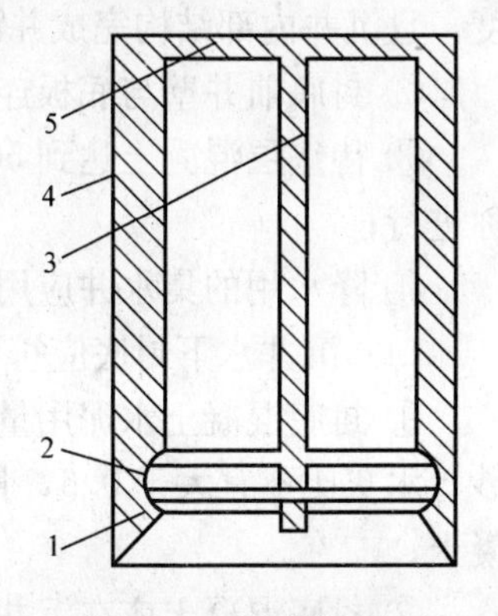

图2-93　沉井构造图

1—刃脚；2—凹槽；3—内隔墙；4—井壁；5—顶盖

沉井的施工顺序如图2-94所示，先在地面上浇筑沉井的井身，然后在井内不断挖土，挖土须在对称位置上均衡进行，防止重心偏斜，导致拉裂井壁，产生渗漏。随着井内土面的逐渐挖深，沉井即可借本身自重克服井壁侧面土的摩擦阻力而逐渐下降，当下沉到一定深度时，在地面上接长井壁，然后继续挖土下沉，直到下沉至设计标高为止，最后进行沉井封底，

我国大多数城市，尤其是沿江、沿海城市表土冲积层厚，降雨量丰富，地下水位高，在这些地区构筑地下工程，

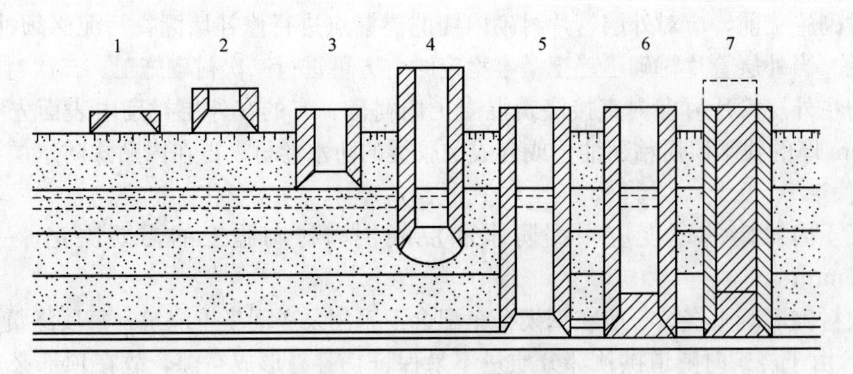

图 2-94　沉井施工顺序图
（图中 1、2、3、…表示施工顺序）

如何通过表土含水层是个十分重要的问题，一般采用掘开式施工，它适应性强，防水处理比较方便。但不少城镇建筑物密集、施工场地小，无法进行大面积掘开施工；有的地方为砂土或淤泥地层，掘开施工很容易发生流砂塌方，因此采用沉井法通过表土含水层较为适宜。早期沉井主要用来构筑地道的垂直出入口，现已逐步发展为大型沉井作为地下工程的主体，其中有单个的沉井大型工程，也有运用不同形状的沉井结构，下沉后连接组成的组合工程，还有沉井与掘开式连接组合而成的混合结构。

沉井广泛应用于桥梁墩台基础、取水构筑物、污水泵站、地下工业厂房、大型设备基础、地下仓库、地下油库、人防掩蔽所、盾构拼装井、船坞坞首、矿用竖井、地下车道与车站、地下构筑物围壁和大型深埋基础等。

2. 沉井防水的技术要求

（1）沉井主体采用防水混凝土浇筑、分节制作时，施工缝的防水措施应根据其防水等级按《地下工程防水技术规范》表 3.3.1-1 选用。

（2）沉井施工缝的施工应符合《地下工程防水技术规范》4.1.22 条有关规定。固定模板的螺栓穿过混凝土井壁时，螺栓部位的防水处理应符合有关规定。

（3）沉井的干封底应符合下列规定：

① 地下水位应降至底板底高程 500mm 以下，降水作业应在底板混凝土达到设计强度，且沉井内部结构完成并满足抗浮要求后，方可停止；

② 封底前井壁与底板连接部位应凿毛并清洗干净；

③ 待垫层混凝土达到 50%设计强度后，浇筑混凝土底板，应一次浇筑，分格连续对称进行；

④ 降水用的集水井应用膨胀混凝土填筑密实。

（4）沉井水下封底应符合下列规定：

① 封底混凝土水泥用量宜为 350～400kg/m³，砂率为 45%～50%，砂宜采用中、粗砂，水灰比不宜大于 0.6，骨料粒径以 5～40mm 为宜。水下封底也可采用水下不分散混凝土；

② 封底混凝土应在沉井全部底面积上连续均匀浇筑，浇筑时导管插入混凝土深度不宜小于 1.5m；

③ 封底混凝土达到设计强度后，方可从井内抽水，并检查封底质量，对渗漏水部位

进行堵漏处理；

④ 防水混凝土底板应连续浇筑，不得留施工缝，底板与井壁接封处的防水措施按《地下工程防水技术规范》表 3.3.1-1 选用，施工要求应符合《地下工程防水技术规范》4.1.22 条中的有关规定。

(5) 当沉井与位于不透水层内的地下工程连接时，应先封住井壁外侧含水层的渗水通道。沉井下沉中要避免井壁开裂而渗水。

(6) 沉井穿过含水层到不透水层要做好封水工作。

四、地下连续墙

地下连续墙主要是用作地下工程的支护结构，也可以作防水等级为 1、2 级工程的内衬结构，构成复合式衬砌的初期支护。强度与抗渗性能优异的地下连续墙还可以直接作为主体结构，但从耐久性考虑，这类地下连续墙不宜用作防水等级为 1 级的地下连续墙。地下连续墙防水主要是指在地下工程和基础工程中采用钢筋混凝土地下连续墙的形式进行截水和防水。

1. 地下连续墙的分类

地下连续墙按其建筑的材料，分为土质墙、混凝土墙、钢筋混凝土墙（又有现浇地下连续墙和预制式地下连续墙）和组合墙（预制钢筋混凝土墙板和现浇混凝土的组合，或预制钢筋混凝土墙板和自凝水泥膨润土泥浆的组合）；按其成墙方式，分为桩排式、壁板式、桩壁组合式；按其用途分为临时挡土墙、防渗墙、用作主体结构兼作临时挡土墙的地下连续墙、用作多边形基础兼作墙体的地下连续墙。

2. 地下连续墙的特点和适用范围

地下连续墙具有以下突出的优点：其一，对邻近的建筑物和地下管线的影响较小；其二，施工时无噪声、无振动，属于低公害的施工方法。有的工程由于受环境条件的限制或由于水文地质和工程地质的复杂性，很难设置井点排水等，在这种情况下，采用地下连续墙支护则具有明显的优越性。

地下连续墙适用于黏性土、砂土、冲填土以及粒径 50mm 以下的砂砾土层等软土层中施工。用于建造建（构）筑物的地下室、地下商场、停车场、地下油库、高层建筑的深坑、竖井、防渗墙、地下铁道或临时围堰支护工程，特别适用于作挡土、防渗结构，不能用于较高承压水头的夹细粉砂地层。

3. 地下连续墙的构造设计

建筑工程中应用最多的是现浇钢筋混凝土壁板式连续墙，其既可作为临时性的挡土结构，也可兼作地下工程永久性结构的一部分。其结构形式又可分为四种，见图 2-95，其中分离式、整体式、重壁式均是基坑开挖以后再浇筑一层内衬而成，内衬厚度可取 20～40cm。

(1) 地下墙体结构有现浇或预制两种，现浇地下墙的截面有板形、T 形和钻孔排桩形（图 2-96），也有圆形的。预制地下墙的截面一般采用矩形。

(2) 现浇墙段的厚度一般为 500～800mm，重要的构筑物一般为 600～1000mm。预制地下墙墙厚一般不大于 500mm，钻孔桩排式的设计桩径不小于 550mm。地下墙单元墙段长度一般为 4～8m。

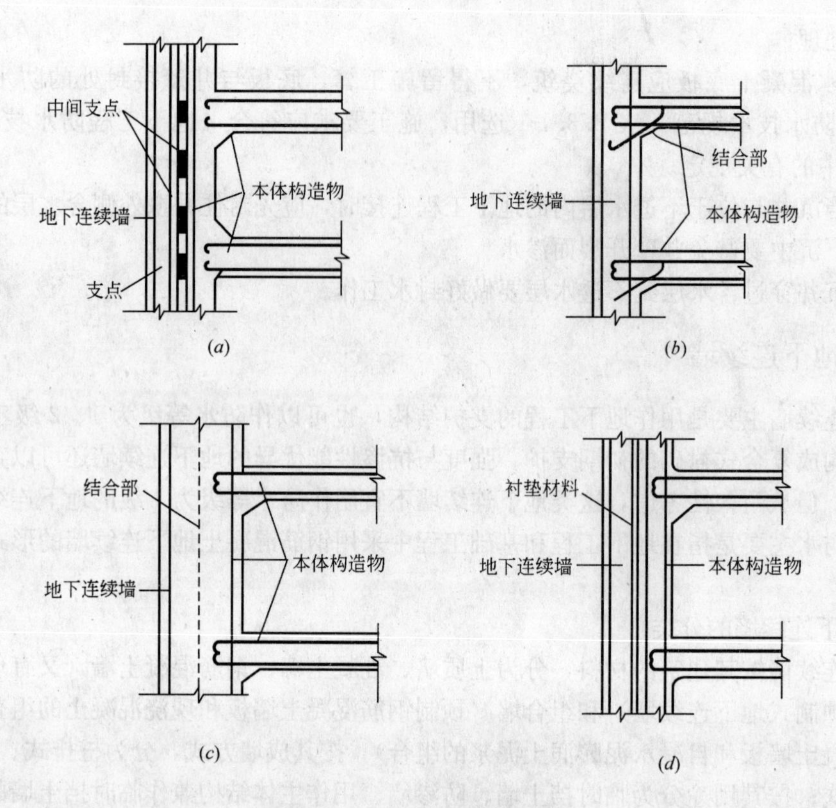

图 2-95　地下连续墙的构造型式

(a) 分离壁方式；(b) 单独壁方式；(c) 整体壁方式；(d) 重壁方式

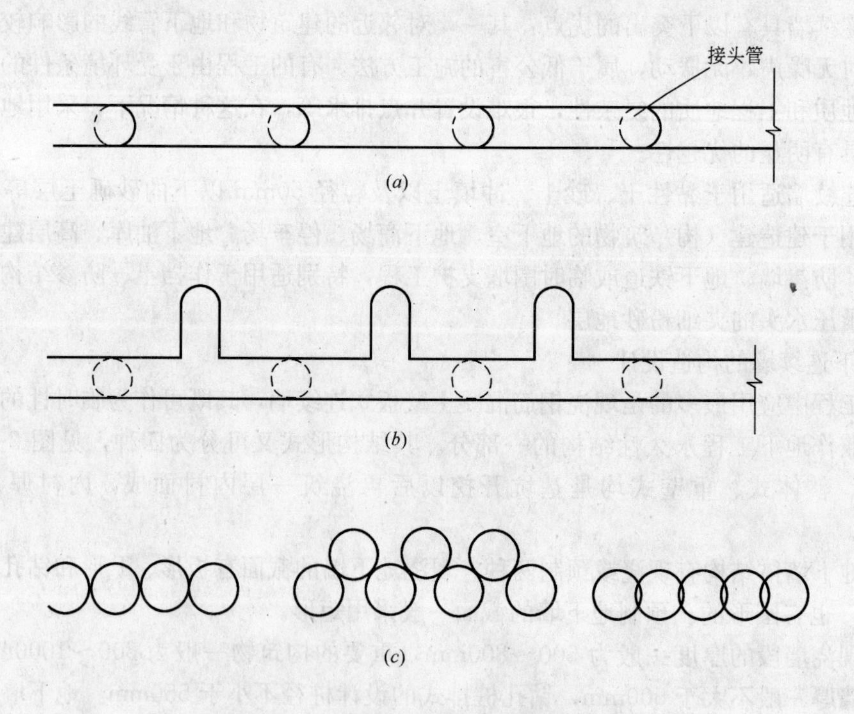

图 2-96　现浇地下墙的截面形式示意图

(3) 现浇地下连续墙的混凝土是在泥浆下浇筑的，其强度低于空气中浇筑的混凝土强度。钢筋笼是预先放入有泥浆的槽段内，钢筋与混凝土的握裹力也有所降低。同时混凝土浇筑是采用竖管法，混凝土面自槽段底向上升高，在墙面上的强度分散性较大。因此，除预制地下连续墙外，为保证地下连续墙混凝土的质量，并有足够的安全储备，现浇地下连续墙的混凝土和钢筋的设计及其结构不同于一般的预制钢筋混凝土板、桩。

① 现浇地下连续墙混凝土强度等级不应低于C20，一般采用C25～C30。

② 受力筋采用Ⅱ级钢筋，其直径不小于16mm。构造筋采用Ⅰ级钢筋，其直径：板形地下连续墙不小于12mm；钻孔排桩的不小于8mm。一般认为受力钢筋选用带肋钢筋为宜。当地下连续墙混凝土强度等级为C20时，宜取设计容许握裹力为1.5MPa。当工程采用超长钢筋笼分段吊放时，上下节钢筋笼纵向带肋钢筋的搭接长度一般不小于45倍钢筋直径。当受力钢筋接头在同一断面时，最小搭接长度为70倍钢筋直径，并不应小于1.5m。

③ 钢筋笼的长度应根据单元段的长度、墙段的接头形式和起重设备能力等因素确定，其端部与接头管和相邻段混凝土接头面之间应留150～200mm的间隙。钢筋笼的下部在宽度方向宜适当缩窄。钢筋笼与墙底之间应留100～200mm的空隙。钢筋笼的主筋应伸出墙顶并留有足够的锚固长度。

④ 为了使钢筋具有足够的握裹力，现浇地下连续墙中主钢筋的保护层厚度应比普通混凝土构件保护层厚度要大，一般主筋保护层厚度采用70～100mm，预制墙主筋保护层厚度则应大于30mm。

五、锚喷支护

在地下建筑工程中，采用锚杆、喷射混凝土、钢筋网喷混凝土、锚杆喷混凝土和锚杆钢筋网喷射混凝土等材料来加固洞室围岩的支护方式，统称为锚喷支护结构或喷锚支护结构。

支护结构的作用是在基坑挖土期间挡土、挡水，保证基坑开挖和基础（地下室）结构施工能安全、顺利地进行，并在基础施工期间不对邻近建筑、道路和地下管线等产生危害。支护结构一般是临时性的结构，待基础施工结束即失去作用，一些支护结构（如钢板桩、型钢支柱木挡板、工具式支撑等）可以回收重复利用，也有一些支护结构（如灌注桩、旋喷桩、深层搅拌水泥土桩、地下连续墙、钢筋混凝土板桩）就永久埋在地下了，还有一部分支护结构（如作特殊用途的地下连续墙）在基础施工结束后即成为永久性结构物的一个组成部分，成为复合式地下室外墙。

锚喷支护实际上可分为两大部分，一部分是喷混凝土，另一部分是设置锚杆。在洞室开挖后，岩石表面进行清洗，然后立即喷上一层混凝土，防止其围岩过分松动。如果这层混凝土尚不足以支护围岩，则根据具体情况及时加设锚杆或再加厚混凝土的喷层。

锚喷支护的基本规定如下：

(1) 喷射混凝土施工前，应视围岩裂隙及渗漏水的情况，预先采用引排或注浆堵水。

采用引排措施时，应采用耐侵蚀、耐久性好的塑料盲沟、弹塑性软式导水管等柔性导水材料。

(2) 锚喷支护用作工程内衬墙时应符合下列规定：

① 适用于防水等级为三、四级的工程；

② 喷射混凝土的抗渗等级。不应小于 P6。喷射混凝土宜掺入速凝剂、减水剂、膨胀剂或复合外加剂等材料，其品种及掺量应通过试验确定；

③ 喷射混凝土的厚度应大于 80mm，对地下工程变截面及轴线转折点的阳角部位，应增加 50mm 以上厚度的喷射混凝土；

④ 喷射混凝土设置预埋件时，应做好防水处理；

⑤ 喷射混凝土终凝 2h 后，应喷水养护，养护时间不得少于 14d。

(3) 锚喷支护作为复合式衬砌一部分时，应符合下列规定：

① 适用于防水等级为一、二级工程的初期支护；

② 锚喷支护的施工应符合上述第 (2) 条中②～⑤项的规定。

(4) 根据工程情况可选用锚喷支护、塑料防水板、防水混凝土内衬的复合式衬砌，也可把锚喷支护和离壁式衬砌、锚喷支护和衬套结合使用。

第三章　屋面防水工程的设计

屋面工程是房屋建筑的一项重要分部工程。其质量的优劣，不但关系到建筑物的使用寿命，而且直接影响到生产活动和人民生活的正常进行。

为了保证屋面工程的质量，促进建筑防水材料、建筑防水新技术的发展，国家发布了《屋面工程技术规范》（GB 50345—2004）和《屋面工程质量验收规范》（GB 50207—2002）。这些规范明确规定了各类建筑物的屋面防水等级、防水层耐用年限、防水层选用材料、设防要求和施工技术，对各类屋面的材料要求以及各子分部、分项工程质量验收分别作出了一系列规定，同时对屋面的找平层、保温层等的质量验收也作出了规定。

第一节　屋面防水工程设计概述

一、屋面防水工程的分类

屋面防水工程按采用材料不同，可分为柔性防水和刚性防水两大类，其分类见表 3-1。

屋面防水分类　　表 3-1

防水屋面性质	防水屋面类别	所用防水材料
柔性防水	卷材防水	沥青防水卷材 高聚物改性沥青防水卷材 合成高分子防水卷材
	涂膜防水	沥青基防水涂料 高聚物改性沥青防水涂料 合成高分子防水涂料
刚性防水	混凝土防水	普通细石混凝土、预应力混凝土、补偿收缩混凝土、钢纤维混凝土、块体刚性材料、水泥砂浆

二、屋面工程设计与施工的基本规定

（1）屋面工程应根据工程特点、地区自然条件等，按照屋面防水等级的设防要求，进行防水构造设计，重要部位应有节点详图；对屋面保温层的厚度，应通过计算确定。

（2）屋面工程施工前，施工单位应进行图纸会审，掌握施工图中的细部构造及有关技术，并应编制屋面工程施工方案或技术措施。

（3）屋面工程施工时，应建立各道工序的自检、交接检和专职人员检查的“三检”制度，并有完整的检查记录。每道工序完成，应经监理单位（或建设单位）检查验收，合格后方可进行下道工序的施工。

（4）屋面工程的防水层应由经资质审查合格的防水专业队伍进行施工。作业人员应持有当地建设行政主管部门颁发的上岗证。

(5) 屋面工程所采用的防水、保温隔热材料应有产品合格证书和性能检测报告，材料的品种、规格、性能等应符合现行国家产品标准和设计要求。材料进场后，应抽样复验，并提出实验报告；不合格的材料，不得在屋面工程中使用。

(6) 当下道工序或相邻工程施工时，对屋面工程已完成的部分应采取保护措施。

(7) 伸出屋面的管道、设备或预埋件等，应在防水层施工前安设完毕。屋面防水层完工后，不得在其上凿孔打洞或重物冲击。

(8) 屋面工程完工后，应按规范的有关规定对细部构造、接缝、保护层等进行外观检验，并应进行淋水或蓄水检验。

(9) 屋面的保温层和防水层严禁在雨天、雪天和五级风及其以上时施工。施工环境气温宜符合以下的要求：

① 粘结保温层，热沥青不低于−10℃，水泥砂浆不低于5℃；

② 沥青防水卷材，不低于5℃；

③ 高聚物改性沥青防水卷材，冷粘法不低于5℃，热熔法不低于−10℃；

④ 合成高分子防水卷材，冷粘法不低于5℃，热风焊接法不低于−10℃；

⑤ 高聚物改性沥青防水涂料，溶剂型不低于−5℃，水溶型不低于5℃；

⑥ 合成高分子防水涂料，溶剂型不低于−5℃，水溶型不低于5℃；

⑦ 刚性防水层，不低于5℃。

(10) 屋面工程中推广应用的新技术，必须经过科技成果鉴定（评估）或新产品、新技术鉴定，并应制定相应的技术标准，经工程实践符合有关安全及功能的检验。

(11) 屋面工程应建立管理、维修、保养制度；屋面排水系统应保持畅通，严防水落口、天沟、檐沟堵塞。

三、屋面工程设计的内容及原则

(1) 屋面工程设计应包括以下内容：

① 确定屋面防水等级和设防要求；

② 屋面工程的构造设计；

③ 防水层选用的材料及其主要物理性能；

④ 保温隔热层选用的材料及其主要物理性能；

⑤ 屋面细部构造的密封防水措施，选用的材料及其主要物理性能；

⑥ 屋面排水系统的设计。

(2) 屋面工程防水设计应遵循“合理设防、防排结合、因地制宜、综合治理”的原则。

四、防水等级和设防要求

屋面工程应根据建筑物的性质、重要程度、使用功能要求以及防水层不同等级进行设防，并应符合表3-2的要求。

五、屋面工程设计的一般规定

屋面工程设计的一般规定如下：

屋面防水等级和设防要求　表 3-2

项　目	屋面防水等级			
	Ⅰ级	Ⅱ级	Ⅲ级	Ⅳ级
建筑物类别	特别重要或对防水有特殊要求的建筑	重要的建筑和高层建筑	一般的建筑	非永久性的建筑
防水层合理使用年限	25 年	15 年	10 年	5 年
设防要求	三道或三道以上防水设防	二道防水设防	一道防水设防	一道防水设防
防水层选用材料	宜选用合成高分子防水卷材、高聚物改性沥青防水卷材、金属板材、合成高分子防水涂料、细石防水混凝土等材料	宜选用高聚物改性沥青防水卷材、合成高分子防水卷材、金属板材、合成高分子防水涂料、高聚物改性沥青防水、细石防水混凝土、平瓦、油毡瓦等材料	宜选用高聚物改性沥青防水卷材、合成高分子防水卷材、三毡四油沥青防水卷材、金属板材、高聚物改性沥青防水涂料、合成高分子防水涂料、细石防水混凝土、平瓦、油毡瓦等材料	可选用二毡三油沥青防水卷材、高聚物改性沥青防水涂料等材料

注：1. 本表中采用的沥青均指石油沥青，不包括煤沥青和煤焦油等材料。
2. 石油沥青纸胎油毡和沥青复合胎柔性防水卷材，系限制使用材料。
3. 在Ⅰ、Ⅱ级屋面防水设防中，如仅作一道金属板材时，应符合有关技术规定。

（1）屋面防水多道设防时，可将卷材、涂膜、细石防水混凝土、瓦等材料复合使用，也可使用卷材叠层。

（2）屋面防水设计采用多种材料复合时，耐老化、耐穿刺的防水层应放在最上面，相邻材料之间应具相容性。

（3）不同地区采暖居住建筑和需要满足夏季隔热要求的建筑，其屋盖系统的最小传热阻应按现行《民用建筑热工设计规范》（GB 50176）、《民用建筑节能设计标准（采暖居住建筑部分）》（JGJ 26）和《夏热冬冷地区居住建筑节能设计标准》（JGJ 134）确定。

（4）屋面防水层细部构造，如天沟、檐沟、阴阳角、水落口、变形缝等部位应设置附加层。

（5）屋面工程采用的防水材料应符合环境保护要求。

六、屋面构造的设计

（一）屋面构造设计的要点

（1）结构层为装配式钢筋混凝土板时，应用强度等级不小于 C20 的细石混凝土将板缝灌填密实；当板缝宽度大于 40mm 或上窄下宽时，应在缝中放置构造钢筋；板端缝应进行密封处理。（注：无保温层的屋面，板侧缝宜进行密封处理。）

（2）单坡跨度大于 9m 的屋面宜作结构找坡，坡度不应小于 3%。当材料找坡时，可用轻质材料或保温层找坡，坡度宜为 2%。

（3）天沟、檐沟纵向坡度不应小于 1%，沟底水落差不得超过 200mm；天沟、檐沟排水不得流经变形缝和防火墙。

（4）卷材、涂膜防水层的基层应设找平层，找平层厚度和技术要求应符合表 3-3 的规定；找平层应留设分格缝，缝宽宜为 5～20mm，纵横缝间距不宜大于 6m，分格缝内宜嵌填密封材料。

找平层厚度和技术要求　　表 3-3

类　别	基层种类	厚度(mm)	技术要求
水泥砂浆找平层	整体现浇混凝土	15～20	1∶2.5～1∶3(水泥∶砂)体积比，宜掺抗裂纤维
	整体或板状材料保温层	20～25	
	装配式混凝土板	20～30	
细石混凝土找平层	板状材料保温层	30～35	混凝土强度等级 C20
混凝土随浇随抹	整体现浇混凝土	—	原浆表面抹平、压光

(5) 在纬度40°以北地区且室内空气湿度大于75%，或其他地区室内空气湿度常年大于80%时，若采用吸湿性保温材料做保温层，应选用气密性好的防水卷材或防水涂料做隔汽层。隔汽层应沿墙面向上铺设，并与屋面的防水层相连接，形成全封闭的整体。

(6) 多种防水材料复合使用时，应符合下列规定：

① 合成高分子卷材或合成高分子涂膜的上部，不得采用热熔型卷材或涂料；

② 卷材与涂膜复合使用时，涂膜宜放在下部；

③ 卷材、涂膜与刚性材料复合使用时，刚性材料应设置在柔性材料的上部；

④ 反应型涂料和热熔型改性沥青涂料，可作为铺贴材性相容的卷材胶粘剂并进行复合防水。

(7) 涂膜防水层应以厚度表示，不得用涂刷的遍数表示。

(8) 卷材、涂膜防水层上设置块体材料或水泥砂浆、细石混凝土时，应在两者之间设置隔离层；在细石混凝土防水层与结构层间宜设置隔离层。

隔离层可采用干铺塑料膜、土工布或卷材，也可采用铺抹低强度等级的砂浆。

(9) 在下列情况中，不得作为屋面的一道防水设防：

① 混凝土结构层；

② 现喷硬质聚氨酯等泡沫塑料保温层；

③ 装饰瓦以及不搭接瓦的屋面；

④ 隔汽层；

⑤ 卷材或涂膜厚度不符合规范规定的防水层。

(10) 柔性防水层上应设保护层，可采用浅色涂料、铝箔、粒砂、块体材料、水泥砂浆、细石混凝土等材料；水泥砂浆、细石混凝土保护层应设分格缝。

架空屋面、倒置式屋面的柔性防水层上可不做保护层。

(11) 屋面水落管的数量，应按现行《建筑给水排水设计规范》(GB 50015) 的有关规定，通过水落管的排水量及每根水落管的屋面汇水面积计算确定。

(12) 高低跨屋面设计应符合下列规定：

① 高低跨变形缝处的防水处理，应采用有足够变形能力的材料和构造措施；

② 高跨屋面为无组织排水时，其低跨屋面受水冲刷的部位，应加铺一层卷材附加层，上铺300～500 mm宽的C20混凝土板材加强保护；

③ 高跨屋面为有组织排水时，水落管下应加设水簸箕。

(二) 防水材料的选用和厚度

(1) 屋面工程选用的防水材料应符合下列要求：

① 图纸应标明防水材料的品种、型号、规格，其主要物理性能应符合《屋面工程技术规范》对该材料质量指标的规定；

② 在选择屋面防水材料、防水涂料和防水密封材料时，则应依据《屋面工程技术规范》第 5 章、第 6 章和第 8 章设计要点的相关内容来选定；

③ 在选择屋面防水材料时，应考虑施工环境的条件和工艺的可操作性。

(2) 在下列情况下，所使用的材料应具相容性：

① 防水材料（指卷材、涂料，下同）与基层处理剂；

② 防水材料与胶粘剂；

③ 防水材料与密封材料；

④ 防水材料与保护层的涂料；

⑤ 两种防水材料复合使用；

⑥ 基层处理剂与密封材料。

(3) 根据建筑物的性质和屋面使用功能选择防水材料，除应符合上述两条的规定外，尚应符合以下要求：

① 外露使用的不上人屋面，应选用与基层粘结力强和耐紫外线、热老化保持率、耐酸雨、耐穿刺性能优良的防水材料。

② 上人屋面，应选用耐穿刺、耐霉烂性能好和拉伸强度高的防水材料。

③ 蓄水屋面、种植屋面，应选用耐腐蚀、耐霉烂、耐穿刺性能优良的防水材料。

④ 薄壳、装配式结构、钢结构等大跨度建筑屋面，应选用自重轻和耐热性、适应变形能力优良的防水材料。

⑤ 倒置式屋面，应选用适应变形能力优良、接缝密封保证率高的防水材料。

⑥ 斜坡屋面，应选用与基层粘结力强、感温性小的防水材料。

⑦ 屋面接缝密封防水，应选用与基层粘结力强、耐低温性能优良，并有一定适应位移能力的密封材料。

(4) 屋面应选用吸水率低、密度和导热系数小，并有一定强度的保温材料；密封式保温层的含水率，可根据当地年平均相对湿度所对应的相对含水率以及该材料的质量吸水率，通过计算确定。

(5) 屋面工程常用防水、保温隔热材料，应遵照相关规定选定。

(6) 防水层的材料厚度。

一种防水材料能够独立成为防水层的称为一道。如采用多层沥青防水卷材的防水层（三毡四油）称为一道卷材防水。根据建筑物重要程度采用多道防水设防，即指不同类别的防水材料复合使用，这样可以做到各道防水设防互补，增加防水安全度，满足防水层耐用年限的要求。值得重视的是，在多道防水设防时，其中每道卷材防水层及其胶结料的厚度和重量，对保证防水层的质量与耐用年限至关重要。特别当采用涂膜防水作为一道防水设防时，有些涂料就需涂刷 2～3 遍，甚至更多遍，才能形成防水层。因而涂膜防水层以尽量采用厚质涂料为宜，这样既可减少工序，又可易于保证涂膜的厚度。为此，对屋面防水层采用的各类防水材料，无论是否复合使用，在设计时都应对其厚度作出规定。

防水层厚度的选用规定参见表 3-4。

防水层厚度选用规定　　表 3-4

屋面防水等级	Ⅰ	Ⅱ	Ⅲ	Ⅳ
合成高分子防水卷材	≥1.5mm	≥1.2mm	≥1.2mm	—
高聚物改性沥青防水卷材	≥3mm	≥3mm	≥4mm	—
改性沥青防水卷材	—	—	三毡四油	二毡三油
高聚物改性沥青防水涂料	—	≥3mm	≥3mm	≥2mm
合成高分子防水涂料	≥1.5mm	≥1.5mm	≥2mm	—
细石混凝土	≥40mm	≥40mm	≥40mm	—

（三）屋面各构造层次和屋面坡度的设计

1. 屋面防水层的设计

在屋面防水层设计时，对于重要的建筑物可采用多道设防，而对于一般工业和民用建筑，则可以采用一道防水设防，但同时允许两种材料复合使用。

多道设防有两层含义：一是指各种不同防水材料都能独自构成防水层；二是指不同形态及不同材性的几种防水材料的复合使用，如采用防水卷材、防水涂膜、刚性防水材料等三种不同材料复合构成三道防线，也可以为了提高防水整体性能，在不同部位采用复合防水做法，如在节点部位和表面复杂、不平整的基层上采用涂膜防水、密封材料嵌缝，而在平整的大面积上则采用铺贴卷材来防水。因而在多道设防中，实际上包含了复合防水的做法。

目前防水材料有千百种之多，其搭配组合也有数十种之多，表 3-5 列出了根据不同屋面防水等级与设防要求，将不同防水材料进行组合而成的部分搭配组合资料，供设计人员研究参考。

屋面防水构造层次组合　　表 3-5

屋面防水等级	防水层构造层次	说　明
Ⅰ级三道设防		第一道防线是细石混凝土，下面为卷材、涂膜。混凝土有优良的抗穿刺和耐老化性能，对下面两道防水层起保护作用；而柔性防水层有良好的适应基层变形的能力，弥补了刚性防水层易开裂的弱点，实现了刚柔互补
	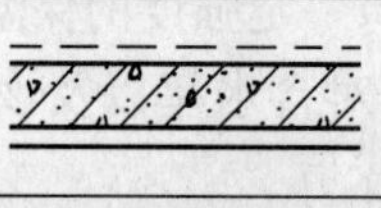	第一道防线是涂膜，下面为细石混凝土、卷材。在混凝土上涂刷涂膜，涂料不仅可封闭混凝土上的毛细孔和微小裂纹，还可防止混凝土风化、碳化，并且便于维修。必要时，可再涂一道防水层
	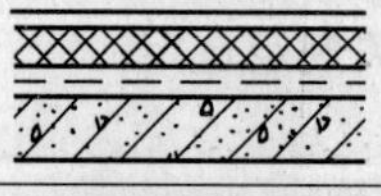	将细石混凝土放在下面，上面做一道防水涂膜，涂膜上做保温层，抹找平层，最上面做卷材防水层。这种做法利用工厂生产的合成高分子卷材作为第一道防线，可充分发挥其耐用年限长的优势
	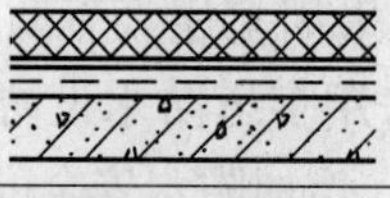	这种做法适用于倒置式屋面。将涂膜、卷材全部做在细石混凝土防水层上，最后做保温层。涂膜可封闭混凝土的毛细孔和微裂缝，卷材可弥补涂膜厚薄不匀的缺陷，保温层可防止柔性防水层老化或受冲击、穿刺等问题
Ⅱ级二道设防	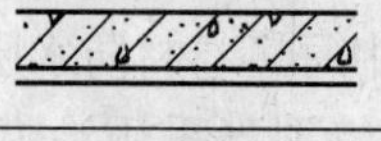	细石混凝土防水层下是一道 3mm 厚的高聚物改性沥青卷材或 1.2mm 厚的合成高分子卷材。卷材有混凝土保护，可提高防水层的耐用年限
	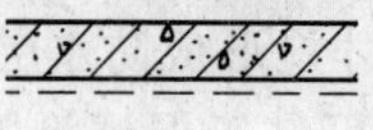	细石混凝土防水层下面为一道 3mm 厚的高聚物改性沥青防水涂膜或 2mm 厚的合成高分子防水涂膜。这种做法，混凝土防水层防止了涂膜老化或被冲击、穿刺
	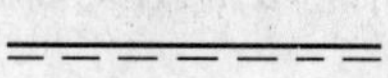	在找平层上先作一道 2mm 厚的合成高分子防水涂膜或 3mm 厚的改性沥青防水涂膜，防水涂膜封闭了所有节点和复杂部位。在防水涂膜上面再铺贴一道 1.2mm 厚的合成高分子卷材或 3mm 厚的改性沥青卷材，这将有利于提高涂膜的耐久性

续表

屋面防水等级	防水层构造层次	说　明
Ⅱ级二道设防		在找平层上先铺贴一道合成高分子防水卷材或改性沥青卷材，然后在上面涂刷规定厚度的合成高分子涂膜或高聚物改性沥青涂膜。这种做法有利于弥补卷材接缝封闭不严的弱点，并且便于维修和重新涂刷
		这种做法适用于倒置式屋面，可将卷材或涂膜防水层做在混凝土防水层上，上面再做保温层。由于柔性防水层有保温层的保护，可防止柔性防水层老化或被刺穿，故有利于提高防水层的寿命
		目前有些地区，为解决屋面渗漏问题，在原有的细石混凝土防水层上，又加做一道卷材防水层。这种做法，用于对原有屋面的处理，尚可以；但如为新做屋面，由于将耐老化、耐穿刺性能差的材料放在上面，故构造上是不合理的
Ⅲ级一道复合防水		下面为1mm厚的合成高分子涂膜（如PVC焦油涂料、聚氨酯涂膜等）或1.5mm厚的高聚物改性沥青防水涂膜，上面为较薄的卷材（如2mm厚的PVC柔毡、1mm厚的合成高分子卷材），复合为一道防水层，其中的防水涂料，既是一个涂层，又可看成是胶粘剂
		下面为传统的二毡三油，上面为2mm厚的高聚物改性沥青卷材复合。由于上面是一层技术性能好的卷材，提高了防水层抗老化、耐紫外线、耐低温的性能
		下面为1mm厚的合成高分子卷材或2mm厚的高聚物改性沥青卷材，上面为1mm厚的合成高分子涂膜或1.5mm厚的高聚物改性沥青涂膜，两者复合，上面的涂膜弥补了卷材接缝的弱点，又起到了保护卷材的作用，并且便于维修或重新涂刷
		下面为1mm厚的合成高分子卷材，上面为2mm厚的高聚物改性沥青卷材，两者复合，大大延长了合成高分子卷材的寿命，且便于维修
		下面为2mm厚的高聚物改性沥青卷材，上面为1mm厚的合成高分子卷材，两者复合，改性沥青卷材受到保护，延长了寿命，甚至可与合成高分子卷材同步老化
注	细石混凝土防水层；卷材防水层；涂膜防水层；保温层	

2. 结构层设计

结构层的强度、刚度与抗裂性，应遵守有关结构设计规范，并应充分考虑防水设计的要求，使之具有足够的刚度和必要的整体性。对于地震区的建筑物及有较大振动的建筑，还应根据地震烈度及振动的大小，采取适当的加固措施。

在强度计算时，应充分考虑各种荷载组合引起的不利因素，如防水层的定期返修，保温层因渗漏引起的超重，长期积灰、积雪未能及时清除等。

结构层的刚度大小，对屋面防水层的影响很大，为此在设计时应采取以下措施：

（1）在有条件时，屋面结构层宜采用整浇钢筋混凝土结构，以确保必要的刚度。

（2）当采用预制装配式屋盖时，施工图上应明确提出对预制板的焊接、锚固、拉结、嵌缝、座灰等有关要求。其中预制板的板缝应用C20以上的细石混凝土嵌填密实，并宜掺加微膨胀剂。

（3）当板缝宽度大于40mm，或上窄下宽的板缝（如檐口板与天沟侧壁的板缝），应在缝中设置$\phi12$～$\phi14$ mm的构造钢筋。

（4）对于开间、跨度大的结构，宜在结构上面加做配筋混凝土整浇层，以提高结构板面的整体刚度。

（5）当采用拱形屋架时，为使屋架端部的屋面坡度不致过大，设计时宜采取措施将屋架上弦两端局部加高，以便使屋面板的最大坡度不大于25%。

（6）对于平屋面，排水坡度最好由结构层本身来形成坡度（即结构找坡），以便使保温层或找平层的厚度取得一致。

3. 屋面坡度的设计

各种不同类型的屋面有不同的坡度要求，如表3-6。

屋面坡度限值　　**表3-6**

屋面形式	防水层类别		坡度(%)	备注
平屋顶	卷材防水屋面	结构找坡	≥3	用于跨度较大,或有吊顶的建筑
		材料找坡	≥2	用于跨度较小,或无吊顶的建筑
	涂膜防水屋面	结构找坡	≥3	同卷材防水屋面
		材料找坡	≥2	同卷材防水屋面
坡屋顶	刚性防水屋面		2～3	宜为结构找坡
	卷材防水屋面		5～25	屋面坡度大于25%应采取防止下滑的措施 屋面坡度大于50%时,应采取固定加强措施
	平瓦屋面		20～25	
	波形瓦屋面		10～50	
	油毡瓦屋面		≥20	
	压型钢板屋面		10～35	—
隔热屋面	架空隔热屋面		≤5	—
	种植屋面		≤3	—
	蓄水屋面		≤0.5	—
其他	天沟、檐沟		≥1	沟底水落差不超过200mm

注：1. 材料找坡宜用轻质材料或保温层找坡。
2. 当采用块状保温层时，为使保温层厚度相一致，并且做到铺砌平整稳固，推荐先用掺乳化沥青的轻质材料找坡，然后再铺砌块状保温材料。

4. 隔汽层设计

设置隔汽层的目的，是为了阻隔室内湿汽通过结构层进入保温层。因为，如果湿汽滞留在保温层的空隙中，遇冷将结露为冷凝水，从而增大保温层的含水率，降低了保温效果；当气温升高时，保温层中的水分受热后变为水蒸气，将导致防水层起鼓。为此，在进行隔汽层设计时，要掌握以下几点：

（1）设置原则

① 在纬度40°以北地区，且室内空气湿度大于75%时，保温层屋面应设置隔汽层。

② 其他地区室内空气湿度常年大于80%时，保温屋面应设置隔汽层。

③ 有恒温、恒湿要求的建筑物屋面应设置隔汽层。

④ 根据《民用建筑热工设计规范》（GB 50176—93），对屋面结构进行防潮验算后，确认必须设置隔汽层的有关建筑。

（2）设计措施

① 隔汽层的位置应设在结构层上、保温层下，即两者之间。

② 隔汽层应选用水密性、汽密性好的防水材料。可采用各类防水卷材铺贴，但不宜用汽密性不好的水乳型薄质涂料，具体做法应视材料的蒸汽渗透阻，通过计算确定。蒸汽渗透阻：1m 厚物体单位时间内通过单位面积 1g 水蒸气所需的水蒸气分压力差。

③ 当采用沥青基防水涂料做隔汽层时，其耐热度应比室内或室外的最高温度高出 20～25℃。

④ 屋面泛水处，隔汽层应沿墙面上连续铺设，高出保温层上表面不得小于 150mm，以便严密封闭保温层。

⑤ 对于卷材防水屋面，为使保温材料达到设计要求的含水率（或干密度），因此在设计中应采取与室外空气相通的排湿措施。

5. 隔离层设计

设置隔离层的目的，是为了减少结构层与防水层、柔性防水层与刚性保护层之间的粘结力，使各层之间的变形互不影响。

隔离层设置的部位和隔离层材料，可参考表 3-7。

隔离层设置的部位及隔离材料　　**表 3-7**

隔离层设置部位	隔离层材料
结构层与刚性防水层之间	低等级砂浆、纸筋灰、平铺油毡、塑料薄膜
柔性防水层与刚性保护层之间	纸筋灰、细砂、低等级砂浆
倒置式屋面的保温层与卵石保护层之间	纤维织物
粉状憎水性材料与刚性面层之间	无纺布、牛皮纸

6. 找平层设计

找平层是防水层的基层，找平层设计是否合理，施工质量是否符合要求，对确保防水层的质量影响极大，《屋面工程质量验收规范》GB 50207—2002 对找平层有以下规定：

(1) 适用于防水层的基层，采用水泥砂浆、细石混凝土或沥青砂浆的整体找平层。

(2) 找平层的厚度和技术要求应符合表 3-8 的规定。

找平层的厚度和技术要求　　**表 3-8**

类　别	基 层 种 类	厚度(mm)	技 术 要 求
水泥砂浆找平层	整体混凝土	15～20	1：2.5～1：3(水泥：砂)体积比，水泥强度等级不低于 32.5 级
	整体或板状材料保温层	20～25	
	装配式混凝土板，松散材料保温层	20～30	
细石混凝土找平层	松散材料保温层	30～35	混凝土强度等级不低于 C20
沥青砂浆找平层	整体混凝土	15～20	1：8(沥青：砂)质量比
	装配式混凝土板，整体或板状材料保温层	20～25	

(3) 找平层的基层采用装配式钢筋混凝土板时，应符合下列规定：

① 板端缝、侧缝应用细石混凝土灌缝，其强度等级不低于 C20；

② 板缝宽度大于 40mm 或上窄下宽时，板缝内应设置构造钢筋；

③ 板端缝应进行密封处理。

(4) 找平层的排水坡度应符合设计要求。平屋面采用结构找坡不应小于3%，采用材料找坡宜为2%；天沟、檐沟纵向找坡不应小于1%，沟底水落差不得超过200mm。

(5) 基层与突出屋面结构（女儿墙、山墙、天窗壁、变形缝、烟囱等）的交接处和基层的转角处，找平层均应做成弧形，圆弧半径应符合表3-9的要求。内部排水的水落口周围，找平层应做成略低的凹坑。

转角处圆弧半径 **表3-9**

卷材种类	圆弧半径(mm)	卷材种类	圆弧半径(mm)
沥青防水卷材	100～150	合成高分子防水卷材	20
高聚物改性沥青防水卷材	50		

(6) 找平层宜设分格缝，并嵌填密封材料。分隔缝应留设在板端缝处，其纵横缝的最大间距：水泥砂浆或细石混凝土找平层，不宜大于6m；沥青砂浆找平层，不宜大于4m。

7. 保护层设计

在卷材、涂膜等柔性防水层上，必须设置保护层，以延长防水层的使用年限。各种保护层的适用范围和做法可参考表3-10。

各类保护层的优缺点及适用范围 **表3-10**

名称	缺点	优点	适用范围	具体要求
涂膜保护层	寿命不长，每3～5年需再涂刷一次，耐穿刺和抗外力破坏能力低	施工方便，造价便宜，重量轻	常用于非上人屋面	涂料材性应与防水层的材性相容
反射膜保护层	寿命较短，一般为6～8年，有碍视觉和导航	重量轻，反射阳光和抗臭氧性能好	用于非上人屋面和大跨度屋面	有铝箔膜、镀铝膜和反射涂膜三种
粒料保护层	施工烦琐，粘结不牢，易脱落，使保护效果降低	传统做法，材料易得，保护效果尚好	多用于工业与民用建筑的高聚物改性沥青卷材、石油沥青卷材屋面及涂膜屋面	细砂： 屋面绿豆砂：热玛蹄脂卷材屋面 石渣：工厂在加工改性沥青卷材时粘附
蛭石、云母保护层	强度低，不能上人踩踏，容易被水冲刷	有一定反射隔热作用，工艺简单，易于修理	只能用于非上人屋面	用冷玛蹄脂或胶粘剂粘结
卵石保护层	增加了屋面荷载	工艺简单，易于施工和修理	用于有女儿墙的空铺卷材屋面，不宜用于大跨度或坡度较大或有振动的屋面	用ϕ20～ϕ30mm卵石铺30～50mm厚
块料保护层	荷载较大，造价高，施工较麻烦	保护效果显著，可长达10～20年，耐穿刺能力强	用于上人屋面，但不宜用于大跨度屋面	与防水层间应设隔离层，块料间应进行嵌缝处理
水泥砂浆保护层	增加了现场湿作业，延长了工期，表面易开裂	保护效果尚好，材料容易解决，成本相对较低	上人屋面和非上人屋面均适用，不宜用于大跨度屋面	厚15～25mm（上人屋面应加厚），表面设分格缝，间距1～1.5mm
细石混凝土保护层	荷载大，造价高，维修困难	保护效果良好，耐穿刺性能强，可与刚性防水层合一变为一道防水层，一举两得	不能用于大跨度屋面	设隔离层，浇筑30～60mm厚的细石混凝土，分隔缝间距不大于6m

8. 隔热层设计

(1) 计算原则

在房间自然通风情况下，建筑物屋顶内表面最高温度应小于或等于夏季室外计算温度的最高值。

(2) 构造要求

设计不同种类的隔热层时，应符合表 3-11 的要求。

各类隔热层技术要求 表 3-11

隔热层名称	简图	技术要求
大阶砖架空隔热	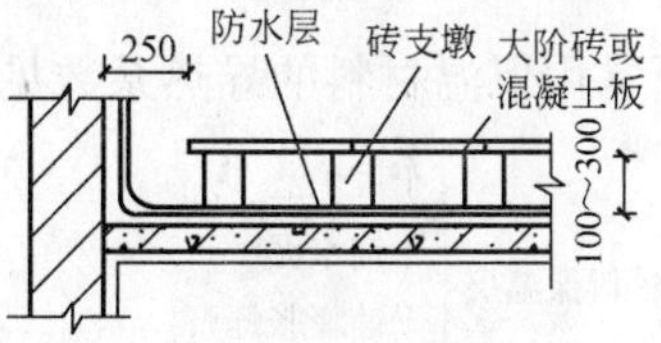 250 防水层 砖支墩 大阶砖或混凝土板 100～300	1. 架空层高度 100～300mm，以 200mm 为宜 2. 架空板离女儿墙 250mm 3. 进风口在正压区，出风口在负压区 4. 支墩下加铺增强附加层 5. 跨度大于 10m，应设通风屋脊 6. 架空屋内宜有 60mm 左右隔热材料
半圆混凝土拱隔热	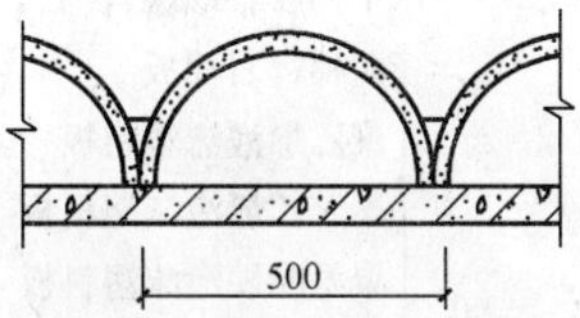 500	1. C20 混凝土半圆拱 2. 1：20 水泥砂浆坐砌并填缝
水泥大瓦架空隔热	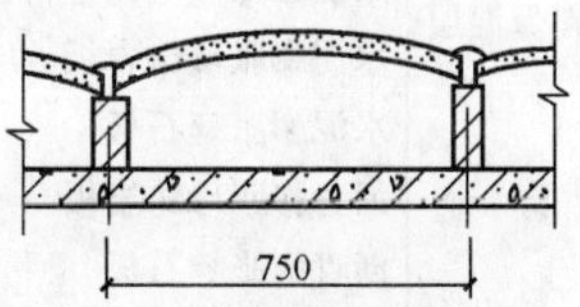 750	1. C20 水泥大瓦 2. 1：2 水泥砂浆坐砌 3. 可用砖支承，高 20mm
带支腿架空隔热	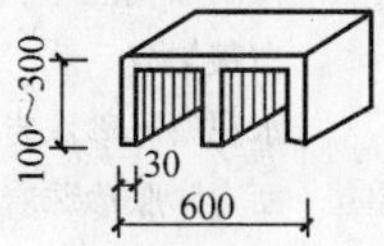 100～300 30 600	1. C20 细石混凝土 2. 架空层高度 100～300mm 3. 支腿下加附加增强层
蓄水隔热①	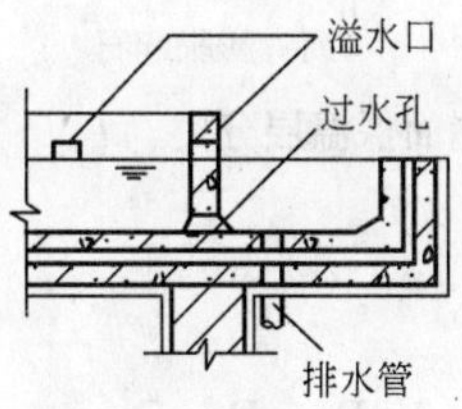 溢水口 过水孔 排水管	1. 宜选用细石混凝土防水层 2. 划分蓄水区，边长不大于 10m 3. 蓄水深度 150～200mm；水面宜有水浮莲等浮生植物或白色漂浮物 4. 设排水管、给水管、溢水管 5. 屋面坡度不宜大于 0.5%
种植隔热	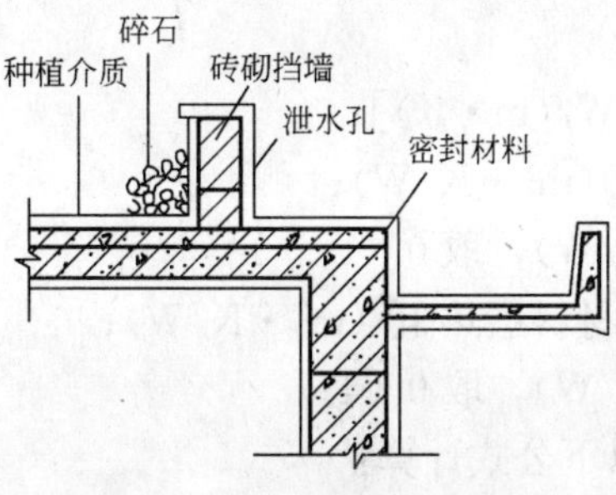 碎石 种植介质 砖砌挡墙 泄水孔 密封材料	1. 防水层应用耐穿刺、耐腐蚀的材料 2. 种植介质厚度 200～400mm 3. 四周设围护墙，泄水孔 4. 屋面坡度不宜大于 3%

① 蓄水屋面不宜在寒冷地区、地震区和振动较大的建筑物上使用，且不得用于Ⅰ级、Ⅱ级的防水屋面。

9. 保温层设计

建筑热工设计应与地区气候相适应。根据《民用建筑热工设计规范》（GB 50176—93）规定，我国建筑热工设计分为严寒地区、寒冷地区、夏热冬冷地区、夏热冬暖地区及温和地区共五个候区，并对冬季保温或夏季防热（隔热）作了具体要求。

（1）计算原则

① 确定屋顶最小传热阻

在冬季需保温的地区，屋顶应做保温计算。此时屋顶传热阻应大于或等于建筑物所在地区要求的最小传热阻，并满足建筑热工设计规范及国家有关节能标准。

② 屋面保温层分类

屋面保温层分类如图 3-1 所示，而常用保温材料的导热系数见表 3-12。

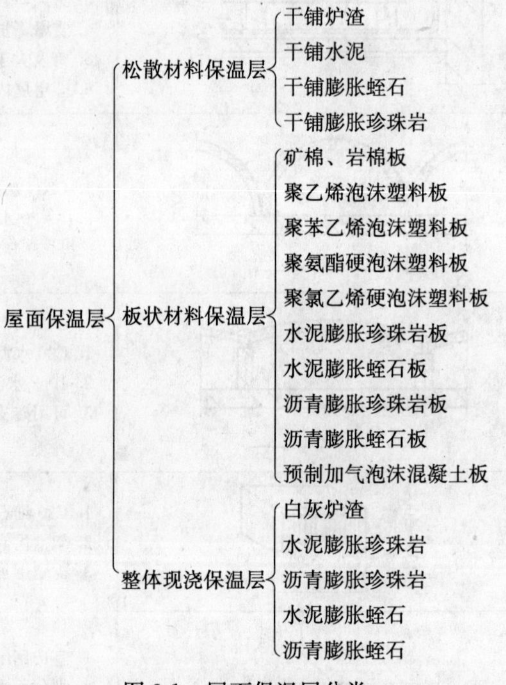

图 3-1　屋面保温层分类

③ 保温层厚度计算

保温层的厚度应按下式计算：

$$\delta_{x}=\lambda_{x}(R_{o.\min}-R_{i}-R-R_{e})$$

式中　δ_x——所求保温层厚度（m）；

λ_x——保温材料的导热系数［W/(m·K)］；

$R_{o.\min}$——屋盖系统的最小传热阻（m^2·K/W）；

R_i——内表面换热阻（m^2·K/W），取 0.11；

R——除保温层外，屋盖系统材料层热阻（m^2·K/W）；

R_e——外表面换热阻（m^2·K/W），取 0.04。

屋盖系统各材料层热阻 R 可按以下公式计算：

$$R=\delta_1/\lambda_1+\delta_2/\lambda_2+\cdots+\delta_n/\lambda_n$$

式中 δ_1、δ_2、…δ_n——各层材料厚度（m）；

λ_1、λ_2、…λ_n——各层材料的导热系数［W/(m·K)］。

常用保温材料的导热系数 表 3-12

材料名称	干密度 (kg/m³)	导热系数 [W/(m·K)]	材料名称	干密度 (kg/m³)	导热系数 [W/(m·K)]
钢筋混凝土	2500	1.74	膨胀珍珠岩	120	0.07
碎石、卵石混凝土	2300	1.51		80	0.058
	2100	1.28	水泥膨胀珍珠岩	800	0.26
膨胀矿渣岩混凝土	2000	0.77		600	0.21
	1800	0.63		400	0.16
	1600	0.53	沥青、乳化沥青膨胀珍珠岩	400	0.12
自燃煤矸石、炉渣混凝土	1700	1.00		300	0.093
	1500	0.76	水泥膨胀蛭石	350	0.14
	1300	0.56	矿棉、岩棉、玻璃棉板	80 以下	0.05
粉煤灰陶粒混凝土	1700	0.95		80～200	0.045
	1500	0.70	矿棉、岩棉、玻璃棉毡	70 以上	0.05
	1300	0.57		70～200	0.045
	1100	0.44	聚乙烯泡沫塑料	100	0.047
黏土陶粒混凝土	1600	0.84	聚苯乙烯泡沫塑料	30	0.042
	1400	0.70	聚氨酯硬泡沫塑料	30	0.033
	1200	0.53	聚氯乙烯硬泡沫塑料	130	0.048
加气混凝土、泡沫混凝土	700	0.22	钙塑	120	0.049
	500	0.19	泡沫玻璃	140	0.058
水泥砂浆	1800	0.93	泡沫石灰	300	0.116
水泥白灰砂浆	1700	0.87	灰化泡沫石灰	400	0.14
石灰砂浆	1600	0.81	木屑	250	0.093
保温砂浆	800	0.29	稻壳	120	0.06
重砂浆砌筑黏土砖砌体	1800	0.81	沥青油毡、油毡纸	600	0.17
轻砂浆砌筑黏土砖砌体	1700	0.76	沥青混凝土	2100	1.05
高炉炉渣	900	0.26	石油沥青	1400	0.27
浮石、凝灰岩	600	0.23		1050	0.17
膨胀蛭石	300	0.14	加草黏土	1600	0.76
	200	0.10		1400	0.58
硅藻土	200	0.076	轻质黏土	1200	0.47

注：本表数据摘自《民用建筑热工设计规范》(GB 50176—93)。

(2) 构造要求

① 保温层设置在防水层上部时宜做保护层；保温层设置在防水层下部时应做找平层。

② 水泥膨胀蛭石及水泥膨胀珍珠岩不宜用于整体封闭式保温层；当需要采用时，应做排汽道。排汽道应纵横贯通，并应与大气连通的排汽孔相通。排汽孔的数量应根据基层的潮湿程度和屋面构造确定，屋面面积 36m² 宜设置一个。排汽孔应做好防水处理。

③ 当采用封闭式保温层时，保温层的含水率应相当于该材料在当地自然风干状态下的平衡含水率；当采用有机胶结材料时，不得超过 5%；当采用无机胶结材料时，不得超过 20%。易腐蚀的保温材料应做防腐处理。

④ 屋面坡度较大时，保温层应采取防滑措施。

七、屋面工程防水设计方案和防水材料的选择

屋面工程的防水设防，应根据建筑物的防水等级、防水耐久年限、气候条件、结构形式和工程实际情况等因素来确定防水设计方案和选择防水材料，并应遵循“防排并举，刚柔结合，嵌涂合一，复合防水，多道设防”的总体方针进行设防。

（一）根据防水等级进行防水设防和选择防水材料

对不同防水等级的建筑物应按表3-2的要求选择防水材料和进行防水设防。其中对重要或特别重要的防水等级为Ⅰ级、Ⅱ级的建筑物，除了应作二道、三道或三道以上复合设防外，每道不同材质的防水层都应采用优质防水材料来铺设。这是因为，不同种类的防水材料，其性能特点、技术指标、防水机理都不尽相同，将几种防水材料进行互补和优化组合，可取长补短，就能达到理想的防水效果。多道设防，既可采用不同种防水卷材进行多叠层设防，又可采用卷材、涂膜、刚性材料进行复合设防，是最为理想的防水技术措施。当采用不同种防水材料进行复合设防时，应将耐老化、耐穿刺的防水材料放在最上面。面层为柔性防水材料时，一般还应用刚性材料作保护层。

（二）根据气候条件进行防水设防和选择防水材料

我国幅员辽阔，南北温差很大，同一地区的最高和最低年温差、季节温差、日温差也很大。所以应根据1950年以来所记载的当地最高、最低气温（年温差、季节温差、日温差）条件来选择具有良好耐高低温性能的防水材料。一般来说，北方寒冷地区可优先考虑选用三元乙丙橡胶防水卷材、氯化聚乙烯-橡胶共混防水卷材等合成高分子防水卷材，或选用SBS改性沥青防水卷材、焦油沥青耐低温卷材，或选用具有良好低温柔韧性的合成高分子防水涂料、高聚物改性沥青防水涂料等防水材料。南方炎热地区可选择APP改性沥青防水卷材、合成高分子防水卷材和具有良好耐热性的合成高分子防水涂料，或采用掺入微膨胀剂的补偿收缩水泥砂浆、细石混凝土刚性防水材料作防水层。

（三）根据温度条件进行防水设防和选择防水材料

对于我国南方处于霉雨区域的多雨、高温地区，宜选用吸水率低、无接缝、整体性好的合成高分子涂膜防水材料作防水层，或采用以排水为主、防水为辅的瓦屋面结构形式，或采用补偿收缩水泥砂浆、细石混凝土刚性材料作防水层。如采用合成高分子防水卷材作防水层，则卷材搭接边应切实粘结紧密，搭接缝应用合成高分子密封材料封严；如用高聚物改性沥青防水卷材作防水层，则卷材的搭接边宜采用热熔焊接，尽量避免因接缝不好而产生渗漏。

（四）根据结构形式进行防水设防和选择防水材料

对于结构较稳定的钢筋混凝土屋面，可采用补偿收缩防水混凝土作防水层，或采用合成高分子防水卷材、高聚物改性沥青防水卷材、沥青防水卷材作防水层。

对于预制化、异型化、大跨度、频繁振动的屋面，容易增大移动量和产生局部变形裂缝，就可选择高强度、高延伸率的合成高分子防水涂料等防水材料作防水层。

（五）根据防水层暴露程度进行防水设防和选择防水材料

用柔性防水材料作防水层，一般应在其表面用浅色涂料或刚性材料作保护层。用浅色涂料作保护层时，防水层呈“外露”状态而长期暴露于大气中，所以应选择耐紫外线、热

老化保持率高和耐霉烂性能相适应的各类防水卷材或防水涂料作防水层。

（六）根据不同部位进行防水设防和选择防水材料

对于屋面工程来说，细部构造（如檐沟、变形逢、女儿墙、水落口、伸出屋面管道、阴阳角等）是最易发生渗漏的部位。对于这些部位应加以重点设防。即使防水层由单道防水材料构成，细部构造部位亦应进行多道设防。贯彻“大面防水层单道构成，局部（细部）构造复合防水、多道设防”，指的是在细部构造部位增设附加防水层。对于形状复杂的细部构造基层（如圆形、方形、角形），当采用卷材作大面防水层时，可用整体性好的涂膜作附加防水层。

（七）根据环境介质进行防水设防和选择防水材料

某些生产酸、碱化工产品作原材料的工业厂房或贮存仓库，空气中散发出一定量的酸、碱气体介质，这对柔性防水层有一定的腐蚀作用，所以应选择具有相应耐酸、耐碱性能的柔性防水材料作防水层。

（八）屋面防水方案的编制

建设部在《关于提高防水工程质量的若干规定》中指出：“确保防水工程质量。防水工程施工必须严格遵守国家或行业标准规范。防水工程施工前，施工单位要组织图纸会审，通过会审，掌握施工图中的细部构造及有关要求；并应编制防水工程方案和操作说明。”所以施工单位必须编制防水方案或技术措施。

1. 编制防水方案的特点

（1）防水方案的编制要体现《屋面工程技术规范》（GB 50345—2004）、《屋面工程质量验收规范》（GB 50207—2002）与具体所设计工程的屋面防水施工相结合的特点。

（2）防水方案是以国家标准、行业标准、企业标准、设计图纸要求为依据的施工契约，体现防水工程的设计意图和防水材料、施工工艺的正确应用，以确保防水工程质量。

（3）防水方案要体现施工的全过程，从施工任务到管理要求；从工程概要到安全措施；从防水材料到操作工艺，都要有明确的规定，是监督、检查、保证防水工程质量的完整要求。

（4）防水方案是指导防水施工的技术文件，通过参加防水施工的技术负责人、工长、作业班组长、操作工人，将具体防水方案落实到防水施工的实践上。

2. 防水方案编制的依据

（1）国家标准《屋面工程技术规范》（GB 50345—2004）、《屋面工程质量验收规范》（GB 50207—2002）有关屋面防水的地方标准、各地区的标准图等。

（2）屋面防水的设计图纸、设计条件、选用防水材料的技术经济指标等。

（3）屋面防水等级、防水层耐用年限、建筑物的重要程度、特殊部位的处理要求等。

（4）屋面结构构造、刚度情况、能否使屋面防水层发生变形或开裂。

（5）现场的施工条件、时间、气温等。

（6）进场防水材料的检测认证情况，抽样复试的试验报告。

（7）有关同类型防水工程设计和施工的参考文献。

3. 防水方案编制的内容

(1) 工程概况：

① 工程简况包括工程名称、所在地、施工企业、设计部门、建筑面积、工期要求；

② 屋面防水等级、防水层构造、设防要求、防水材料选用、建筑类型和结构特点、防水层耐用年限等；

③ 防水材料的种类和技术指标要求；

④ 其他需要说明的问题。

(2) 质量目标：

① 质量保证体系；

② 具体质量目标；

③ 各工序的质量控制标准；

④ 施工记录和资料归档内容与要求。

(3) 施工组织与管理：

① 明确防水施工组织者和负责人；

② 提供施工操作的班组及资质；

③ 防水分工序、层次检查的规定和要求；

④ 防水施工技术交底的要求；

⑤ 现场平面布置图。

(4) 防水材料的使用：

① 防水材料名称、类型、品种；

② 防水材料的特点和性能指标、施工注意事项；

③ 防水材料的质量要求、抽样复试结果、施工配合比设计；

④ 防水材料运输、贮存的规定；

⑤ 使用注意事项。

(5) 施工操作要求：

① 防水施工的准备工作；

② 防水层施工程序和技术措施；

③ 基层处理要求；

④ 节点处理要求；

⑤ 防水施工工艺和做法；

⑥ 工艺特点和具体操作方法；

⑦ 施工技术要求；

⑧ 防水施工的环境条件和气候要求；

⑨ 防水层保护的规定；

⑩ 防水施工中各相关工序的衔接要求。

(6) 安全注意事项：

① 工人操作的人身安全、劳动保护和防护措施；

② 防火要求；

③ 采用热施工时考虑消防设备和消防通道等；

④ 其他有关防水施工安全操作的规定。

第二节 卷材防水屋面的设计

卷材防水屋面是指在屋面基层上粘贴防水卷材而使屋面具有防水功能的一类屋面。卷材防水屋面是屋面防水的一种主要方法，尤其是在重要的工业与民用建筑中应用十分广泛，卷材防水屋面属于柔性防水屋面性质，其具有重量轻，防水功能好的优点，尤其是防水层的柔韧性好，能适应一定程度的结构振动和胀缩变形，卷材防水层屋面使用于防水等级为Ⅰ～Ⅳ级的屋面防水。卷材防水屋面典型的构造层次参见图 3-2，其具体构造层次则应根据设计要求而确定。

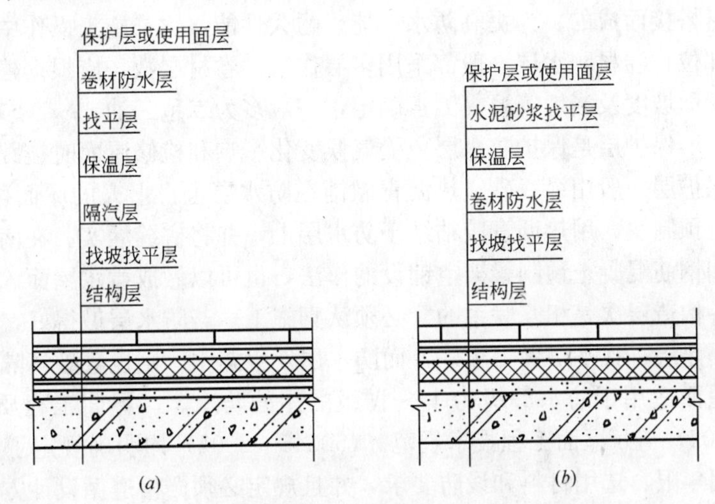

图 3-2 卷材防水屋面构造层次示意图

(*a*) 正置式屋面；(*b*) 倒置式屋面

卷材防水屋面各构造层次之间的关系是互相依存、互相制约的，其中防水层起着主导作用。

(1) 结构层 结构层起承重作用，多采用预制屋面板，或钢筋混凝土屋面板构成。根据屋面的形式（平屋面或坡屋面），确定设计荷载，选择结构截面，要求具有足够的刚度和整体性。当采用预制钢筋混凝土屋面板时，应在设计中对预制板的焊接、锚固、拉结、嵌缝和坐浆提出明确要求。当采用拱形屋架时，屋架端部的坡度需控制在 25%以内。

(2) 隔汽层 设置隔汽层的目的是防止室内水蒸气进入保温层内，影响其保温效果。规定在纬度 40°以北地区且室内空气湿度大于 75%，或其他地区室内空气湿度常年大于 80%时，保温屋面应设置隔汽层。隔汽层是一个连续的整体，其将保温层封闭严密，阻止着水蒸气进入保温层。在屋面与垂直面连接的部位，隔汽层应延伸到保温层顶部并高出 150mm。隔汽层的作法一般采用热沥青两道、单层防水卷材或防水涂料。

(3) 找坡层 找出屋面坡度，以便于排水。否则，排水不畅，且积水浸泡防水层，加速防水层老化，造成屋面渗漏。一般平屋面的排水坡度：结构找坡宜为 2%；材料找坡宜为 3%；平屋面宜用结构找坡。当用材料找坡时，可用轻质材料或保温层找坡。

(4) 保温层 保温层是起保温隔热，减少屋面热量传递作用的。

保温材料具有孔隙率大、容易吸水受潮等特点。保温材料吸水后，其导热系数也随之增大，大大降低保温效果。因此，保温材料在运输、贮存时应防止受潮和雨淋。保温层材料不论是松散的（如干炉渣等）还是预制块状的（如加气混凝土块等）或现浇轻质炉渣混凝土等，施工时均要求铺设均匀平整，不宜紧压振动。松散和块状保温材料，施工期间必须保证材料处于干燥状态。

（5）找平层 找平层用以找平保温层或结构层。找平层与突出屋面的结构（如女儿墙、天窗壁、伸缩缝等）的连接处，以及找平层的转角处（如檐口、天沟、斜沟、雨水口、屋脊等），均应用水泥砂浆在结构层上做成圆弧形或钝角。

（6）防水层 防水层主要起防止雨、雪、水向屋面渗漏的作用。卷材屋面防水层系由一幅幅防水卷材搭接而成的。为提高防水性能、耐久性能，弥补施工操作中的一些缺陷和搭接缝等薄弱部位，卷材防水层一般都采用多层作法。卷材层数，应根据建筑物类型、防水使用要求、屋面坡度及当地气温等因素确定，一般多为二毡三油。

（7）保护层 保护层是保护防水层免受气候变化影响和检修屋面时被踩踏破坏的。不上人的屋面，保护层一般用绿豆砂、热沥青撒铺在防水层上；上人的屋面可选用陶土砖、水泥砖或混凝土预制块，用热沥青胶粘结于防水层上，并将拼缝灌实。在南方多雨炎热地区，宜采用砖和钢筋混凝土预制梁架空铺设的作法，也可以做成蓄水屋面。

卷材屋面各构造层次是相互联系的，必须认真施工。若防水层做得好，其他各层才能发挥作用。若隔热层、找平层做得很好，而防水层发生漏水，则也会破坏隔热层。

卷材防水屋面适用于防水等级为Ⅰ～Ⅳ级的屋面防水。《屋面工程质量验收规范》（GB 50207—2002）与《屋面工程技术规范》（50345—2004）均明确规定了各类建筑屋面防水等级、耐用年限、选用材料和设防要求，并且规定必须严格遵循设计方案，此外现行的标准设计图、通用图也可以为防水设计和正确选材提供依据。

一、设计原则

1. 以防为主、防排结合

排水是屋面防水的一个重要内容，对于平屋顶，应以防为主，但亦应尽快将水排走，减轻防水层的负担，避免屋面较长时间积水。这就要求合理设计屋面及天沟的排水坡度和排水路线、排水管的管径及数量。

2. 按级设防，满足设防要求

屋面工程应根据建筑物的性质、重要程度、使用功能要求以及防水层的耐用年限等，选用不同的防水卷材和不同的构造层次，以满足设防要求，保证防水可靠。

3. 适当考虑施工因素

屋面防水工程的质量取决于材料、设计、施工等诸因素，而其中施工因素的影响最不易确定。尤其是当前，我国防水施工仍以手工操作为主，操作人员的技术水平、心理素质以及工艺的繁杂难易程度均会对施工造成相当大的影响。因此，一个好的设计，必须适当考虑施工因素，尽量采用简单的构造，选用施工方便的材料或提高设防能力，提高防水安全储备，弥补施工可能产生的缺陷。

目前，防水材料对人体和环境的污染都较大，相当一部分产品有一定毒性。因此，设计时应尽可能正确地选材，以减少对人体和环境的影响。

二、设计程序

首先应收集相关的资料，进行广泛的调查研究，在对国家经济政策、建设条件（气温、风力、风向、降雨、雪量等）、环境条件（防腐、防火要求等）、设计条件（建筑物的等级、用途、使用要求、耐用年限、基础类型、结构特征、屋面基层的组成及性质），以及材料供应、工程造价、消防要求、对人体及环境的污染限制要求、施工水平等。进行综合考虑的前提下，确定设防方案与等级，进而进行防水构造形式、层次、材料等的选择，最后进行细部处理研究，绘制节点大样图，提出相应的技术措施及技术要点，经过审批，正式出施工图。在设计过程中，应注意吸取过去防水工程的经验教训，以期提高设计水平。

三、设计应采取的措施

1. 分仓脱离、刚柔结合

为避免因结构基层变形而拉裂防水层，应在基层（刚性层）预先留置分格缝，使变形集中于分格缝，再对分格缝进行处理，这就是分仓脱离。同时为防止刚性保护层与柔性防水层之间。由于变形相互制约而产生裂缝，应在两者之间增设隔离层。

2. 多道设防

理论上，单道防水是可以满足防水工程要求的。但事实上，考虑材料、设计、施工中诸多因素的影响而产生的偏差，有必要采取多道防线设防。对应于不同的防水等级的屋面或节点部位，采取不同的设防措施。

3. 复合防水

复合防水是采用不同的防水材料，利用各自的特点组成独立承担防水能力的层次。采用多种材料复合使用，有利于充分发挥各种材料的优点而抑制其缺点，提高整体防水能力。对于多道设防的卷材防水屋面，既可采用多道卷材，也可采用卷材、涂膜、刚性防水复合使用，但选择的各层材料材性必须相容。

4. 加强保护

防水层上加做保护层，能充分发挥不同材料的特性，大大延长柔性防水层的寿命。因此在卷材防水层上应做保护层。

四、设计要点

1. 防水等级划分

屋面防水等级和设防要求以及各类建筑物的防水等级。

2. 防水设防

屋面防水等级采用Ⅰ级或Ⅱ级的多道设防时，可采用多道卷材设防，也可以采用卷材、涂膜、刚性防水复合实用。

3. 卷材的选用

（1）应根据当地历年最高气温、最低气温、屋面坡度和使用条件等因素，选择耐热度和柔性相适应的卷材。

（2）应根据地基变形程度、结构形式、当地年温差、日温差和振动等因素，选择拉伸性能相适宜的卷材。

(3) 应根据屋面防水卷材的暴露程度，选择耐紫外线、耐穿刺、热老化保持率或耐霉烂性能相适应的卷材。在南方，经常处于背阴处或附近有腐蚀介质存在的环境中，应注意选择耐腐蚀性能好的卷材。

(4) 多道防水或采用多种防水材料复合时，应注意材性的彼此匹配和结合。应将高性能、耐老化、耐穿刺的防水材料放在上部，而将对基层变形适应性能好的材料放在下部。这样，既充分发挥各种不同材料的功能，又彼此取长补短。目前许多工程采用先做一层防水涂膜，再在其上铺防水卷材的做法，就是基于这一点。

(5) 自粘橡胶沥青防水卷材和自粘聚酯胎改性沥青防水卷材（铝箔覆面除外），不得用于外露的防水层。

(6) 为确保防水工程质量，除考虑材质、材性外，还应按防水设防等级正确选用防水卷材的厚度，见表3-13。

卷材厚度选用表　　**表 3-13**

屋面防水等级	设防道数	合成高分子防水卷材	高聚物改性沥青防水卷材	沥青防水卷材和沥青复合胎柔性防水卷材	自粘聚酯胎改性沥青防水卷材	自粘橡胶沥青防水卷材
Ⅰ级	三道或三道以上设防	不应小于1.5mm	不应小于3mm	—	不应小于2mm	不应小于1.5mm
Ⅱ级	二道设防	不应小于1.2mm	不应小于3mm	—	不应小于2mm	不应小于1.5mm
Ⅲ级	一道设防	不应小于1.2mm	不应小于4mm	三毡四油	不应小于3mm	不应小于2mm
Ⅳ级	一道设防	—	—	二毡三油	—	—

4. 防水层次组合

屋面工程由结构层、找平层、隔汽层、找坡层、保温隔热层、防水层、隔离层、保护层等层次。根据屋面的使用要求及所采用的材料，可以选择上述其中的一些层次进行组合。

(1) 结构层　结构层最好采用整体现浇自防水混凝土板。如为装配式钢筋混凝土板时，可采用强度等级不小于C20的细石混凝土灌缝，灌缝的细石混凝土宜掺微膨胀剂；当屋面板板缝宽度大于40mm或上窄下宽时，板缝内应设置构造钢筋；当大开间、大跨度时，还应在屋面板上加做配筋整浇层，以提高整体性。

(2) 找平层　找平层的排水坡度和平整度对卷材防水屋面是至关重要的。排水坡度应符合设计要求。当采用满铺法施工时，要求找平层不得有酥松、起砂、起皮现象；找平层必须具有足够的强度。此外，找平层还要避免产生裂缝。目前常用掺微膨胀剂的细石混凝土，以提高找平层的抗裂性。

找平层直接铺抹在结构层上或保温层、找坡层上。前者，只要结构层表面平整，就可以设计得薄些；后者，直接铺抹在松散的保温层或材料找坡层上，就要设计得厚些，并且要求有较高的强度。

找平层按其材料，又可分为水泥砂浆、细石混凝土、沥青砂浆找平层。其中水泥砂浆找平层要求配合比为1：2.5～1：3（水泥：砂），并应掺减水剂、抗裂剂，且覆盖洒水养护，以保证较高的强度、不起砂、不起皮以及表面光滑。沥青砂浆找平层固结快，一般适用于冬季或气候条件较差的地区。找平层的厚度和技术要求见表3-14。

找平层厚度及技术要求 表3-14

类别	基层种类	厚度(mm)	技术要求
水泥砂浆找平层	整体混凝土	15～20	1∶2.5～1∶3(水泥∶砂)体积比,水泥强度等级不低于32.5级
	整体或板块材料保温层	20～25	
	装配式混凝土板、松散材料保温层	20～30	
细石混凝土找平层	松散材料保温层	30～35	混凝土强度等级C15
沥青砂浆找平层	整体混凝土	15～20	质量比为1∶8(沥青∶砂)
	装配式混凝土、整体或板状材料保温层	20～25	

找平层表面应压实平整，采用水泥砂浆找平层时，水泥砂浆抹平收水后应二次抹平压光和充分养护，不得有酥松、起砂、起皮现象。

为了减少找平层的开裂，屋面找平层宜留设分格缝，分格缝应留设在板端缝处，其纵横缝的最大间距为：找平层采用水泥砂浆或细石混凝土时，不宜大于6m；找平层采用沥青砂浆时，不宜大于4m。如分格缝兼作排汽屋面的排汽道时，可适当加宽，并应与保温层连通。

卷材防水层基层与突出屋面结构（女儿墙、立墙、天窗壁、变形缝、烟囱等）的交接处，以及基层的转角处（水落口、檐口、天沟、檐沟、屋脊等），均应做成圆弧。内部排水的水落口周围应做成略低的凹坑。找平层圆弧半径应根据卷材种类按表3-15选用。

找平层转角处圆弧最小半径 表3-15

卷材种类	圆弧半径(mm)	卷材种类	圆弧半径(mm)
沥青防水卷材	100～150	合成高分子防水卷材	20
高聚物改性沥青防水卷材	50		

铺设屋面隔汽层或防水层前，基层必须干净、干燥。干燥程度的简易检验方法，是将1m² 卷材平坦地平铺在找平层上，静置3～4h后掀开检查，找平层覆盖部位与卷材上未见水印，即可铺设隔汽层或防水层。

采用基层处理剂时，其配制与施工应符合下列规定：①基层处理剂的选择应与卷材的材性相容；②喷、涂基层处理剂前，应用毛刷对屋面节点、周边、转角等处先行涂刷；③基层处理剂可采用喷涂法或涂刷法施工。喷、涂应均匀一致，待其干燥后应及时铺贴卷材。

(3) 隔汽层 隔汽层设置于找平层上面、保温层下面，目的是防止室内水蒸气渗透到保温层内，影响保温效果，或由于潮湿而使保温层上的卷材起鼓。

隔汽层可采用单层卷材或防水涂料。要求材料气密性好。采用卷材时，可用空铺法施工，卷材搭接宽度应大于70cm，采用沥青基防水涂料时，其耐热度应比室内或室外最高温度高出20～25℃。

(4) 找坡层 平屋面找坡层一般有两种方法：结构找坡和材料找坡。结构找坡是由屋面梁或墙形成排水坡度，要求坡度宜为3%；材料找坡是由轻质材料或保温层形成坡度，要求坡度宜为2%；同时，天沟、檐沟纵向坡度不小于1%，沟底水落差不得超过

200mm，且天沟、檐沟排水不得流经变形缝和防火墙。目前，由于各种因素，不论材料找坡或者结构找坡的平屋面，还是天沟、檐沟的纵向坡度，往往都偏小，设计者应引起注意。

跨度大于 18m 的屋面，应采用结构找坡。无保温层的屋面，板端缝应用空铺附加层或卷材直接空铺处理，空铺宽度为 200～300mm。

(5) 隔离层　隔离层又称脱离层。其作用是减少防水层与其他层次之间的粘结力和摩擦力，以消除或减小其他层次的变形对防水层的影响。隔离层一般设在刚性保护层和卷材防水层之间，或倒置式屋面的卵石保护层与保温层之间。前者的材料，一般为低等级砂浆、蛭石、云母粉、塑料薄膜、细砂、滑石粉、纸筋灰或干铺卷材等；后者的材料一般是一层耐穿刺、耐腐蚀的纤维织物。上人屋面选用块体或细石混凝土作面层时，其与防水层之间应作隔离层。

(6) 保温、隔热层　保温层的功能是防止室内热量流失，而隔热层的功能则是减少室外的热量流向室内。因此，保温层一般设置在寒冷地区，隔热层一般设置在炎热地区。

(7) 保护层　防水层上加做保护层，能大大延长其耐用年限。保护层的设计与防水层材料的性能及屋面的使用功能密切相关，详见表 3-16。

保护层的类型、要求、特点及适用范围　　**表 3-16**

名　称	具体要求	特　点	适用范围
涂膜保护层	在防水层上涂刷一层与卷材性相容、粘结力强而又耐风化的浅色涂料	质轻、价廉、施工简便，但寿命短，耐久性差(3～5年)，抗外力冲击能力差	常用于非上人卷材防水屋面
金属膜保护层	在防水卷材上用胶粘剂铺贴一层镀铝膜，或者最上一层防水卷材直接用带铝箔覆面的防水卷材	质轻、反射热辐射、抗臭氧，但寿命较短(一般5～8年)	常用于非上人卷材防水屋面和大跨度屋面
粒料保护层	在用热玛碲脂粘结的沥青防水卷材上，铺贴一层粒径为3～5mm、色浅、耐风化和颗粒均匀的绿豆砂；再用冷玛琋脂粘结的沥青防水卷材上铺一层色浅、耐风化的细砂	传统做法，材料易得。但因是散状材料，施工繁琐，粘结不牢，易脱落	常用于一般工业与民用建筑的石油沥青卷材屋面和高聚物改性沥青卷材屋面
云母、蛭石保护层	用冷玛琋脂粘结的沥青防水卷材上铺贴一层云母或蛭石等片状材料	有一定的反射作用，但强度低，易被雨水冲刷	只能用于冷玛碲脂粘结的沥青防水卷材屋面
水泥砂浆保护层	在防水层上加铺一层厚约20mm的水泥砂浆(上人屋面应加厚)，应设表面分格缝，间距1～1.5m	价廉，效果较好，但可能延长工期。表面易开裂	常用于工业与民用建筑非大跨度的上人或不上人屋面
细石混凝土保护层	在防水层上做隔离层，然后再在其上浇筑一层厚度大于30mm的细石混凝土(宜掺撒膨胀剂)，分格缝间距不大于6m	可与刚性防水层合一，与卷材构成复合防水，保护效果优良，耐外力冲击能力强，但荷载大，造价高，维修不便	不能用于大跨度屋面
块材保护层	在防水屋面上做隔离层，然后铺砌块材(水泥九格砖、异形地砖、瓷砖等)，嵌缝	效果优良，耐久性好，耐穿刺，但荷载大，造价高，施工麻烦	用于非大跨度的上人屋面
卵石保护层	在防水层上铺30～50mm厚、ϕ20～30mm的卵石	工艺简单，易于维修，但荷载较大	用于有女儿墙的空铺卷材屋面(不宜用于大跨度屋面或坡度较大或有振动的屋面)

卷材防水屋面所设保护层可采用与卷材材性相容、粘结力强和耐风化的浅色涂料涂刷（如合成高分子卷材），或粘铁铝箔等。易积灰屋面宜采用20mm厚水泥砂浆、30mm厚细石混凝土（宜掺微膨胀剂）或块材等刚性保护层。保护层与防水层之间的隔离层做法与上人屋面相同。

由热玛琋脂粘结的沥青防水卷材保护层，可选用粒径为3～5mm、色浅、耐风化和颗粒均匀的绿豆砂；由冷玛琋脂粘结的沥青防水卷材保护层，可选用云母或蛭石等片状材料。

在卷材本身已粘结板岩片或铝箔等保护层，以及架空隔热屋面或倒置式屋面的卷材防水层上，可不作保护层。

防水屋面上的设施，当其基座与结构层相连时，防水层宜包裹设施基座上部，并在地脚螺丝周围作密封处理。若在防水层上设置设施，设施下部的防水层应做附加增强层，必要时应在其上浇筑细石混凝土，其厚度应大于50mm。

5. 卷材防水层的设计

(1) 卷材铺帖的方法

卷材防水层铺帖的方法有满铺法、空铺法、条粘法、点粘法以及机械固定法。卷材铺贴方法的种类参见表3-17。

卷材防水层铺贴方法及适用条件　　**表3-17**

<table>
<tr><th>铺贴方法</th><th colspan="2">做　法</th><th>优 缺 点</th><th>适用条件</th></tr>
<tr><td>满粘法</td><td colspan="2">又称全粘法，是一种传统的施工方法，热熔法、冷粘法、自粘法等均采用全粘法施工</td><td>当用于三毡四油沥青防水卷材施工时，每层均有一定厚度的玛碲脂满粘，可提高防水性能
但若找平层湿度较大或屋面变形较大时，防水层易起鼓、开裂</td><td>适用于屋面面积较小，屋面结构变形较小，找平层干燥条件</td></tr>
<tr><td>空铺法</td><td colspan="2">卷材与基层仅在四周一定宽度内粘贴，其余部位不粘贴，铺贴时应在檐口、屋脊和屋面转角处及突出屋面的连接处。卷材与找平层应满粘贴，其粘贴宽度不得小于800mm，卷材与卷材搭接缝应满粘，叠层铺贴时，卷材与卷材之间应满粘</td><td>能减小基层变形对防水层的影响，有利于解决防水层起鼓、开裂问题
但防水层由于与基层不粘结，一旦渗漏，水会在防水层下窜流而不易找到漏点</td><td>适用于基层易变形和湿度大。找平层水蒸气难以由排汽道排入大气的屋面，或用于埋压法施工的屋面
沿海大风地区不宜采用（防水层易被大风掀起）</td></tr>
<tr><td>条粘法</td><td colspan="2">卷材与基层采用条状粘结，每幅卷材与基层粘结面不少于2条，每条宽度不少于150mm
卷材与卷材搭接缝应满粘，叠层铺贴也应满粘</td><td>由于卷材与基层有一部分不粘结，故增大了防水层适应基层的变形能力，有利于防止卷材起鼓、开裂
操作比较复杂，因非满粘，可能会影响防水功能</td><td>适用于采用溜槽排汽不能解决卷材防水层开裂和起鼓的无保温层屋面；或温差较大，基层又十分潮湿的排汽屋面</td></tr>
<tr><td>点粘法</td><td colspan="2">卷材与基层采用点状粘结，要求每1m^{2}至少有5个粘结点，每点面积不小于100mm×100mm，卷材与卷材搭接应满粘。防水层周边一定范围内也应与基层满粘。当第一层采用打孔卷材时，也属于点粘
点粘面积，必要时应该根据当地风力大小，经计算后确定</td><td>增大了防水层适应基层变形能力，有利于解决防水层起鼓、开裂问题
操作比较复杂
当第一层采用打孔卷材时，仅可用于卷材多叠层铺贴施工</td><td>适用于采用溜槽排汽不能可靠地解决防水层开裂和起鼓的无保温层屋面；或温差较大，基层又十分潮湿的排汽屋面</td></tr>
<tr><td rowspan="2">机械固定法</td><td>机械钉压法</td><td>采用镀锌钢钉或钢钉等固定卷材防水层</td><td></td><td>多用于木基层上铺设高聚物改性沥青卷材</td></tr>
<tr><td>压埋法</td><td>卷材与基层大部分不粘结，上面采用卵石等压埋，但搭接缝及周边要全粘</td><td></td><td>用于空铺法，倒置屋面</td></tr>
</table>

注：无论采用空铺、条粘还是点粘，施工时都必须注意：距屋面周边800mm内的防水层应满粘，保证防水层四周与基层粘结牢固；卷材与卷材之间应满粘，保证搭接严密。

常有大风吹袭地区的屋面，卷材宜采用满粘法施工，防水层采取满粘法施工时，找平层的分格缝处宜空铺，空铺的宽度宜为100mm。

卷材防水层上有重物覆盖或基层变形较大时，应优先采用空铺法、点粘法、条粘法或机械固定法，但距屋面周边800mm内以及叠层铺贴的隔层卷材之间应满铺。

承受较大振动荷载的厂房屋面，基层易开裂且开裂也较宽，应采用空铺法施工，但必须有足够的压重或机械固定；跨度大于18m的无保温层的屋面，板端缝应采用空铺附加层或卷材直接空铺处理，空铺宽度宜为200～300mm。

一般无大风地区的平屋面，宜采用点粘法、条粘法或空铺法施工。

屋面的女儿墙、出檐、孔洞四周、出屋面管根部等部位均应采用满粘法施工。

当屋面面积较小，结构稳定，基层不易变形且选用高强度、高延伸的卷材作防水层时，可以采用满粘法铺贴卷材。

卷材屋面的坡度不宜超过25%，当坡度超过25%时应采取防止卷材下滑的措施。

(2) 卷材铺贴的方向

卷材铺贴方向应符合下列规定：

① 屋面坡度小于3%时，卷材应平行屋脊铺贴；

② 屋面坡度在3%～15%时，卷材可平行或垂直屋脊铺贴；

③ 屋面坡度大于15%或屋面受振动时，沥青防水卷材应垂直屋脊铺贴，高聚物改性沥青防水卷材和合成高分子防水卷材可平行或垂直屋脊铺贴；

④ 上下层卷材不得相互垂直铺贴；

⑤ 屋面防水层施工时，应先做好节点、附加层和屋面排水比较集中等部位的处理，然后由屋面最低处向上进行。铺贴天沟、檐沟卷材时，宜顺天沟、檐沟方向，减少卷材的搭接。

(3) 卷材的搭接

铺贴卷材应采用搭接法。平行于屋脊的搭接缝，应顺流水方向搭接；垂直于屋脊的搭接缝，应顺年最大频率风向搭接。

叠层铺贴的各层卷材，在天沟与屋面的交接处，应采用叉接法搭接，搭接缝应错开；搭接缝宜留在屋面或天沟侧面，不宜留在沟底。

上下层及相邻两幅卷材的搭接缝应错开，各种卷材搭接宽度应符合表3-18的要求。

卷材搭接宽度（mm） **表3-18**

铺贴方法 / 卷材种类		短边搭接		长边搭接	
		满粘法	空铺、点粘、条粘法	满粘法	空铺、点粘、条粘法
沥青防水卷材		100	150	70	100
高聚物改性沥青防水卷材		80	100	80	100
自粘聚合物改性沥青防水卷材		60	—	60	—
合成高分子防水卷材	胶粘剂	80	100	80	100
	胶粘带	50	60	50	60
	单缝焊	60,有效焊接宽度不小于25			
	双缝焊	80,有效焊接宽度10×2+空胶宽			

在铺贴卷材时，不得污染檐口的外侧和墙面。

(4) 屋面设施的防水处理

屋面设施的防水处理应符合下列规定：

① 设施基座与结构层相连时，防水层应包裹设施基座的上部，并在地脚螺栓周围做密封处理；

② 在防水层上设置设施时，设施下部的防水层应做卷材增强层，必要时应在其上浇筑细石混凝土，其厚度不应小于 50mm；

③ 需经常维护的设施周围和屋面出入口设施之间的人行道应铺设刚性保护层。

6. 排汽屋面设计

当屋面保温层和找平层干燥有困难时，为确保保温层的保温效果，预防卷材防水起鼓，应采用排汽屋面。

排汽屋面的排汽部分主要由彼此纵横连通的排汽道及与大气连通的排汽孔组成。沿着这些排汽道，通过排汽孔，将保温层或找平层内的水汽慢慢排出，使得保温层或找平层逐渐干燥，其水分不致外渗。

排汽屋面的设计应符合下列规定：

(1) 排汽孔应设置在屋檐下或屋面排汽道交汇处，屋面面积每 $36m^2$ 宜设置一个排汽孔，排汽孔应与大气连通，并应作防水处理。

(2) 排汽屋面铺贴卷材时，为保证排汽畅顺，宜用条粘法、点粘法和空铺法铺贴。

(3) 找平层设置的分格缝可兼做排汽道，此时分格缝可加宽为 20～40mm。

(4) 排汽道应纵横贯通，其设置间距宜为 6m，并同与大气连通的排气管相通；排气管可设在檐口下或屋面排汽道交叉处。

(5) 在保温层下也可铺设带支点的塑料板，通过空腔层排水、排汽。

7. 屋面排水设计

屋面排水设计必须考虑屋面坡度、水沟横截面积、屋面汇水面积、落水管数量及管径。

屋面坡度大对防止渗漏的效果是显著的，平屋面当有结构找坡时，坡度应不小于3%，当由材料找坡时，坡度应不小于 2%；平屋面宜结构找坡。实际上，当屋面坡度不影响建筑物使用功能和美观要求，由结构找坡时，其坡度可在 3%～10%，此外，天沟、檐沟的纵向坡度不应小于 1%。

屋面排水的有关计算可以根据日本的有关资料进行，可以根据建设部有关设计院给定的汇水面积进行查表设计。

屋面及出屋面高墙的降雨量：

$$W=\alpha(S_1+S_2/r)/3600$$

式中　W——降雨量 (m^3/s)；

S_1——屋面投影面积 (m^2)；

S_2——流过雨水的出屋面高墙面积 (m^2)；

r——风速系数，近似取 2；

α——标准降雨强度 (m^3/h)。

上式中标准降雨强度α的选择是很重要的，但却又是很困难的。在雨水排水设计中，最关心的是若干频率的小时最大降雨强度，甚至 10～30min 内的最大降雨强度，但这个频率取多少，目前还没有相应的规定。无疑，频率越小，则排水设计越安全，但越不经济。因此，标准降雨强度的取值应考虑到建筑物的重要性，也就是应该考虑其防水等级，防水等级越高，其频率就应该取得越小。

天沟的排水量：

$$Q_1=\frac{1}{k}\cdot A\cdot\frac{100R\sqrt{I}}{n+\sqrt{R}}$$

式中　Q_1——天沟排水量（m^3/s）；

k——安全系数，取 1.5；

A——排水有效横截面积（m^2）；

I——水力坡度；

N——粗糙系数，取 0.2；

R——$R=A/(2h+B)$；

h——天沟积水深度（m）；

B——天沟宽度（m）。

考虑天沟（檐沟）的排水量，即考虑了天沟（檐沟）在暴雨、大暴雨时的缓冲作用，也就是在暴雨、大暴雨时，水落管一时不能立即将水排完，而暂时将水汇集到天沟（檐沟）里。

水落管的排水量：

$$Q_2=c\cdot A\cdot\sqrt{2gh}$$

式中　Q_2——水落管排水量（m^3/s）；

c——流量系数，可取 0.6；

A——水落管的有效横截面积（m^2）；

g——重力加速度，为 9.8m/s^2；

h——天沟的积水深度（m）。

考虑所有水落管的排水量与天沟排水量的总和，在标准降雨强度时应大于屋面及出屋面高墙的降雨量，综合其他因素，即可确定天沟大小、水落管直径及数量。

以上是计算公式，实际工程设计中，多应用查表法。表 3-19 是考虑了各种因素而结合实践经验制成的。实际应用时，首先根据选用的标准降雨强度及初拟的管径，查表 3-19 可得单根水落管的汇水面积。用此汇水面积去除屋面总的汇水面积（包括出屋面高墙的雨水量）即可得到水落管的数量。

屋面汇水面积（m^2）参考表　　**表 3-19**

水落管直径(mm)	降雨强度(mm/h)											
	50	60	70	80	90	100	110	120	140	160	180	200
100	1160	930	797	698	620	558	507	465	399	349	310	279
150	2268	1890	1620	1418	1260	1134	1031	945	810	709	630	567
200	3708	3090	2647	2318	2060	1854	1685	1545	1324	1159	1030	927

水落管的内径不应小于 75mm（一般内径大于 100mm）；一根水落管的屋面最大汇水面积宜小于 200mm²。

确定了水落管的管径及数量以后，就必须设计水落管的位置，此时，应考虑合适的排水路线，确保天沟的水落差不超过 200mm。

水落管距离墙面不应小于 20mm，其排水口距散水坡的高度不应大于 200mm。水落管应用管箍与墙面固定，接头的承插长度不小于 40mm。水落管经过的带形线脚、檐口线等墙面突出部位处宜为直管，并应预留缺口或孔洞，当必须采用弯管绕过时，弯管的接合角应为钝角。

五、细部构造

节点部位由于其变形集中，形状复杂，施工面狭小，操作困难，卷材厚且硬，剪口多，重叠层次多，且工作环境恶劣，是防水设计的重点和难点。

（一）节点设计原则

1. 考虑多种变形

屋面可能存在的变形很多，如结构变形、温差变形、干缩变形和振动变形等，这些变形一般首先影响节点。因此，设计时，应使节点设防满足基层变形的需要。应在设防上、构造上、选材上多方考虑。如在平面与立面的交角处，设防上首先应增设附加增强层，构造上应采用空铺法施工，选材上应采用高强度、高弹性、高延伸性材料；又如水落口、出屋面管道等部位及其周围，应采取密封材料嵌缝、涂料密封和增强附加层等方法处理。

2. 互补并用，多道设防

为确保节点防水的质量，应该充分利用各种材料的特点。具体说，应考虑采用卷材、防水涂料、密封涂料和刚性防水涂料等互补并用的多道设防（包括设置附加层）。如在底层做涂膜防水，可适应复杂表面，并且无接缝；在其上再做防水卷材，利用其较高的强度及较好的延伸性；面层做刚性防水层，能耐老化、耐穿刺。

3. 耐久性和针对性

节点设计，应考虑其耐久性问题，保证节点设防的耐久性不低于整体防水的耐久性，不能只顾暂时可用。

每个建筑物的节点都有其相同点和不同点，应该针对各自的使用条件和特点予以设计。

（二）细部构造设计

1. 天沟、檐沟

天沟、檐沟是屋面雨水汇集的主要排水系统，除应满足纵向坡度的要求外，还应符合下列规定：

（1）天沟、檐沟经常受水流冲刷、雨水浸泡和干湿交替，为保证其可靠性，应增铺附加层。当采用沥青防水卷材时应增铺一层卷材；当采用高聚物改性沥青防水卷材或合成高分子防水卷材时，宜采用防水涂膜增强层。

（2）天沟、檐沟与屋面交接处变形集中，容易开裂，为增强抗裂能力，此处的附加层宜空铺，空铺宽度不应小于 200mm，见图 3-3。

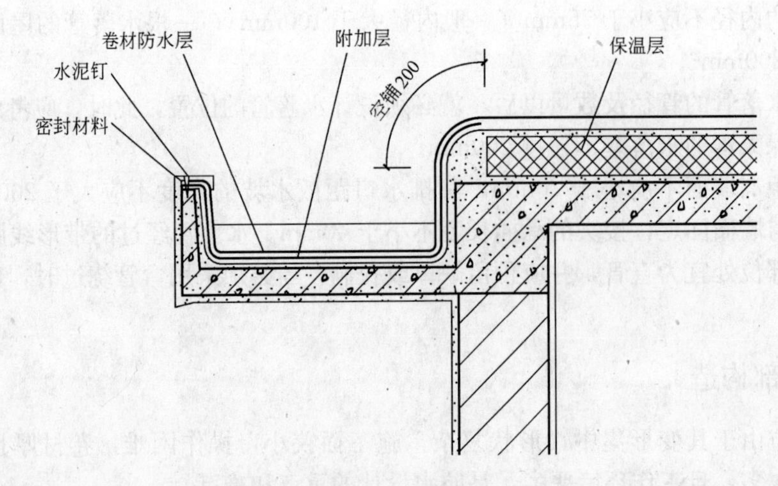

图 3-3 屋面檐沟

(3) 为减少开裂影响及提高设防可靠性，天沟、檐沟的卷材收头应用金属压条钉压，密封材料密封，聚合物水泥砂浆抹面，见图 3-4。

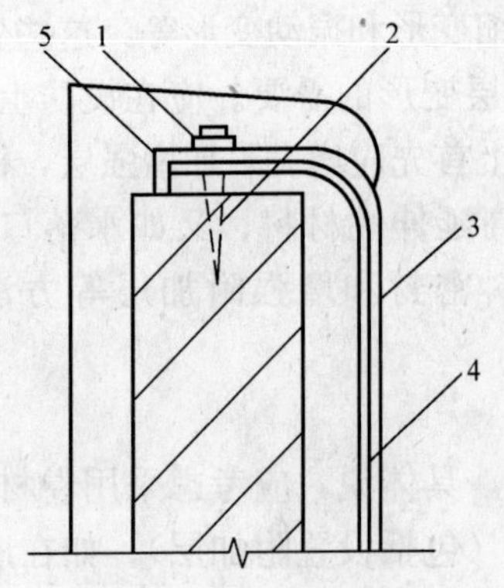

图 3-4 檐沟卷材收头

1—钢压条；2—水泥钉；3—防水层；4—附加层；5—密封材料

(4) 高低跨内排水天沟与立墙交接处，应采取能适应变形的密封处理，见图 3-5。

2. 檐口

无组织排水檐口 800mm 范围内，卷材应采取满粘法施工，以保证卷材与基层粘贴牢固。卷材收头应压入预先留置在基层上的凹槽内，用水泥钉钉压，密封材料密封，水泥砂浆抹压，以防收头翘边，参见图 3-6，檐口下端应做滴水处理。

3. 泛水收头

铺贴泛水收头处的卷材应采取满粘法，以保证粘贴牢固。泛水收头应根据泛水高度和泛水墙体材料确定收头密封形式。

(1) 墙体为砖墙时，卷材收头可直接铺至女儿墙压顶下，用压条钉压固定并用密封材料封闭严密，压顶应做防水处理，参见图 3-7；卷材收头也可压入砖墙凹槽固定密封，凹槽距屋面找平层高度不应小于 250mm，凹槽上部的墙体应做防水处理，参见图 3-8。

(2) 墙体为混凝土时，卷材收头可采用金属压条钉压，并用密封材料封固，参见图 3-9。

(3) 泛水宜采取隔热防晒措施，可在泛水卷材面砌砖后抹水泥砂浆或浇筑细石混凝土保护，也可采用涂刷浅色涂料或粘贴铝箔保护。

4. 变形缝

变形缝分为等高变形缝和高低跨变形缝。

(1) 等高变形缝内应填充聚苯乙烯泡沫块或沥青麻丝，卷材防水层应满粘铺至墙顶，然后上部用卷材覆盖，覆盖的卷材与防水层粘牢，中间应尽量向缝中下垂，并在其上放置聚苯乙烯泡沫棒，再在其上覆盖一层卷材，两端下垂面与防水层粘牢，中间尽量松弛以适

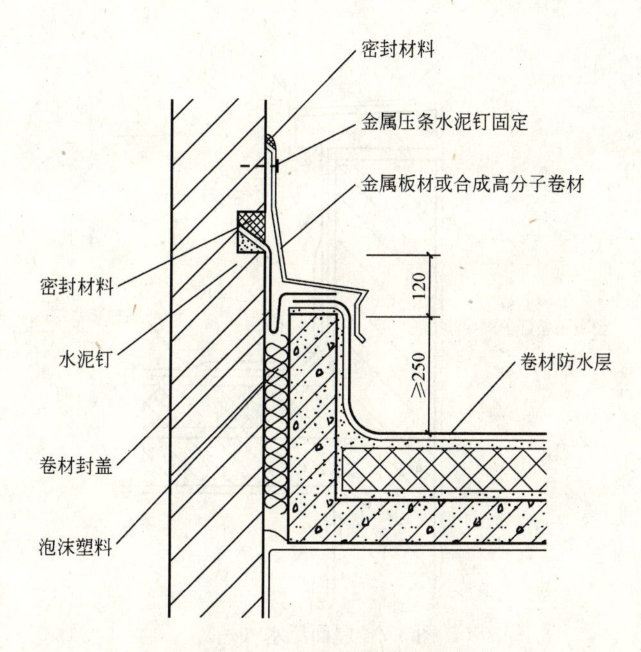

图 3-5　高低屋面变形缝

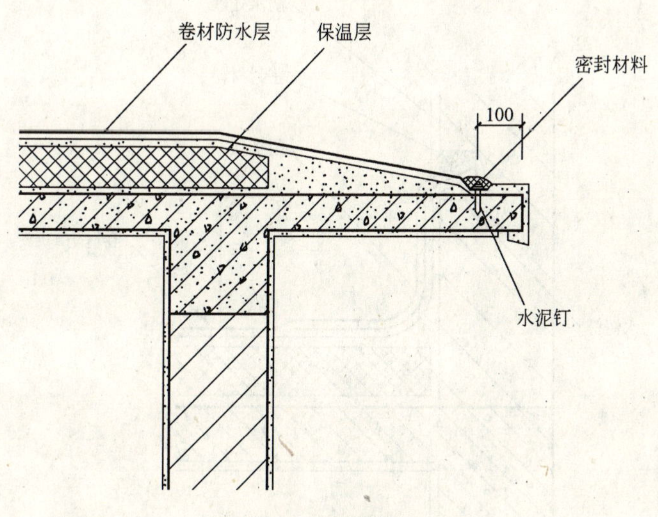

图 3-6　屋面檐口

应变形，最后顶部应加扣混凝土盖板或金属盖板，见图 3-10。

（2）高低跨变形缝的处理。首先低跨的防水卷材应铺至低跨墙顶，然后再在其上加铺一层卷材封顶，其一端与铺至墙顶的防水卷材粘牢，另一端用压条钉压在高跨墙体凹槽内，密封材料封固，中间应尽量下垂在缝中，在其上钉压金属或合成高分子盖板，断头由密封材料密封，见图 3-11。

5. 水落口

水落口分直式和横式两种。

（1）水落口杯应采用金属或塑料制品；

（2）水落口杯应有正确的埋设标高，应考虑水落口设防时增加的附加层和柔性密封层

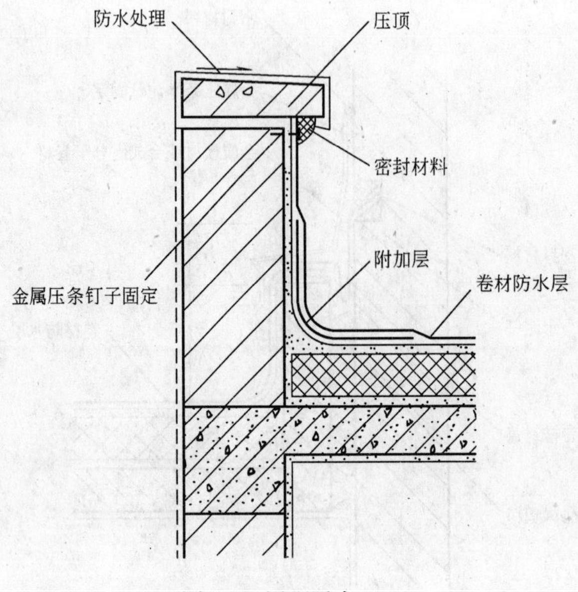

图 3-7 屋面泛水（一）

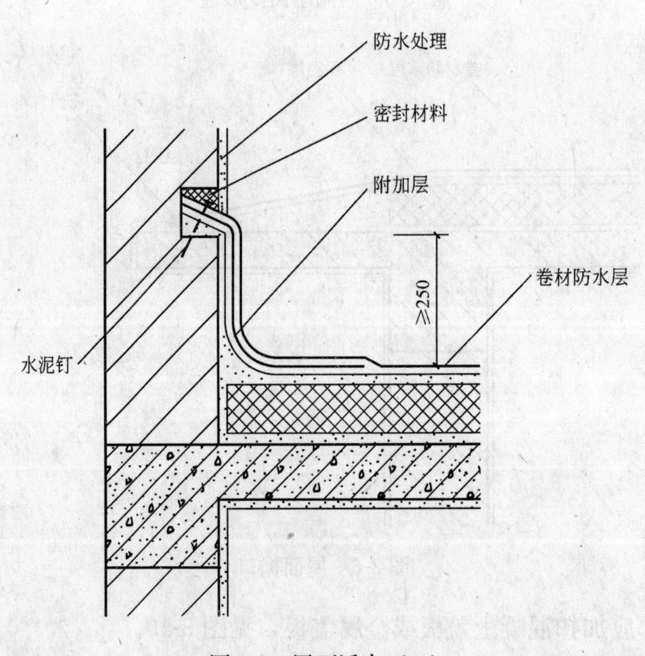

图 3-8 屋面泛水（二）

的厚度及排水坡度加大的尺寸；

(3) 水落口周围 500mm 范围内坡度不应小于 5%，并应首先用防水涂料或密封材料涂封，其厚度视材性而定，通常为 2～5mm。水落口杯与基层接触处应留宽 20mm、深 20mm 的凹槽，以便嵌填密封材料，见图 3-12 和图 3-13。

6. 压顶

女儿墙、山墙采用现浇混凝土压顶或预制混凝土压顶，由于温差的作用和干缩的影响，常产生开裂，引起渗漏。因此，可采用金属制品或合成高分子卷材压顶，见图 3-14。

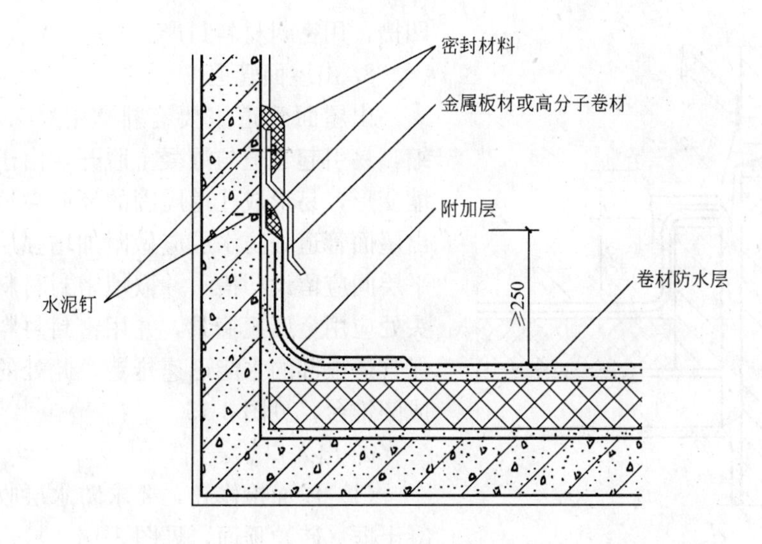

图 3-9　屋面泛水（三）

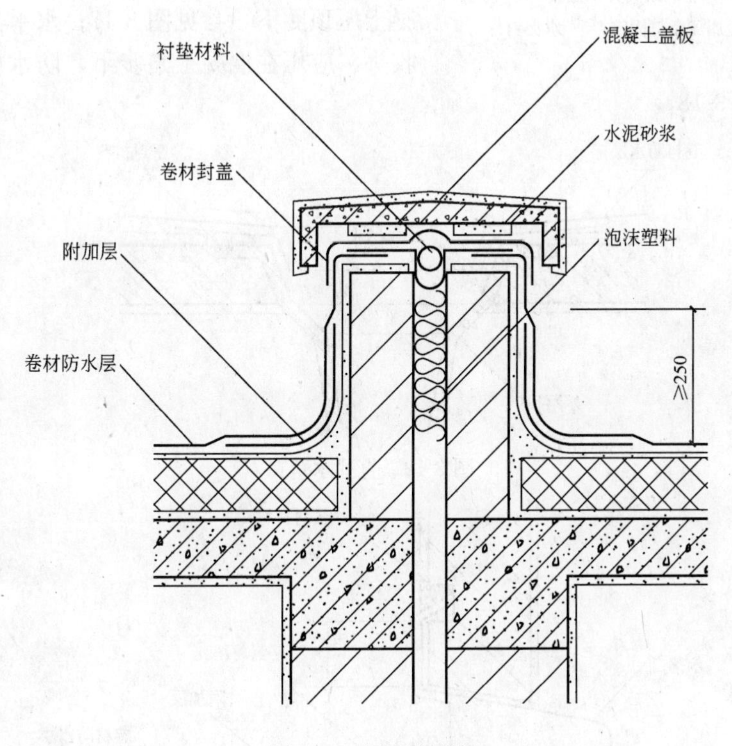

图 3-10　屋面变形缝

7. 反梁过水孔

(1) 应根据排水坡度要求留设反梁过水孔，标高应准确，图纸上应注明孔底标高；

(2) 过水孔的尺寸不应小于 150mm×250mm（高×宽），否则孔中不可能做防水处理，当采用预埋管做过水孔时，管径不得小于 75mm；

(3) 过水孔可采用防水涂料、密封材料防水。预埋管道两端周围与混凝土接触处应留

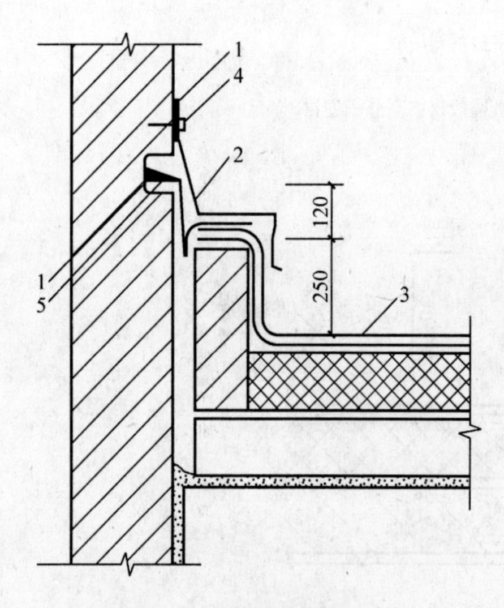

图 3-11　高低跨变形缝

1—密封材料；2—金属或高分子盖板；3—防水层；4—金属压条钉固定；5—水泥钉

凹槽，用密封材料封严。

8. 出屋面管道

出屋面管道主要有排气孔等，由于热胀冷缩，易引起管道与混凝土脱开，由于混凝土的干缩变形，易形成孔道周围的环向裂缝。因此，伸出屋面管道处防水层应做附加增强层，管道与找平层间应留设凹槽，并嵌填密封材料，防水层收头处应用金属箍箍紧，并用密封材料封严。为确保管道根部的水能迅速排走，此处的找平层应做成圆锥台，见图 3-15。

9. 出入口

(1) 屋面检修孔，要求防水层收头应做到混凝土框（砖）顶面，见图 3-16。

(2) 屋面垂直出入口防水层收头，应压在混凝土压顶圈下，参见图 3-17；水平出入口防水层收头，应压在混凝土踏步下，防水层的泛水应设护墙，参见图 3-18。

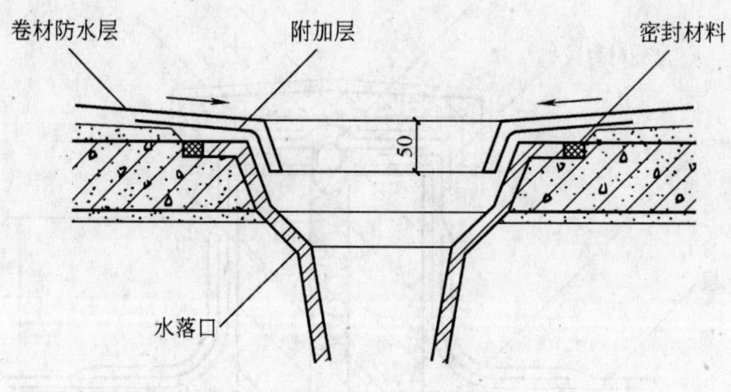

图 3-12　直式水落口

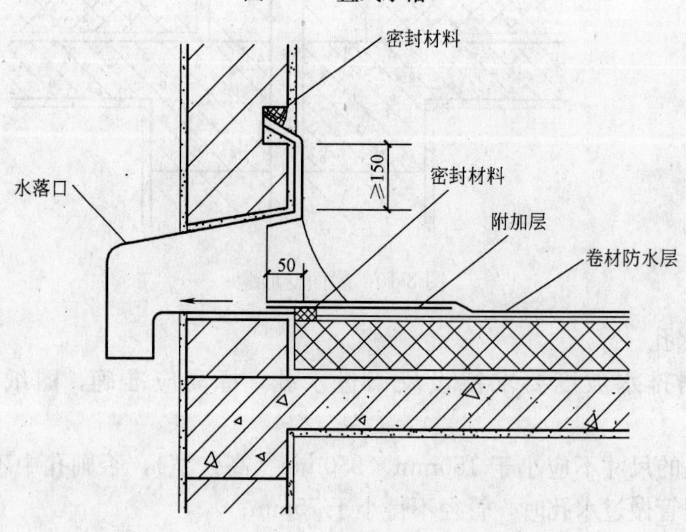

图 3-13　横式水落口

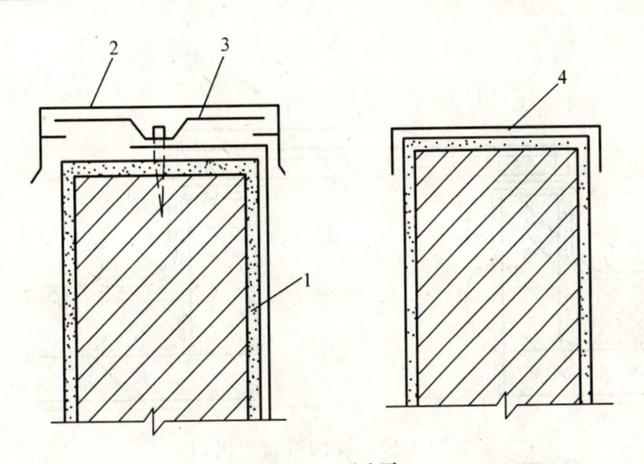

图 3-14　压顶

1—防水层；2—金属压顶；3—金属配件；4—合成高分子卷材

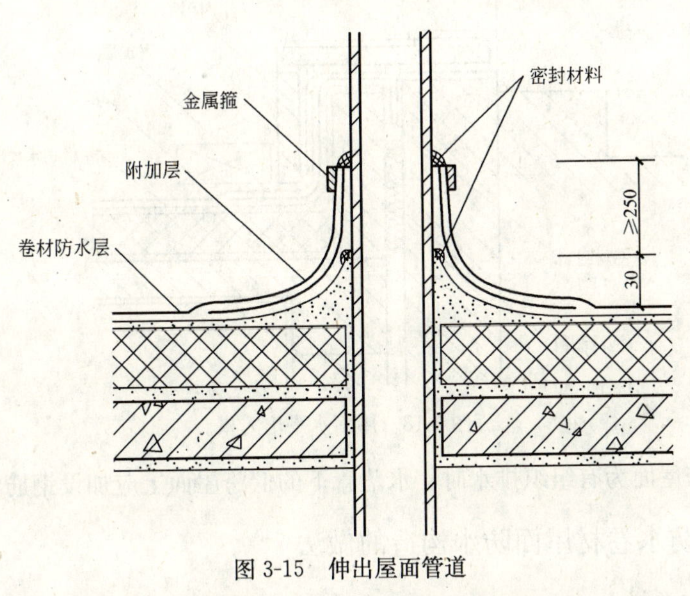

图 3-15　伸出屋面管道

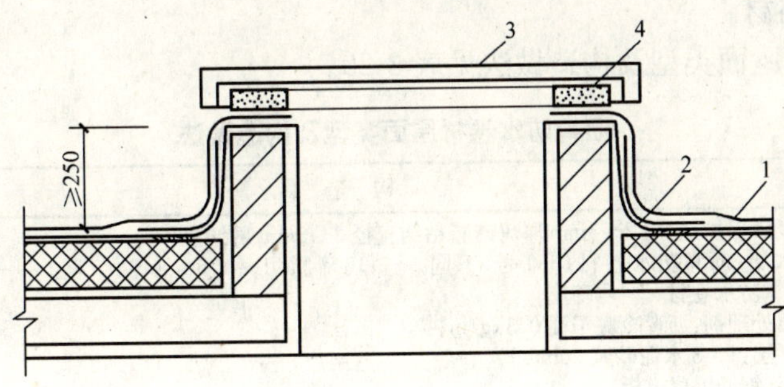

图 3-16　垂直出入口防水构造

1—防水层；2—附加层；3—人孔盖；4—混凝土压顶圈

10. 高低跨相连处的低跨屋面

(1) 当高跨屋面为无组织排水时，低跨屋面受水冲刷的部位应加铺一层整幅卷材，再铺设 300～500mm 宽的板材加强保护。

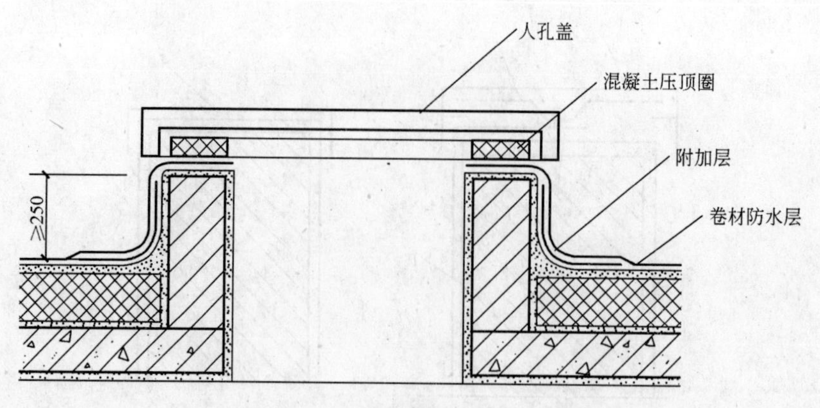

图 3-17　屋面垂直出入口

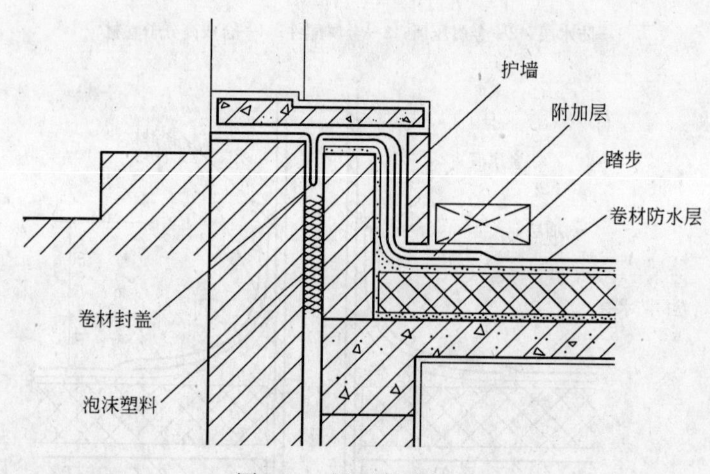

图 3-18　屋面水平出入口

(2) 当高跨屋面为有组织排水时，水落管下的低跨屋面上应加设钢筋混凝土水簸箕。

六、几类防水卷材屋面防水构造的做法

1. 沥青防水卷材

沥青防水卷材屋面类型及构造做法见表 3-20。

沥青防水卷材屋面类型及构造做法　　　　**表 3-20**

类　型	构 造 做 法
外露"三毡四油一砂"防水构造,无保温层,非上人屋面	(1)绿豆砂保护层:用 2～3mm 厚玛琋脂粘结直径 3～5mm 的绿豆砂 (2)防水层:沥青防水卷材(350 号,下同)——玛琋脂(1～1.5mm 厚,下同)——沥青防水卷材——玛琋脂——沥青防水卷材——玛琋脂 (3)基层处理剂:沥青冷底子油 0.3kg/m^2 (4)找平层:1∶3 水泥砂浆 20mm 厚 (5)基层:钢筋混凝土板
外露"三毡四油一砂"防水构造,有保温层,非上人屋面	(1)绿豆砂保护层:用 2～3mm 厚玛琋脂粘结直径 3～5mm 的绿豆砂 (2)防水层:沥青防水卷材(350 号,下同)——玛琋脂(1～1.5mm 厚,下同)——沥青防水卷材——玛琋脂——沥青防水卷材——玛琋脂 (3)基层处理剂:沥青冷底子油 0.3kg/m^2 (4)找平层:1∶3 水泥砂浆 20mm 厚 (5)保温层:厚度按热工要求计算确定,如采用乳化沥青膨胀珍珠岩时,一般厚度不宜小于 60mm (6)基层:钢筋混凝土板

续表

类　型	构造做法
带刚性保护层的“三毡四油”的防水构造，无保温层，上人屋面	(1)刚性保护层：块体材料(如缸砖或水泥方砖等)、细石混凝土等 (2)刚性粘结层：1∶3水泥砂浆20～30mm厚 (3)隔离层：纸筋灰、麻刀灰、干铺卷材等 (4)防水层：玛琋脂(1～1.5mm厚，下同)——沥青防水卷材(350号，下同)——玛琋脂——沥青防水卷材——玛琋脂——沥青防水卷材——玛琋脂(采用空铺法时，可不刮涂这道玛琋脂) (5)基层处理剂：沥青冷底子油0.3kg/m²(用空铺法施工，可不涂刷基层处理剂) (6)找平层：1∶3水泥砂浆20mm厚 (7)基层：钢筋混凝土板
带刚性保护层的“三毡四油”的防水构造，有保温层，上人屋面	(1)刚性保护层：块体材料(如缸砖或水泥方砖等)、细石混凝土等 (2)刚性粘结层：1∶3水泥砂浆20～30mm厚 (3)隔离层：纸筋灰、麻刀灰、干铺卷材等 (4)防水层：玛琋脂(1～1.5mm厚，下同)——沥青防水卷材(350号，下同)——玛琋脂——沥青防水卷材——玛琋脂——沥青防水卷材——玛琋脂(采用空铺法时，可不刮涂这道玛琋脂) (5)基层处理剂：沥青冷底子油0.3kg/m²(用空铺法施工，可不涂刷基层处理剂) (6)找平层：1∶3水泥砂浆20mm厚 (7)保温层：厚度按热工要求计算确定，如采用乳化沥青膨胀珍珠岩时，一般厚度不宜小于60mm (8)基层：钢筋混凝土板

2. 高聚物改性沥青防水卷材

高聚物改性沥青防水卷材屋面类型及构造做法见表3-21。

高聚物改性沥青防水卷材屋面类型及构造做法　表3-21

类　型	构造做法
外露单层防水构造，无保温层，非上人屋面	(1)保护层：浅色保护涂料或用高聚物改性沥青胶粘剂粘结云母或蛭石做保护层，卷材本身有板岩片或铝箔覆面的可不另做保护层 (2)防水层：4mm或4mm以上厚度的高聚物改性沥青防水卷材，用热熔法施工，卷材用量1.15～1.20m²/m² (3)基层处理剂：沥青冷底子油或高聚物改性沥青涂料，用量0.3～0.4kg/m² (4)找平层：1∶3水泥砂浆20mm厚 (5)基层：钢筋混凝土板
外露单层防水构造，有保温层，非上人屋面	(1)保护层：浅色保护涂料或用高聚物改性沥青胶粘剂粘结云母或蛭石做保护层，卷材本身有板岩片或铝箔覆面的可不另做保护层 (2)防水层：4mm或4mm以上厚度的高聚物改性沥青防水卷材，用热熔法施工，卷材用量1.15～1.20m²/m² (3)基层处理剂：沥青冷底子油或高聚物改性沥青涂料，用量0.3～0.4kg/m² (4)找平层：1∶3水泥砂浆20mm厚 (5)保温层：厚度按热工要求计算确定，如采用乳化沥青膨胀珍珠岩时，一般厚度不宜小于60mm (6)基层：钢筋混凝土板
带刚性保护层的单层防水构造，无保温层，上人屋面	(1)刚性保护层：块体材料(如缸砖或水泥方砖等)、细石混凝土等 (2)刚性粘结层：1∶3水泥砂浆20～30mm厚 (3)隔离层：纸筋灰、麻刀灰、干铺卷材等 (4)防水层：4mm或4mm以上厚度的高聚物改性沥青防水卷材，用热熔法施工，卷材用量1.15～1.20m²/m² (5)基层处理剂：沥青冷底子油或高聚物改性沥青涂料，用量0.3～0.4kg/m² (6)找平层：1∶3水泥砂浆20mm厚 (7)基层：钢筋混凝土板
带刚性保护层的单层防水构造，有保温层，上人屋面	(1)刚性保护层：块体材料(如缸砖或水泥方砖等)、细石混凝土等 (2)刚性粘结层：1∶3水泥砂浆20～30mm厚 (3)隔离层：纸筋灰、麻刀灰、干铺卷材等 (4)防水层：4mm或4mm以上厚度的高聚物改性沥青防水卷材，用热熔法施工，卷材用量1.15～1.20m²/m² (5)基层处理剂：沥青冷底子油或高聚物改性沥青涂料，用量0.3～0.4kg/m² (6)找平层：1∶3水泥砂浆20mm厚 (7)保温层：厚度按热工要求计算确定，如采用乳化沥青膨胀珍珠岩时，一般厚度不宜小于60mm (8)基层：钢筋混凝土板

3. 合成高分子防水卷材

合成高分子防水卷材屋面类型及构造做法见表3-22。

合成高分子防水卷材屋面类型及构造做法 表 3-22

类 型	构 造 做 法
外露单层防水构造,无保温层,非上人屋面	(1)保护涂层:浅色涂料保护层,用量 0.2~0.3kg/m²,彩色卷材可不另作保护层 (2)防水层:1.2~1.5mm 厚合成高分子防水卷材,用量 1.15~1.20m²/m² (3)基层胶粘剂:选用与卷材相容的胶粘剂,用量 0.35~0.4kg/m² (4)基层处理剂:选用与卷材相容的材料,用量 0.2kg/m² (5)找平层:1∶3 水泥砂浆 20mm 厚 (6)基层:钢筋混凝土板
外露单层防水构造,有保温层,非上人屋面	(1)保护涂层:浅色涂料保护层,用量 0.2~0.3kg/m²,彩色卷材可不另作保护层 (2)防水层:1.2~1.5mm 厚合成高分子防水卷材,用量 1.15~1.20m²/m² (3)基层胶粘剂:选用与卷材相容的胶粘剂,用量 0.35~0.4kg/m² (4)基层处理剂:选用与卷材相容的材料,用量 0.2kg/m² (5)找平层:1∶3 水泥砂浆 20mm 厚 (6)保温层:厚度按热工要求计算确定,如采用乳化沥青膨胀珍珠岩时,一般厚度不宜小于 60mm (7)基层:钢筋混凝土板
外露复合防水构造,无保温层,非上人屋面	(1)保护涂层:浅色涂料保护层,用量 0.2~0.3kg/m² (2)防水层:1.0~1.5mm 厚合成高分子防水卷材,用量 1.15~1.20m²/m² (3)基层胶粘剂:选用与卷材和涂膜相容的胶粘剂,用量 0.30~0.35kg/m² (4)防水层:合成高分子防水涂料(如聚氨酯等),涂膜厚度为 1~1.5mm,用量 1.3~1.9kg/m² (5)基层处理剂:选用与涂膜相容的材料,用量 0.2kg/m² (6)找平层:1∶3 水泥砂浆 20mm 厚 (7)基层:钢筋混凝土板
外露复合防水构造,有保温层,非上人屋面	(1)保护涂层:浅色涂料保护层,用量 0.2~0.3kg/m² (2)防水层:1.0~1.5mm 厚合成高分子防水卷材,用量 1.15~1.20m²/m² (3)基层胶粘剂:选用与卷材和涂膜相容的胶粘剂,用量 0.30~0.35kg/m² (4)防水层:合成高分子防水涂料(如聚氨酯等),涂膜厚度为 1~1.5mm,用量 1.3~1.9kg/m² (5)基层处理剂:选用与涂膜相容的材料,用量 0.2kg/m² (6)找平层:1∶3 水泥砂浆 20mm 厚 (7)保温层:厚度按热工要求计算确定,如采用乳化沥青膨胀珍珠岩时,一般厚度不宜小于 60mm (8)基层:钢筋混凝土板
带刚性保护层的单层防水构造,无保温层,上人屋面	(1)刚性保护层:块体材料(如缸砖或水泥方砖等)、细石混凝土等 (2)刚性粘结层:1∶3 水泥砂浆 20~30mm 厚 (3)隔离层:纸筋灰、麻刀灰、干铺卷材等 (4)防水层:1.2~1.5mm 厚合成高分子防水卷材,用量 1.15~1.20m²/m² (5)基层胶粘剂:选用与卷材相容的胶粘剂,用量 0.35~0.4kg/m² (6)基层处理剂:选用与卷材相容的材料,用量 0.2kg/m² (7)找平层:1∶3 水泥砂浆 20mm 厚 (8)基层:钢筋混凝土板
带刚性保护层的单层防水构造,有保温层,上人屋面	(1)刚性保护层:块体材料(如缸砖或水泥方砖等)、细石混凝土等 (2)刚性粘结层:1∶3 水泥砂浆 20~30mm 厚 (3)隔离层:纸筋灰、麻刀灰、干铺卷材等 (4)防水层:1.2~1.5mm 厚合成高分子防水卷材,用量 1.15~1.20m²/m² (5)基层胶粘剂:选用与卷材相容的胶粘剂,用量 0.35~0.4kg/m² (6)基层处理剂:选用与卷材相容的材料,用量 0.2kg/m² (7)找平层:1∶3 水泥砂浆 20mm 厚 (8)保温层:厚度按热工要求计算确定,如采用乳化沥青膨胀珍珠岩时,一般厚度不宜小于 60mm (9)基层:钢筋混凝土板
带刚性保护层的复合防水构造,无保温层,上人屋面	(1)刚性保护层:块体材料(如缸砖或水泥方砖等)、细石混凝土等 (2)刚性粘结层:1∶3 水泥砂浆 20~30mm 厚 (3)隔离层:纸筋灰、麻刀灰、干铺卷材等 (4)防水层:1.2~1.5mm 厚合成高分子防水卷材,用量 1.15~1.20m²/m² (5)基层胶粘剂:选用与卷材相容的胶粘剂,用量 0.35~0.4kg/m² (6)防水层:选用与卷材相容的合成高分子防水涂料(如聚氨酯等),涂膜厚度为 1~1.5mm,用量 1.3~1.9kg·m² (7)基层处理剂:选用与卷材相容的材料,用量 0.2kg/m² (8)找平层:1∶3 水泥砂浆 20mm 厚 (9)基层:钢筋混凝土板
带刚性保护层的复合防水构造,有保温层,上人屋面	(1)刚性保护层:块体材料(如缸砖或水泥方砖等)、细石混凝土等 (2)刚性粘结层:1∶3 水泥砂浆 20~30mm 厚 (3)隔离层:纸筋灰、麻刀灰、干铺卷材等 (4)防水层:1.2~1.5mm 厚合成高分子防水卷材,用量 1.15~1.20m²/m² (5)基层胶粘剂:选用与卷材相容的胶粘剂,用量 0.35~0.4kg/m² (6)防水层:选用与卷材相容的合成高分子防水涂料(如聚氨酯等),涂膜厚度为 1~1.5mm,用量 1.3~1.9kg·m² (7)基层处理剂:选用与卷材相容的材料,用量 0.2kg/m² (8)找平层:1∶3 水泥砂浆 20mm 厚 (9)保温层:厚度按热工要求计算确定,如采用乳化沥青膨胀珍珠岩时,一般厚度不宜小于 60mm (10)基层:钢筋混凝土板

第三节　涂膜防水屋面的设计

涂膜防水是指在自身具有一定防水能力的结构层表面，涂覆一定厚度的建筑防水涂料，经溶剂蒸发、熔融、缩合、聚合等物理或化学作用而固化成膜形成具有一定坚韧性的整体涂膜防水层的一种建筑防水方法。

涂膜防水根据其防水基层的具体情况和适用部位，可将加固材料和缓冲材料铺设在防水层内，以达到提高涂膜防水效果，增强防水层厚度和耐久性的目的。涂膜防水由于防水效果好，施工简单、方便，特别适用于表面形状复杂的结构防水，因其优点，从而得到了广泛的应用，不仅适用于建筑物屋面防水，而且还广泛应用于墙面防水、地下工程防水以及其他工程的防水。

涂膜防水屋面是在屋面基层上涂刷防水涂料，经固化后形成一层有一定厚度和弹性的整体涂膜从而达到防水目的的一种防水屋面形式。其具体做法视屋面构造和涂料本身性能要求而定。其典型的构造层次如图 3-19 所示，具体施工有哪些层次，根据设计要求确定。

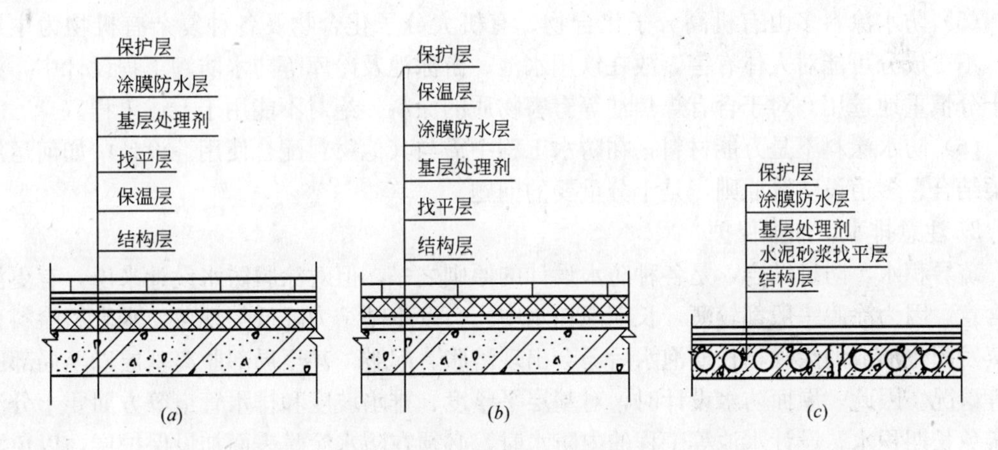

图 3-19　涂膜防水屋面构造

(a) 正置式涂膜屋面；(b) 倒置式涂膜屋面；(c) 无保温层涂膜屋面

涂膜防水工程的设计，是影响工程质量的关键。

涂膜防水技术的发展历史较短，由于液态的防水涂料要在施工基层上经一定时间转化为固体之后才起防水作用，因此，它与卷材防水技术有很大的不同。确立涂膜防水设计的原则和方法，必须考虑它的特殊性。

一、设计原则

鉴于涂料及涂膜防水技术的特殊性，涂膜防水设计应遵守下述原则：

1. 正确认识、合理使用

在进行涂膜防水工程设计时，首先要对防水涂料及其应用技术有一个正确、全面的认识。

(1) 防水涂料与防水卷材同为当今国内外公认的并被广泛应用的新型防水材料。但是，由于防水涂料是一种液态材料，故特别适合形状复杂的施工基层，且能形成连续的防水层，不像卷材那样存在很多搭接缝。

(2) 防水涂料在形成防水层的过程中，既是防水主体，又是胶粘剂，能使防水层与基层紧密相连，无防水层下“串水”之虞，且日后漏点易找，维修方便。

(3) 涂膜防水层不能像卷材防水层那样在工厂加工成形，而是在施工现场由液态材料转变为固态材料而成。虽然有些种类的涂膜可以获得较高的延伸率，但其拉断强度、抗撕裂强度、耐摩擦、耐穿刺等指标都较同类防水卷材低，因此防水涂膜须加保护层，且不能引用防水卷材的“空铺”、“点铺”等施工方法。在防水层厚度方面，防水涂膜不像卷材那样能由工厂生产时准确控制，受工地人为因素影响极大。

(4) 不同品种的防水涂料，有截然不同的性质，使用时必须特别小心。例如反应型涂料（如聚氨酯类）挥发成分极少，固体含量很高，性能也好，但价钱较贵，施工技术要求高；溶剂型涂料成膜比水乳型涂膜致密，耐水性亦较好，但固体含量低，溶剂有毒，易燃易爆；水乳型涂料固体含量适中，涂膜性能满足防水工程要求，无毒、不燃、价格低，能用于稍潮湿的基层，但其涂膜的致密性及耐长期泡水性则不如前两者。故此，设计人员必须掌握它们各自的特性。

(5) 防水涂料多由有机高分子化合物、有机大分子化合物及各种复杂有机物为主组成，不少成分可能对人体有害，故在饮用水池、游泳池及冷库等防水防潮工程设计中，必须十分慎重地选用。对于含有煤焦油等有害物质的涂料，绝对不能用于上述工程。

(6) 防水涂料不是万能材料，在防水工程中需与其他材料配合使用。设计中如何运用刚柔结合、多道设防等原则，是十分重要的问题。

2. 注意排水、加强保护

疏导积水，防排结合，是各种防水设计的原则之一，但对涂膜防水设计来说，有更深的含意。因为涂膜一般都较薄，长期泡在水中，会发生粘结力降低等现象。水乳型涂料自然蒸发固化形成的涂膜，长期泡水后还会出现溶胀、起皱，甚至局部脱离基层以至局部脱落等情况。因此，屋面防水设计时，对基层平整度、排水坡度和排水管道等方面要十分注意避免长期积水；设计水池等工程的内防水时，必须在防水涂膜表面加设保护层，以免涂膜长期浸泡在水中；设计地下工程涂膜外防水时，宜尽可能避免使用长期泡水后性能欠佳的水乳型防水涂料。

3. 保证涂膜厚度

为了确保防水工程质量，不同的工程和不同的涂料对涂膜的厚度有不同的要求。由于涂膜的厚度有很大的可变性，而且很难均匀，因而设计中只能确定一个平均厚度。涂膜厚度对涂膜防水工程的防水质量有着直接的影响，也是施工中最易出现偷工减料的环节。

确定涂膜厚度的三要素为：涂料固体物含量（质量百分比）、涂料密度（g/cm^3）和涂料单位面积使用量（理论）（kg/m^2）。涂膜厚度的均匀程度，则决定于施工基层的平整性和操作人员的技术水平。因此，设计人员应根据选用的涂料资料，在标明涂膜厚度要求的同时，要标明该涂料的固体含量、密度和单位面积用量（理论）要求，并以设计的平均厚度作为工程验收标准。单位面积用量（理论）可由各种防水涂料的有关标准和规程中查得；也可根据选用涂料的固体含量、密度和设计厚度计算而得。施工时可在理论用量的基础上再加适量合理损耗。

过去有些涂膜防水设计，沿用沥青卷材防水的“两毡三油”等概念，不规定涂料单位面积用量，只规定“×布×涂”，这种设计是不完善的。因为玻纤或化纤网格布等仅是加筋增强材料，而形成防水的主体厚度仍是涂料。涂膜的厚度与涂、刮的遍数并无严格的关系，全由涂料的黏度和操作人员的人为因素决定。因此。为了保证涂膜厚度，只规定选用涂料的单位面积用量（还要规定其固体含量和密度）即可。

4. 局部增强

为了保证防水效果，在防水工程的各个薄弱环节应加强设防，这是防水设计时要遵循的原则。考虑到防水涂膜厚度难以绝对均匀等情况，设计涂膜防水时则更要重视。一般做法是：在这些部位增加一定面积、一定厚度的加筋增强涂膜，必要时，可配合密封、嵌缝材料实现局部增强之目的。

5. 节点部位复合密封处理

与密封、嵌缝材料复合使用，是涂膜防水应用的基本原则。诸如变形缝、预制构件接缝（尤其是端头缝）、穿透防水基层的管道或其他构件的根部等处的防水，单靠防水涂膜是不行的，特别是使用橡胶沥青类防水涂料的工程，更需坚持这项原则。

6. 要考虑涂料成膜因素

由液体状态的涂料转变为固体状态的涂膜，是涂膜防水施工的一个重要过程。这个成膜过程决定了防水涂膜的质量，即该防水工程的质量。因此，在设计时必须充分考虑施工中可能影响本工程涂料成膜的各种因素。

影响防水涂料成膜的因素很多，包括涂料的质量、施工的方法、施工环境以及施工人员的操作等。例如，反应型涂料大多数是由两个或更多的组分通过化学反应而固化成膜的，组分的配合比必须按规定准确称量、充分混合，才能反应完全，变成符合要求的固体涂膜。任何组分的超量或不足、搅拌不均匀等，都会导致涂膜质量下降，严重时甚至根本不能固化成膜。溶剂型涂料固化含量较低，成膜过程伴随有大量有毒、可燃的溶剂挥发，不宜用于施工环境空气流动差的工程（如洞库建筑等）。对于水乳型涂料，其施工及成膜对温度有较严格的要求，低于5℃便不能使用。水乳型涂料通过水分蒸发，使固体微粒聚集成膜，过程较慢，若中途遇雨或水冲刷，将会被冲走；成膜过程温度过低，膜的质量会下降；温度过高，涂膜将会起泡等。因此，设计人员必须熟悉各种涂料成膜的因素，根据工程的具体情况选择涂料，并对施工条件做出相应的规定。

7. 涂膜粘附条件的保证和涂膜保护层的设置

要使涂膜与基层粘附牢固，并在规定单位面积用量的情况下获得比较均匀的涂膜厚度，必须有一个比较平滑、结实的基层表面，当采用反应型及溶剂型涂料时，基层还需具备一定的干燥程度；当涂料与其他材料复合使用或在多道设防中与其他材料粘连时，设计人员必须事先了解这些材料之间的相容性，以保证防水材料之间粘附良好，从而保证防水工程的整体质量。

为了保证涂膜的长久防水效果，大多数防水涂膜都不宜直接外露使用，设计中应在涂膜上面设置相应的保护层。

二、设计要点

1. 涂膜防水层使用的防水等级

涂膜防水屋面主要适用于防水等级为Ⅲ级、Ⅳ级的屋面防水，也可用作Ⅰ级、Ⅱ级屋面多道防水设防中的一道防水层。

2. 防水层次的选择

Ⅰ级屋面防水工程应有三道或三道以上防水设防，其中必须有一道1.5mm厚的合成高分子卷材，并且只能有一道不应小于1.5mm的合成高分子防水涂膜或聚合物水泥防水涂膜，除此以外，可以选用其他允许采用的防水材料组成的防水层。虽然高分子防水涂料也属高档防水材料，采用它可形成无接缝的防水层，并能适应各种基层的形状，但施工的保证率差，尤其对厚度的准确度控制较困难，因此规定只能设一道厚1.5mm合成高分子防水涂膜。

Ⅱ级屋面防水工程应有两道设防，其中必有一道防水卷材，也可以采用压型钢板进行一道防水设防。涂膜防水可以作为第二道防水，可采用不小于3mm厚的高聚物改性沥青防水涂料或不小于1.5mm厚的合成高分子防水涂料或聚合物水泥防水涂料。

Ⅲ级屋面防水一般采用一道防水设防。采用合成高分子防水涂膜或聚合物水泥防水涂膜，其涂膜厚度不小于2.0mm，也可采用不小于3mm厚的高聚物改性沥青防水涂层。

Ⅳ级屋面防水一般采用一道设防，可采用不小于2mm厚的高聚物改性沥青防水涂料。

多道防水和复合防水选择材料时，要注意材性匹配和结合问题。原则上应将高性能、耐老化、耐穿刺性好的材料放在上部，对基层变形适应性好的材料放在下部，充分发挥各种材料性能的特点。

当涂膜防水与卷材防水配合时，应将卷材放在上层，涂膜防水放在下层。涂膜防水对复杂基层的适应性好，与基层的粘结力强，并能形成无接缝防水层。涂膜既是涂层，又是粘结层；卷材耐老化、耐穿刺性较好，厚度保证率高，弥补了涂膜不足。国内外有许多防水工程采用在高分子防水卷材上涂刷一层合成高分子彩色防水涂料，这层涂膜既弥补了卷材接缝较差的弱点，又可起到保护卷材的作用，若在耐用年限内涂膜老化，还可以重新刷涂修补，修补极为方便。

不同材性的材料复合使用时，还要注意相互间的相容性、粘结性，并保证不相互腐蚀。

按屋面防水等级和设防要求选择防水涂料。对易开裂、渗水的部位，应留凹槽，嵌填密封材料，并增设一层或多层带有胎体增强材料的附加层。

涂膜防水层应沿找平层分格缝增设带有胎体增强材料的空铺附加层，其空铺宽度宜为100mm。

防水涂膜应分遍涂布，待先涂布的涂料干燥成膜后，方可涂布后一遍涂料，且前后两遍涂料的涂布方向应相互垂直。

3. 防水涂料的选择

不同品种和不同规格的防水材料，往往具有不同的特点和弱点，相同材性的材料，它的技术性能指标也有高低之分，因而它们的应用范围和要求有一定差异。因此，应正确选择、合理使用防水材料，采取相应的技术措施，扬长避短，是保证防水工程质量的关键。

与其他防水材料比较，涂膜防水材料的性能特点如表3-23所列。

涂膜防水材料的适用性如表3-24所列。

涂膜防水材料性能比较　　表 3-23

性能项目	合成高分子防水涂料	高聚物改性沥青防水涂料	沥青基防水涂料	水泥基防水涂料	备注
抗拉强度	△	△	×	△	1. "○"表示良好；"△"表示一般；"×"表示较差 2. 荷载增加程度系指自重大小
延伸性	○	△	×	×	
厚薄均匀性	×	×	×	△	
搭接性	○	○	○	△	
基层粘结性	○	○	○	○	
背衬效应	△	△	△	—	
耐低温性	○	△	×	○	
耐热性	○	△	×	○	
耐穿刺性(硬度)	×	×	△	○	
耐老化性	○	△	×	○	
施工性	△	△	△	△	
施工气候影响程度	×	×	×	○	
基层含水率要求	×	×	×	○	
质量保证率	△	×	×	△	
复杂基层适应性	○	○	○	△	
环境及人身污染	△	×	×	○	
荷载增加程度	○	○	△	×	
价格	高	高	中	低	
运贮	×	△	×	○	

涂膜防水材料的适用性　　表 3-24

适应部位	合成高分子防水涂料	高聚物改性沥青防水涂料	沥青基防水涂料	水泥基防水涂料	备注
特别重要建筑屋面	○	×	×	×	"√"表示优先采用；"△"表示可以使用；"○"表示复合使用；"※"表示有条件使用；"×"表示不能或不宜使用
重要及高层建筑屋面	○	×	×	×	
一般建筑物屋面	△	※	※	※	
有振动车间屋面	△	×	×	×	
恒温恒湿屋面	△	×	×	×	
蓄水种植屋面	○	○	×	△	
大跨度结构建筑屋面	※	※	※	×	
动水压作用的混凝土地下室	△	△	×	△	
静水压作用的混凝土地下室	√	△	△	△	
静水压砖墙体地下室	△	×	×	√	
水池内防水	×	×	×	√	
水池外防水	√	√	√	√	
卫生间	√	√	△	○	
外墙面防水	√	×	×	√	

涂料品种应根据当地历年最高温度、最低温度、屋面坡度和使用条件等因素，选择与耐热度、低温柔韧性相适应的涂料；根据地基变形程度、结构形式、当地年温差、日温差和振动等因素，选择与延伸性相适应的涂料；根据防水涂膜的暴露程度，选择与耐紫外线、热老化保持率相适应的涂料。当屋面排水坡度大于 25%时，不宜采用干燥成膜时间过长的涂料。

4. 排水坡度和排水设计

涂膜防水宜用结构找坡。需用材料找坡时，可用轻质材料或保温层找坡。

（1）平屋面结构找坡宜为 3%，与卷材防水相同。屋面坡度大于 25%时，不宜采用沥青类防水涂料、流平性大的涂料及成膜时间过长的涂料。

(2) 游泳池等其他工程排水坡度按规定要求设计。

(3) 屋面防水工程中的天沟、檐沟纵向坡度、沟底水落差等要求，与卷材防水的相同。

(4) 屋面水落管内径宜不小于 100mm，1 根水落管的最大汇水面积宜小于 200mm²。水落管离墙面不应小于 20mm，其排水口距散水坡的高度不应大于 200mm。水落管应用管箍与墙面固定。接头的承插长度不应小于 40mm。水落管经过的带形线脚、檐口线等墙面突出部位宜用直管，并应预留缺口或孔洞。如须采用弯管绕过时，弯管的接合角应为钝角。

(5) 高低跨屋面间排水（包括无组织和有组织排水）要求，与卷材防水的相同。

5. 防水层构造及涂膜厚度的设计

(1) 防水层构造可根据工程要求，采取单独涂膜防水形式或是复合防水形式。采取复合防水时，要确定防水涂膜与刚性防水层（包括结构自防水本体）、卷材、嵌缝密封材料等的复合形式和层次顺序。

(2) 当采用胎体增强涂膜时，胎体材料的铺贴须符合下述规定：

① 在有坡度的屋面铺贴时，坡度小于 15%者可平行屋脊铺贴；坡度大于 15%者，应垂直于屋脊铺贴，并由屋面最低处向上操作；

② 胎体长边搭接宽度不得小于 50mm；短边搭接宽度不得小于 70mm。采用两层胎体材料时，上下层不得互相垂直铺贴，搭接缝应错开，其间距不应小于 1/3 副宽。

(3) 防水涂膜厚度的确定和单位面积涂料用量如下：

① 涂膜厚度的确定

a. 高聚物改性沥青防水涂膜

单独使用时，其厚度当屋面防水等级为Ⅲ级时不应小于 3mm，Ⅳ级时不应小于 2mm；

与其他防水材料（包括嵌缝材料）复合或配合使用时，屋面防水等级为Ⅱ级时，其厚度不应小于 3mm。

b. 合成高分于防水涂膜

单独使用时其厚度不应小于 2mm；

与其他防水材料复合使用时，不宜小于 1.5mm。

② 涂料单位面积理论用量的确定

防水涂料单位面积使用量可通过查阅各种涂料的有关规程获得，也可通过下列简易公式计算得出：

$$A=\frac{b\times d}{c}\times 100$$

式中 A——涂料单位面积理论用量（kg/m²）；

b——涂膜设计厚度（mm）；

d——涂料密度（g/cm³）；

c——涂料固体质量百分含量（%）。

6. 局部加强处理与保护层设置

(1) 局部加强处理

① 屋面工程中的天沟、檐沟、檐口、泛水、阴阳角等部位，均应加铺有胎体增强材料的涂膜附加层。

② 涂膜防水层收头部位应用同品种涂料多遍涂刷，并贴胎体增强材料进行处理，必要时用密封材料封严。

③ 水落口周围与屋面交接处应填密封材料，并加铺两层有胎体增强材料的涂膜附加层，涂膜伸入水落口的深度不得小于50mm。其他类似的部位，亦可依照同法处理。

④ 变形缝、构件接缝等部位，要根据具体情况确定合理的构造形式，应采用柔性材料密封，采取防排结合，材料防水与构造防水相结合及多道设防的措施。

⑤ 当防水施工基层的设施基座与结构层相连时，防水层宜包裹覆盖设施基座，并在地脚螺栓及基底周围做密封处理。

(2) 保护层的设置

① 涂膜防水屋面应设置保护层。保护层材料可采用细砂、云母、蛭石、浅色涂料、水泥砂浆、块体材料或细石混凝土时，应在涂膜与保护层之间设置隔离层。水泥砂浆保护层厚度不宜小于20mm。

② 在涂膜防水层上放置设施时，设施下部的防水层须做附加增强层，必要时应在其上浇筑厚50mm以上的细石混凝土。

③ 需经常维护的设施周围（如屋面天线等）和出入口至设施之间的人行道，应铺设刚性保护层。

④ 涂膜防水层在未做保护层前，不得在防水层上进行其他施工作业或直接堆放物品。

7. 防水层构造

防水层构造系指为满足屋面的防水功能要求所设置的防水构造层次安排。

屋面工程有结构层、找平层、隔汽层、保温层、防水层、隔离层、保护层、架空隔热层及使用屋面的面层等。一般情况下，结构层在最下面，架空隔热层或使用屋面的面层在最上面，保温层与防水层的位置可根据需要相互交换。屋面防水层位于保温层之上叫正铺法，它可以分为暴露式和埋压式。埋压式根据其压埋材料不同分为松散材料埋压、刚性块体或整浇埋压、柔性材料埋压和架空隔热板覆盖。倒置法是将防水层做在保温层下面，此时则要求保温层是憎水性的，上面需再作一层刚性保护层。

建筑物常见的涂膜防水层的一般构造参见表3-25，对于易开裂、渗水部位，应留凹槽，嵌填密封材料，并增设一层或一层以上带有胎体增强材料的附加层。

8. 防水屋面的其他层次设计

(1) 防水层基层设计　防水层的基层，一般是指结构层和找平层，结构层是防水层和整个屋面层的载体，找平层则是防水层直接依附的一个层次。

涂膜防水层对基层的要求同卷材防水层对基层的要求。

结构层的质量极其重要，要求结构层平整，有较大刚度，整体性好，变形小。结构层最宜采用整体现浇钢筋混凝土板，以防水钢筋混凝土板为最佳。当结构层采用预制装配式钢筋混凝土板，板缝应用C20细石混凝土填嵌密实，细石混凝土中掺少量微膨胀剂，有的还要在板缝中配置钢筋。对于大开间、跨度大的结构，应在板面增设40mm厚C20细石混凝土整浇层，并配置ϕ4@200双向钢筋网，以提高结构层的整体性。板缝上部应预留凹槽，并用密封材料嵌填严实。

屋面涂膜防水层的一般构造　表 3-25

构造种类	构造简图	构造层次	备　注
非保温单道涂膜防水屋面	1 2 3 4	1—保护层 2—涂膜防水层 3—找平层 4—结构层	刚性保护层应增设隔离层
非保温单道涂膜防水上人屋面	1 2 3 4 5	1—细石混凝土或块体面层 2—隔离层 3—涂膜防水层 4—找平层 5—结构层	
架空隔热屋面	1 2 3 4 5	1—架空板 2—半砖墩 3—涂膜防水层 4—找平层 5—结构层	30mm 厚钢筋混凝土板，半砖墩高 100～300mm
非保温蓄水种植屋面	1 2 3 4 5 6	1—蓄水种植层 2—30mm 厚细石混凝土保护层或 40～60mm 厚细石混凝土防水层 3—隔离层 4—涂膜防水层 5—找平层 6—结构层	
保温单道涂膜防水屋面	1 2 3 4 5 6 7	1—保护层 2—涂膜防水层 3—找平层 4—保温层 5—隔汽层 6—找平层 7—结构层	刚性保护层、块体保护层下增设隔离层
复合防水屋面	1 2 3 4	1—保护层 2—防水层 3—找平层 4—结构层	防水层由涂膜防水层与卷材或粉料、刚性防水层复合而成

找平层表面应压实平整，排水坡度应符合设计要求。当采用水泥砂浆找平层时，对水泥砂浆抹平收水后应二次压光和充分养护，不得有酥松、起砂、起皮现象。

找平层直接铺抹在结构层或保温层上。直接铺抹在结构层上的找平层，当结构层表面较平整时，找平层厚度可以设计薄一些，否则应适当增加找平层厚度。如果铺抹于轻质找坡层或保温层上时，找平层应适当加厚，并要提高强度。找平层一般有水泥砂浆找平层、细石混凝土或配筋细石混凝土以及沥青砂浆找平层等。找平层所适应的基层种类及厚度要求如表 3-26 所示。

找平层的适应基层种类及厚度要求　表 3-26

找平层类型	技术要求	适应基层种类	厚度(mm)
水泥砂浆找平层	水泥：砂=1：2～1：2.5(体积比)水泥砂浆，水泥强度等级不低于 32.5 级，砂为中粗砂	整浇钢筋混凝土板	15～20
		整浇或板状材料保温层	20～25
		装配式钢筋混凝土板，松散材料保温层	20～30
细石混凝土或配筋细石混凝土	细石混凝土强度等级为 C15～C20，钢筋为 ϕ4@200 双向钢筋网	松散材料保温层	30～40
沥青砂浆找平层	乳化沥青：砂=1：8(质量比)	整浇钢筋混凝土板	15～20
		装配式钢筋混凝土板，整浇或块状材料保温层	20～25

涂膜防水层的基层不但要求强度高、表面光滑平整，而且要避免产生裂缝，一旦基层开裂，很容易将涂膜拉裂。因此，水泥砂浆的配合比宜采用 1：2～1：2.5（水泥：中粗砂），稠度控制在 70mm 以内，并适量掺加减水剂、抗裂外加剂，使之提高强度，表面平整、光滑，不起皮、不起砂。

为了避免或减少找平层拉裂，层面找平层应留设分格缝，分格缝应设在板端、屋面转折处、防水层与突出屋面结构交接处。其纵横分格缝的最大间距：水泥砂浆找平层、细石混凝土及配筋细石混凝土找平层不宜大于 6m；沥青砂浆找平层不宜大于 4m，缝宽宜为 20mm。分格缝设置如图 3-20 所示，分格缝内应填嵌密封材料或沿分格缝增设带胎体增强

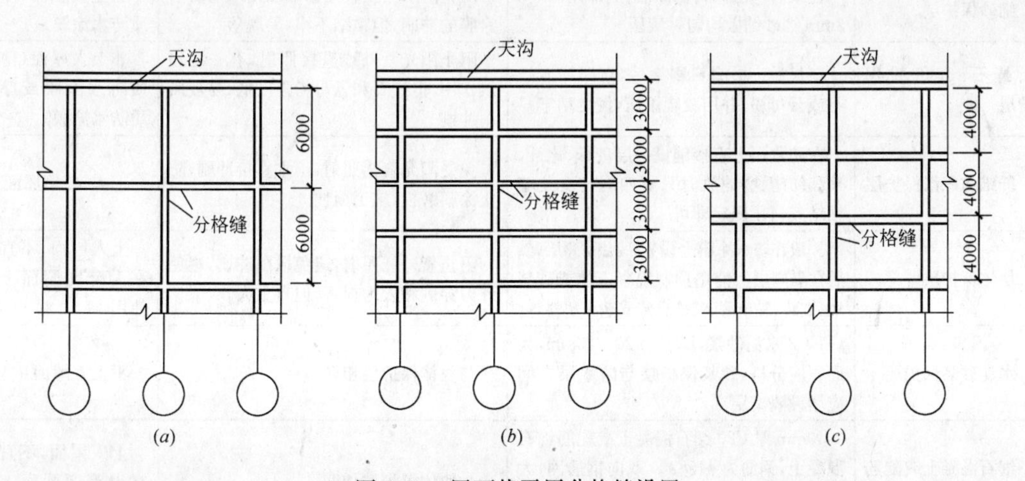

图 3-20　屋面找平层分格缝设置

(*a*) 现浇钢筋混凝土屋面找平层分格缝；(*b*) 大型屋面板屋面找平层分格缝；(*c*) 预制屋面板屋面找平层分格缝

材料的空铺附加层，其宽度宜为200～300mm。目的是将结构变形和找平层干缩变形、温度变形集中于分格缝予以柔性处理。

屋面基层与突出屋面结构（如女儿墙、立墙、天窗壁、烟囱以及变形缝）的交接处，以及基层的转角处（水落口、檐口、天沟、檐沟、屋脊等），均应做成圆弧，内部排水的水落口周围应做成略低的凹坑。

找平层的转角处所抹成的圆弧，其半径不宜小于50mm。

（2）保温层设计　保温层设计主要依据建筑物的保温功能要求，按照室内外温差和选用的保温材料导热系数计算确定其厚度。

（3）找坡层设计　为了排水流畅，平屋面需要有一定的坡度。找坡方法有结构找坡和材料找坡两种。当采用材料找坡方法时，应采用轻质材料或保温材料垫高形成坡度。目前采用较多的材料有：焦渣混凝土、乳化沥青珍珠岩、微孔沥青珍珠岩、微孔硅酸钙等等。一般情况下，结构找坡不宜小于3%；材料找坡不宜小于2%；天沟纵向坡度不宜小于1%；卫生间地面排水坡应为3%～5%；水落口及地漏周围的排水坡度不宜小于5%。找坡层最薄处厚度应大于20～30mm。

（4）保护层选择　保护层的设计和选用的材料与防水层材料的性能以及屋面使用功能，如非上人屋面、上人屋面和使用屋面等有关，应根据具体情况加以选择。涂膜防水屋面的保护层的种类、特点及用途如表3-27所列。

涂膜防水屋面保护层种类、特点和用途　　表3-27

保护层名称	构成与施工方法	特　点	用　途
浅色、彩色涂料保护层	在涂膜防水层上直接涂刷浅色或彩色涂料 保护层涂料应与防水层涂料具有相容性，以免腐蚀防水层或粘结不良	阻止紫外线、臭氧的作用，反射阳光，降低防水层表面温度，美化环境，施工方便，价格便宜，自重轻，但使用寿命不长，仅3～6年，抗穿刺能力和抵抗外力的破坏能力较差	非上人屋面、大跨度结构屋面
反射膜保护层	将铝膜直接粘贴于防水涂膜的表面，反射涂膜则采用掺银粉的涂料直接涂刷于防水层的表面	反射阳光，降低防水层表面温度，阻止紫外线和臭氧的作用，施工方便，自重轻，但寿命仅4～7年	非上人屋面、大跨度结构屋面
细砂保护层	在最后一层涂料刷涂后，立即用0.5～3mm细砂铺撒均匀并滚压	防止防水涂膜直接暴晒和雨水对防水涂膜的冲刷，但粘结不牢，易脱落	非上人屋面（厚质防水涂膜）
蛭石、云母粉保护层	在最后一层涂料刷涂后，立即铺撒蛭石或云母粉，并用胶辊滚压，使之粘牢	阻止阳光紫外线直接照射，有一定隔热作用，但蛭石和云母粉强度低，易被风雨冲刷	非上人屋面（薄质防水涂膜或厚质防水涂膜）
纤维纺织毯保护层	在防水层上直接铺设一层玻纤、化纤、聚酯纺织毯，铺放时只要四周与女儿墙粘结或钉压固定即可	免受阳光直接照射，雨水直接冲刷，防止涂膜磨损，施工简便	上人、使用屋面
块体保护层	一般在防水涂膜上设置一层隔离层，然后在隔离层上铺贴预制混凝土块或砂浆块、缸砖、黏土薄砖、黏土砖或泡沫塑料等	阻止紫外线照射，避免风雨冲刷，避免外力穿刺和人为损害，但自重大	上人屋面，不宜在大跨度屋面上使用
水泥砂浆保护层	1：2水泥砂浆，厚度为20～25mm，大面积应分格，砂浆保护层与防水层之间应增设隔离层	与块体保护层相同	不上人屋面
细石混凝土或配筋细石混凝土保护层	40mm厚C20细石混凝土或配筋细石混凝土，钢筋为ϕ4@200双向钢筋网，大面积应分格，保护层与防水层之间增设隔离层	与块体保护层相同	上人屋面，不宜在大跨度屋面上使用

(5) 隔离层、隔汽层和架空隔热层设计

铺设屋面隔汽层或防水层前，其基层必须干净、干燥。

① 隔离层。为减少保护层与涂膜防水层之间的粘结力、摩擦力，使两者变形互不影响，一般情况下，采用砂浆保护层、块体保护层、细石混凝土或配筋细石混凝土保护层，此时，应在涂膜层与保护层之间增设一层隔离层。隔离层一般采用空铺油毡、油布、塑料薄膜、无纺布或玻璃纤维布等。

② 隔汽层。在我国纬度40°以北地区且室内空气湿度>75%，或其他地区室内空气湿度>80%时，保温屋面和有恒温恒湿要求的建筑，都应在结构层与保温层之间设置隔汽层，阻隔室内湿汽通过结构层滞留在保温层结露为冷凝水，造成保温效果降低和涂膜层起鼓等。对于涂膜防水屋面，可以刷涂一层气密性较好的防水涂膜作为隔汽层。其涂料品种一般与防水层涂料相同，但薄质防水涂料由于气密性较差，不宜采用。

③ 架空隔热层。由于架空隔热层具有阻止热量向室内传导和良好的通风散热作用，在南方地区广泛采用。架空隔热层由架空隔热板和支墩组成。架空隔热板有薄黏土砖、钢筋混凝土预制薄板和预应力钢筋混凝土薄板等。钢筋混凝土预制薄板的基本尺寸为490mm×490mm×30mm。支墩一般用半砖砌成，高度100～300mm，砌筑砂浆为M2.5混合砂浆，支墩与预制板连接处应坐灰。对于非上人屋面，一般用1∶2水泥砂浆将板缝灌实即可；对于上人屋面，应在其表面再铺抹一层1∶2～1∶2.5水泥砂浆，其厚度为25～30mm。

三、涂膜防水节点设计

1. 防水工程节点的特点及设计注意事项

防水工程节点多，如屋面檐口、天沟、水落口、泛水、压顶以及所有防水工程的变形缝、分格穿过防水层管道、预埋件、出入孔、施工缝、地漏和防水层收头等等。不同的部位、不同的节点类型、不同的材料和不同的要求，都应分别进行设计，采用相应的防水构造，相应的防水材料和相应的施工方法，以满足防水要求。

节点部位大多数是变形集中表现的地方，即结构变形、干缩变形和温差变形集中的地方，因而容易开裂，导致渗漏。节点大多数形状复杂、不规则、表面不平整、转弯抹角多、施工面狭小、操作困难和搭接缝多。因而防水设计、施工难度大，质量不易保证。

根据以上特点，在节点设计时，应充分考虑结构变形、温差变形、干缩变形和振动等，使节点设防能够满足基层变形的需要。在变形缝、分格缝、平面与立面交角等处，设置附加增强层，构造上采取空铺法，选用高弹性、高延性材料。水落口、地漏、穿过防水层管道部位及其周围要采用密封材料嵌缝、涂料密封和增加附加层等。应采用严密封闭、防排结合、材料防水与构造防水相结合的做法。对于可能造成渗漏的施工缝、变形缝、连接缝均应用密封材料嵌严实，保证排水畅通、及时。

采用防水涂料与卷材、密封材料、刚性防水相结合的互补设防体系，充分发挥各自的优点，弥补各自的弱点，使节点防水更加完善。

节点防水不能只顾眼前及短期效果，应采用比大面积防水材料性能更高的材料，以保证在耐用年限内不老化、不损坏，以达到与大面积防水具有相同耐久性的目的，使整体防水更加完善。

2. 主要节点的构造

涂膜防水的主要节点的构造见表 3-28。

涂膜防水的细部构造　　　　表 3-28

节点做法	防水构造
屋面天沟、檐沟 天沟、檐沟与屋面交接处的附加层宜空铺，空铺宽度不应小于 200mm	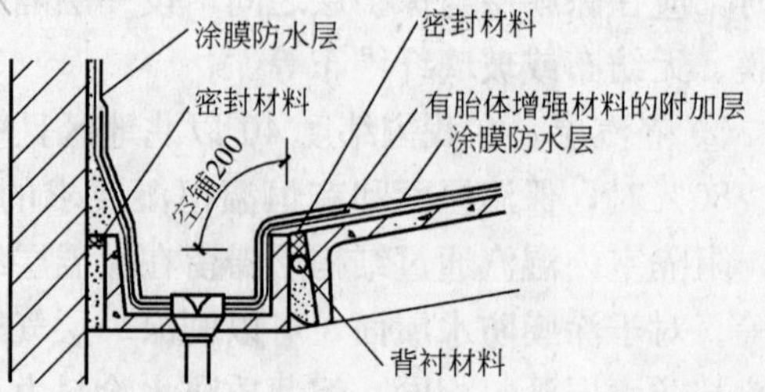
屋面檐口 无组织排水檐口的涂膜防水层收头，应用防水涂料多遍涂刷或用密封材料封严。檐口下端应做滴水处理	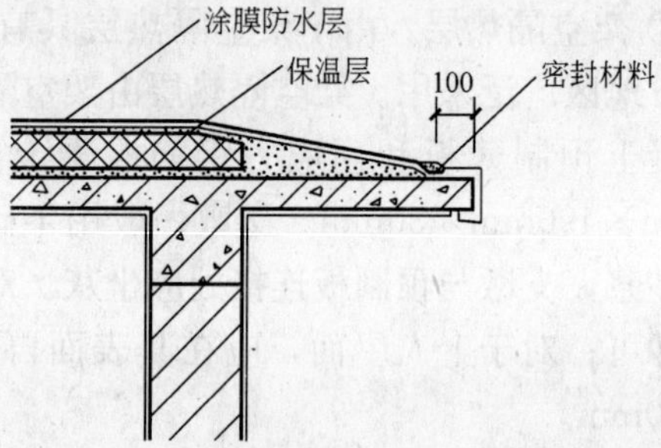
屋面泛水 泛水处的涂膜防水层，宜直接涂刷至女儿墙的压顶下，收头处理应用防水涂料多遍涂刷封严；压顶应做防水处理	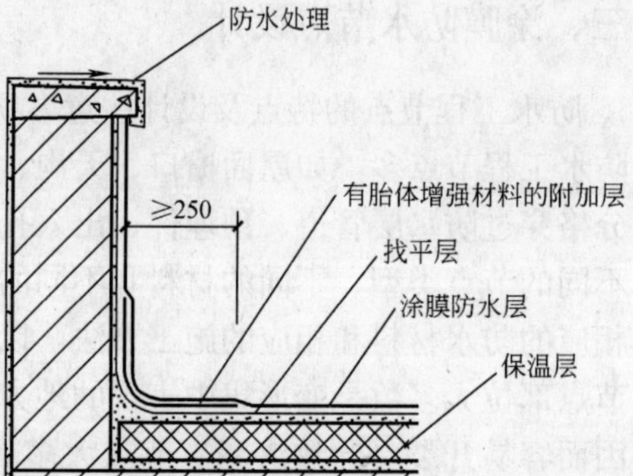
屋面变形缝 变形缝内应填充泡沫塑料，其上放衬垫材料，并用卷材封盖；顶部应加扣混凝土盖板或金属盖板	

续表

<table>
<tr><th colspan="2">节点做法</th><th>防水构造</th></tr>
<tr><td colspan="2">屋面水落口
水落口防水构造应符合下列规定
1　水落口宜采用金属或塑料制品
2　水落口埋设标高，应考虑水落口设防时增加的附加层和柔性密封层的厚度及排水坡度加大的尺寸
3　水落口周围直径 500mm 范围内坡度不应小于 5%，并应用防水涂料涂封，其厚度不应小于 2mm。水落口与基层接触处，应留宽 20mm、深 20mm 凹槽，嵌填密封材料</td><td> 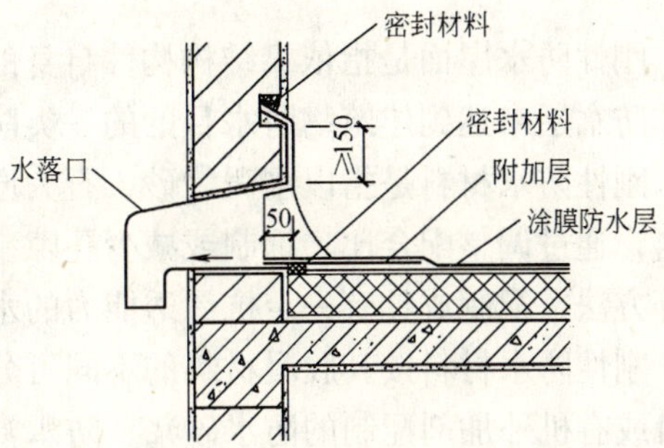密封材料
密封材料
≥150
水落口
附加层
50
涂膜防水层 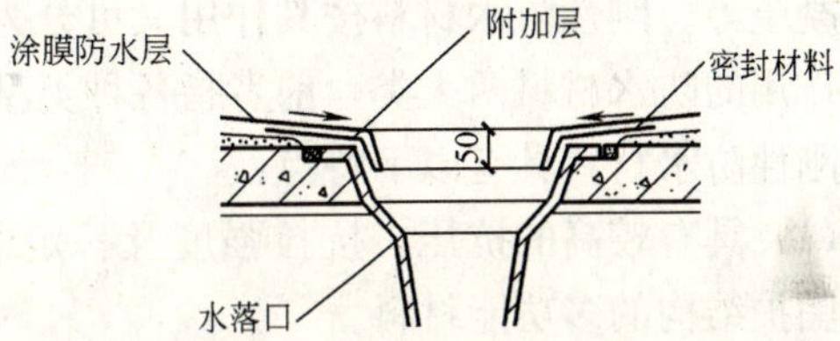
附加层
涂膜防水层
密封材料
50
水落口</td></tr>
<tr><td colspan="2">伸出屋面管道
伸出屋面管道周围的找平层应做成圆锥台，管道与找平层间应留凹槽，并嵌填密封材料；防水层收头处应用金属箍箍紧，并用密封材料填严</td><td> 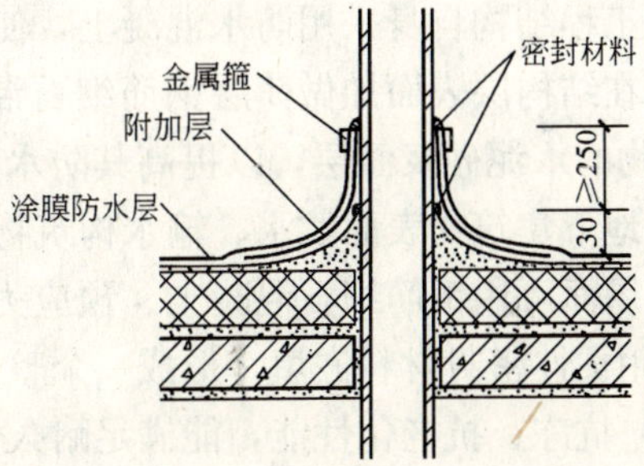密封材料
金属箍
附加层
≥250
涂膜防水层
30</td></tr>
<tr><td rowspan="2">垂直和水平出入口</td><td>屋面垂直出入口防水层收头，应压在混凝土压顶圈下</td><td> 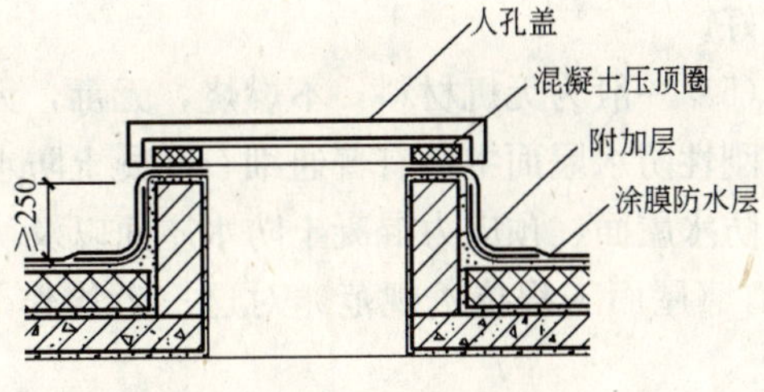人孔盖
混凝土压顶圈
附加层
≥250
涂膜防水层</td></tr>
<tr><td>水平出入口防水层收头，应压在混凝土踏步下，防水层的泛水应设护墙</td><td> 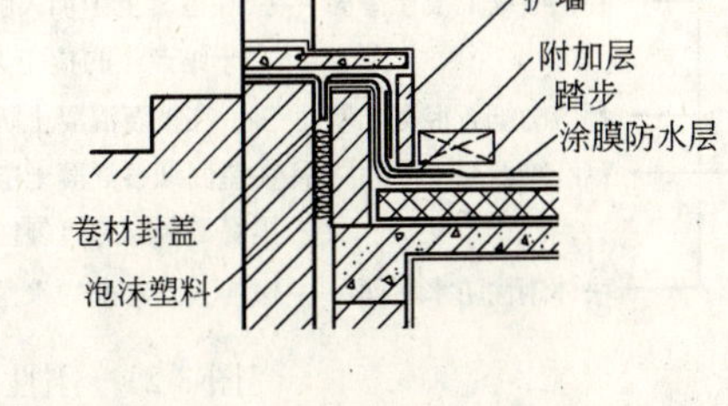护墙
附加层
踏步
涂膜防水层
卷材封盖
泡沫塑料</td></tr>
</table>

第四节　刚性防水屋面的设计

刚性防水屋面是指依靠结构构件自身的密实性或采用刚性防水材料与柔性接头材料复合作防水层来达到建筑物防水目的的一类防水屋面。

刚性防水材料是指以水泥、砂、石为原材料或其内掺入少量外加剂、高分子聚合物等材料，通过调整配合比、抑制或减少孔隙率、改变孔隙特征、增加各原材料界面间的密实性等方法，配制成具有一定抗渗透能力的水泥砂浆混凝土类防水材料。

刚性防水材料按其胶凝材料的不同可分为两大类：一类是以硅酸盐水泥为基料，加入无机或有机外加剂配制的防水砂浆、防水混凝土、如外加剂防水混凝土、聚合物砂浆等；另一类是以膨胀水泥为主的特种水泥为基材配制的防水砂浆、防水混凝土，如膨胀水泥防水混凝土等。刚性防水材料按其作用又可分为有承重作用的防水材料即结构自防水和仅有防水作用的防水材料两大类，前者指各种类型的防水混凝土，后者指各类防水砂浆。

刚性防水材料具有以下特点：

(1) 具有较高的抗压、抗拉强度及一定的抗渗透能力，是一种既可防水又可兼作承重、围护结构的多功能材料。

(2) 可根据不同的工程构造部位，采用不同的做法。

① 工程结构自身采用防水混凝土，使结构承重和防水功能合为一体；

② 在结构层表面加做薄层钢筋细石混凝土，掺有防水剂的水泥砂浆面层及掺有高分子聚合物的水泥砂浆面层，以提高其防水、抗裂性；

③ 地下建筑物表面贮水、输水构筑物表面，用水泥浆和水泥砂浆分层抹压；

④ 屋面可用钢筋细石混凝土、预应力混凝土及补偿收缩混凝土铺设，接头部位或分格缝处用柔性密封材料嵌填，形成一个整体刚性屋面防水体系。

(3) 抗冻、抗老化性能，能满足耐久性要求。其耐久年限最少 20 年以上。

(4) 材料易得，造价低廉，施工简便，且易于查找渗漏水源，便于修补，综合经济效果较好。

(5) 一般为无机材料，不燃烧，无毒，无异味，有透气性。

刚性防水屋面主要有普通细石混凝土防水屋面、补偿收缩混凝土防水屋面、钢纤维混凝土防水屋面、预应力混凝土防水屋面以及块体刚性防水屋面等，尤其是前三者应用最为广泛，《屋面工程技术规范》对这三者均作了详尽的规定。刚性防水屋面的分类参见图 3-21。

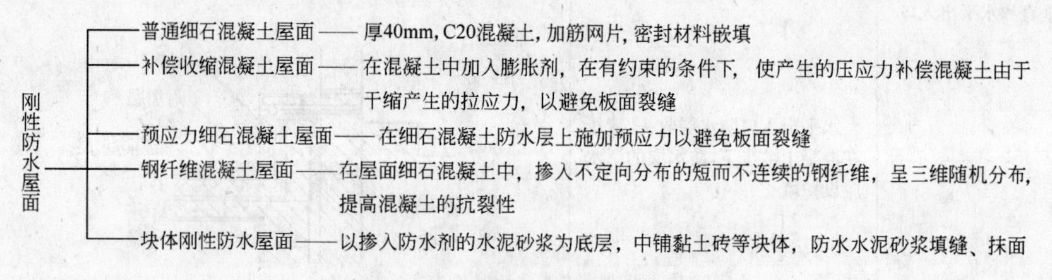

图 3-21　刚性防水屋面的分类

刚性防水屋面主要适用于防水等级为Ⅲ级的屋面防水，也可用作防水等级为Ⅰ、Ⅱ级的屋面多道防水设防中的一道防水层；刚性防水层不适用于受较大振动或冲击的建筑屋面。

刚性防水屋面的一般构造形成如图3-22所示。

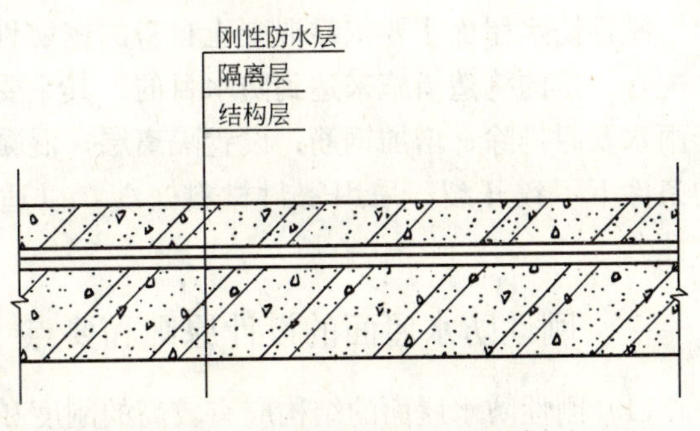

图3-22 刚性防水屋面构造

刚性防水层的节点部位应与柔性材料复合使用，才能保证防水的可靠性。

各类刚性防水屋面的构造特点和适用范围参见表3-29。

刚性防水屋面的构造特点和适用范围 **表3-29**

项次	防水层种类	构造及特点	适用范围
1	普通细石混凝土防水层	(1)防水层采用普通配筋细石混凝土，依靠混凝土的密实性达到防水目的 (2)材料来源广，耐久性好、耐老化、耐穿刺能力强，施工方便，造价低 (3)结构变形，温度、湿度变化易引起防水层开裂，防水效果较差	适用于防水等级为Ⅲ级的屋面防水，或防水等级为Ⅰ、Ⅱ级屋面中的一道防水层，不适用于设有松散材料保温层及受较大振动或冲击的屋面及坡度大于15%的建筑屋面
2	补偿收缩混凝土防水层	(1)在细石混凝土中掺入膨胀剂或利用微膨胀水泥拌制成细石混凝土，具有适当的微膨胀性能 (2)利用混凝土在硬化过程中产生的膨胀来抵消混凝土的全部或大部分干缩，避免或减轻普通细石混凝土易开裂、渗漏的缺点 (3)具有遇水膨胀、失水收缩的可逆反应，遇水时可使细微裂缝闭合而不致渗漏，抗渗性好，早期强度高 (4)要准确控制膨胀剂掺量，施工要求严格	适用于防水等级为Ⅲ级的屋面防水，或防水等级为Ⅰ、Ⅱ级屋面中的一道防水层，不适用于设有松散材料保温层及受较大振动或冲击的屋面及坡度大于15%的建筑屋面
3	块体刚性防水层	(1)结构层上铺设黏土砖或其他块材，用防水水泥砂浆填缝和抹面而形成防水层 (2)块材导热系数小，热膨胀率低，单元体积小，在温度、收缩作用下应力能均匀地分散和平衡，块体之间缝隙较小，可提高防水层的防水能力 (3)材料来源广泛，可就地取材，使用寿命长，施工简单，造价较低 (4)对结构变形的适应能力差，屋面荷载亦有所增加	可用于屋面防水等级为Ⅲ级的建筑及无振动的工业建筑和小跨度建筑；不适用于防水等级为Ⅰ、Ⅱ级屋面防水及屋面刚度小或有振动的厂房以及大跨度的建筑
4	预应力混凝土防水层	(1)利用施工阶段在防水混凝土内建立的预应力来抵消或部分抵消在使用过程中可能出现的拉应力，克服混凝土抗拉强度低的缺点，避免板面开裂 (2)抗渗性和防水性好 (3)节约钢材，降低工程造价 (4)需配备专用的预应力张拉设备，施工操作比较复杂	可用于防水等级为Ⅲ级的屋面或Ⅰ、Ⅱ级的屋面中的一道防水层
5	钢纤维混凝土防水层	(1)在细石混凝土中掺入短而不连续的钢纤维 (2)钢纤维在混凝土中可抑制细微裂缝的开展，使其具有较高的抗拉强度和较好的抗裂性能 (3)防水效果好，使用年限长，维修率低，施工也较简单 (4)施工工艺尚需进一步完善和改进	使用时间短，还处于研究、试点、推广阶段，有良好的发展前景
6	外加剂防水混凝土防水层	(1)防水层所用的细石混凝土中掺入适量外加剂，用以改善细石混凝土的和易性，便于施工操作 (2)可提高细石混凝土防水层的密实性和抗渗、抗裂能力，有利于减缓混凝土的表面风化、碳化，延长其使用寿命	适用于防水等级为Ⅲ级的屋面防水或防水等级为Ⅰ、Ⅱ级屋面中的一道防水层；不适用于设有松散保温层及受较大振动或冲击的屋面及坡度大于15%的建筑屋面

刚性防水屋面主要依靠混凝土自身的密实性或采用补偿收缩混凝土、预应力混凝土，并配合一定的构造措施来达到防水目的。其主要的构造措施为：屋面具有一定的坡度，便于雨水及时排除；增加钢筋；设置隔离层；混凝土分块设缝，以使板面在温度、湿度变化的条件下不致开裂；采用密封材料嵌缝，以适应屋面基层变形，且保证了分格缝的防水性。

一、刚性防水屋面的设计原则和要点

（1）刚性防水屋面的结构应有较高的刚度和整体性，以减少其变形时对防水层产生的不利影响，刚性防水屋面的结构层宜采用整体现浇的钢筋混凝土，当结构层采用装配式钢筋混凝土板时，应用强度等级不小于C20的细石混凝土将板缝灌填密实；当板缝宽度大于40mm或上窄下宽时，应在缝中放置构造钢筋；板端缝应进行密封处理。

（2）防水层的细石混凝土宜掺外加剂（膨胀剂、减水剂、防水剂）以及掺合料、钢纤维等材料，并应用机械搅拌和机械振捣。

（3）由于温差、干缩、荷载作用等因素，使结构发生变形、开裂，导致刚性防水层产生裂缝。因此细石混凝土防水层与基层之间宜设置隔离层，以减少结构层变形对防水层的不利影响。

（4）刚性防水层内严禁埋设管线。穿越防水层的管道、设备或埋件，应在防水层施工前安装、调试完毕，并做好密封防水处理。严禁在完工后的刚性防水层上凿孔开洞。

（5）刚性防水层与山墙、女儿墙以及突出屋面结构的交接处应留缝隙，并应做柔性密封处理，以适应这些部位的变形，防止渗漏。

（6）刚性防水层应设置分格缝，分格缝内应嵌填密封材料，减少因构件受温度影响产生热胀冷缩或混凝土本身的干燥收缩及荷载作用引起变形对防水性能的影响。

（7）天沟、檐沟一般用水泥砂浆找坡，当找坡厚度大于20mm时，为防止开裂、起壳，宜采用细石混凝土。檐沟长度不宜超过20m，超过时应在适当部位断开。

（8）刚性防水层的施工气温宜为5～35℃，应避免在负温度或烈日曝晒下施工。气温高于30℃时，操作时间宜选在阴天、早上或气温较低时间。当冬期施工气温低于5℃时，混凝土浇捣后应立即蓄热保温养护，或采用防冻剂。

（9）刚性防水屋面的坡度宜为2%～3%，并应采用结构找坡。

（10）细石混凝土防水层的厚度不应小于40mm，并应配置直径为$\phi4$～$\phi6$mm、间距为100～200mm的双向钢筋网片。钢筋网片在分格缝处应断开，其保护层厚度不应小于10mm。

（11）防水层的分格缝应设在屋面板的支承端、屋面转折处、防水层与突出屋面结构的交接处，并应与板缝对齐。

普通细石混凝土和补偿收缩混凝土防水层的分格缝，其纵横间距不宜大于6m。

（12）普通细石混凝土、补偿收缩混凝土的强度等级不应小于C20。补偿收缩混凝土的自由膨胀率为0.05%～0.1%。

刚性防水有多种构造类型，选择刚性防水设计方案时，应根据屋面防水设防要求、地区条件和建筑结构的特点等因素，并经技术经济比较后，选择适宜的刚性防水做法，以获得较好的防水效果。一般在非松散的保温层上，应选用混凝土刚性防水层；在屋面温差较大的地区，宜选择混凝土刚性防水层；在结构变形较大的基层上，宜采用补偿收缩混凝土。

二、细部构造

（1）普通细石混凝土和补偿收缩混凝土防水层，分格缝的宽度宜为 5～30mm，分格缝内应嵌填密封材料，上部应设置保护层，参见图 3-23。

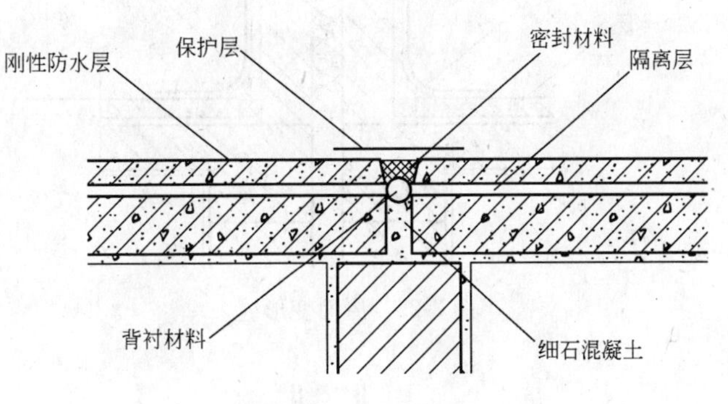

图 3-23　屋面分格缝

（2）刚性防水层与山墙、女儿墙交接处，应留宽度为 30mm 的缝隙，并应用密封材料嵌填；泛水处应铺设卷材或涂膜附加层，参见图 3-24，卷材或涂膜的收头处理，应符合卷材防水层和涂膜防水层有关泛水防水构造的规定。

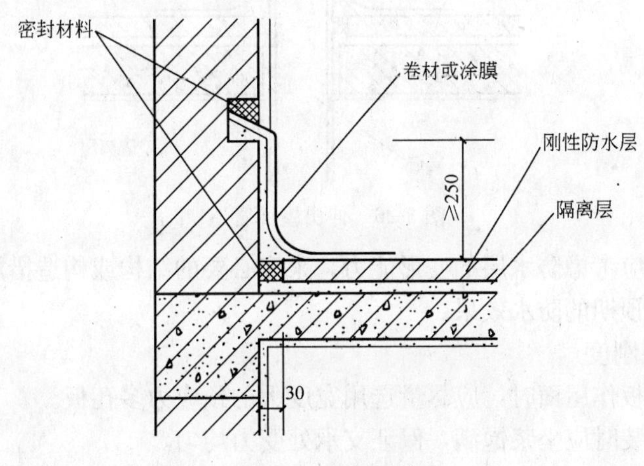

图 3-24　屋面泛水

（3）刚性防水层与变形缝两侧墙体交接处应留宽度为 30mm 的缝隙，并应用密封材料嵌填；泛水处应铺设卷材或涂膜附加层；变形缝中应填充泡沫塑料，其上填放衬垫材料，并应用卷材封盖，顶部应加扣混凝土盖板或金属盖板，参见图 3-25。

（4）水落口防水构造应符合卷材防水层屋面有关水落口防水构造的规定。

（5）伸出屋面管道与刚性防水层交接处应留设缝隙，用密封材料嵌填，并应加设卷材或涂膜附加层；收头处应固定密封，参见图 3-26。

三、避免防水层开裂的措施

刚性防水层易受外力作用、温度或湿度变化、结构层变形等因素的影响而产生裂缝，

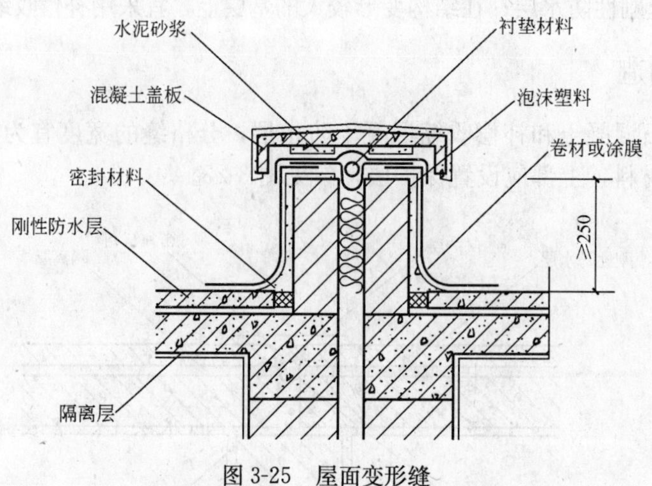

图 3-25 屋面变形缝

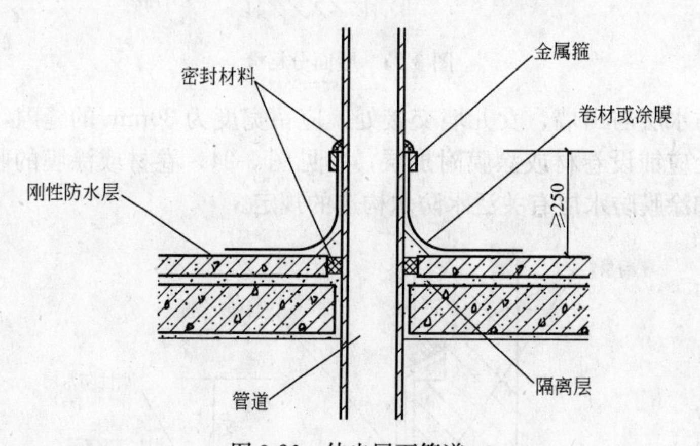

图 3-26 伸出屋面管道

导致渗漏。设计时应考虑防水层的变形能力，采取必要的结构或构造措施，以避免和减轻防水层开裂，达到预期的防水效果。

1. 加大结构层刚度

(1) 采用预制板作屋面时，应尽量选用宽度大的预应力多孔板。

(2) 预制板安装时应坐浆饱满，保证支承处受力均匀。

(3) 板端缝加设 1500mm 长的支座钢筋，参见图 3-27。

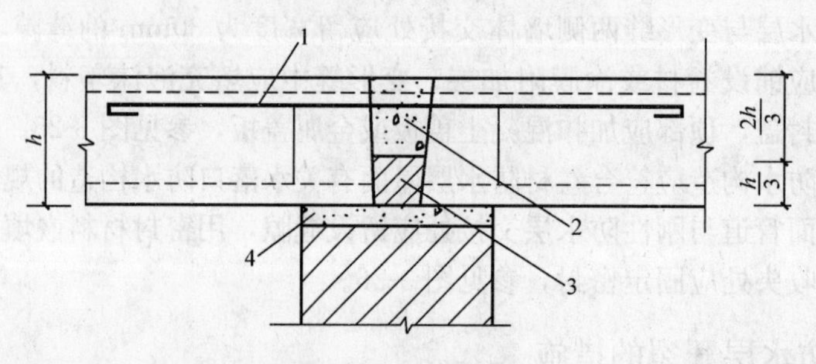

图 3-27 板端缝处理

1—钢筋（$\phi8$，$l=1500$，每缝一根）；2—C20 细石混凝土；3—1∶2 干硬砂浆；4—坐浆

2. 优先采用抗裂性好的材料和结构形式

(1) 可采用预应力混凝土防水层 对防水层施加预应力，能有效地利用防水层内配置的钢筋的强度，减小防水层内的拉应力变化幅度，提高防水层混凝土的抗裂性，同时也可以加大防水层的分格尺寸，减少嵌缝和漏源。

(2) 可采用补偿收缩混凝土 利用膨胀混凝土在硬化过程中产生的膨胀性能，来补偿干燥收缩，提高防水层的抗裂性。

(3) 可采用钢纤维混凝土防水层 在防水层混凝土内掺入乱向分布的钢纤维。钢纤维与混凝土基体间的粘结力对基体内的微裂缝的开展有明显的抑制作用，可显著提高防水层的抗裂性能。

3. 减小防水层的温度应力

防水层在季节性温差、屋面高温区和低温区温差及防水层上、下表面温差等作用下，均能产生温度应力。为避免防水层开裂，应尽量减小这些温度应力。

(1) 减小季节性温差引起的温度应力 对于温度变化较大的屋面应作隔离层，使防水层和结构层脱开。在温差作用下，防水层能克服结构层的作用而自由伸缩。

① 隔离层能消除结构层与防水层之间的咬合力。施工时应尽可能将结构层或找平层找平抹光，避免出现凹凸不平现象。浇灌预制板板缝时切忌留下凹槽。

② 减小结构层与防水层之间的胶结力。隔离层采用低强度等级砂浆或隔离剂，使防水层与结构层在温差作用下错动时能自由伸缩。

③ 减小结构层与防水层之间的摩擦力。为加强隔离效果，隔离层可采用细砂垫层(厚 15～20mm)，或采用一层 4～8mm 厚的细砂和一层油毡的做法。油毡接缝处用热沥青粘合。

(2) 减小屋面高温区与低温区温差引起的温度应力 混凝土的温度线膨胀系数约为 $10^{-5}℃^{-1}$，极限拉应变值约为 $(10～15)\times10^{-5}$，相当于温差 10～15℃时的变形值，即当屋面高温区与低温区之间的温差超过 10～15℃时，会在低温区板块内出现垂直于女儿墙等机构的裂缝，或在未做到头的分格缝末端及泛水部位开裂，参见图 3-28。

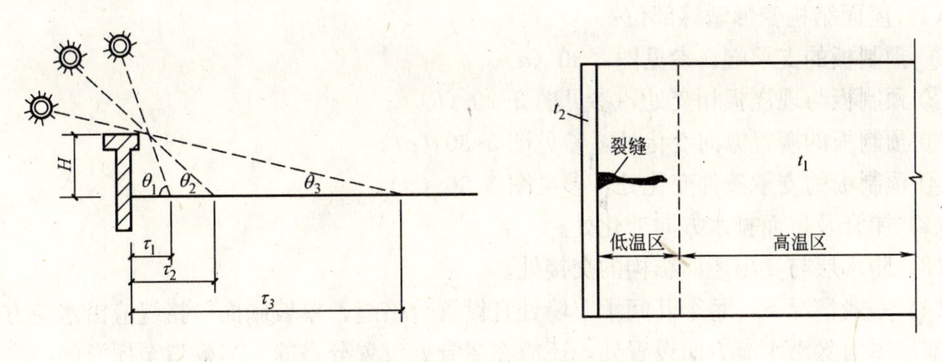

图 3-28 屋面低温区温度裂缝

为避免上述裂缝，可采取如下措施：

① 防水层上做隔热层（如架空隔热、蓄水隔热、种植隔热或倒置屋面等)，以减小各部位防水层间的温差；

② 不做女儿墙或尽可能降低女儿墙的高度；

③ 将分格缝一直做到泛水部位；

④ 沿女儿墙或突出屋面的山墙在防水层内应配置 2ϕ8 或 3ϕ6 的钢筋，以控制温度裂缝的开展宽度。

4. 减小混凝土的收缩

普通混凝土在硬化过程中必然伴随干缩，在温度降低时会发生冷缩，总收缩值可达 $(20\sim50)\times10^{-5}$，超过了混凝土的极限拉应变值。当刚性防水层受到约束时将产生裂缝，可采取如下措施予以避免。

(1) 防水层混凝土掺用减水剂 采用减水剂降低水灰比可以提高混凝土的密实性，从而减小混凝土的干缩值。

(2) 采用隔热屋面 架空隔热屋面可使防水层表面温度在寒冷季节升高（或在炎热季节降低）4℃以上，从而减小防水层混凝土的冷缩值。蓄水屋面或种植屋面可同时减小防水层混凝土的干缩和冷缩。对蓄水屋面，当蓄水深度为 600mm 时，夏季屋面温度比不做此种屋面者可降低 17℃左右。

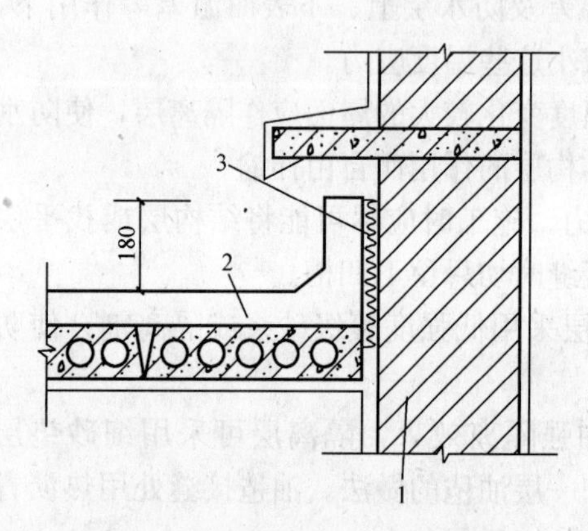

图 3-29 刚性防水层与女儿墙脱开

1—女儿墙；2—刚性防水层；3—沥青麻丝

(3) 构造上应使刚性防水层与女儿墙等突出屋面的结构脱开，参见图 3-29。

5. 设置分格缝

为减小大面积防水层的总收缩值和温度应力，避免因结构层变位及温度、湿度变化引起防水层开裂导致渗漏，应根据平屋面的形状、尺寸和结构布置将防水层分格、留缝，即将防水层分成若干个分块。

不同类型的刚性防水层分格缝间距除应满足计算需要外，还应在下列部位设置分格缝。

(1) 屋面结构变形敏感部位：

① 预制板的支承端，参见图 3-30（*a*）。

② 预制板与现浇板相交处，参见图 3-30（*b*）。

③ 预制板的搁置方向变化处，参见图 3-30（*c*）。

④ 预制板的支承条件变化处，参见图 3-30（*d*）。

(2) 屋脊及屋面排水方向变化处。

(3) 防水层与突出屋面结构的交接处。

(4) 一般情况下，每个开间承重墙处宜设置分格缝。单坡屋面分格缝应沿水流方向设置，双坡屋面除沿水流方向设置外，还应在屋脊处设置分格缝。当檐口至屋脊的距离大于 6～7mm 时，增设一道纵向分格缝。纵向分格缝应与板缝对齐。

(5) 防水层与承重或非承重女儿墙或山墙之间应设置分格缝，并在节点构造上作适当处理。

刚性防水层分块的外形尺寸以正方形或接近正方形为宜，如图 3-31（*a*）所示。对于组合较为复杂的平屋面（如⎾形、⎾⏋形等），应在转角处设置分格缝，如图 3-31（*b*）、（*c*）

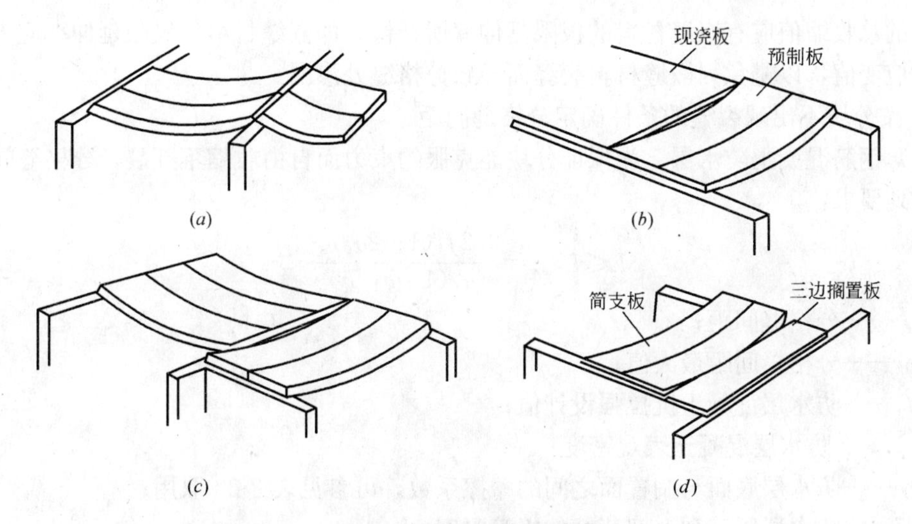

图 3-30　结构变形敏感部位

(a) 预制板支承端；(b) 现浇板与预制板相交处；(c) 预制板支承方向变化处；(d) 预制板支承条件变化处

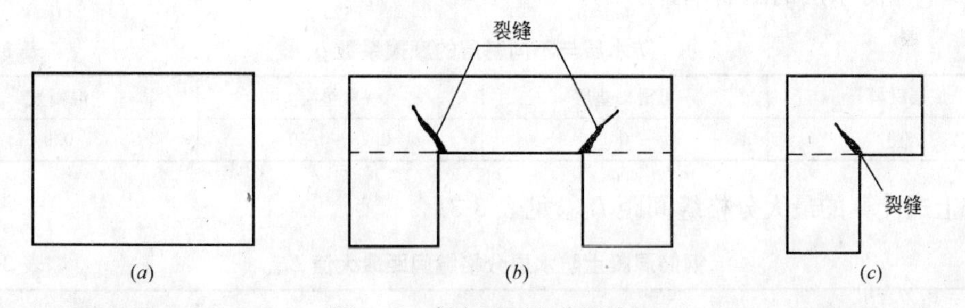

图 3-31　复杂平面的分格缝

中虚线所示，以免由于两个方向的变形不一致或由于阴角处应力集中而产生裂缝。

分格缝纵横对齐，形成方格或长方形，不得错缝，以免在错缝处由于变形不一致而引起开裂，如图 3-32 所示。

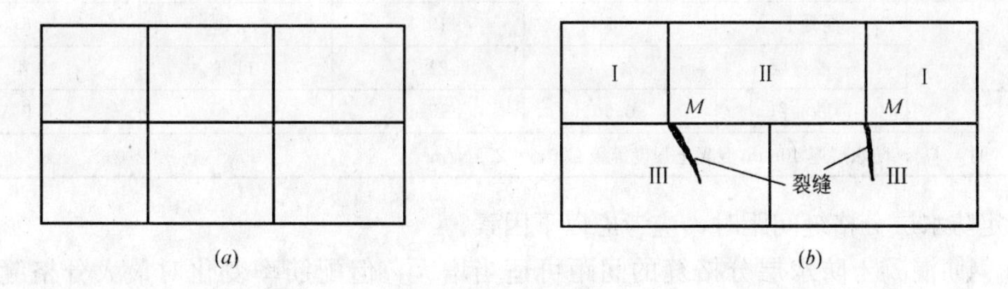

图 3-32　分块形状

(a) 正确；(b) 错误

所有分格缝应与结构层的板缝对齐，不可错缝。

四、分格缝间距的设计

刚性防水层的分格缝间距应由三个方面的条件所决定：一是在结构变形敏感部位和排水方向转折处等位置必须设置分格缝；二是分块长向中间截面不出现通长的温度裂缝；三

是分块的总收缩值应有嵌缝材料的极限延伸率所补偿，即嵌缝材料的极限延伸率应大于分格缝的应变值，以避免因嵌缝材料裂缝而导致分格缝处渗漏。

1. 按分块不出现裂缝的条件确定分格缝间距

（1）钢筋混凝土防水层　为保证分块能克服约束力而自由收缩不开裂，分格缝间距应满足下列要求：

$$L \leqslant L_{max} = \frac{0.2 f_t (1 + 2\alpha_E \rho_s)}{\mu \gamma (1 + h_1/h)}$$

式中　L——分格缝间距；

L_{max}——分格缝间距最大值；

f_t——防水层混凝土抗拉强设计值；

γ——防水层混凝土表观密度；

μ——防水层底面与搁置面之间的摩擦系数，可参见表 3-30 取用；

h、h_1——防水层厚度和上部荷载的折算厚度；

α_E——钢筋和混凝土的弹性模量比，即 $\alpha_E = E_s/E_c$；

ρ_s——防水层的配筋率。

防水层与不同基层的摩擦系数 μ　　**表 3-30**

底层材料	可滑动垫层	一般垫层	混凝土
μ 值	0	0.25～0.50	0.9

按上式计算的最大分格缝间距 L_{max} 见表 3-31。

钢筋混凝土防水层分格缝间距最大值 L_{max}　　**表 3-31**

配筋情况	底层或垫层材料	μ	L_{max}(m)		
			$h_1/h=0$	$h_1/h=1.04$	$h_1/h=1.19$
ϕ_4^b@200 $\rho_s=0.157\%$	混凝土	0.9	10.0	4.9	4.6
	一般垫层	0.4	22.5	11.0	10.3
	薄砂油毡	0.6	15.0	7.4	6.9
ϕ_4^b@150 $\rho_s=0.21\%$	混凝土	0.9	10.1	5.0	4.6
	一般垫层	0.4	22.7	11.1	10.4
	薄砂油毡	0.6	15.1	7.4	6.9
说　明	防水层厚 40mm，混凝土强度等级 C20，$\gamma=25kN/m^3$				

确定防水层分格缝间距时，应考虑以下因素：

① 钢筋混凝土防水层分格缝的间距可适当增大，但配筋率变化对最大分格缝间距 L_{max} 的影响不明显；

② 当刚性防水层上有荷载作用时，实际上增加了防水层与基层间的摩擦阻力，故分格缝的间距相应减小；

③ 防水层与基层间设有效果良好的隔离层时，允许防水层跨过承重梁，即承重梁上可不设分格缝，但应严格控制结构层的刚度，并在结构层板缝内配置 ϕ6～ϕ8、长度为 1m 左右的钢筋。

（2）预应力混凝土防水层　防水层按全预应力计算分格缝间距，即不允许防水层内出现拉应力，此时分格缝间距（L）应满足下式要求：

$$L \leqslant L_{\max}=\frac{1.33\sigma_{pc}}{\mu\gamma(1+h_1/h)}$$

式中 $L_{\max}$——分格缝间距最大值；

σ_{pc}——考虑全部预应力损失后的混凝土有效预压力，按现行《混凝土结构设计规范》计算。

按上式计算的最大分格缝间距 $L_{\max}$ 见表 3-32。

预应力混凝土刚性防水层分格缝间距最大值 $L_{\max}$　　表 3-32

配筋情况	钢筋面积 A_P(mm²/m)	σ_{con} (N/mm²)	σ_e (N/mm²)	σ_{pc} (N/mm²)	$L_{\max}$(m)	
					$h_1/h=0$	$h_1/h=1.04$
ϕ_4^b@150	83.8	455	100	0.73	64.8	31.8
ϕ_4^b@200	62.8	455	100	0.55	48.8	24.0
ϕ_4^b@250	50.3	455	100	0.44	39.1	19.2
说　明	防水层厚度 40mm，混凝土强度等级 C30，甲级Ⅱ组冷拔碳钢丝，$\mu=0.6$，$\gamma=25$kN/m³，超张拉 5%，混凝土强度达 90%时放张					

由于对防水层混凝土施加预应力，分格缝间距可以增加，除按理论计算外，仍应遵循分格缝设置的一般要求，如分格缝应与屋面大梁，最好是承重墙重合等。一般情况下，分块的纵向长度不宜大于 20m。分块形状以正方形或接近正方形为宜。

（3）补偿收缩混凝土防水层：

① 非隔离式防水层。当预制板长度或房屋开间不超过 6m 时，防水层可按预制板长或按开间设分格缝。

② 隔离式防水层。分格缝间距（L）可按下式确定：

$$L \leqslant L_{\max}=\frac{0.2f_t^*(1+2\alpha_E\rho_s)}{\mu\gamma(1+h_1/h)}$$

$$f_t^*=f_t+\sigma_c$$

$$\sigma_{cc}=\varepsilon_{2p}\cdot E_s\cdot\rho_s$$

式中 $L_{\max}$——分格缝间距最大值；

f_t^*——混凝土抗拉强度设计值与自应力之和；

σ_{cc}——混凝土自应力；

ε_{2p}——混凝土限制膨胀率。

一般情况下，补偿收缩混凝土防水层宜按结构层预制板长分格，且纵横间距不宜大于 6m。

（4）钢纤维混凝土防水层　根据分块中部最大拉应变不超过材料极限拉应变的条件，钢纤维混凝土防水层的分格缝最大间距（$L_{\max}$）可按下式计算：

$$L \leqslant L_{\max}=\sqrt{\frac{2E_f h}{(1-\nu_f^2)C}}\cdot\ln(\beta_T+\sqrt{\beta_T^2-1})$$

$$\beta_T=\left|\frac{\alpha_f T+\varepsilon_{(t)}}{\alpha_f T+\varepsilon_{(t)}-(1-\nu_f)\varepsilon_{fp}}\right|$$

式中 L——分格缝间距；

α_f——钢纤维混凝土的温度线膨胀系数；

ν_f——钢纤维混凝土泊松比；

E_f——钢纤维混凝土弹性模量；

$\varepsilon_{(t)}$——钢纤维混凝土收缩应变；

ε_{fp}——钢纤维混凝土极限拉伸应变；

h——防水层厚度；

T——温度差；

C——水平阻力系数（$N/m^2 \cdot m$ 或 N/m^3），表示防水层与基层之间产生单位相对位移时，在单位接触面积上的最大水平摩阻力。可由试验确定，也可参考表3-33取用。

水平阻力系数 C　　**表 3-33**

项　目				水平阻力系数 $C(10^6 N/m^3)$		
接触面粗细程度				粗	中粗	细
接触面类型	与油毡接触	防水层厚度(mm)	35	6.01	5.41	5.44
			40	6.68	6.35	6.65
			45	7.99	7.38	7.09
			50	8.57	8.61	8.61
接触面类型	与砂浆层接触	防水层厚度(mm)	35	8.16	8.12	7.55
			40	8.83	8.53	7.58
			45	9.06	8.87	7.92
			50	9.62	9.17	9.00

注：表中粗、中粗、细是指在油毡或砂浆层上分别撒一层粗砂、中砂、细砂所反映的接触面的粗细程度。

按（4）中式子计算的最大分格缝间距见表3-34。从表中数据可见，当防水层与基层间的水平阻力减小时，L_{max} 增大；钢纤维体积率 ρ_f 增大时，L_{max} 也随着增大。一般情况下，纵横分格缝间距以不大于7～8m为宜。

钢纤维混凝土防水层最大分格缝间距 L_{max}　　**表 3-34**

钢纤维体积率 ρ_f(%)		0.8	1.0	1.2	1.5
极限拉伸应变 $\varepsilon_{fp}\times10^{-6}$		101.2	104.9	108.6	114.2
h(mm)	$C(10^6 N/m^3)$	L_{max}(m)			
35	5.41	7.77	7.92	8.07	8.29
	8.12	6.34	6.46	6.59	6.77
40	6.35	7.66	7.81	7.96	8.18
	8.53	6.61	6.74	6.87	7.06
45	7.38	7.54	7.69	7.83	8.05
	8.87	6.88	7.01	7.14	7.34
50	8.61	7.36	7.50	7.64	7.85
	9.17	7.13	7.27	7.41	7.61
说　明	混凝土C20, $E_f=2.55\times10^4 N/mm^2$, $\nu_f=0.2$, $\alpha_f=10^{-5}$ $l_f/d_f=60$, $\varepsilon_{(t)}=2.9\times10^{-4}$, $T=70℃$				

（5）块体刚性防水层　块体刚性防水层分块面积不宜大于500m²，分块形状宜为正方形。

（6）粉状防水材料的刚性保护层　当采用块材铺贴式保护层时，因尺寸较小，缝隙多，胀缩变形值小，一般情况下可以不设分格缝。当采用细石混凝土现浇保护层或用水泥砂浆作保护层时，应在屋面板的支承端及屋脊、檐口等处设置分格缝，分格面积不宜大于36m^2；保护层上部宜做表面分格缝，间距不大于1m。

2. 按嵌缝材料不出现裂缝的条件确定分格缝间距

为保证嵌缝材料不出现裂缝而形成漏源，应使刚性防水层分块的总收缩量不超过嵌缝材料的有效粘贴延伸量，分格缝间距（L）应满足下式要求：

$$L \leqslant L_{\max} = \varepsilon_u \delta / \sum \varepsilon$$

式中　$L_{\max}$——分格缝间距最大值；

ε_u——嵌缝材料的有效粘贴延伸率；

δ——分格缝宽度；

$\sum\varepsilon$——防水层分块的总收缩应变。

一般情况下，只要嵌缝材料的材质良好，其粘贴延伸率均能满足要求。分格缝的间距主要由防水层的温度和收缩应力控制。

五、几种常见刚性防水层的设计

刚性防水屋面一般由结构层、找平隔离层、防水层和隔热层组成，其中防水层是关键层，而屋面其他各层的构造以及各节点的构造设计也直接关系到屋面防水性能，因此均应切实做好，才能达到预期的防水效果。

（一）细石混凝土防水层设计

细石混凝土防水层主要通过调整混凝土的配合比、掺外加剂等方法提高其密实性和抗渗性，来达到防水目的。因此防水层细石混凝土应密实、无缺陷，并应满足以下要求：

（1）细石混凝土防水层厚度不宜小于40mm，强度等级不应低于C20；

（2）对于一般屋面，防水层混凝土的抗渗等级不宜小于P6，对于蓄水屋面，抗渗等级可根据水力梯度 i 参考表3-35选用；

防水层混凝土抗渗等级选择　表3-35

水力梯度 i	≤10	10～15	15～25	25～35	>35
抗渗等级	P6	P8	P12	P16	P20

注：1. 将混凝土试块置于渗透仪上，按加压程序对试块一端施加规定的水压力，至试块另一端出现渗水现象时的压力值（10^{-1}N/mm^2）即为混凝土的抗渗等级。

2. 水力梯度 $i=\dfrac{\text{蓄水深度}(H)}{\text{防水层混凝土厚度}(h)}$

（3）当屋顶有女儿墙，且无隔热措施时，分格缝应一直延伸到泛水部位，分格缝宜为上宽下窄的倒梯形；

（4）防水层混凝土内配置 $\phi4$～$\phi6$、间距150～200mm的双向钢筋网片，钢筋网片在分格缝处应断开，钢筋保护层厚度不宜小于10mm。房屋四角宜加配 $\phi6$ 放射筋或 $\phi4$@100网片，网片尺寸以不小于800mm×800mm为宜。

(5) 带女儿墙的屋面，应在靠近女儿墙处防水层内沿女儿墙方向配置 $2\phi8$ 或 $3\phi6$ 的构造钢筋，构造钢筋在分格缝处也应断开。

(二) 补偿收缩混凝土防水层设计

补偿收缩混凝土是利用膨胀水泥或膨胀剂配制的一种具有微膨胀性能的混凝土。补偿收缩混凝土防水层应满足以下要求：

1. 构造形式

补偿收缩混凝土防水层可为隔离式或非隔离式。

2. 混凝土

补偿收缩混凝土强度等级不应小于 C25。防水层厚度宜为 30～40mm。

3. 膨胀率

采用限制膨胀率 ε_{2p} 的方法：

(1) 当设计要求防水层内不出现拉应力时

$$\varepsilon_{2p} \geqslant \varepsilon_{2s}$$

式中 ε_{2p}——混凝土限制膨胀率；

ε_{2s}——混凝土限制收缩率。

(2) 当设计要求防水层不出现裂缝时

$$\varepsilon_{2p} \geqslant \varepsilon_{2s} - |\varepsilon_{tmax}|$$

式中 ε_{tmax}——混凝土极限拉伸应变。

实际选定膨胀率时，常采用"预估-试验"法。一般刚性防水层的总收缩值约为 0.035%～0.04%，设计时宜控制限制膨胀率略大于 0.04%（配筋率约为 0.25%），自由膨胀率控制在 0.05%～0.1%之间。

4. 混凝土自应力和钢筋配筋率

在补偿收缩混凝土中，钢筋因混凝土膨胀而受拉，混凝土则因钢筋弹性回缩而受压，其压应力（即混凝土自应力）可由钢筋与混凝土的静力平衡和变形一致条件得到：

$$\sigma_c = \varepsilon_{2p} E_s \rho_s$$

式中 σ_c——混凝土内导入的压应力；

ε_{2p}——混凝土限制膨胀率；

E_s——钢筋弹性模量；

ρ_s——配筋率。

补偿收缩混凝土的自应力随配筋率的增大而增加。一般刚性防水层混凝土的自应力宜控制在 0.2～0.7N/mm^2。

限制膨胀率随配筋率的增大而减小。补偿收缩混凝土防水层的配筋率不宜超过 0.25%，以防止限制膨胀率过小，使混凝土在少量干缩作用下就恢复到原有状态，甚至产生拉应变导致开裂。

为防止钢筋因过大的变形而被拉断，规定混凝土最大限制膨胀率 $\varepsilon_{2pmax} = 0.15\%$，钢筋最小配筋率 $\rho_{smin} = 0.15\%$。

5. 钢筋布置

(1) 钢筋的位置应在容易干缩的上半部，并注意留有一定厚度的保护层。

(2) 钢筋应均匀布置，不能过分集中，一般可采用 $\phi_3^b \sim \phi_4^b$@150～200 的双向钢丝网。

(3) 在屋面转角处，应设置适量的加强钢筋，加强钢筋也不宜过分集中。

(三) 预应力混凝土防水层设计

(1) 防水层应采用强度等级不低于 C30、抗渗等级不小于 P6（蓄水屋面应按水力梯度参考表 3-35 确定）的细石混凝土，厚度不小于 40mm。防水层混凝土不得掺加含有氧化物和其他对钢筋有腐蚀作用的外加剂。

(2) 预应力钢筋采用 ϕ_4^b 或 ϕ_5^b 冷拔低碳钢丝组成的双向钢丝网。钢丝间距一般为 200mm，也可根据分格缝间距作适当调整，但不宜大于 250mm，也不宜小于 150mm。

(3) 钢丝张拉控制应力为 $0.7f_{tk}$。

(4) 防水层抗裂验算。当分格缝间距满足式 $L \leqslant L_{max} = \dfrac{1.33\sigma_{pc}}{\mu\gamma(1+h_1/h)}$ 要求时，在季节性温差作用下防水层不会开裂，但还应验算在上、下表面温差作用下的抗裂性。对于有女儿墙的屋面刚性防水层，还应验算高、低温区温差作用下的抗裂性。在上下表面温差或高低温区温差作用下应满足的条件是：

$$\sigma_t \leqslant \sigma_{pc} + \alpha_{ct}\gamma f_{tk}$$

由上、下表面温差作用：$\sigma_t = 0.25\alpha_c \cdot \Delta t \cdot E_c$

由高、低温区温差作用：$\sigma_t = 0.5\alpha_c \cdot \Delta t \cdot E_c$

式中 σ_t——由温差引起的防水层中的拉应力；

α_c——混凝土线膨胀系数，一般取 $\alpha_c = 10^{-5}$℃$^{-1}$；

Δt——温度差，由当地气象资料按热工计算或按实测资料采用；

E_c——混凝土弹性模量；

α_{ct}——混凝土拉应力限制系数，取 $\alpha_{ct} = 0.5$；

γ——受拉区混凝土塑性影响系数，$\gamma = 1.75$；

f_{tk}——混凝土抗拉强度标准值；

σ_{pc}——混凝土有效预压应力。

(5) 其他要求：

① 预应力混凝土防水层的排水坡度要求大于 2.5%；

② 作为结构层的屋面板应坐浆实铺，板缝中用 C20 细石混凝土填实，支座处板缝中应配置 ϕ6～ϕ8mm 长的门形钢筋（罩筋），其位置以距板面 15mm 为宜，以提高屋面的整体性和抗裂性能；

③ 屋顶圈梁一般要求与天沟整体现浇，圈梁截面尺寸不小于 240mm×240mm，混凝土强度等级不低于 C20，纵向钢筋直径不小于 12mm，箍筋不小于 ϕ6@200。

(四) 钢纤维混凝土防水层设计

钢纤维混凝土是将适量的钢纤维掺入混凝土拌合物中而成的一种复合材料。钢纤维混凝土用于屋面防水层时称为钢纤维混凝土刚性防水屋面，主要用于保温层的装配式或整体现浇的钢筋混凝土屋面。

1. 混凝土

防水层钢纤维混凝土强度等级不宜低于 CF25，抗渗等级不宜低于 P4。防水层厚度对上人屋面可为 35～40mm，不上人屋面可为 30～35mm。钢纤维体积率宜为 0.8%～1.5%。

2. 隔离层

无保温层的钢纤维混凝土刚性防水屋面宜在防水层与结构层间设置隔离层。在年温差、日温差较小且有实际工程经验的地区，也可不设隔离层而做成非隔离式屋面。

3. 配筋

当结构层刚度较差或设有松散保温材料时，宜在钢纤维混凝土防水层内配置 ϕ^b_4@300～400 双向钢丝网片，以避免因基层刚度不足而引起防水层开裂。

4. 保护层

为防止钢纤维锈蚀，在防水层上应抹 3～5mm 厚 1∶3 水泥砂浆保护层，保护层砂浆内宜掺适量膨胀剂。

为加强钢纤维混凝土防水效果，可掺入适量膨胀剂做成钢纤维混凝土防水层。膨胀剂掺量应通过试验确定，膨胀率宜控制在 0.02%～0.04%之间。钢纤维膨胀混凝土防水层与结构层之间可不设隔离层。

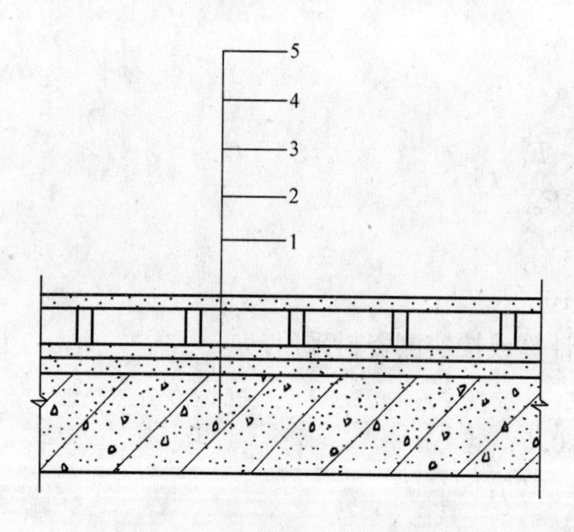

图 3-33　砖块体刚性防水层构造
1—结构层；2—找平层；3—防水砂浆底层；4—平铺黏土砖垫层；5—防水砂浆面层

（五）块体刚性防水层设计

块体刚性防水层由底层砂浆、块体垫层、面层砂浆所组成。其中块体垫层可以是黏土砖、方砖、加气混凝土块或其他块材。

1. 砖块体刚性防水层

（1）构造　砖块体刚性防水层构造见图 3-33。

（2）结构层　砖块体刚性防水层对结构层变形比较敏感，因此结构层宜采用现浇钢筋混凝土板。如采用预制板，板缝应用 C20 干硬性细石混凝土仔细嵌填捣实。

（3）找平层　当结构层为现浇钢筋混凝土板且板面比较平整时，可不设找平层。当采用预制板时，找平层应充分养护并压实。

（4）底层　用 1∶3 防水砂浆，厚度不小于 25mm，掺入水泥重量 3%～5%的防水剂。

（5）砖垫层　采用强度等级为 MU7.5 以上的普通黏土砖，且应使用质地密实、表面平整、无石灰质颗粒、无缺棱掉角和裂缝的整砖，不得用碎砖拼铺。

（6）面层　用 1∶2 防水砂浆，厚度一般为 12mm，内掺水泥质量 3%～5%的防水剂。

（7）排水坡度　砖块体刚性防水层的排水坡度以 3%为宜，天沟、檐沟纵坡应大于 1%，以保证屋面顺利排水。

2. 方砖防水层设计

方砖防水层由规格为 290mm×290mm×15mm 的黏土薄砖（亦称斗底砖或方砖）铺

砌而成。对一般屋面可采用单皮方砖，如需隔热可采用双皮方砖，构造见图 3-34。用于防水层的方砖应选用无砂眼、无龟裂、无缺棱掉角、火候适中、规格整齐的产品。

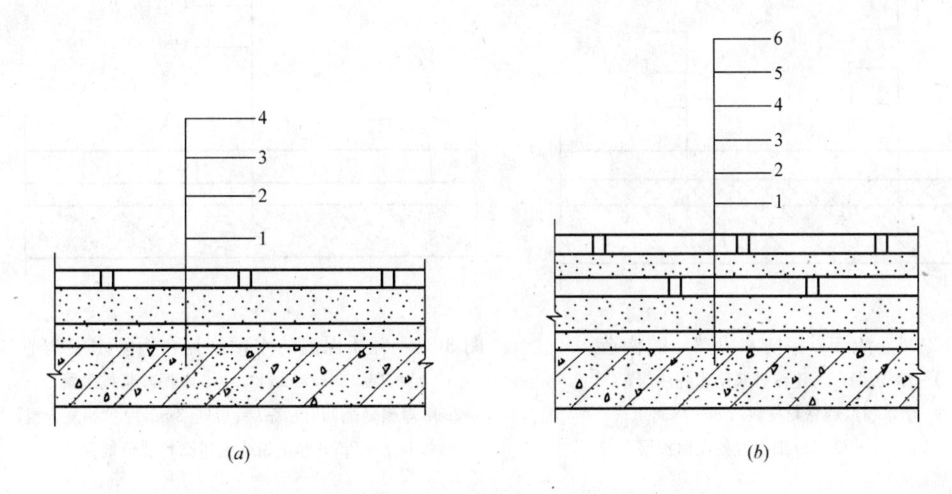

图 3-34　方砖防水层构造

(a) 单皮；(b) 双皮

1—结构层；2—找平层；3—30mm 厚防水砂浆底层；

4—15mm 厚方砖；5—20mm 厚防水砂浆；6—15mm 厚方砖

3. 加气混凝土块防水隔热叠合防水层设计

加气混凝土块防水隔热叠合防水层是将加气混凝土块砌筑在钢筋混凝土或预应力混凝土结构层上，形成防水、保温、隔热并与结构层结合为一体的新型防水体系，其构造见图 3-35。当屋面长度在 100m 以内可不设分格缝。

4. 泡沫砂浆防水隔热层的设计

泡沫砂浆防水隔热层是在基层（结构层或找坡层）上铺设预制成型的泡沫砂浆防水隔热板，上覆细石混凝土保护层，构造见图 3-36。保护层应按要求设置分格缝。

5. 轻质保温防水预制复合板防水层设计

轻质保温防水预制复合板防水层是将聚乙烯泡沫板与卷材经加工复合而成的块材粘贴于找平层上，再在表层涂刷着色剂做保护层，适用于寒冷地区屋面和有保温要求的屋面，构造见图 3-37。

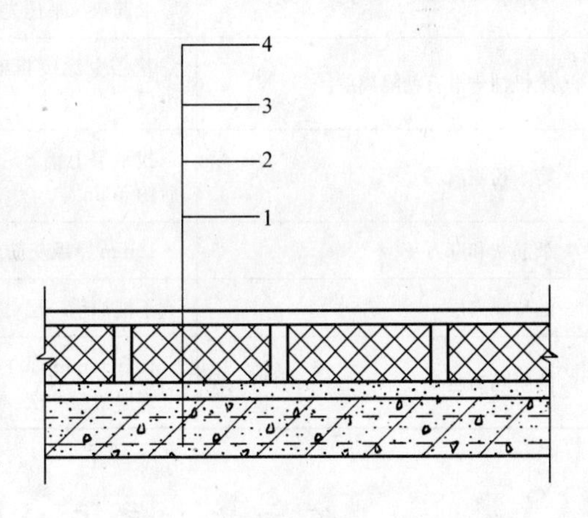

图 3-35　加气混凝土块叠合屋面构造

1—结构层；2—20mm 厚 1∶2 防水砂浆；

3—100mm 厚加气混凝土块；

4—12～15mm 厚 1∶2 防水砂浆

六、隔离层设计

细石混凝土、预应力混凝土、补偿收缩混凝土及钢纤维混凝土等防水层与基层之间应设置隔离层。隔离层可采用纸筋灰、麻刀灰、低强度砂浆、干铺卷材等，见表 3-36。

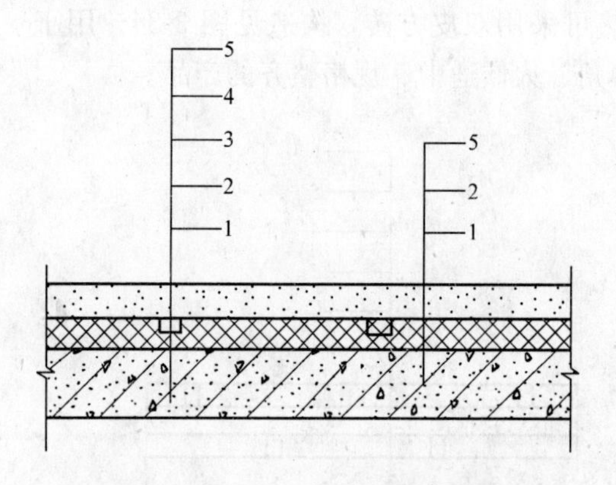

图 3-36 泡沫砂浆防水隔热层的构造
1—结构层；2—泡沫砂浆防水隔热层；
3—防水粉（或密封材料）；4—隔离纸；
5—30mm 厚 C20 细石混凝土保护层

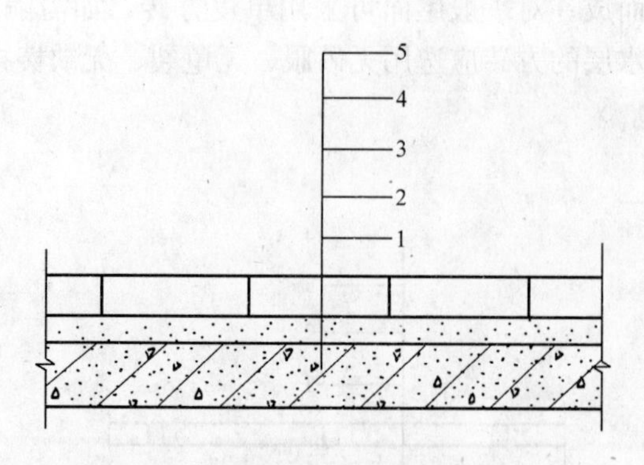

图 3-37 轻质保温防水预制复合板防水层构造
1—结构层；2—20mm 厚 1∶3 水泥砂浆找平层；
3—2mm 厚聚氨酯油膏粘贴层；4—53mm 厚预制复合板；
5—0.15～0.2mm 厚银粉或无机涂料着色剂保护层

隔离层构造及做法 表 3-36

名 称	做 法	作 用
黏土砂浆	石灰膏∶砂∶黏土＝1∶2.4∶3.6，厚度 20mm	起找平、隔离作用，克服防水层与基层之间的粘结力及机械咬合力
石灰砂浆	石灰膏∶砂＝1∶4，厚 20mm	
毡砂隔离层	1∶3 水泥砂浆找平，厚 15mm；上铺干细砂一层，厚 8mm；再铺一层油毡	消除防水层与基层之间的胶结力和咬合力
纸筋灰隔离层	17mm 厚 1∶3 石灰砂浆找平，3mm 厚纸筋灰抹平压光	消除胶结力和咬合力
废机油＋滑石粉隔离层	基层上涂废机油一道，上撒滑石粉一层	消除咬合力、胶结力、粘结力
防水粉隔离层	找平层上铺 8～10mm 防水粉，压实后约 5mm	防水粉除隔离外，还有防水作用
纸筋灰和麻刀灰	15mm 厚纸灰筋或麻刀灰抹平压光	起找平、隔离作用
油毡隔离层	干铺油毡一层	油毡有隔离和防水作用
薄膜隔离层	10～15mm 厚 1∶3 水泥砂浆找平，上铺厚薄膜一层	薄膜起隔离和防水作用

第五节 屋面接缝密封防水的设计

节点周围的水分在风压或温度应力的作用下沿着接缝间隙产生的“运动”过程叫做渗漏。建筑密封防水设计旨在科学方法指导下，对接缝间隙进行适当的处理，使水分无隙可乘，达到防水的目的；或对渗入的水分有组织排除，不让渗入的水分对周围环境造成任何影响。

屋面接缝密封防水就自身而言，不能作为一道防水层，其实是与各种防水屋面配套使用的一个重要部位。各种屋面防水层都将涉及接缝密封防水的内容，参见表 3-37。

屋面接缝密封防水部位　　**表 3-37**

屋面类别	密封材料嵌填部位	规范条文(屋面工程技术规范 GB 50345—2004)
卷材屋面	找平层分格缝内 高聚物改性沥青卷材、合成高分子卷材封边	4.2.5 5.6.3.5　5.6.6.5　5.7.3.6
涂膜屋面	找平层分格缝内 屋面的板端缝内和非保温屋面的板端缝和板侧缝内	4.2.5　6.5.2.2 6.5.2.4　6.6.2　6.7.2
刚性屋面	结构层板缝内 防水层与女儿墙、山墙、突出屋面结构的交接处 刚性防水层分格缝内 防水层与天沟、檐沟、伸出屋面管道交接处	7.1.2 7.4.2 7.4.1　7.7.10 7.4.2　7.4.3　7.4.5
油毡瓦屋面	泛水上口与墙间的缝隙	10.6.5
金属板材屋面	相邻两块板搭接缝内	10.7.3
细部结构	泛水、檐口和伸出屋面管道处的卷材、涂膜收头 天沟、檐边与墙、板交接处 伸出屋面管道与找平层交接处 水落口杯周围与找平层、混凝土交接处	5.4.1-1　5.4.1-2　5.4.3　5.4.2 6.4.2 6.4.1 5.4.8　7.4.5 5.4.5-1　5.4.5-2

屋面接缝密封防水的设计，其基本内容包括设计条件、接缝设计与密封材料的选择。接缝设计的程序参见图 3-38。

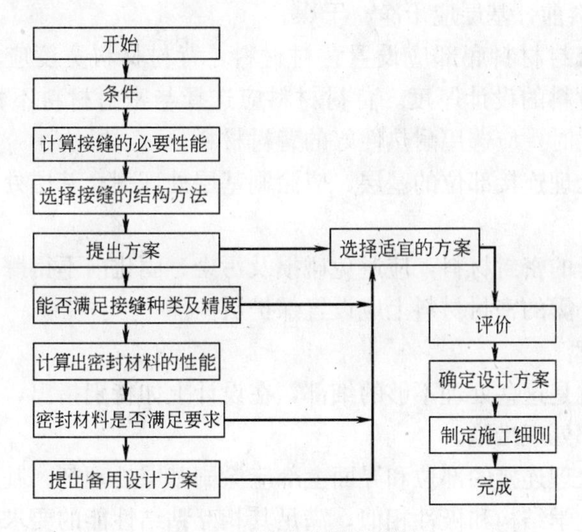

图 3-38　接缝设计程序图

一、屋面接缝密封防水设计

1. 基本规定

屋面接缝密封防水适用于屋面防水工程的密封处理，其在设计上应保证密封部位不渗水，并且满足防水层合理使用年限的要求。对于重点防水的建筑物更应该如此。为满足使用功能要求，必须从如下几方面着手：

（1）优化设计方案，充分体现出防水部位和防水要点；

（2）合理选材，选择合适界面，符合当地环境条件、接缝宽度、深度、接缝位移大小和特征、符合气候条件与构造特点相适应的材料；

（3）充分考虑其合理性和经济效益；

（4）材料易于购买，施工方便；

（5）保护环境，对施工完后的材料进行适当处理，对环境不造成污染。

2. 与其他防水工程相配套

建筑接缝密封防水是防水工程的最后一关，它是与其上的防水方法相配套的。屋面防水工程中的密封处理要与卷材防水屋面、涂膜防水屋面、刚性防水屋面等配套使用。目前，我国根据建筑物的类别规定了四个防水等级，确定了防水层耐用年限。一次接缝密封防水的设计也应满足其使用年限，从而达到与其上的防水工程相配套的目的。

3. 密封防水设计的要点

（1）屋面密封防水接缝的宽度宜为5～30mm，接缝深度可取接缝宽度的0.5～0.7倍。

（2）密封材料品种选择应符合下列规定：

① 根据当地历年最高气温、最低气温、屋面构造特点和使用条件等因素，应选择耐热度、柔性相适应的密封材料；

② 根据屋面接缝位移的大小和特征，应选择位移能力相适应的密封材料。

（3）密封防水部位的基层应符合下列要求：

① 基层应牢固，表面应平整、密实，不得有裂缝、蜂窝、麻面、起皮和起砂现象；

② 嵌填密封材料前，基层应干净、干燥。

（4）接缝处的密封材料底部应设置背衬材料，背衬材料宽度应比接缝宽度大20%，嵌入深度应为密封材料的设计厚度。背衬材料应选择与密封材料不粘结或粘结力弱的材料；采用热灌法施工时，应选用耐热性好的背衬材料。

（5）密封防水处理连接部位的基层，应涂刷基层处理剂；基层处理剂应选用与密封材料材性相容的材料。

（6）对嵌填完毕的密封材料，应避免碰损及污染；固化前不得踩踏。

（7）接缝部位外露的密封材料上应设置保护层。

4. 注重细部处理

往往渗水部位就是这些处理不够的细部，在设计上如特别指出，那么施工时就可能克服。如下是几个细部处理措施。

（1）密封防水处理连接的部位和界面上部应涂刷基层处理剂。基层处理剂应与密封材料物理性质相近，化学结构和极性相似，满足其相互粘结性能的要求。

（2）接缝处，密封材料底部应设置背衬材料，背衬材料是防止接缝位移过大时密封材料向接缝中流淌。

（3）接缝处外露的密封材料上宜设置保护层，保护密封材料不被污染，其宽度不应小于100mm。

（4）为了便于施工，在各细部需要密封防水部位应有详图说明。

5. 及时排水、加强构造防水

每个节点除密封防水外，还应加强构造防水，使大量的雨水按构造要求及时排走，减少对密封材料造成的压力。接缝宽度不符合要求时，对其进行一定的处理，达到接缝宽度范围内后再设密封防水。

二、屋面接缝密封防水细部构造的设计

结构层板缝中浇灌的细石混凝土上应填放背衬材料，上部嵌填密封材料，并应设置保护层。屋面接缝密封防水处理的典型构造参见图 3-39。

1. 山墙、女儿墙节点密封防水构造

山墙、女儿墙节点密封防水构造有四种类型，即：一般防水密封构造、结构板伸入墙体的密封防水构造、带外水落管的女儿墙密封防水构造以及双保险防水女儿墙的密封防水节点构造。

一般情况女儿墙密封防水构造参见图 3-40。

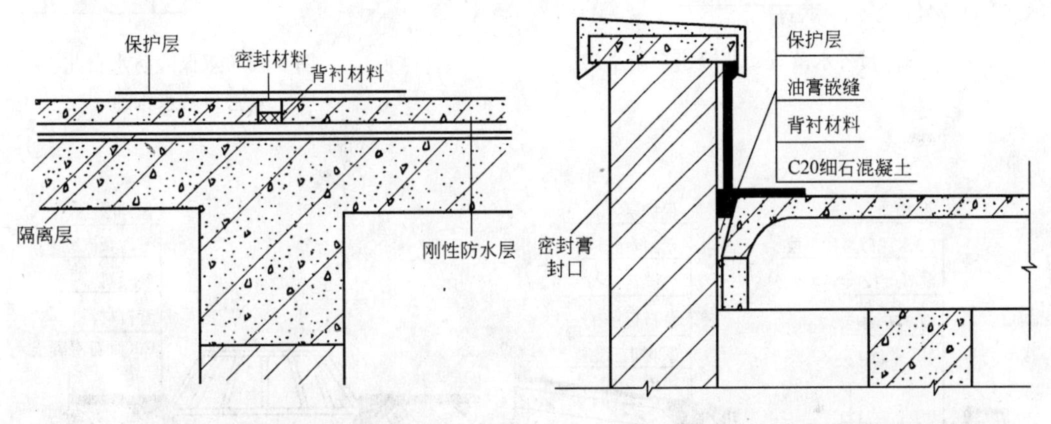

图 3-39　接缝密封防水处理　　图 3-40　一般情况女儿墙密封防水构造

结构板伸入墙体的密封防水构造参见图 3-41。

带外水落管的女儿墙密封防水构造参见图 3-42。

双保险防水女儿墙的密封防水构造参见图 3-43。

2. 天沟、沟节点密封防水构造

天沟、沟节点密封防水构造参见图 3-44。

3. 高低跨节点密封防水构造

高低跨节点密封防水构造有四种情况，参见图 3-45。

4. 突出泛水构造节点密封防水构造

突出泛水构造节点有三种，分别为：屋面检修孔、通风管出屋面、铁皮烟囱出屋面。屋面检修孔参见图 3-46；通风管出屋面节点密封防水构造参见图 3-47；铁皮烟囱出屋面节点密封防水构造参见图 3-48。

5. 伸缩、变形缝节点密封防水构造

伸缩、变形缝节点有三种形式，其密封防水设计参见图 3-49。

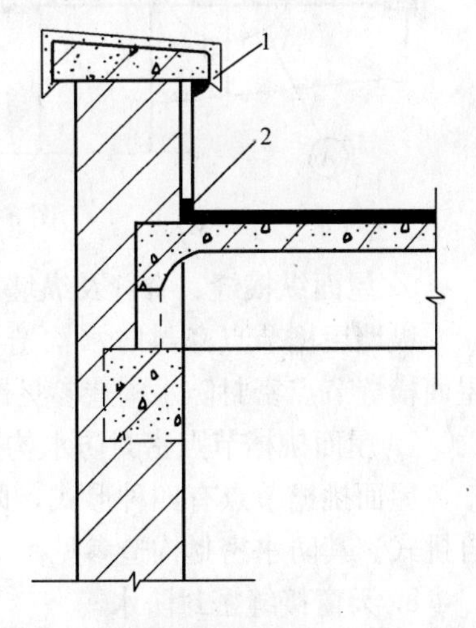

图 3-41　结构板伸入墙体的密封防水构造

1—密封膏封口；2—油膏嵌缝

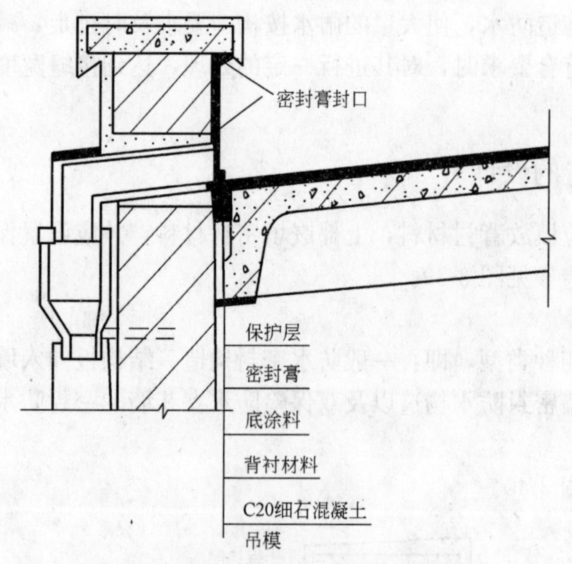

图 3-42　带外水落管女儿墙密封防水构造

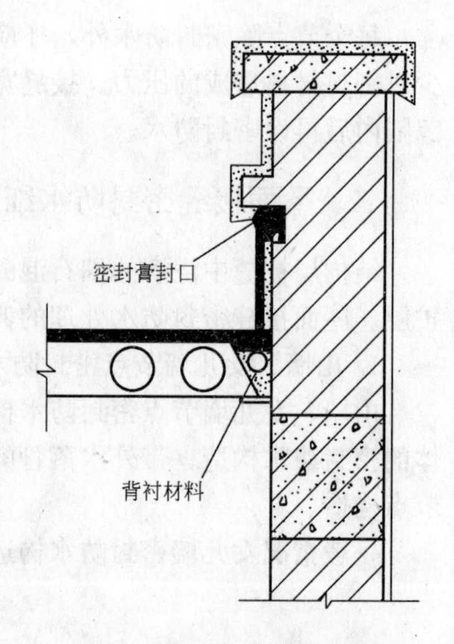

图 3-43　双保险防水女儿墙密封防水构造

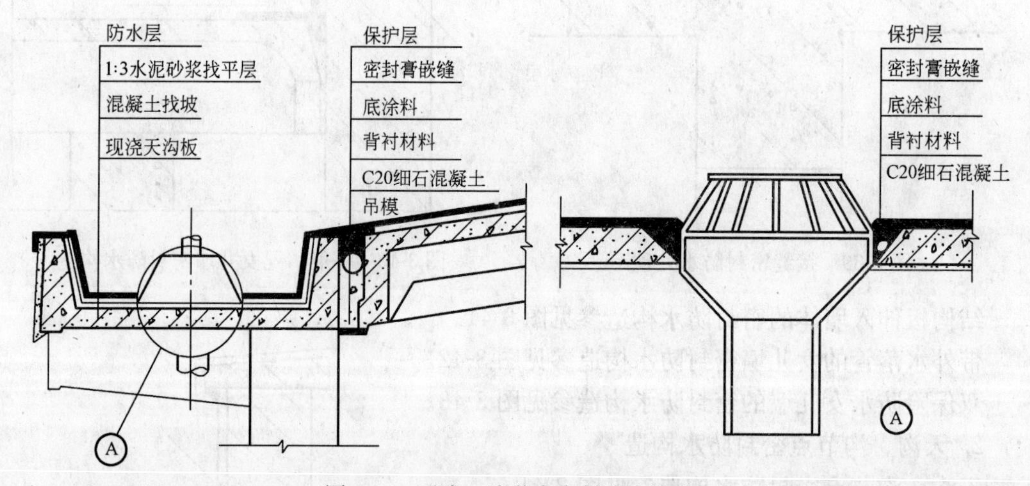

图 3-44　天沟、沟节点密封防水构造

6. 屋面纵横缝、脊缝及纵墙屋檐节点密封防水构造

纵墙屋檐节点密封防水构造参见图 3-50；屋面脊缝节点密封防水构造参见图 3-51；屋面横缝节点密封防水构造参见图 3-52；屋面纵缝节点密封防水构造参见图 3-53。

7. 屋面挑檐节点密封防水构造

屋面挑檐节点有四种形式，即带雨篷式屋面挑檐节点、带挑梁式、带天沟式和屋面板自挑式。其防水密封构造参见图 3-54～图 3-57。

8. 天窗接缝密封防水

天窗接缝密封防水处理参见图 3-58。

9. 排气、通风道道口防水密封

排气、通风道道口防水密封构造参见图 3-59。

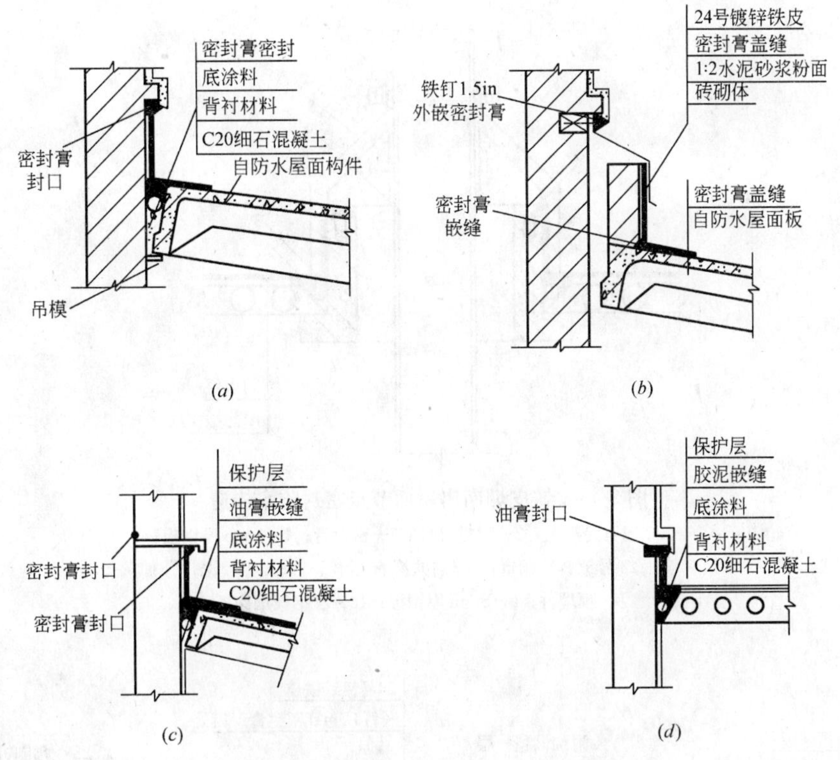

图 3-45　高低跨节点密封防水构造

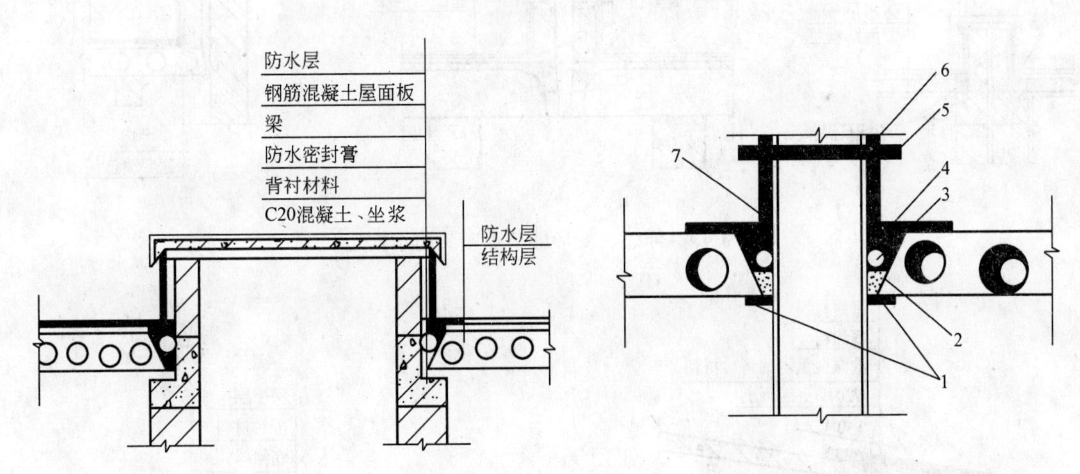

图 3-46　屋面检修孔节点密封防水构造

图 3-47　通风管出屋面节点密封防水构造

1—吊模；2—C20 细石混凝土；3—背衬材料；4—密封膏嵌缝；5—四周角钢；6—焊接处；7—保护层

10. 山墙转角的密封防水

山墙转角的密封防水构造参见图 3-60。

《屋面工程技术规范》（GB 50345—2004）对细部构造的密封防水处理提出的相关条文见表 3-38。

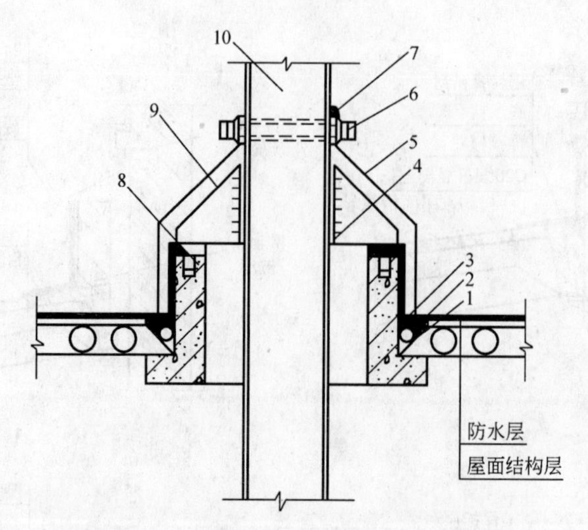

图 3-48 铁皮烟囱出屋面节点密封防水构造

1—C20 细石混凝土；2—背衬材料；3—密封膏；4—3mm 厚钢板；
5—26 号镀锌防雨罩；6—扁铁箍 ϕ6 螺栓；7—石棉胶泥；
8—预埋件；9—8mm 厚钢板；10—圆钢板烟囱

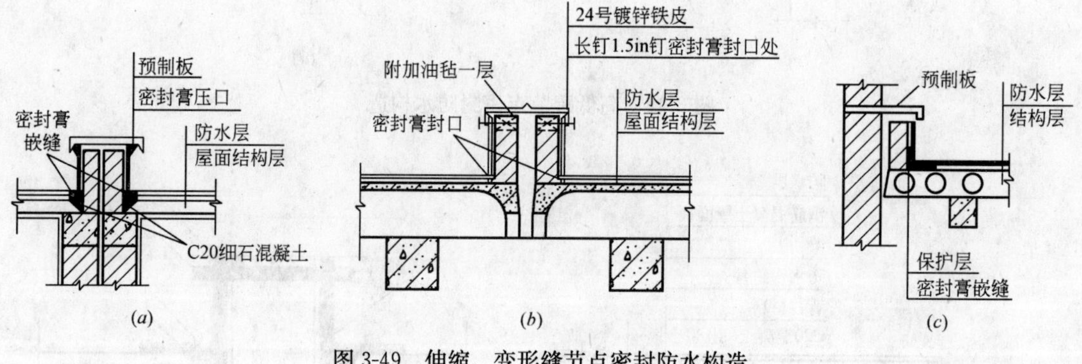

图 3-49 伸缩、变形缝节点密封防水构造

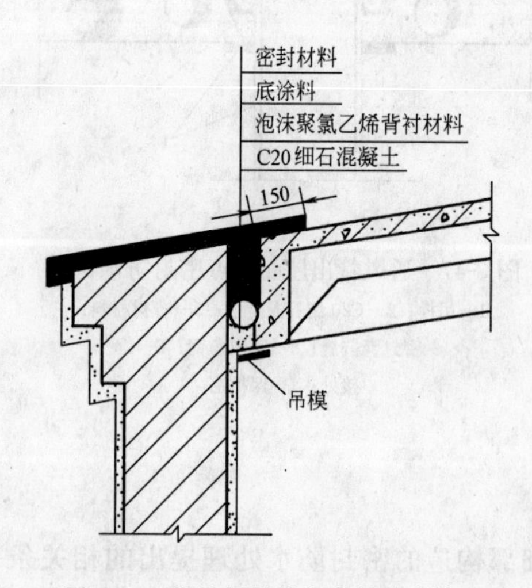

图 3-50 纵墙屋檐节点密封防水构造

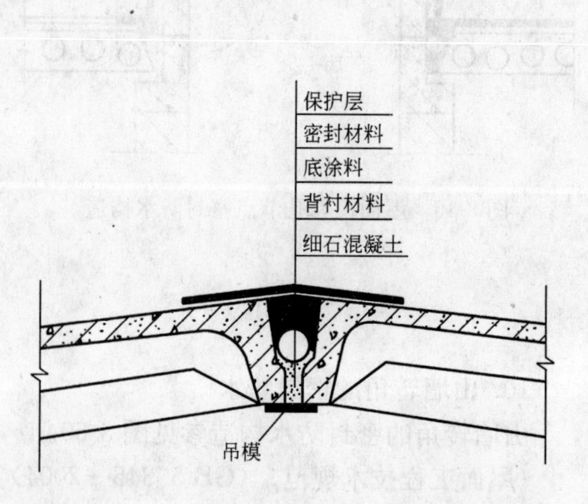

图 3-51 屋面脊缝节点密封防水构造

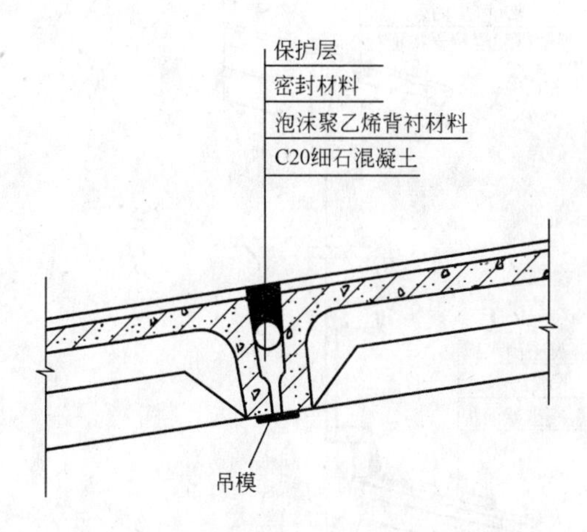

图 3-52　屋面横缝节点密封防水构造

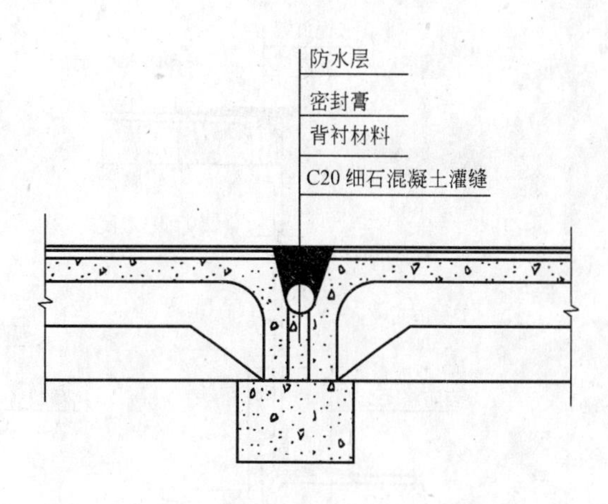

图 3-53　屋面纵缝节点密封防水构造

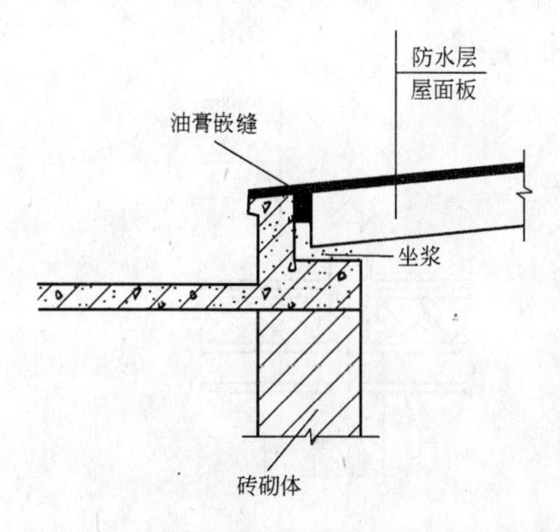

图 3-54　带雨篷屋面挑檐节点密封防水构造

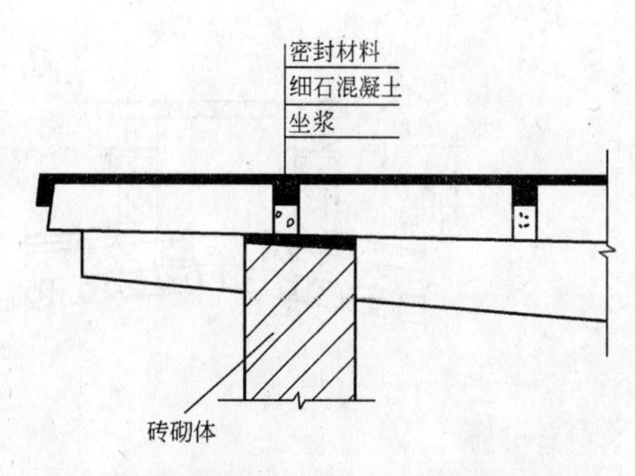

图 3-55　带挑梁屋面挑檐节点密封防水构造

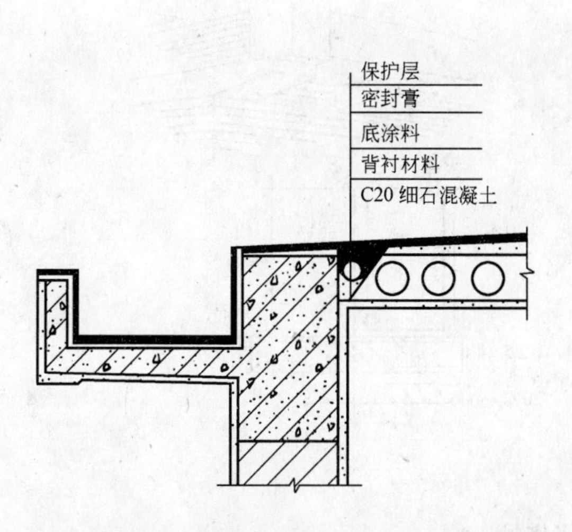

图 3-56　带天沟屋面挑檐节点密封防水构造

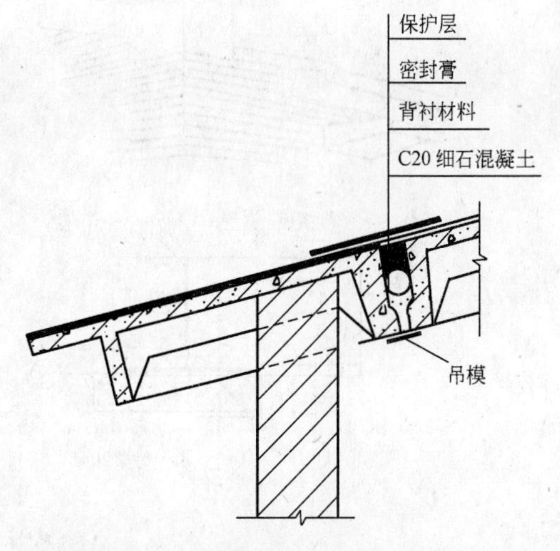

图 3-57　屋面板自挑式屋面挑檐节点

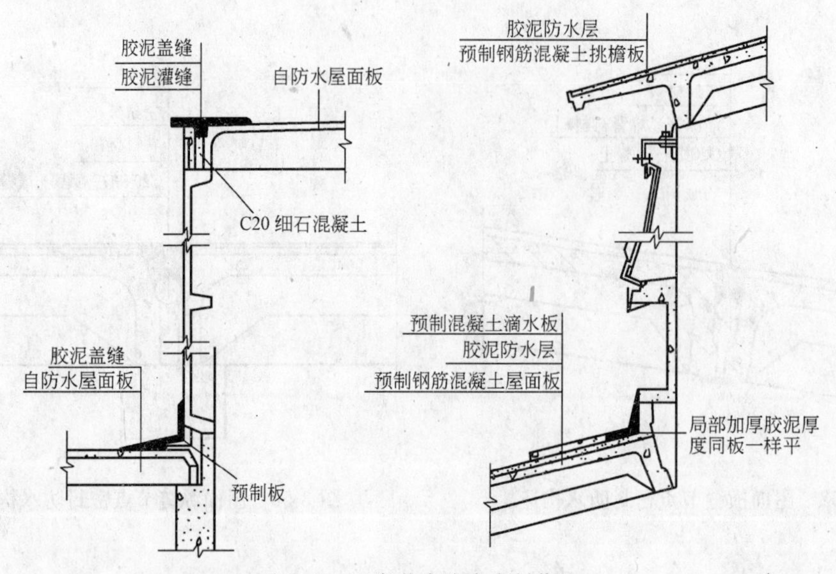

图 3-58 天窗节点防水密封作法

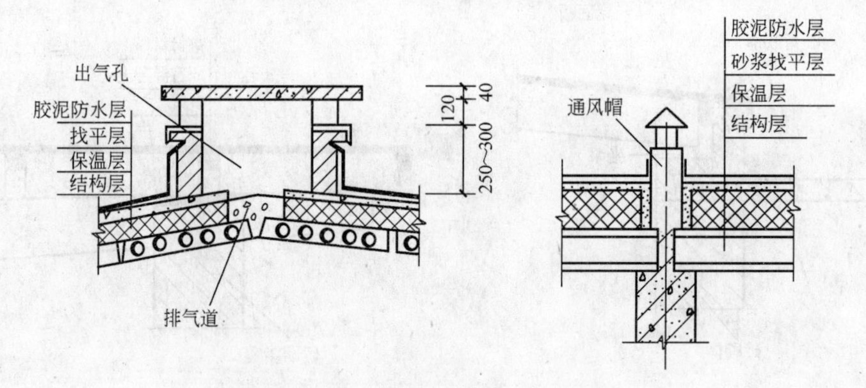

图 3-59 排气通风道道口防水密封构造

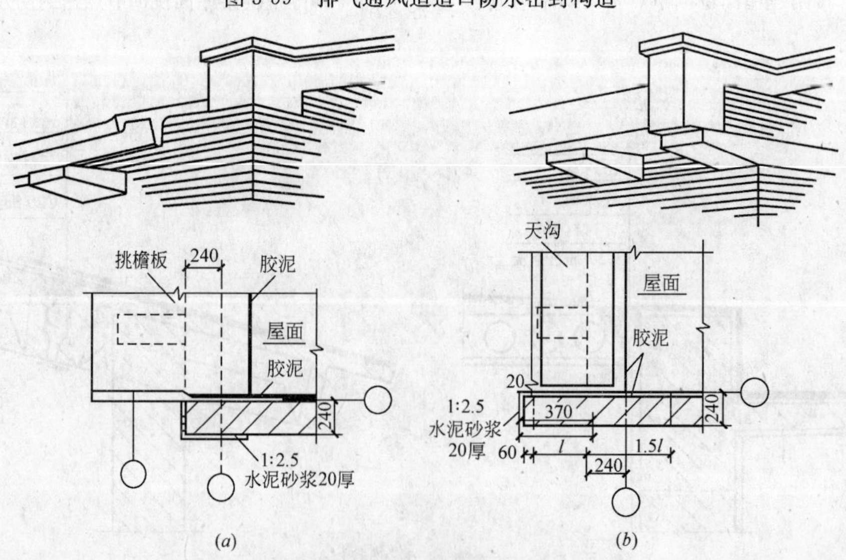

图 3-60 山墙转角密封防水构造

(*a*)挑檐排水;(*b*)天沟排水

《屋面工程技术规范》(GB 50345—2004) 有关密封防水的规范条文 表 3-38

序 号	项 目	规 范 条 文
1	天沟、檐沟节点密封防水处理	5.4.1
2	檐口、泛水卷材收头节点密封防水处理	5.4.2 5.4.3
3	水落口节点密封防水处理	5.4.5-3
4	伸出屋面管道根部节点密封防水处理	5.4.8
5	刚性防水屋面密封防水处理	7.4.1～7.4.5

第六节 保温隔热屋面的设计

保温隔热屋面是一种集防水和保温隔热于一体的，防水是基本兼顾保温隔热的一种新型防水屋面。其适用于具有保温隔热要求的屋面工程，但当屋面防水等级为Ⅰ级、Ⅱ级时，屋面隔热则不宜采用蓄水屋面。

根据我国的习惯，将防止室内热量散发出去的称之为“保温”，将防止室外热量进入室内的称之为“隔热”，两者的做法和要求均有较大的差异，屋面保温可采用板状材料保温层、整体现浇（喷）保温层、屋面隔热可采用架空隔热层、蓄水隔热层和种植隔热层等。屋面保温层和隔热层的种类参见图 3-61。

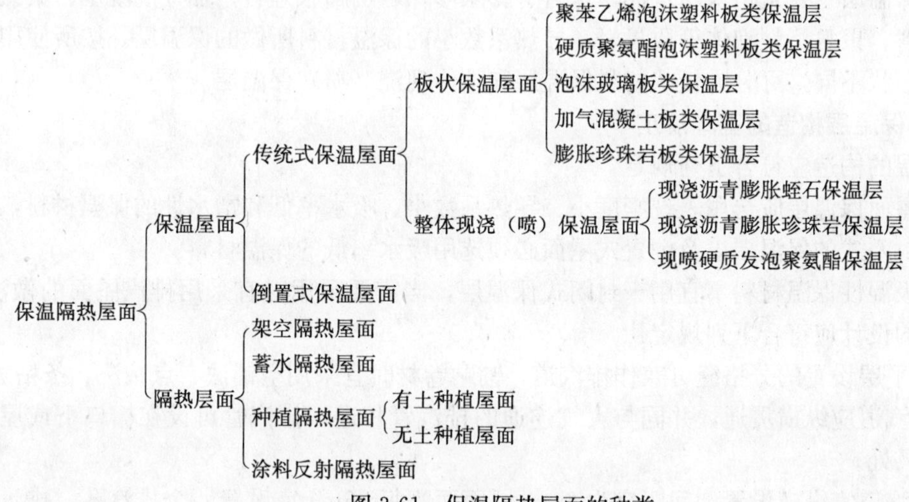

图 3-61 保温隔热屋面的种类

保温隔热屋面的类型和构造设计，应根据建筑物的使用要求、屋面的结构形式、环境气候条件、防水处理方法和施工条件等因素，经技术经济比较而确定。架空屋面宜在通风较好的建筑物上采用，不宜在寒冷地区采用；蓄水屋面不宜在寒冷地区、地震地区和振动较大的建筑物上采用；种植屋面应根据地域、气候、建筑环境、建筑功能等条件，选择相适应的屋面构造形式。

封闭式保温层的含水率，应相当于该材料在当地自然风干状态下的平衡含水率。

保温隔热屋面的结构层，宜为普通防水钢筋混凝土、配筋微膨胀补偿收缩混凝土或预应力混凝土自防水结构。当保温隔热屋面的结构为装配式钢筋混凝土板时，其板缝应用强度等级不小于 C20 的细石混凝土将板缝灌填密实，当板缝宽度大于 40mm 或上窄下宽时，应在缝中放置构造钢筋，板缝端应进行密封处理。

保温隔热层应在防水砂浆找平层施工后再做，对正在或施工完的保温隔热层应采取保护措施。

一、屋面保温层的设计

屋面保温层的构造参见图 3-62。

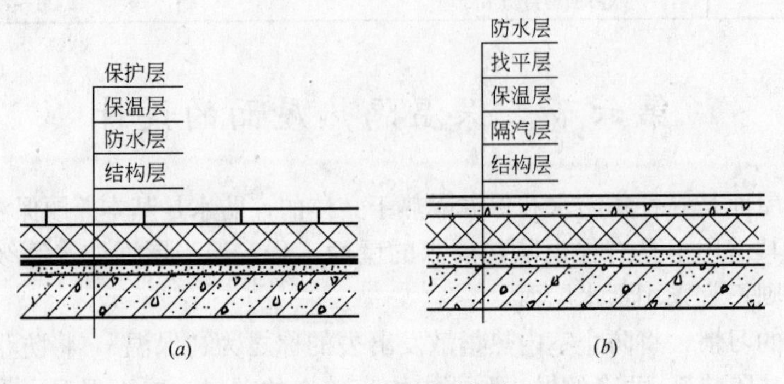

图 3-62　保温屋面构造

(a) 倒置式屋面构造；(b) 正置式屋面构造

屋面保温层主要是指采用水泥珍珠岩、膨胀珍珠岩、膨胀蛭石、加气混凝土、聚氯乙烯泡沫塑料、聚氨酯硬泡体等质量轻、导热系数小的保温材料所做的保温层。按所使用的保温材料形状不同，可分为板状材料保温层和整体现浇（喷）保温层。

（一）保温层构造的基本规定

保温层的构造应符合下列规定：

(1) 屋面保温层应选用表现密度小、导热系数小、吸水率低和憎水性的保温材料，尤其是整体封闭式的保温层以及倒置式屋面必须选用吸水率低的保温材料。

(2) 吸湿性保温材料不宜用于封闭式保温层，当需要采用时宜采用排汽屋面的做法。排汽屋面的设计应符合下列规定：

① 找平层设置的分格缝可兼作排汽道；铺贴卷材时宜采用空铺法、点粘法、条粘法；

② 排汽道应纵横贯通，并同与大气连通的排汽管相通；排汽管可设在檐口下或屋面排汽道交叉处；

③ 排汽道宜纵横设置，间距宜为 6m。屋面面积每 $36m^2$ 宜设置一个排汽孔，排汽孔应做防水处理；

④ 在保温层下也可铺设带支点的塑料板，通过空腔层排水、排汽。

(3) 屋面保温材料的强度应满足搬运和施工要求，在屋面上只要求大于等于 0.1MPa 的抗压强度就可以满足。

(4) 保温层设置在防水层上部时，保温层的上面应做保护层；保温层如设置在防水层下部时，保温层的上面则应做找平层。

(5) 屋面坡度较大时，保温层应采取防滑措施。

(6) 保温层的厚度应根据热工计算确定，但应考虑自然状态下保温材料含水率对保温性能降低的因素。

(7) 保温屋面与室内空间有关联的天沟、檐沟处，均应铺设保温层；天沟、檐沟、檐口与屋面交接处，屋面保温层的铺设应延伸到墙内，其伸入的长度不应小于墙厚的1/2。

(二) 保温层厚度的设计

保温层厚度的设计应根据地区的气候条件、使用要求，选用的保温材料，并根据所在地区按现行建筑节能设计标准，通过计算确定。

保温层的厚度可按下式计算：

$$\delta_x=\lambda_x(R_{o\cdot min}-R_i-R-R_e)$$

式中 δ_x——所求保温层厚度（m）；

λ_x——保温材料的导热系数［W/(m·K)］；

$R_{o\cdot min}$——屋盖系统的最小传热阻（m^2·K/W）；

R_i——内表面换热阻（m^2·K/W），取0.11；

R——除保温层外，屋盖系统材料层热阻（m^2·K/W）；

R_e——外表面换热阻，取0.04 m^2·K/W。

屋盖系统的最小传热阻可按下式计算：

$$R_{o\cdot min}=\frac{(t_i-t_e)n}{[\Delta t]}R_i$$

式中 t_i——冬季室内计算温度（℃），一般居住建筑，取t_i=18℃；高级居住建筑、医疗和福利建筑、托幼建筑，取t=20℃；工业企业辅助建筑应按国家现行的《工业企业设计卫生标准》确定；

t_e——围护结构冬季室外计算温度（℃），应根据围护结构热惰性指标D值，按表3-39确定；

n——温度修正系数，按表3-40确定；

R_i——围护结构内表面换热阻（m^2·K/W），取0.11；

Δt——室内空气与围护结构内表面之间允许偏差（℃），按表3-41确定。

围护结构冬季室外计算温度（t_e/℃） 表3-39

类 型	热惰性指标 D	t_e 的取值方法	类型	热惰性指标 D	t_e 的取值方法
Ⅰ	>6.0	$t_e=t_w$	Ⅲ	1.6～4.0	$T_e=0.3t_w+0.7t_{e\cdot min}$
Ⅱ	4.1～6.0	$t_e=0.6t_w+0.4t_{e.min}$	Ⅳ	≤1.6	$t_e=t_{e\cdot min}$

注：1. t_w 和 $t_{e\cdot min}$ 采暖室外计算温度和累年最低的一个日平均温度。
2. 对于实心砖墙，当D≤6.0时，其冬季室外计算温度均按Ⅱ型取值。
3. 冬季室外计算温度 t_e 均取整数值。

温度修正系数 n 值 表3-40

序 号	围护结构及其所处情况	n
1	外墙、平屋顶及直接接触外空气的楼板等	1.00
2	带通风间的平屋顶、坡屋顶闷顶及与室外空气相通的不采暖地下室上面的楼板等	0.90
3	与有外墙的不采暖楼梯间相邻的隔墙 多层建筑物的底层部分 多层建筑的顶层部分 高层建筑的底层部分 高层建筑的顶层部分	 0.80 0.40 0.70 0.30

续表

序 号	围护结构及其所处情况	n
4	不采暖地下室上面的楼板 当外墙有窗户时 当外墙上无窗户且位于室外地坪以上时 外墙上有窗户且位于室外地坪以下时	 0.75 0.60 0.40
5	与有窗户的不采暖房间相邻的隔墙 与无窗户的不采暖房间相邻的隔墙	0.70 0.40
6	与有采暖管道的设备层相邻的顶板 与有采暖管道的设备层相邻的楼板	0.30 0.40
7	伸缩缝、沉降缝墙 抗震缝墙	0.30 0.40

室内空气与围护结构内表面之间允许的温差（Δt/℃） **表 3-41**

序 号	建筑物和房间类型	外 墙	平屋顶和闷顶楼板
1	居住建筑、医院和幼儿园等	6	4
2	办公楼、学校和门诊部等	6	4.5
3	公共建筑(除上述指明者外)	7	7.5
4	室内温度为 12～24℃，相对湿度>65%的房间		
	当不允许外墙和顶棚内表面结露时 仅当不允许顶棚内表面结露时	t_i-t_d 7	$0.8(t_i-t_d)$ $0.9(t_i-t_d)$

注：1. 表中 t_i、t_d 分别为室内温度和露点温度（℃）。

2. 对于直接接触室外的楼板和不采暖地下室上面的楼板，当有人长期停留时，取 $\Delta t=2.5$℃；当无人长期停留时，取 $\Delta t=5$℃。

屋盖系统是由多种材料组合而成，不同材料的导热系数，热阻也不相同，所以还应计算除保温层外，屋面系统各层材料热阻之和 R，R 可按下式计算：

$$R=\delta_1/\lambda_1+\delta_2/\lambda_2+\cdots\delta_n/\lambda_n$$

式中 R——除保温层外，屋盖系统材料层热阻（$m^2\cdot K/W$）；

δ_1、δ_2、$\cdots\delta_n$——各层材料层厚度（m）；

λ_1、λ_2、$\cdots\lambda_n$——各层材料的导热系数［$W/(m\cdot K)$］。

围护结构热惰性指标 D 值，可按下述方法计算。

① 单一材料层的 D 值，按下式计算：

$$D=R\cdot S$$

式中 R——材料层的热阻（$m^2\cdot K/W$）；

S——材料的蓄热系数［$W/(m^2\cdot K)$］。

② 多层围护结构 D 值，应按下式计算：

$$D=D_1+D_2+\cdots+D_n=R_1S_1+R_2S_2+\cdots+R_nS_n$$

式中 R_1、R_2、$\cdots R_n$——分别为各层材料热阻（$m^2\cdot K/W$）；

S_1、S_2、$\cdots S_n$——分别为各层材料的蓄热系数［$W/(m^2\cdot K)$］。

（三）保温材料的配合比及配制方法

保温材料的品种繁多，其配制方法各有不同，表 3-42 介绍了沥青膨胀珍珠岩板的配合比及配制方法。

沥青膨胀珍珠岩板的配合比及配制方法 **表 3-42**

材料名称	配合比(质量比)	每 $1m^3$ 用料	配制方法
膨胀珍珠岩 沥青	1 0.7～0.8	1.84m^3 128kg	1. 将膨胀珍珠岩散料倒在锅内不断翻动,预热至100～120℃,然后倒入已熬化的沥青中拌合均匀,沥青熬化温度不宜超过200℃,拌合温度控制在180℃以内 2. 将拌合物倒在铁板上,不断翻动,下降到成型温度80～100℃ 3. 向钢模内洒滑石粉或用水泥袋做隔离层,将拌合物倒入钢模内压料成型

(四) 板状材料保温层的设计

板状保温材料适用于带有一定坡度的屋面。由于是事先加工预制，故一般含水率较低，所以不仅保温效果好，而且对柔性防水层质量的影响小，低吸水率保温材料适用于整体封闭式保温层。

板状材料保温层所使用的材料主要有水泥膨胀蛭石板、水泥膨胀珍珠岩板、沥青膨胀蛭石板、沥青膨胀珍珠岩板、加气混凝土、泡沫混凝土、矿棉、岩棉板、聚苯板、聚氯乙烯泡沫塑料板、聚氨酯泡沫塑料板等。

板状保温材料屋面的构造及施工要点参见表 3-43。

板状保温材料屋面的构造及施工要点 **表 3-43**

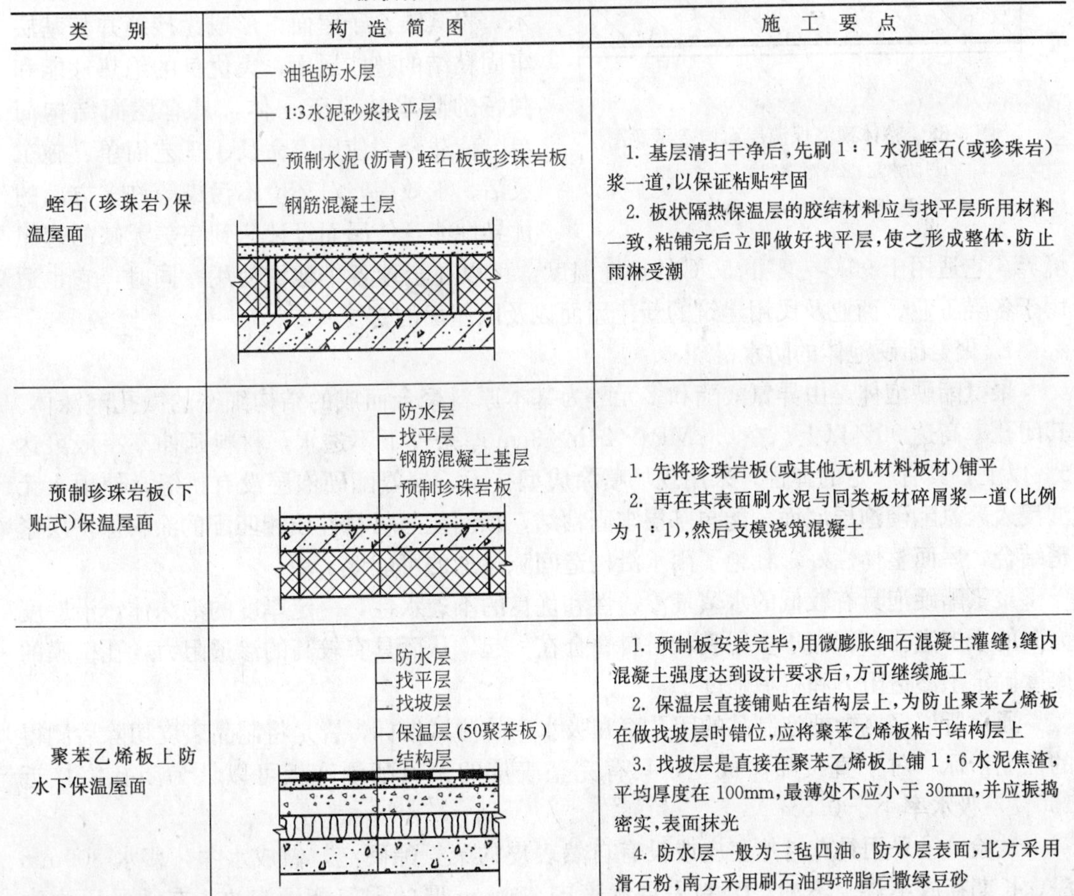

类别	构造简图	施工要点
蛭石(珍珠岩)保温屋面	油毡防水层 1:3水泥砂浆找平层 预制水泥(沥青)蛭石板或珍珠岩板 钢筋混凝土层	1. 基层清扫干净后,先刷 1∶1 水泥蛭石(或珍珠岩)浆一道,以保证粘贴牢固 2. 板状隔热保温层的胶结材料应与找平层所用材料一致,粘铺完后立即做好找平层,使之形成整体,防止雨淋受潮
预制珍珠岩板(下贴式)保温屋面	防水层 找平层 钢筋混凝土基层 预制珍珠岩板	1. 先将珍珠岩板(或其他无机材料板材)铺平 2. 再在其表面刷水泥与同类板材碎屑浆一道(比例为 1∶1),然后支模浇筑混凝土
聚苯乙烯板上防水下保温屋面	防水层 找平层 找坡层 保温层(50聚苯板) 结构层	1. 预制板安装完毕,用微膨胀细石混凝土灌缝,缝内混凝土强度达到设计要求后,方可继续施工 2. 保温层直接铺贴在结构层上,为防止聚苯乙烯板在做找坡层时错位,应将聚苯乙烯板粘于结构层上 3. 找坡层是直接在聚苯乙烯板上铺 1∶6 水泥焦渣,平均厚度在 100mm,最薄处不应小于 30mm,并应振捣密实,表面抹光 4. 防水层一般为三毡四油。防水层表面,北方采用滑石粉,南方采用刷石油玛瑲脂后撒绿豆砂

续表

类　别	构造简图	施工要点
聚苯乙烯板下防水上保温屋面	保护层 保温层 防水层 结合层 找平层 找坡层	1. 保护层可采用 1∶3 水泥砂浆 30mm 厚，或铺 300mm×300mm×30mm 预制素混凝土块 2. 保温层可采用聚苯板或再生聚苯板，厚度按各地热工要求而定，一般为 50mm 3. 防水层采用二毡四油或二毡三油，也可采用防水涂料 4. 结合层采用冷底子油一道 5. 找平层采用 20mm 厚 1∶3 水泥砂浆，找坡层采用炉渣混凝土或水泥珍珠岩砂浆找坡，坡度不小于 3%

（五）整体现浇保温层的设计

整体现浇（喷）保温层主要有沥青膨胀珍珠岩、沥青膨胀蛭石现喷硬质聚氨酯泡沫塑料等。整体现浇保温屋面的构造主要由防水层、砂浆找平层、现浇（喷）保温层所组成，详见图 3-63。

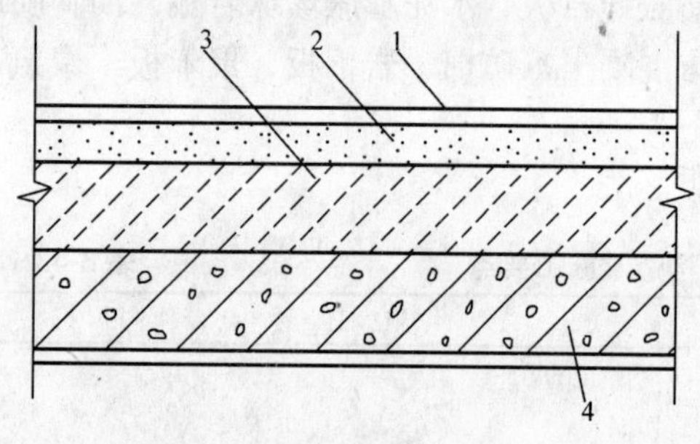

图 3-63　整体现浇保温屋面构造示意图
1—防水层；2—砂浆找平层；3—现浇（喷）保温层；4—结构层

现以喷硬质聚氨酯泡沫塑料为例。介绍整体现浇保温层的设计。

硬质聚氨酯防水保温材料广泛用于建筑作为隔热防水材料，采用直接喷涂成型技术，将其喷涂于屋面，形成无接缝并与基层牢固粘结的整体层面，集优良的绝热性能和独特的防水效果于一体，具有屋面结构简单、荷载轻、使用寿命长、工艺简单、施工灵活、工效高，对环境不污染等许多方面的优异性能，使屋面设计达到完美无缺的理想境界。它适用于 90℃～零下 50℃的环境温度，可以在全球各个地域使用。同时，它也适用于各类工业、商业及民用建筑的新建屋面以及旧屋面的修复。

1. 聚氨酯硬泡体的防水机理

聚氨酯硬泡体是由异氰酸酯和多元醇为基本原料聚合而成的结构细密的微孔泡沫体。其闭孔率高达 90%以上。在 0.2MPa×24h×3cm 厚条件下不透水，材料延伸率一般可达 5%以上；具有一定的弹性；采用现场喷涂成型技术，聚氨酯硬泡层没有拼缝，使雨水无法浸入聚氨酯硬泡层底面，能与基层牢固粘结，顶面能与材料性质相匹配的涂料保护层紧密结合，屋面整体性好，杜绝了雨水沿构造间隙渗透的可能性。

聚氨酯硬泡具有较低的水蒸气渗透性和优良的不透水性，一定厚度的泡沫体，沿厚度方向的众多泡孔，相当于多层膜状材料叠合在一起，从而具有较高的渗透阻力，孔壁膜的厚度确定了渗透阻力和机械强度。

通常所说聚氨酯硬泡制品的闭孔率和吸水率的测试指标，皆是将制品表皮切除后测得的性能指标。对于直接喷涂成型，具有完整表皮的聚氨酯硬泡板可以认为闭孔率接近 100%，吸水率小于 0.5%。

试验：①采用具有自然表皮或没有自然表皮的聚氨酯硬泡，做成水盆，盛水 300mm 深，长期存放不渗、不漏；②割去自然表皮 300mm 厚的聚氨酯硬泡块，在承受压力为

0.2MPa水压作用下，经20d试验不渗、不漏，切开观察剖面、水浸入深度1～2mm；经分析此深度是因聚氨酯硬泡板表面因刨光切削作用而造成的开孔的深度。

聚氨酯硬泡密度为33kg/m^{3}时的粘结强度对不同材料分别为：铝板：0.1MPa；砂石：0.12MPa；木材：0.12MPa；钢材：0.12MPa。它是现代防水、保温、隔热材料中综合性能最好的一种。

2. 聚氨酯硬泡体的保温隔热机理

聚氨酯硬泡是一种新型的高分子合成材料，是由聚氨酯形成封闭性微骨架，气孔内充填着导热系数很低的发泡剂蒸气的泡沫体，具有表观密度小、导热系数低、不透水和耐腐蚀的优良性能，泡沫在制造过程中，采用无氟产品发泡剂，发泡时形成均匀致密的封闭泡，孔中充满了发泡剂的蒸气，聚氨酯硬泡的导热系数取值50%～70%，由充填气体的导热系数来决定。

聚氨酯泡板密度为33kg/m^{3}左右时，在室温下的导热系数为0.0174W/(m·K)，即使切去表层表皮，长期暴露于空气中，导热系数可以稳定在0.024W/(m·K)左右，按《民用建筑热工设计规范》GB 50176—1993中附录四“建筑材料热物理性能计算参数”选取密度为30～40kg/m^{3}的硬泡导热系数远远小于0.033W/(m·K)的规定值。

3. 聚氨酯硬泡体防水保温工程的设计

聚氨酯硬泡体防水保温工程设计方案的选择，应根据各类建筑的防水与保温隔热性能要求、区域气候条件、建筑结构特点、工程耐用年限、维修管理等因素，设计出合适的配方，然后反复进行配方试验、性能测试，直至所有的性能达到用户使用的要求。经技术经济综合比较后确定。采用先进的配方，这是工程质量关键所在。

聚氨酯硬泡体防水保温材料的屋面，其屋面结构的热工性能应符合《民用建筑热工设计规范》(GB 50176—1993)、《民用建筑节能设计标准》(JGJ 26—95)等相关的规范、规程的要求。

根据工程特点和自然条件，按照防水等级要求，进行防水构造设计，重要部位的设计应有详图。

聚氨酯硬泡体防水保温层的厚度设计应符合《民用建筑热工设计规范》，按屋面传热系数[K(W/m^2·K)]的大小，一般分为四个厚度等级。当屋面传热系数K≤0.80时，防水保温层厚度应为25mm；当屋面传热系数K≤0.70时，防水保温层厚度应为30mm；当屋面传热系数K≤0.60时，防水保温层厚度应为40mm；当屋面传热系数K≤0.50时，防水保温层厚度应为≥50mm，最大厚度可以达到80mm；不需要保温的部位（如山墙、女儿墙及突出屋面的结构）的结构防水层厚度不应小于20mm。防水保温层表面上应该设防护层。

屋面工程分为四个防水等级，按不同等级进行设防，喷涂聚氨酯硬泡体防水保温材料可作为一道设防，不同防水等级的设防要求应符合《屋面工程技术规范》(GB 50345—2004)的有关规定。采用聚氨酯硬泡体的屋面主要由结构层、聚氨酯硬泡体防水保温层、保护层构成。

结构层一般为预制板式现浇混凝土屋面板，使用聚氨酯硬泡的屋面现浇混凝土屋面板随拌一次完成，不分作水泥砂浆找平层。

聚氨酯硬泡层是屋面防水与保温隔热的主体，其厚度是通过喷枪移动速度和往复次数来实现，30mm 厚完全可以满足防水和保温隔热的要求。如遇到大面积结构层（如超过 500m² 以上），为防止混凝土板因温差变化收缩开裂破坏聚氨酯硬泡层，需在结构墙及女儿墙交接处涂刷 1～2 遍高弹性的柔性防水材料（如丙烯酸涂料、聚合物水泥防水涂料）作过渡层，以适应基层在一定范围内的收缩裂缝，而不直接破坏聚氨酯硬泡层。

聚氨酯硬泡的保护层可选用 40mm 厚的 1∶3 的钢丝网水泥砂浆或 C15 的无筋细石混凝土，同时设立分格缝。

Ⅰ～Ⅲ级防水平屋面和Ⅰ级防水坡屋面的防水构造参见表 3-44，表中合成高分子防水涂料的选用，对于干燥基层应使用聚氨酯防水涂料，对潮湿基层应使用丙烯酸弹性防水涂料。

聚氨酯硬泡体防水保温层根据屋面的使用情况，可分为上人屋面和不上人屋面，上人屋面在聚氨酯硬泡体防水保温层上应设置刚性保护层或块材保护层，不上人屋面在聚氨酯硬泡体防水保温层上应设置水泥砂浆保护层，水泥砂浆保护层宜为 1∶3 水泥砂浆保护层，应设表面分格缝（V 形槽），分格面积宜为 1m²。上人屋面和不上人屋面的防水构造参见表 3-45。

（六）排汽空铺屋面的设计

排汽空铺屋面是指在保温层和找平层中设置排汽槽和排汽孔的一类屋面，其目的是防止基层水分受热产生的水蒸气使防水层产生空鼓现象而破坏防水层的质量。排汽空铺屋面按排汽槽和排汽孔的位置不同可分为多种构造形式。

聚氨酯硬泡体防水保温屋面的构造 **表 3-44**

名称		构造
平屋面	Ⅰ级防水屋面构造	7.抗裂保护层 6.防水层 5.硬泡聚氨酯层 4.防水层 3.找平层 2.找坡层 1.结构层
	Ⅱ级防水屋面构造	6.抗裂保护层 5.硬泡聚氨酯层 4.防水层 3.找平层 2.找坡层 1.结构层

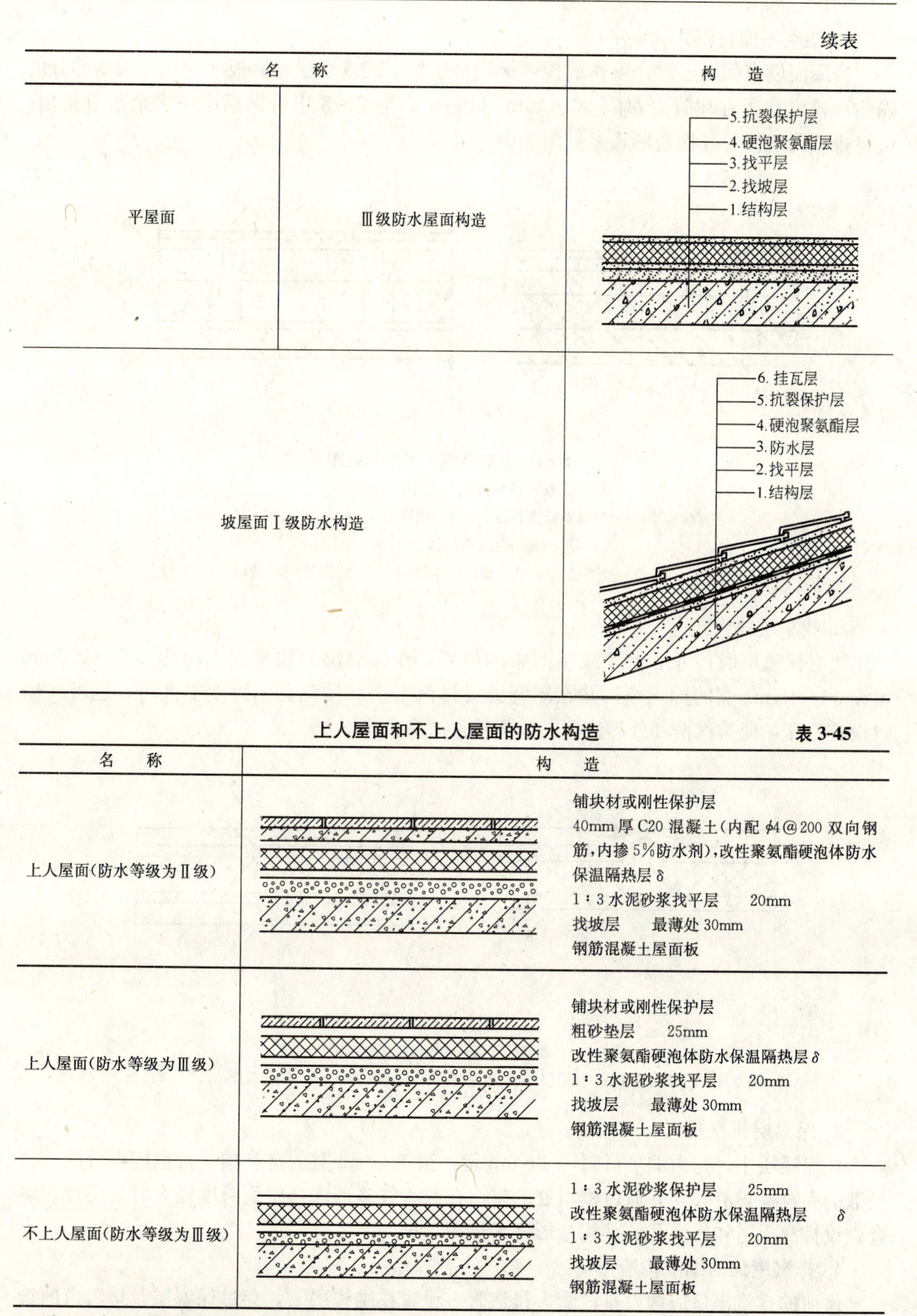

续表

名　称		构　造
平屋面	Ⅲ级防水屋面构造	5.抗裂保护层 4.硬泡聚氨酯层 3.找平层 2.找坡层 1.结构层
坡屋面Ⅰ级防水构造		6. 挂瓦层 5.抗裂保护层 4.硬泡聚氨酯层 3.防水层 2.找平层 1.结构层

上人屋面和不上人屋面的防水构造　表 3-45

名　称	构　造
上人屋面(防水等级为Ⅱ级)	铺块材或刚性保护层 40mm厚C20混凝土(内配 $\phi4@200$ 双向钢筋,内掺5%防水剂),改性聚氨酯硬泡体防水保温隔热层 δ 1∶3水泥砂浆找平层　20mm 找坡层　最薄处30mm 钢筋混凝土屋面板
上人屋面(防水等级为Ⅲ级)	铺块材或刚性保护层 粗砂垫层　25mm 改性聚氨酯硬泡体防水保温隔热层 δ 1∶3水泥砂浆找平层　20mm 找坡层　最薄处30mm 钢筋混凝土屋面板
不上人屋面(防水等级为Ⅲ级)	1∶3水泥砂浆保护层　25mm 改性聚氨酯硬泡体防水保温隔热层　δ 1∶3水泥砂浆找平层　20mm 找坡层　最薄处30mm 钢筋混凝土屋面板

注:1. 水泥砂浆保护层设表面分格缝,分格面积宜为 $1m^2$。
2. 屋面由结构找坡时,图中找坡层取消。

1. 架空屋面排汽式

当屋面设有保温层时，可作成预制板找平层架空式或双层屋面板架空式，架空部分的隔热和排汽孔可在屋脊处每隔 30～40m² 设一个，待 2～3 年后保温层中多余水分排出，可将排汽孔堵住。其构造形式参见图 3-64。

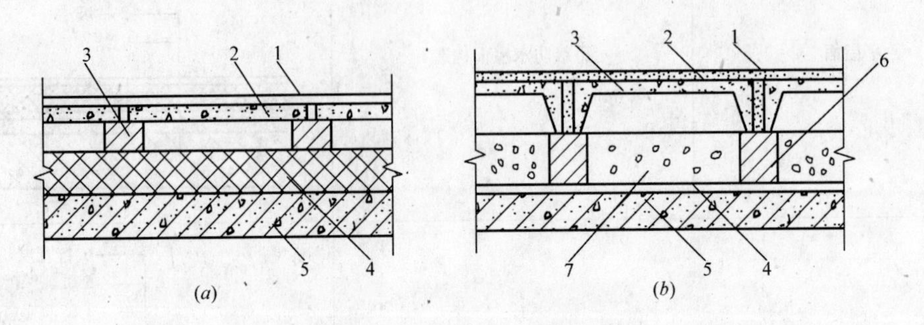

图 3-64 架空排汽式屋面示意图

(a) 预制板找平层架空屋面

1—卷材防水层；2—预制平板找平层；3—砖或混凝土垫块；4—隔热层；5—结构层

(b) 双层屋面板架空屋面

1—卷材防水层；2—找平层；3—槽形板；4—隔汽层；5—结构层；6—砖墙；7—炉渣

2. 找平层排汽式

当有保温层时，可沿屋架或屋面梁的位置，在保温层的找平层上每隔 1.5～2.0mm 留设 30～40mm 宽的排汽槽，并在屋脊处设排汽干道和排汽孔，跨度不大时，也可在檐口设排汽孔，使排汽槽和外界连通。其构造形式参见图 3-65。

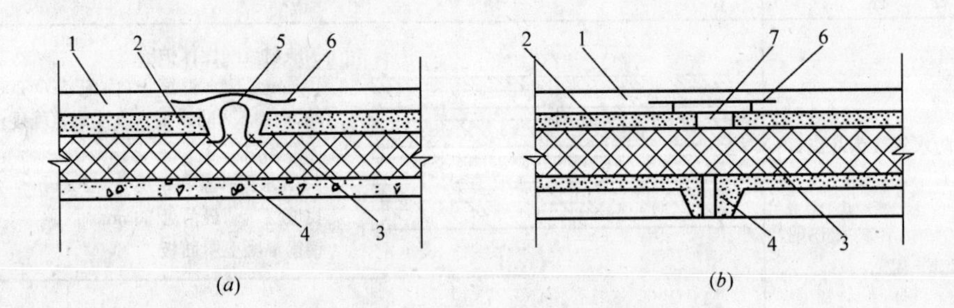

图 3-65 找平层排汽屋面示意图

(a) 现浇结构层；(b) 预制板结构层

1—防水层；2—找平层；3—保温层；4—结构层；5—Ω形油毡条；6—油毡条点贴；7—排汽槽

3. 保温层排汽式

在保温层中，与山墙平行每隔 4～6m 留一道 4～6cm 宽的排汽槽，排汽槽中可放一些松散的大粒径炉渣等，并通过檐口处的排汽孔与大气连通。当屋面跨度较大时，还宜在屋脊处设排汽干道和排汽孔。其构造形式参见图 3-66。

4. 排汽屋面的细部构造

屋面的排汽出口应埋设排汽管，排汽管宜设置在结构层上，穿过保温层及排汽道的管壁四周应打排汽孔，排汽管应做防水处理，参见图 3-67 和图 3-68。

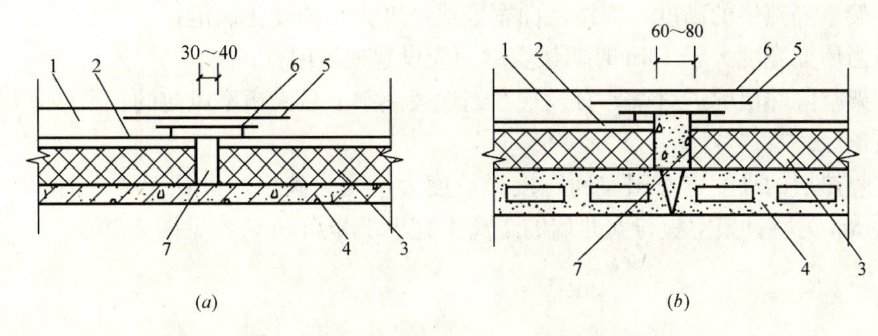

图 3-66　保温层排汽屋面示意图

1—防水层；2—找平层；3—保温层；4—结构层；5—油毡层；6—油毡条点贴；7—排汽槽

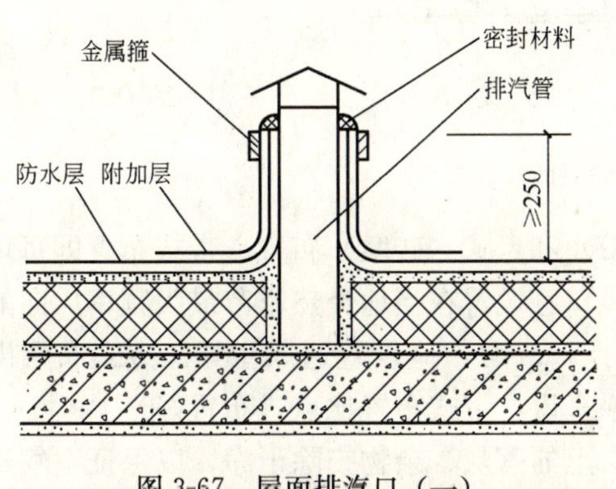

图 3-67　屋面排汽口（一）

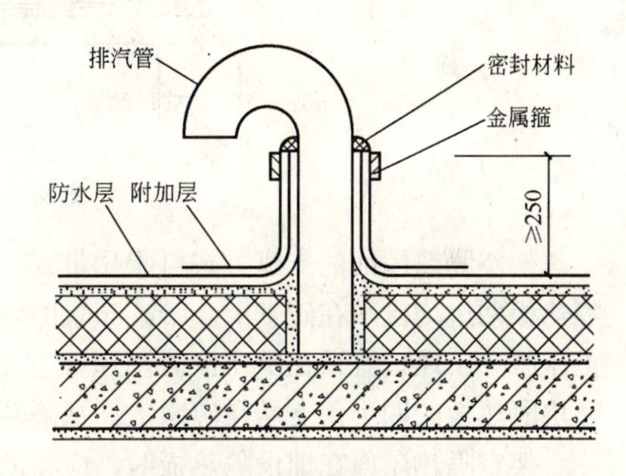

图 3-68　屋面排汽口（二）

二、屋面隔热层的设计

隔热屋面主要用于我国南方炎热地区，以降低屋顶热量对室内的影响。

屋面隔热层按隔热方式的不同，可分为架空隔热刚性屋面、蓄水隔热刚性屋面、种植隔热刚性屋面等三种类型，参见表 3-46。

刚性屋面按隔热方式分类　　**表 3-46**

屋面类型	隔热措施及特性	适用范围
架空隔热刚性屋面	在刚性防水层上设置小墩，上铺小块薄板，形成架空层，具有通风、隔热、降温的作用	气候炎热地区的屋面工程
蓄水隔热刚性屋面	在刚性防水层四周设墙蓄水，具有隔热、降温的特性	年平均降雨量大于或等于蒸发量的多雨地区的屋面工程
种植隔热刚性屋面	在刚性防水层上铺设天然土或轻质材料作为基层，其上种植花草，既可隔热、降温，又可美化环境	城市居民建筑屋面工程

1. 架空屋面的设计

架空隔热屋面是利用通风空气层散热快的特点，以提高屋面的隔热能力。

架空屋面的设计应符合下列规定：

（1）架空屋面的坡度不宜大于 5%；

（2）架空隔热层的高度，应按屋面宽度或坡度大小的变化确定；

（3）当屋面宽度大于 10m 时，架空屋面应设置通风屋脊；

（4）架空隔热层的进风口，宜设置在当地炎热季节最大频率风向的正压区，出风口宜设置在负压区。

架空隔热层的高度应按照屋面宽度或坡度大小变化确定，设计无要求时，一般应以 180～300mm 为宜；架空板与女儿墙的距离不宜小于 250mm，参见图 3-69。

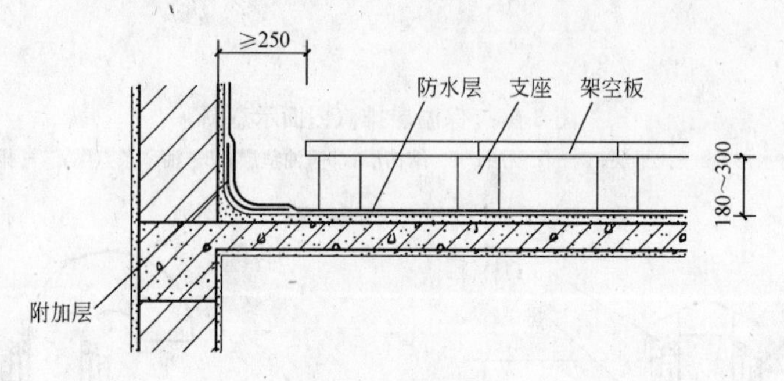

图 3-69　架空屋面

架空隔热屋面的支座方式可采用带式（砖带）和点式（砖墩）布置。带式布置即每块隔热板两边均支承在砖带上。带式布置时，进风口宜设置在当地炎热季节最大频率风向的正压区，出风口宜设在负压区。当屋面宽度大于 10m 时，应设置通风屋脊。点式布置即每块隔热板的四个角支承在砖墩上。从隔热效果来讲，带式布置比点式布置好。

架空隔热屋面在铺设隔热板时，应将防水层上的落灰、杂物扫除干净，以保证空气气流畅通。同时，为避免施工时损坏防水层，导致屋面漏雨，施工时，应在防水层上铺设垫板、草包，以便于砌筑和运输。

架空隔热屋面的其他构造形式和施工要点见表 3-47。

架空隔热层面类型和施工要点　　**表 3-47**

名称	屋面坡度	简　图	施工要点
双层土瓦屋面	1∶16	三七灰土坐脊加盖筒瓦 双层土瓦上层搭七留三，下层搭二留八 170	1. 椽子间距要准确一致 2. 屋脊要设置排风口 3. 上层搭七留三，灰条盖缝，底层搭二留八，土瓦盖缝
大阶砖架空屋面	≥3%	大阶砖水泥砂浆坐铺 1/4砖带架空 钢筋混凝土刚性（或柔性）屋面 120～180 370	1. 屋面清扫干净，放出支撑中线 2. M2.5 水泥砂浆铺砌砖带支承，间距偏差不大于 10mm 3. 用 M2.5 水泥砂浆铺砌大阶砖或混凝土隔热板 4. 用 1∶2 水泥砂浆或沥青砂浆嵌缝

续表

名称	屋面坡度	简图	施工要点
混凝土半圆拱架空屋面	1∶(3～4)	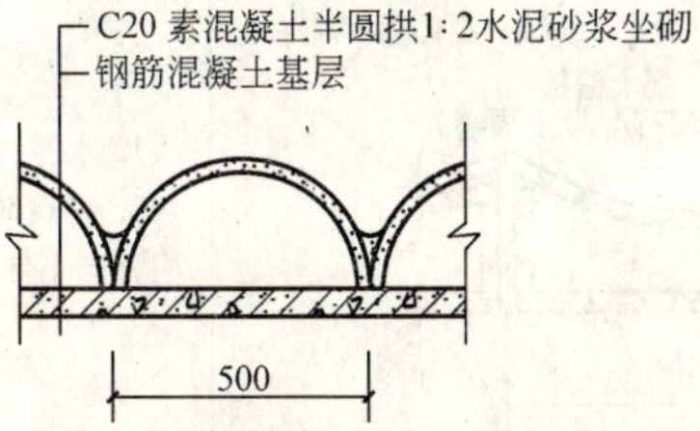 C20 素混凝土半圆拱1:2水泥砂浆坐砌 钢筋混凝土基层 500	1. 混凝土半圆拱(或水泥大瓦)要求无裂缝和损坏 2. 坐砌灰浆要饱满,位置要准确 3. 用1∶2水泥砂浆嵌缝
水泥大瓦架空屋面	≥3%	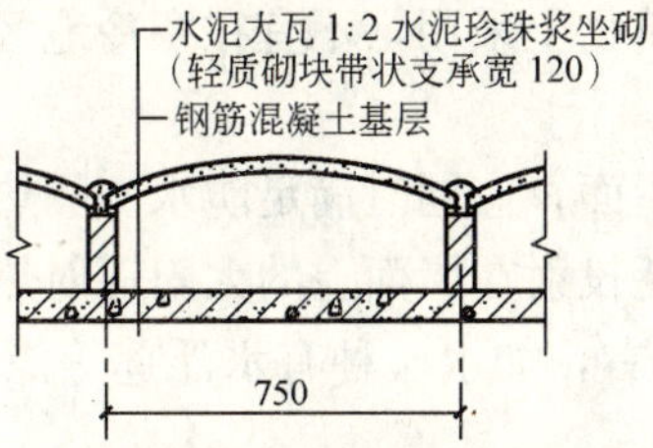 水泥大瓦 1:2 水泥珍珠浆坐砌 (轻质砌块带状支承宽 120) 钢筋混凝土基层 750	同"混凝土半圆拱架空屋面"
反槽板混凝土拱架空屋面(双重防水)	1∶(3～4)	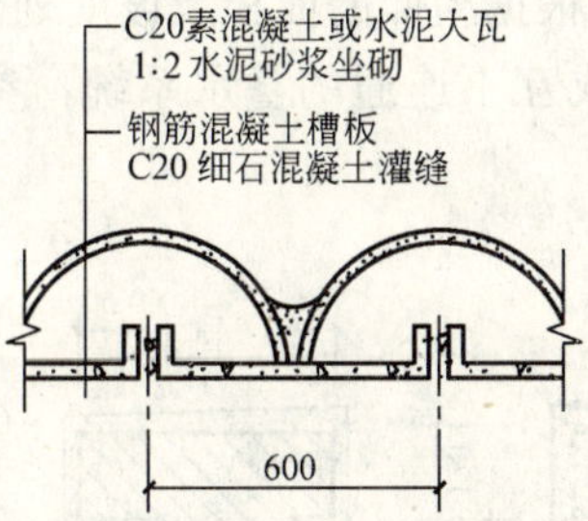 C20素混凝土或水泥大瓦 1:2 水泥砂浆坐砌 钢筋混凝土槽板 C20 细石混凝土灌缝 600	同"混凝土半圆拱架空屋面"
双层水泥瓦架空屋面(双重防水)	1∶(3～4)	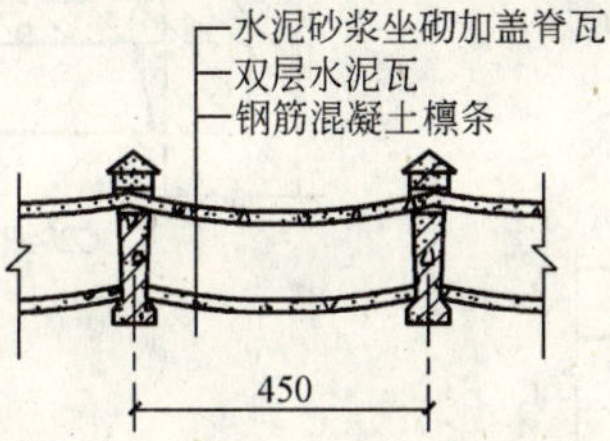 水泥砂浆坐砌加盖脊瓦 双层水泥瓦 钢筋混凝土檩条 450	1. 钢筋混凝土檩条要求规格一致,铺设安装距离准确 2. 底层水泥大瓦铺盖时要搁稳,确保安全
山字形混凝土架空屋面	≥3%	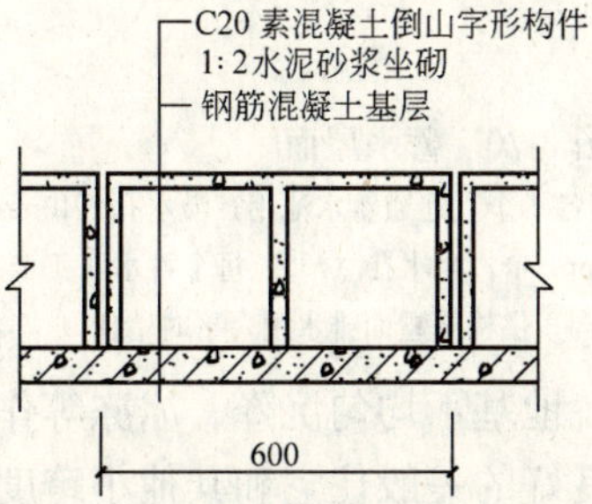 C20 素混凝土倒山字形构件 1:2水泥砂浆坐砌 钢筋混凝土基层 600	1. 山字形构件要求无裂缝和损坏 2. 坐砌灰浆要饱满,位置要准确

续表

名称	屋面坡度	简　图	施工要点
单翼水泥大瓦架空屋面	1∶(8～12)	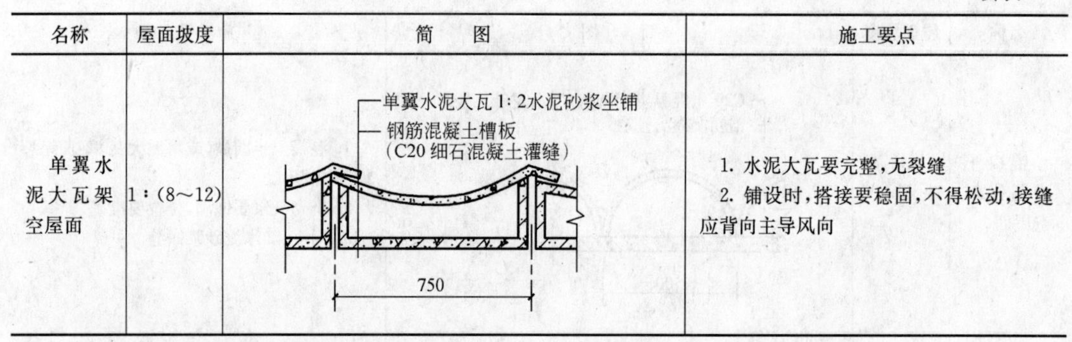	1. 水泥大瓦要完整，无裂缝 2. 铺设时，搭接要稳固，不得松动，接缝应背向主导风向

架空隔热屋面宜在通风较好的建筑物上采用，不宜在寒冷地区采用。

2. 蓄水屋面的设计

蓄水隔热刚性防水屋面简称蓄水屋面，应同时满足防水、隔热和保温的功能要求。由于水的蓄热和蒸发作用，可以大量消耗投射在屋面上的太阳辐射热，有效减少通过屋面的传热量。蓄水深度宜保持在200mm左右，如水层种有水浮莲等漂浮物，可形成遮阳蓄水屋面。

蓄水屋面宜采用刚性防水层，并应根据屋面的面积及坡度划分若干蓄水区，每区边长不宜大于10 m。在变形缝两侧，可做成互不连通的蓄水系统，参见图3-70。防水层的分格设置与钢筋混凝土防水层基本相同。

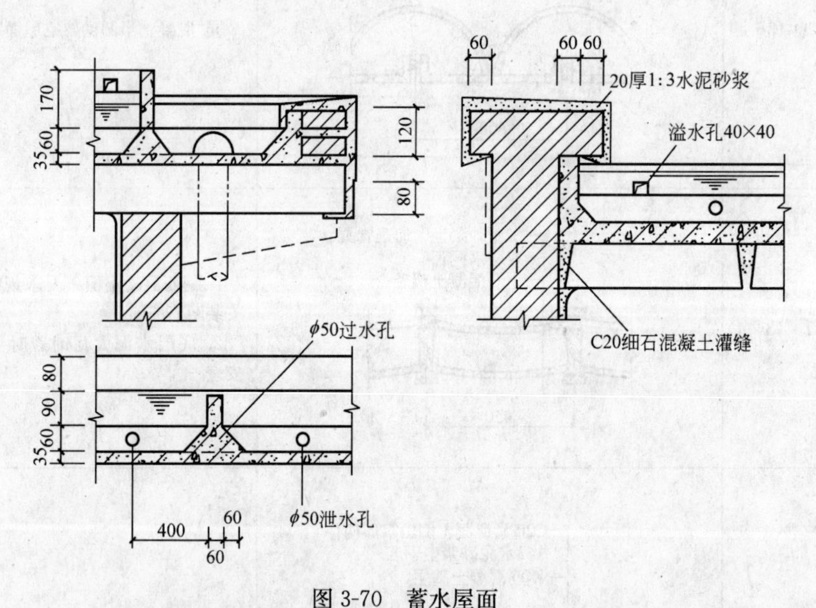

图3-70　蓄水屋面

过水孔（ϕ50），每个分区肋两端各1个，连通蓄水池用；溢水孔（40mm×40mm），池壁上部中距2000mm/个；泄水孔（ϕ50）每个蓄水池4个由池底通至檐沟，供检修屋面排水用，平时堵住

蓄水屋面由于荷载较大，对地震、地基不均匀沉降、冰冻等作用较为敏感，因而它适用于南方炎热的非地震区、地基情况良好的一般住宅和其他小跨度建筑。

蓄水屋面的设计应符合下列规定：

(1) 蓄水屋面的坡度不宜大于0.5%；

(2) 蓄水屋面应分为若干蓄水区，每区的边长不宜大于10m，在变形缝的两侧应分成两个互不连通的蓄水区；长度超过40m的蓄水屋面应设分仓缝，分仓隔墙可采用混凝土或砖砌体；

(3) 蓄水屋面应设排水管、溢水口和给水管，排水管应与水落管或其他排水出口连通；

(4) 蓄水屋面的蓄水深度宜为150～200mm；

(5) 蓄水屋面泛水的防水层高度，应高出溢水口100mm；

(6) 蓄水屋面应设置人行通道；

(7) 蓄水屋面的溢水口应距分仓墙顶面100mm（图3-71）；过水孔应设在分仓墙底部，排水管应与水落管连通（图3-72）；分仓缝内应嵌填泡沫塑料，上部用卷材封盖，然后加扣混凝土盖板（图3-73）。

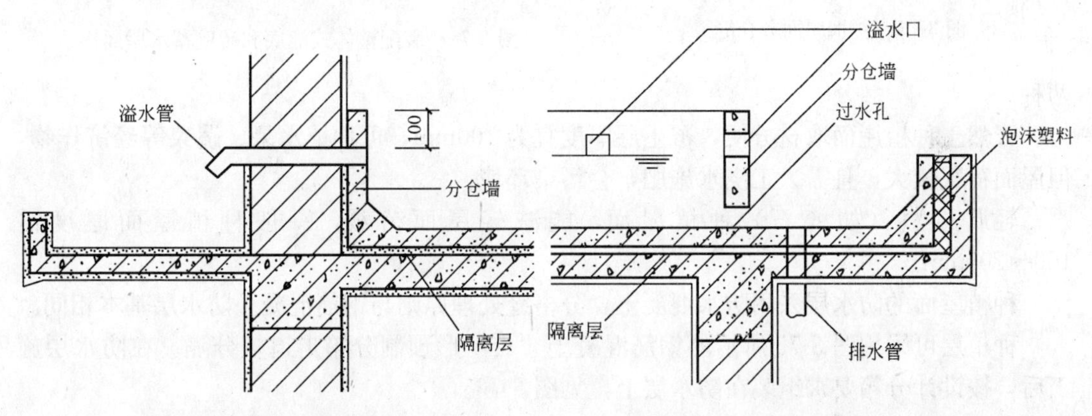

图3-71 蓄水屋面溢水口

图3-72 蓄水屋面排水管、过水孔

蓄水屋面的池底，可采用现浇整体结构或装配式结构。当用预制板时，由于蓄水屋面荷载较大，宜用预应力混凝土空心板。

池壁有现浇钢筋混凝土和砖砌（或混凝土砌块）池壁两种。现浇钢筋混凝土池壁整体性好，抗渗、抗冻性强，但造价高。砖池壁的耐久性差，结合处两种材料的线膨胀系数和弹性模量存在差异，对抗渗不利。因此，应尽可能采用混凝土小砌块做池壁，且头两皮砖或混凝土块最宜用微膨胀砂浆砌筑，砖池壁中宜配水平钢筋。

蓄水屋面底与壁采用现浇混凝土时，其构造与现浇钢筋混凝土高位线水池相同。池底按现浇混凝土连续梁板结构配筋，池壁按悬臂板配筋。另外，考虑温度、收缩的影响，宜配置双层钢筋。

钢筋混凝土装配整体式池底和砖（或混凝土块）砌池壁组成的蓄水屋面，其构造见图3-74。池底按预应力或普通混凝土连续叠合梁板配筋，池壁按悬臂砖石构件确定壁厚。池壁内用1：2防水砂浆抹面，在池壁上部设一圈钢筋，以增强池壁的整体性和承受轻度的冰冻胀力。

池壁高度还应考虑避免大风使池水溅出的防浪高度，一般应高出溢口120mm以上。

3. 种植屋面的设计

种植隔热刚性防水屋面，简称种植屋面，分天然土种植屋面和轻质材料种植屋面

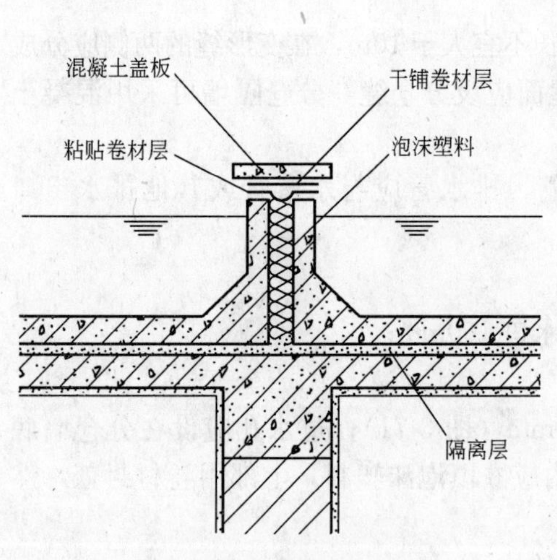

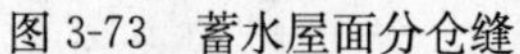

图 3-73　蓄水屋面分仓缝

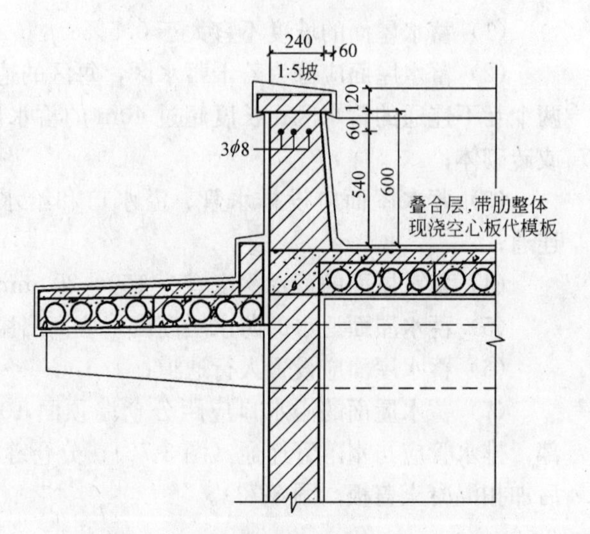

图 3-74　装配整体式池底和砖壁蓄水屋面构造

两种。

天然土种植屋面取材方便，覆土层厚度宜为 100mm，可种植水果、蔬菜等经济作物，但屋面荷载较大，且需人工浇水施肥，会污染环境。

轻质材料（如蛭石）种植屋面，能减轻屋面荷载，一般种植屋面厚度需 150～200mm。

种植屋面的防水层采用防水混凝土，分格缝处理原则与钢筋混凝土防水层基本相同。

种植层可采用图 3-75 所示的钢筋混凝土"Π"形预制分箱走道板分隔。在防水层施工后，按设计分箱要求组装在防水层上，见图 3-76。

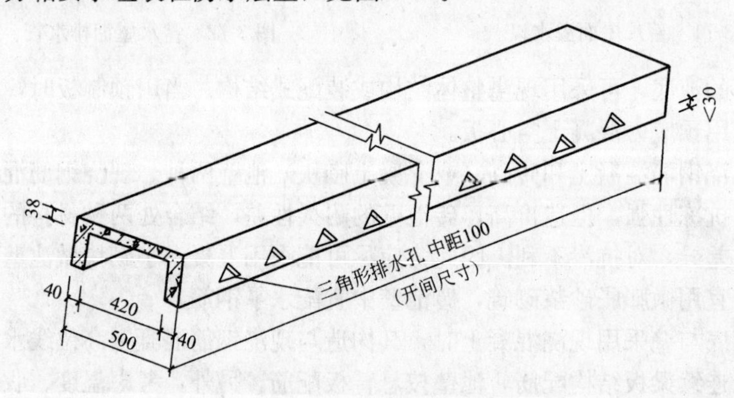

图 3-75　分箱走道板

种植屋面的设计应符合下列规定：

(1) 在寒冷地区应根据种植屋面的类型，确定是否设置保温层。保温层的厚度，应根据屋面的热工性能要求，经计算确定。

(2) 种植屋面所用材料及植物等应符合环境保护要求。

(3) 种植屋面根据植物及环境布局的需要，可分区布置，也可整体布置。分区布置应设挡墙（板），其形式应根据需要确定。

(4) 排水层材料应根据屋面功能、建筑环境、经济条件等进行选择。

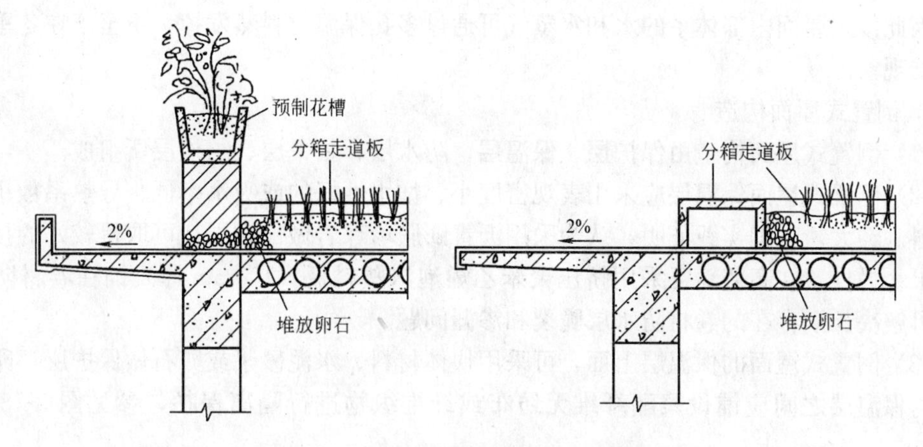

图 3-76 用分箱走道板组合的植被屋面

(5) 介质层材料应根据种植植物的要求，选择性能良好的材料。介质厚度应根据不同介质和种植种类等确定。

(6) 种植屋面可用于平屋面或坡屋面。屋面坡度较大时，其排水层、种植介质应采取防滑措施。

(7) 种植屋面上的种植介质四周应设挡墙，挡墙下部应设泄水孔，参见图 3-77。

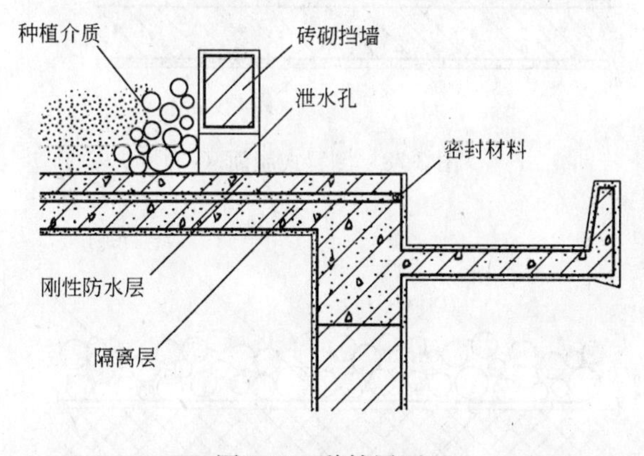

图 3-77 种植屋面

三、倒置式屋面的设计

众所周知，对保温卷材屋面的做法，一般是在结构基层上先做保温层，然后再做找平层和油毡防水层，这种做法的卷材屋面，由于油毡防水层受到外界大气和温度的影响很大，容易产生防水层开裂、渗漏水，同时沥青胶结材料容易老化，防水层使用年限缩短。

倒置式屋面与传统的卷材防水屋面构造相反，保温层不是设在卷材防水层的下面，而是设在卷材防水层的上面，故称“倒置屋面”。

1. 倒置屋面与传统的卷材防水屋面相比所具有的优点

(1) 延缓卷材防水层老化 倒置式屋面防水层由于受保温层的覆盖，避免了太阳光紫外线的直接照射，降低了表面温度，防止了磨损和暴雨的冲刷，延缓了老化。

(2) 加速屋面内部水和水蒸气的蒸发 保温层屋面可做成排水坡度，雨水可自然排走，因此侵入屋面内部体系的水和水蒸气可通过多孔保温材料蒸发掉，不至于在冬季时产生冻结现象。

2. 倒置式屋面构造

（1）倒置式屋面构造由保护层、保温层、防水层、找平层、结构层所组成。

（2）倒置式屋面保温层应采用表观密度小、憎水性好的或吸水率低、导热系数小的保温材料。经大量工程实践证明，认为采用沥青膨胀珍珠岩做保温层，可取得较好的技术经济效果。另外，在高寒地区采用挤压聚苯乙烯泡沫塑料板（100mm 厚）铺在卷材防水层上，可解决长期存在的卷材防水层脆裂和渗漏问题。

（3）倒置式屋面的保温层上面，可采用块体材料、水泥砂浆或卵石做保护层；卵石保护层与保温层之间应铺设聚酯纤维无纺布或纤维织物进行隔离保护，参见图 3-78 和图 3-79。

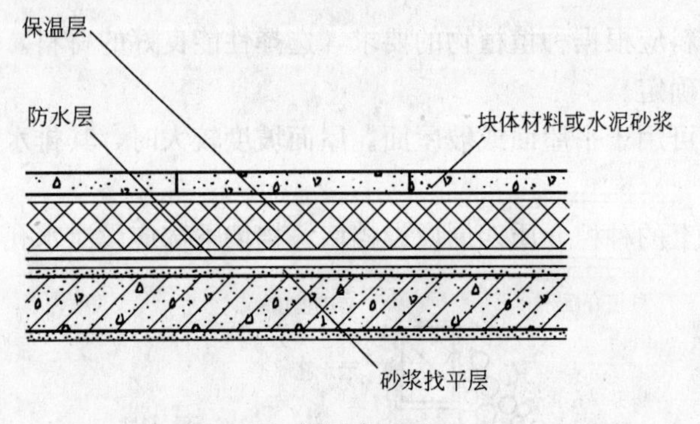

图 3-78 倒置式屋面（一）

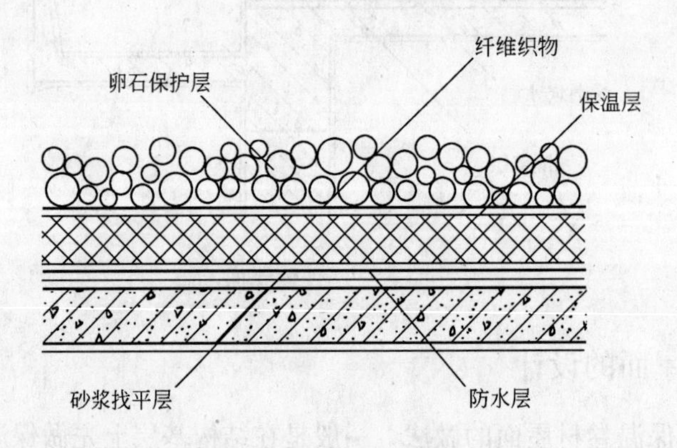

图 3-79 倒置式屋面（二）

保温层可采用干铺，亦可采用与防水层材料相容的胶粘剂粘贴。板状保护层可干铺，也可用水泥砂浆铺砌。

3. 倒置式屋面设计的规定

（1）倒置式屋面坡度不宜大于 3%；

（2）倒置式屋面的保温层，应采用吸水率低且长期浸水不腐烂的保温材料；

（3）保温层可采用干铺或粘贴板状保温材料，也可采用现喷硬质聚氨酯泡沫塑料；

（4）保温层的上面采用卵石保护层时，保护层与保温层之间应铺设隔离层；

（5）现喷硬质聚氨酯泡沫塑料与涂料保护层间应具相容性；

（6）倒置式屋面的檐沟、水落口等部位，应采用现浇混凝土或砖砌堵头，并做好排水处理。

第七节　瓦材防水屋面的设计

瓦材防水屋面是采用具有一定防水能力的瓦片搭接而成进行防水，并在10%～50%的屋面坡度下以排水为主的，迅速将雨水排走的一种传统的防水屋面。

屋面瓦大体上可分为烧结瓦和非烧结瓦两大类，烧结瓦有烧结黏土平瓦及脊瓦等各种瓦形的瓦和配件，烧结彩色瓦（琉璃瓦、亚光彩瓦）、黏土小青瓦（板瓦、筒瓦）等，烧结瓦还可根据表面状态分为有釉和无釉两类。非烧结瓦有水泥瓦、沥青油毡瓦、彩钢瓦、塑钢瓦、玻璃钢瓦、纤维增强水泥瓦、石棉瓦、金属板、金属夹芯板等。由于瓦材品种的繁多，故瓦材屋面的种类亦多，但有一些已被新的形式所代替，目前常用的有平瓦屋面、油毡瓦屋面和金属板材屋面。

依据《屋面工程技术规范》GB 50345—2004 的规定，各类瓦材适用于屋面的防水等级参见表 3-48。

各类瓦材适用于屋面的防水等级　表 3-48

瓦材屋面名称	防水等级			
	Ⅰ	Ⅱ	Ⅲ	Ⅳ
平瓦屋面		√	√	√
油毡瓦屋面		√	√	
金属板材屋面	√	√	√	

瓦屋面的排水坡度，应根据屋架形式、屋面基层类别、防水构造形式、材料性能以及当地气候条件等因素，经技术经济比较后确定，并宜符合表 3-49 的规定。

瓦屋面的排水坡度　表 3-49

材料种类	屋面排水坡度(%)
平瓦	⩾20
油毡瓦	⩾20
金属板材	⩾10

平瓦和油毡瓦可铺设在钢筋混凝土或木基层上，金属板材则可直接铺设在檩条上。平瓦和油毡瓦屋面与山墙及突出屋面结构的交接处，均应做泛水处理。在大风和地震地区，应采取措施使瓦材与屋面基层固定牢固。具有保温隔热的平瓦、油毡瓦屋面，保温层可设置在钢筋混凝土结构基层的上部；金属板材屋面的保温层可选用复合保温板材的形式。

瓦材屋面的基层与突出屋面结构的交接处以及屋面的转角处，应绘出细部构造详图，天沟、檐沟的防水层可采用防水卷材或防水涂膜，也可以采用金属板材。

一、平瓦屋面的设计

平瓦屋面，系指黏土平瓦或水泥平瓦及其脊瓦铺盖的屋面。

黏土平瓦及其脊瓦，是以黏土压制或挤压成型、干燥焙烧而成。其颜色有青、红两种。水泥平瓦及其脊瓦，是用水泥、砂加水搅拌经机械滚压成型，常压蒸汽养护后制成。

平瓦用于铺盖坡屋面，脊瓦铺盖于屋脊上。

1. 设计要点

(1) 平瓦单独使用时，可应用于防水等级为Ⅲ级、Ⅳ级的屋面防水。当瓦材与防水卷材或防水涂膜复合使用时，可用于防水等级为Ⅱ级、Ⅲ级的屋面防水。

(2) 平瓦只能用于排水坡度为20%～50%的屋面，屋脊应采用断面成120°角的脊瓦。当平瓦屋面坡度大于50%及屋面坡度少于20%和在大风及地震区，瓦的固定，应采取加强措施。

(3) 平瓦屋面应在基层上面先铺设一层卷材，其搭接宽度不宜小于100mm，并用顺水条将卷材压钉在基层上。顺水条的间距宜为500mm，再在顺水条上铺钉挂瓦条。

(4) 平瓦可采用在基层上设置泥背的方法铺设，泥背厚度宜为30～50mm。

2. 构造设计

(1) 平瓦屋面的瓦头挑出封檐的长度宜为50～70mm。参见图3-80和图3-81。

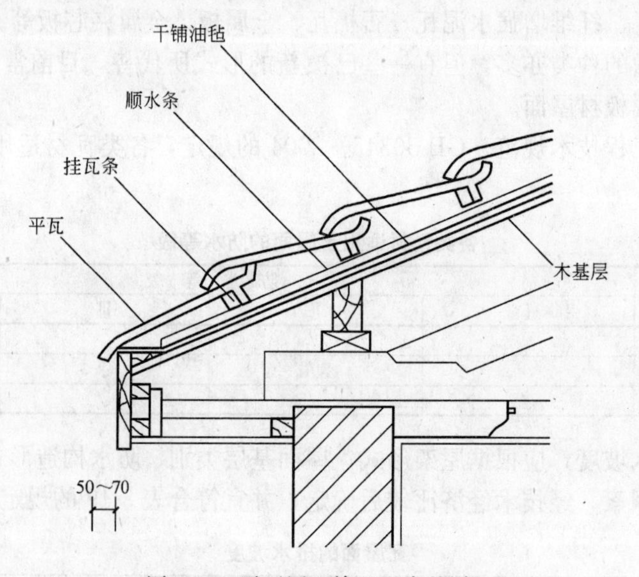

图3-80　平瓦屋面檐口（木基层）

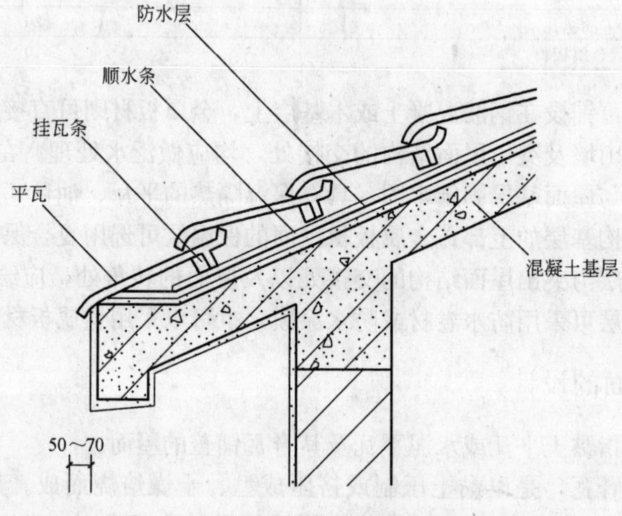

图3-81　平瓦屋面檐口（混凝土基层）

(2) 平瓦屋面的泛水，宜采用聚合物水泥砂浆或掺有纤维的混合砂浆分次抹成；烟囱与屋面的交接处，在迎水面中部应抹出分水线，并应高出两侧各30mm，参见图3-82。

(3) 平瓦伸入天沟、檐沟的长度宜为50～70mm，参见图3-83。

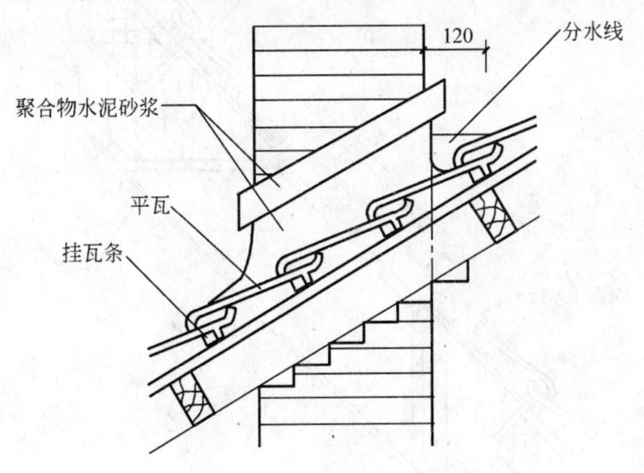

图3-82 平瓦屋面烟囱泛水

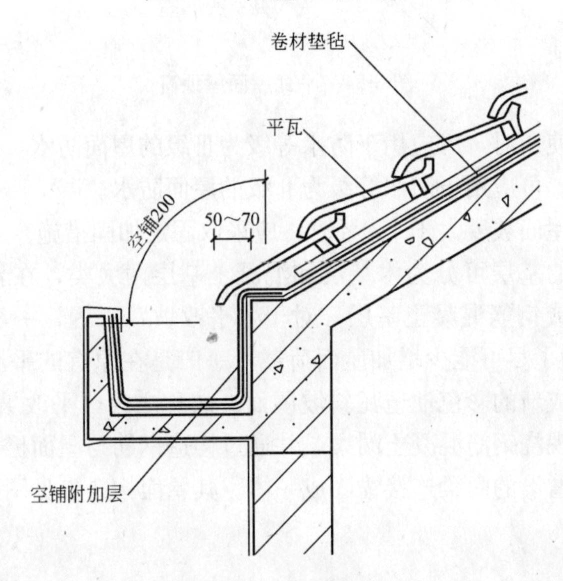

图3-83 平瓦屋面檐沟

(4) 平瓦屋面的脊瓦下端距坡面瓦的高度不宜大于80mm，脊瓦的两坡面瓦上的搭盖宽度，每边不应小于40mm。沿山墙封檐的一行瓦，宜用1∶2.5的水泥砂浆做出坡水线，将瓦封固。

(5) 平瓦屋面与屋顶窗的交接处，应采用金属排水板、窗框固定铁角、窗口防水卷材、支瓦条等连接，参见图3-84。

二、油毡瓦屋面的设计

油毡瓦是以玻璃纤维毡为胎基，经浸涂石油沥青后，一面覆盖彩色矿物粒料，另一面撒以隔离材料所制成的瓦状屋面防水片材。此类屋面具有防水和屋面装饰瓦的双重功能。

1. 设计要点

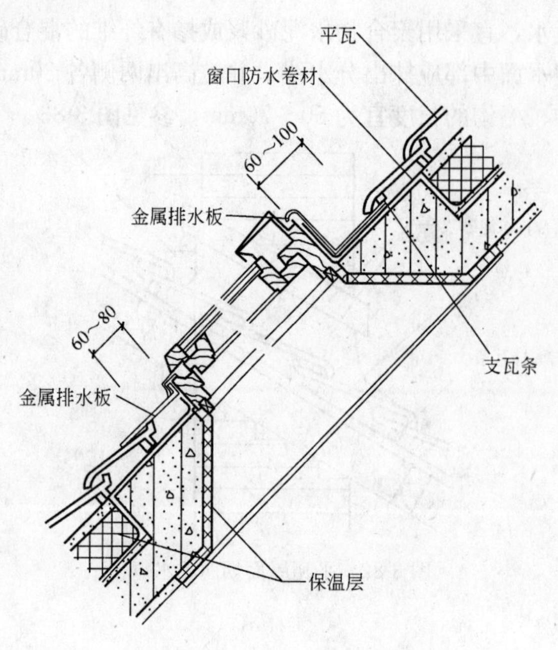

图 3-84 平瓦屋面屋顶窗

(1) 油毡瓦单独使用时，可应用于防水等级为Ⅲ级的屋面防水，油毡瓦与防水卷材或防水涂膜复合使用时，可应用于防水等级为Ⅱ级的屋面防水。

(2) 当油毡瓦的屋面坡度大于150%时，应采取固定加固措施。

(3) 油毡瓦屋面的基层可分为木基层和混凝土基层两大类，在新建住宅的斜坡屋面上，则可采用木基层或钢筋混凝土基层，对于“平改坡”工程，一般均采用木基层。在“平改坡”屋面中，为了尽可能少增加屋面荷载，一般是在原有的平屋面结构上增设轻钢屋架，铺设木基层改成新的彩色油毡瓦斜坡屋面，故称之为“平改坡”，同时应在设置轻钢屋架的承重墙上，现浇钢筋混凝土圈梁，并通过构造钢筋与屋面檐口圈梁连成整体。然后再将轻钢屋架与新增设的圈梁连接锚固成一体。其屋面构造参见图 3-85。

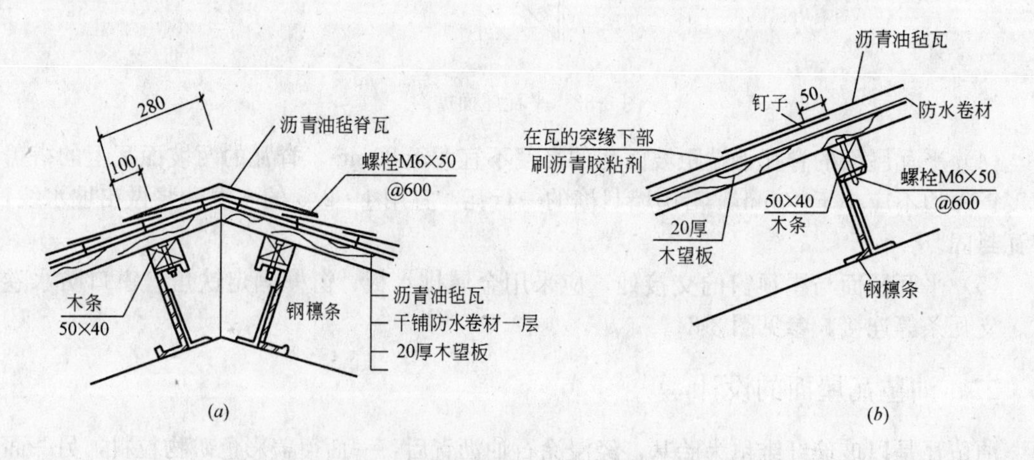

图 3-85 油毡瓦屋面构造（适用于“平改坡”旧屋面）

(a) 屋脊；(b) 瓦纵向搭接

(4) 油毡瓦屋面应在基层上面先铺设一层卷材，如卷材铺设在木基层上面时，可采用油毡钉固定卷材，如卷材铺设在混凝土基层上面时，则可采用水泥钉固定卷材。油毡瓦的铺设应不小于3层。

(5) 屋面与突出屋面的连接处，油毡瓦应铺贴在立面上，其高度不应小于250mm。

2. 构造设计

(1) 油毡瓦屋面的檐口应设金属滴水板，参见图3-86和图3-87。

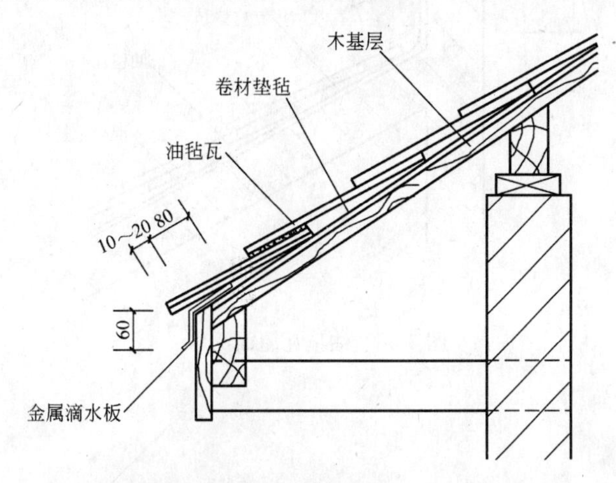

图3-86　油毡瓦屋面檐口（木基层）

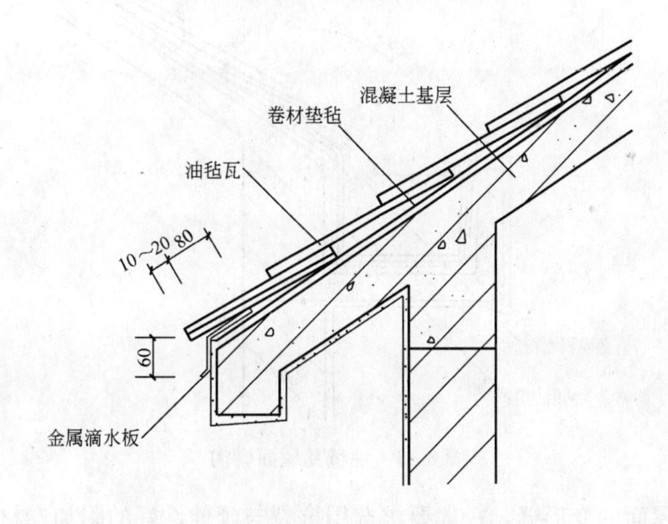

图3-87　油毡瓦屋面檐口（混凝土基层）

(2) 油毡瓦屋面的泛水板与突出屋面的墙体搭接高度不应小于250mm，参见图3-88。

(3) 除了在檐沟内必须增设附加防水层（空铺）外，并应在卷材收头部位有较好的固定密封措施，在檐口的油毡瓦和卷材之间则应采取满粘法铺贴，参见图3-89。

(4) 油毡瓦屋面的脊瓦在两坡面瓦上的搭盖宽度，每边不应小于150mm，参见图3-90。

(5) 油毡瓦屋面与屋顶窗交接处，应采用金属排水板，窗框固定铁角窗口防水卷材、支瓦条等连接，参见图3-91。

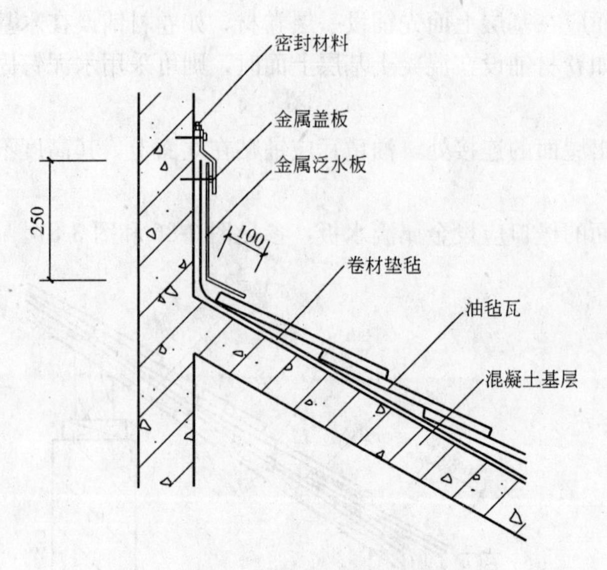

图 3-88　油毡瓦屋面泛水

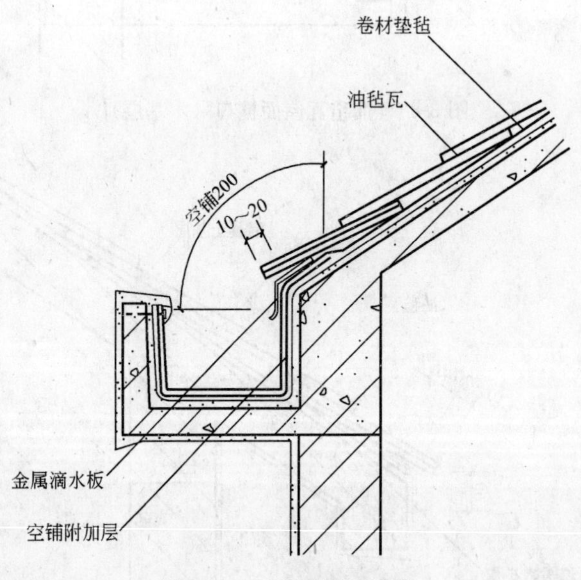

图 3-89　油毡瓦屋面檐沟

（6）油毡瓦屋面的变形缝，一般要求选用抗裂与延伸性好的附加卷材防水层，且在外面覆盖和固定金属板材（如 1mm 厚的铝板），参见图 3-92，变形缝的泛水高度不宜过小，一般要求等于或大于 250mm。

（7）油毡瓦在女儿墙处可沿基层与女儿墙的八字坡铺贴，并采用镀锌薄钢板覆盖，钉子钉固于墙内预埋的木砖上，泛水上口与墙间的缝隙应用密封材料封严，参见图 3-93。

三、金属板材屋面的设计

金属板材主要是指波形、平板形镀锌薄钢板或带肋镀铝钢板等压型钢板屋面瓦。

1. 设计要点

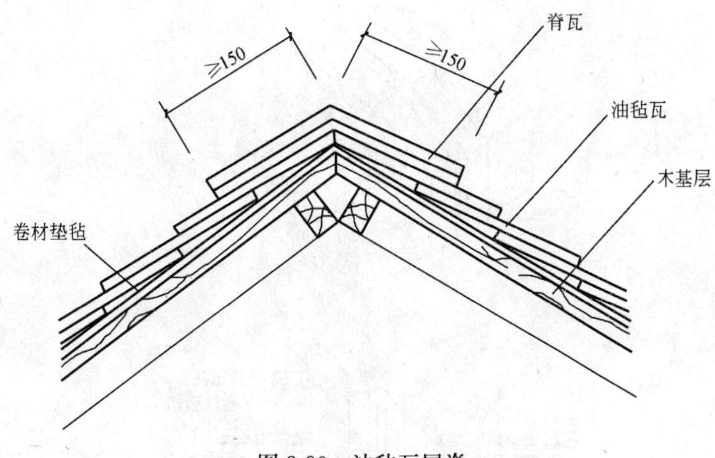

图 3-90　油毡瓦屋脊

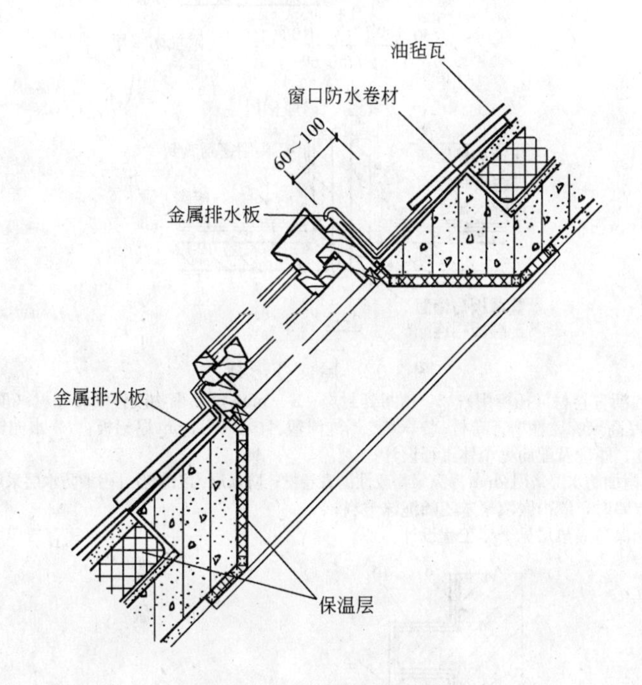

图 3-91　油毡瓦屋面屋顶窗

（1）金属板材应根据屋面防水等要求选择性能相适应的板材，压型钢板屋面适用于防水等级为Ⅱ级的屋面防水、非保温轻型的工业厂房、库棚和临时性建筑工程亦多采用此类屋面。

（2）压型钢板屋面应根据坡面长度进行铺瓦设计，上下两排压型钢板的搭接长度不应少于 200mm，接缝要用密封胶嵌填严密。

（3）每块泛水板的长度不应大于 2m，与压型钢板的搭接宽度不应少于 200mm。

（4）当压型钢板屋面采用木基层时，应在基层上做耐腐蚀防水涂料或铺设油毡；压型钢板屋面，亦可在基层上铺设保温隔热板。

（5）采用镀锌钢板作天沟时，其镀锌钢板伸入压型钢板底面的长度不应小于 100mm，

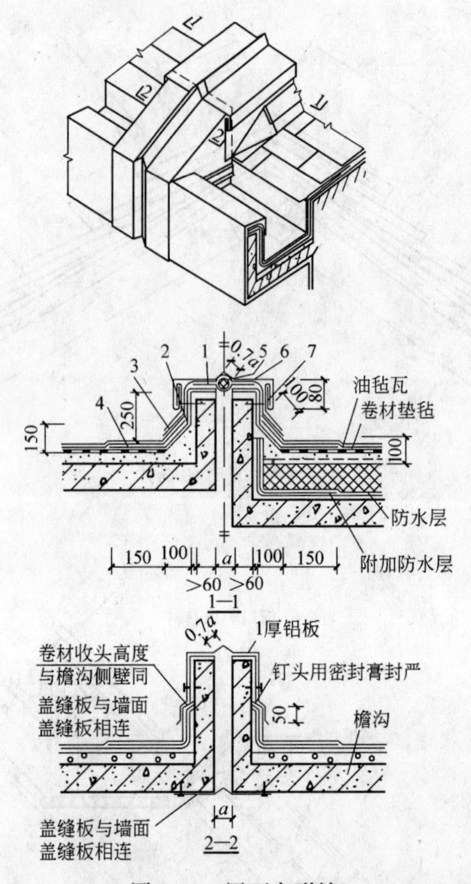

图 3-92 屋面变形缝

1—2mm厚高聚物改性沥青卷材（托棒用）；2—密封膏封严；3—3mm厚高聚物改性沥青卷材（顶部水平段不粘牢）；4—2mm厚高聚物改性沥青卷材；5—聚乙烯泡沫塑料棒；6—1mm厚铝板；7—水泥钉@500

注：1. 变形缝翻边的高度、厚度及配筋见个体工程设计；

2. 防水层为卷材者，附加防水层采用2mm厚高聚物改性沥青卷材；防水层为涂膜者，附加防水层采用一布二涂；

3. 变形缝处室内无双墙时，缝内嵌填聚苯乙烯泡沫塑料；

4. 有无防水层或有无保温隔热层见个体工程设计。

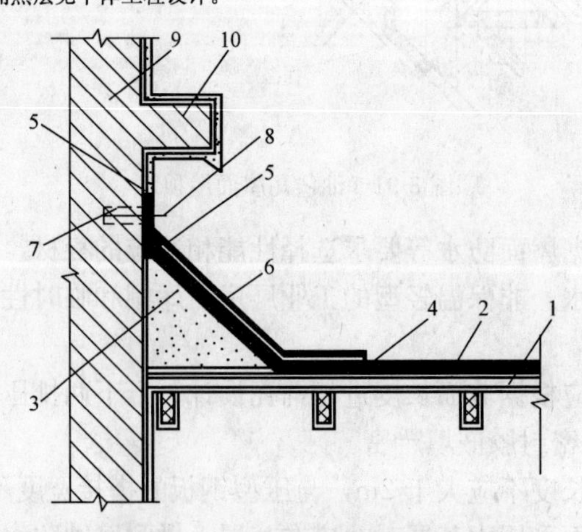

图 3-93 女儿墙泛水处理示意

1—木基层；2—垫毡；3—八字坡砂浆；4—油毡瓦；5—密封胶；6—镀锌薄钢板；7—预埋木砖；8—铁钉；9—女儿墙；10—挑砖

压型钢板伸入檐沟内的长度不应小于 50mm。檐口用异型镀锌钢板的堵头封檐板。

（6）平行流水方向的薄钢板拼缝以及屋脊、斜脊的薄钢板拼缝，均宜做成双立咬口，高度 40mm，但咬口扣合应松弛，以利薄钢板热胀冷缩。

天沟和斜沟处的薄钢板拼缝及其与坡面薄钢板的连接，均宜做成双平咬口，并用防水密封材料嵌缝。

（7）屋面薄钢板沿屋脊、斜脊、檐口、天沟处，均应铺设垫板。

山墙应用异型镀锌钢板的包角板和固定支架封严。

（8）带肋镀铝钢板其泛水收边板或屋脊盖板应开出缺口，使收边板和盖板能同时覆盖镀铝锌钢板的肋条及凹槽部分。

2. 构造设计

（1）金属板材屋面的泛水板与突出屋面的墙体搭接高度不应小于 250mm，安装应平直，参见图 3-94。突出屋面的烟囱的连接处泛水板与压型钢板的搭接宽度不应小于 150mm。在流水坡面上、下方，波形薄钢板与泛水之间的空隙，需用石棉麻刀灰塞堵严密，但下方灰浆不得突出泛板的下口，防止此处因灰浆裂缝产生渗水，参见图 3-95，上方（迎水面）灰浆嵌填后应做出分水线，以利排水。

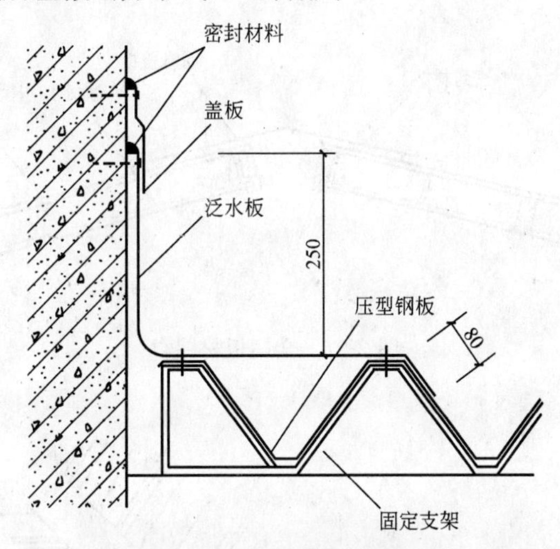

图 3-94　压型钢板屋面泛水

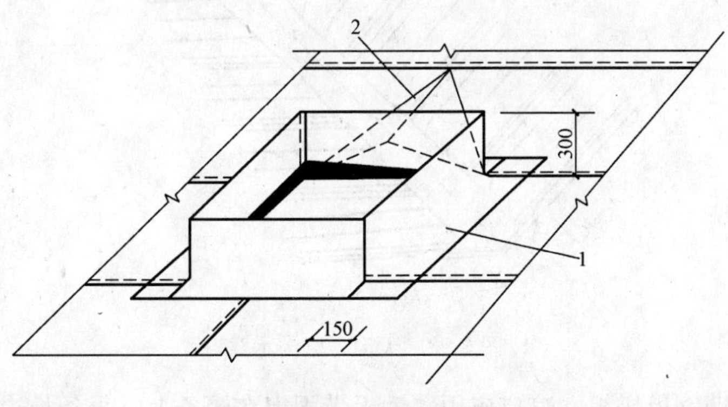

图 3-95　烟囱泛水

1—泛水板；2—分水坡

（2）金属板材屋面檐口挑出的长度不应小于200mm，参见图3-96，屋面脊部应用金属屋脊盖板，并在屋面板端头设置泛水挡水板和泛水堵头板，参见图3-97。

（3）压型钢板伸入天沟、檐沟的长度应为50～70mm，参见图3-98。

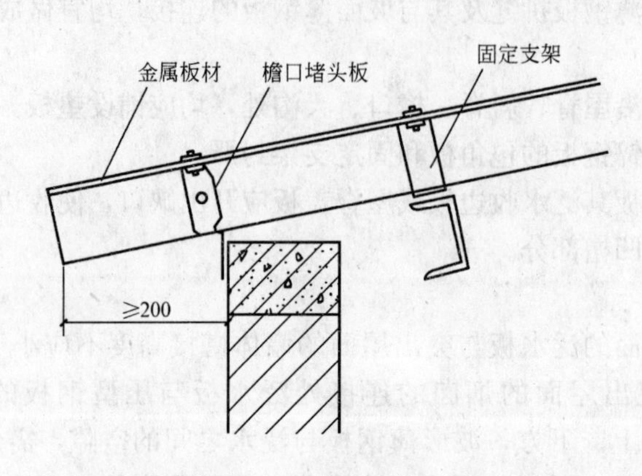

图3-96 金属板材屋面檐口

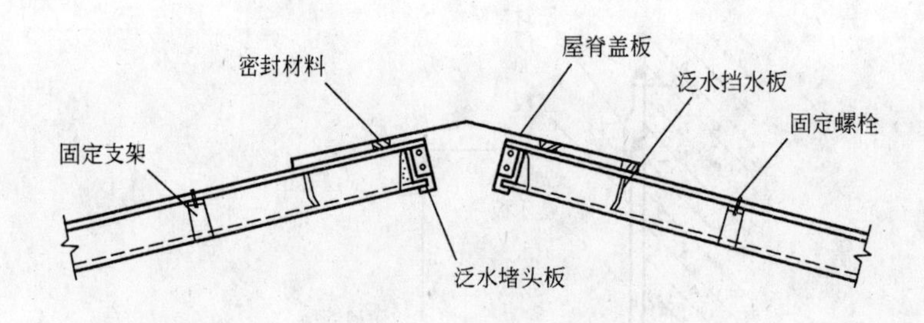

图3-97 金属板材屋脊

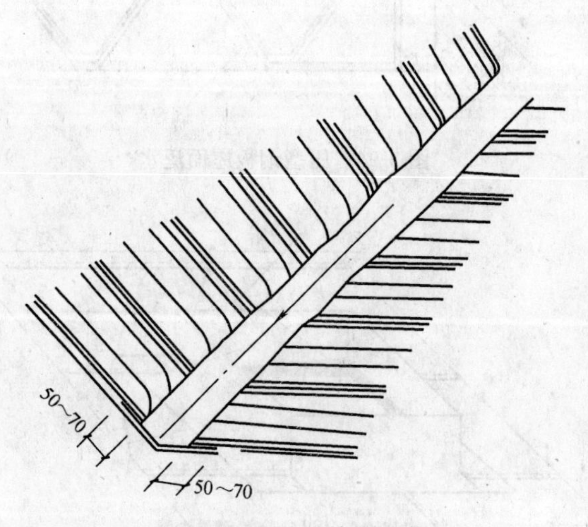

图3-98 天沟、檐沟示意

（4）平板形薄钢板拼板立咬口应用薄钢板带固定在檩条上，每条长边上不宜小于三个薄钢板带，间距不宜大于600mm，其固定方法参见图3-99。

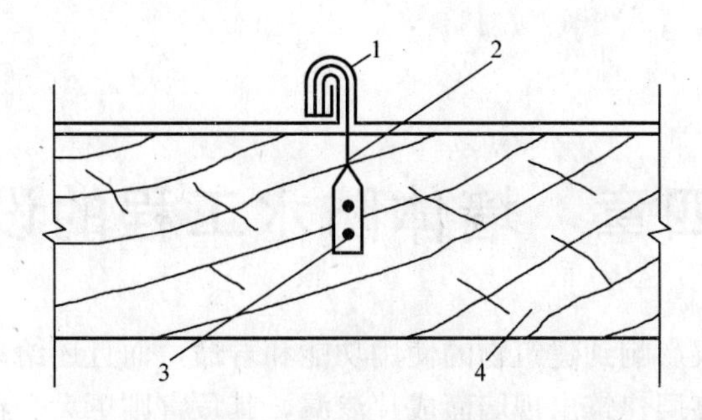

图 3-99 平板形薄钢板拼板固定

1—屋面平板形薄钢板；2—薄钢板带；3—铁钉；4—檩条

第四章　墙体防水工程的设计

墙身的渗漏水不仅影响到建筑物的使用功能和寿命，而且还给人类的生活或工作带来极大的不便，尤其是高层建筑出现墙面成片渗漏，其危害则更大。在我国南方地区东山墙渗漏水严重，特别是顶层外墙渗漏水更加严重，因此在这些地区和部位必须加强外墙的防水设计和进行精心的施工。因房屋墙身的种类、所采用的材料和构造的不同，其防水要求亦各有侧重。

第一节　砖砌体墙的防水设计

由块材和砂浆砌筑而成的整体结构称其为砌体。砌体中砖、石、混凝土等块材的排列，应使砌体（墙身）能均匀地承受外力，主要是指压力。如果作为墙身的砌体，其砖石或其他砌块的排列不尽合理，如各皮砖石或砌块的竖向灰缝重合于几条垂直线上，那么这些重合的竖向灰缝势必将使墙身分割成彼此间无联系的几个部分，从而不能很好地承受外力，无法遮挡风雨的浸入，同时也削弱甚至破坏建筑物墙身的整体工作能力。为了使墙身能构成一个整体及符合防水等墙身应具有的功能，应科学合理地使墙身中的竖向灰缝进行错缝并填实使之饱满，这是墙身防水的一个重要内容。

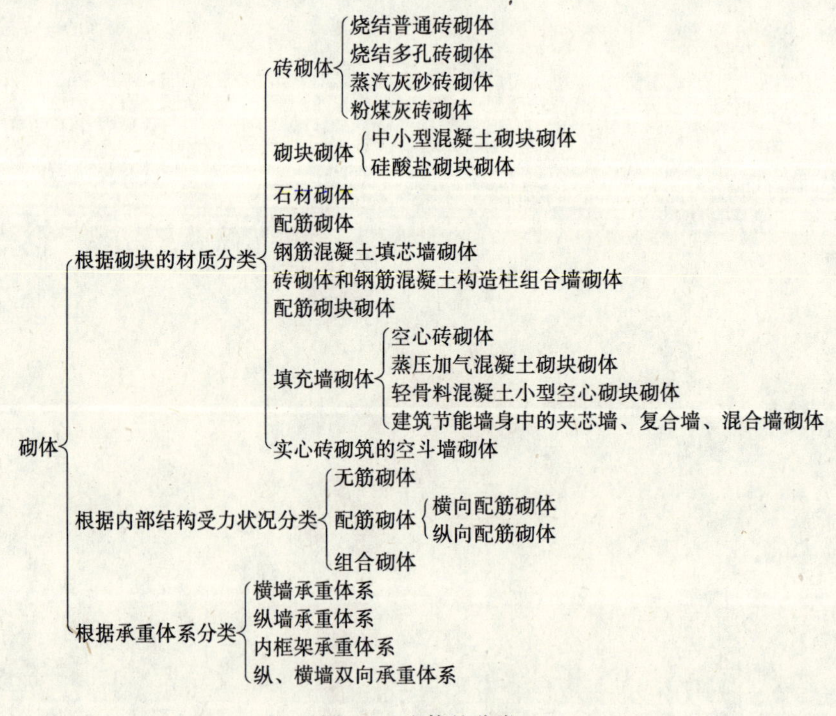

图 4-1　砌体的分类

砌体结构除了根据其内部结构受力状况可分为无筋砌体、配筋砌体和组合砌体外，还可以根据其所采用的砌块材质可分为砖砌体、砌块砌体、石材砌体等多种；根据其承重体系可分为横墙承重体系砌体、纵墙承重体系砌体等多种类型。砌体的分类详见图 4-1。

普通砖砌体包括烧结普通砖砌体、烧结多孔砖砌体、蒸压灰砂砖砌体、粉煤灰砖砌体等，砖砌体可为砖墙、砖控、砖砌平拱过梁、筒拱等。

在房屋建筑中，砖砌体（砖墙）主要用作内外承重墙、围护墙及隔墙，其厚度则可以根据承载力及高厚比的要求来确定。外墙的厚度则往往还需要考虑到保温隔热的要求，砖墙一般多砌成实心的墙身，有时也可以砌成空心的墙身，但其砖柱则应是实砌的。

砖砌墙身的防水，其主要内容包括砌体（墙身）的防水、墙角的防水、墙面细部构造的防水等内容。

一、墙身的防水设计

砖砌体墙的结构体系是指建筑物中的结构构件按一定规律组合成的一种承受和传递荷载的骨架系统。在混合结构承重体系中，以砌体结构的受力特点为主要标志。

多层建筑墙身渗漏的发生，主要是由于墙身裂缝而引发的。墙身出现裂缝的一般原因主要是基础不均匀沉降、温度和收缩变形以及荷载作用，另外当砌体本身质量不好、圈梁布置不当等也会引起墙身开裂，参见图 4-2～图 4-4。在同一幢建筑物中，既可能出现一种裂缝，也可能出现多种裂缝。在裂缝出现后，下雨时，雨水使墙面浸湿，并通过毛细管作用，水分通过砌体的孔隙及砂浆粘结不实的部位，形成渗水通道，从而造成室内渗漏。

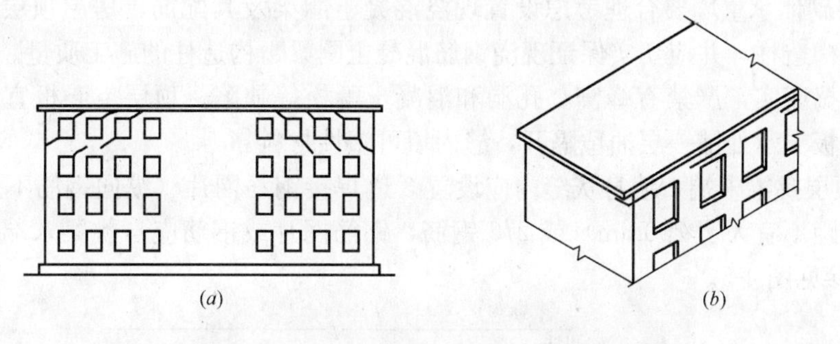

图 4-2　砖混结构温度变形引起的裂缝

(*a*) 八字形裂缝；(*b*) 水平形裂缝

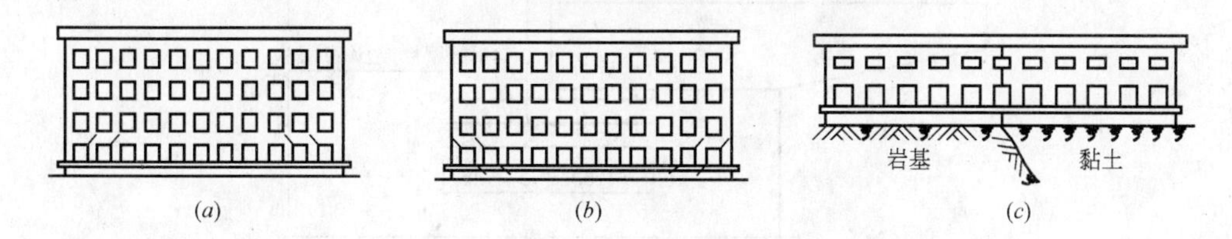

图 4-3　砖混结构地基不均匀沉降引起的裂缝

(*a*) 长高比较大的砖混结构房屋中，中部地基沉降大于两端时产生八字形裂缝；

(*b*) 地基两端沉降大于中部时，产生倒八字形裂缝；(*c*) 地基突变，一端沉降较大时，产生竖向裂缝

预防和减轻砌体开裂的措施是多方面的，主要是构造措施和施工措施。

1. 防止和减轻墙身开裂的主要构造措施

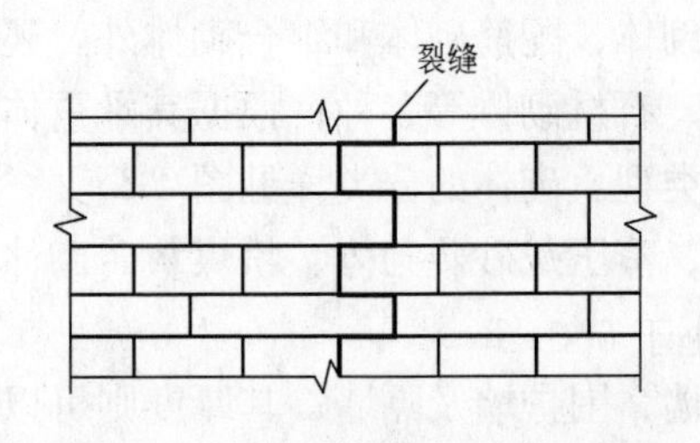

图 4-4　因结构荷载过大或砌体抗拉强度不足引起的齿牙状裂缝

防止和减轻墙身开裂的主要构造措施有以下几个方面：

（1）设置变形缝

为了防止和减轻房屋在正常使用条件下，由温差和砌体干缩而引起的墙身竖向裂缝，应根据房屋结构类型的不同、地基沉降差异以及建筑物形体、长度等因素，在墙身中设置相应的变形缝（含沉降缝和温度伸缩缝）。

伸缩缝应设在因温度和收缩变形可能引起应力集中、砌体产生裂缝可能性最大的地方。

当房屋刚度较大时，可在窗台下或窗台角处墙身内设置竖向控制缝，在墙身高度或厚度突然变化处也设置竖向控制缝，设置竖向控制缝的构造和嵌缝材料应满足墙身平面外传力和防护的要求。

有关变形缝的种类设置要求将在下面进一步作详述。

（2）为了防止和减轻房屋顶层和底层墙身出现裂缝，应根据具体情况采取下列措施：

① 防止和减轻房屋顶层墙身出现裂缝应采取的措施如下：

a. 在北方寒冷和南方炎热的地区，砖混建筑物面上宜分别设置保温层或隔热层。屋面保温（隔热）层或屋面刚性面层及砂浆找平层均应设置分格缝，分格缝间距不宜大于6m，并应与女儿墙隔开，其缝宽不小于30mm。

b. 采用装配式有檩体系钢筋混凝土屋盖和瓦材屋盖。

c. 顶层砌体承重墙要合理考虑设置现浇混凝土圈梁及其配筋，房屋顶层端部墙身内可适当增设构造柱，并应切实保证现浇钢筋混凝土圈梁、构造柱的施工质量。现浇钢筋混凝土必须振捣密实，严禁有蜂窝、孔洞和混凝土酥松等缺陷。顶层空心板宜改为柔性接头，在空心板支承处铺一层油毡隔开，缝内填可塑性材料。

d. 在顶层挑梁末端下墙身灰缝内应设置 3 道焊接钢筋网片（纵向钢筋不宜少于 $2\phi4$，横向钢筋间距不宜大于 200mm）或 $2\phi6$ 钢筋，钢筋网片或钢筋应自挑梁末端伸入墙身不小于 1m，参见图 4-5。

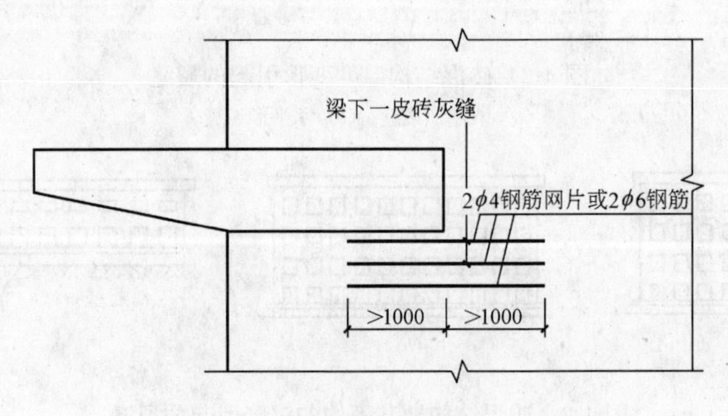

图 4-5　顶层挑梁末端钢筋网片或钢筋

e. 顶层墙身如有门窗等洞口时，在过梁的水平缝内设置 2～3 道焊接钢筋网片或 $2\phi6$ 钢筋，并应伸入过梁两端墙内不小于 600mm。

f. 顶层及女儿墙砂浆强度等级不低于 M5。

② 防止或减轻房屋底层墙身出现裂缝应采取的措施如下：

a. 可增大基础圈梁的刚度。

b. 在底层的窗台下墙身灰缝内设置 3 道焊接钢筋网片或 2ϕ6 钢筋，并伸入两边窗间墙内不小于 600mm。

c. 采用钢筋混凝土窗台板，窗台板嵌入窗间墙内不小于 600mm。

(3) 圈梁的构造

圈梁的设置应符合下列构造要求：

① 圈梁宜连续地设在同一水平面上，并形成封闭状；当圈梁设置的位置已被门窗洞口截断时，则应在洞口上部增设相同截面的附加圈梁。附加圈梁与圈梁的搭接长度不应小于其中到垂直间距的 2 倍，且不得小于 1m，如图 4-6 所示。

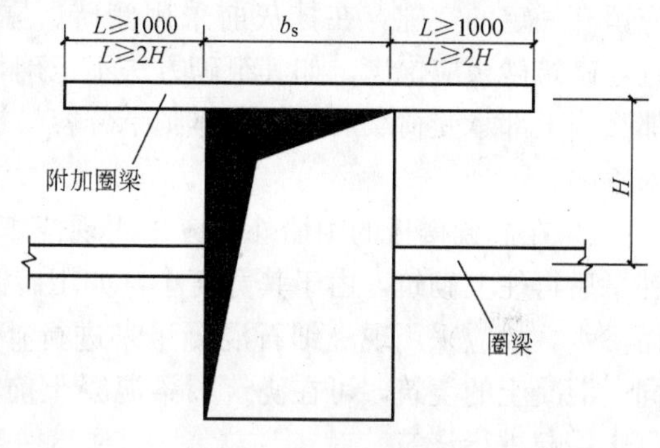

图 4-6　附加圈梁

② 纵横墙交接处的圈梁应有可靠地连接，刚弹性和弹性方案房屋，圈梁亦应与屋架、大梁等构件进行可靠地连接。

③ 钢筋混凝土圈梁的宽度宜与墙厚相同，当墙厚 $h \geqslant 240$mm 时，其宽度不宜小于 $2h/3$；圈梁高度不应小于 120mm；纵向钢筋不应少于 4ϕ10，绑扎接头的搭接长度按受拉钢筋考虑，箍筋间距不应大于 300mm。

④ 圈梁兼作过梁时，其过梁部分的钢筋应按计算用量另行增配。

⑤ 采用现浇钢筋混凝土楼（层）盖的多层砌体结构房屋，圈梁应与楼（屋）面板一起现浇；未设置圈梁的楼面板嵌入墙内的长度不应小于 120mm，并沿墙长配置不小于 2ϕ10 的纵向钢筋。

(4) 为了防止和减轻混凝土砌块房屋两端和底层第一、第二开间门窗洞处出现裂缝，应采取下列措施：

① 在门窗洞口两侧不少于一个孔洞中设置不小于 1ϕ12 钢筋，钢筋应在楼层圈梁或基础锚固，并采用不低于 Cb20 灌孔混凝土灌实；

② 在门窗洞口两边的墙身水平灰缝中，设置长度不小于 900mm、竖向间距为 400mm 的 2ϕ14 焊接钢筋网片；

③ 在顶层和底层设置通长钢筋混凝土窗台梁，窗台梁的高度宜为块体高度的模数，纵筋不少于 4ϕ10，箍筋 ϕ6@200，Cb20 混凝土。

(5) 墙身转角处等细部构造应设置钢筋

① 墙身转角处和纵横墙交接处宜沿竖向每隔 400～500mm 设拉结钢筋，其数量为每 120mm 不少于 1ϕ6，埋入长度从墙的转角处或交接处算起，每边不小于 600mm。

② 对灰砂砖、粉煤灰砖、混凝土砌块或其他非烧结砖砌体，宜在各层门窗过梁上方的水平灰缝内及窗台下第一道和第二道水平灰缝内设置焊接钢筋网片或 2ϕ6 钢筋，焊接钢筋网片或钢筋应伸入两边窗间墙内不小于 600mm。当灰砂砖、粉煤灰砖、混凝土砌块或其他非烧结砖实体墙长大于 5m 时，宜在每层墙高度中部设置 2～3 道焊接钢筋网片或 3ϕ6 的通长水平钢筋，竖向间距宜为 500mm。

(6) 砌体的连接部位应采取的防水措施

砌体的连接部位应采取的防水措施包括：

① 外墙砖砌体与钢筋混凝土圈梁的界面连接处必须采取防水措施。砖砌体与钢筋混凝土圈梁的热膨胀系数相差一倍，在温度应力的作用下，界面处会出现缝隙，此时雨水在风的作用下极易渗入室内，因此，外墙砖砌体与钢筋混凝土圈梁的界面连接处应采取防水措施，即可在界面连接处用聚合物水泥砂浆作灰缝，并在外墙侧灰缝处预留凹槽，在凹槽内嵌填密封材料，然后做防水层，铺设装饰面层。

② 填充墙面砌筑至梁、板的下面时，不能仍采用平砖砌筑

框架结构或框架-剪力墙结构中，填充墙砌至接近梁、板底时，不能仍用平砖砌筑，应留有一定的空隙，在抹灰前采用侧砖、立砖或砌块斜砌并挤紧，倾斜度以60°左右为宜，砌筑砂浆应饱满。如其组砌方法不正确，砂浆达不到饱满度要求，侧向稳定性不好，那么当上部承受荷载后，其砌体则十分容易被拉裂，雨水在风压作用下亦极易从裂缝中渗入室内。

③ 在搁置楼板的山墙外侧应采用现浇细石混凝土补缺。在搁置楼板的山墙外侧需要补平后再往上砌筑，由于其宽度小，如用砖镶砌，其砂浆的饱满度差，砌体容易出现裂缝而渗水，故应采用现浇细石混凝土来进行补缺，所采用的细石混凝土应与圈梁混凝土相同，混凝土的浇筑，可在浇筑圈梁混凝土前将尺寸算好，支成L形模板，然后同圈梁混凝土一起进行浇筑。

④ 砌筑混凝土中型砌块应采用砂浆灌缝。砌筑混凝土中型砌块砌体其水平和垂直缝，一般为15～20mm（不包括灌浆槽）。铺水平灰缝宜用平面铺灰器，铺灰长度不宜过长，一般密实砌块为3～5m，空心砌块不超过2～3m。按砌块设计排列图吊装就位并校正平直，灌垂直缝，随即进行水平和垂直缝的原浆勒缝，勒缝深度一般为3～5mm。灌好垂直缝后的砌体不得碰动或撬动，如发生移动，应重新进行砌筑。

采用退榫法砌筑时，砌块就位时的榫面不得高出砂浆表面，内外墙的榫孔不得贯通，宽度超过30mm的垂直缝应用细石混凝土灌缝。其强度等级不能低于C20，砌体表面应平整清洁，砂浆饱满，灌缝密实。

在水平灰缝中不能用石子或碎石垫砌块，然后填砂浆，这样可使砌块的水平灰缝形成表面实、里面空的假缝，将砂浆收缩后，就会产生断节、裂缝、脱落，造成墙身灰缝渗水，影响墙身功能。

⑤ 填充墙与混凝土框架柱间的竖缝必须密实填塞嵌缝材料

砌筑外墙框架填充墙时，应控制竖缝砂浆的饱满度，柱边砂浆缝宜及时勒缝，使其密实。如果不注意竖缝的密实度，雨水在风压作用下会从灰浆不饱满的竖缝中渗入室内。

(7) 在压缩性较大的地基上合理设置沉降缝，控制长高比，正确布置墙身及设置钢筋混凝土圈梁，能有效地控制地基的不均匀沉降，防止墙身的开裂。

2. 防止和减轻墙身开裂的主要施工措施

防止和减轻墙身开裂的主要施工措施有以下几个方面：

(1) 墙身必须严格按照所涉及的组砌形式进行组砌。

墙身组砌形式的选用，应根据受力性能和砖的尺寸误差而确定。砖墙的组砌形式不仅是为了墙面美观，更重要的是为了墙身具有较好的受力性能和抗渗性能，因此墙身砖缝的

搭接不得少于1/4砖长，内外皮砖层最多隔200mm就应有一层顶砖拉结，烧结普通砖采用一顺一顶、梅花顶或三顺一顶等砌法，多孔砖采用一顺一顶或梅花顶砌法均可满足这一技术要求。为了节约，允许使用半砖头，但应分散砌筑于墙中。一般清水砖墙面常选用一顺一顶和梅花顶组砌方法；双面清水砖墙如工业厂房围护墙，可采用三七缝组砌方法；砖砌蓄水池宜采用三顺一顶组砌方法。但在同一栋工程中，则应尽量使用同一砖厂的砖和同一组砌方法。

墙身在组砌时，砖与砖之间、砌块与砌块之间均应上下错缝，内外搭接，使上下每皮砖的垂直缝交错，避免出现连续的垂直通缝，以保证砖墙的整体性。如果垂直缝在一条线上，即形成通缝，那么在荷载的作用下，必然会使墙身的稳定性和强度降低。砖与砖之间的灰缝其砂浆应饱满、厚薄均匀，从而使传力均匀，防止墙身产生开裂，提高墙身的防水、保温隔热、隔声的能力。

采用混凝土空心砌块砌筑框架填充外墙时，应根据砌块与框架结构各跨度尺寸的大小，绘制出每个框架填充墙部位的砌块排列图，计算出各种不同规格砌块的数量，并画出和制作皮数杆，杆上应注明砌块的高度、皮数、灰缝厚度及门窗洞口高度、过梁及水电管线位置走向，否则无法按照设计要求留出门、窗、窗台板、过梁、水管、电线管走向及线盒的位置，造成灰缝大小不一致及门窗口周边不密实，框架梁柱与砌体间的缝隙过大或过小，导致灰缝开裂，出现渗漏水。

编制砌块排列图时，要充分考虑以下因素才能提高墙身的抗渗能力：

① 混凝土空心砌块的强度等级、密度等性能指标以及外观规格尺寸应符合设计要求，砌块表面应具有优良的自防水功能。龄期不足28d及潮湿的砌块，不能进行砌筑。砌筑砂浆宜选用由胶结材料、细骨料、水、掺加料和外加剂按一定比例配制而成的水泥混合砂浆。

② 在排列图上标明主砌块、特殊砌块、辅助砌块，应尽量采用主规格砌块。

③ 标明过梁的位置和尺寸，过梁可采用槽形砌块现浇梁；标明线管及线盒位置、标高、预埋套管及预埋件的位置；标明窗台板的位置和尺寸。窗台板采用C15预制混凝土板，板厚50mm；标明灰缝中应设拉结筋的部位和穿墙套管的孔洞位置。

④ 根据层高和框架梁梁高的具体情况，计算出墙身根部设置的C15素混凝土高度，以保证最上一皮留有辅助实心小砌块斜砌挤紧的尺寸，以便于梁底的顶砌施工。

(2) 采用的砌体材料必须符合要求：

外墙身砌筑不宜选用吸水率大、孔洞多、适应温差变形能力小的轻质材料。这类材料亲水性大，不利于防水，也不适应温差变形，在雨水多、风压大、一年四季气温变化较大的情况下，雨水容易经毛细孔洞和裂缝渗入室内。如必须选用这类材料，应进行可靠的防水处理，即先对于墙身连接的各种节点进行密封防水，然后在墙面上做水泥砂浆找平层，然后再做一道防水层，最后进行饰面。防水层应选用水泥基复合防水涂料或聚合物水泥砂浆，防水层的厚度应根据工程性质决定，一般应为10～20mm。

对于非烧结硅酸盐砖和砌块，应严格控制块体出厂时间，且有一定的贮存期，并应避免堆放时使块体遭到雨淋。

砌筑砂浆的强度和刚度如不符合设计要求，砂浆类别使用不当，如外墙选用石灰砂浆或砌筑石灰砂浆的配合比掌握不严，均将导致砂浆的强度降低，砌体的整体性差，墙身随之亦过早出现风化酥松。在施工过程中砂浆不密实、不饱满或砌筑方法错误，如砂浆不饱满，则粘结力差；如铺灰面积太大太长，砖块则将把砂浆中的水分提早吸收，待到铺砌砖时已无法将砂浆挤动，形成空隙。这些均会引起砌体裂缝，导致墙身渗漏。

灰砂砖、粉煤灰砖砌体宜采用粘结性好的砂浆砌筑，混凝土砌块应采用砌块专用砌筑砂浆。

(3) 砌筑墙身时，应严格遵守操作规程，提高砖砌体的施工质量，要保证足够的砂浆强度等级，灰浆饱满但灰缝不宜过厚。选择适当的砌筑方法，且组砌方法正确，精心作业，方可确保砌体质量。

① 砌筑墙身时，严禁干砖上墙，砖应提前1～2天浇水湿润，使砌筑时的烧结普通砖、多孔砖的含水率达到10%～15%，灰砂砖、粉煤灰砖的含水率达到8%～12%（含水率以水重占干砖重的百分率计），一般以水浸入砖截面深度15～20mm为宜，但也不宜过湿，湿砖会导致砂浆流淌。砖筑外墙时如采用干砖，那么灰缝砂浆的水灰被干砖吸收，导致水泥砂浆干裂，不仅会影响水泥砂浆与砖的粘结力，而且还会造成外墙面灰缝出现裂缝，成为雨水渗漏通道，引起渗漏。

② 砌筑砖外墙时，灰缝应横平竖直，厚薄均匀，砂浆饱满。水平灰缝其厚度为10mm，砂浆饱满度不得小于80%，竖向灰缝不得出现透明缝、瞎缝和假缝；混凝土小型空心砌块墙身的水平灰缝厚度和竖向灰缝宽度均为10mm，砌体水平缝的砂浆饱满度按净面积计算不得低于90%，竖向灰缝饱满度不得小于80%，竖缝凹槽部位应用砌筑砂浆填实；填充墙砌体的砂浆饱满度应符合表4-1的要求，空心砖、轻骨料混凝土小型空心砌块砌体灰缝的厚度应为8～12mm，蒸压加气混凝土砌块砌体的水平缝厚度应为15mm，竖向灰缝宽度应为20mm。改进砂浆和易性是确保灰缝砂浆饱满度和提高粘结强度的关键所在，改进砌筑方法宜推广采用“三一砌砖法”，严禁采用水平灰缝铺长灰，上面摆砖填芯的砌法，如采用铺浆法砌筑，必须控制铺浆的长度一般气温下不得超过750mm，施工期间气温如超过30℃时，不得超过500mm，要求快铺快砌，严格掌握平推平挤。当采用刮浆砌砖时，应刮满石灰浆。竖向灰缝宜采用挤浆或加浆的方法，应经常检查砂浆的饱满度，严禁用水冲浆灌缝，应采用灰浆灌缝，水平灰缝厚度一般应控制在10mm左右，但不应小于8mm，也不应大于12mm。控制砌体水平灰缝砂浆的饱满度不得低于80%，竖缝砂浆应饱满，外墙的灰缝不应有瞎缝或透明缝，尤其是空心砖墙，其砂浆饱满度达不到要求，常会出现较多的透明缝。

填充墙砌体的砂浆饱满度要求 **表4-1**

砌 体 分 类	灰缝	饱满度和要求
空心砖墙身	水平	≥80%
	垂直	填满砂浆，不得有透明缝、瞎缝、假缝
加气混凝土砌块和轻骨料混凝土小砌块砌体	水平	≥80%
	垂直	≥80%

砌筑清水砖墙采取大缩口铺灰，缩口缝深度甚至达20mm以上，影响砂浆饱满度，从而会使砌体不能成为密实的整体。不密实的灰缝存在许多孔洞和缝隙，雨水在风压作用下，极易从这些孔洞和缝隙中渗入室内。

③ 使用空心砖砌筑的砌体，在不够整砖处，如无辅助规格时，可采用模数相应的普

通实心砖砌筑，如遇到厚度较小的阳台栏板，应选用普通实心砖或模数相符的实心砌块砌筑，也可改为现浇细石混凝土。如采用空心砖砌筑时，砖的孔洞应垂直于受压面。空心砖的孔洞如平行于受压面砌筑，那么其砌体不仅抗压强度会降低，而且引起空洞在外墙侧面，抹灰后裂缝则易渗水。

④ 砌筑空心砖砌块后，不得随意撬动，如砌筑后需要移动砌块或砌块已出现松动均需卸下砌块，清除原有的砌筑砂浆，重新用新的砂浆进行砌筑。外墙用空心砌块砌浆后，如随意撬动就会使砌体的砂浆灰缝变形或松动，出现裂缝或剥离，一方面降低了砌体的强度和稳定性，另一方面留下了饰面干裂、起鼓、开裂、渗漏的隐患。

(4) 砌块外墙不能全部用空心砖或混凝土空心小砌块砌筑。

砌体的各部分结构形状不同，其抗剪力亦各不相同。空心砖或混凝土空心小砌块砌在钢筋混凝土楼板或框架中，这几种材料的热膨胀系数不同，收缩变形亦不同，如相差悬殊时则会引起裂缝，尤其是处于外墙部位的墙身则更易出现渗水，从而影响墙身的使用功能，因此如采用空心砌筑时，宜在窗台下楼板上面使用三皮普通砖砌筑，或在窗台下浇筑150mm厚的素混凝土窗台板带，空心砌块外墙门洞洞边200mm内的砌体亦应采用实心砌块填实，如采用混凝土空心小型砌块砌筑时，在顶层端开间门窗洞边设置钢筋混凝土芯柱，窗台下设置水平钢筋网片或钢筋混凝土窗台板带，对于底层墙身，为防止开裂，应提高底层窗台下砌筑砂浆的强度等级，设置水平钢筋网片或用C15混凝土灌实砌体孔洞。

(5) 砌体施工工作面安排应均匀，砌体相邻工作段高度差不宜过大。

合理划分工作段，组织均衡生产流水作业，工作段的分段位置宜设在伸缩缝、沉降缝、防震缝或门窗洞口处，砌体相邻工作段的高度差不得超过一个楼层的高度，也不宜大于4m，砌体临时间断处高度差，不得超过一步脚手架的高度。如工作面没展开，劳动力安排不均衡，各工作段进度相差悬殊，会造成相邻工作段高差大，局部应力集中，人为地加大砌体不均匀沉降量，导致砌体裂缝，墙身出现渗漏。当设计的房屋相邻部位高差较大时，在施工时则应先砌高层部位，使其先沉降，以减少由于沉降不均匀而引起相邻墙身的变形。

二、墙身变形缝

当建筑物过长、平面形状复杂或同一建筑物个别部分的高度或荷载差别较大时，建筑构件会因受到温度变化、地震作用等外界因素的作用，荷载及地基承载能力的不均匀沉降等的影响，在构造内部产生附加的应力，从而引起变形，若措施不当，建筑物将产生裂缝或破坏。为了避免和预防这种裂缝的产生，在设计和施工时可采取“主动”和“被动”两种措施：“主动”措施就是加强建筑物的刚度和整体性，使其具有足够抵抗变形的能力；“被动”措施是在变形敏感部位将结构断开，不同部分的建筑用垂直的缝分成几个单独的部分，使各部分能独立变形，这种建筑物垂直分开的预留缝称为变形缝。变形缝因其功能的不同可分为伸缩缝、沉降缝和抗震缝等几种。根据设计功能，可以是其中一种，也可以是两种或三种的合一。至于后浇带则是指在现浇钢筋混凝土建筑中，为了简化构造做法，防止缝对建筑立面外观的影响而采用的一种代替变形缝的做法。

变形缝应按照设置缝的性质和条件设计，使其在产生位移或变形时不受阻，不被破坏，并且不破坏建筑物和建筑面层。变形缝的构造和材料应根据其部位和需要分别采取防水、防火、保温、防虫等措施。

1. 伸缩缝

伸缩缝是为了解决由于建筑物超长而产生伸缩变形所设置的一类变形缝。

建筑物是处在变化的温度环境之中的，如昼夜和冬夏的温度变化，故建筑物因热胀冷缩会在结构内部产生附加应力，应力大小与建筑物的长度成正比。当建筑物的长度超过一定限度时，即当内部的附加应力达到一定值时，建筑物就会出现开裂性破坏。为了避免出现这种现象，在设计和施工中，可采用缝将建筑物沿长度分为几个独立的区段，并使每一段的长度都不超过允许的限值。这种为适应温度变化而设置的缝称之为伸缩缝或温度缝。

建筑物的基础是埋在地下的，其温度变化不大，因此不需要设伸缩缝，故伸缩缝要求从基础顶面开始将墙身、墙地面、屋顶全部断开。伸缩缝的位置和间距与建筑物所采用的材料、结构形式、使用情况、施工条件及当地的温度变化情况有关，设计时应根据砖石结构和钢筋混凝土结构设计规范查得，参见表 4-2 和表 4-3。伸缩缝的宽度一般为 20～30mm。

不同砌体材料的伸缩缝的最大间距　表 4-2

砌体种类	楼盖、屋盖类别		有无保温隔热层	伸缩缝间距(m)
各种砌体	钢筋混凝土屋盖	整体式或装配式	有	50
			无	40
		装配式无檩体系	有	60
			无	50
		装配式有檩体系	有	75
			无	60
黏土砖、空心砖	黏土瓦、石棉瓦屋盖，木屋盖或楼盖，砖石屋盖或楼盖		—	100
石材			—	80
混凝土块等			—	75

注：1. 对烧结普通砖、多孔砖、配筋砌体房屋取表中数值；对石砌体、蒸压灰砂砖、蒸压粉煤灰砖和混凝土砌块房屋取表中数值乘以 0.8 的系数；当有实践经验并采取有效措施时，可不遵守本表规定。
2. 在钢筋混凝土屋面上挂瓦的屋盖应按钢筋混凝土屋盖采用。
3. 按本表设置的墙身伸缩缝，一般不能同时防止由于钢筋混凝土屋盖的温度变形和砌体干缩变形引起的墙身局部裂缝。
4. 层高大于 5m 的烧结普通砖、多孔砖、配筋砌体结构单层房屋，其伸缩缝间距可按表中数值乘以 1.3。
5. 温差较大且变化频繁地区和严寒地区不采暖的房屋及构筑物墙身的伸缩缝的最大间距，应按表中数值予以适当减小。
6. 墙身伸缩缝应与结构的其他变形缝相重合，在进行立面处理时，必须保证缝隙的伸缩作用。

钢筋混凝土结构伸缩缝的最大间距　表 4-3

结构类型		室内或土中(m)	露天(m)
排架结构	装配式	100	70
框架结构	装配式	75	50
	现浇式	55	35
剪力墙结构	装配式	65	40
	现浇式	45	30
挡土墙、地下室墙等类结构	装配式	40	30
	现浇式	30	20

注：1. 当屋面板上无保温隔热措施时，对框架剪力墙结构的伸缩缝的间距，可按表中露天栏的数据选用，对排架结构的伸缩缝间距，可按表中室内栏的数字适当减小。
2. 排架结构柱高低于 8m 时，应适当减小伸缩缝的间距。
3. 伸缩缝的间距应考虑施工条件的影响，必要时（如材料收缩较大或室内结构因施工外露时间较长）应适当减小伸缩缝的间距。

墙身伸缩缝的构造要求是为了保证伸缩缝两侧的房屋在水平方向能自由伸缩，并避免风雨的侵袭。根据墙身的厚度，伸缩缝可做成错口缝、企口缝或平口缝等不同形式，如墙身较厚时，可采用错口缝或企口缝，有利于防水和保温。外墙伸缩缝外侧及缝口应填塞或覆盖具有防水保温和防腐性能的弹性材料，如沥青麻丝、泡沫塑料条、橡胶条、油膏等，以避免外界自然因素对墙身和室内的影响。如伸缩缝的缝口较宽时，还应采用镀锌铁皮、铝板等金属调节片覆盖。如果墙面需作抹灰处理，为了防止抹灰脱落，可在金属调节片上加钉钢丝网后再抹灰。外墙伸缩缝内侧及缝口通常采用具有一定装饰效果的木质盖缝条遮盖，木质盖缝条可以固定在缝的一侧，也可以采用金属盖缝条遮盖。考虑到缝隙对建筑方面的影响，通常将缝设置在外墙的转折部位或利用雨水管将缝隙挡住，作隐蔽处理，伸缩缝的填缝材料、盖风材料及构造应保证构造在水平方向的自由伸缩。伸缩缝的构造参见图 4-7 和图 4-8。

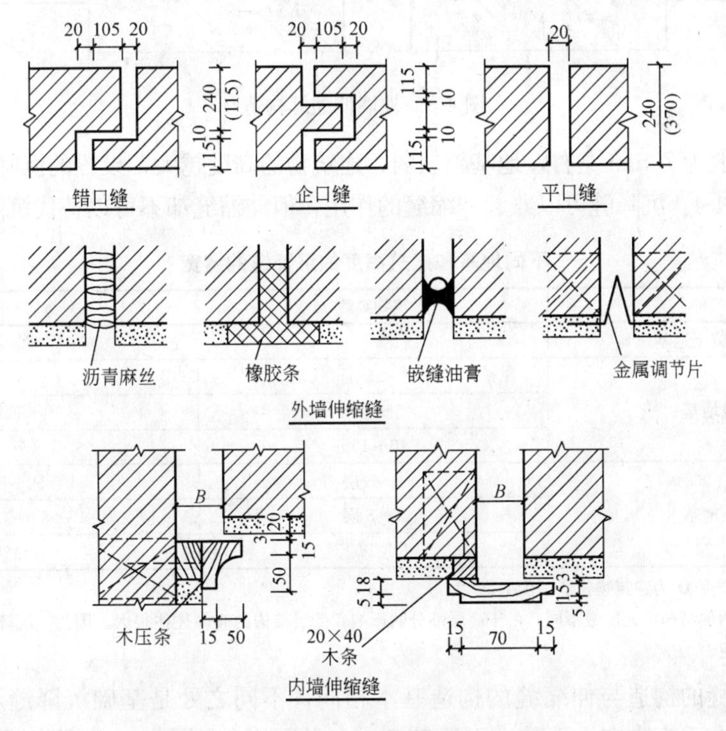

图 4-7 伸缩缝构造

2. 沉降缝

沉降缝是为了解决由于建筑物高度不同、质量不同、平面转折部位等而产生的不均匀沉降以致发生错动开裂变形所设置的可将建筑物划分为若干单位自由沉降单元的垂直状的一类变形缝。

凡符合下列情况之一者，均应设置沉降缝：当建筑物建造在不同的地基土质上时；当同一建筑物相邻部分高度相差在两层以上或部分高度差超过 10m 以上时；当建筑物部分的基础底部压力值有很大差别时；上部结构的荷载相差悬殊或结构形式截然不同的两部分之间；原有建筑物与扩建建筑物之间；当相邻的基础宽度和埋置深度相差悬殊时，平面形状较为复杂或有错层的部位。

设沉降缝时，要求从基础到屋顶所有构件均设缝断开，其宽度与地基的性质和建筑物的

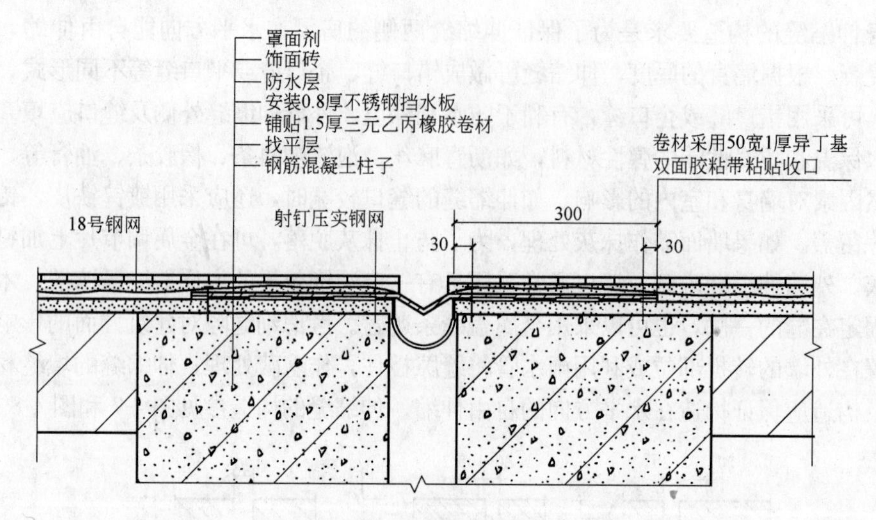

图 4-8 外墙伸缩缝构造

高度有关，一般为70mm左右，地基越软弱，建筑物的高度越大，设置的沉降缝其宽度也应越大，参见表4-4。沉降缝可以兼起伸缩缝的作用，但伸缩缝却不可以替代沉降缝。

不同地基和建筑高度的沉降缝的缝宽 **表 4-4**

地基种类	建筑物高度 H	缝宽(mm)
湿陷性黄土地基	—	≥50～70
一般地基	<5m	30
	5～10m	50
	10～15m	70
软土地基	2～3层	50～80
	4～5层	80～120
	6层以上	>120

注：1. 建筑物高度 H 为建筑物较低一侧的高度。
2. 沉降缝两侧结构单元层数不同，由于高层部分的影响，低层结构的倾斜往往很大。因此，沉降缝的宽度应按高层部分确定。

墙身沉降缝的构造与伸缩缝的构造基本相同，不同之处是基础沉降缝和墙身沉降缝处，必须保证在垂直方向上下移动而不破坏，参见图4-9和图4-10。沉降缝处的基础处理有双墙式、交叉式和悬挑式等方法，参见图4-11。

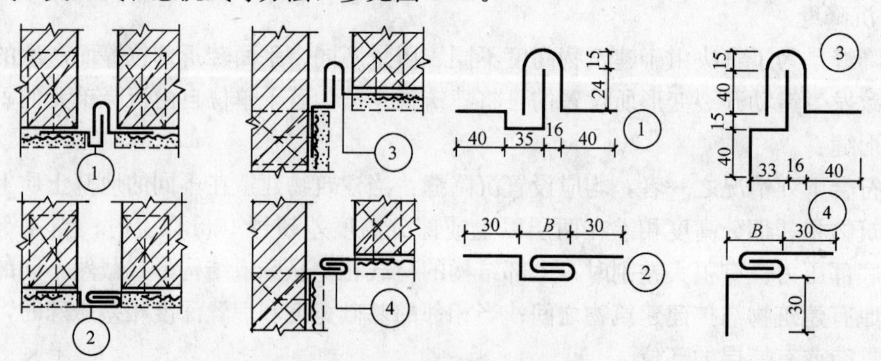

图 4-9 墙身沉降缝构造

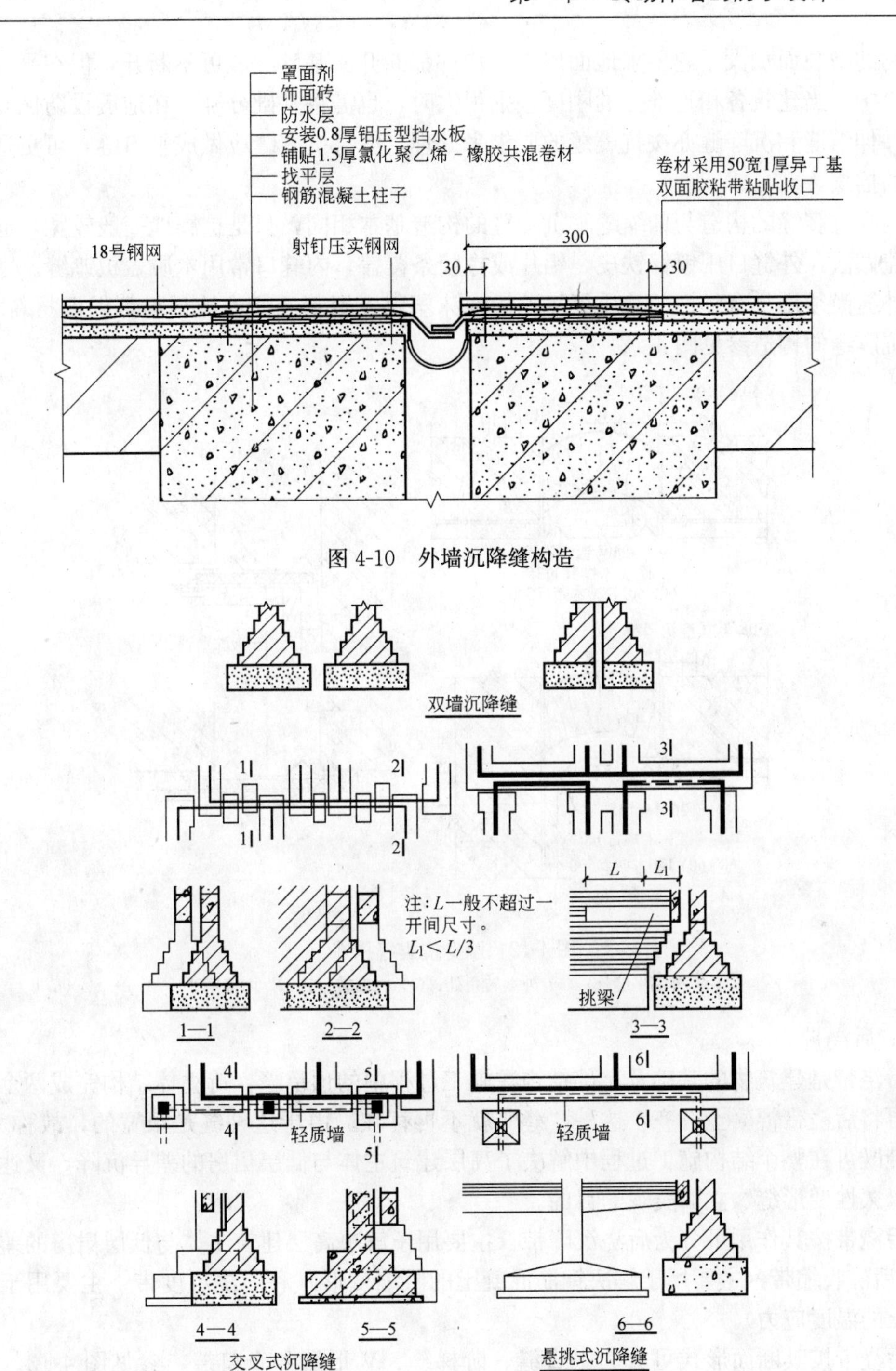

图 4-10　外墙沉降缝构造

图 4-11　沉降缝处的基础处理

墙身沉降缝的调节片或盖缝条在构造上应能保证两侧结构在竖向的相对移动不受到约束。

3. 抗震缝

抗震缝是为了防止由于地震时造成的相互撞击或断裂引起建筑物破坏所设置的一类变形缝。抗震缝的宽度与地震设防裂度有关，抗震缝的缝宽一般在 50～120mm，缝宽随着建筑物的增高而加大，它要求地面以上的构件都断开。基础一般可不断开，但在平面复杂的建筑中，当建筑各相连部分的刚度差别很大时，也需将基础分开。在地震设防区，建筑物构件伸缩缝和沉降缝亦按抗震缝的要求来处理，墙身抗震缝应做成平口缝，可更适应地震时的摇摆。

墙身抗震缝的构造与伸缩缝、沉降缝的构造基本相同，只是抗震缝一般较宽，通常采取覆盖做法，外缝口用镀锌铁皮、铝片或橡胶条覆盖，内缝口常用木质盖板遮缝。寒冷地区的外缝尚须用具有弹性的软质聚氯乙烯泡沫塑料、聚苯乙烯泡沫塑料等保温材料填实。墙身抗震缝的构造参见图 4-12。

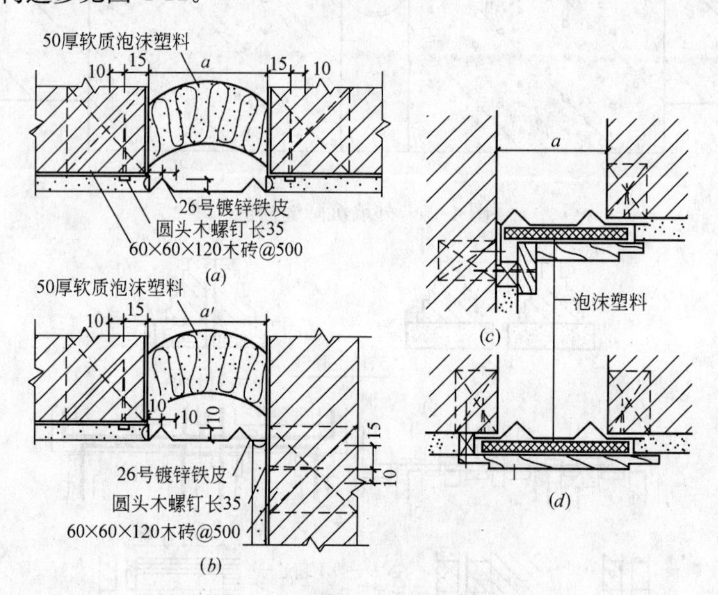

图 4-12 墙身抗震缝构造

(*a*) 外墙平缝处；(*b*) 外墙转角处；(*c*) 内墙转角；(*d*) 内墙平缝

4. 后浇带

后浇带是建筑物的基础及上部结构在施工过程中的预留缝，待立体结构完成两个多月后，再将后浇带混凝土补齐，这种“缝”就不再存在。由于这种缝是很宽的，故称为带。后浇带既可在整个结构施工过程中解决了高层建筑主体与低层裙房的差异沉降，又达到了不设永久性变形缝、立面美观的目的。

后浇带按其作用可分为后浇沉降带（主要用于解决高层建筑主体与低层裙房的差异沉降）、后浇收缩带（主要用于解决钢筋混凝土的收缩变形）和后浇温度带（主要用于解决混凝土的温度应力）。

后浇带按其断面形式可分为平直缝、阶梯缝、V 形缝和企口缝，参见图 4-13。平直缝施工简单，抗震路线短，界面结合质量不易保证；阶梯缝支拆模容易，抗震路线长，混凝土结合面垂直于水压方向，界面结合质量易保证，抗渗性能好；企口缝性能与阶梯缝相似，但支拆模较麻烦，成型后须注意保护边角；V 形缝抗渗线路长，界面结合好，但支拆模也较麻烦，成型后也需要保护边角。

后浇带处钢筋的配置方式可采用直接贯通式，或者先断开、后期再焊接贯通的方式。对于后浇伸缩带和后浇温度带处的钢筋可以采用直通加弯的方式，以消除混凝土因温度伸

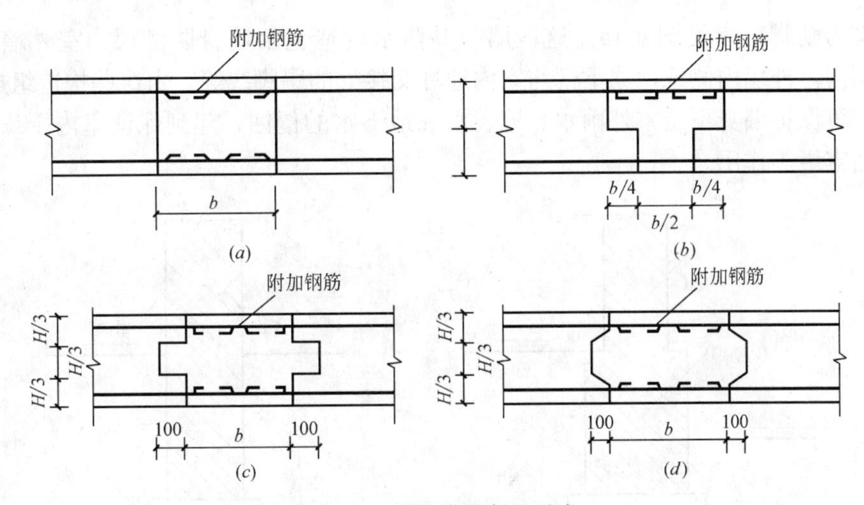

图 4-13　后浇带的断面形式

（*a*）平直缝；（*b*）阶梯缝；（*c*）企口缝；（*d*）“V”形缝

缩而引起的影响，见图 4-14（*a*）。后浇沉降带处的钢筋一般采用搭接的方式，或采用搭接的方式留出焊接位置，待结构沉降基本稳定以后，再进行焊接，使沉降变形产生的影响降到最小，见图 4-14（*b*）。

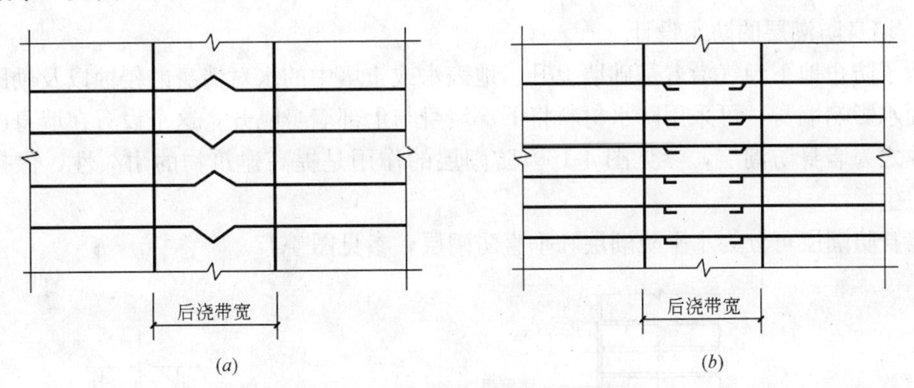

图 4-14　后浇带处钢筋的配置方式

（*a*）直接贯通式；（*b*）搭接式

后浇带的同一截面处应避免钢筋焊接接头过多，满足结构受力要求。另外，在后浇带处还应该设置附加钢筋，以弥补因混凝土干缩而引起的缺陷，附加钢筋的直径为 12～16mm，长度一般为 500～600mm，间距为 500mm，或按原配筋的 50％插入，也可按设计要求在后浇带上补插。

后浇带应设置在受力和变形较小的部位，间距一般为 30～60mm。后浇带的宽度应考虑便于施工操作，并按结构构造要求而定，带宽一般以 700～1000mm 为宜。

后浇带浇筑前应将表面清理干净，将钢筋加以整理或施焊，然后浇筑早强、无收缩水泥配置的混凝土或膨胀混凝土。

三、墙脚的防水设计

墙脚是指基础以上建筑物首层室内地面以下的这段墙身，内外墙均有墙脚。外墙的墙脚又称其为勒脚，参见图 4-15。这段墙身其防水构造包括墙身防潮层、室外墙基勒脚、散水和明沟，外墙内侧或内墙下部与室内地坪交接处的踢脚线等。由这些构造组成的一道防水线，可保护墙身不受室外雨水、地表水和地下水的侵蚀，起到保证室内干燥、卫生、防止物品霉烂等作用。

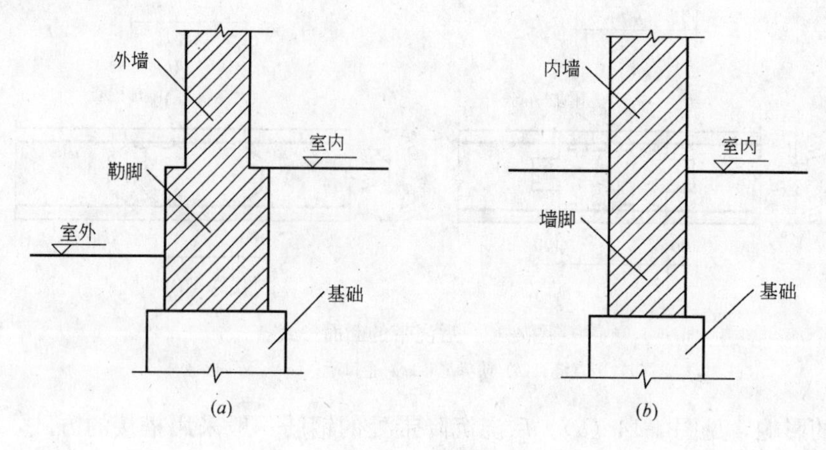

图 4-15 墙脚位置
(*a*) 外墙；(*b*) 内墙

1. 墙身防潮层的防水设计

为了防止地下潮气沿着基础墙上升、地表水或土壤中的水对墙身的侵蚀以及勒脚部位的地面水影响墙身，可采用防水材料将下部墙身与上部墙身隔开，这个设置在墙身中的隔开层称之为墙身防潮层，参见图 4-16。防潮层的作用是提高建筑物的耐久性，保持室内干燥卫生。

墙身防潮层可分为水平防潮层和垂直防潮层，参见图 4-17。

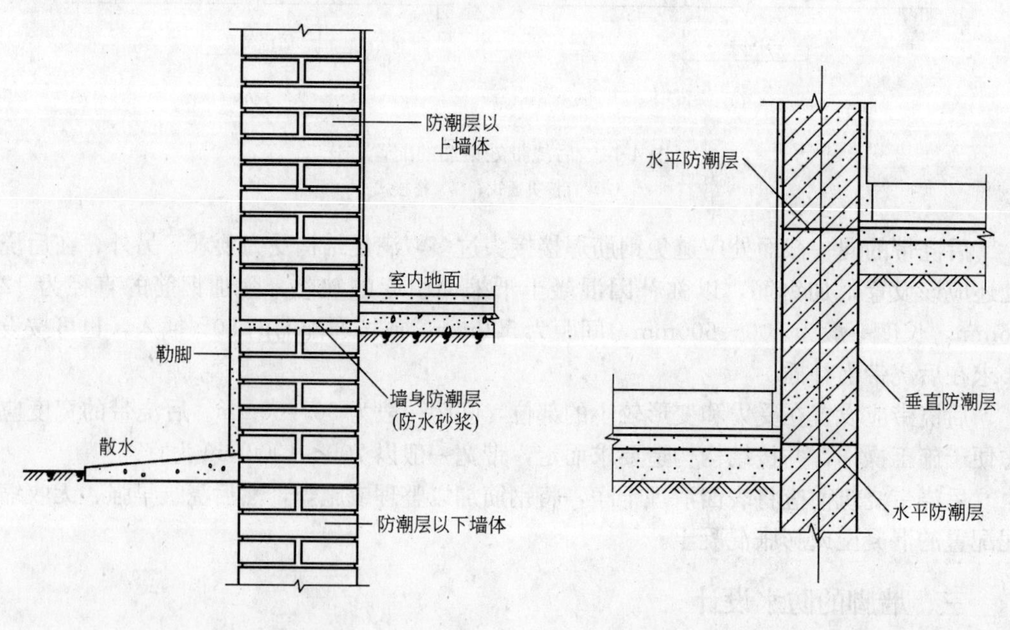

图 4-16 墙身防潮层

图 4-17 墙身防潮层的类别

墙身防潮层的设置位置应根据地面垫层材料的不同而设置。当地面垫层采用混凝土等不透水性材料时，水平防潮层应和室内的不透水性垫层的位置一致，以便使房间内的水平防潮形成一个整体。水平防潮层一般应设在地面垫层范围以内，通常在－0.060m 标高处的所有墙身内，参见图 4-18（*a*）；当地面垫层为碎石等透水性材料时，水平防潮层应与室内地面平齐或高于室内地面 0.060m，参见图 4-18（*b*）；当相邻的两个房间室内地面有高度差时，应在墙身内设置高低两道水平防潮层，并在靠土壤一侧设置一道垂直防潮层，以避免回填土中的潮气侵入墙身，参见图 4-18（*c*）。

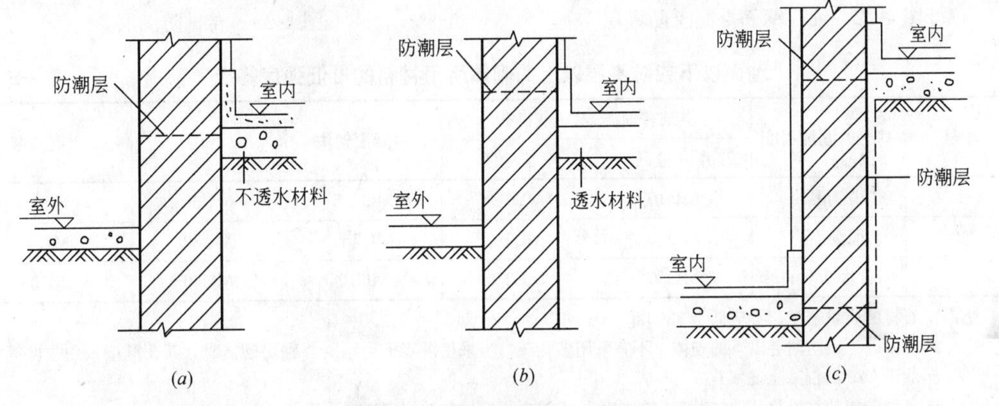

图 4-18 墙身防潮层的位置

如果墙脚采用不透水性材料（如混凝土、料石等）组成或基础墙顶面设置有钢筋混凝土基础圈梁时，由于本身已具有足够的防潮能力，则可以不再另设墙身防潮层，参见图 4-19。当基础墙顶面未设钢筋混凝土基础圈梁时，则必须设置墙身防潮层。

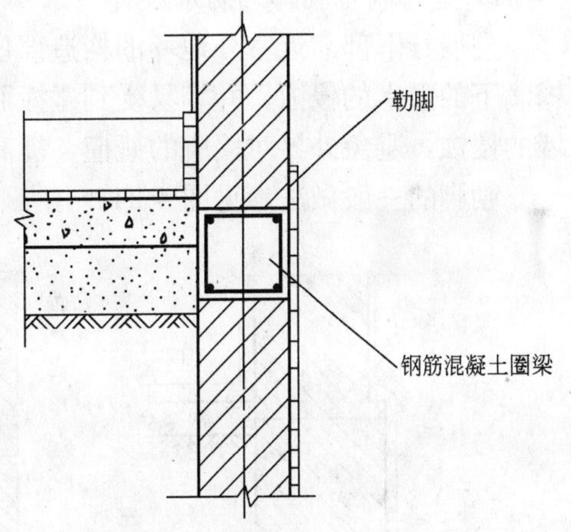

图 4-19 基础圈梁兼作防潮层

防潮层是沿建筑物底部呈封闭带状设置的，根据其采用的材料不同，可分为砂浆防潮层、砂浆砌砖防潮层、细石混凝土防潮层、卷材（油毡）防潮层，参见图 4-20～图 4-23。

地面以下或防潮层以上的砌体，所用材料的最低强度等级参见表 4-5。

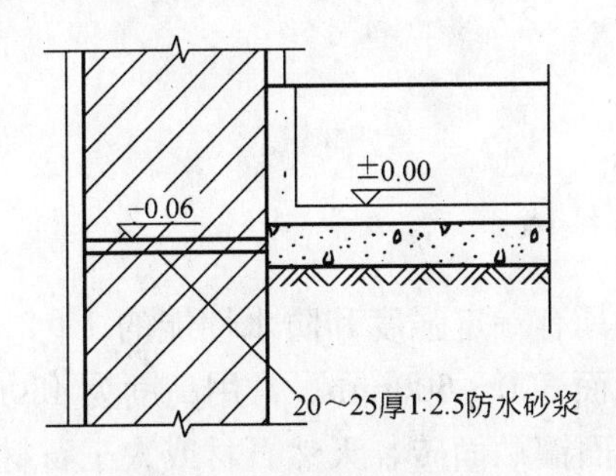

图 4-20 防水砂浆防潮层

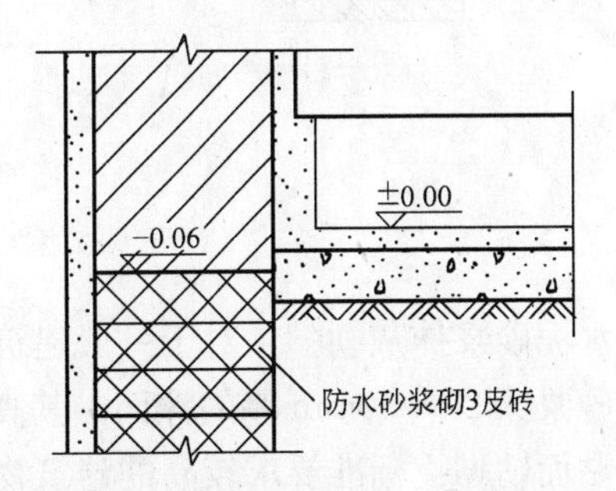

图 4-21 防水砂浆砌砖防潮层

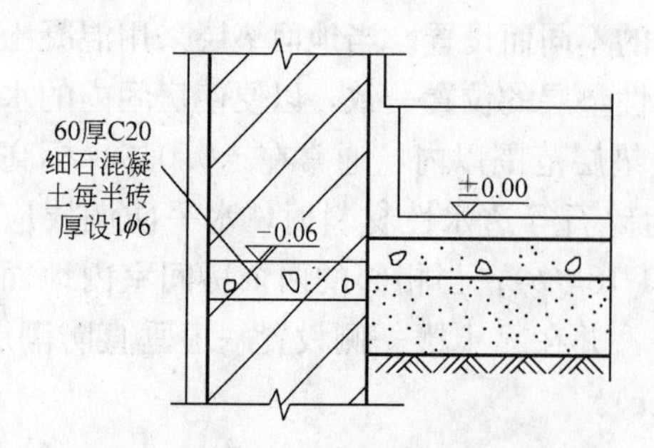

图 4-22　细石钢筋混凝土防潮层

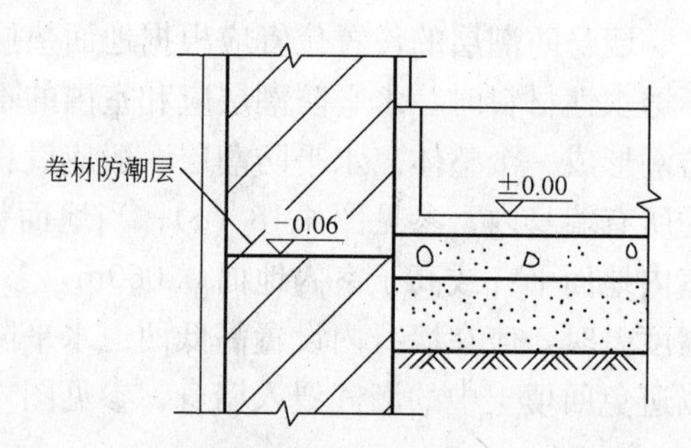

图 4-23　卷材防潮层

地面以下或防潮层以上的砌体所用材料的最低强度等级　　　　**表 4-5**

序号	基土的潮湿程度	烧结普通砖、蒸压灰砂砖		混凝土砌块	石材	水泥砂浆
		严寒地区	一般地区			
1	稍潮湿的	MU10	MU10	MU7.5	MU30	M5
2	很潮湿的	MU15	MU10	MU7.5	MU30	M7.5
3	含水饱和的	MU20	MU15	MU10	MU40	M10

注：1. 石材的质量密度，不应低于 $1800kg/m^3$；

2. 地面以下或防潮层以下的砌体，不宜采用多孔砖，当采用混凝土小型空心砌块砌体时，其孔洞应采用强度等级不低于 C20 的混凝土灌实；

3. 各种硅酸盐材料及其他材料制作的块体，应根据相应材料的规定选择采用。

2. 室外墙基勒脚的防水设计

外墙身下部靠近室外地坪的构造部位称其为室外墙勒脚。墙脚因经常受到地面水、屋檐滴下的雨水的侵蚀，并容易受到碰撞而损坏，因此勒脚的作用是防止地面水、雨水对外墙的侵蚀，避免外界对墙脚的碰撞，提高建筑物的耐久性，美化建筑，保护墙面。

勒脚的一般做法参见图 4-24。

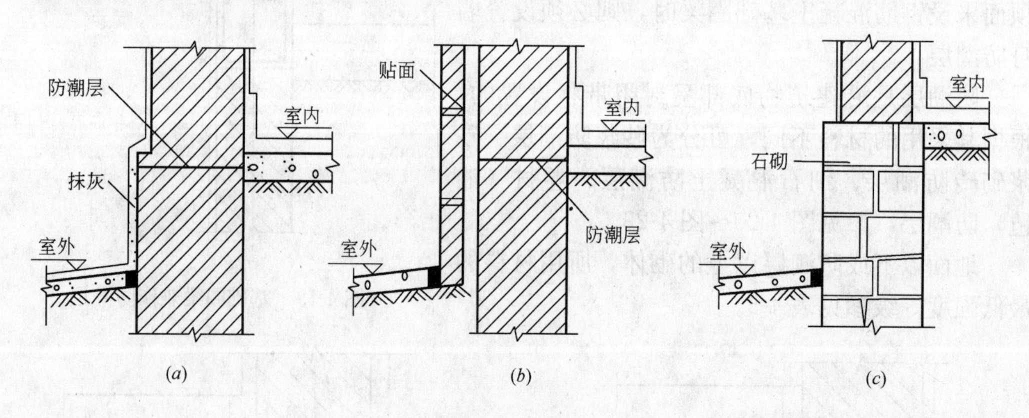

图 4-24　勒脚

(*a*) 抹灰；(*b*) 贴面；(*c*) 石材砌筑

水泥砂浆抹灰勒脚：对于一般建筑物，可采用具有一定强度和防水性能的 1∶2～2.5 水泥砂浆抹 20～30mm 厚的抹面，其高度应高出地面 300～600mm。常用高度为 450mm。

贴面勒脚：标准要求较高的建筑物，可在外表面镶贴面砖、天然石材或人工石材，如花岗石、水磨石、人造大理石等。

天然石材砌筑勒脚：整个墙脚采用强度高、耐久性和防水性能好的材料砌筑，如条石等。如立面处理不受限制，勒脚的高度可做至窗台面高。

3. 散水和明沟的防水设计

为了防止屋顶落水或地表水下渗侵蚀墙身，必须尽快排走地面的积水，其常见的防水做法是采用散水和明沟，即在外墙四周与室外地面接触处做成向外倾斜的排水坡面（散水）或排水沟（明沟）。

散水是沿建筑物外墙四周设置的倾斜坡面，坡度一般为3%～5%，其宽度应比檐口宽度多出150～200mm，常用的尺寸为600～1200mm，一般外缘应高出室外地坪30～50mm，混凝土散水每6～10m应设伸缩缝一道，缝宽20mm，并可采用热沥青嵌缝灌实。散水与外墙勒脚交接处应留有缝隙，其缝宽为10mm，缝内亦填粗砂或碎石子，并嵌入弹性防水嵌缝材料，以防建筑物外墙发生下沉时将散水拉裂。散水的构造参见图4-25。

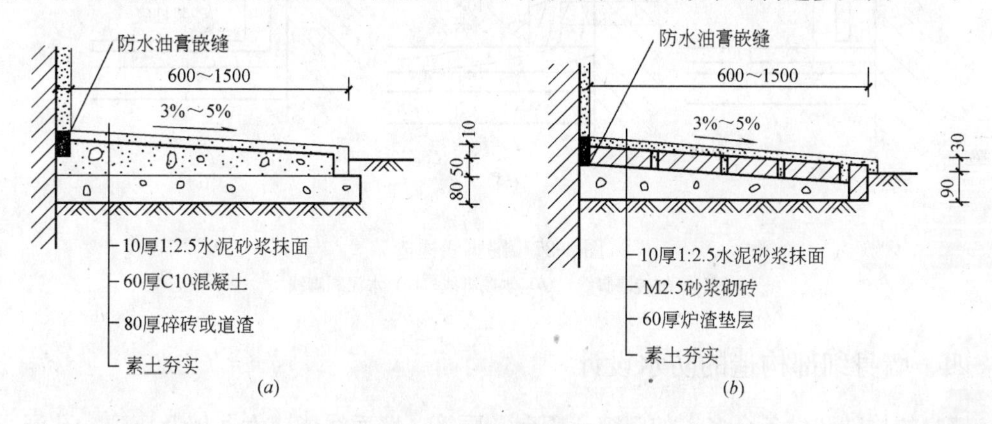

图4-25 散水坡构造

(*a*) 混凝土散水；(*b*) 砖铺散水

散水适用于降雨量较小的地区，如在有冰冻的地区设置散水，可在垫层下面加铺沙石、炉渣、石灰土等防冻胀的材料。

明沟是设置在外墙四周的排水沟。当雨水量较多或建筑物四周的地面水不易被排走时，一般可考虑设置明沟，雨水经雨水管流入明沟后，再导入市政下水道或河流低洼处。明沟其常用尺寸约为180mm宽、150mm深，表面采用水泥砂浆抹面，沟底有不小于1%的坡度，以保证排水通畅。明沟的构造参见图4-26。

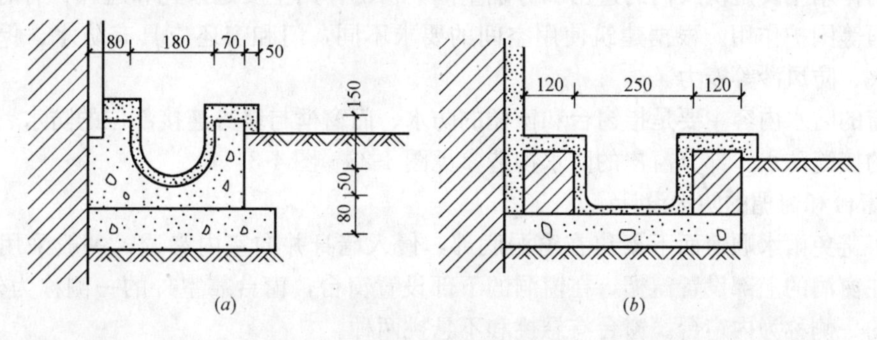

图4-26 明沟构造

(*a*) 混凝土明沟；(*b*) 砖砌明沟

4. 踢脚线的防水设计

踢脚线亦称踢脚板，是外墙内侧或内墙的下部和室内地坪交接处的构造做法，其作用是防止人为因素的碰撞或室内水污损墙面。踢脚线的高度一般是120～150mm，所选用的材料有水泥砂浆、油漆、水磨石、木材等，一般与地面材料一致，如水泥砂浆可与墙面相平，缸砖、预制水磨石板、木板等可凸出墙面10～15mm。踢脚线的做法见图4-27。

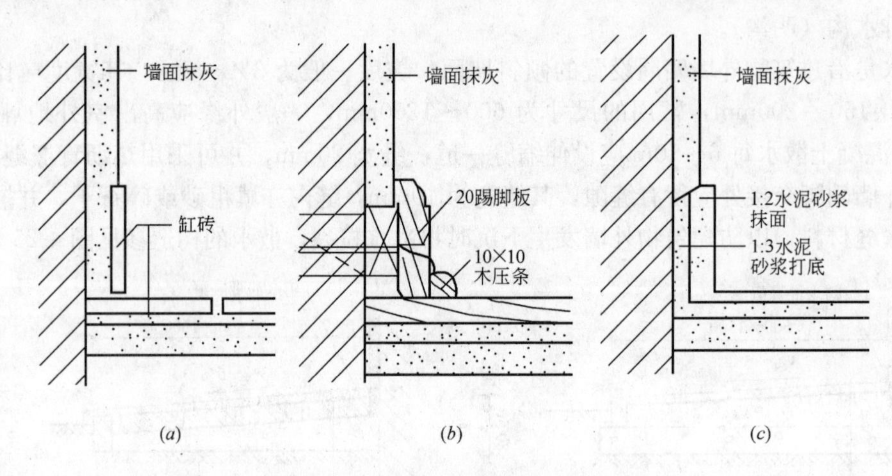

图4-27　踢脚线构造

(a) 缸砖踢脚线；(b) 木踢脚线；(c) 水泥踢脚线

四、墙身细部构造的防水设计

墙身的构件和设备众多，如门窗、阳台、雨篷、墙面线槽、女儿墙及压顶、孔洞、穿墙管道以及预埋件、水落管等，这些构件大多具有突出外墙面的突点，其与外墙身交接处均有缝隙，如密封不严、排水坡度小，雨水则会流入室内；挑出墙面的构件如不做滴水处理（滴水线或滴水槽），雨水则会沿着构件直接流向墙面而渗入室内；水落管和水落斗大小不合适，管件之间密封不严，安装不当，造成脱节、松动，也会导致雨水溢出水管沿外墙流淌，渗入室内。由此可见，这些部位的防水是极其重要的。

（一）门窗的防水设计

门窗是建筑物的重要组成部分和非承重构件，是建筑中设置数量多、使用频率高的构件。门的作用主要是供人们的进出和分隔空间，窗的作用主要是采光和通风，有时也起到挡风避雨等围护作用。根据建筑使用空间的要求不同，门和窗还应具有防水、保温、隔声、防火、防风沙等能力。

门窗的防水内容主要是指窗台和窗楣的防水、门窗框与墙身连接部位的防水、门窗玻璃四周的接缝防水。部分窗户的防水构造参见图4-28～图4-34。

1. 窗台和窗楣的防水设计

为了避免雨水顺窗而下聚集在窗洞底部，侵入墙身并向室内渗透，一般采用结构防水，即在窗洞的上部设置窗楣，在窗洞的下部设置窗台，窗台靠室外的一侧称为外窗台，靠室内的一侧称为内窗台。窗台有悬挑和不悬挑两种。

外窗台和窗楣的防水构造参见图4-35。

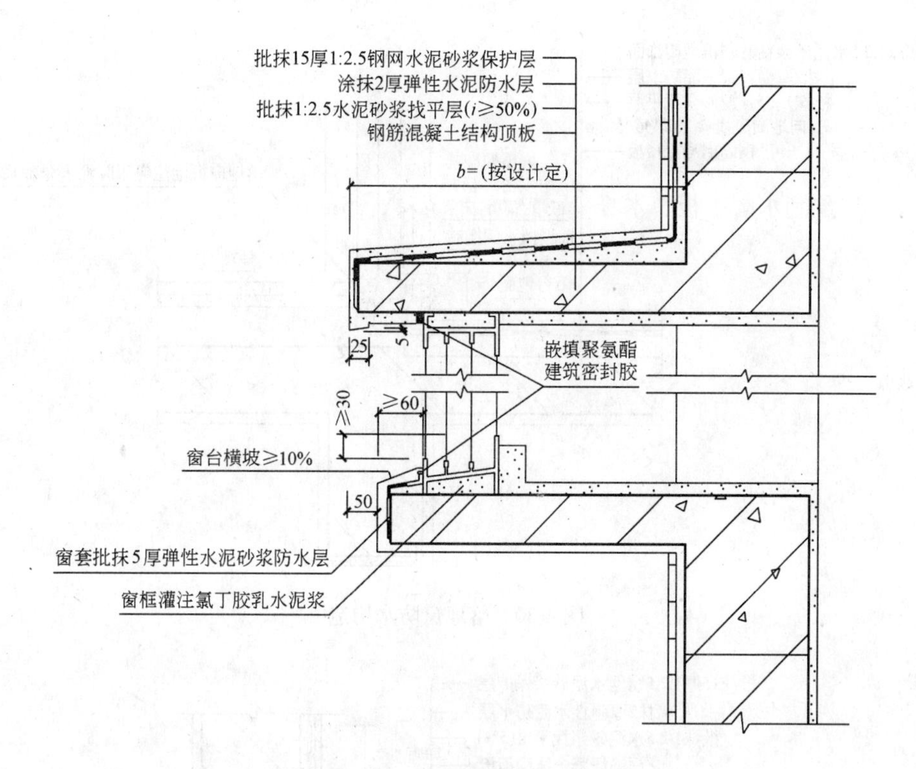

图 4-28　外飘式窗户构造

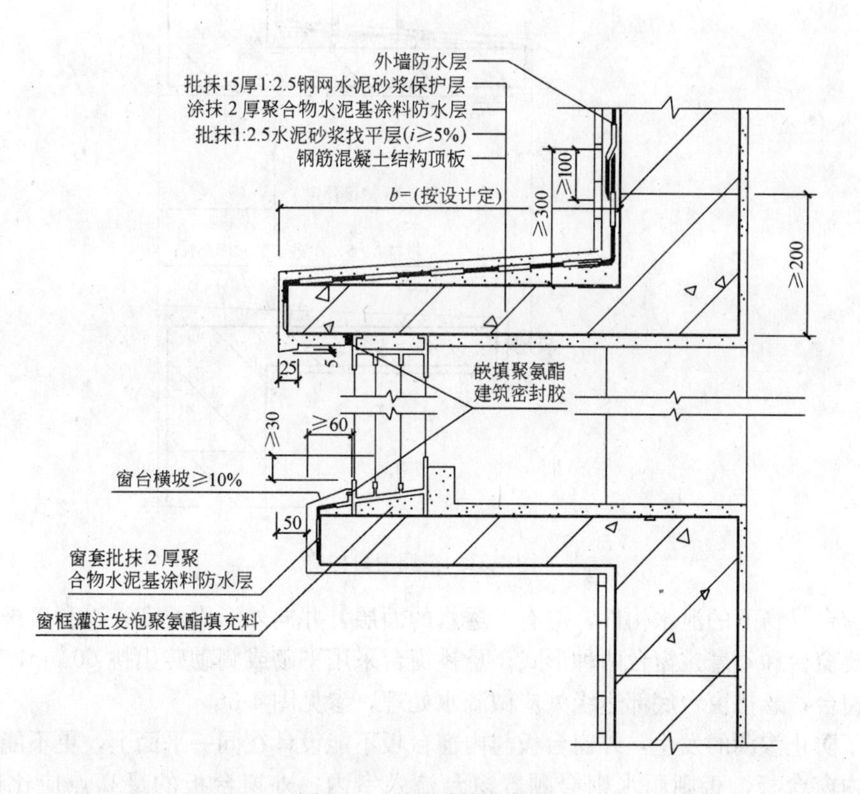

图 4-29　外飘式窗户构造

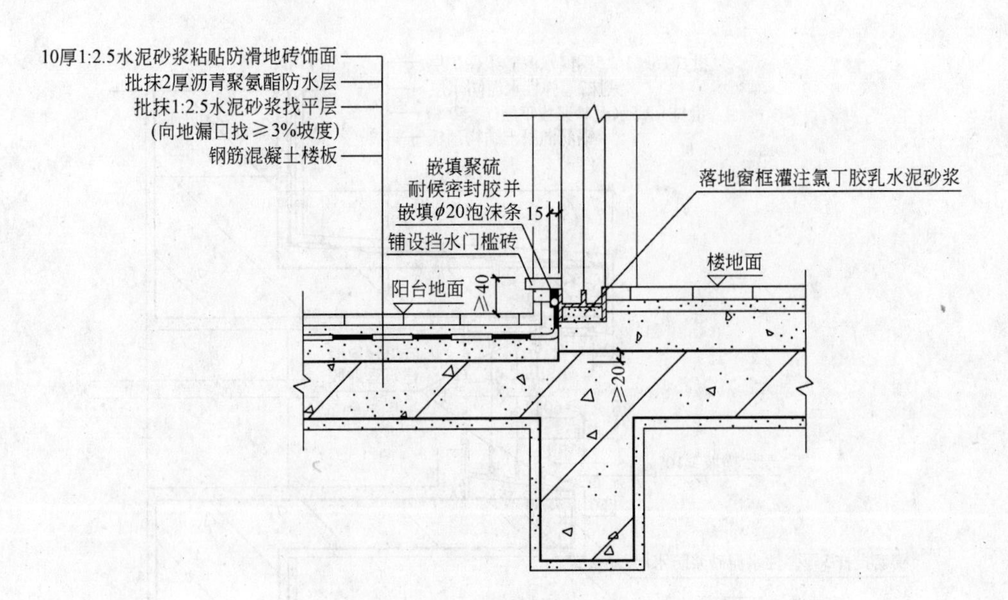

图 4-30 落地窗防水构造

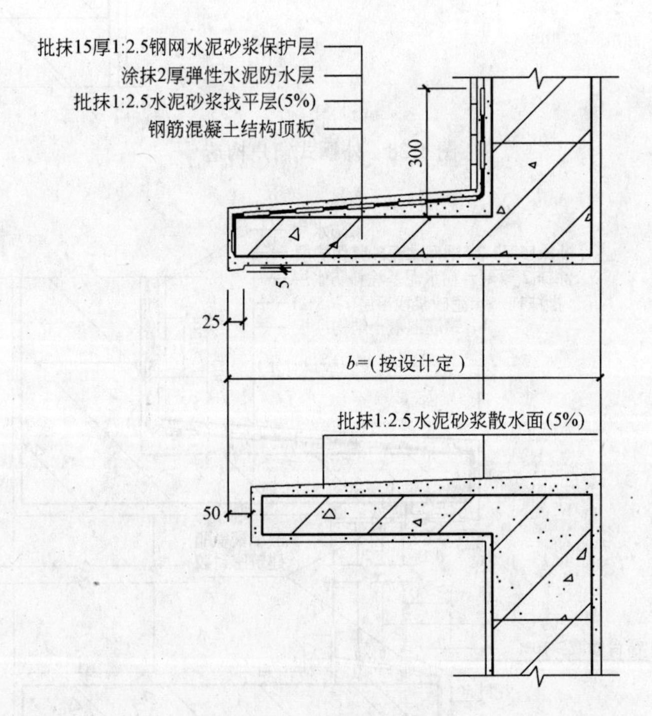

图 4-31 空调窗户构造

外窗台是窗下的泄水构件，应有不透水的面层，并向外形成坡度，以利于排水。外窗台有悬挑窗台和不悬挑窗台两种形式。悬挑窗台采用平砌或侧砌砖出挑 60mm，或用钢筋混凝土窗台，悬挑窗台底部边缘处应做滴水处理，参见图 4-36。

为了防止渗漏的发生，外窗台板与内窗台板不能设计在同一平面上，更不能使外窗台板高于内窗台板，否则雨水则会顺着窗台流入室内，外窗台板的最高点应比内窗台板低 20mm。

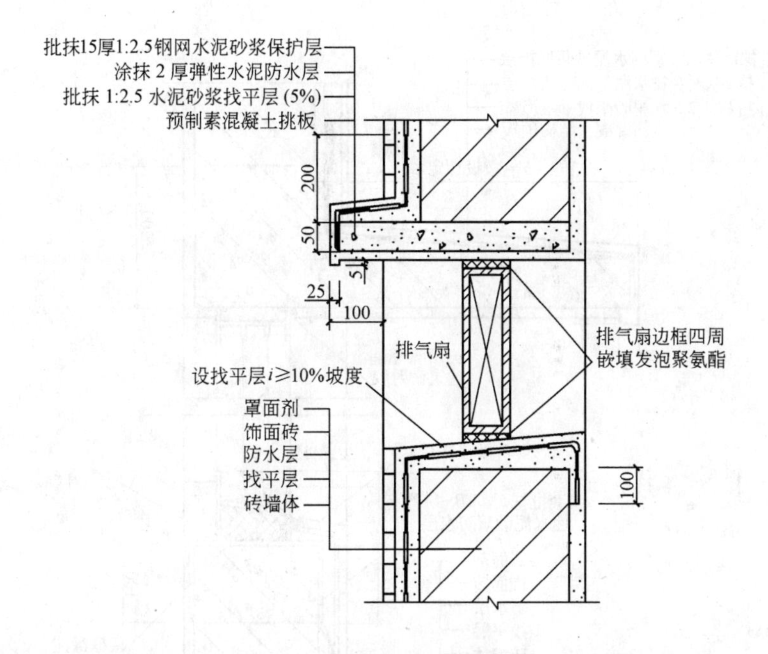

图 4-32 排气窗户构造

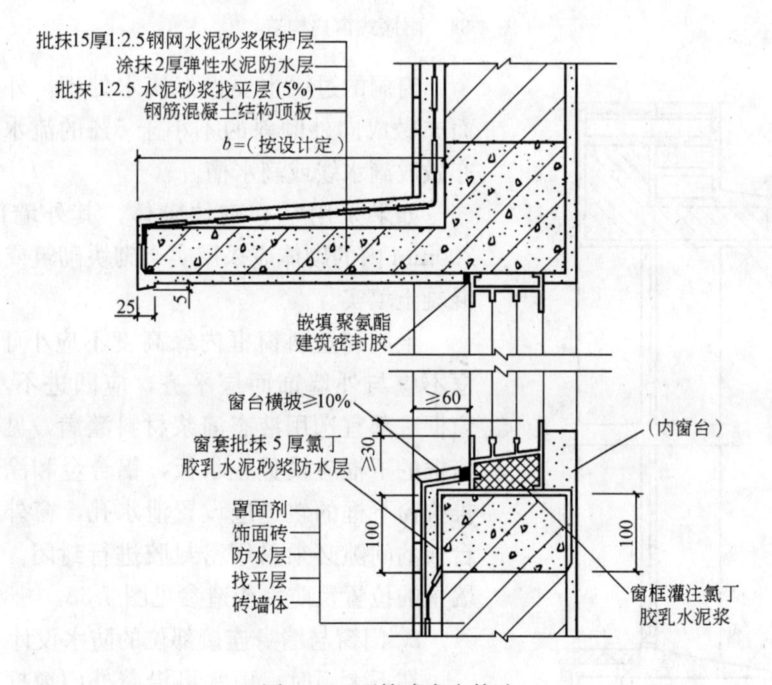

图 4-33 雨篷式窗户构造

外窗台板应采用不吸水的材料做成向外倾斜一般不小于 5%的排水坡度，以利于排水。外窗台应突出墙身足够的宽度，以在其下端做成有效的滴水线或滴水槽，防止窗下墙被雨水污染。滴水槽的深度和宽度均不应小于 10mm，并整齐一致。窗台与墙面交角处应做成直径为 100mm 的圆角。

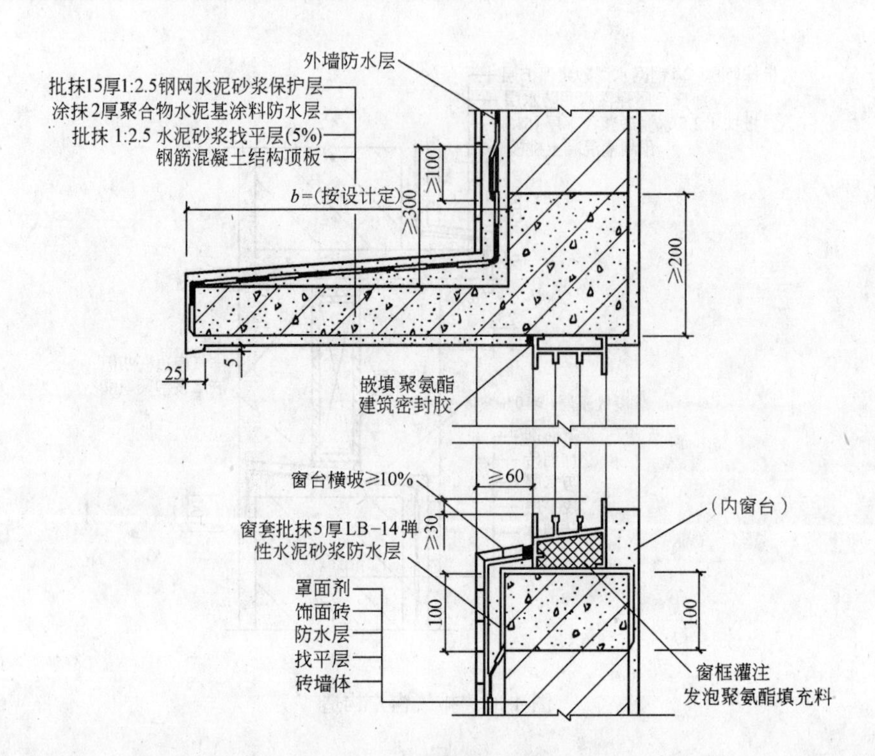

图 4-34　雨篷式窗户构造

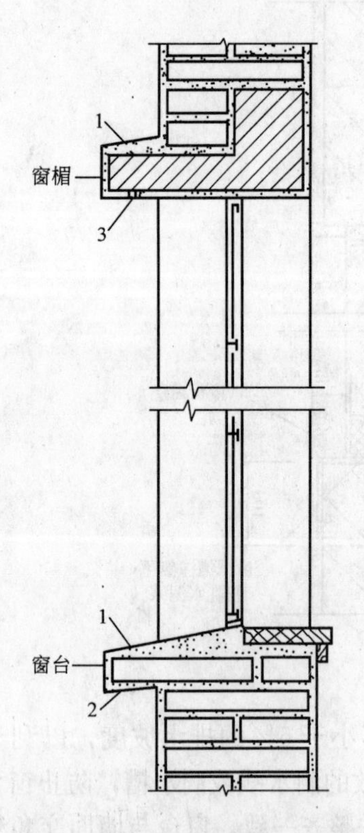

图 4-35　外窗台和窗楣防水构造
1—流水坡度；2—滴水线；3—滴水槽

窗洞的过梁也要做好滴水处理。外墙的窗楣顶面亦做成向外倾斜的不小于 5%的流水坡度，底面亦做成滴水线或滴水槽。

如果采用空心砌块砌体，其外墙门窗洞周边 200mm 内的砌体应采用实心砌块砌筑或用 C20 细石混凝土填实。

金属和塑料窗框内缘高度不应小于 30mm，窗框不应与外墙饰面层平齐，应凹进不小于 50mm，窗框底部宜选用液态灌浆材料灌满，见图 4-37。外窗框的下框应设置止水板，铝合金和涂色镀锌钢板推拉窗下框的轨道应设置泄水孔，窗外框与室内窗台板的间隙必须采用密封胶进行封闭。外墙窗在砖墙中的位置及防水构造参见图 4-38。

2. 门窗与墙身连接部位的防水设计

在下大雨时，雨水可沿着外门窗框与墙身连接部位之间接触不严的缝隙渗入墙内和室内，使室内墙面上可见到门窗框周围有成片的湿痕，严重时会沿着墙面滴水，影响使用。因此，对门窗框与墙身连接部位的缝隙必须采用密封防水。

门窗框与墙身连接部位的防水设计要点如下：

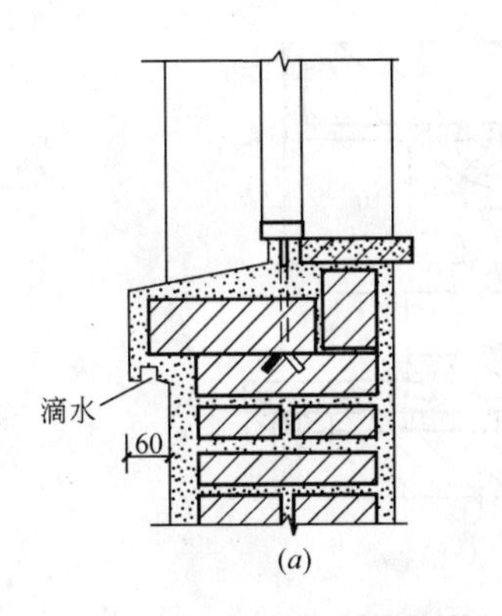

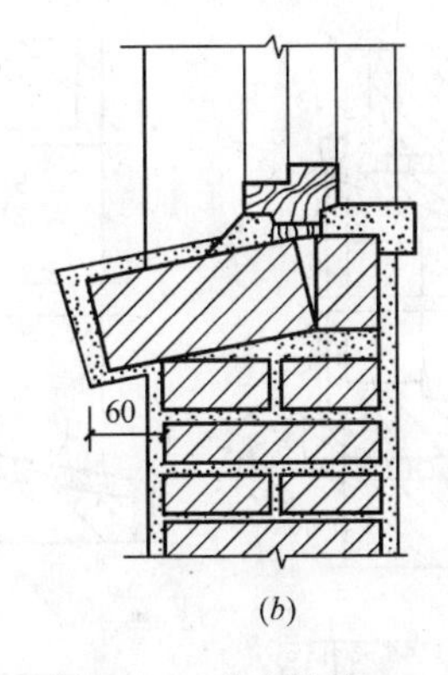

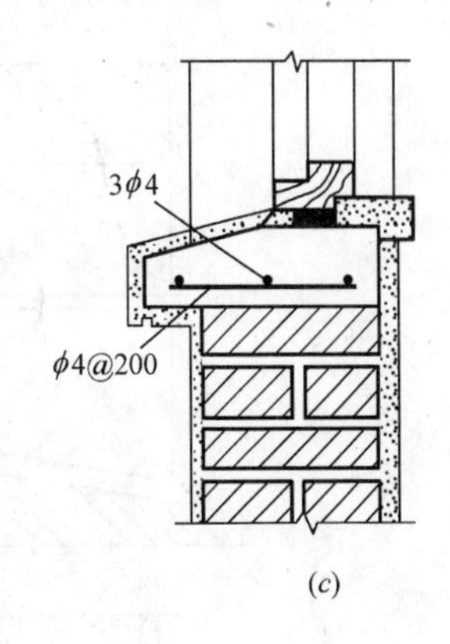

图 4-36　窗台构造

(a) 滴水窗台；(b) 侧砌砖窗台；(c) 预制钢筋混凝土窗台

窗框节点的防水构造参见图 4-39。

(1) 预留门窗洞口时，应按门窗框不同的材质要求的宽度尺寸准确留设，预留门窗洞与门窗框四周的间隙每边一般不宜大于 10mm，如大于 10mm 时宜采用聚合物水泥砂浆修正洞口。在安装门窗框前要检查洞口尺寸是否准确，如缝隙太大，大于 10mm 时，则必须先用高粘结力的聚合物水泥砂浆进行修正。

(2) 墙身预埋件的数量、规格必须符合设计要求并安装牢固，严禁距离过大或预埋件出现松动，或者在砖墙上采用射钉，因经常开关震动，易在门窗框处产生空鼓和裂缝。

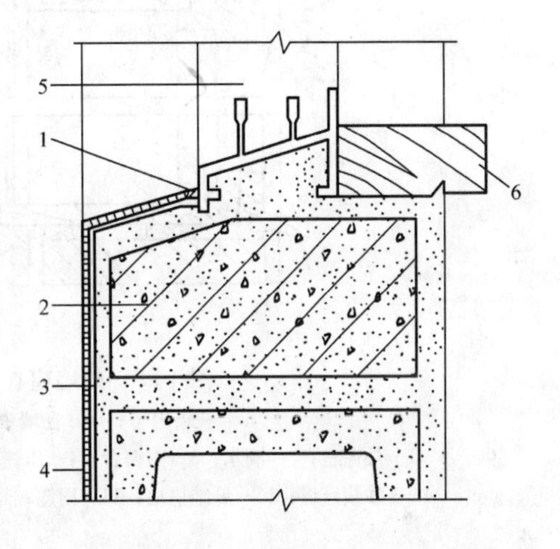

图 4-37　外窗台

1—密封材料；2—封底砌块；3—聚合物水泥砂浆；4—外墙面层；5—铝合金窗框；6—内窗台

(3) 采用密封防水技术、使用密封材料进行窗框四周的接缝密封，其作用在于利用性能良好的防水密封材料，把木材、金属、塑料等材质组成的窗框与墙身形成一个完整的连续体，从而起到防水、防风、防尘的作用。因此，选用密封材料至关重要，应选用既要与钢筋混凝土墙面保持良好的粘结性能，又要与木材、金属、塑料等材料有良好的粘结性能，并且有较好的弹塑性和耐热、耐低温及耐候性。

(4) 门窗外侧金属框与防水砂浆层及外墙饰面层的接缝处应留 (7～10mm)×5mm (宽×深) 凹槽，并嵌填高弹性密封材料，参见图 4-40。

(5) 超过九层的住宅或高 24m 以上的公共建筑，外墙窗不宜选用铝合金推拉窗，而应选用平开窗，且窗扇与窗框之间的橡胶止水密封条应完整，平开窗窗扇与窗框之间应设有两层橡胶止水密封条，其水密性和气密性要良好，以防雨水渗入其室内。

(6) 木制门窗框与外墙连接部位的间隙，应自下而上进行嵌填麻刀水泥砂浆或麻刀混合砂浆，并需分层嵌填密实，待达到一定强度后，方可在用水泥砂浆找平；铝合金和镀锌钢板门窗框与墙身间的缝隙，应采用柔性材料如矿棉条或玻璃棉毡条分层填塞，其安装节点见图 4-41；塑料门窗框与墙身间的缝隙用泡沫塑料或油毡卷条填塞，但填塞不宜过紧，防止框体变形，门窗框四周的内外接缝亦应采用水密性防水密封嵌填严密，其安装节点详

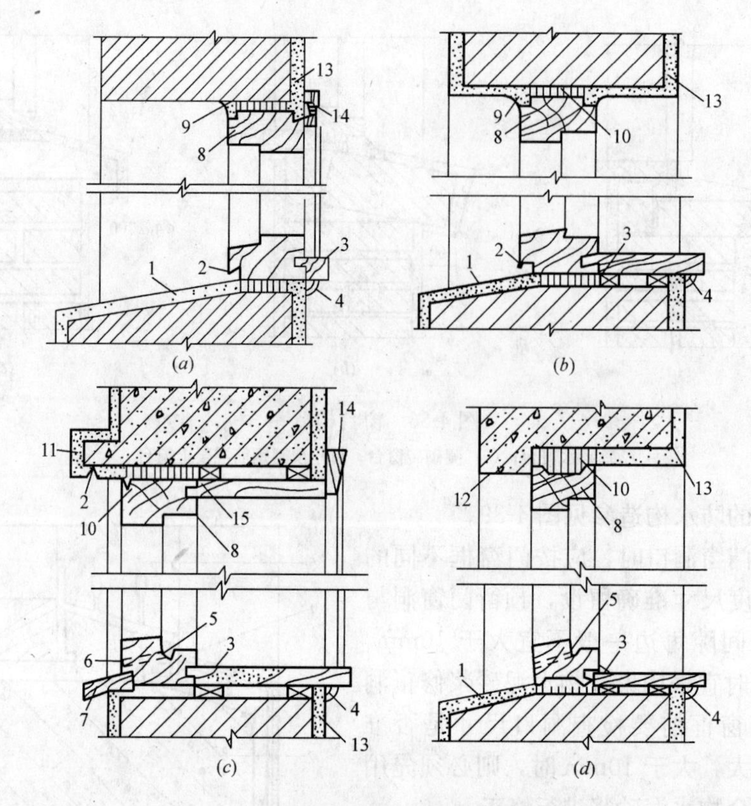

图 4-38　外墙窗在砖墙中的位置及防水构造

(*a*) 在墙内平；(*b*) 在墙中部；(*c*) 近墙外部；(*d*) 墙外包口

1—外窗台；2—滴水；3—内窗台；4—压缝条；5—泄水槽；6—泄水管；7—披水板；8—窗框；9—砂浆嵌缝；10—纤维垫块；11—雨篷；12—过梁包口；13—内抹灰；14—贴脸；15—筒子板

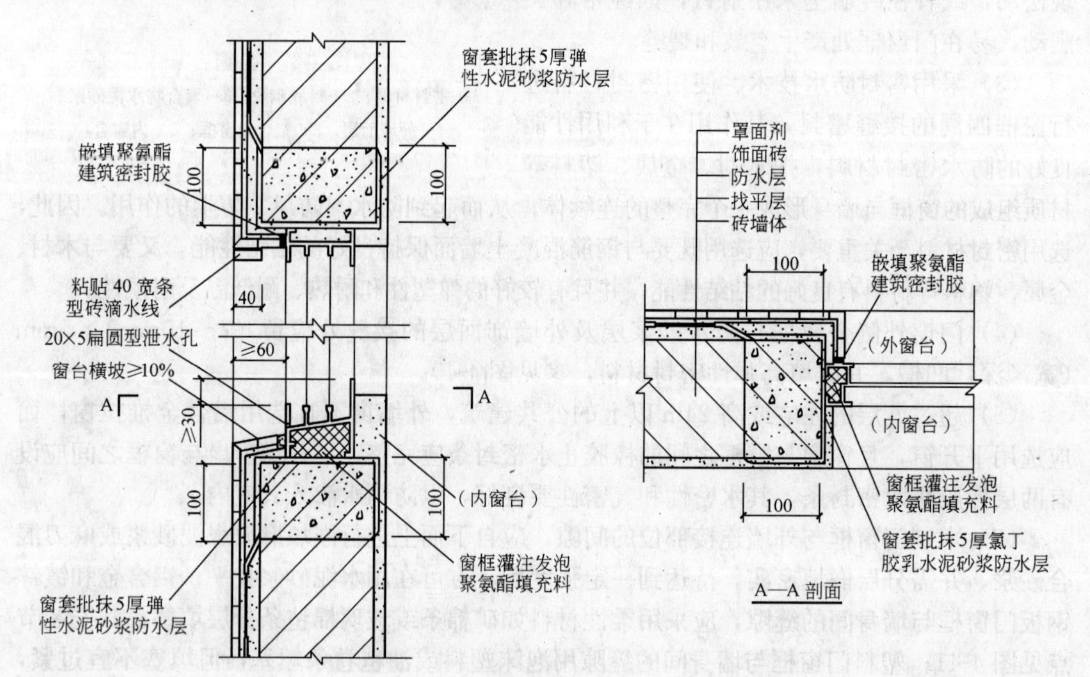

图 4-39　窗框节点的防水构造

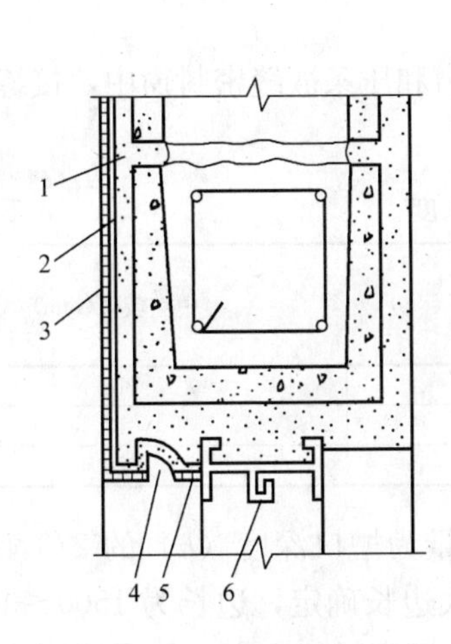

图 4-40 窗节点

1—找平层；2—聚合物水泥砂浆；3—饰面层；4—滴水线；5—高弹性密封材料；6—铝合金窗框

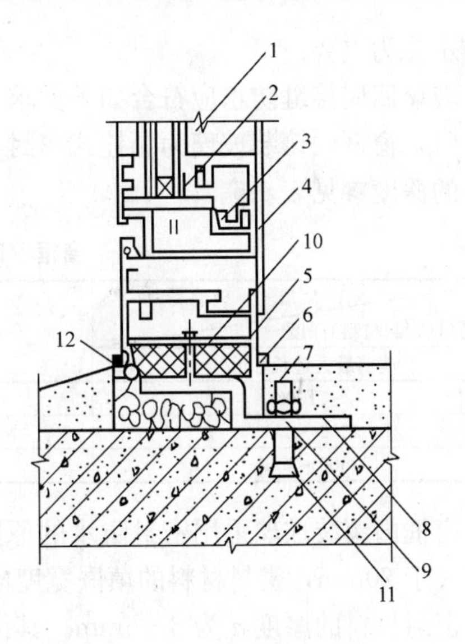

图 4-41 铝合金门窗安装节点及缝隙处理示意

1—玻璃；2—橡胶条；3—压条；4—内扇；5—外框；6—密封胶；7—砂浆；8—地脚；9—软填料；10—塑料垫；11—膨胀螺栓；12—密封胶

见图 4-42，然后再进行墙面抹灰封缝；金属门窗或塑料门窗两门窗之间的拼缝处、铝合金拼料的接口处、螺钉固定处等部位均应采用高弹性密封材料进行密封严实。

（7）铝合金或塑料门窗外框与室内窗台板的间隙，必须采用密封材料进行密封，以确保水密封，防止产生渗漏。

（8）铝合金或镀锌钢板推拉窗的下框轨道应设置泄水孔，使其轨道槽内降落的雨水能够及时排出。

（9）外窗台板应低于内窗台板 20mm 为宜，并设置向外排水坡，使雨水向外排出通畅，窗台抹灰时间宜在建筑结构沉降基本稳定后进行，另外在窗台抹灰时应加强养护，防止水泥砂浆出现收缩裂缝。

3. 门窗玻璃四周的接缝防水设计

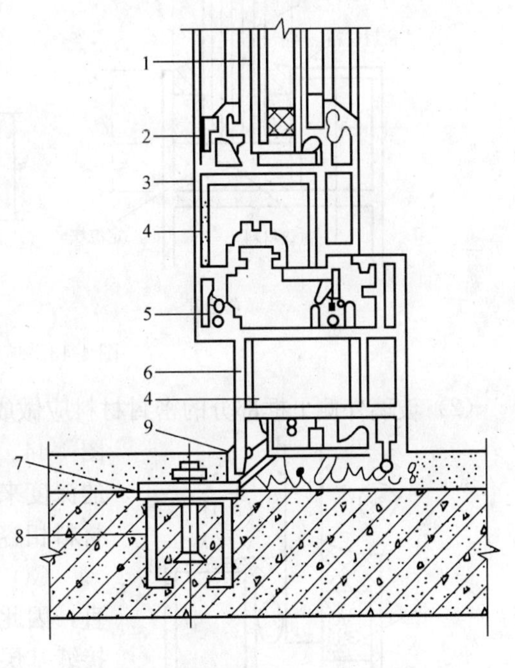

图 4-42 塑料门窗安装节点示意图

1—玻璃；2—玻璃压条；3—内扇；4—内钢衬；5—密封条；6—外框；7—地脚；8—膨胀螺栓；9—密封胶

门窗玻璃四周的接缝防水可采用密封防水技术，其作用在于利用优质密封材料使玻璃与玻璃、玻璃与木材、玻璃与金属（如钢材、铝合金等）、玻璃与塑料等门窗成为一个连续整体，使玻璃门窗起到防水、防风及防尘等作用。

玻璃门窗，特别是大型玻璃幕墙受到四季温差、风压、地震等影响。其接缝的伸缩量和错动较大，同时长期受到紫外线的照射，因此采用弹性和耐候性优良的密封材料进行密封防水尤为重要。

玻璃四周接缝防水应符合如下要求：

(1) 窗框内镶装玻璃为悬挂式密封，在填角密封窗和压条嵌缝密封窗中，接缝及密封材料的深度参见表 4-6。

窗框槽口（密封材料）深度 表 4-6

窗框槽口(密封材料)深度 / 玻璃类型 / 玻璃最大边长(mm)	单层玻璃(mm)	中空玻璃(mm)
<1000	10	18
1000～2500	12	18
2500～4000	15	20

窗框内镶装玻璃采用密封防水的原则是玻璃插入量为槽口深度（h）的 2/3，但其最深不大于 20mm，密封材料的填嵌宽度应根据玻璃最大边长确定，边长为 1500～4000mm 时，密封材料的厚度 a 为 3～6mm。其他异型尺寸可与厂家另行商定。如采用压条嵌缝密封材料时，其密封材料的厚度可视玻璃状况定为 1～6mm 不等。在玻璃端边接缝中须用衬垫材料衬垫，玻璃周边的密封防水参见图 4-43。

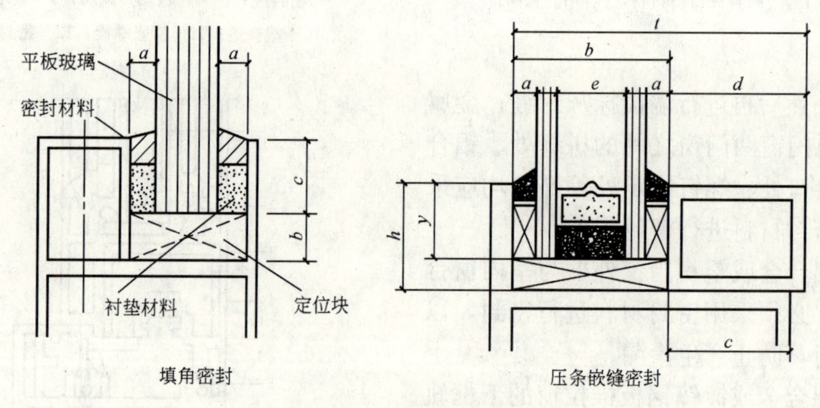

图 4-43 玻璃周边密封

(2) 玻璃外侧下框部分的密封材料应做成斜坡，以有利于排水和防止太阳直射，参见图 4-44。衬垫材料的安装及装修方法应根据玻璃镶嵌的深度来确定。在嵌填密封材料前应预先涂刷与密封材料相容性一致的底涂料。

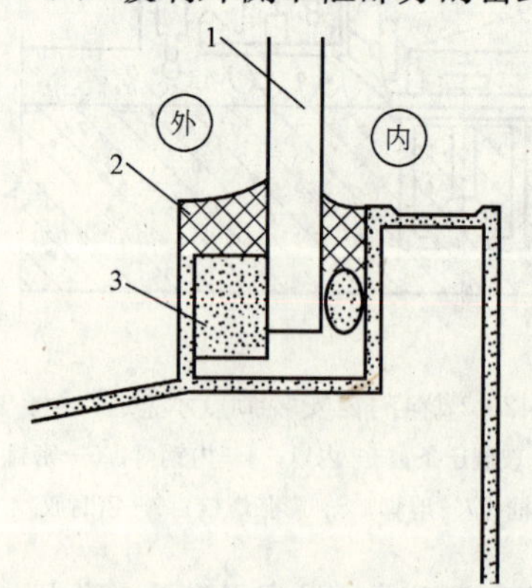

图 4-44 铝框玻璃四周接缝防水构造

1—玻璃；2—密封材料；3—衬垫材料

(3) 玻璃四周接缝窄，而且玻璃与窗框互相垂直，因此，在施工时，要采用专用的工具，进行清洗接缝基层并涂刷底涂料。

(二) 阳台和雨篷的防水设计

1. 阳台的防水设计

阳台是楼房中的室外平台，是供人类进行户外活动的平台或空间。根据阳台与外墙的相对位置，阳台可以分为凸阳台、凹阳台和半凸半凹阳台，见图 4-45。阳台按其结构形式可分为板式或梁式两大类。

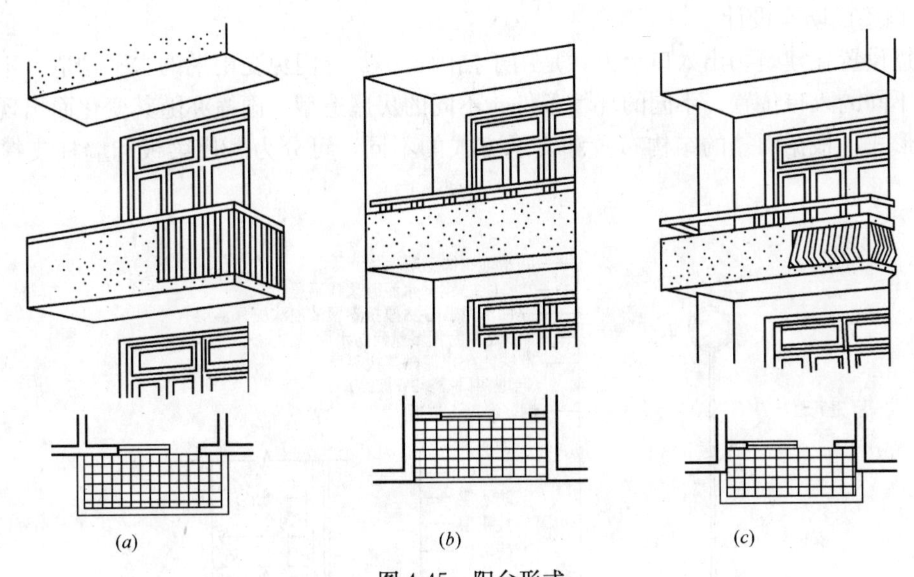

图 4-45 阳台形式

(a) 凸阳台；(b) 凹阳台；(c) 半凸半凹阳台

阳台外露于室外，室外的雨水可以飘入。为了防止雨水从阳台进入室内，同时将阳台上的存水迅速排出，对阳台进行防水设计时，应考虑到以下几点：

(1) 阳台的地面标高应低于室内地面至少 20mm；

(2) 阳台地面应做 3%～5%的排水坡度；

(3) 设置地面排水系统。

露台及阳台的防水构造参见图 4-46～图 4-51。

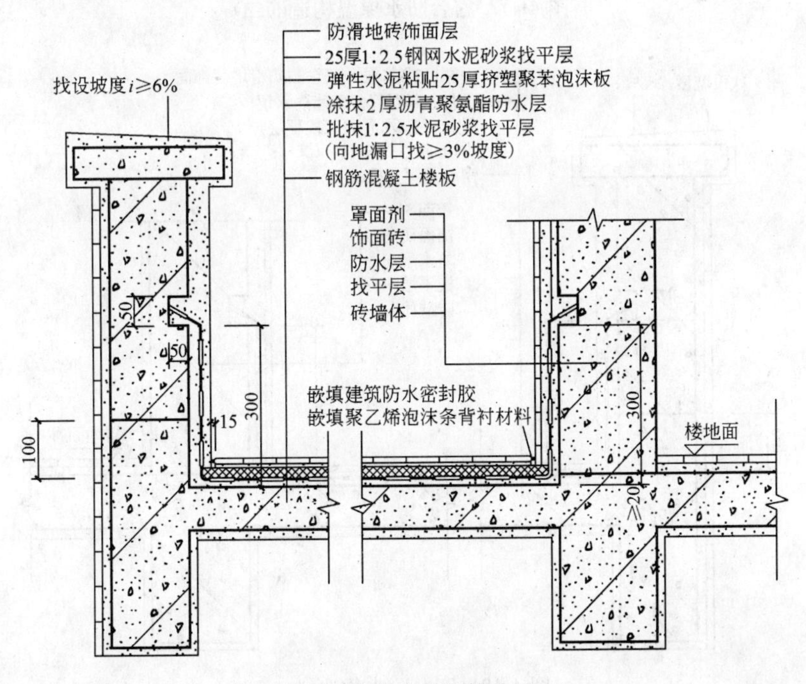

图 4-46 露台防水保温构造（一）

2. 雨篷的防水设计

雨篷设置在建筑物出入口上方，是用于挡雨，保护外门免受雨淋的水平构造。不同的建筑、不同的入口位置、不同的环境条件、不同的房屋造型，雨篷亦随其变化而出现多种不同的形式。根据雨篷的结构布置和支承方式的不同，可分为悬挑梁板和墙柱支撑两种形式。

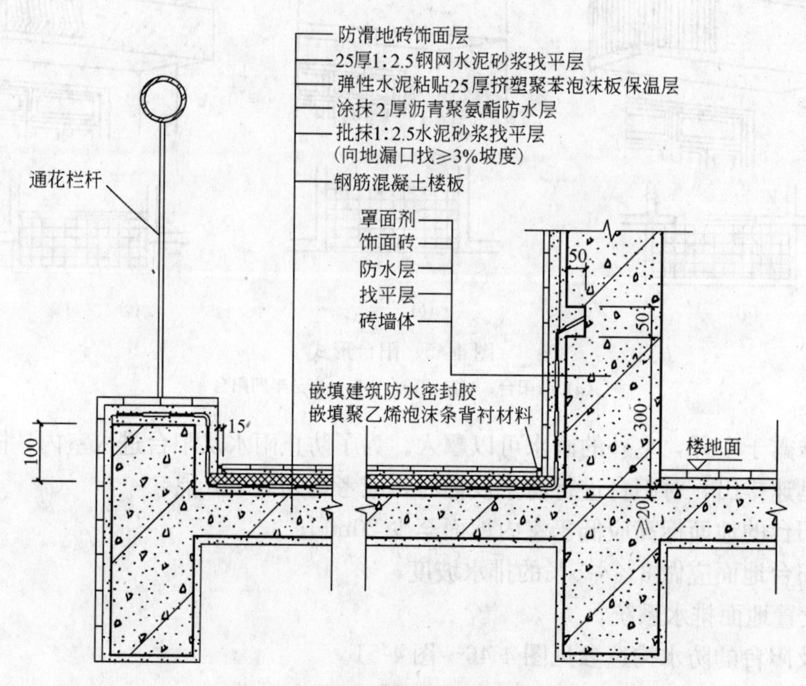

图 4-47 露台防水保温构造（二）

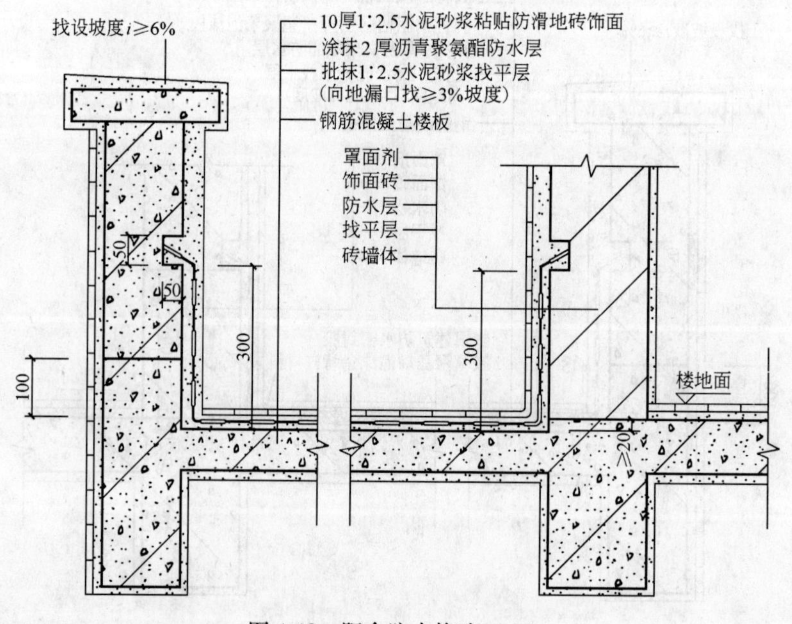

图 4-48 阳台防水构造（一）

一般的房屋建筑，雨篷都采用钢筋混凝土悬挑梁式结构。常见的有板式雨篷和梁板式雨篷。为了防止雨篷发生倾斜，常将雨篷板与入口门上的过梁或圈梁浇筑成一体，其悬挑板的长度为≤1.5m，如图 4-52（*a*）所示。因雨篷所承受的荷载很小，故雨篷板厚度较薄，一般为 60mm 左右。考虑到其立面比例，造型美观及防止周边滴水的需要，梁板式雨篷常将梁向上翻起成反梁式，此时则需像阳台一样作排水处理。排水处理一般可分为有组织排水和无组织排水两类，若采用无组织排水，则应在雨篷底板周边设滴水，参见图 4-52（*b*）。

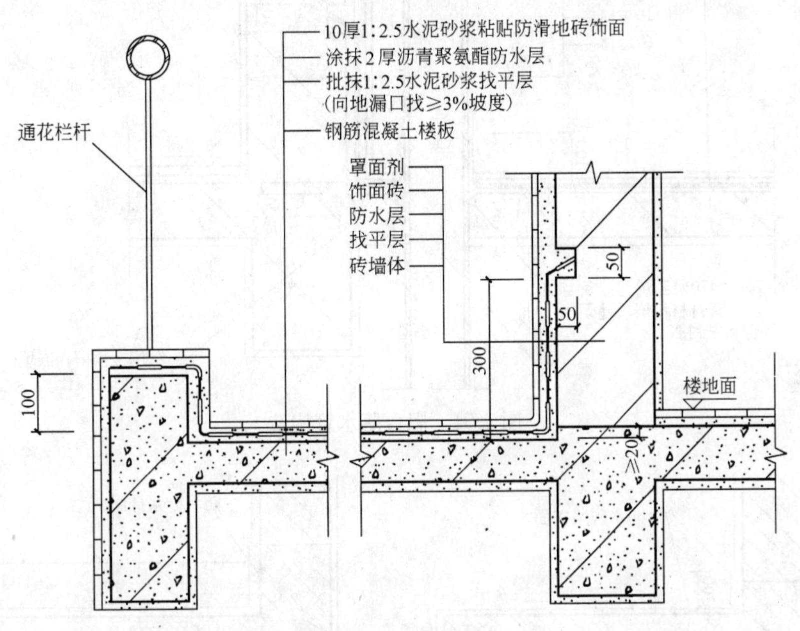

图 4-49　阳台防水构造（二）

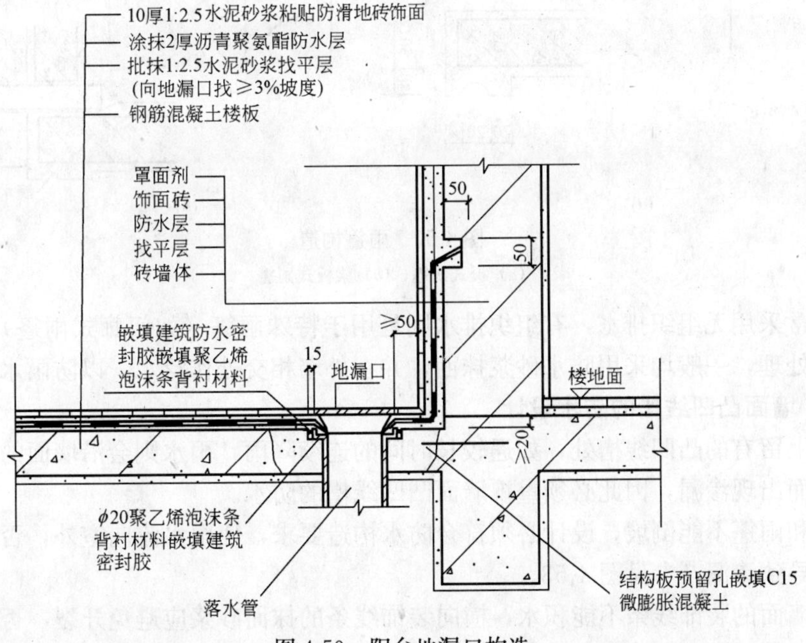

图 4-50　阳台地漏口构造

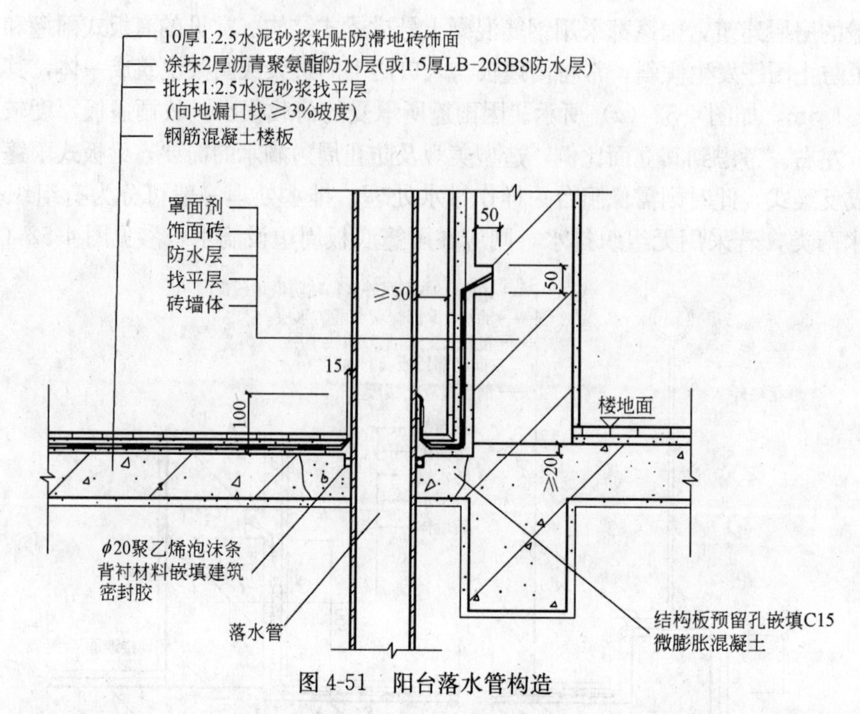

图 4-51　阳台落水管构造

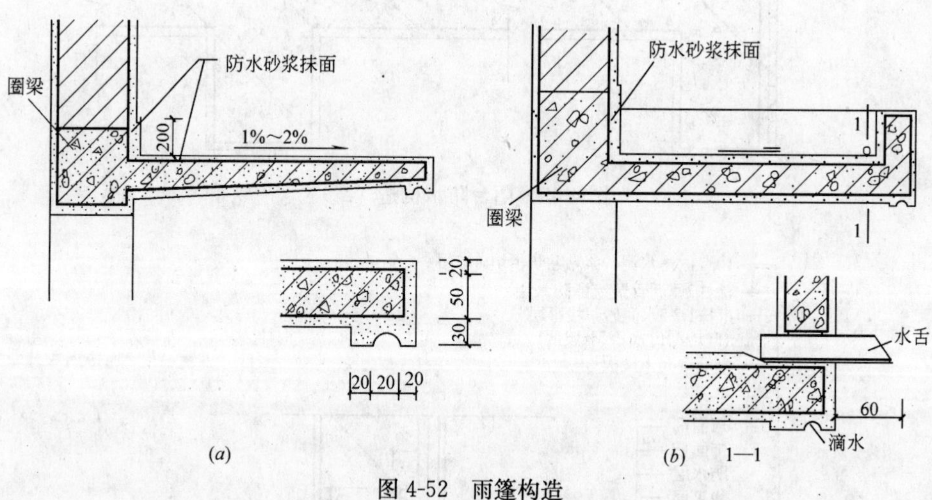

图 4-52　雨篷构造

(a) 板式雨篷；(b) 梁板式雨篷

雨篷常采用无组织排水，有组织排水则是用于特殊雨篷（如门廊式雨篷）。在雨篷板面作防水处理，一般均采用防水砂浆抹面，并在外墙相交处作泛水，以防雨水侵蚀墙身。

（三）墙面凸凹线槽的防水设计

墙面上留有的凸凹线槽处，如遇较长时间的连续降雨，雨水则会沿墙面的凸线和凹槽渗入墙身而出现渗漏，因此必须重视墙面凸凹线槽的防水。

阳台和雨篷不能倒坡，设计必须符合防水构造要求，使雨水流向室外，否则雨水会流入墙身，导致渗漏，参见图 4-53。

凸出墙面的装饰线条不能积水，横向装饰线条的抹面砂浆应避免开裂，否则雨水可沿着此裂缝处渗入室内，参见图 4-54。

墙面分割缝亦考虑到防水要求。

腰线上部应做不小于5%的向外排水坡，下部应做滴水，与墙面交角处应做成直径100mm的圆角。

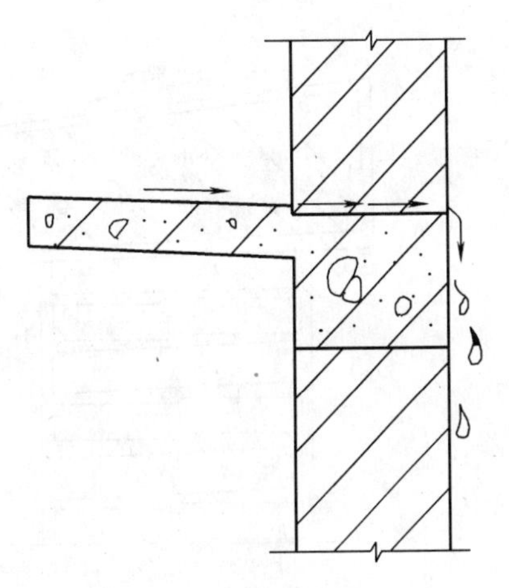

图4-53 雨篷倒坡

（四）女儿墙的防水设计

女儿墙是墙身在屋面以上的延伸部分，其厚度可以与下部墙身等同，也可以适当减薄。女儿墙的高度取决于上人和不上人，不上人高度应不小于800mm，上人高度应不小于1300mm。

砌筑女儿墙的方法有多种。砌筑女儿墙应采用普通实心砖砌筑，开间应沿外墙设置钢筋混凝土构造柱，其构造柱的间距不宜大于4m，构造柱应伸至女儿墙顶，并与现浇钢筋混凝土压顶整浇在一起。构造柱留出的钢筋应与砌体拉结牢固，同时必须在女儿墙与结构层或保温层之间留置分格缝，并用防水密封材料进行填嵌。女儿墙砌到高出屋面板5～6皮砖时收缩一皮砖，缩进宽度为40mm。凹槽应抹斜角，女儿墙根部阴角应抹成圆弧形。空心砖孔隙率大、吸水、干缩变化，如使用位于屋面的女儿墙中，因常年处于烈日照射和雨雪冰冻的环境中，受温度变化和冻融影响易产生变形，容易在保温层与女儿墙之间产生水平方向的裂缝，引起渗水。混凝土女儿墙应直接与屋面结构层边跨同时浇筑，如必须留设施工缝，应留设在女儿墙上，高出屋面结构层100mm以上。缝的端部应留凹槽，在凹槽内嵌填密封材料封严。

女儿墙一般应设卷材防水层，女儿墙其根部（转角）防水层应采取增强防水措施，主要是加强结构层与女儿墙缝隙之间的密封，同时在转角处宜增铺1毡（聚酯毡）、涂聚氨酯防水涂料2遍，其防水层厚度应不少于1.5mm。

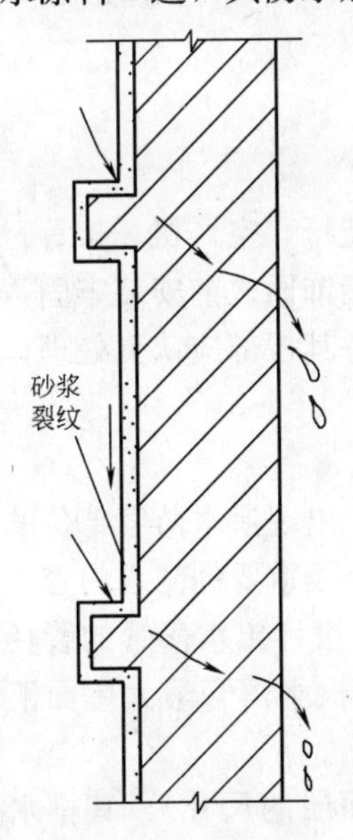

图4-54 凸出墙面线条渗漏

女儿墙压顶有条件时可选用整浇或预制钢筋混凝土压顶，但宜每隔6m留设一道分格缝，缝内嵌填密封材料。女儿墙如为水泥砂浆压顶，则可铺贴高弹性防水卷材或铺一毡、涂聚氨酯防水涂料2遍，以将裂缝全部封闭，防止雨水由压顶裂缝进入墙身内。女儿墙压顶应进行防水处理并找坡，其坡度应根据当地雨量大小来确定，一般为5%～10%坡向屋面。女儿墙压顶的防水构造见图4-55，女儿墙外排水的防水构造参见图4-56。

（五）施工孔洞、穿墙管道以及预埋件的防水设计

在建筑施工过程中，预留的各种施工孔洞（如施工设备缆风绳的过墙孔、脚手架眼、水电及设备安装时的管洞、房屋设备及人行出入口等）、穿墙管道，以及预埋件根部均易出现局部渗漏现象，其渗漏面积大小不等，形式也无一定规律，或成条状，或连成片状。因此，各种施工孔洞、穿墙管道以及预埋件的防水是墙身防水一个十分重要的内容。

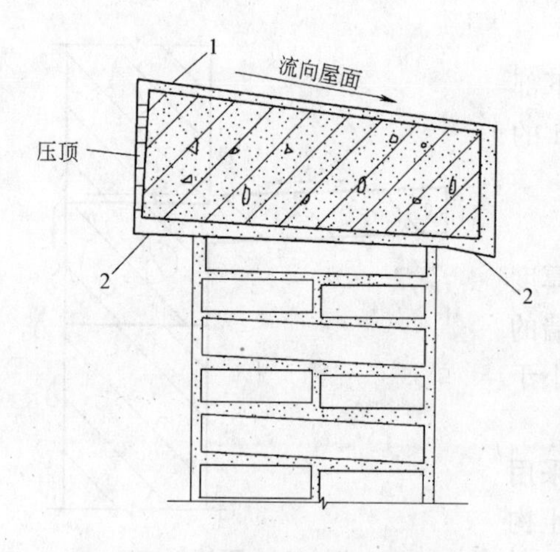

图 4-55　女儿墙压顶防水构造

1—流水坡度；2—滴水线

施工孔洞在外墙作装饰层（防水层）前，应认真进行砌筑封堵，填补密实，不能仅注重外表的美观。墙身上的各种孔洞如填补不密实，可在孔洞部位形成缝隙和毛细孔，在做装饰层后会因砂浆的干缩形成裂缝，因此雨水往往沿着外墙面流入这些堵塞不严的灰缝中，形成流水通道，从而进入室内，导致渗漏。

穿墙管道的安装应稳固，在装饰墙面之前，应采用 C20 细石混凝土或 1：2 聚合物水泥砂浆填嵌穿墙管道与墙洞之间的空隙，并作密封处理。在墙面进行饰面抹灰时，则应将管道根部抹平压实，不得空鼓、开裂。穿墙管道的防水构造参见图 4-57 至图 4-58。

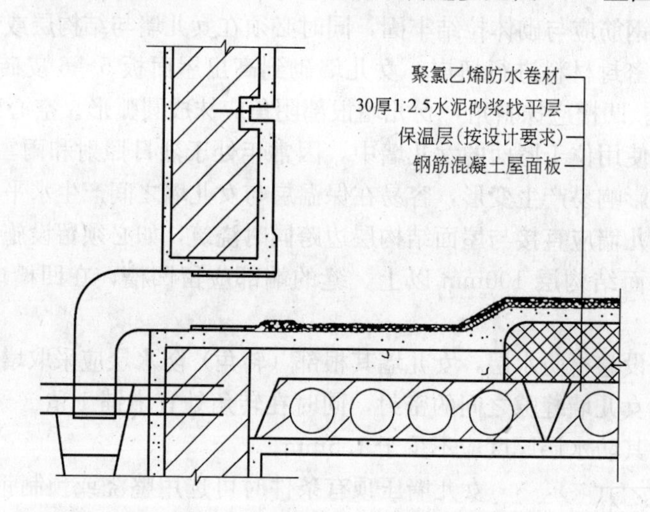

图 4-56　女儿墙外排水防水构造

各种墙身预埋件（如水落管卡具、避雷带支柱、接地引线支杆、空调机托架等）在安装埋入墙身之前，必须进行除锈和防腐处理；预埋件应在做外墙饰面之前安装牢固，使其与预埋孔洞和饰面抹灰层结合牢固；在进行饰面抹灰时，预埋件其根部应认真处理，抹灰层必须平整、压实，不得凸凹不平或有裂缝。

（六）水落管的防水设计

水落口如设计施工不当或不符合质量，即可发生墙面渗漏，出现沿水落管部位的墙面严重浸湿，并逐渐扩大。因此，水落管的设计和安装施工是一个极重要的防水内容。

（1）水落管的选用应根据屋面汇水面积与当地最大雨水量，设计出水落管的管径与数量。水落管内径不应小于 75mm，应采用 100mm 以上内径。一根水落管最大屋面汇水面积为 200m^2，雨水流到排水口的距离不应超过 30m。

（2）水落管与墙面距离应不小于 20mm（即应预留出外墙面层的尺寸），其排水口距散水坡的高度不应小于 200mm。水落管可用管箍与墙面而定，接头的承插长度不应小于

40mm。水落管经过檐口线等墙面突出部位处，宜用直管，并应预留缺口或孔洞。

（3）水落管的管箍要与墙面固定牢靠，不能松动。为此，可在外墙抹灰前，找准水落管的轴线，找好管箍的安装位置，管箍钉可用射钉枪打入墙身内，其伸入墙身的深度应不少于100mm，不能采用小木楔固定箍钉的错误做法。为防止管箍钉处出现渗水，在抹灰时，还应将管箍钉周围缝隙用聚合物水泥砂浆嵌填密实。此外，管箍宜用不小于3mm厚、20mm宽的扁铁制作，并应做好防锈处理。

（4）应选用材质合适的无缝管、镀锌管或用镀锌铁板制成的水落管，严禁使用已淘汰的玻璃钢水落管。凡水落管进场后，还要抽样检测和试水，合格后方可安装使用。

（5）高跨屋面水落管的雨水流向低层屋面时，应在低层屋面的排水口加设钢筋混凝土

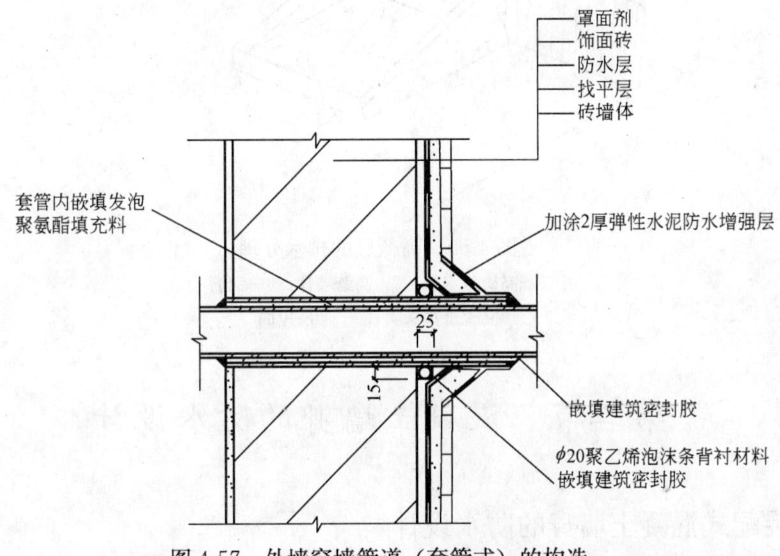

图4-57　外墙穿墙管道（套管式）的构造

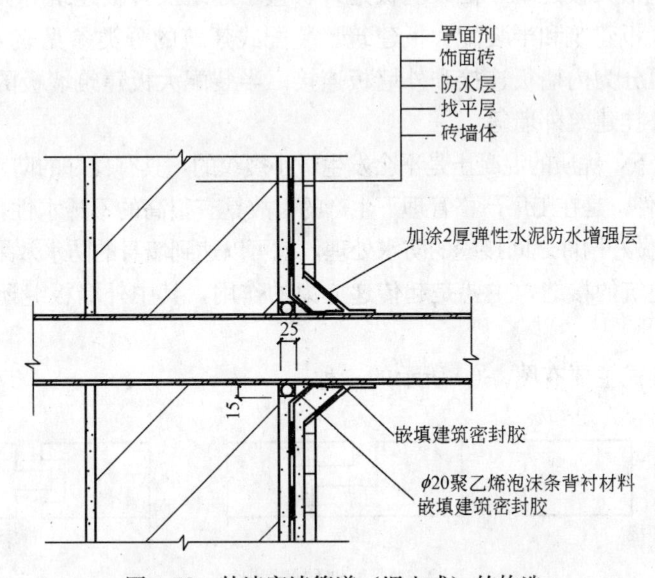

图4-58　外墙穿墙管道（埋入式）的构造

簸箕，见图 4-59。

(6) 外墙雨水斗、水落口等部位，要做增强防水处理，管口部分要与楼面防水层相连接。

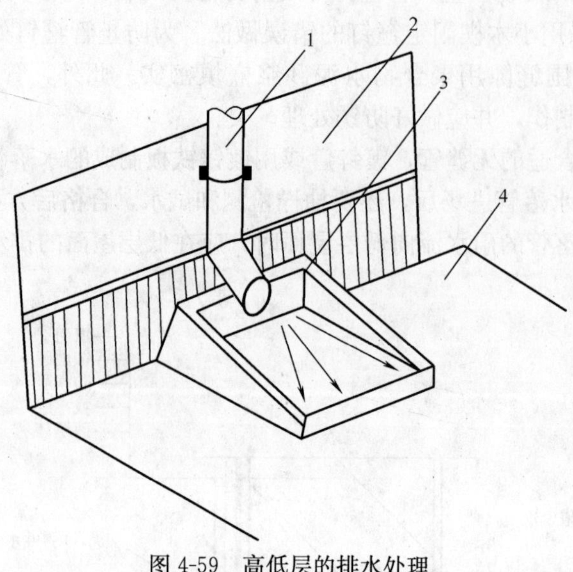

图 4-59　高低层的排水处理
1—高跨排水管；2—高跨墙体；3—钢筋混凝土水簸箕；4—低层屋面

第二节　混凝土墙身的防水设计

一、装配式混凝土墙身的防水设计

装配式建筑包括大板建筑、框架墙板建筑、盒子建筑及升板建筑等类型。大板建筑还可细分为全装配大板建筑和半装配大板建筑。装配式建筑的分类参见表 4-7。全装配大板建筑墙板的连接可分为内墙板连接和外墙板连接。半装配大板建筑墙板的连接有内板外砌建筑外墙和内浇外挂建筑外墙等。

在正常的情况下，优质的混凝土是不会发生微小裂纹的，具有良好的防水性，应用于混凝土装配式墙身的构件，是在工厂严格管理下生产的，故具有很高的不透水性，一般也不易发生微小的裂纹。因此做好构件之间接缝的防水处理，就可以达到墙身的防水效果。

装配式大板建筑的接缝，主要是起传递应力的作用，其中外墙板缝还要做好隔热保温和密封防水的作用。

墙身接缝其形式主要有图 4-60 所示的三种。

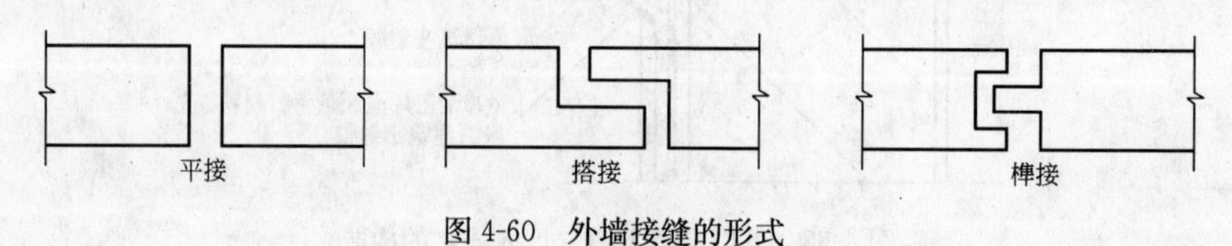

图 4-60　外墙接缝的形式

装配建筑的类型　表 4-7

类型			图例
装配建筑	大板建筑	全装配大板建筑	
		半装配大板建筑	
	框架墙板建筑		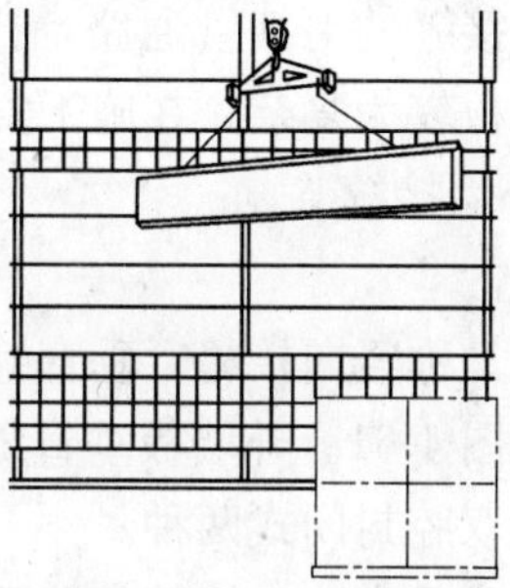
	盒子建筑		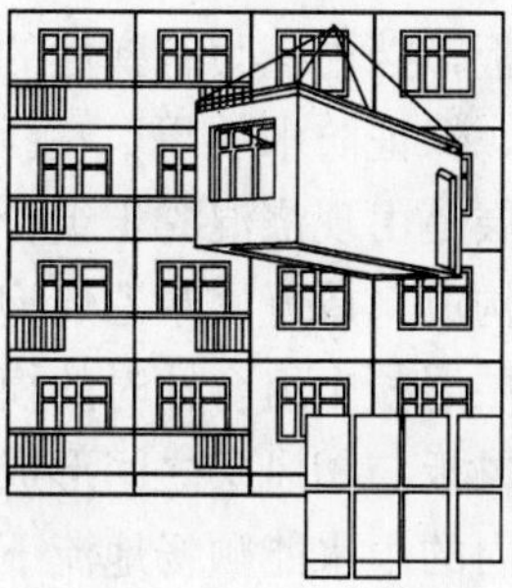
	升板建筑		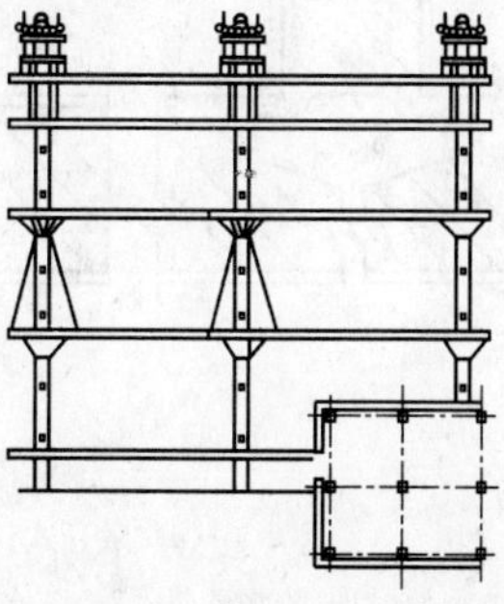

预制混凝土外墙身是在装配式大板建筑及大模板施工建筑中由预制混凝土外墙板安装组成的。预制混凝土外墙防水除了要保证预制混凝土外墙板本身的密度外，还要做好接缝的防水处理。

大板建筑外墙板的接缝是材料干缩、温度变形和施工误差的集中点，接缝处理应根据当地的年温差、风雨大小、湿度状况采取必要的措施以达到防水、保温、耐久、经济、美观、便于制作和施工等要求。大板建筑外墙接缝如处理不当，势必将严重影响建筑物的质量和使用。

预制混凝土外墙板接缝防水处理的方法一般采用构造防水和材料防水。大板建筑或外板内浇大模板建筑的外墙，在北方地区则以构造防水做法为主，而在南方多雨地区则以采用材料防水做法为主，也有采用构造与材料结合的复合防水做法。

（一）外墙板缝的构造防水

构造防水又称其为空腔防水，是在墙板侧面设置滴水（披水）挡水台阶、凹槽等，放置挡雨板和挡风层，以形成压力平衡空腔，利用垂直或水平减压空腔的作用和水的重力作用，切断接缝的毛细管通路，排除雨水，以达到防水效果。构造防水这种方法经济、耐久，但模板较为复杂，在施工安装过程中，亦易损坏边角。外墙板接缝的基本做法如下：

1. 外墙接缝

（1）立缝

立缝又称竖向接缝、垂直缝，是两块墙板安装后所形成的接缝。外墙板垂直缝的防水构造参见图 4-61。外墙板垂直缝可分为敞开式和封闭式两种，封闭式又可再细分为单腔封闭式和双腔封闭式两种。

敞开式垂直咬口缝的外缝不嵌填砂浆，其做法如图 4-61（*a*）所示。

单腔封闭式构造防水垂直缝的做法如图 4-61（*b*）所示。在两块墙板的槽口之间嵌入一块挡雨板，挡雨板为有弹性的金属片或塑料片，可以靠它的弹性嵌入墙板槽口内。为保护挡雨板，保证防水效果，在挡雨板外侧可采用防水砂浆勾缝。在挡雨板后面的是挡风层，挡风层是由现浇混凝土组合柱，并在其外侧加一层泡沫塑料板或其他保温材料，再贴一层卷材构成（放置聚苯乙烯泡沫塑料板和卷材，其目的是防水和隔热防寒，同时也作为浇筑挡风层混凝土组合柱时的模板）。

在挡风板与挡风层之间形成的一个空腔，成为立腔，立腔的腔壁要涂刷防水涂料，以使进入腔内的雨水能顺畅地流下去。

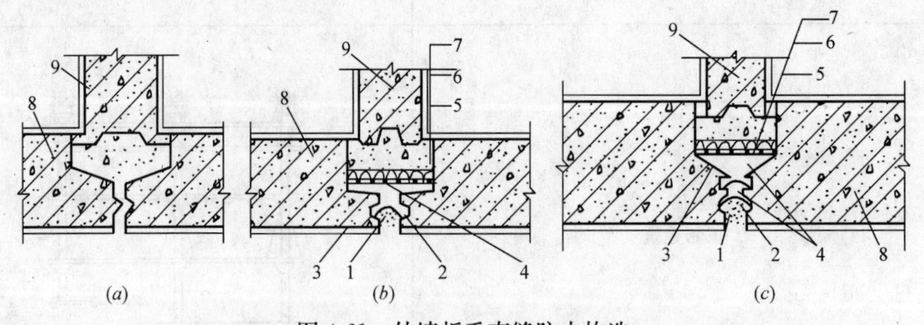

图 4-61 外墙板垂直缝防水构造

（*a*）敞开式；（*b*）单腔封闭式垂直缝；（*c*）双腔封闭式垂直缝

1—防水砂浆；2—防水塑料条；3—垂直缝空腔壁涂刷防水涂料；4—垂直缝空腔；

5—卷材；6—聚苯乙烯泡沫塑料板；7—现浇混凝土；8—外墙板；9—内墙板

双腔封闭式构造防水垂直缝是在单腔封闭式构造防水垂直缝的基础上增设一道防线，从而形成两个空腔的一类防水做法，见图 4-61（*c*）所示。

常见的立缝防水构造做法见图 4-62～图 4-65。

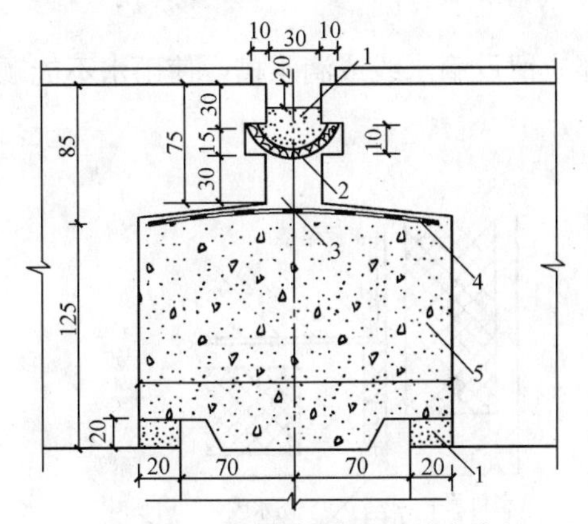

图 4-62　住宅建筑单槽单腔立缝防水处理

1—防水砂浆；2—塑料挡水条；3—减压空腔（内刷胶油）；4—油毡条；5—现浇混凝土

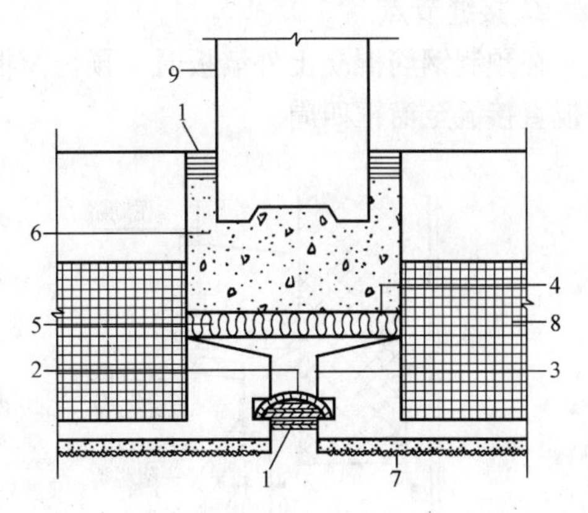

图 4-63　住宅建筑单槽单腔立缝防水、保温处理

1—防水砂浆；2—塑料挡水板；3—减压空腔；4—油毡条；5—泡沫聚苯乙烯保温层；6—现浇混凝土；7—干粘石饰面；8—加气混凝土夹层；9—内墙板

（2）平缝

平缝，又称水平缝，是上下墙板之间所形成的缝隙。外墙板的下部有挡水台阶和排水坡，上部有披水，在披水内侧放置圆形卷材条，外勾防水砂浆，卷材条以内即形成水平空腔。外墙板水平缝的防水构造参见图 4-66。墙面上的雨水顺披水流下，进入墙内的少量雨水由于挡水台的阻挡，顺排水坡和十字缝处的排水管排出。外墙板水平缝亦可分为敞开式和封闭式两种。

敞开式的外墙板水平缝不嵌砂浆，进入缝内的雨水首先被挡水台挡住，在重力作用下能很快地被排掉，使缝内无积水现象，参见图 4-66（*a*）所示。

封闭式的外墙板水平缝采用防水砂浆嵌缝，使水平缝后面形成空隙，并间隔一定距离留做排水孔，使内外空气流通，压力平衡，即使有雨水渗入，也可以迅速排出，参见图 4-66（*b*）所示。

常见的平缝防水构造做法见图 4-67～图 4-70。

（3）十字缝

十字缝位于立缝、平缝相交处，在十字缝正中设置塑料排水管，使进入立缝和平缝的雨水通过排水管排出，十字缝的防水构造参见图 4-71 和图 4-72。

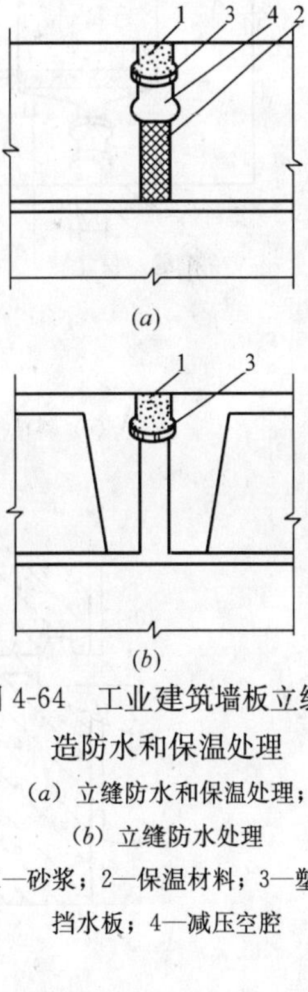

1　3　4　2

(*a*)

1　3

(*b*)

图 4-64　工业建筑墙板立缝构造防水和保温处理

（*a*）立缝防水和保温处理；（*b*）立缝防水处理

1—砂浆；2—保温材料；3—塑料挡水板；4—减压空腔

从外墙板的防水构造中可以看出，构造防水的质量取决于外墙板的防水构造和安装质量，外墙板的外形尺寸要准确，挡水台阶、披水、滴水槽等必须完整无损，如有破坏应及

时修理。在安装外墙板时，要注意板间缝隙均匀一致，尤其要防止披水高于挡水台及企口缝向里错位太大，而将平腔挤严，平腔和立腔内不得堵塞砂浆和混凝土，以免空腔因毛细管作用而影响防水效果。

2. 接缝节点

在预制钢筋混凝土外墙板时，预留窗框顶部应留设滴水线或滴水槽，使雨水不能顺窗框板直接流至窗框四周。

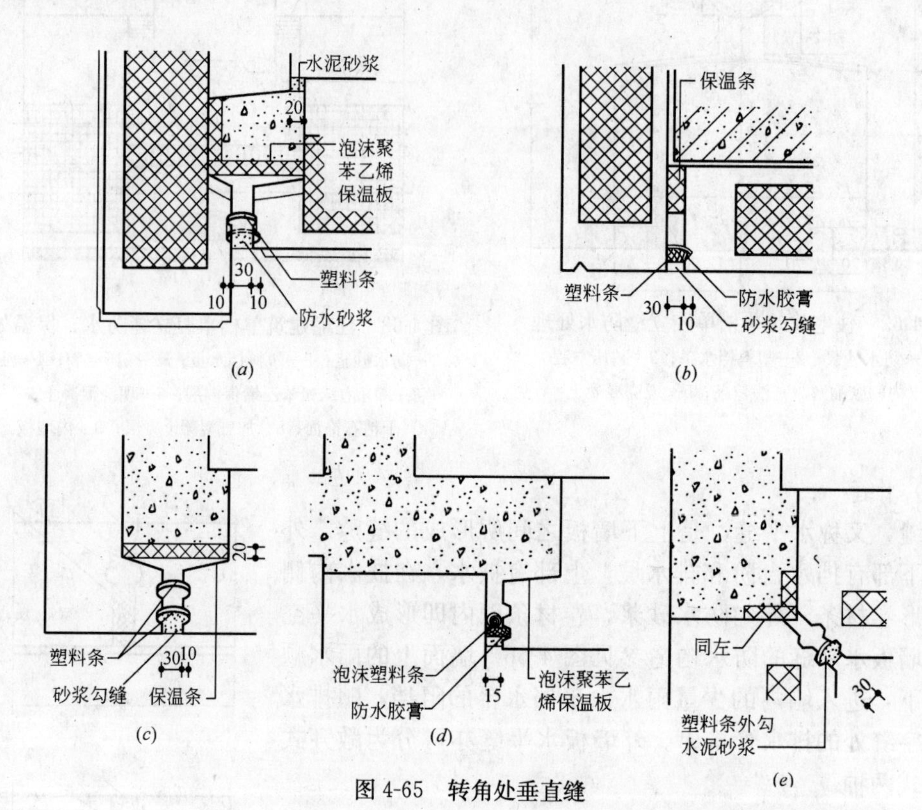

图 4-65　转角处垂直缝

(a) 斜单槽单腔接缝；(b) 单槽空腔加密封胶膏嵌缝；(c) 双槽双腔接缝；(d) 双槽单腔加密封胶膏嵌缝；(e) 双槽单腔接缝

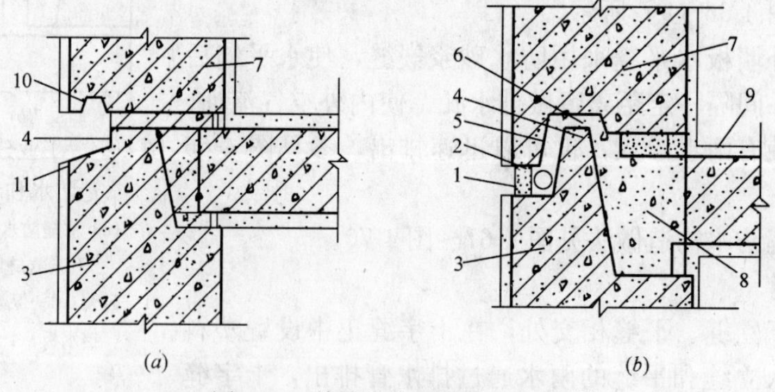

图 4-66　外墙板水平缝防水构造

(a) 敞开式；(b) 封闭式

1—防水砂浆；2—油毡卷；3—下部外墙板；4—挡水台阶；5—披水；6—水平缝空腔；7—上部外墙板；8—圈梁；9—找平层；10—滴水槽；11—排水坡

阳台、雨篷、走道板平放在外墙板上，与其形成的接缝称其为平缝，此时无法采用构造防水的作法，只能采用材料防水了。其具体作法是沿着阳台、雨篷、走道板的上平缝全长、上下缝两端向内 300mm 以及两端的立缝均用密封材料嵌填，并必须密封严密。阳台处水平缝的构造参见图 4-73。阳台及雨篷的防水做法见图 4-74。

（二）外墙板缝的材料防水

材料防水是指采用细石混凝土、防水砂浆和防水密封材料等填嵌外墙外侧和外墙内侧

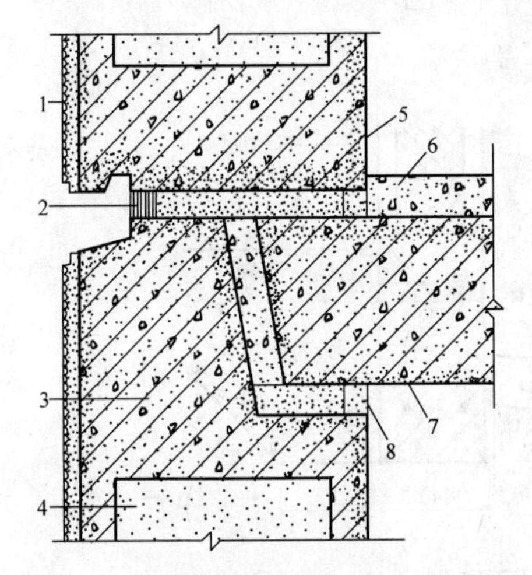

图 4-67　住宅建筑平缝（滴水缝）防水处理

1—干粘石饰面；2—捻口防水砂浆；3—外墙板；4—水渣夹层；5—平缝砂浆；6—地面抹灰；7—楼板；8—勾缝砂浆

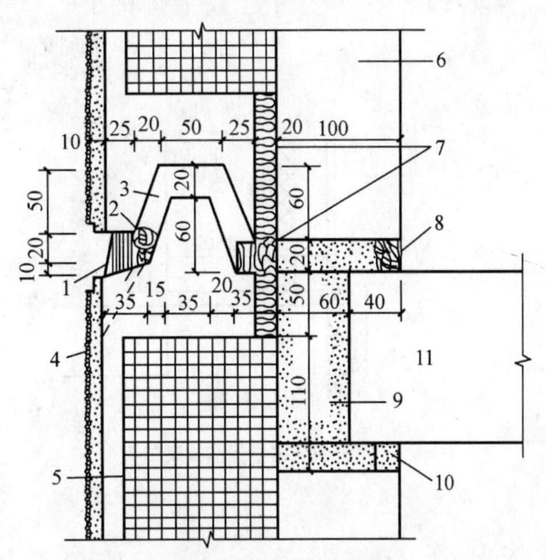

图 4-68　住宅建筑平缝（企口缝）防水保温处理

1—防水砂浆；2—浸沥青草绳或油毡卷；3—水平空腔；4—泄水孔；5—加气混凝土夹层；6—外墙板；7—泡沫聚苯乙烯保温条；8—防水砂浆；9—现浇混凝土；10—水泥砂浆；11—楼板

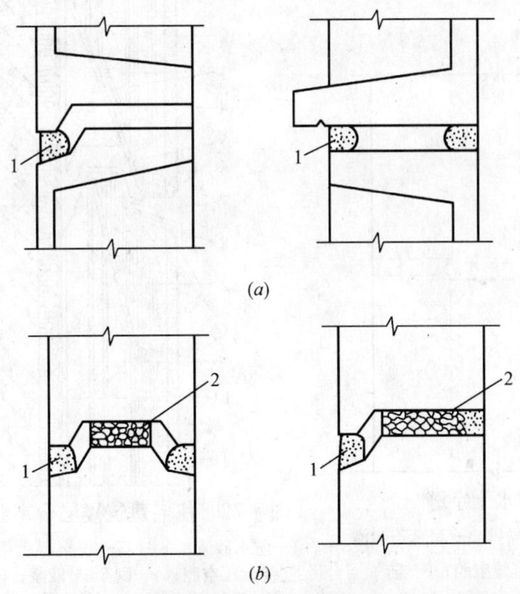

图 4-69　工业建筑墙板平缝构造防水和保温处理

(*a*) 平缝防水处理；(*b*) 平缝保温和防水处理

1—砂浆；2—保温材料

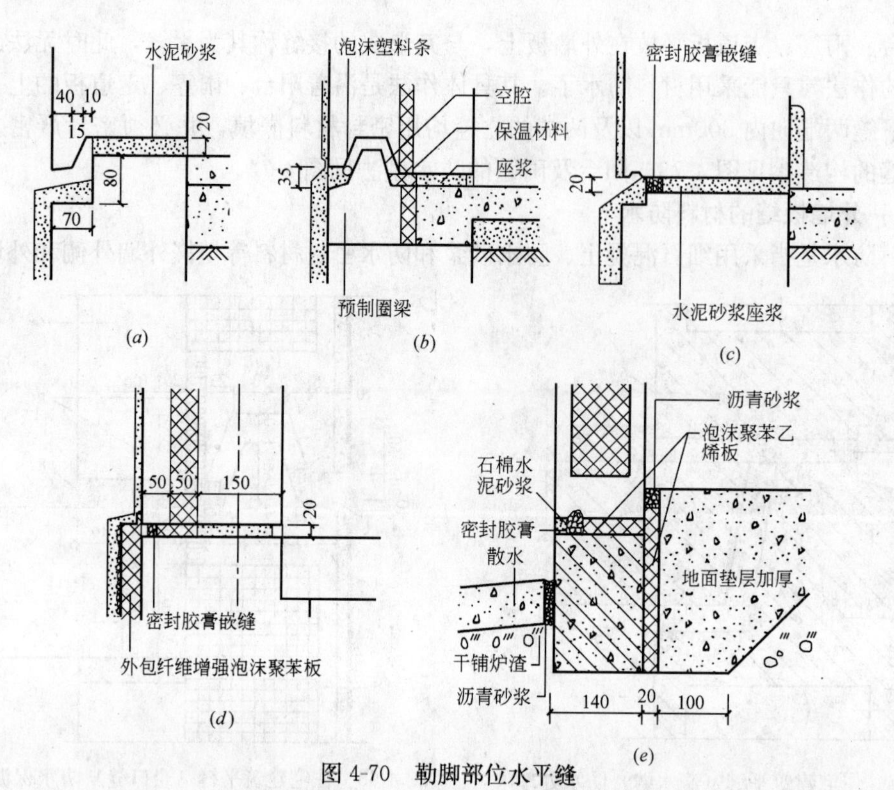

图 4-70　勒脚部位水平缝

(*a*) 防水良好，施工简便，不保温；(*b*) 防水及保温较好，但圈梁形式施工较复杂；(*c*) 勒脚抹灰留出上部墙板滴水，其防水性能更佳，但不保温；(*d*) 保温及防水较好，地梁形式简单，勒脚坚固性较差；(*e*) 防水及保温较好，适用于工业厂房

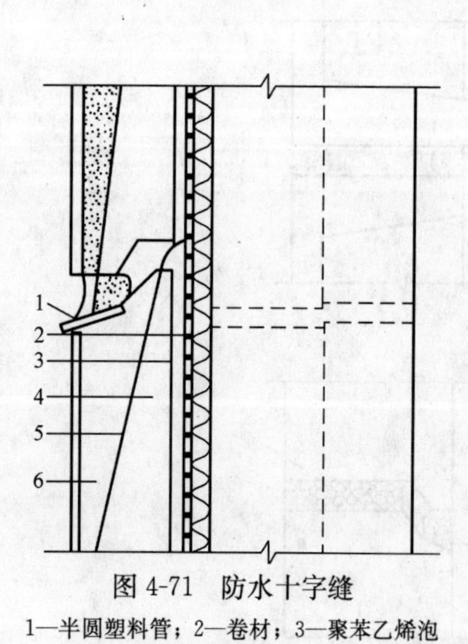

图 4-71　防水十字缝

1—半圆塑料管；2—卷材；3—聚苯乙烯泡沫塑料板；4—垂直缝空腔；5—防水塑料条；6—防水砂浆

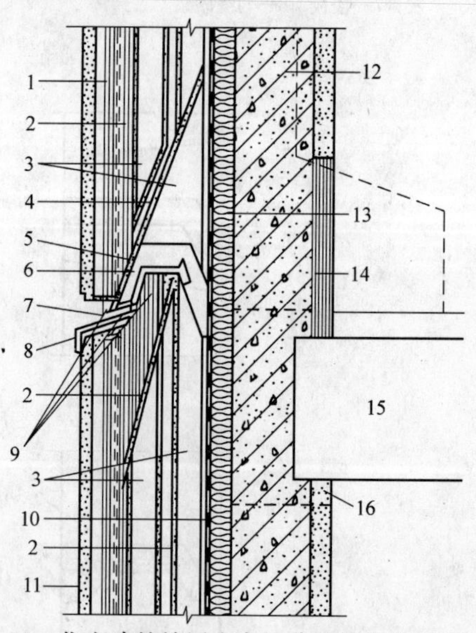

图 4-72　住宅建筑楼层十字缝分层排水和保温处理

1—防水砂浆；2—1.5～2mm 厚软质聚氯乙烯塑料挡雨板；3—立缝减压空腔；4—刷 88 号胶浆；5—斜放塑料板；6—水平空腔；7—1¼in 半圆塑料排水管；8—铝或铁皮排水簸箕；9—刷建筑防水胶油；10—油毡条；11—干粘石外墙面；12—现浇混凝土；13—泡沫聚苯乙烯保温层；14—防水砂浆外涂憎水涂料做的踢脚高度；15—楼板；16—水泥砂浆

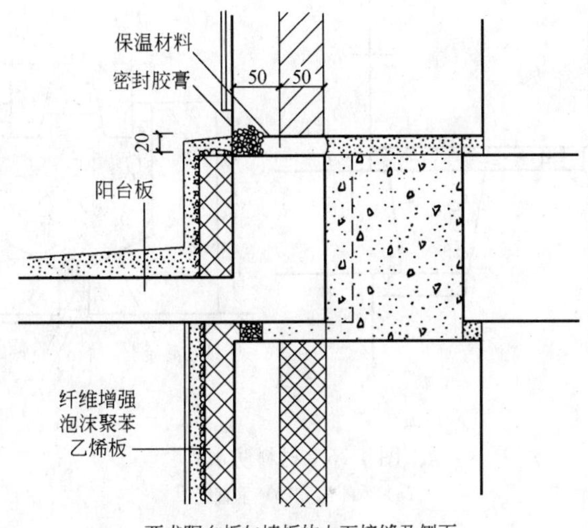

图 4-73　阳台处水平缝

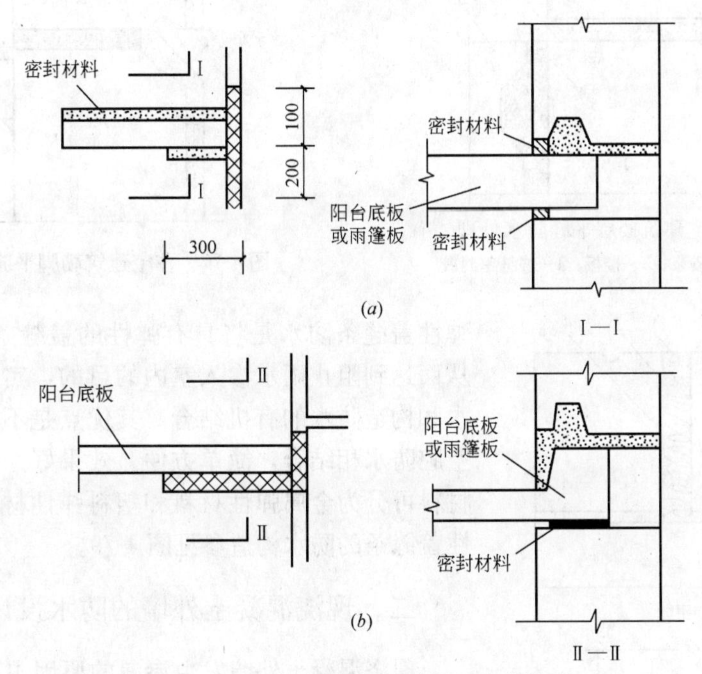

图 4-74　阳台、雨篷（走道板）防水做法
(*a*) 平板阳台；(*b*) 槽形阳台

的板缝以阻止雨水侵入墙板缝隙，达到防水效果的一种防水处理方法。为了防止密封材料过早出现老化，应在密封材料外侧再用聚合物水泥砂浆、防水涂料等进行保护。采用材料防水的外墙板，其板缝外形比较简单，且外墙板制作、运输、堆放、吊装和嵌缝均比较容易，但板缝的嵌缝质量要求较高，施工操作严格。阳台、雨篷、挑檐及室内厕所、浴室板缝等部位均采用材料防水处理。

外墙板缝材料防水做法参见图 4-75～图 4-78。

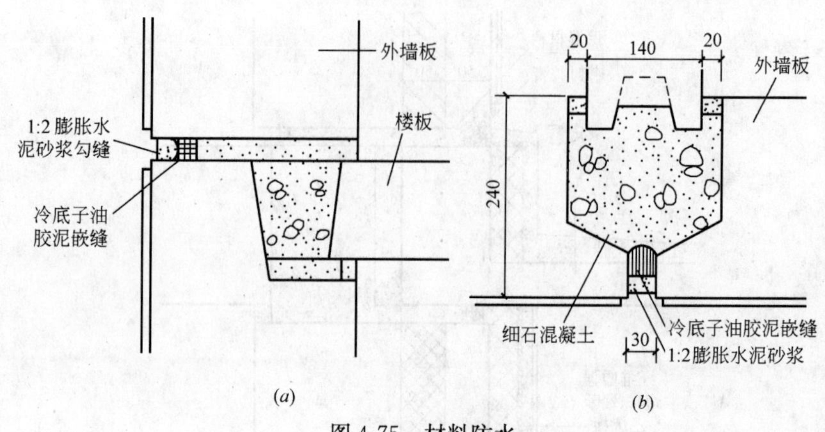

图 4-75 材料防水

(a) 水平缝；(b) 垂直缝

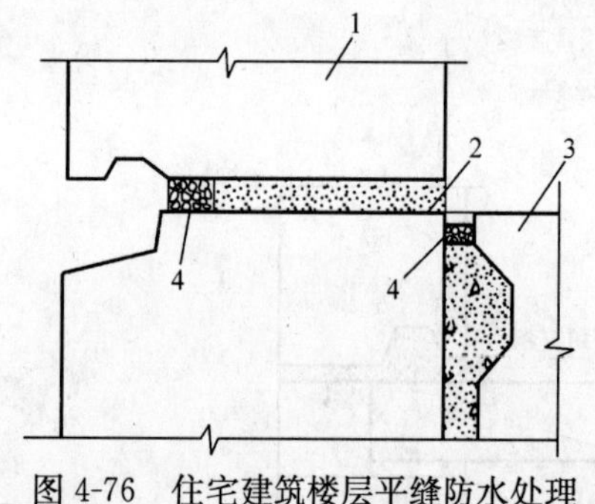

图 4-76 住宅建筑楼层平缝防水处理

1—外墙板；2—砂浆；3—楼板；4—嵌缝密封胶

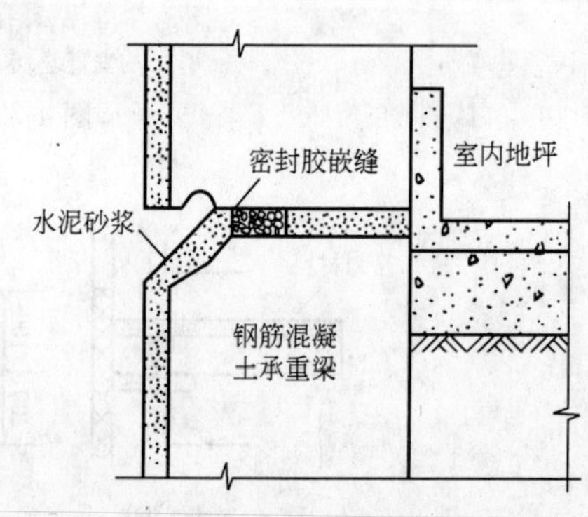

图 4-77 住宅建筑勒脚平缝防水处理

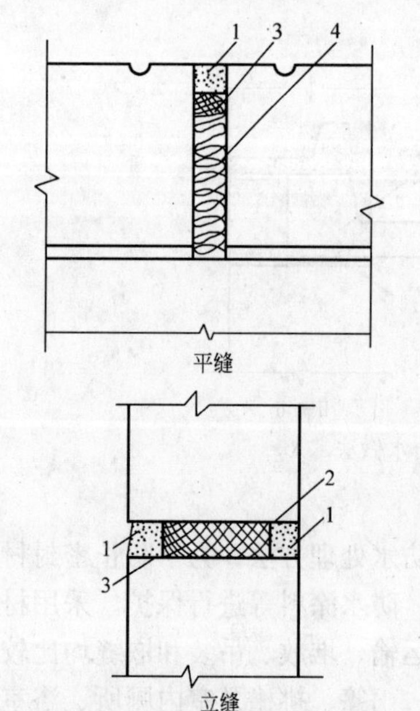

图 4-78 工业建筑墙板板缝材料防水和保温处理

1—砂浆；2—保温材料；3—油膏；4—沥青填料

弹性盖缝条防水是将具有弹性的盖缝条嵌入板缝内，从而达到阻止雨水渗入室内的目的，实质上是材料防水和构造防水的有机结合。其优点是不用湿作业，与空腔防水相结合，简单方便、效果好。弹性盖缝条的材料可分为金属弹性材料和塑料弹性材料两大类。弹性盖缝条的防水构造参见图 4-79。

二、现浇混凝土外墙的防水设计

现浇混凝土外墙发生渗漏的原因主要是混凝土墙身的开裂、墙身的接缝、墙身的门窗等部位。

(1) 墙身不宜采用吸水性大的墙身材料，外墙面应避免出现排水不良的水平凸凹面，做好屋面、屋檐、挑檐、阳台、窗台、过梁等构造防水，阻止和减少流向墙面的雨水。

(2) 在设计浇筑墙身的混凝土配合比时，要充分考虑到其收缩率，采取加大墙身的配筋率，把墙身分割成小区块，不在外墙身内设置管道等措施，有效地

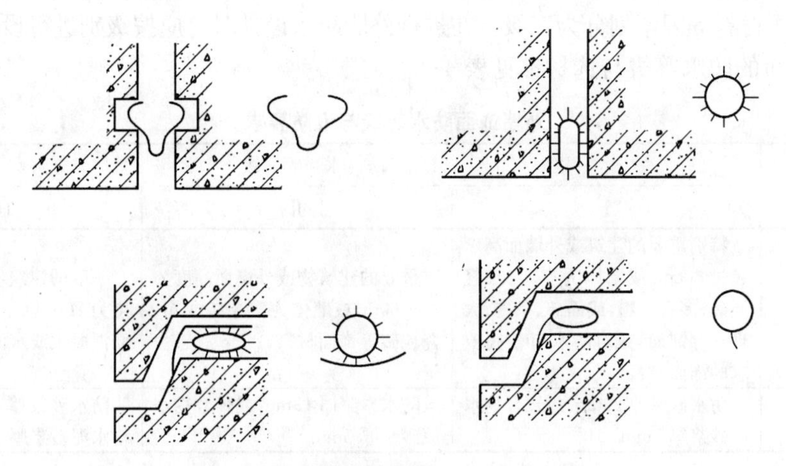

图 4-79　弹性盖条防水构造

防止混凝土墙身出现裂缝。混凝土墙身上的裂缝，除可由结构上考虑采取的补救措施外，从室内防渗角度出发应进行必要的防水处理，以防止雨水沿裂缝渗入室内。

(3) 现浇混凝土外墙的防水除了要保证现浇混凝土外墙板的密实外，还要做好施工缝的处理和外挂模板穿墙套管的处理，做好门窗等墙身孔洞的防水处理，尤其是构件之间连接部位的密封处理。

第三节　墙面防水的设计

墙面尤其是外墙出现渗漏水，不但会影响到建筑物的使用寿命和安全，而且还可直接影响到室内的装饰效果，造成涂料起皮、墙纸变色、室内物品发霉等危害，因此必须加强墙面的防水设计和施工。

外墙面的防水构造一般由外墙找平层、外墙防水层和外墙饰面层组成。不同的墙体材料，其墙面的防水构造是有所不同的。砖砌墙体是由各种砌体和砌筑砂浆组砌而成。砖砌外墙墙面可分为清水墙面和有饰面层墙面，混凝土墙面（混凝土预制墙板墙、现浇混凝土墙）一般均设置饰面层。

饰面层按墙面装设部位的不同可分为外装修和内装修，其不同的做法参见表 4-8。

墙面装修的分类　**表 4-8**

类别	外装修	内装修
抹灰类	水泥砂浆、混合砂浆、聚合物水泥砂浆、水泥石、干粘石、彩色抹灰等	石灰砂浆、水泥砂浆、混合砂浆、膨胀珍珠岩水泥砂浆以及麻刀灰、纸筋灰、石膏灰等
贴面类	外墙面砖、花岗石等	釉面砖、石板等
涂料类	石灰浆、水泥浆、乳胶漆、弹性涂料墙面、无机高分子涂料墙面等	大白浆、石灰浆、油漆、水溶性涂料、乳液涂料（乳胶漆）等
裱糊类	—	塑料墙纸、复合壁纸、玻璃纤维布、锦缎等

以下主要详细介绍外墙面防水工程的设计，内墙面如需作防水工程同外墙面。

一、外墙防水的等级和要求

外墙饰面防水工程的设计，根据其建筑物的类别、使用功能、外墙高度、外墙墙体材料以及外墙饰面材料等因素划分为三级，在进行外墙防水设计时，应按级别进行设防和选材。

外墙饰面的防水等级与选材参见表 4-9。

外墙饰面防水等级与设防要求　**表 4-9**

项目	防水等级		
	Ⅰ	Ⅱ	Ⅲ
外墙类别	特别重要的建筑或外墙面高度超过 60cm，或墙体为空心砖、轻质砖、多孔材料，或面砖、条砖、大理石等饰面，或对防水有较高要求的饰面材料	重要的建筑物或外墙面高度为 20～60m，或墙体为实心砖或陶、瓷粒砖等饰面材料	一般的建筑物或外墙面高度为 20m 以下，或墙体为钢筋混凝土或水泥砂浆类饰面
设防要求	防水砂浆厚 20mm 或聚合物水泥砂浆厚 7mm	防水砂浆厚 15mm 或聚合物水泥砂浆厚 5mm	防水砂浆厚 10mm 或聚合物水泥砂浆厚 3mm

二、外墙面防水设计的一般规定

(1) 外墙防水应采用材料防水与构造防水相结合的防水方式，以防止雨雪对墙体的侵蚀，避免外墙渗漏水，保证建筑物的安全使用，以免影响室内的装饰效果和使用功能。

(2) 突出墙面的腰线、檐板、窗台上部均应做成不小于 3%的外向排水坡，下部应做滴水，与墙面交角处应做成直径 100mm 的圆角。

(3) 外墙的砌筑材料、饰面材料均应采用组织密实、吸水率低的材料。外墙砌筑、饰面材料的吸水率见表 4-10。

外墙砌筑、饰面材料的吸水率　**表 4-10**

材料种类	吸水率(%)	材料种类	吸水率(%)
普通黏土砖	25	缸砖	≤9
水泥砂浆	5	面砖(釉面)	≤0.2
水刷石	≤5	面砖(毛面)	≤10
干粘石	≤5	加气混凝土板	>20
大理石	≤1	普通混凝土	3
花岗石	≤1	低档外墙涂料	吸水
人造大理石	≤0.1	中档外墙涂料	不吸水
玻璃马赛克	≤0.2	确保时涂料	0.7～1
无釉外墙砖	≤10	氯丁胶乳砂浆	2.6～3

(4) 必要时可采用建筑防水涂料刷外墙面进行防水处理。

(5) 砌筑砂浆和抹面砂浆的强度等级不应太低。

(6) 外墙找平层、防水层、饰面层的胶结材料可按表 4-11 要求选择。

外墙找平层、防水层与饰面层胶结材料的选择　**表 4-11**

名称	找平层	防水层	饰面层	名称	找平层	防水层	饰面层
水泥石灰混合砂浆	√			氯丁胶乳水泥砂浆		√	√
水泥粉煤灰混合砂浆	√			丙烯酸胶乳水泥砂浆		√	√
掺减水剂水泥砂浆	√	√	√	环氧乳液水泥砂浆		√	√
掺防水剂水泥砂浆	△	√	√	EVA 水泥砂浆		√	√

注：√优先采用；△可以采用。

三、外墙找平层

外墙找平层抹灰应符合下列规定：

(1) 混凝土外墙找平层在抹灰前，应对混凝土外观质量进行详细检查。如有裂缝、蜂窝、孔洞等缺陷时，应视情节轻重先行补强、密封处理后方可抹灰。

(2) 外墙体表面不平整超过 20mm 时，应设砂浆找平层，孔洞、缺口等均应先行堵塞。

(3) 外墙较平整时，找平层可与防水层合一，并宜采用掺防水剂或减水剂的水泥砂浆。

(4) 外墙找平层宜采用掺防水剂、抗裂剂或减水剂等材料的水泥砂浆，不得采用掺黏土类的混合砂浆。

(5) 找平层的抗压强度不应低于 M10，与墙体基层的剪切粘结力不宜小于 1MPa。

(6) 找平层一次抹灰厚度不宜大于 10mm。

(7) 找平层在外墙混凝土结构与砖墙交接处，应附加钢丝网抹灰，宽度宜为 200～300mm。

(8) 超过 9 层的住宅、24m 以上的公共建筑或防水要求高的部分外墙找平层抹灰应满挂金属网。

(9) 光滑的混凝土墙面或轻质墙体抹找平层时，应设一道聚合物水泥浆粘结层。

四、外墙防水层

外墙防水层应符合下列规定：

(1) 外墙采用砂浆防水层时，必须留设分格缝，分格缝间距纵横不应大于 3m；且在外墙体不同材料交接处还宜增设分格缝。分格缝缝宽宜为 10mm，缝深宜为防水层的厚度，并应嵌填密封材料。密封材料宜选择高弹性、高粘结力和耐老化的材料。

(2) 防水砂浆抗渗等级不应低于 S6，或耐风雨压力不小于 $600N/m^2$。

(3) 防水砂浆的抗压强度不应低于 M20，与基层的剪切粘结力不宜小于 1MPa。

(4) 墙面为饰面材料或亲水性涂料时，防水层不宜采用表面憎水性材料。

(5) 外墙防水层可直接设在墙体基层上，也可设在抗压强度大于 M10 的找平层上；墙体为现浇混凝土或表面较平整的可直接作防水层，或与找平层合二为一，其他墙体材料的防水层必须设置在水泥砂浆找平层上，直接设在墙体上时，砖墙缝及墙上的孔洞必须先行堵塞。

五、外墙饰面层

外墙饰面层的设计应符合下列方式要求：

(1) 外墙饰面层宜留置分格缝，并宜与防水层分格缝对齐，纵横间距不宜大于 3m，且在外墙体不同材料交接处亦宜留设分格缝，分格缝缝宽宜为 8～10mm，并嵌填高弹性、高粘结力和耐老化的密封材料。

(2) 外墙饰面砖不宜采用无缝拼贴，其缝宽应大于 5mm。

(3) 外墙饰面砖的勾缝，应采用聚合物水泥砂浆材料。

(4) 粘贴外墙面砖时，应优先采用聚合物水泥砂浆或聚合物水泥素浆作胶结材料，也可采用掺减水剂、防水剂的水泥砂浆或水泥素浆，但胶结层均不宜过厚。

六、砖墙面的勾缝

砖墙面勾缝的防水设计要求如下：

(1) 清水墙体的砌筑方法和要求应符合设计要求和规范规定。砖砌体的竖向灰缝不得出现透明缝、瞎缝和假缝，水平灰缝的砂浆饱满度不得小于80%，以保证砖砌体的整体性和密实度，提高外墙的防渗漏水能力。

(2) 勾缝的形式有平缝、平凹缝、圆凹缝、凸缝、斜缝等五种，参见图4-80。平缝：操作简便，应用于内外墙，勾成的墙面平整，不易剥落和积污，防雨水的渗透作用较好，但墙面较为单调。平缝一般采用深浅两种做法，深的约凹进墙面3～5mm；凹缝：凹缝是将灰缝凹进墙面5～8mm的一种形式。凹缝又可分为平凹缝和圆凹缝，圆凹缝是将灰缝压成一个圆形的凹槽。勾凹缝的墙面有立体感；斜缝：斜缝是把灰缝的上口压进墙面3～4mm，下口与墙面平，使其成为斜面向上的缝。斜缝泄水方便，多用于烟囱；凸缝：凸缝是在灰缝面做成一个半圆形的凸线，凸出墙面约5mm左右。凸缝墙面线条明显、清晰，外观美丽，但操作比较费事，多应用于石缝。普通砖墙的勾缝宜采用凹缝或平缝；空斗墙、空心砖墙、多孔砖墙等勾缝应采用平缝。

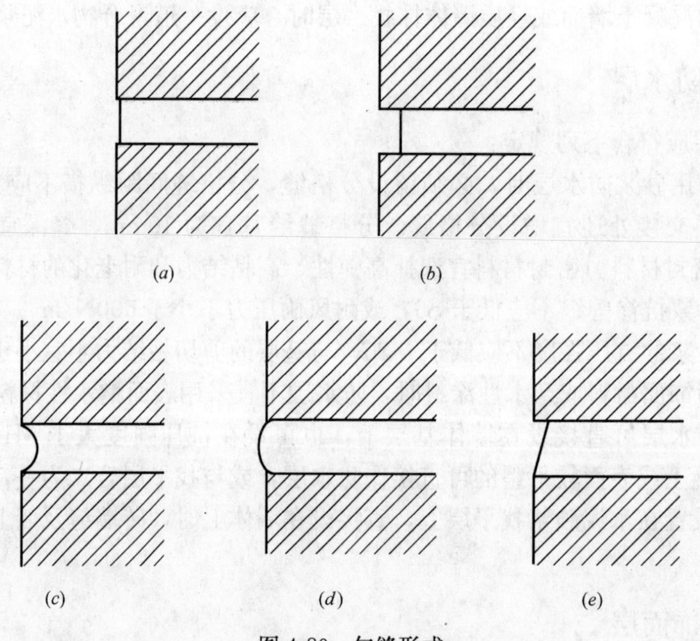

图4-80 勾缝形式

(*a*) 平缝；(*b*) 平凹缝；(*c*) 圆凹缝；(*d*) 凸缝；(*e*) 斜缝

(3) 墙面勾缝应采用加浆勾缝并宜采用细砂拌制的1∶1～1.5水泥砂浆，水泥采用32.5级水泥，砂子要经过3mm筛孔的筛子过筛。因砂浆用量不多，一般采用人工拌制。内墙面也可采用原浆勾缝，但必须随砌随勾，并使灰缝光滑密实。

(4) 墙面勾缝应横平竖直，深浅一致，搭接平整，压实抹光，不得有丢缝、开裂和粘结不牢等现象。当设计无特殊要求时，砖墙勾缝宜采用凹缝或平缝，凹缝的深度宜为4.5mm。

(5) 做好清水墙的勾缝，提高砖墙缝的防渗漏水能力。在勾缝前应对墙面进行修整，堵砌脚手眼时应采用与原墙相同的砖补砌严密，对碰伤、缺棱掉角的砖，应用与砖颜色一致的砂浆（一般用碎砖粉及水泥拌成1∶2水泥砂浆）修补。

（6）对瞎缝、水平灰缝不平、刮缝过浅等情况，应拉线开补找齐，使灰缝横平竖直。

（7）勾缝完毕应立即清扫墙面，清除墙面上的浮灰及粘结在墙面上的砂浆、泥浆等杂物，并洒水湿润。

（8）为提高清水砖墙的防水能力及装饰效果，可在外墙面上喷涂防水涂料。如采用8倍水稀释的有机硅防水剂喷涂外墙面，在大雨中外墙表面吸水率仅为0.09%/h。

第五章　地面防水工程设计

建筑地面是包括工业和民用建筑物底层地面（简称地面）和楼层地面（简称楼面）的总称，是建筑空间六面体中最重要的、使用功能最多、使用材料种类最多、施工工艺最为复杂的一个面。建筑地面与人们的日常生活和生产互动有着密切的联系，随着科学技术的不断发展和人们生活水平的不断提高，对建筑地面的要求也越来越高，地面除了能承受起上部荷载外，还需具有相应的防水、防潮、防滑、防爆、防油渗、防腐蚀、防静电，以及耐磨、保温、隔热、节能、屏蔽、绝缘、洁净等诸多功能要求。

建筑地面工程分部（子分部）工程、分项工程的划分，是依据现行国家标准《建筑工程质量验收统一标准》（GB 50300—2001）进行的，详见表 5-1。

建筑地面分部（子分部）工程、分项工程划分表　　表 5-1

分部工程	子分部工程	分项工程
建筑装饰装修	建筑地面整体面层	基层：基土、灰土垫层、沙垫层和砂石垫层、碎石垫层和碎砖垫层、三合土垫层、炉渣垫层、水泥混凝土垫层、找平层、隔离层、填充层
		面层：水泥混凝土面层、水泥砂浆面层、水磨石面层、水泥钢（铁）屑面层、防油渗面层、不发火（防爆的）面层
	建筑地面板块面层	基层：基土、灰土垫层、沙垫层和砂石垫层、碎石垫层和碎砖垫层、三合土垫层、炉渣垫层、水泥混凝土垫层、找平层、隔离层、填充层
		面层：砖面层（陶瓷锦砖、缸砖、陶瓷地砖和水泥花砖面层）、大理石面层和花岗石面层、预制板块面层（水泥混凝土板块、水磨石板块面层）、料石面层（条石、块石面层）、塑料板面层、活动地板面层、地毯面层
	建筑地面木、竹面层	基层：基土、灰土垫层、沙垫层和砂石垫层、碎石垫层和碎砖垫层、三合土垫层、炉渣垫层、水泥混凝土垫层、找平层、隔离层、填充层
		面层：实木地板面层（条材、块材面层）、实木复合地板面层（条材、块材面层）、中密度（强化）复合地板面层（条材面层）、竹地板面层

注：1. 以上分项工程的面层和相应基层系按规范制定；
2. 不在上列表内的其他面层和相应基层应分别归类相应子分部工程中增列。

建筑地面防水工程的内容主要是在地面工程构造中设置防水隔离层、地面变形缝的设置、楼板板缝的处理等几个方面。

第一节　地面防水工程设计的一般规定

一、全面的管理体系与技术标准，严格执行相关标准与规范

（1）建筑施工企业在建筑地面工程施工时，应有较全面要求的质量管理体系和施工现场建立相应的施工技术标准（或工法）。

（2）建筑地面工程应严格执行《建筑地面工程施工质量验收规范》（GB 50209—

2002)、《建筑地面设计规范》(GB 50037—96)、《建筑地基基础工程施工质量验收规范》(GB 50202—2002)、《砌体工程施工质量验收规范》(GB 50203—2002)、《混凝土结构工程施工质量验收规范》(GB 50204—2002)、《木结构工程施工质量验收规范》(GB 50206—2002)、《屋面工程质量验收规范》(GB 50207—2002)、《地下防水工程质量验收规范》(GB 50208—2002) 和《建筑防腐蚀工程施工及验收规范》(GB 50212—91) 等国家标准。

二、材料符合要求

(1) 建筑地面各构造层采用的建材产品其品种、规格、性能、配合比、标号或强度等级等均应按设计要求选用。除应符合施工规范外，尚应符合现行国家、行业相关产品标准的规定。进场材料应有产品质量合格证书、产品性能检测报告，对重要材料应有复验报告，并经监理部门检查确认合格后方可使用。

(2) 建筑地面工程采用的大理石、花岗石等天然石材必须符合国家建材行业标准《天然石材产品放射防护分类控制标准》(JC518—93) 中相关材料有害物质的限量规定，进场应具有检测报告，检测指标合格后方能使用，以及对石材中含有对人体直接有害物质的严格把关。胶粘剂、沥青胶结料和涂料等建材应按设计要求选用，并应符合现行国家标准《民用建筑工程室内环境污染控制规范》(GB 50235—2001) 的规定，以控制铺设板块面层、木竹面层所采用的胶粘剂、沥青胶结材料和涂料等对人体直接的危害。

(3) 建筑地面各构造层采用的拌合料其配合比或强度等级应按施工规范规定和设计要求通过试验确定。水泥混凝土和水泥砂浆试块的制作、养护和强度检验应按现行国家标准《混凝土结构工程施工质量验收规范》(GB 20204—2002) 和《砌体工程施工质量验收规范》(GB 50203—2002) 的有关规定执行。

(4) 地面类型的选择，应根据生产特征、建筑功能、使用要求和技术经济条件，经综合技术经济比较而确定。当局部地段受到较严重的物理或化学作用时，应采取局部措施。地面面层材料的选择参见表 5-2，面层材料的强度等级与厚度参见表 5-3。

地面面层材料选择表　　**表 5-2**

序号	地面使用要求	适宜的面层	举　例	备　注
1	人流较多的场所	水泥砂浆、混凝土、地面砖、花岗石、大理石、水磨石等	公共建筑的门厅、居室的客厅、一般会议室、学校教室、医院门诊室	
2	人流较少的场所	水泥砂浆、水磨石、水、竹地板、塑料地板、地毯	办公室、居室的卧室、图书阅览室、会议室、医院病房	
3	有防水要求的地面	水泥砂浆、水磨石、陶瓷地砖、陶瓷锦砖、缸砖等	厨房、卫生间、浴室、化验室	
4	要求较安静的场所	木地板、塑料地板、地毯、软木地板等	办公室、会议室、接待室、阅览室	
5	有防静电要求的地面	导静电地板、导静电水磨石	计算机房、总机房、医院手术室	
6	一般生产操作及手推胶轮车行驶地面；面层应不滑、不起灰便于请扫	混凝土、水泥砂浆、三合土、四合土	一般车间及附属房屋	经常有水冲洗者不宜选用三合土、四合土

续表

序号	地面使用要求		适宜的面层	举例	备注
7	行驶车辆或坚硬物体磨损的地段；面层应耐磨耐压	中等磨损：如汽车或电瓶车行驶	混凝土、沥青碎石、碎石、块石	车行道及库房等	一般车间的内部行车道宜用混凝土
		强烈磨损：如拖拉尖锐金属物件及履带或车轮行驶	铁屑水泥、块石、混凝土、铸铁板	电缆、钢绳等车间，履带式拖拉机装配车间	混凝土宜制成方块，并用高强度等级
8	坚硬物体经常冲击地段：面层应具有抗冲击能力		素土、三合土、块石、混凝土、碎石、矿渣	铸造、锻压、冲压、金属结构，钢铁厂的配料、冷轧，废钢铁处理，落锤等车间	
9	高温作业地段：面层应耐热，不软化、不开裂		素土、混凝土、水泥砂浆、黏土砖、废耐火砖、矿渣、铸铁板	铸造车间的熔炼、浇注，热处理、锻压、轧钢、热钢坯工段、玻璃熔炼工段	经常有高温溶液跌落者，不宜采用水泥砂浆及黏土砖
10	有水和中性液体地段：面层受潮后应不膨胀、不溶解、易清扫		水泥砂浆、混凝土、石屑水泥、水磨石、沥青砂浆	选矿车间、水利冲洗车间、水泵房、车轮冲洗场、造纸车间	应注意防滑，必要时作好防滑设施
11	有防爆要求的地段：面层应不发火花		水泥砂浆、混凝土、石油沥青砂浆、石油沥青混凝土、菱苦土、木地面	精苯、氢气、钠钾加工和人造丝工厂的化学车间、爆破器材及火药库	骨粒均采用经试验确定的不发生火花的石灰石、大理石等。采用木地板时，铁钉不得外露
12	有中性植物油、矿物油或其他乳浊液作用地段：面层应不溶解、不滑、易于清扫		混凝土、水磨石、水泥砂浆、石屑水泥、陶(瓷)板、黏土砖	油料库、油压机工段、润滑油站、沥青制造车间、制蜡车间、榨油车间等	必要时作好防滑措施
13	清洁要求较高的地段：面层应不起尘，平整光滑、易清扫		水磨石、石屑水泥、菱苦土、水泥砖、陶(瓷)板、木板、水泥抹光刷涂料、塑料板、过氯乙烯漆	电磁操纵室、计量室、纺纱车间、织布车间、光学精密器械、仪表仪器装配车间、恒温室	经常有水冲洗者，不宜选用菱苦土、木地板
14	要求防止精密物件因坠落或摩擦而损伤的地段：面层应具有弹性		菱苦土、塑料地面(聚氯乙烯)、木板、石油沥青砂浆	精密仪表、仪器装配车间、量具刃具车间、电线拉细工段等	
15	贮存笨重材料库		素土、碎石、矿渣、块石	生铁块库、钢坯库、重型设备库、贮木场	
16	贮存块状或散状材料		素土、灰土、三合土、四合土、混凝土、普通黏土砖	煤库、矿石库、铁合金库、水泥联合仓库	
17	贮存不受潮湿材料		混凝土、水泥砂浆、木板、沥青砂浆	耐火材料库，棉、丝织品库，电器电讯器材库、水泥库、电石库、火柴库、卷烟成品库	处在毛细管上升极限高度内之地面，如构造一般满足防潮要求时，可不另设防潮层；如生产上有较高要求时，应作防潮层

注：1. 表中所列适宜的面层，系一般情况下常用之类型，是根据地面使用和生产特征拟定的。由于具体要求各有不同，因而并不是每一种面层都能完全适应举例中所有房间和车间，设计时必须根据具体情况进行选择。如有特殊要求时，应在表列面层类型范围以外，另行选择其他面层。

2. 有几种因素同时作用的地面，应先按主要因素选择，再结合次要因素考虑。

3. 采用铸铁面层时，在需要防滑的地段，应选用网纹铸铁或焊防滑点，在有轮径小于200mm的小车行驶的通道上，应选用光面铸铁板。

4. 表中所列的混凝土、水磨石、菱苦土等面层，均包括捣制和预制两种做法。

面层材料的强度等级与厚度参考表 表 5-3

面 层 名 称	材料强度等级	厚度(mm)
混凝土(垫层兼面层)	≥C15	按垫层确定
细石混凝土	≥C20	30～40
聚合物水泥砂浆	≥M20	5～10
水泥砂浆①	≥M15	20
铁屑水泥	M40	30～35(含结合层)
水泥石屑	≥M30	20
防油渗混凝土②③	≥C30	60～70
防油渗涂料④		5～7
耐热混凝土	≥C20	≥60
沥青混凝土⑤		30～50
沥青砂浆		20～30
菱苦土(单层) (双层)		10～15 20～25
矿渣、碎石(兼垫层)		80～150
三合土(兼垫层)⑥		100～150
灰土		100～150
预制混凝土板(边长≤500mm)	≥C20	≤100
普通黏土砖(平铺) (侧铺)	≥MU7.5	53 115
煤矸石砖、耐火砖(平铺) (侧铺)	≥MU10	53 115
水泥花砖	≥MU15	20
现浇水磨石⑦	≥C20	25～30(含结合层)
预制水磨石板	≥C15	25
陶瓷锦砖(马赛克)		5～8
地面陶瓷砖(板)		8～20
花岗岩条石	≥MU60	80～120
大理石、花岗石		20
块石⑧	≥MU30	100～150
铸铁板⑨		7
木板(单层) (双层)⑩		18～22 12～18
薄型木地板		8～12
格栅式通风地板		高 300～400
软聚氯乙烯板		2～3
塑料地板(地毡)		1～2
导静电塑料板		1～2
导静电涂料⑪		10
地面涂料⑪		10
聚氨酯自流平		3～4
树脂砂浆		5～10
地毯		5～12

① 水泥砂浆面层配合比宜为 1∶2，水泥强度等级不宜低于 32.5 级。
② 防油渗混凝土配合比和复合添加剂的使用需经试验确定。
③ 防油渗混凝土的设计抗渗等级为 P15，系参照现行《普通混凝土长期性能和耐久性能实验方法》进行检测，用 10 号机油为介质，试件不出现渗油现象的最大不透油压力为 1.5MPa。
④ 防油渗涂料粘结抗拉强度为≥0.3MPa。
⑤ 本书中沥青类材料均指石油沥青。
⑥ 三合土配合比宜为：熟化石灰∶砂∶碎砖＝1∶2∶4，灰土配合比宜为：熟化石灰∶黏性土＝2∶8 或 3∶7。
⑦ 水磨石面层水泥强度等级不低于 32.5 级，石子粒径宜为 6～15mm，分格不宜大于 1m。
⑧ 块石为有规则的截锥体，顶面部分应粗琢平整，底面积不应小于顶面积的 60%。
⑨ 铸铁板厚系指面层厚度。
⑩ 双层木地板面层厚度不包括毛地板厚，其面层用硬木制作时，板的净厚度宜为 12～18mm。
⑪ 涂料的涂刷或喷涂，不得少于三遍，其配合比和制备及施工必须严格按各种涂料的要求进行。

三、构造层

(1) 底层地面的基本构造层宜为面层、垫层和地基，楼层地面的基本构造层宜为面层和楼板，当底层地面和楼层地面的基本构造层不能满足使用和构造要求时，可增设结合层、防水隔离层、填充层、找平层等其他构造层。选择地面类型时，所需要的面层、结合层、填充层、找平层的厚度和防水隔离层的层数应按《建筑地面设计规范》(GB 50037—96) 中不同材料及特性采用。

(2) 建筑地面各类面层的铺设宜在室内装饰工程基本完成后进行，对面层下的基层表面，应认真做好清理和处理工作。当铺设活动地板、塑料地板、木板、拼花地板、竹地板和地毯面层时，应待室内抹灰工程或暖气试压工作等方面可能会造成建筑地面潮湿的施工工序完工后进行，同时在铺设上述面层前，应使房间干燥，并防止在气候潮湿的环境下施工。

(3) 建筑地面工程下部遇有沟槽、管道（暗管）等工程项目时，必须贯彻先地下后地上的施工原则。建筑地面工程各构造层施工，应按构成各层次的顺序进行合理安排，其下一层的施工质量经检验合格，方可进行其上一层的施工。

(4) 对于经常接触水或其他液体的水泥砂浆楼地面，应设置一定的坡度，可视液体的流量、稠度等情况而定，一般为1%～3%。

(5) 在地面工程上铺设有坡度要求的面层时，应在基层施工中，在夯实的地基土上修整基土层高差达到设计要求的坡度。

在楼面工程上铺设有坡度要求的面层（或在地下室的底层地面和架空板地面）时，施工中应采取在结构层（现浇钢筋混凝土或预制板）上按结构起坡的高差或在钢筋混凝土板上利用变更填充层（或找平层）铺设的厚度差以达到设计要求的坡度。

四、厕浴间等

(1) 厕浴间等有防滑要求的建筑地面，应选用符合设计要求的具有防滑性能的板块材料，以满足使用功能，防止使用时对人体可能造成的滑倒伤害。

(2) 厕浴间、厨房等有排水（或其他液体）要求的建筑地面防水工程，其结构层标高的确定，应符合房间内外标高差设计的要求，当设计无要求时，宜不小于20mm，以防止厕浴间、厨房等排水要求的建筑地面面层铺设后可能出现这些房间水向外溢出、室内倒泛水和地漏等渗漏现象，从而影响正常使用。

五、明沟与散水

水泥混凝土散水和明沟应按施工规范规定设置伸缩缝。其间隙宜按各地气候条件和传统做法确定，但其延米间距不应大于10m；房屋建筑物转角处应做成45°伸缩缝。水泥混凝土散水、明沟和台阶等与建筑物连接处应设缝处理，以防止沉降开裂。上述缝宽度均为15～20mm，缝内填嵌柔性密封材料。

六、各层环境温度及其所铺设材料温度的控制规定

为了使各层（主要指铺设垫层、找平层、结合层和面层）铺设材料和拌合料、胶结材

料具有正常凝结和硬化条件，建筑地面工程施工时，各层环境温度及其所铺设材料温度的控制应符合下列规定：

(1) 采用掺有水泥的拌合料铺设面层、结合层、找平层和垫层时，其环境温度不应低于5℃，并应保持拌合料强度等级达到不小于设计要求的50%；

(2) 采用沥青胶结料（无特别注明时，均为石油沥青胶结料，以下同）作为结合层和填缝料铺设板块面层、实木地板面层时，其环境温度不应低于5℃；

(3) 采用掺有石灰的拌合料铺设垫层时，其环境温度不应低于5℃；

(4) 采用胶粘剂（无特别注明时，均为有机胶粘剂，以下同）粘贴塑料板面层、拼花木板面层时，其环境温度不应低于10℃；

(5) 在砂石垫层和砂结合层上铺设板块料、料石面层时，其环境温度不应低于0℃；

(6) 铺设碎石、碎砖垫层时，其环境温度不应低于0℃。

如各层环境低于上述规定，施工时应采取相应的技术措施，以保证各层的施工质量。

七、踢脚线

水泥砂浆楼地面的踢脚线，应用水泥砂浆粉刷，不同墙体的做法参见表5-4。

水泥踢脚线做法　　**表5-4**

<table>
<tr><th>类别</th><th colspan="2">层　次</th><th>做　法</th><th>附　注</th></tr>
<tr><td rowspan="5">砖墙面</td><td rowspan="2">清水砖墙</td><td>面层</td><td>6mm厚1∶2.5水泥砂浆罩面压实赶光</td><td rowspan="10">踢脚线高度为80mm、100mm、120mm</td></tr>
<tr><td>底层</td><td>6mm厚1∶3水泥砂浆打底扫毛或划出纹道</td></tr>
<tr><td rowspan="3">抹灰墙面</td><td>面层</td><td>8mm厚1∶2.5水泥砂浆罩面压实赶光</td></tr>
<tr><td rowspan="2">底层</td><td>(1)8～12mm厚1∶3水泥砂浆打底扫毛或划出纹道</td></tr>
<tr><td>(2)7～12mm厚1∶3水泥砂浆打底扫毛或划出纹道</td></tr>
<tr><td rowspan="2">混凝土墙面</td><td colspan="2">面层</td><td>8～10mm厚1∶2.5水泥砂浆罩面压实赶光</td></tr>
<tr><td colspan="2">底层</td><td>8～12mm厚1∶3水泥砂浆打底扫毛或划出纹道刷素水泥浆一道(内掺水重3%～5%的108胶)</td></tr>
<tr><td rowspan="3">加气混凝土墙面</td><td colspan="2">面层</td><td>6mm厚1∶2.5水泥砂浆罩面压实赶光</td></tr>
<tr><td colspan="2" rowspan="2">底层</td><td>(1)6mm厚2∶1∶8水泥石灰膏砂浆打底扫毛或划出纹道刷(喷)一道108胶水溶液,配比:108胶∶水＝1∶4</td></tr>
<tr><td>(2)6mm厚1∶1∶6或2∶1∶8水泥石灰膏砂浆打底扫毛或划出纹道,刷(喷)一道108胶水溶液,配比:108胶∶水＝1∶4</td></tr>
</table>

注：表中加气混凝土墙面的底层（1）适用于条板、底层；（2）使用于砌块。

八、基层的标高、坡度、厚度等

基层的标高、坡度、厚度等均应符合设计要求，基层表面应平整，其允许偏差应符合表5-5要求。

基层表面的允许偏差和检验方法（mm）　表 5-5

序号	项目	允许偏差												检验方法
		基土	垫层					找平层			填充层		隔离层	
						毛地板								
		土	砂、砂石、碎石、碎砖	灰土、三合土、炉渣、水泥混凝土	木格栅	拼花实木地板、拼花实木复合地板面层	其他种类面层	用沥青玛瑶脂做结合层铺设板块面层	用水泥砂浆做结合层铺设板块面层	用胶粘剂做结合层铺设拼花木地板、塑料板、强化复合地板、竹地板面层	松散材料	板、块材料	防水、防潮、防油渗	
1	表面平整度	15	15	10	3	3	5	3	5	2	7	5	3	用 2m 靠尺和楔形塞尺检查
2	标高	0 −50	±20	±10	±5	±5	±8	±5	±8	±4	±4	±4	±4	用水准仪检查
3	坡度	不大于房间相应尺寸的 2/1000，且不大于 30												用坡度尺检查
4	厚度	在个别地方不大于设计厚度的 1/10												用钢尺检查

第二节　地面防水工程的设计要点

一、防水隔离层的设计要点

（1）防水隔离层是当建筑地面上有水、油或其他液体经常作用（或浸蚀）时，为防止楼层地面或底层地面出现向下渗漏现象而在面层下设置的一个构造层次。当底层地面为防止地下水潮湿气向上渗透到地面时，而在面层下设置的，仅防止地下潮气透过地面的防水隔离层，亦可称之为防潮层。

（2）防水隔离层常采用防水卷材类、防水涂膜类或沥青砂浆类等铺设而成。当防潮要求较低时，亦可采用沥青胶泥涂覆式隔离层或增加灰土、碎石灌沥青等垫层。

（3）防水隔离层的构造做法参见图 5-1；地面防潮层的构造做法参见图 5-2。部分地面防水防潮的构造类型见图 5-3～图 5-12。

（4）防水隔离层常用材料和做法要求参见表 5-6。

（5）在食品、造纸、印染、选矿、水泥等工业建筑中，在居住和公共建筑中的厕所、浴室、厨房等有水或非腐蚀性液体经常浸湿的地段，宜采用混凝土、水泥砂浆或水磨石等现浇水泥类面层，如有防滑要求时，则切忌使用水磨石面层。底层面层和现浇钢筋混凝土楼板宜设置防水隔离层；采用装配式钢筋混凝土楼板，应设置隔离层，经常有水流淌的地段，应采用不吸水、易冲洗、防滑的面层材料，并应设置防水隔离层。

（6）楼面的基层如是楼板，施工前则应做好楼板层板缝之间的灌浆、堵塞工作和板面清理工作。

（7）当有一般清洁要求时，其地面类型可采用水泥石屑面层、石屑混凝土面层。当有较高清洁要求时，其地面类型宜采用水磨石面层或涂刷涂料的水泥类面层或其他板、块材

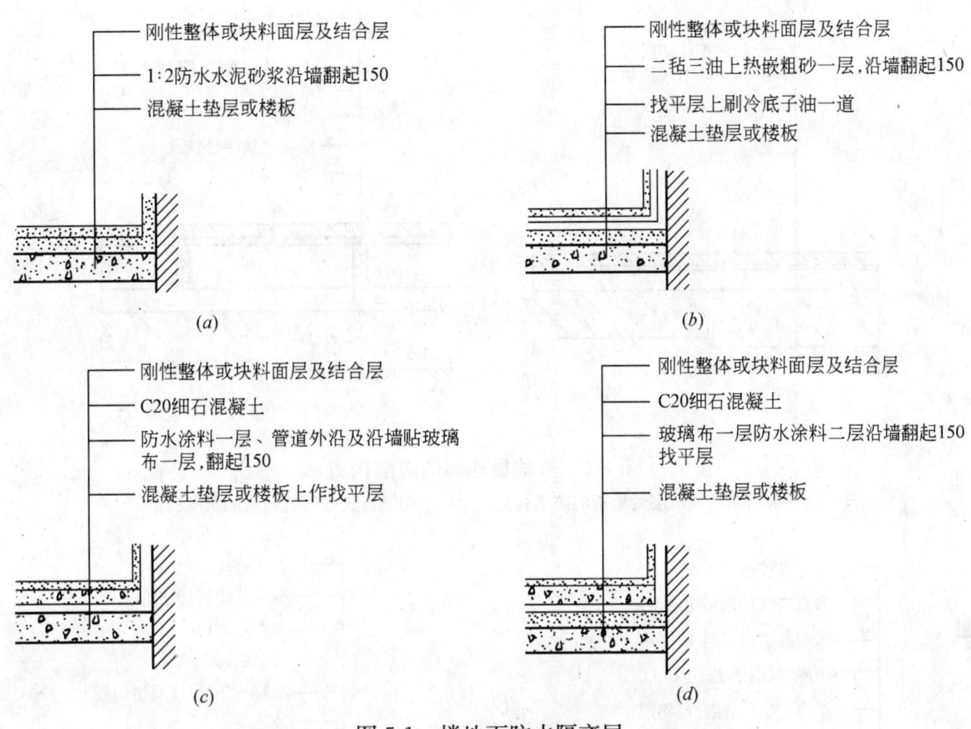

图 5-1　楼地面防水隔离层

注：(*c*)、(*d*) 项中常用防水涂料为聚氨脂、沥青橡胶等。

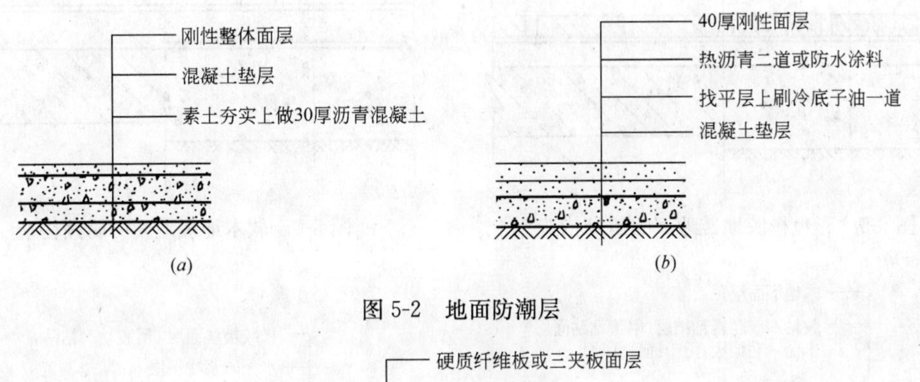

图 5-2　地面防潮层

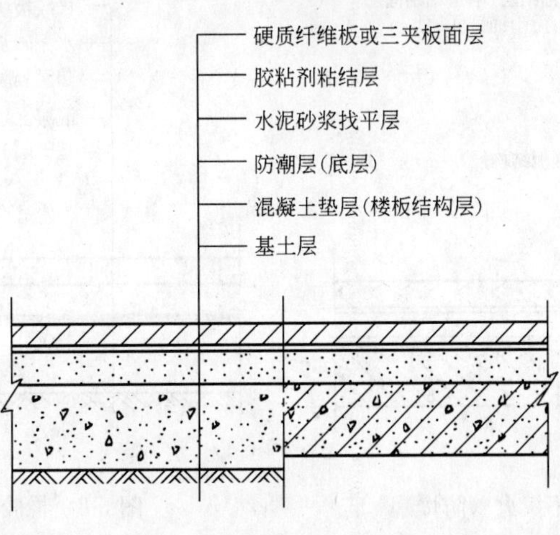

图 5-3　硬质纤维板地面和三夹板地面防潮构造

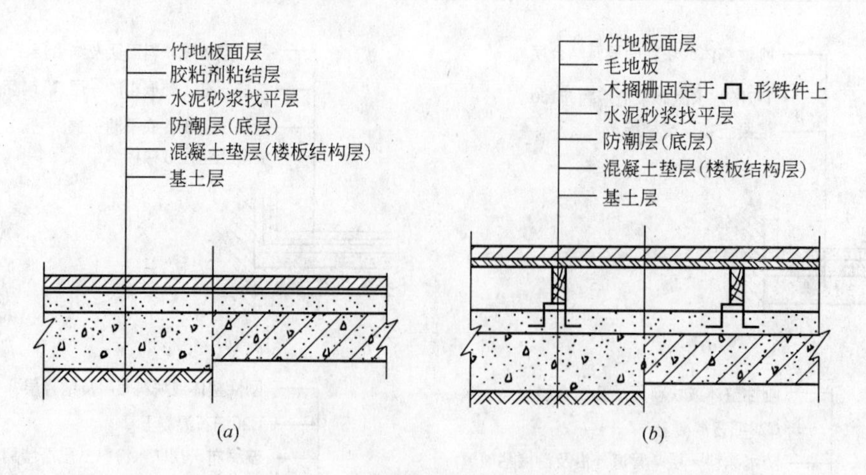

图 5-4 竹地板地面的防潮构造

(a) 采用粘贴式单层竹地板的防潮构造；(b) 采用铺钉式双层竹地板的防潮构造

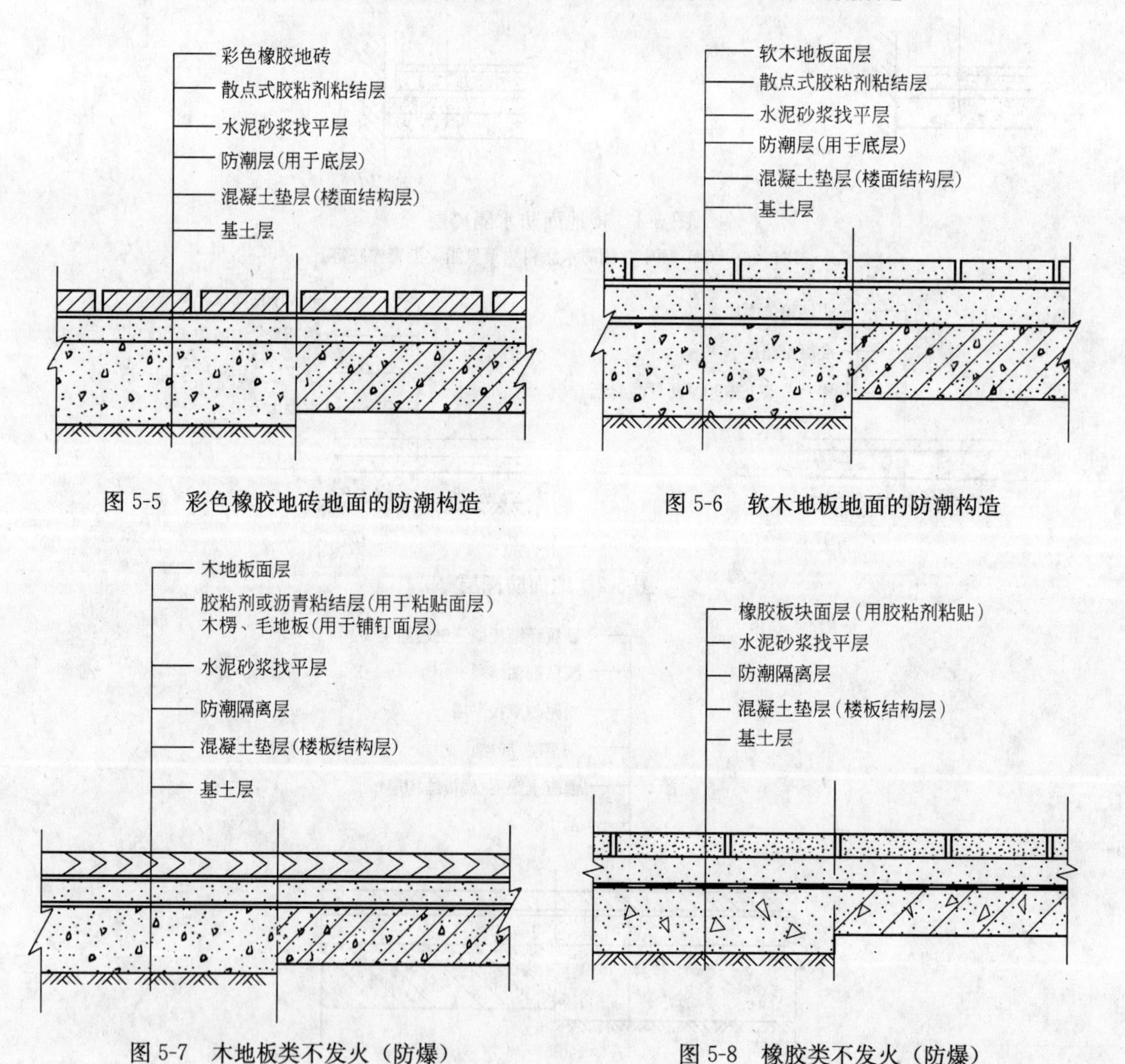

图 5-5 彩色橡胶地砖地面的防潮构造

图 5-6 软木地板地面的防潮构造

图 5-7 木地板类不发火（防爆）楼地面的防潮构造

图 5-8 橡胶类不发火（防爆）楼地面的防潮构造

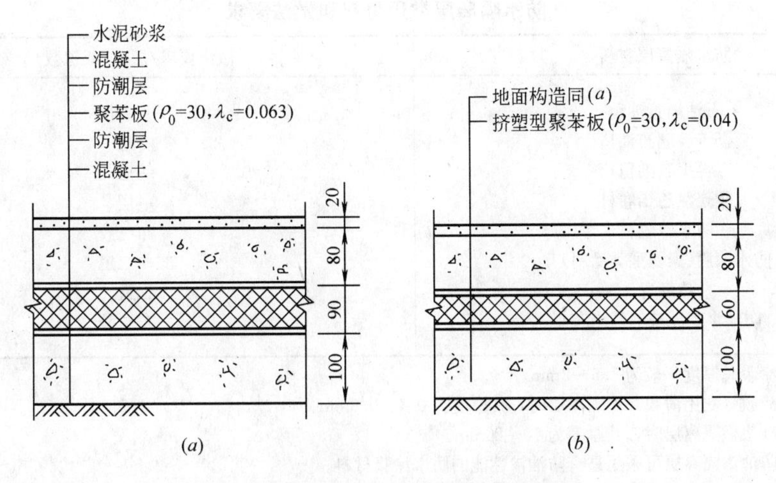

图 5-9　保温地面的防潮构造

(a) 普通聚苯板保温地面；(b) 挤塑型聚苯板保温地面

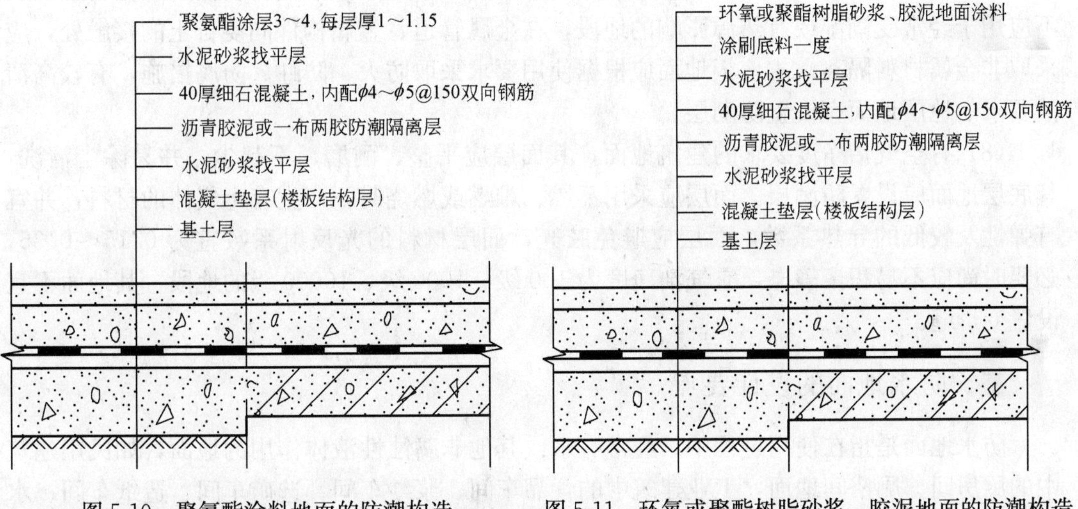

图 5-10　聚氨酯涂料地面的防潮构造　　图 5-11　环氧或聚酯树脂砂浆、胶泥地面的防潮构造

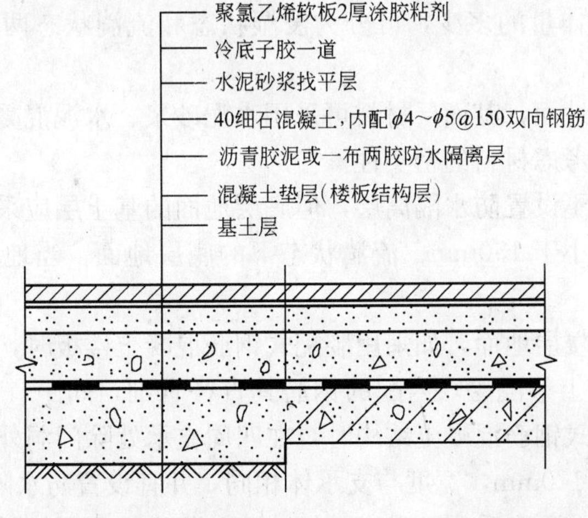

图 5-12　聚氯乙烯软板地面的防水构造

防水隔离层常用材料和做法要求　表 5-6

防水隔离层材料	做法要求/层数(或道数)
石油沥青油毡	一～二层
沥青玻璃布油毡	一层
再生胶油毡	一层
软聚氯乙烯卷材	一层
防水冷胶料	一布三胶
防水涂膜(聚氨酯类涂料)	二～三道
热沥青	二道
防油渗胶泥玻璃纤维布	一布二胶

注：1. 防水涂膜总厚度一般为 1.5～2mm。
2. 防水薄膜（农用薄膜）作隔离层时，其厚度为 0.4～0.6mm。
3. 沥青砂浆做隔离层时，其厚度为 10～20mm。
4. 用于防油渗隔离层可采用具有防油渗性能的防水涂膜材料。

面层；当有较高清洁和弹性等使用要求时，其地面类型宜采用菱苦土或聚氯乙烯板面层，当上述材料不能完全满足使用要求时，可局部采用母板面层或其他材料面层。菱苦土面层不应用于经常受潮湿或有热源影响的地段，在金属管道、金属构件同菱苦土的接触处，应采取非金属材料隔离。木地板地面应根据使用要求采取防火、防蛀、防腐措施，有较高清洁要求的地层地面宜设置防潮层。

(8) 有空气洁净度要求的建筑地面，其面层应平整、耐磨、不起尘，并易除尘清洗，其底层地面应设置防潮层。面层应采用不燃、难燃或燃烧时不产生有毒气体的材料，并宜有弹性及较低的导热系数，面层应避免眩光，面层材料的光反射系数宜为 0.15～0.35，必要时尚应不易积聚静电，空气洁净度为 100 级、1000 级、10000 级的地段，其地面不宜设置变形缝。

二、防水地面的设计要点

防水地面是指在使用过程中，经常有水或其他非腐蚀性液体作用的地面，如民用建筑中的厨房间、厕浴间地面，工业建筑中的食品车间、浆纱车间、选矿车间、造纸车间、水泵房、化验室等地面。防水地面应具有防止水或液体透过楼层向下渗漏的功能。防水地面根据地面面层上水和液体量的多少，可分为浸湿状态和流淌状态两种情况，其设计要点如下：

(1) 浸湿状态下的地面，其面层材料可采用水泥砂浆、水泥混凝土等。当采用混凝土结构自防水时，应充分考虑材料的密实性。

(2) 底层地面一般不设置防水隔离层，但底层地面的基土层应采用不易透水的黏性土铺设，其夯实厚度不宜小于 150mm。流淌状态下的底层地面，当地面排水畅通时，亦可不设置防水隔离层。

(3) 浸湿状态下的楼层地面，如采用装配式钢筋混凝土楼板时，面层下应设置厚度不小于 40mm 的钢筋混凝土整浇层，内配的钢筋其直径宜细，间距宜密，并应设置防水隔离层；如楼层采用整浇式钢筋混凝土结构时，在四周支承处除门洞外，应设置向上翻起的边梁，其高度不应小于 120mm，宽度与支承体相同，并宜设置防水隔离层。

(4) 流淌状态下的地面应采用不吸水、易冲洗和防滑的面层材料，有防滑要求时，不得使用水磨石面层。流淌状态下的楼层地面，不应采用装配式钢筋混凝土楼板。当采用整浇式钢筋混凝土楼层结构时，还应设置防水隔离层。

（5）流淌状态下的地面排水坡度，整体面层和表面比较光滑的块材面层，可采用0.5%～1.5%；表面比较粗糙的块材面层，可采用1%～2%；地面排水沟的纵向坡度，不宜小于0.5%。

（6）应重视楼面边缘部位和各种洞口边缘以及楼梯等部位的防水设计，宜设计高出地面的挡水坎，以防液体漫流。

三、防潮地面的设计要点

地面出现返潮现象，主要发生在房屋的底层地面，地面出下返潮后，会使整个房间潮湿，霉菌易繁殖而污染环境。防潮地面是指在地面构造设计上增设防潮隔离层或采取其他防潮措施的地面，其设计要点如下：

（1）地面防潮应采取综合防治的原则。除地面采取防潮措施外，建筑物的地面标高、墙身防潮、外部勒脚、明沟散水等都应同时考虑，方能有效地切断湿源与易潮物品之间的联系。

（2）地面防潮设计应贯彻重在预防的原则。根据建筑物的实际情况，采取有效的技术措施，达到防潮的目的。建筑物的底层地面，是一个重要的湿源，故为采取防潮措施的重点部位。

（3）地面防潮设计应贯彻区别对待的原则。防潮要求的高低，取决于贮存物品的时间、性质以及地基土的潮湿状况等制约因素，因此，地面防潮要求的高低是相对的，而不是绝对的。地面潮湿的等级与制约因素的关系参见表5-7；防潮地面与地面类型的选择参见表5-8。

地面防潮等级与制约因素　　表5-7

<table>
<tr><th colspan="2">制约因素</th><th>用　途</th><th>潮湿等级</th><th>备　注</th></tr>
<tr><td colspan="2">贮存易受潮变质的物品</td><td>贮存茶叶、香烟、谷物、丝绸、棉纺织品、食糖、食盐、水泥、化肥、仪表、五金工具、电气、电子元件等仓库</td><td>高</td><td>某些物品带有防潮包装，大多数包装品本身也需要满足一定的防滑要求</td></tr>
<tr><td rowspan="3">贮存时间</td><td>贮存期长</td><td>同类物品的条件下</td><td>高</td><td>如国家一级物资贮备仓库</td></tr>
<tr><td>贮存期较长</td><td>如电容器厂的电容器纸及铝箔仓库</td><td>高、较高</td><td></td></tr>
<tr><td>贮存期短</td><td>一般工厂的成品及原材料仓库</td><td>低</td><td>可采用混凝土地面</td></tr>
<tr><td colspan="2" rowspan="2">地基土的潮湿状况</td><td>地基下水位较高、地基土潮湿的地区。长期贮存易潮变质物品</td><td>高</td><td></td></tr>
<tr><td>黄土高原，气候干燥雨水较少，地下水位普遍较低，贮存同样物资仓库</td><td>较低、低</td><td>可用混凝土地面</td></tr>
</table>

（4）根据不同的防潮要求，其防潮地面也有多种类型，常见的有下列几种：

① 混凝土地面或细石混凝土防潮地面，其构造见图5-13，只要具有一定的厚度（一般应5cm以上）和密实性（强度等级不低于C20），自身就可具有一定的防潮性能。这类地面表层有加粉刷水泥砂浆、水磨石面层的，也有提浆随手抹面压光的。

防潮地面与地面类型的选择 表 5-8

类型号	面层	隔离层材料	防潮效果	说 明
Ⅰ	混凝土 细石混凝土 水磨石 板块材	防水卷材类	具有较高的防潮要求	1. 具有一种较为可靠的防潮措施 2. 如用普通纸胎防水卷材受潮后易腐烂，损坏后不易修复 3. 卷材防水，构造复杂，增加工程造价
Ⅱ	沥青砂浆 沥青混凝土	—	具有较高的防潮要求	1. 将面层和隔离层的功能相结合，简化了地面构造，造价低 2. 不会腐烂，损坏后易修复 3. 防潮性能很大程度上取决于面层压实质量 4. 沥青混凝土因沥青用量少，密实性不如沥青砂浆
Ⅲ	混凝土 细石混凝土 水磨石 板块材	防水涂料类	防潮效果由材料质量、施工状况而定	防水涂料的品种很多，需十分注意涂料的性能、抗渗效果、涂刷厚度和均匀性

② 设置隔离层的防潮层。当防潮要求较高，普通混凝土地面已不能满足其防潮要求时，常在混凝土垫层上增设一层防潮层。其构造见图 5-14。

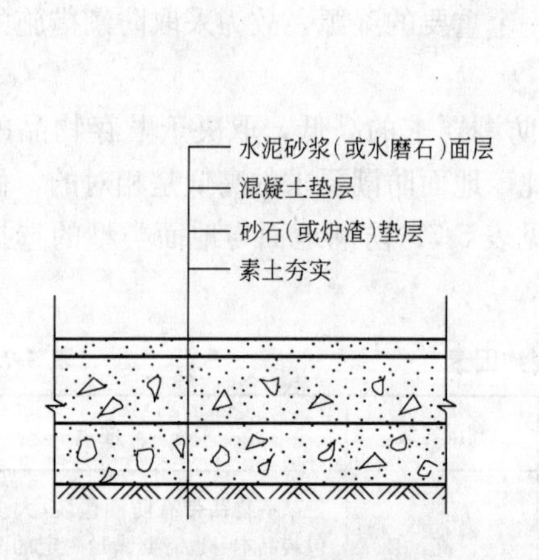

图 5-13 普通混凝土防潮地面构造

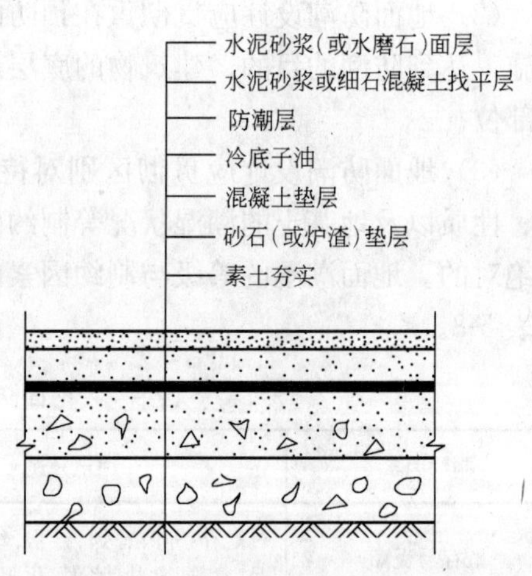

图 5-14 设置防潮层的防潮地面构造

常用的防潮层有一毡二油和二毡三油等形式。在农村建筑中，还有较简易的防潮地面，即直接将沥青油毡（1～2 层）或塑料薄膜纸（2～3 层）铺设于夯实的素土垫层上作为防潮层用的，在上面再做混凝土或细石混凝土面层。其构造如图 5-15。

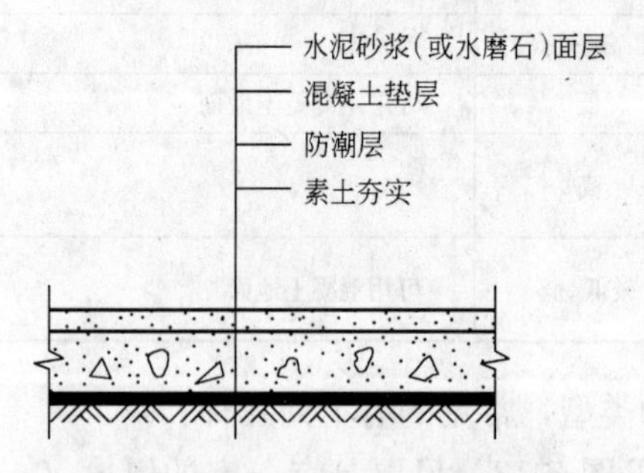

图 5-15 混凝土简易防潮地面构造

③ 以沥青涂覆层为防潮隔离层的防潮地面，即在混凝土垫层表面涂刷 1～2 道热沥青涂层，其适用于有一定防潮要求的地面。其构造见图 5-16。

④ 沥青砂浆和沥青混凝土防潮地面，其适用于有较高防潮要求的地面工程，构造见图 5-17。沥青砂浆的厚度一般为 20～30mm，沥青混凝土的厚度一般为 30～50mm。

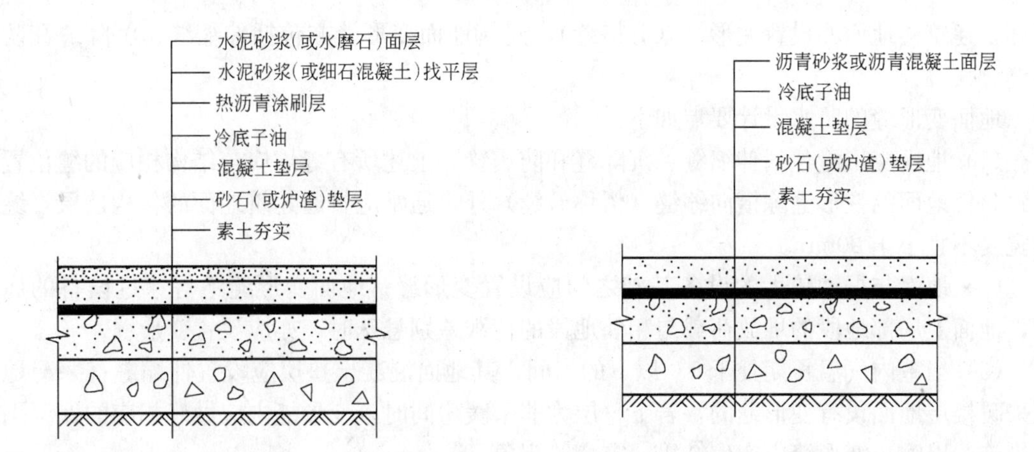

图 5-16　以沥青涂复层为隔离层的防潮地面构造　　图 5-17　沥青砂浆、沥青混凝土防潮地面构造

⑤ 架空式防潮地面　即将地面面层与地基土脱离，面层为各种水泥预制楼板或各种陶土（黏土）方砖，铺设在地陇墙或砖墩上，为了增加防潮效果，常在面层底板（铺设前）涂刷一道热沥青。其构造参见图 5-18。

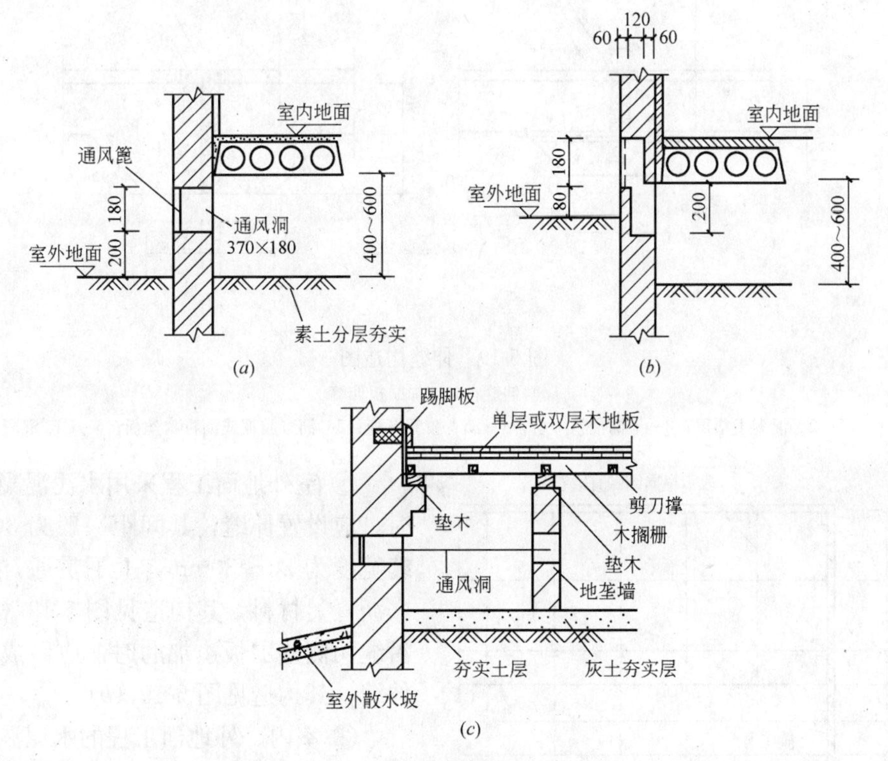

图 5-18　架空式防潮地面构造

(*a*) 室内外高差大于 500mm；(*b*) 室内外高差小于 500mm；(*c*) 空铺式木地板地面构造

⑥ 面层铺设吸湿性较强材料的防潮地面。

四、地面变形缝的防水设计要点

为了防止建筑物在地震、温度变化等外部因素影响下产生变形开裂而导致建筑结构的

损坏，建筑楼地面亦设置变形缝（分格缝），建筑地面变形缝亦包括伸缩缝、沉降缝和防震缝。

地面变形缝的防水设计要点如下：

(1) 地面变形缝包括伸缩缝、沉降缝和防震缝，上述所有缝均应与结构相应的缝位置一致。楼地面的变形缝除横向缩缝（俗称假缝）外，通常应贯通建筑地面的各构造层，缝的宽度不宜小于20mm。

(2) 地面与振动较大的设备基础之间应设置变形缝；地面变形缝不得穿过设备的底面，地面上局部地段的堆放荷载与相邻地段的荷载差别悬殊时，亦应设置变形缝。

(3) 当室内气温长期处于0℃以下的房间，其地面混凝土垫层应设置伸缩缝；寒冷地区采暖楼层地面设有变形缝的，若下一层为非采暖房间时，变形缝内应做好相应的保温隔热措施，以防止变形缝内产生结霜、霉变等现象。

(4) 底层水泥混凝土地面的伸缝下部，应填嵌20～30mm深的沥青胶泥作防潮处理，楼层变形缝如结构层贯通时，缝的下部（即顶棚部位）应作遮挡处理。

(5) 底层地面的变形缝，应按伸缝、缩缝与沉降缝分别设置。

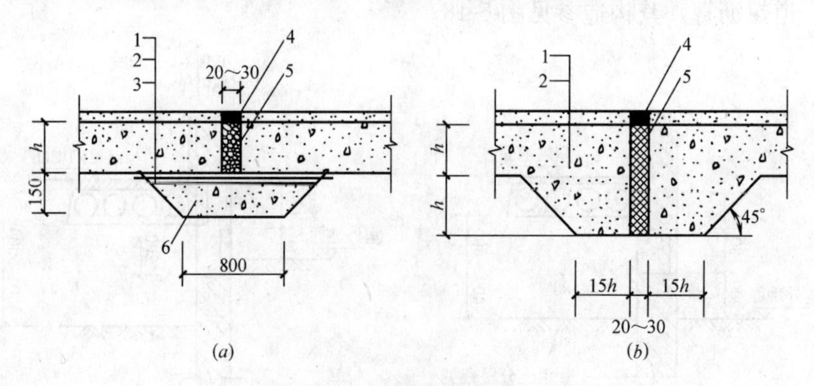

图5-19　伸缝构造图

(a) 伸缝；(b) 加肋板伸缝

1—面层；2—混凝土垫层；3—干铺油毡一层；4—沥青胶泥填缝；5—沥青胶泥或沥青木丝板；6—C10混凝土

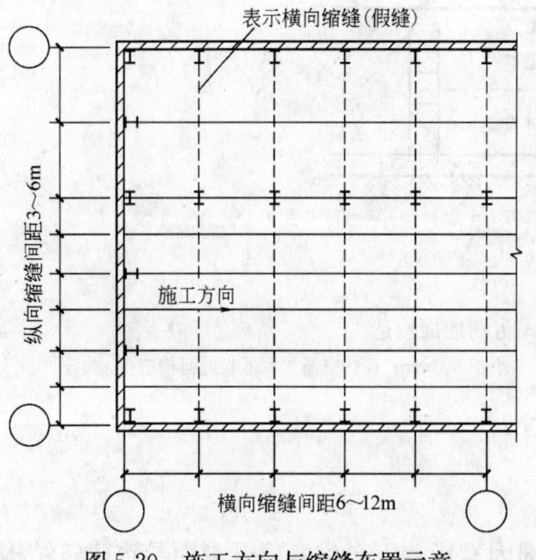

图5-20　施工方向与缩缝布置示意

① 室外地面工程采用水泥混凝土垫层时，应设置伸缝，其间距一般为30m。伸缝宽度为20～30mm，上下贯通，缝内填嵌沥青类材料，其构造见图5-19 (*a*)。当沿缝两侧垫层板边加肋时，应做成加肋板伸缝，其构造见图5-19 (*b*)。

② 室内、外地面工程的水泥混凝土垫层，均应设置纵向和横向缩缝。缩缝的布置是按混凝土施工方向而定的，见图5-20所示。

③ 所用的构造形式和间距与水泥混凝土垫层的使用条件和施工环境温度有关，水泥混凝土垫层缩缝的技术要求见表5-9。

混凝土垫层缩缝的技术要求　表 5-9

使用条件		技术要求		备注
		形式	间距(m)	
一般要求	纵向缩缝	平头缝	3～6	企口缝的板厚宜大于 150mm。其拆模强度不低于 3MPa
		企口缝	3～6	
	横向缩缝	假缝	6～12	室外或高温季节施工宜取 6m
大面积密集堆料		平头缝	6	周边均为平头缝
湿陷性黄土、膨胀土地区和防冻胀层上		平头缝	3	周边均为平头缝
混凝土垫层周边加肋时		平头缝	6～12	宜用于室内，正方形分仓为佳
不同垫层厚度交界处		连续式变截面		用于厚度差异不大时
		间断式变截面		用于厚度差异较大时

a. 纵向缩缝的构造宜采用平头缝，见图 5-21（*a*）；当混凝土垫层板边加肋时，应采用加肋板平头缝，见图 5-21（*b*）。当混凝土垫层厚度大于 150mm 时，可采用企口缝，见图 5-21（*c*）。平头缝和企口缝的缝间不应设置任何隔离材料，混凝土浇筑时应互相紧贴。企口缝尺寸应按设计要求制作，混凝土浇筑后的拆模时间，混凝土抗压强度不宜低于 3MPa。

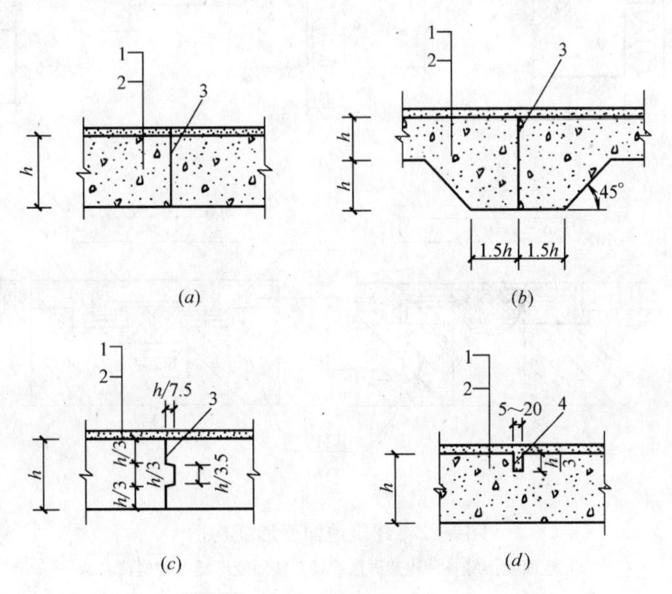

图 5-21　纵横向缩缝构造

（*a*）平头缝；（*b*）加肋板平头缝；（*c*）企口缝；（*d*）假缝

1—面层；2—混凝土垫层；3—互相紧贴，不放隔离材料；4—1∶3 水泥砂浆填缝

b. 横向缩缝的构造应采用假缝，见图 5-21（*d*）。施工时按规定的间距设置吊模板；或在浇筑混凝土时，将预制的木条埋设在混凝土中，并在混凝土终凝前取出；亦可采用在混凝土强度达到一定要求后用切割机切割。假缝的宽度宜为 5～20mm，缝的深度宜为混凝土垫层厚度的 1/3，缝内填水泥砂浆材料。

④ 混凝土地面两侧荷载相差悬殊时，需按设计要求设置沉降缝。沉降缝的构造按加肋板伸缝施工，参见图 5-19 (*b*)。

(6) 整体面层的变形缝在施工时，应先在变形缝位置安放与缝宽相同的木板条，木板条应刨光后涂沥青煤焦油，待面层施工达到一定强度后，将木板条取出。

(7) 变形缝内清理干净后，一般填以柔性密封材料。可先用沥青麻丝填实，再以沥青胶结料填嵌，或用钢板、硬聚氯乙烯塑料板、铝合金板等封盖，并应与面层齐平。其构造做法见图 5-22。

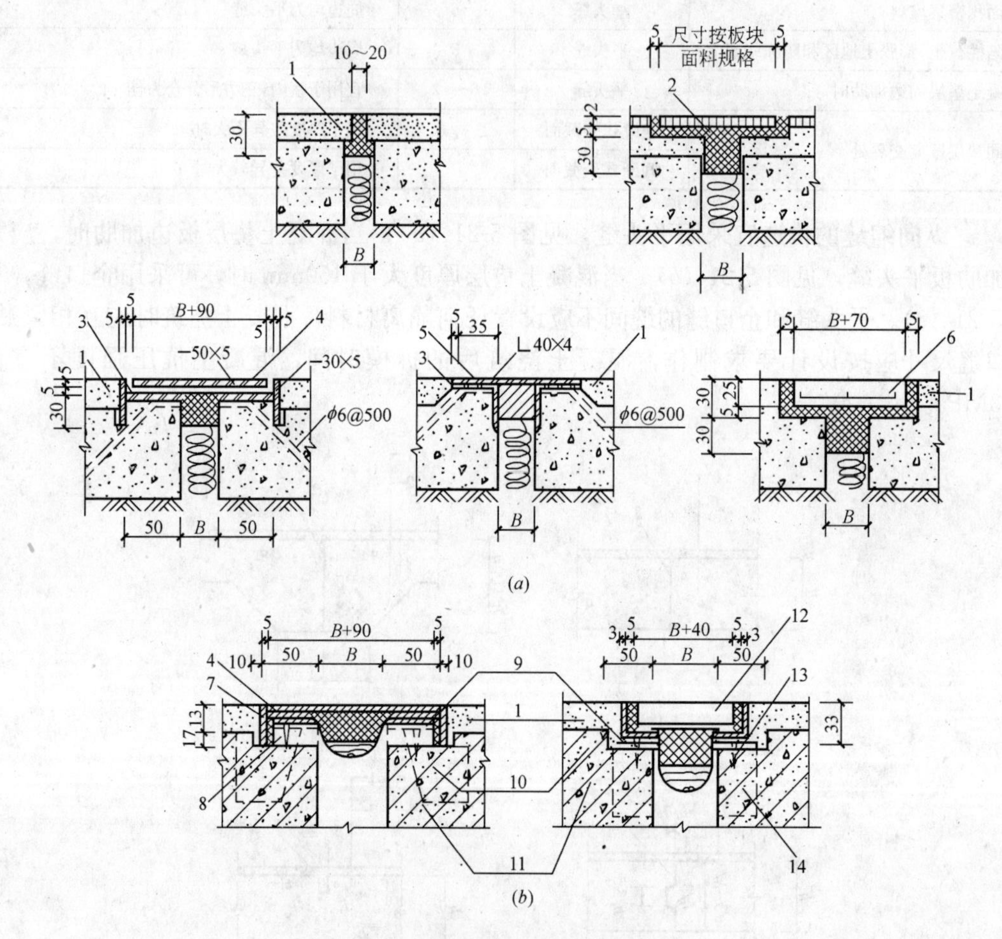

图 5-22　建筑地面变形缝构造

(*a*) 地面变形缝各种构造做法；(*b*) 楼面变形缝各种构造做法

B 示缝宽按设计要求；▩示填沥青胶泥；◎示填实沥青麻丝

1—面层按设计；2—板块面层按设计；3—电焊牢固；4—5mm 厚钢板或铝合金型材硬板；5—5mm 厚钢板；6—C20 混凝土预制板；7—5mm 厚钢板，电焊焊牢；8—木螺钉固定，中距 500；9—24 号镀锌铁皮；10—40×60×60 木楔，500 中距；11—楼层结构层；12—3mm 厚钢板，板块料，2mm 厚铝板，橡胶板；13—∟ 30×3 木螺丝固定，500 中距；14—40×40×60 木楔，中距 500

(8) 建筑地面变形缝的构造类型和做法很多，应按建筑物的使用情况、变形缝的位置、缝的宽度以及楼地面面层做法等因素进行综合考虑后方可进行构造设计。楼地面变形缝的做法参见图 5-23～图 5-29。

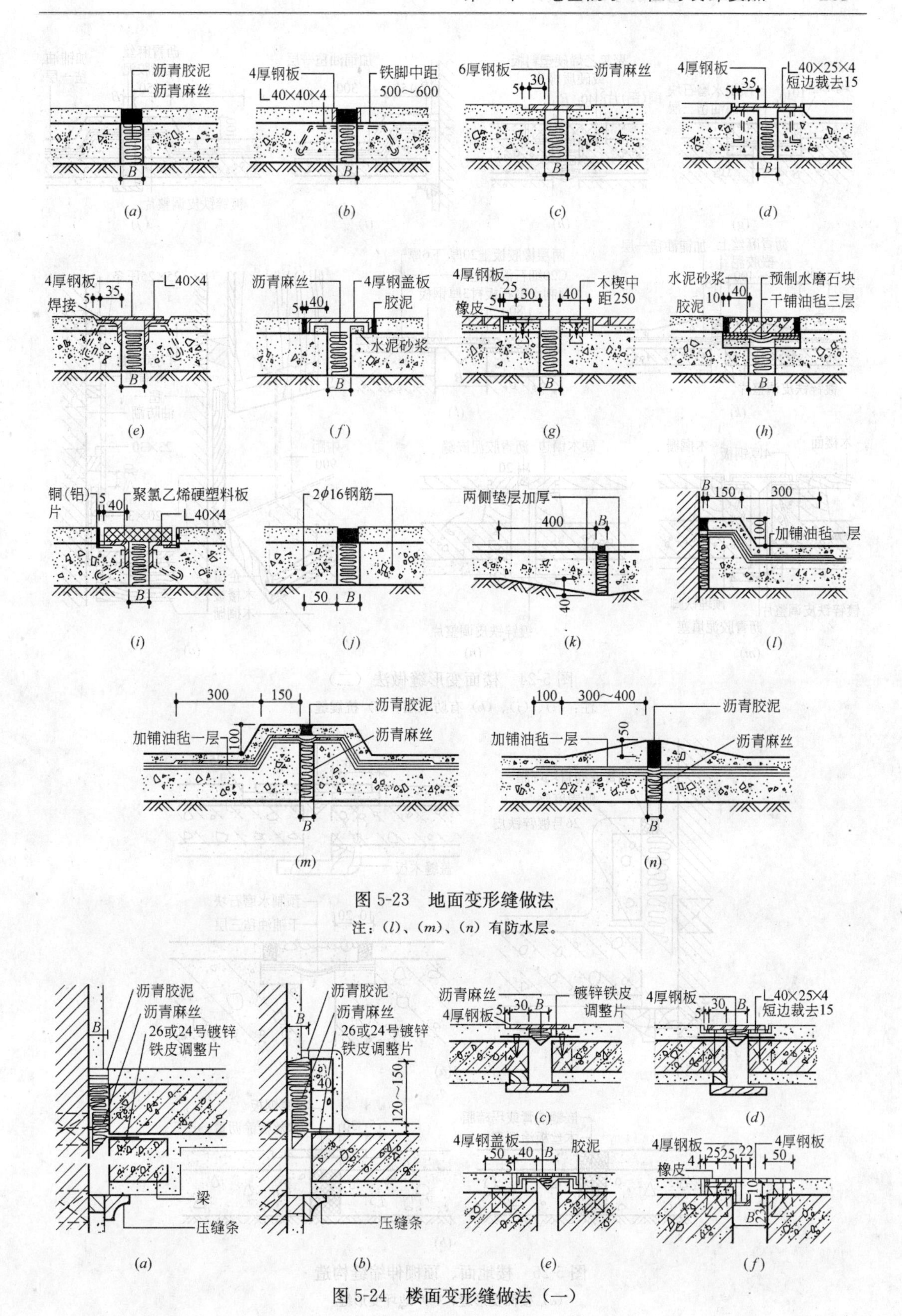

图 5-23 地面变形缝做法

注：(*l*)、(*m*)、(*n*) 有防水层。

图 5-24 楼面变形缝做法（一）

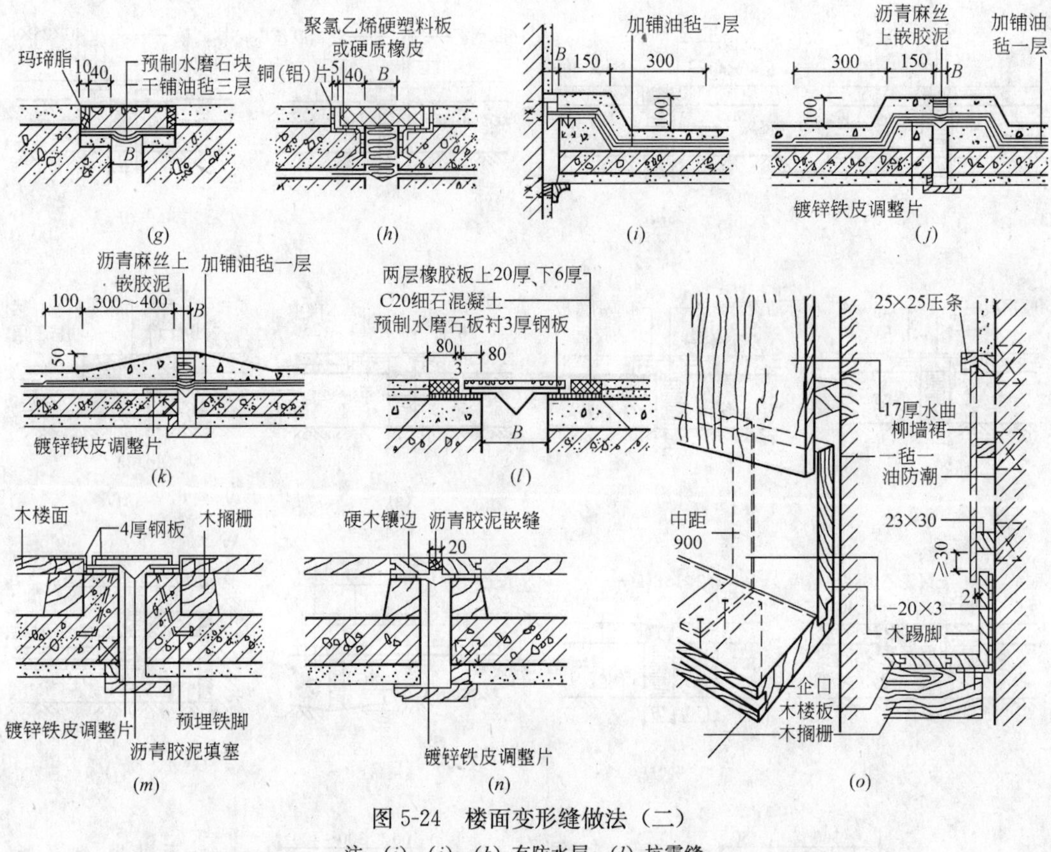

图 5-24　楼面变形缝做法（二）

注：(*i*)、(*j*)、(*k*) 有防水层；(*l*) 抗震缝。

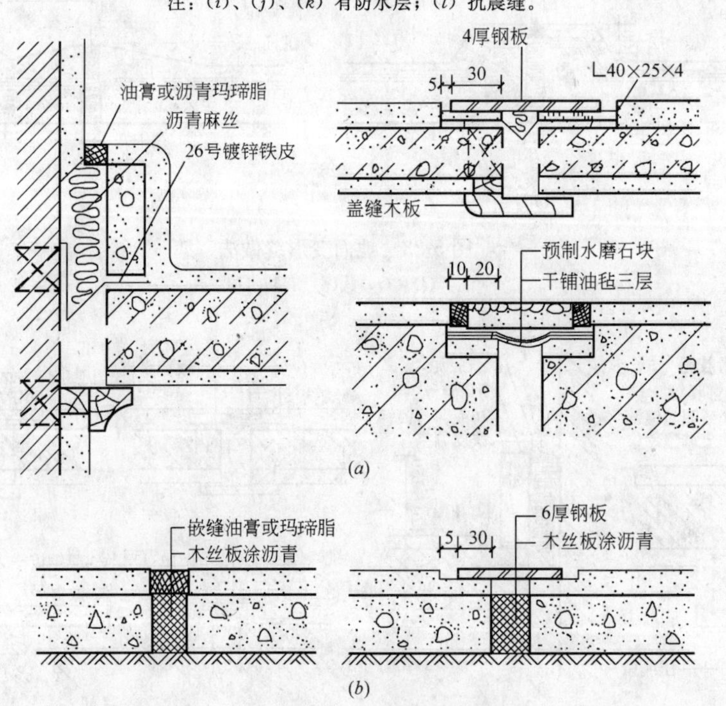

图 5-25　楼地面、顶棚伸缩缝构造

(*a*) 楼面变形缝；(*b*) 地坪变形缝

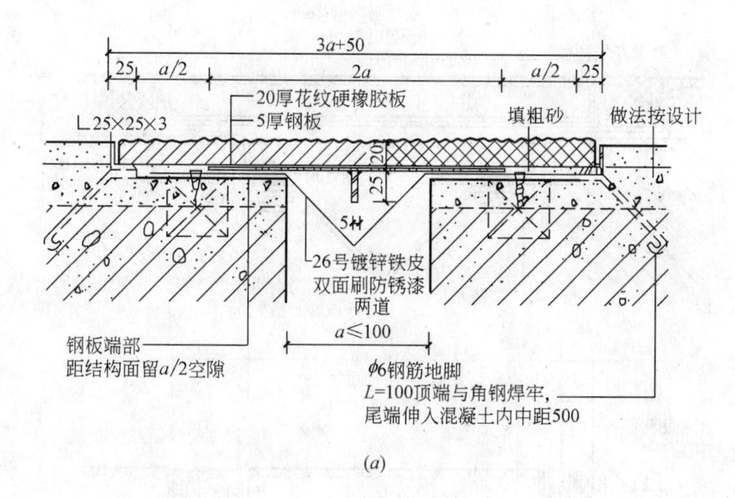

(a)

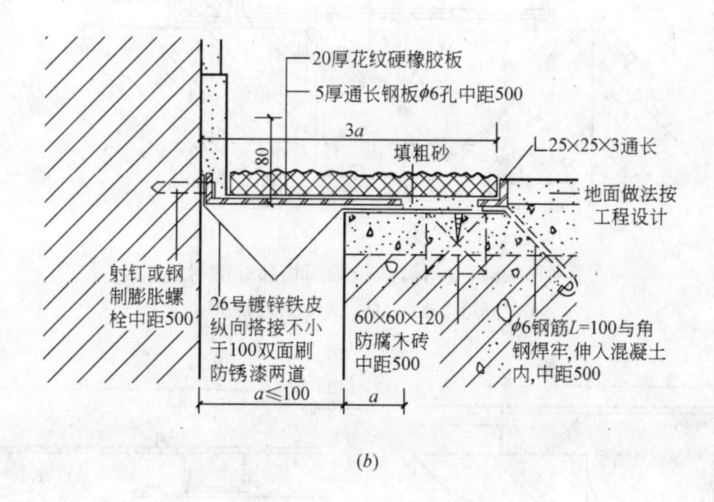

(b)

图 5-26　变形缝盖板采用花纹硬胶板

(a) 适用楼地面；(b) 适用楼地面与墙面

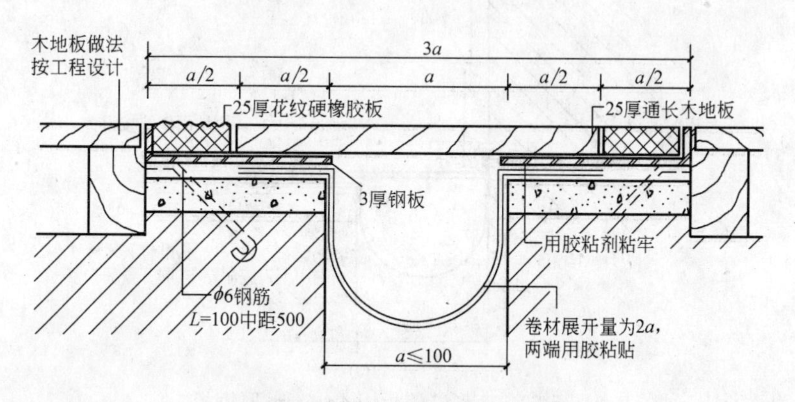

图 5-27　变形缝盖板采用长条地板

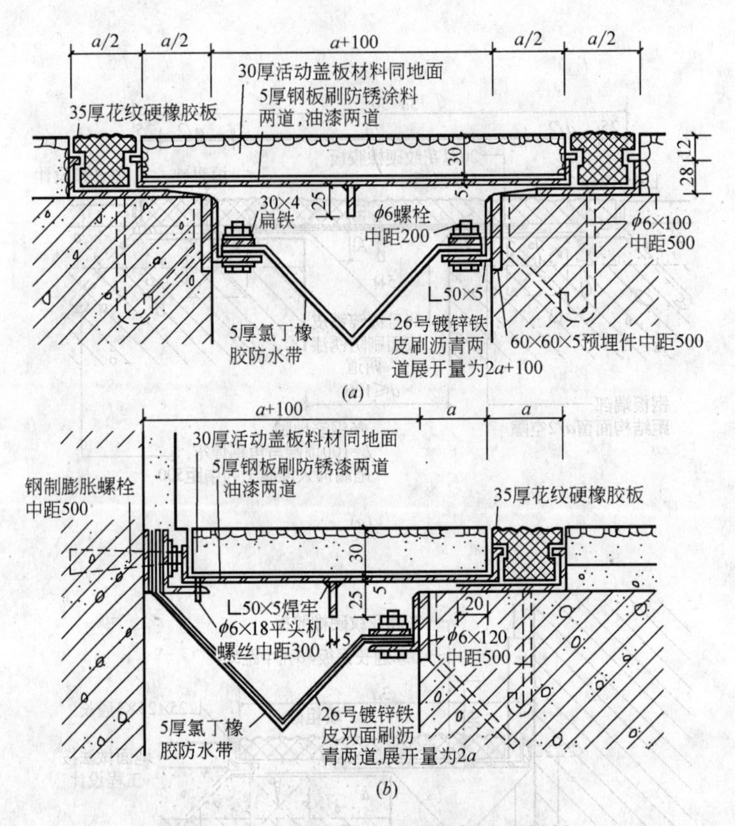

图 5-28　变形缝盖板采用相邻地面材料

(*a*) 适用楼地面；(*b*) 适用楼地面与墙面

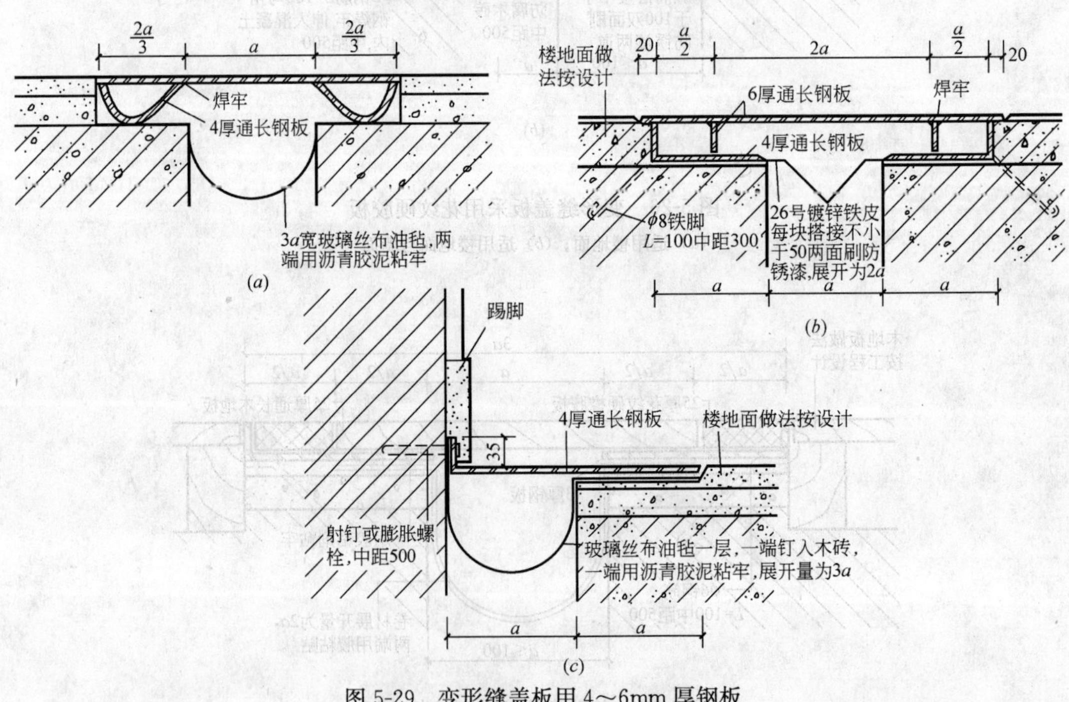

图 5-29　变形缝盖板用 4～6mm 厚钢板

(*a*)、(*b*) 适用楼地面；(*c*) 适用楼地面与墙面

第六章　室内防水工程的设计

室内防水工程是指在建筑房屋内的厕浴间、厨房间、泳池、水池等需做防水的工程，建筑室内防水工程针对其管道多、形状复杂、面积较小和变截面多以及对防水要求高等特点，为确保防水工程的质量，在设计和施工时应遵循“以防为主，防排结合，迎水面防水”的原则进行设防。

室内防水工程是房屋建筑防水工程的重要组成部分，其防水质量的好坏将直接关系到建筑的使用功能，尤其是厕浴间、厨房间和有防水要求的楼层、地面（含有地下室的底层地面）、墙面如发生渗漏现象，则将严重影响人们的正常生活和居住条件，因此做好室内防水工程，即隔离层的铺设、墙地面的防水，实为建筑工程中一个极其重要的大课题。

首先要求室内防水在抹水泥砂浆找平层时，其坡向地漏的排水坡度要达到排水的要求。

其次针对凡是有防水要求的卫生间、盥洗间、厨房等处的穿过楼板面和墙面的管道进行密封防水处理。这些位置因其形状、节点构造十分复杂，且室内的面积又小，阴阳角量大，变截面多，采用防水材料对管道与楼板和墙体的节点之间进行密封处理，形成一个有弹性的整体防水层，此难度尤大，要求甚高。

其三，室内防水，对于墙面和地面，应采用在任何变截面情况下，均具有容易施工，并能在常温条件下能形成连续的整体防水层。在墙地面上设置防水层，可采用的防水材料较多，如各种刚性防水材料和柔性防水材料，但从室内防水的特点考虑，选材尤为重要。如卷材防水层因其剪口和接缝多，对节点之间的处理又较难粘贴牢固，不易封闭严密，易存在渗漏隐患，故使用不多。室内防水一般都采用能在十分复杂的基面上能形成连续整体防水层的涂膜层、UEA刚性防水层、刚柔结合的聚合物水泥砂浆防水层等。由此可见，根据室内防水工程的特点和地区条件，正确选择和合理使用各类新型防水材料是设置没有接缝、封闭严密的整体防水层确保防水工程的质量的关键所在。

第一节　室内防水工程设计规定

一、室内防水工程设计的一般规定

（1）室内防水工程设计的基本内容应包括室内防水构造的设计、室内防水层所采用的防水材料的名称、规格型号、主要技术性能要求。

（2）防水层应设置在面层下面，这样就避免了渗漏现象，改善了卫生条件，保持正常的使用功能。防水层不能设置在结构层上，否则发生渗漏易使面层及其基层下面积聚污水，使厕浴间、厨房等产生异味甚至臭味，不仅环境卫生差，而且势必影响正常的使用功能。

（3）室内防水工程防水层的最小厚度应符合表6-1的要求。

室内防水工程防水层最小厚度（mm） 表 6-1

序号	防水层材料类型		厕所、卫生间、厨房	浴室、游泳池、水池	两道设防或复合防水
1	聚合物水泥、合成高分子涂料		1.2	1.5	1.0
2	改性沥青涂料		2.0	—	1.2
3	合成高分子卷材		1.0	1.2	1.0
4	弹(塑)性体改性沥青防水卷材		3.	3.0	2.0
5	自粘橡胶沥青防水卷材		1.2	1.5	1.2
6	自粘聚酯胎改性沥青防水卷材		2.0	3.0	2.0
7	刚性防水材料	掺外加剂、掺合料防水砂浆	20	25	20
		聚合物水泥防水砂浆Ⅰ类	10	20	10
		聚合物水泥砂浆Ⅱ类、刚性无机防水材料	3.0	5.0	3.0

（4）有防水要求的房间的防水层应先全部铺设，不可待一些设施（如蹲台、水池等）完工后再进行防水和蹲台下找平，防水要坡向地漏。

（5）厕浴间、厨房的楼层地面可选用高、中、低档涂料作防水层：其中高档防水涂料，如聚氨酯涂膜防水材料，适合于Ⅰ级建筑，即旅馆、宾馆等公共建筑；中档防水涂料，如氯丁胶乳沥青涂膜防水材料，适用于Ⅱ级建筑，即高级住宅工程等；低档防水涂料，如SBS橡胶改性沥青涂膜防水材料，适用于Ⅲ级建筑，即一般住宅工程等。Ⅳ级建筑宜选用低档防水涂料作防水层。

（6）室内防水工程采用的防水材料应符合国家和行业相关的产品标准和《民用建筑工程室内环境污染控制规范》（GB 50325）等现行标准的规定，以保障施工过程和使用中的人身安全和健康。

（7）基层处理的要求如下：

① 厕浴间、厨房等有水房间的防水基层必须用1∶3的水泥砂浆抹找平层，要求抹平压光无空鼓，表面要坚实，不应有起砂、掉灰现象。抹找平层时，凡管道根部的周围，在200mm范围内的原标高基础上提高10mm坡向地漏，避免管道根部积水。在地漏的周围，应作成略低于地面的洼坑，一般在5mm。

② 厕浴间、厨房等有水房间找平层的坡度以1%～2%为宜，凡遇到阴阳角处，要抹成半径小于10mm的小圆弧。

③ 穿过楼面或墙面的管道、套管、地漏以及卫生洁具等，必须安装牢固，收头圆滑。

④ 基层应基本干燥，方可进行涂膜防水层的施工，施工时要把基层表面的尘土杂物清扫干净。

⑤ 依房间轴线确定预留、预埋管道孔位置、标高及排水坡向。将留、埋孔模具牢固地固定在模板上，待水泥混凝土浇筑后，终凝前进行二次校核，以消除因预留位置不准而发生再凿洞、扩孔等现象。

（8）对有防水要求的厕浴间、厨房间等，结构层设计标高必须满足排水坡度的要求，其楼面（含有地下室的底层地面）和墙裙应设置防水层（隔离层）。排水坡度应从垫层找起，其具体做法是：沿厕浴间、厨房的墙面弹出＋500mm标志线，以此线为基准，按已确定的地漏标高及排水坡度，分别弹出面层、找平层、防水层（隔离层）、垫层等颇像地漏的标志线，从而形成厕浴间、厨房以地漏为最低点的地面斜平面线，以便于施工操作。

(9) 室内需要进行防水设防的区域，不应跨越变形缝、抗震缝等部位。

(10) 铺贴墙（地）面砖宜用专用粘贴材料或符合粘贴性能要求的防水砂浆。

(11) 自身无防护功能的柔性防水层应设置保护层，保护层或饰面层应符合下列规定：

① 地面饰面层为石材、厚质地砖时，防水层上应用不小于 20mm 厚 1∶3 水泥砂浆作保护层。

② 地面饰面为瓷砖、水泥砂浆时，防水层上应浇筑不小于 30mm 厚的细石混凝土作保护层。

③ 墙面防水高度高于 250mm 时，防水层上应采取防止饰面层起壳剥落的措施。防水高度高于 1500mm 时，防水层上宜用钢丝网水泥砂浆作结合层。

(12) 室内防水层的成品保护应符合以下规定：

① 施工前做好水电、土建与防水工序的合理安排，必须先装好预留设备与管道。严禁在施工完成的厕浴间防水层上打眼凿洞。

② 施工人员应采取措施严格保护已做完的涂膜防水层，在未做保护层以前，任何人员不得进入现场，或堆积杂物，以免破坏防水层。

③ 地漏或排水口内防止杂物堵塞，施工中应防止杂物掉入，确保排水顺畅。蓄水合格后，应将地漏内清理干净。

④ 对突出地面的管根、地漏、排水口、卫生洁具等处的周边防水层不得碰损，部件不得变形。

⑤ 涂膜防水层施工过程中，不得污染已做好饰面的墙壁、卫生洁具、门窗等。

二、室内防水工程的细部构造设计

1. 地漏的防水设计

地漏是厕浴间、厨房间等有水房间的主要排水通道，应按设计数量和位置设计地漏，并做好防水处理。

(1) 楼地面向地漏处的排水坡度不应小于 1%，地面不得有积水现象。当排水坡度不能满足使用要求时，应将楼板的设计标高下降或将楼板设计厚度减薄。

(2) 地漏应设在人员不经常走动且便于维修和便于组织排水的部位。

(3) 地漏安装位置和标高应正确，滴漏标高应根据门口至地漏的排水坡度确定，在地漏处不得形成倒泛水和积水。地漏标高的确定原则应是偏低不偏高。如确定地漏标高偏低时，土建施工较易处理，采用大一号的塑料或金属篦子代替原铸铁篦子，使大量地面水从地漏排走，少量地面水渗到防水层再排入地漏，这样的厕浴间、厨房等地面就不致产生渗漏情况。如地漏标高偏高，则会产生以下不利因素：一是必然抬高面层标高，按规定厕浴间、厨房等的面层均应低于相连接各类面层的标高，一旦抬高厕浴间、厨房等面层的标高，势必减低与相连接的各类面层的高度差，如厕浴间、厨房发生积水时，易使水渗入相连接的房间，从而严重地影响相连接房间的使用功能；二是减小厕浴间、厨房面层的排水坡度，这样就容易造成面层积水，长期反复下去则会导致楼面渗漏存在的隐患。地漏安装应稳固，配件齐全，上口应水平，与排水管的丝扣或承插口连接应牢固、紧密，不得有渗漏水现象。

（4）地漏与楼板的预留孔洞之间的缝隙应支吊模板，用水冲洗干净并湿润，用掺有膨胀剂的细石混凝土灌筑密实。地漏上口与地面混凝土之间应预留 30mm 深的凹槽，待混凝土凝固干燥后，用合成高分子密封胶进行密封防水处理，并应低于地漏上口 20mm。

（5）地漏四周应设置加强防水层，加强层其宽度不应小于 150mm，防水层在地漏收头处，应用合成高分子密封胶进行密封防水处理。

（6）铺设找平层，应在地漏周边 50mm 范围内做坡度为 3%～5%的凹坑。

（7）铺设地面面层时，在地漏周边不得形成倒泛水，并要与地漏紧密连接。当采用块板材料地面时，地漏口处应套裁整齐，粘贴牢固，封闭严密。

（8）地漏口周围、直接穿过地面或墙面防水层管道及预埋件的周围与找平层之间应预留宽 10mm、深 7mm 的凹槽，并嵌填密封材料，地漏离墙面净距离宜为 50～80mm。

地漏的防水构造参见图 6-1～图 6-5。

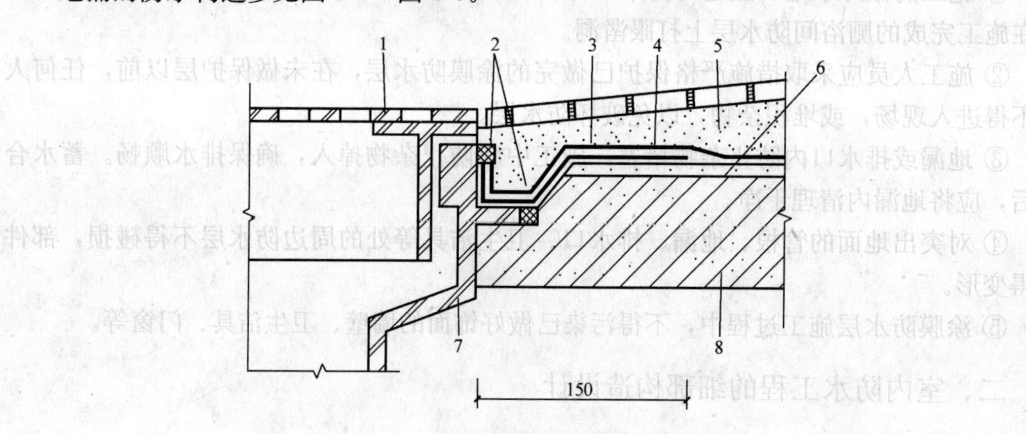

图 6-1　室内地漏防水构造（一）

1—地漏盖板；2—密封材料；3—附加层；4—防水层；5—地面砖及结合层；6—水泥砂浆找平层；7—地漏；8—混凝土楼板

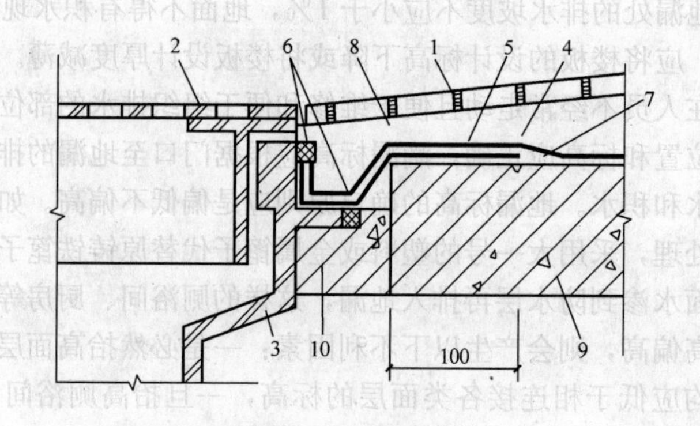

图 6-2　室内地漏防水构造（二）

1—面层；2—地漏盖板；3—地漏；4—防水层；5—附加层；6—密封材料；7—20mm 厚水泥砂浆找平层；8—水泥砂浆找坡保护层；9—现浇钢筋混凝土楼板；10—楼板预留安装孔用 C20 细石混凝土填实

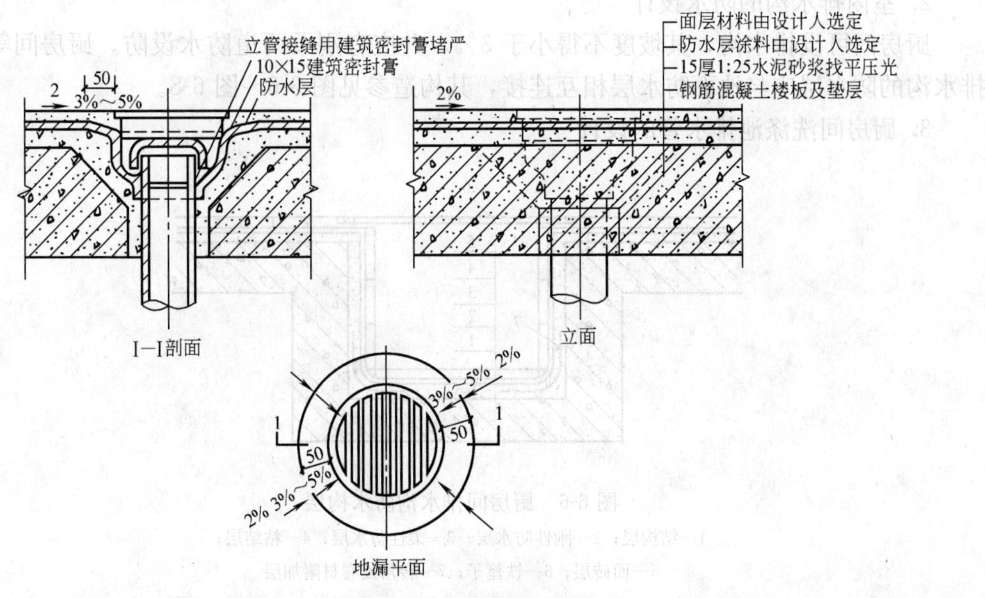

图 6-3　地漏的构造

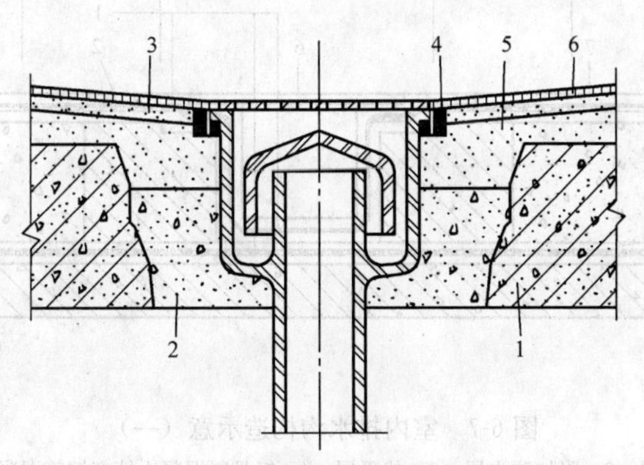

图 6-4　地漏口（一）

1—楼板；2—干硬性细石混凝土；3—聚合物水泥砂浆；4—密封材料；5—找平层；6—面层

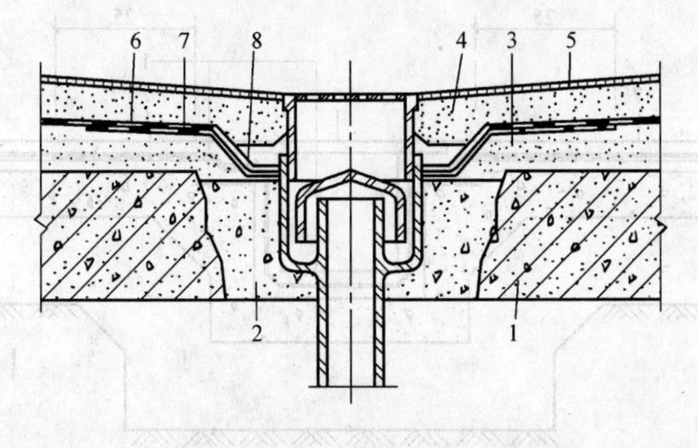

图 6-5　地漏口（二）

1—楼板；2—干硬性细石混凝土；3—找平层；4—底层；5—面层；6—柔性防水层；7—附加防水层；8—密封材料

2. 室内排水沟的防水设计

厨房间可设排水沟，其坡度不得小于3%，并应有刚柔两道防水设防。厨房间等室内排水沟的防水层应与地面防水层相互连接，其构造参见图6-6～图6-8。

3. 厨房间洗涤池排水管的设计

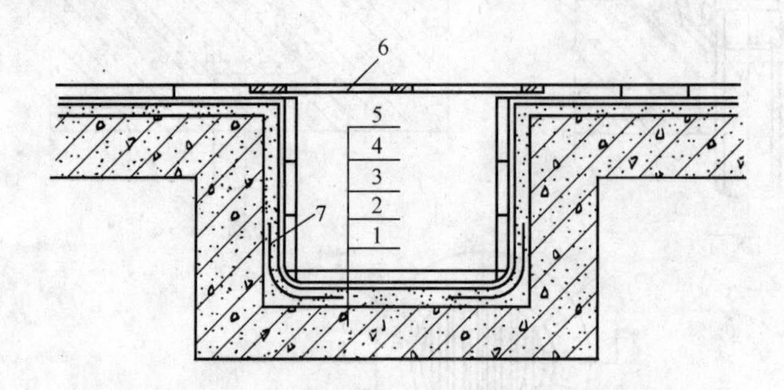

图6-6　厨房间排水沟防水构层

1—结构层；2—刚性防水层；3—柔性防水层；4—粘结层；5—面砖层；6—铁篦子；7—转角处卷材附加层

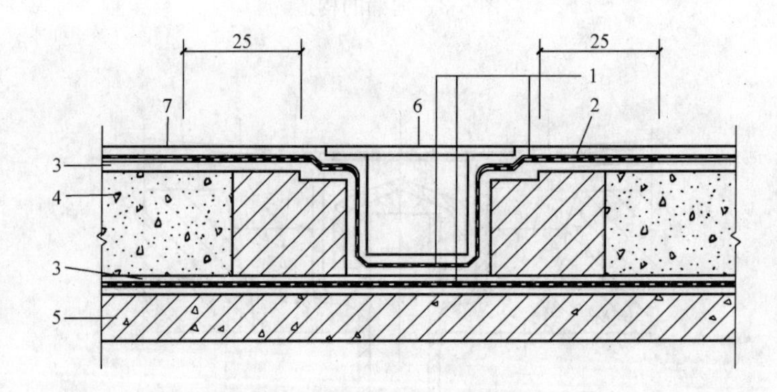

图6-7　室内排水沟构造示意（一）

1—防水层；2—附加防水层；3—找平层；4—轻骨料混凝土填充钢筋混凝土楼板；5—灰土；6—盖板；7—面层

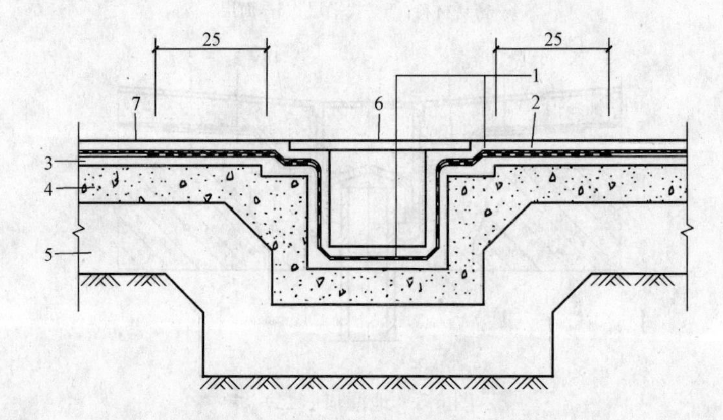

图6-8　室内排水沟构造示意（二）

1—防水层；2—附加防水层；3—找平层；4—混凝土垫层；5—3：7灰土；6—盖板；7—面层

厨房间洗涤池排水管如采用传统方法进行排水处理，由于管道狭窄，常会因菜渣等杂物堵塞管道而导致排水不畅，甚至完全堵塞，疏通很困难，周而复始地“堵塞——疏通”，给用户带来很大麻烦。用图 6-9 所示的排水方法，残剩菜渣储存在贮水罐中，不会堵塞排水管，但长期贮存，会腐烂变质发生异味，所以应经常清理，吸水弯管头可以卸下，以便于清理。

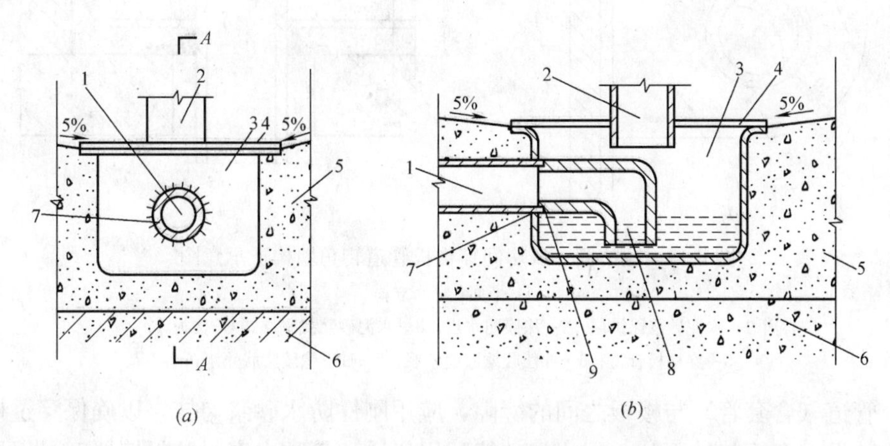

图 6-9 洗涤池贮水灌排水管排水构造

(*a*) 侧面；(*b*) *A*—*A* 剖面

1—金属排水管；2—洗涤池排水管；3—金属贮水罐；4—带孔盖板；5—200mm 厚 C20 细石混凝土台阶；6—楼板；7—满焊连接；8—吸水弯管头；9—插卸式连接

4. 穿楼板管道的防水设计

(1) 厕浴间、厨房等楼层地面（含有地下室上底层地面）其穿楼板的管道较多，主要有冷热水管、暖气管、煤气管、污水管、排气管等，跟中管道不易区别，因此，在一般情况下，大口径的冷水管、排水管可不设套管，管径较小的小口径管和热水管、暖气管则必需在管外加设钢套管，套管上口应高出地面 20mm，下口应与楼板底齐平，留管缝 2～5mm。

(2) 穿楼板管道的安装位置应正确，其防水设计应符合相关的技术规程，穿楼板管孔一般均在楼板上预留其管孔或采用手持式薄壁钻机钻孔而成。然后再安装立管，管孔宜比立管外径大 40mm 以上，所有穿楼板管道在安装时都应按规定设立管卡固定之。

(3) 穿楼板管道应临墙设置，单面临墙的管道、套管离墙净距不应小于 50mm；双面临墙的管道套管一面临墙不应小于 50mm，另一面临墙不应小于 80mm，套管与套管的净距不应小于 60mm，参见图 6-10 和图 6-11。

(4) 穿楼板管道应设置止水套管或采用其他止水措施，套管直径应比管道大 1～2 级标准，套管高度应高出装饰地面 20～50mm。

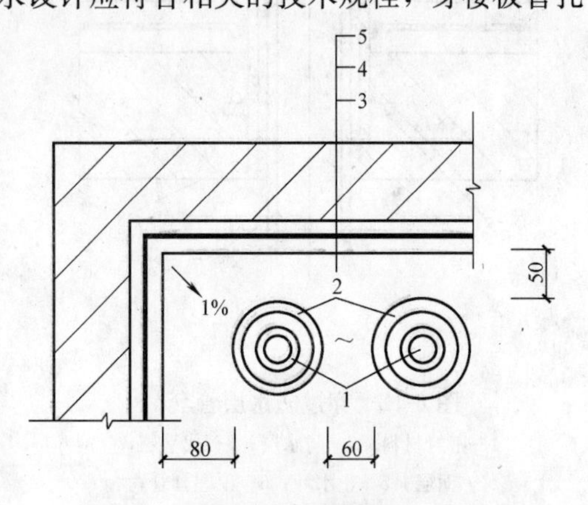

图 6-10 临墙管安装

1—穿楼板管道；2—防水套管；3—墙面饰面层；4—防水层；5—墙体

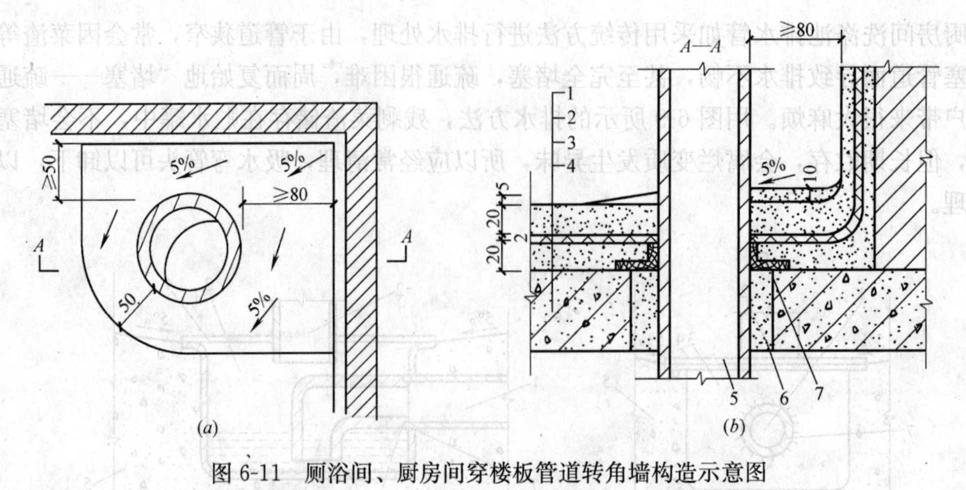

图 6-11　厕浴间、厨房间穿楼板管道转角墙构造示意图

(a) 平面；(b) 立面

1—水泥砂浆保护层；2—涂膜防水层；3—水泥砂浆找平层；4—楼板；

5—穿楼板管道；6—补偿收缩嵌缝砂浆；7—L 形橡胶膨胀止水条

(5) 管道（含套管）与楼板之间的缝隙，应用刚性防水砂浆勾抹，以确保穿过楼板孔洞的防水效果。套管与地面防水层之间的缝隙用优质建筑防水密封胶封堵严密，以形成整体防水层，套管与管道之间应留 5～10mm 的缝隙，缝内应先填密实具有阻燃性的聚苯乙烯（聚乙烯）泡沫条，其上口留 10～20mm 凹槽，然后嵌入高分子弹性密封材料封口，见图 6-12，并在管道周围加大排水坡度。穿楼板管道与楼板之间用刚性防水砂浆勾抹，其防水做法有两种：其一是在管道周围嵌填 UEA 管件接缝砂浆，参见图 6-13；其二是在其一防水做法的基础上，在管道外壁再箍贴膨胀橡胶止水条，参见图 6-14。

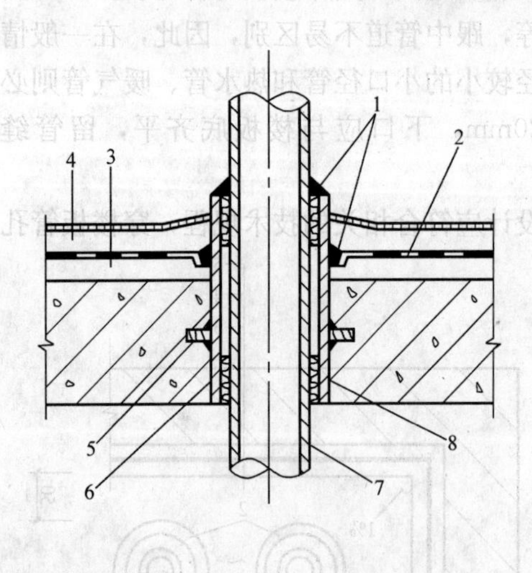

图 6-12　穿过防水层管套

1—密封材料；2—防水层；3—找平层；

4—面层；5—止水环；6—预埋套管；

7—管道；8—聚苯乙烯（聚乙烯）泡沫

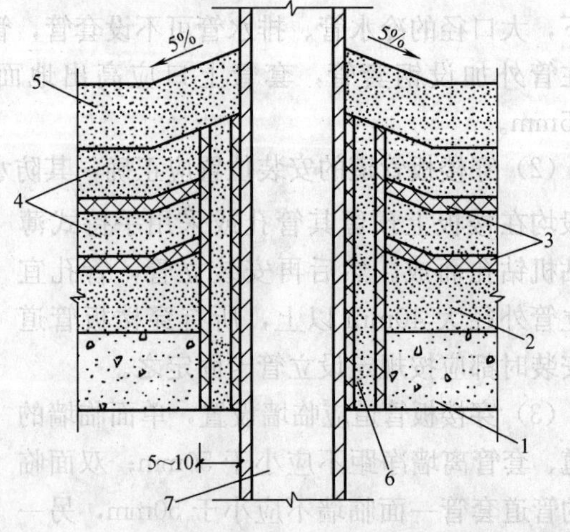

图 6-13　穿楼板管道填弃 UEA 管件接缝砂浆防水构造

1—钢筋混凝土楼板；2—UEA 砂浆垫层；

3—10％UEA 水泥素浆；

4—(10％～12％UEA) 1∶2 防水砂浆；

5—(10％～12％UEA) 1∶(2～2.5) 砂浆保护层；

6—(15％UEA) 1∶2 管件接缝砂浆；7—穿楼板管道

（6）墙面与楼地面交接部位、穿楼板（墙）的管根宜用柔性防水涂料、密封材料或易粘贴的卷材进行加强防水处理。加强层的尺寸应符合下列要求：

① 墙面与楼地面交接处，平面宽度与立面宽度均不应小于 100mm；

② 穿过楼板的套管，在管体的粘结高度不应小于 20mm，平面宽度不应小于 150mm，用于热水管道防水处理的防水材料和辅料应具有相应的耐热性能，见图 6-15。

部分管道临墙的安装要求参见图 6-16～图 6-19。

5. 阴阳角的防水设计

找平层在阴角处应抹成半径为 10mm 的平滑小圆角。

阴阳角部位应做成一层涂料和玻纤布的补强附加层，即将玻纤布铺贴于阴阳角部位，同时刷防水涂料，要求贴实，不得有皱折、翘边现象。

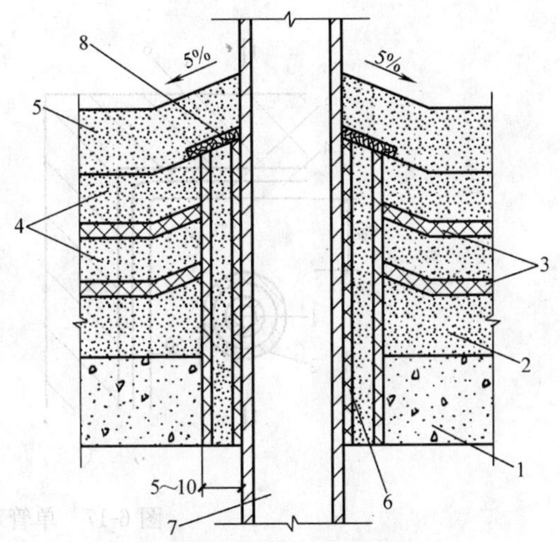

图 6-14 穿楼板管道箍贴膨胀橡胶止水条防水构造

1—钢筋混凝土楼板；2—UEA 砂浆垫层；3—10%UEA 水泥素浆；4—（10%～12%UEA）1：2 防水砂浆；5—（10%～12%UEA）1：（2～2.5）砂浆保护层；6—15%UEA1：2 管件接缝砂浆；7—穿楼板管道；8—膨胀橡胶止水条

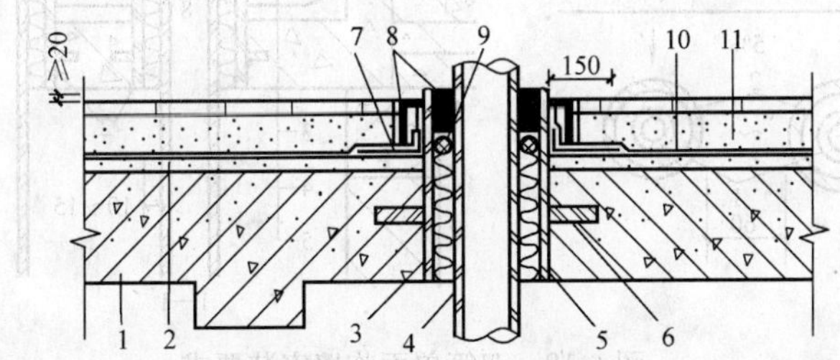

图 6-15 穿楼板管道防水做法

1—结构楼板；2—找平找坡层；3—防水套管；4—穿楼板管道；5—阻燃密实材料；6—止水环；7—附加防水层；8—高分子密封材料；9—背衬材料；10—防水层；11—地面砖及结合层

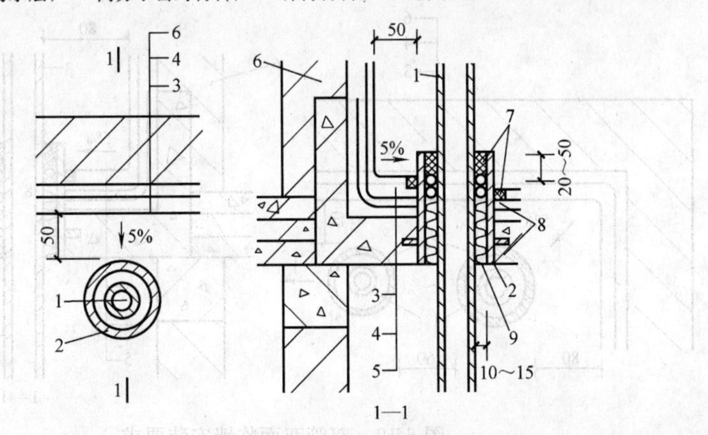

图 6-16 单管单面临墙安装要求

1—穿楼板管道；2—止水套管；3—面层；4—防水层、附加层；5—楼板；6—墙体；7—（15～20）厚密封材料；8—背衬材料；9—填缝材料

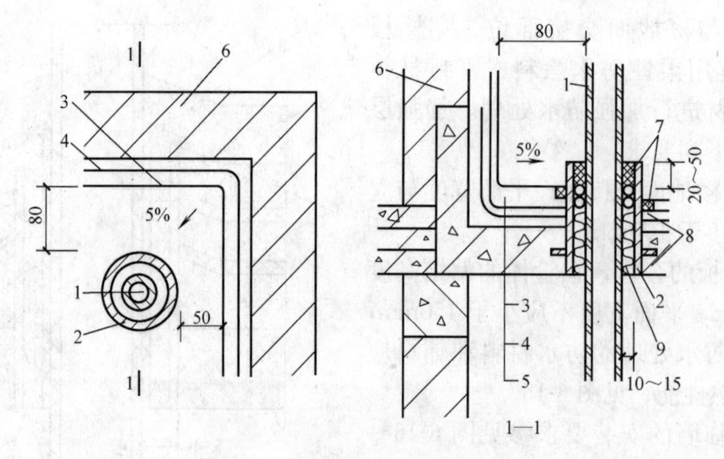

图 6-17　单管双面临墙安装要求

1—穿楼板管道；2—套管；3—面层；4—防水层、附加层；5—楼板；6—墙体；7—(15～20)mm 厚密封材料；8—背衬材料；9—填缝材料

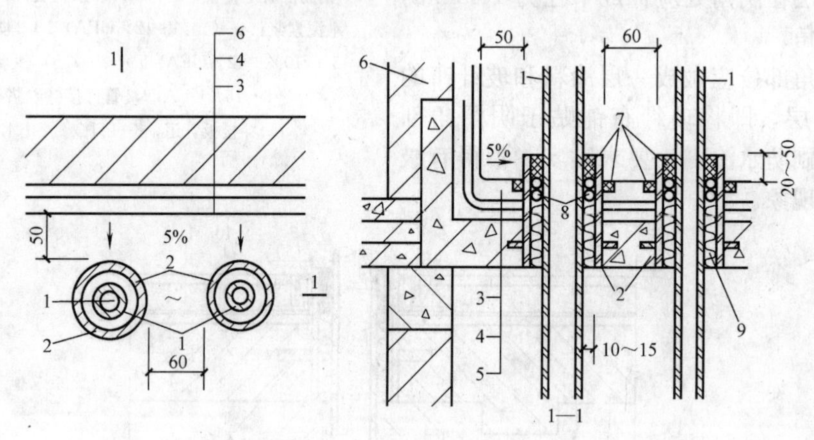

图 6-18　双管单面临墙安装要求

1—穿楼板管道；2—套管；3—面层；4—防水层、附加层；5—楼板；6—墙体；7—(15～20)mm 厚密封材料；8—背衬材料；9—填缝材料

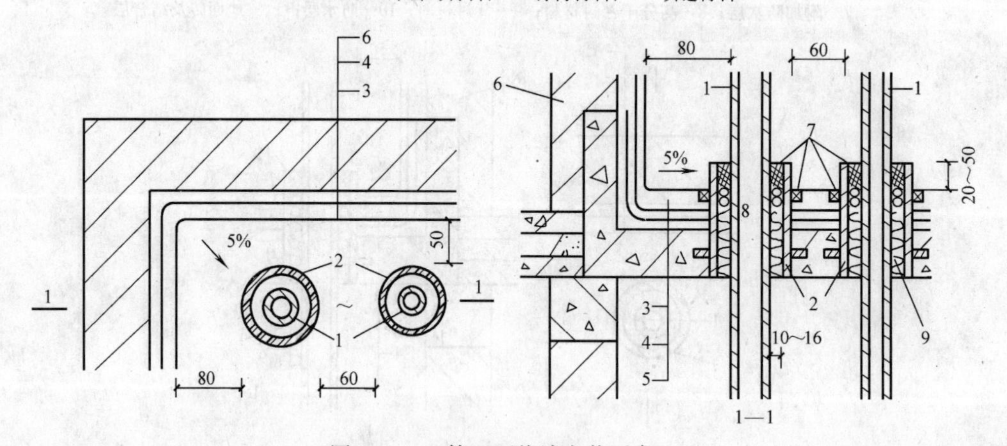

图 6-19　双管双面临墙安装要求

1—穿楼板管道；2—套管；3—面层；4—防水层、附加层；5—楼板；6—墙体；7—(15～20)mm 厚密封材料；8—背衬材料；9—填缝材料

阴阳角的防水构造参见图 6-20 和图 6-21。

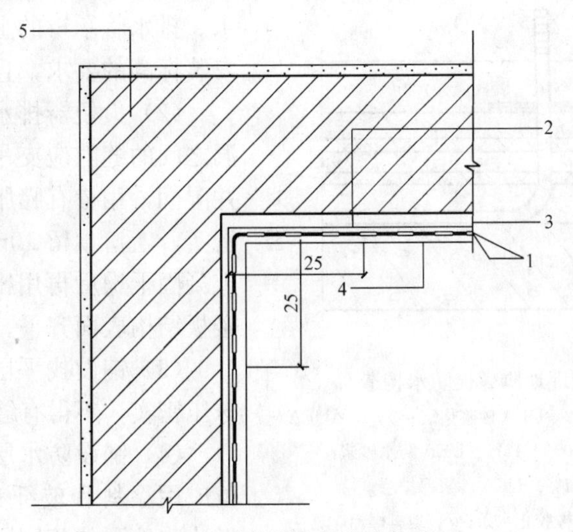

图 6-20　墙体阴角处防水构造

1—防水层；2—附加防水层；3—找平层；4—面层；5—墙体

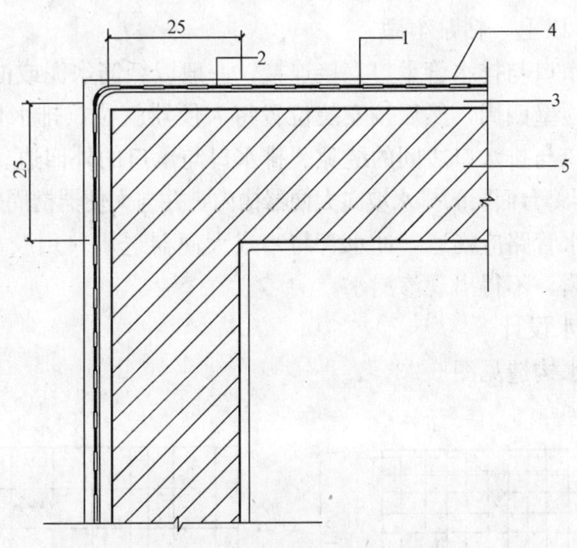

图 6-21　墙体阳角处防水构造

1—防水层；2—附加防水层；3—找平层；4—面层；5—墙体

6. 预埋地脚螺栓的防水构造设计

厕浴间的坐便器常用细而长的预埋地脚螺栓固定，其应力集中，容易造成开裂，如防水处理不好，很容易在此处造成渗漏。对其进行防水处理的方法是：将横截面为 20mm×30mm 的遇水膨胀橡胶止水条截成 30mm 长的块状，然后将其压扁成厚度为 10mm 的扁饼状材料，中间穿孔，孔径略小于螺栓直径，在铺抹 10%～20%UEA 防水砂浆［水泥：砂=1：(2～2.5)］保护层前，将止水薄饼套入螺栓根部，平贴在砂浆防水层上即可。其防水构造参见图 6-22。

7. 大便器的防水设计

(1) 蹲式或坐式大便器其排水管安装位置均应正确，符合设计要求。排水管的承口与

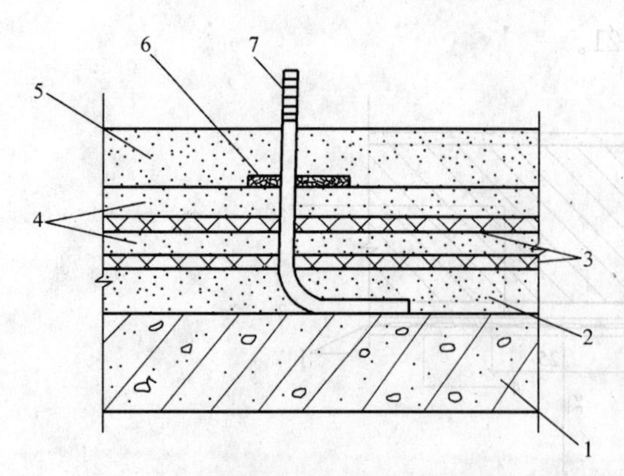

图 6-22　预埋地脚螺栓防水构造

1—钢筋混凝土楼板；2—UEA 砂浆垫层；3—10%UEA 水泥素浆；4—(10%～12%) UEA 防水砂浆；5—(10%～12%) UEA 砂浆保护层；6—扁平状膨胀橡胶止水条；7—地脚螺栓

立管的连接应可靠，封闭严密，不得渗漏水。排水管承口的上口标高应符合大便器安装标高的要求，且水平。

(2) 大便器排水管承口与楼板预留孔洞之间的缝隙应支吊模板，用水冲洗干净并湿润，用掺有膨胀剂的细石混凝土灌注密实，上口预留 10mm 深的凹槽，待混凝土凝固干燥后再用密封材料嵌缝，要求与楼板结构表面齐平。

(3) 铺设找平层时，排水管承口处应抹压密实，不得有缝隙。

(4) 铺设防水层时，在排水管承口部位应用涂料和玻纤布做一层补强附加层，做法与地漏的相同，并将附加层、防水层与排水管承口周边交接处封堵严密。在大便器蹲台部位的立墙处，防水层应向上卷起并高出蹲台地面 200mm 以上，粘贴牢固。

(5) 大便器排水口与排水管承口直接连接，一般以纸筋水泥或油灰作密封填料，均匀地填抹排水管承口内壁四周，然后按安装位置将大便器就位，排水口套入排水管承口内，用密封填料封闭承口与排水口之间的缝隙、排水口与承口的外四边。

(6) 蹲式大便器蹲台面层的排水坡向大便器槽内，并与大便器槽周边齐平，封闭严密。

(7) 大便器冲水管路应畅通，冲水管与蹲式大便器进水口用胶皮碗连接，用 14 号铜丝缠绕两道错开绑紧，不得出现渗漏水。

8. 小便槽的防水设计

(1) 小便槽防水构造见图 6-23。

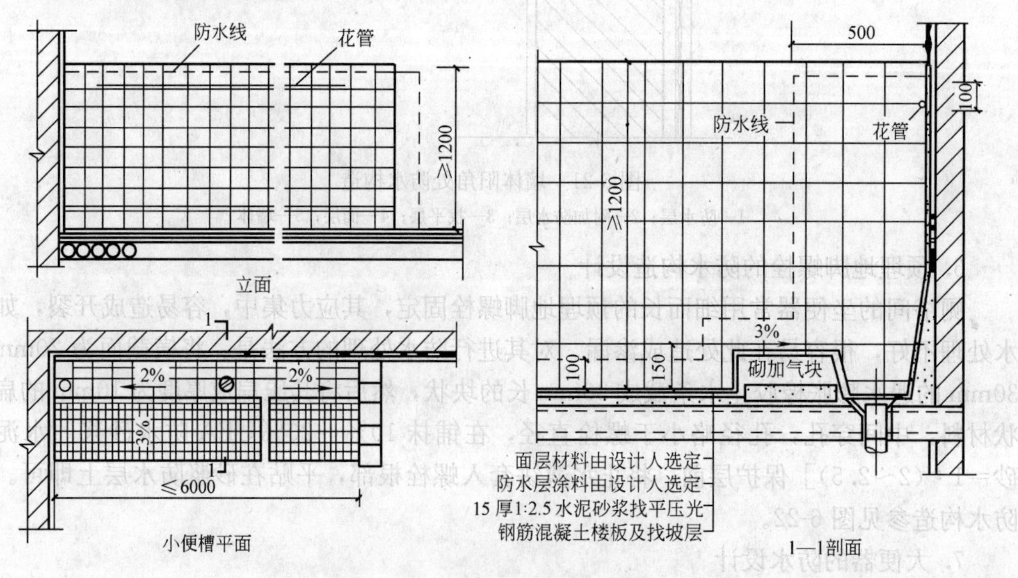

图 6-23　小便槽防水构造及做法

（2）楼地面防水做在面层下面，四周卷起至少250mm高。小便槽防水层与地面防水层交圈，立墙防水做到花管处以上100mm，两端展开500mm宽。

（3）小便槽地漏做法见图6-24。

（4）防水层宜采用涂膜防水材料及做法。

（5）地面泛水坡度为1%～2%，小便槽泛水坡度为2%。

9. 其他卫生器具的防水设计

（1）采用排水栓排水的卫生器具，如浴盆、洗脸盆等，排水栓下与排水管受水口的连接处应采用油灰或建筑密封胶进行密封；排水拴上与卫生器具的连接处应垫好橡胶圈，用紧锁螺母紧固严密。

（2）洗脸盆台板、浴盆与墙体的交接角应用合成高分子密封材料进行密封处理。

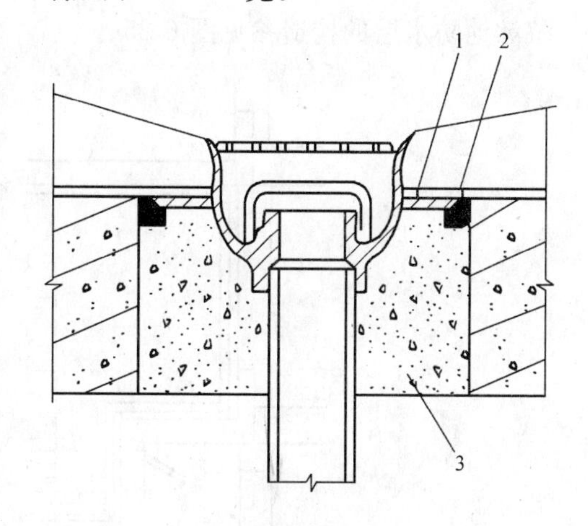

图6-24　小便槽地漏处防水托盘
1—防水托盘；2—20mm×20mm密封材料封严；
3—细石混凝土灌孔

（3）水泥类预制槽池不得渗水，与排水管连接密封紧密，并用密封材料封闭周边。

（4）给水配件、给水管和排水管质量应符合设计要求，不得有渗漏水现象，并经试压或通水试验合格方可安装使用。

（5）防水层在立墙上的粘贴高度如下：大便器蹲台部位应超过蹲台地面200mm以上，小便器部位应高于淋水管100～150mm，澡盆部位应超过澡盆上沿400mm以上，淋浴间应超过地面1500mm以上，拖布池应超出水池台面200mm以上。

三、泳池、水池防水工程的设计

泳池防水工程是指游泳池、跳水池、嬉水池以及水上游乐园等防水工程，水池防水工程是指蓄水池、储水池等防水工程。泳池、水池防水工程的设计要点如下：

（1）泳池、水池的池体宜采用防水混凝土，其厚度不应小于200mm。刚度较好的小型水池，其池体混凝土厚度不应小于150mm。

（2）室内游泳池等水池应设置池体附加内防水层。受地下水或地表水影响的地下池体，应作内外防水处理，外防水设计与施工应按《地下工程防水技术规范》GB 50108—2001）的相关要求进行。

（3）水池混凝土抗渗等级经计算后确定，但不应低于P6。

（4）当池体所蓄的水对混凝土有腐蚀作用时，应按防腐工程进行防腐防水设计。

（5）在水池中使用的防水材料应具有良好的耐水性、耐腐性、耐久性和耐菌性。

（6）在饮用水水池中使用的防水材料及配套材料，必须符合国家《生活饮用水输配水设备及防护材料的安全性评价标准》（GB/T 17219—1998）的有关规定和现行相应标准的规定。

（7）游泳池内部的设施与结构连接处应根据设备安装要求进行防水密封处理。

（8）高温池防水宜选用刚性防水材料。选用柔性防水层时，材料应具有良好的耐热性、热老化性能稳定性、热处理尺寸稳定性。池体环境温度高于 60℃时，防水层表面应做到刚性或块体保护层。

游泳池防水层的构造参见图 6-25。

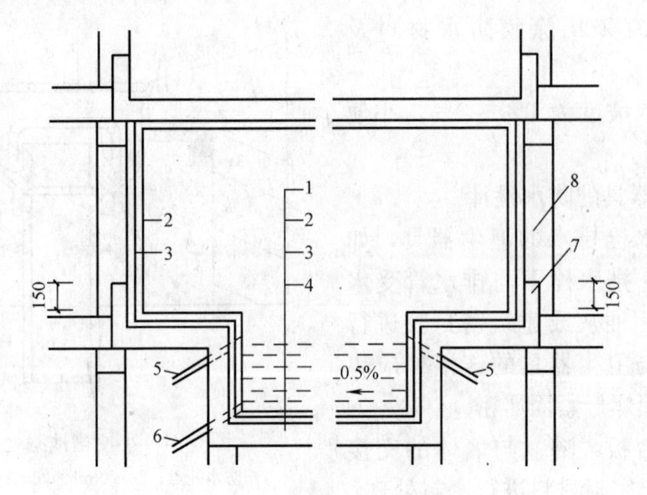

图 6-25　楼层游泳池防水层构造示意

1—游泳池；2—面层；3—防水层；4—现浇混凝土找坡 0.5%（平整度 0.2%）；5—溢水管；6—排水管；7—混凝土泛水（高出地面 150mm）；8—内墙

第二节　厕浴间、厨房防水工程的设计

厕浴间防水工程是指独立或合并的厕所、浴室需要满足一定防水要求的工程。厨房防水工程是指饭店、酒店及家庭用于加工餐食的房间，具有防水要求的工程。

厕浴间、厨房防水工程的设计，也适用于有防水要求的其他楼地面、公共建筑中的水箱间、给水泵房等，因此厕浴间、厨房防水工程的设计也可通称为有水房间防水工程的设计，是建筑室内防水工程设计的代表。厨房、厕浴间防水工程的设计，其处理部位有地面、墙面、顶棚及水池池体等部位。厨房、厕浴间防水工程的设计的基本要求主要反映在防水材料的选择、排水坡度的确定、地面防水和构造要求等几个方面。

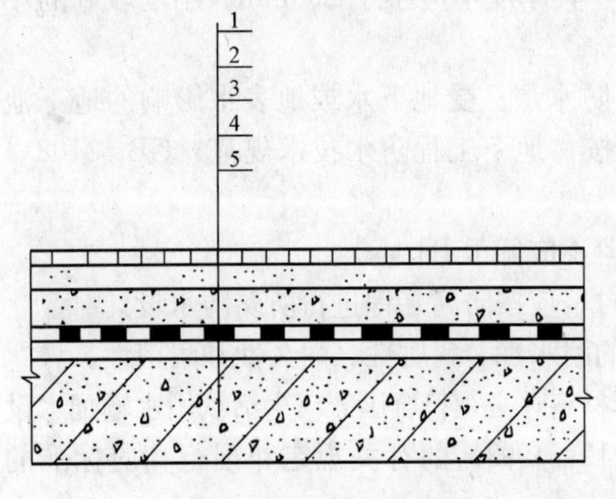

图 6-26　地面一般构造

1—地面面层；2—防水层；3—水泥砂浆找平层；4—找坡层；5—结构层（楼板）

一、厕浴间、厨房的构造层次

厕浴间、厨房的构造层次其一般做法如图 6-26 所示；厕浴间的防水构造参见图 6-27。

1. 结构层（楼板）

厕浴间地面结构层宜采用整体浇筑钢筋混凝土板或预制整块开间钢筋混凝土板，其混凝土强度等级不应小于 C20。对于重要建筑还应适当增加楼板厚度及配筋率，提高楼

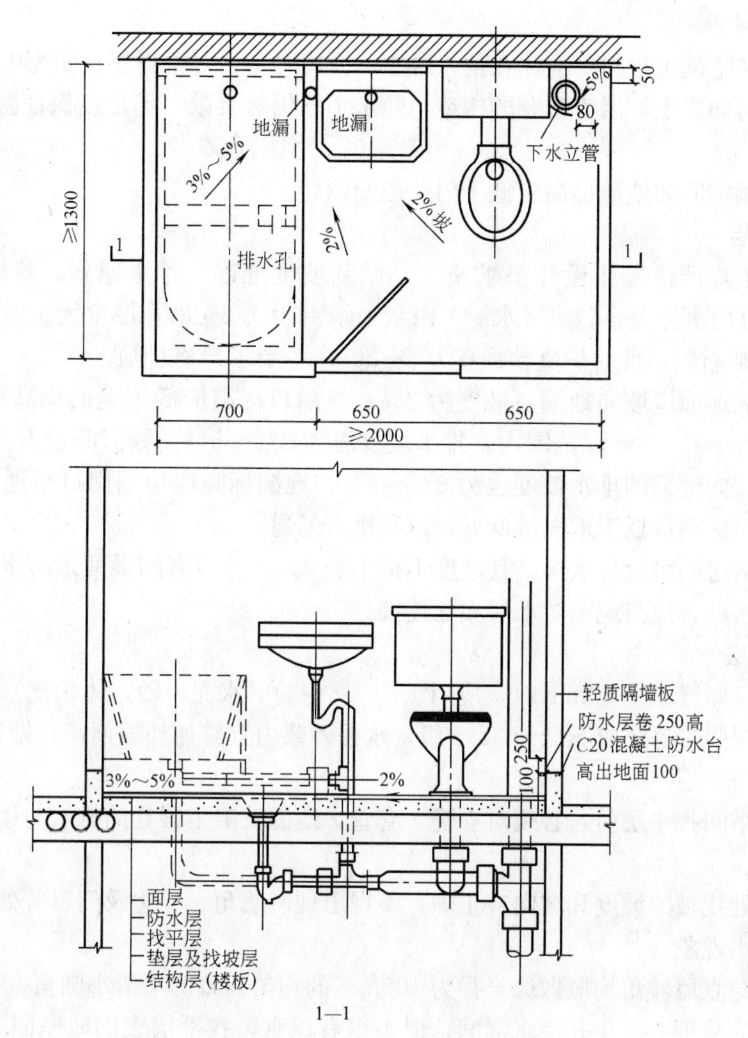

图 6-27　厕浴间防水构造图

注：根据设计要求进行处理，后装浴盆，下水可接脸盆下水管。

板的刚度和抗裂性。如设计采用预制空心板时，则板缝应用防水砂浆堵严，表面 20mm 深处宜嵌填沥青基密封材料；也可在板缝嵌填防水砂浆并抹平表面后，附加涂膜防水层，即铺贴 100mm 宽玻璃纤维布一层，涂刷两道沥青基涂膜防水层，其厚度不小于 2mm。

楼板四周除门洞处，应做混凝土翻边，其高度不应小于 120mm，现浇楼板其卫生间墙根做法参见图 6-28。

施工时，结构层标高应准确，以保证厕浴间地面面层与相连各类面层的标高差应符合设计要求。

楼层的预留孔洞位置和尺寸应准确，严

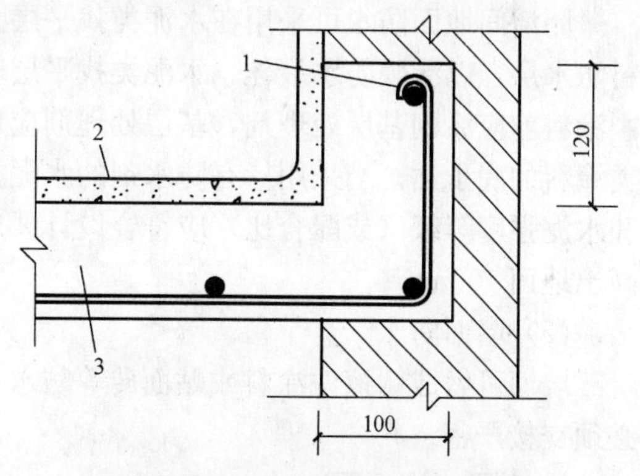

图 6-28　现浇楼板卫生间墙根做法

1—ϕ6mm 钢筋；2—面层；3—楼板

禁事后乱凿洞。

另外，住宅的卫生间不应建在他人卧室、厅厨之上，更不得建在变配电这类对防水有严格要求的房间之上。因为现有的构造与防水手段仍然有限，不足以保证防水工程100%成功。

厨房、厕浴间的地面标高应低于门外地面标高。

2. 找坡层

地面坡度应严格按照设计要求施工，做到坡度准确，排水通畅。找坡层厚度小于30mm时，可用水泥混合砂浆（水泥：白灰：砂=1：1.5：8）；厚度大于30mm时，宜用1：6水泥炉渣材料，此时炉渣粒径宜为5～20mm，要求严格过筛。

厕浴间的地面应坡向地漏，坡度为2%，地漏口标高应低于地面标高不小于20mm；以地漏为中心半径250mm范围内，排水坡度应为3%～5%。厕浴间设有浴缸（盆）时，浴缸下地面坡向地漏的排水坡度也为3%～5%。地漏标高应根据门口至地漏的坡度而确定，地漏上口标高应低于地面最低处，以利排水畅通。

餐厅的厨房间可设排水沟，其坡度不得小于3%，并应有刚柔两道防水设防。厨房间排水沟的防水层，应与地面防水层相互连接。

3. 找平层

当找平层厚度小于30mm时，应用1：(2.5～3)（水泥：砂，体积比）的水泥砂浆做找平层，水泥强度等级应不低于32.5级，水泥砂浆内宜掺加外加剂，并做到压实、抹光，以形成一道防水层。

铺设厕浴间找平层前，必须对立管、套管、地漏及卫生器具的排水与楼板节点之间进行密封处理。

向地漏处找坡的坡度和坡向应正确，不得出现向墙角、墙边及门口等处的倒泛水，也不得出现积水现象。

找平层与立墙转角均应做成半径为100mm的均匀一致的平滑小圆角。

找平前应清理基层，并浇水湿润，但不得有积水，找平层表面应坚固、平整、压光，不得有酥松、起砂和起皮现象。

4. 防水层

(1) 地面防水

厕浴间地面防水可采用在水泥类找平层上铺设沥青类防水卷材、防水涂料或水泥类材料防水层，以涂膜防水最佳。水泥类找平层表面应坚固、洁净、干燥。铺设防水卷材或涂刷涂料前应涂刷基层处理剂，基层处理剂应用与卷材性能配套（相容）的材料，或采用同类涂料的底子油。当采用掺有防水剂的水泥类找平层作为防水隔离层时，防水剂的掺入量和水泥强度等级（或配合比）应符合设计要求。地面防水层应做在面层以下，四周卷起，高出地面100mm。

(2) 墙面防水

墙面可做成耐擦洗涂料或贴面砖等防水，高度不得低于1.80m。墙面防水与地面防水必须交接严密。

5. 面层（饰面层）

厨房、厕浴间地面面层应符合设计要求，可采用20mm厚的1：2.5水泥砂浆抹面、压光，也可采用地面砖面层等，可由设计人员选定，地面面层要求排水坡度和坡向正确，不得有倒泛水和积水现象，并应铺设牢固，封闭严密，形成第一道防水构造。

厨房、厕浴间、墙面（立面）主要解决饰面材料与防水材料之间的粘结问题。目前饰面层一般采用块材贴面，因此墙面防水建议选用聚合物水泥砂浆、聚合物水泥防水涂料。若采用聚氨酯防水涂料，应在防水层最后一道工序完成后，在其表面撒上砂粒，并增加一层 15～20mm 厚 1∶2.5 水泥砂浆结合层，然后在结合层上再做饰面层。

二、设防区域和设防范围

室内生活用水和大量蒸汽均可能影响建筑结构，即使在正常使用的情况下，也应进行防水设防。但雨水、地下水对建筑物室内造成的影响则不属此范围。

厕浴间、厨房的防水范围应包括全部地面及高出地面 250mm 以上的四周泛水；喷淋区墙面防水不低于 1800mm；其他有可能经常溅到水的部位，应向外延伸 250mm，如洗脸台、拖把盆等周围；厨房的蒸笼间、开水间应进行全部地面、墙体顶棚防水或防潮处理，以上详见图 6-29 和图 6-30。

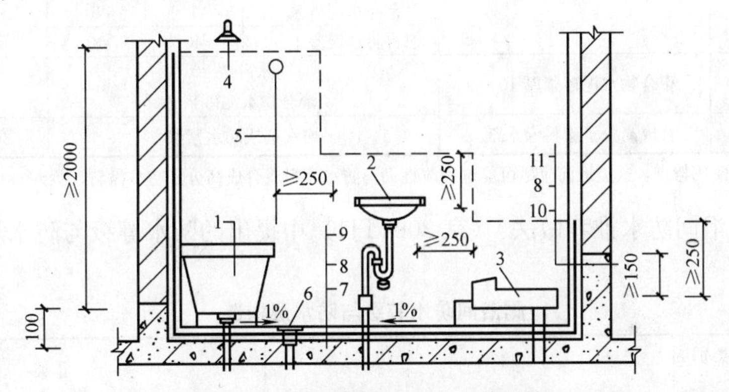

图 6-29　厕浴间墙面防水高度示意

1—浴缸；2—洗手池；3—蹲便器；4—喷淋头；5—浴帘；6—地漏；7—现浇混凝土楼板；8—防水层；9—地面饰面层；10—混凝土泛水；11—墙面饰面层

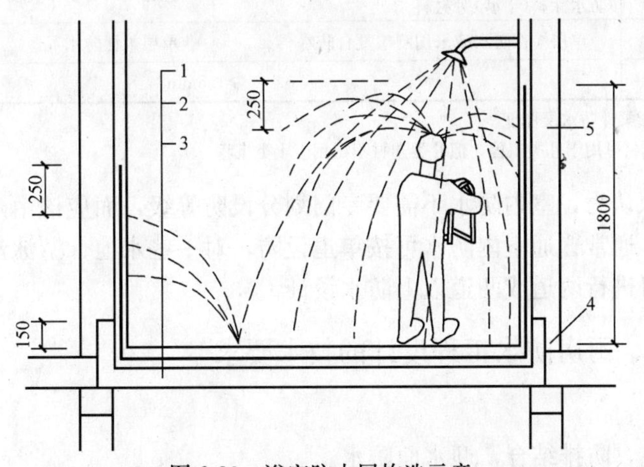

图 6-30　浴室防水层构造示意

1—面层；2—防水层；3—现浇混凝土楼板找坡（平整度 0.2%）；4—混凝土泛水（高出楼地面 150mm）；5—内墙

室内水池、游泳池的防水应设在池体内侧做迎水面防水；池体如果在地表土下时，与土体接触的一面还应根据《地下工程防水技术规范》进行外防水处理。

三、防水等级以及材料的选用

厕浴间防水设计应根据建筑类型、使用要求划分防水类别，并按不同类别确定设防层次与选用合适的防水材料，详见表6-2的要求。

厕浴间防水等级与选用材料 **表6-2**

<table>
<tr><td colspan="2" rowspan="2">项　目</td><td colspan="5">防　水　等　级</td></tr>
<tr><td>Ⅰ</td><td colspan="3">Ⅱ</td><td>Ⅲ</td></tr>
<tr><td colspan="2">建筑类别</td><td>要求高的大型公共建筑、高级宾馆、纪念性建筑等</td><td colspan="3">一般公共建筑、餐厅、商住楼、公寓等</td><td>一般建筑</td></tr>
<tr><td colspan="2">地面设防要求</td><td>二道防水设防</td><td colspan="3">一道防水设防或刚柔复合防水</td><td>一道防水设防</td></tr>
<tr><td rowspan="8">选用材料</td><td rowspan="6">地面(mm)</td><td rowspan="6">合成高分子涂料厚1.5，聚合物水泥砂浆厚15，细石混凝土厚40</td><td></td><td>单独用</td><td>复合用</td><td rowspan="6">改性沥青防水涂料2或防水砂浆20</td></tr>
<tr><td>改性沥青防水涂料</td><td>3</td><td>2</td></tr>
<tr><td>合成高分子防水涂料</td><td>1.5</td><td>1</td></tr>
<tr><td>防水砂浆</td><td>20</td><td>10</td></tr>
<tr><td>聚合物水泥砂浆</td><td>7</td><td>3</td></tr>
<tr><td>细石防水混凝土</td><td>40</td><td>40</td></tr>
<tr><td>墙面(mm)</td><td>聚合物水泥砂浆厚10</td><td colspan="3">防水砂浆20
聚合物水泥砂浆7</td><td>防水砂浆20</td></tr>
<tr><td>顶棚</td><td>合成高分子涂料憎水剂</td><td colspan="3">憎水剂或防水素浆</td><td>憎水剂</td></tr>
</table>

注：根据厕浴间使用特点，这类地面应尽可能选用改性沥青防水涂料或合成高分子防水涂料。

《北京市厕浴间防水推荐做法》（京2002TJ1）中提出的防水等级与防水层构造可供参考，见表6-3。

厕浴间防水等级与防水层构造 **表6-3**

项目 \ 建筑工程 \ 类别	Ⅰ类	Ⅱ类
	重要的工业与民用公共建筑或民用高层建筑	一般的工业与民用建筑
防水层选材	宜选用单组分聚氨酯防水涂料、聚合物水泥防水涂料（Ⅰ型）等材料	宜选用聚合物水泥防水涂料（Ⅱ型）等材料
防水层构造	单层柔性防水或采用刚柔复合防水	单层柔性防水
防水层厚度	≥1.5mm	

注：1. 防水层厚度指柔性防水层厚度。
2. Ⅰ类防水层选材可用于Ⅱ类工程，但Ⅱ类选材不得用于Ⅰ类工程。

也有一些专家认为，室内防水不需要专门划分设防等级，而应该由建筑设计师根据具体情况进行设计。通常普通室内防水可按单道设防，对一些水池、游泳池、大型回填土增高地面的厨房，可进行两道或两道以上防水设计。

四、厕浴间、厨房防水工程设计的技术要求

1. 设计原则

（1）以防为主，防排结合，迎水面防水。

（2）防水层须做在楼地面面层下面。

（3）厕浴间地面标高，应低于门外地面标高，地漏标高应再偏低。

2. 防水材料的选择

应根据工程性质选用不同类型不同档次的防水材料。

3. 排水坡度确定

(1) 厕浴间的地面应有1%～2%的坡度（高级工程可以1%），坡向地漏。地漏处排水坡度，以地漏边向外50mm排水坡度为3%～5%。厕浴间设有浴盆时，盆下底面坡向地漏的排水坡度也为3%～5%。

(2) 地漏标高应根据门口至地漏的坡度确定，必要时设门槛。

(3) 餐厅的厨房间可设排水沟，其坡度不得小于3%，并应有刚柔两道防水设防。厨房间排水沟的防水层，应与地面防水层相互连接。

4. 防水层要求

(1) 地面防水层原则做在楼地面面层以下，四周应高出地面250mm。

(2) 小管须做套管，高出地面20mm。管根防水用建筑密封膏进行密封处理。

(3) 下水管为直管，管根处高出地面。根据管位设台处理，一般高出地面10～20mm。

(4) 防水层做完后，再做地面。一般做水泥砂浆地面或贴地面砖等。

5. 墙面与顶棚防水

墙面和顶棚应做成防水处理，并做好墙面与地面交接处的防水。墙面与顶棚饰面防水材料及颜色由设计人员选定。

6. 电器防水

(1) 电气管线须走暗管敷线，接口须封严。电气开关、插座及灯具须采取防水措施。

(2) 电气设施定位应避开直接用水的范围，保证安全。电气安装、维修由专业电工操作。

7. 设备防水

设备管线明、暗管兼有。一般设计明管要求接口严密，节门开关灵活、无漏水。暗管设有管道间，便于维修，使用方便。

8. 装修防水

要求装修材料耐水。面砖的胶粘剂除强度、粘结力好外，还要具有耐水性。

9. 涂膜防水层的厚度

高、中、低三档防水涂膜的厚度均应符合设计要求。

五、厕浴间、厨房防水工程的设计要点

(1) 厕浴间、厨房一般均采用迎水面防水，地面防水层设在结构找坡层上面，并延伸至四周墙面边角，应高出地面150mm以上。

(2) 长期处于蒸汽环境下的室内，所有的墙面、楼地面和顶面均应设置防水层。

(3) 地面及墙面找平层应采用1∶2.5～1∶3水泥砂浆，水泥砂浆中宜掺外加剂，或地面找坡找平采用C20细石混凝土一次压实、抹平、抹光。

(4) 凡有防水要求的房间地面，如面积超过两个开间，在板支承端处的找平层和刚性防水层上，均应设置宽为10～20mm的分格缝，并嵌填密封材料。地面宜采取刚性材料和柔性材料复合防水的做法。

(5) 厕浴间、厨房的地面标高，应低于门外地面标高不小于20mm。

(6) 主体为装配式房屋结构的厕浴间、厨房等部位的楼板应采用现浇混凝土结构。

（7）有填充层的厨房、下沉式卫生间，宜在结构板面和地面饰面层下设置两道防水层。单道防水时，防水应设置在混凝土结构板面上，材料厚度参照水池防水设计选用。填充层应选用压缩变形小、吸水率低的轻质材料。填充层面应整浇不小于 40mm 厚的钢筋混凝土地面。排水沟应采用现浇钢筋混凝土结构，坡度不应小于 1%，沟内应设置防水层。

（8）组装式厕浴间的结构地面与墙面均应设置防水层，结构地面应设排水措施。

（9）地面防水层宜采用涂膜防水材料，根据工程性质及使用标准选用高、中、低档防水材料，其基本遍数、用量及适用范围可参见表 6-4。

涂膜防水基本遍数、用量及适用范围　　表 6-4

防水涂料	三遍涂膜及厚度	一布四涂及厚度	二布六涂及厚度	适用范围
高档	1.5mm 厚 （约 1.2～1.5kg/m²）	1.8mm 厚 （约 1.5～1.8kg/m²）	2.0mm 厚 （约 1.8～2.0kg/m²）	如聚氨酯防水涂料等，用于旅馆等公共建筑
中档	1.5mm 厚 （约 1.2～1.5kg/m²）	（约 1.5～2.2kg/m²）	（约 2.2～2.8kg/m²）	如氯丁胶乳沥青防水涂料等，用于较高级住宅工程
低档	（约 1.8～2.0kg/m²）	（约 2.0～2.2kg/m²）	（约 2.2～2.5kg/m²）	如 SBS 橡胶改性沥青防水涂料，用与一般住宅工程
	玻纤布	1.13m²	2.25m²	

卫生间采用涂膜防水时，一般应将防水层布置在结构层与地面面层之间，以便使防水层受到保护。卫生间涂膜防水层的一般构造见表 6-5。

卫生间涂膜防水层的一般构造　　表 6-5

构造种类	构造简图	构造层次
卫生间水泥基防水涂料防水	1 2 3 4	1—面层 2—聚合物水泥防水涂料 3—找平层 4—结构层
卫生间涂膜防水	1 2 3 4 5	1—面层 2—粘结层（含找平层） 3—涂膜防水层 4—找平层 5—结构层

（10）厕浴间、厨房的墙体，宜设置高出楼地面 150mm 以上的现浇混凝土泛水。

（11）墙身为现浇钢筋混凝土时，在防水设防范围内的施工缝应做防水处理。

（12）厕浴间、厨房四周墙根防水层泛水高度不应小于 250mm，其他墙面防水以可能溅到水的范围为基准向外延伸不应小于 250mm。浴室喷淋的临墙面防水高度不得低于 2m（图 6-29）。

（13）墙面的防水层应由顶板底做至地面，地面为刚性防水层时，应在地面与墙面交接处预留 10mm×10mm 凹槽，嵌填防水密封材料。地面柔性防水层应覆盖墙面防水层 150mm。

(14) 厕浴间、厨房间的墙裙可粘瓷砖，高度不低于 1500mm；上部可做成涂膜防水层，或满贴瓷砖。

(15) 厕浴间、厨房内地漏、管道、洁具的防水设计，详见上节细部构造的设计。

(16) 柔性防水层上，应先做好水泥砂浆保护层，然后再铺设面层（装饰层）。

部分厕浴间、厨房防水层的构造参见图 6-31～图 6-43。

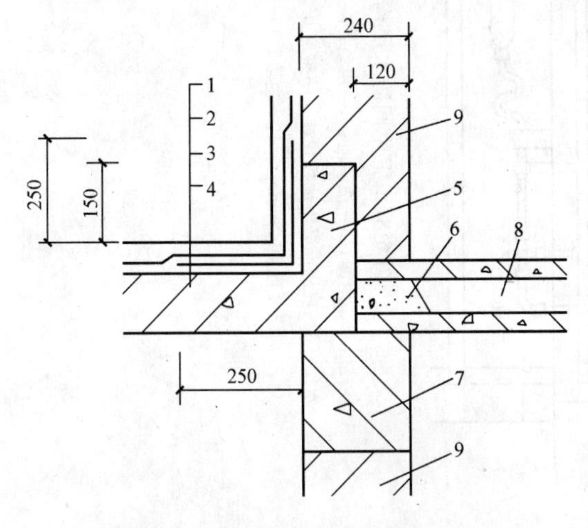

图 6-31　相临装配式预制楼板垂直于厨房、厕浴间墙根防水构造（一）

1—面层；2—防水层；3—附加层；4—现浇楼板；5—混凝土泛水；6—C20 细石混凝土填实；7—圈梁；8—楼板；9—内墙

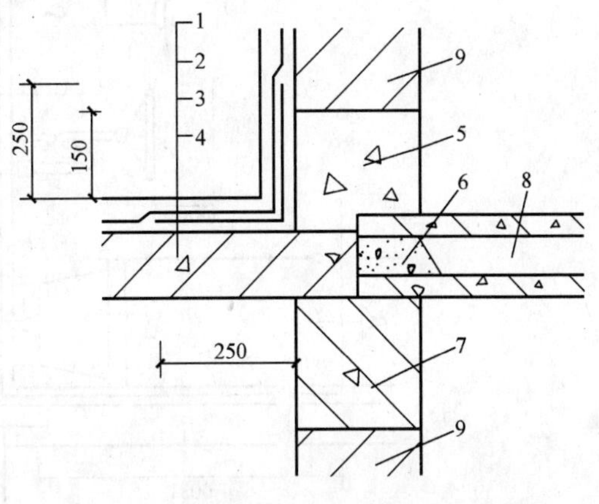

图 6-32　相临装配式预制楼板垂直于厨房、厕浴间墙根防水构造（二）

1—面层；2—防水层；3—附加层；4—现浇楼板；5—混凝土泛水；6—C20 细石混凝土填实；7—圈梁；8—楼板；9—内墙

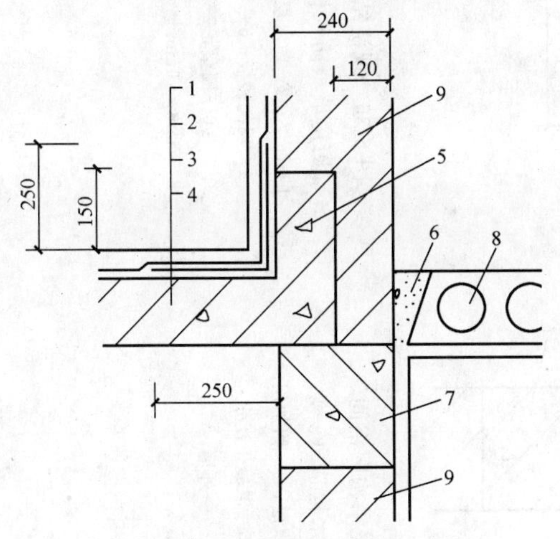

图 6-33　相临装配式预制楼板平行于厨房、厕浴间墙根防水构造（一）

1—面层；2—防水层；3—附加层；4—现浇楼板；5—混凝土泛水；6—C20 细石混凝土填实；7—圈梁；8—楼板；9—内墙

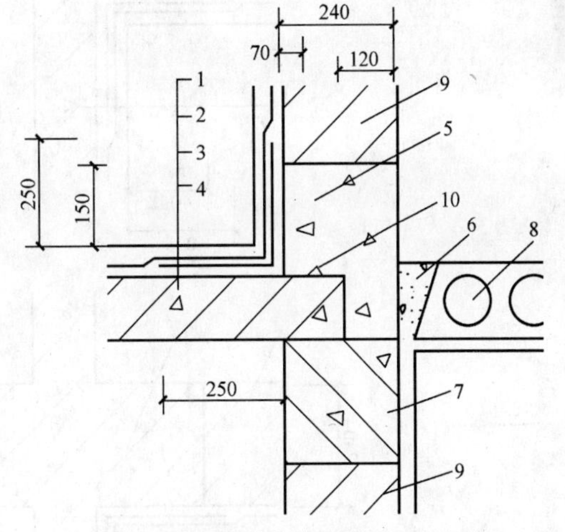

图 6-34　相临装配式预制楼板平行于厨房、厕浴间墙根防水构造（二）

1—面层；2—防水层；3—附加层；4—现浇楼板；5—混凝土泛水；6—C20 细石混凝土填实；7—圈梁；8—楼板；9—内墙；10—7mm×10mm 遇水膨胀止水条

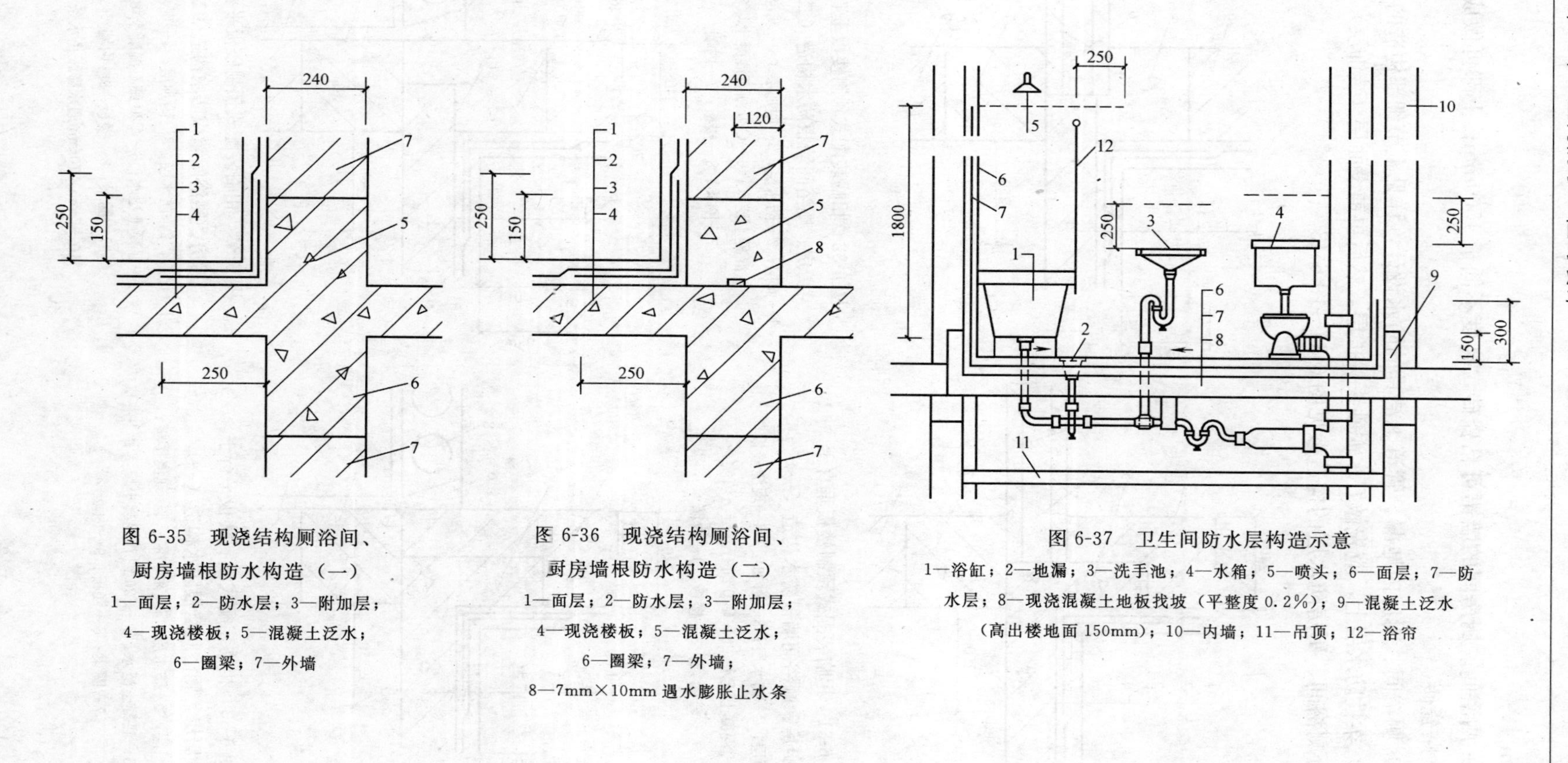

图 6-35　现浇结构厕浴间、厨房墙根防水构造（一）

1—面层；2—防水层；3—附加层；4—现浇楼板；5—混凝土泛水；6—圈梁；7—外墙

图 6-36　现浇结构厕浴间、厨房墙根防水构造（二）

1—面层；2—防水层；3—附加层；4—现浇楼板；5—混凝土泛水；6—圈梁；7—外墙；8—7mm×10mm 遇水膨胀止水条

图 6-37　卫生间防水层构造示意

1—浴缸；2—地漏；3—洗手池；4—水箱；5—喷头；6—面层；7—防水层；8—现浇混凝土地板找坡（平整度 0.2%）；9—混凝土泛水（高出楼地面 150mm）；10—内墙；11—吊顶；12—浴帘

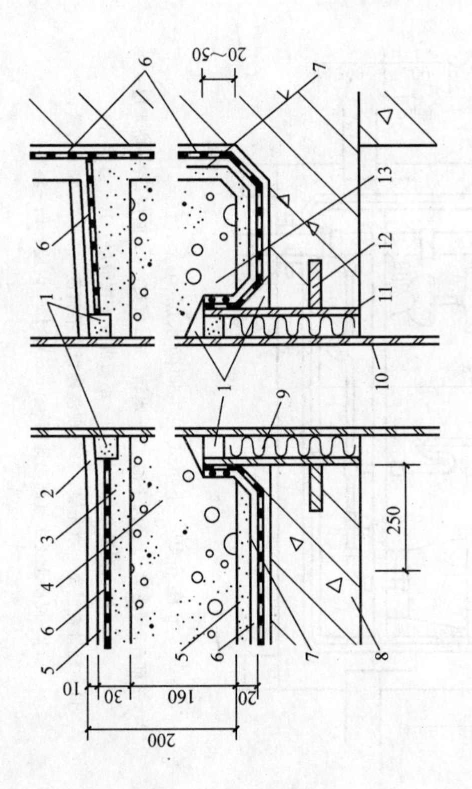

图 6-38　凸起式地面卫生间防水构造

1—密封材料；2—饰面；3—细石混凝土找坡层；4—轻骨料混凝土填充层；5—20mm厚水泥砂浆保护平层；6—防水层；7—附加层；8—现浇楼板（平整度0.2%）；9—填充料；10—管道；11—套管；12—止水环；13—10号铅丝（刷防锈漆）

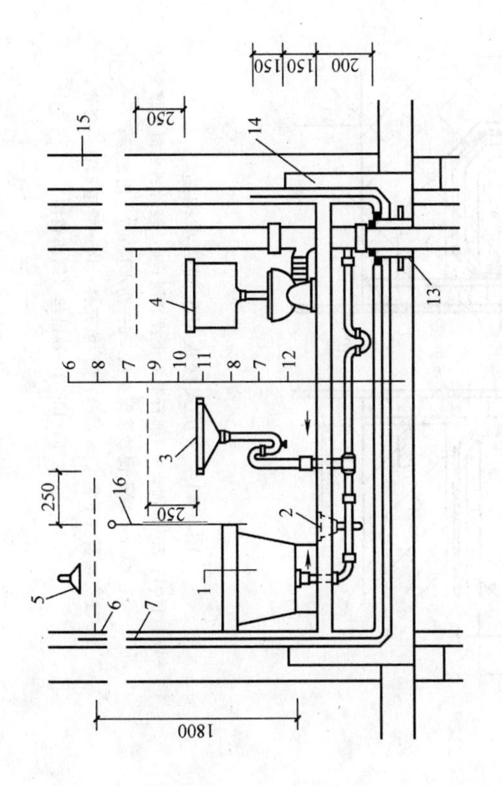

图 6-39　凸起式地面卫生间防水层构造示意

1—浴缸；2—地漏；3—洗手池；4—水箱；5—喷头；6—面层；7—防水层；8—20mm厚水泥砂浆保护层；9—细石混凝土找坡层；10—排水管；11—轻骨料混凝土填充层；12—现浇楼板（平整度0.2%）；13—套管；14—混凝土泛水（高出地面150mm）；15—内墙；16—浴帘

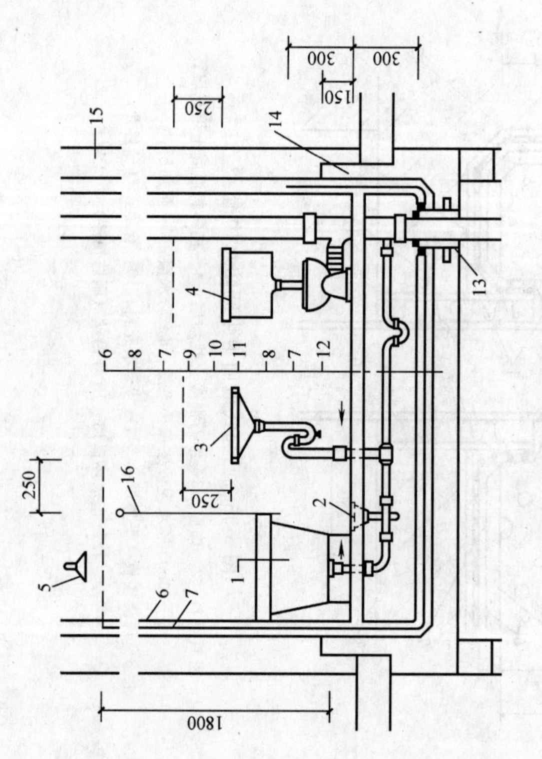

图 6-40 下沉式卫生间防水层构造示意

1—浴缸；2—地漏；3—洗手池；4—水箱；5—喷头；6—面层；7—防水层；
8—20mm 厚水泥砂浆保护层；9—细石混凝土找坡层；10—排水管；
11—轻骨料混凝土填充层；12—现浇楼板（平整度 0.2%）；13—套管；
14—混凝土泛水（高出地面 150mm）；15—内墙；16—浴帘

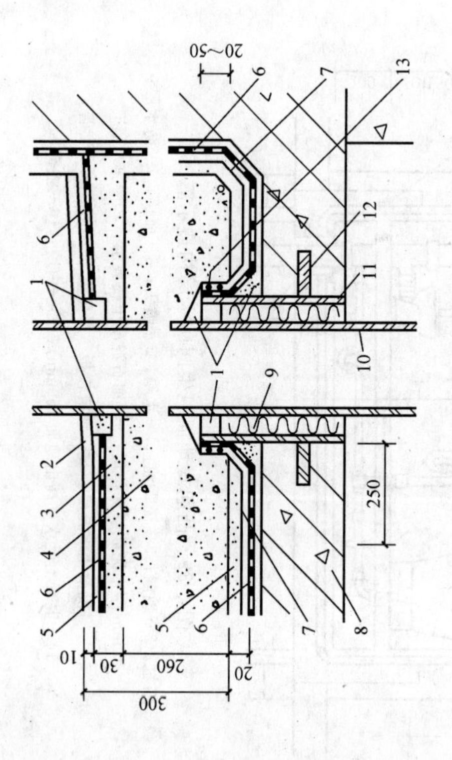

图 6-41 下沉式楼板卫生间防水构造

1—密封材料；2—饰面；3—细石混凝土找坡层；4—轻骨料混凝土填充层；
5—20mm 厚水泥砂浆保护层；6—防水层；7—附加层；
8—现浇楼板（平整度 0.2%）；9—填充料；10—管道；11—套管；
12—止水环；13—10 号铅丝（刷防锈漆）

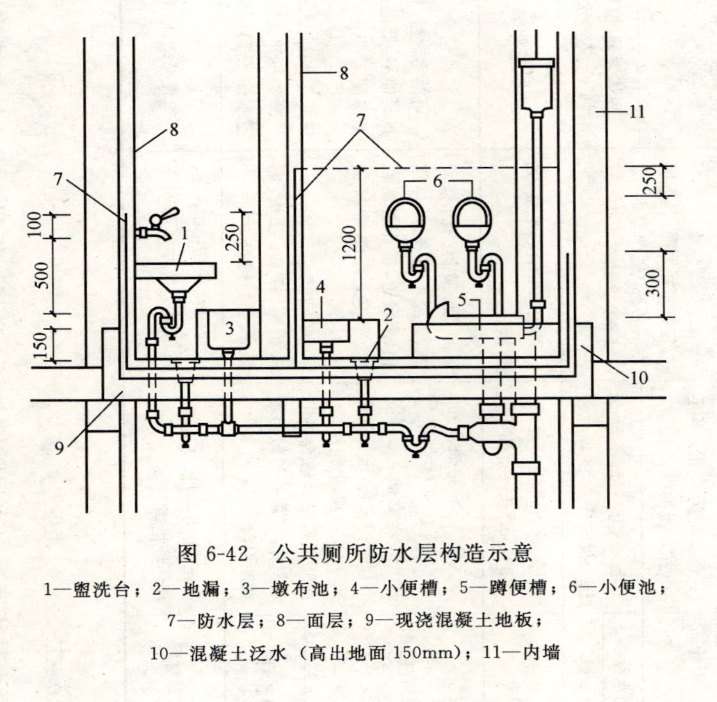

图 6-42　公共厕所防水层构造示意

1—盥洗台；2—地漏；3—墩布池；4—小便槽；5—蹲便槽；6—小便池；7—防水层；8—面层；9—现浇混凝土地板；10—混凝土泛水（高出地面 150mm）；11—内墙

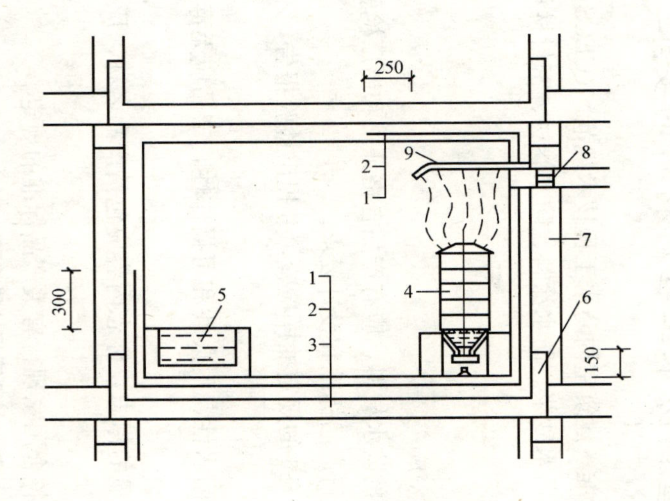

图 6-43　厨房防水层构造示意

1—面层；2—防水层；3—现浇混凝土楼板、水泥砂浆找坡；4—蒸笼；5—洗菜池；6—混凝土泛水（高出地面 150mm）；7—内墙；8—抽风机；9—蒸汽罩

第三节　室内防水工程对材料的要求

中国工程建设标准化协会标准《建筑室内防水工程技术规范》（CECS 196：2006）对室内防水工程所用防水混凝土、防水砂浆、防水涂料、防水卷材、密封材料等提出了具体的要求。

一、一般规定

（1）建筑室内防水工程使用的防水材料，应有产品合格证书和出厂检验报告，材料的品种、规格、性能应符合国家现行产品标准和设计要求。

（2）进场的防水材料应按表 6-6 的规定抽样检验，并提出检验报告，不合格的材料严禁使用。

（3）防水材料应具有良好的耐水性、耐久性和可操作性，产品应无毒、难燃、环保，并符合施工和使用的安全要求。

（4）防水材料包装应具有明显的标志，标志内容应包括产品名称、厂名地址、批号、保质期和执行标准。

（5）防水材料贮运和保管应符合国家现行有关产品标准的规定。

防水材料现场抽样检验　　**表 6-6**

序号	材料名称	现场抽样数量	外观质量检验	物理性能检验
1	现场配制防水砂浆	每 $10m^3$ 为一批，不足 $10m^3$ 按一批抽样	均匀、无凝结团状	抗折强度、粘结强度、抗渗性
2	无机防水材料、干粉防水砂浆	每 10t 为一批，不足 10t 按一批抽样	包装完好无损，且标明涂料名称、生产日期、生产厂家、产品有效期	
3	合成高分子防水涂料	每 5t 为一批，不足 5t 按一批抽样		固体含量、拉伸强度、断裂延伸率、柔性、不透水性
4	改性沥青防水涂料			
5	胎体增强材料	每 $3000m^2$ 为一批，不足 $3000m^2$ 按一批抽样	均匀、无团状、平整、无折皱	拉力、延伸率
6	高聚物改性沥青防水卷材	大于 1000 卷抽 5 卷，每 500～1000 卷抽 4 卷，100～499 卷抽 3 卷，100 卷以下抽 2 卷，进行规格尺寸和外观质量检验。在外观质量检验合格的卷材中，任取一卷做物理性能检验	断裂、皱折、孔洞、剥离、边缘不整齐，胎体露白、未浸透，撒布材料粒度、颜色，每卷卷材的接头	可溶物含量、拉力、最大拉力时的延伸率、低温柔度、不透水性、耐热度
7	合成高分子防水卷材		折痕、杂质、胶快、凹痕、每卷卷材的接头	断裂拉伸强度、扯断伸长率、不透水性、低温弯折
8	合成高分子密封材料	每 1t 为一批，不足 1t 按一批抽样	均匀膏状物，无结皮、凝结或不易分散的固体团块	拉伸粘结性、柔性

二、防水混凝土

（1）防水混凝土是指通过对水泥胶结材料、砂子、石子、水、外加剂等材料的合理级配，达到在一定范围内抵抗水渗透性能的混凝土。防水混凝土是通过配合比设计，掺外加剂和掺合料配制而成的，其抗渗等级不得小于P6。

（2）防水混凝土使用的水泥根据工程使用条件，宜采用普通硅酸盐水泥、火山灰质硅酸盐水泥、矿渣硅酸盐水泥、粉煤灰硅酸盐水泥。各类水泥均应符合相关的水泥现行国家标准。

（3）防水混凝土所用的砂、石应符合下列规定：

① 石子最大粒径不宜大于40mm，泵送时其最大粒径应不大于输送管径的1/4；吸水率不应大于1.5%。其他要求应符合现行国家标准《建筑用卵石、碎石》（GB/T 14685）的规定；

② 砂宜采用中砂，其他要求应符合现行国家标准《建筑用砂》（GB/T 14684）的规定。

（4）拌制混凝土所用的水，应符合现行行业标准《混凝土拌合用水标准》（JGJ 63）的规定。

（5）防水混凝土可根据工程需要掺入减水剂、膨胀剂、防水剂、密实剂、引气剂、复合型外加剂等外加剂，其品种和掺量应经试验确定。所有外加剂应符合国家或行业标准的质量要求，不得采用产生室内空气污染的外加剂。

（6）防水混凝土可掺入一定数量的粉煤灰、磨细矿渣粉、硅粉等。粉煤灰的级别不应低于二级，掺量不宜大于20%；硅粉及其他掺合料的掺量应经过试验确定。

防水混凝土可根据工程抗裂需要掺入钢纤维或合成纤维。

三、防水砂浆

（1）防水水泥砂浆包括外加剂防水砂浆、聚合物水泥防水砂浆和无机防水堵漏材料。聚合物防水砂浆是指在水泥砂浆中掺入适量的聚合物乳液，从而达到相应防水功能的一类砂浆。

（2）水泥砂浆防水层所用的材料，应符合下列规定：

① 可采用强度等级不低于32.5MPa的普通硅酸盐水泥、硅酸盐水泥、特种水泥，严禁使用过期或受潮结块的水泥。

② 砂宜采用中砂，含泥量不大于1%，硫化物和硫酸盐含量不大于1%，聚合物水泥防水砂浆的级配应符合产品说明的要求。

③ 拌制水泥砂浆所用的水，应符合现行行业标准《混凝土拌合用水标准》（JGJ 63）的规定。

④ 聚合物乳液外观应无颗粒、异物和凝固物，固体含量应大于35%，宜选用专用产品。

⑤ 外加剂的技术性能应符合国家或行业产品标准的质量要求。

（3）水泥砂浆防水层宜掺入外加剂、掺合料、聚合物等进行改性，改性后防水砂浆的性能应符合表6-7的规定。

四、防水卷材

（1）防水卷材包括高聚物改型沥青防水卷材、自粘橡胶沥青防水卷材和合成高分子防水卷材。防水卷材的物理性能和外观质量、品种规格应符合现行国家或行业标准的有关规定。

防水水泥砂浆的主要性能　　**表 6-7**

类型		粘结强度（MPa）	抗渗性（MPa）	抗折强度（MPa）	干缩率（%）	冻融循环（次）	耐碱性 NaOH10%	耐水性（%）
外加剂防水砂浆		>0.5	≥1.2（试块）	≥4.5	≤0.5	>D50	溶液浸泡 14d 无变化	—
聚合物水泥防水砂浆	Ⅰ类	>1.0	≥1.2（试块）	≥7.0	≤0.15			≥80
	Ⅱ类	≥1.2	≥0.8（涂层）	≥4.0	≤0.15			≥80
刚性无机防水材料		≥1.2	≥0.6（涂层）	≥3.0	≤0.15			

注：1. 耐水性指标是在常温下浸水 168h 后材料的粘结强度及抗渗性的保持率。
2. 涂层抗渗性能指标是指 3mm 涂层抗渗压力差值。
3. 刚性无机防水材料指符合国家行业标准《无机防水堵漏材料》（JC 900—2002）中缓凝型（Ⅰ型）标准的材料。
4. 聚合物水泥防水砂浆Ⅰ类是以中砂、中细砂为骨料，经现场加入一定比例聚合物乳液或聚合物干粉拌制而成的防水砂浆。通常施工厚度不小于 10mm。聚合物水泥防水砂浆Ⅱ类是以细砂、粉砂为骨料，以工厂预拌加入一定比例聚合物干粉，现场加水拌制而成的防水砂浆，通常施工厚度不小于 3mm。

（2）防水卷材及配套使用的胶粘剂应具有良好的耐水性、耐久性、耐穿刺性、耐腐蚀性和耐菌性。

（3）粘贴各类卷材必须采用与卷材性能相容的胶粘材料，胶粘材料除应符合相应的现行国家或行业标准外，尚应符合下列要求：

① 合成高分子卷材胶粘剂的粘结剪切强度（卷材——基层）不应小于 1.8N/mm。

② 双面胶粘带粘结剥离强度不应小于 0.6N/mm，浸水 168h 后的保持率不应小于 70%。

五、防水涂料

（1）防水涂料可选用聚合物水泥防水涂料、聚合物乳液防水涂料、聚氨酯防水涂料等合成高分子防水涂料和改型沥青防水涂料。

（2）防水涂料应具有良好的耐水性、耐菌性和耐久性。用于立面的防水涂料与基层应具有良好的粘结性能。

（3）胎体增强材料宜选用 30～50g/m^2 的聚酯无纺布或聚丙烯无纺布。

（4）防水涂料的物理性能和外观质量应符合现行国家或行业标准的有关规定。

六、密封材料

（1）密封材料的物理性能和外观质量、品种规格应符合国家现行有关标准的规定。

（2）密封材料应具有优良的水密性、耐腐蚀性、防霉性以及符合接缝设计要求的位移能力。

七、防水材料的选用

（1）厕浴间、厨房等室内小区域复杂部位楼地面的防水，宜选用防水涂料或刚性防水材料做迎水面防水，也可选用柔性较好且易于与基层粘贴牢固的防水卷材。墙面防水层宜选用刚性防水材料或经表面处理后与粉刷层有较好结合性的其他防水材料。顶面防水层应选用刚性防水材料做防水层。厕浴间、厨房有较高防水要求时，应做两道防水层，防水材料复合使用时应考虑其相容性。

（2）在水池中使用的防水材料应具有良好的耐水性、耐腐性、耐久性和耐菌性；高温池防水，宜选用刚性防水材料，选用柔性防水层时，材料应具有良好的耐热性、耐老化性和热处理尺寸稳定性；在饮用水水池和游泳池中使用的防水材料及其配套材料，必须符合现行国家标准《生活饮用水池配水设备及防护材料的安全性能评价标准》（GB/T17219）的有关规定和国家现行有关标准的规定。

（3）室内防水工程做法和材料选用，根据不同部位和使用功能，宜按表 6-8 和表 6-9 的要求设计。

室内防水做法和选材（楼地面、顶面）　　表 6-8

序号	部位	保护层、饰面层	楼地面(池底)	顶面
1	厕浴间、厨房间	防水层面直接粘瓷砖或抹灰	刚性防水材料、聚乙烯丙纶卷材	聚合物水泥防水砂浆、刚性无机防水材料
		混凝土保护层	刚性防水材料、合成高分子涂料、改性沥青涂料、渗透结晶防水涂料、自粘卷材、弹(塑)性体改性沥青卷材、合成高分子卷材	
2	蒸汽浴室、高温水池	防水层面直接粘瓷砖或抹灰	刚性防水材料	
		混凝土保护层	刚性防水材料、合成高分子涂料、聚合物水泥防水砂浆、渗透结晶防水涂料、自粘橡胶沥青卷材、弹(塑)性体改性沥青卷材、合成高分子卷材	
3	游泳池、水池（常温）	无饰面层	刚性防水材料	
		防水层面直接粘瓷砖或抹灰	刚性防水材料、聚乙烯丙纶卷材	
		混凝土保护层	刚性防水材料、合成高分子涂料、改性沥青涂料、渗透结晶防水涂料、自粘橡胶沥青卷材、弹(塑)性体改性沥青卷材、合成高分子卷材	

室内防水做法选材（立面）　　表 6-9

序号	部位	保护层、饰面层	立面(池壁)
1	厕浴间、厨房间	防水层面直接粘瓷砖或抹灰	刚性防水材料、聚乙烯丙纶卷材
		混凝土保护层	刚性防水材料、合成高分子防水涂料、合成高分子卷材
2	蒸汽、浴室	防水层面直接粘瓷砖或抹灰	刚性防水材料、聚乙烯丙纶卷材
		混凝土保护层	刚性防水材料、合成高分子防水涂料、合成高分子卷材
3	游泳池、水池(常温)	无饰面层	刚性防水材料
		防水层面直接粘瓷砖或抹灰	刚性防水材料、聚乙烯丙纶卷材
		混凝土保护层	刚性防水材料、合成高分子防水涂料、改性沥青防水涂料、渗透结晶防水涂料、自粘橡胶沥青卷材、弹(塑)性体改性沥青卷材、合成高分子卷材

续表

序号	部位	保护层、饰面层	立面（池壁）
4	高温水池	防水层面直接粘瓷砖或抹灰	刚性防水材料
		混凝土保护层	刚性防水材料、合成高分子防水涂料、渗透结晶防水涂料、合成高分子卷材

注：1. 防水层外钉挂钢丝网的钉孔应进行密封处理，脱离式饰面层与墙体间的拉结件穿过防水层的部位也应进行密封处理。钢丝网及钉子宜采用不锈钢质或进行防锈处理后使用。挂网粉刷可钢丝网，也可用玻纤方格布。
2. 长期潮湿环境下使用的防水涂料必须具有较好的耐水性能。
3. 刚性防水材料主要指：外加剂防水砂浆、聚合物水泥防水砂浆、刚性无机防水材料。
4. 合成高分子防水材料中聚乙烯丙纶防水卷材的规格不应小于 250g/m²。其应用按相应标准要求。

（4）防水材料的选用。首先根据厕浴间、厨房间防水工程的类型及性质、使用标准，确定其防水等级；然后依据不同的防水等级选用合适的防水材料。如聚氨酯防水涂料主要应用于公共建筑及高级住宅工程的厕浴间，氯丁胶乳、沥青防水涂料、丁苯胶乳防水涂料等中档防水涂料可应用于一般公共建筑、商住楼等处，SBS 橡胶改性沥青防水涂料可应用于一般建筑，涂膜防水层所用的胎体材料一般可选用聚酯无纺布或玻璃网格布。

第七章　防水混凝土与砂浆的设计

第一节　混凝土外加剂及其配制

混凝土外加剂是指在拌制混凝土过程中掺入的、用以改善混凝土性能的物质。外加剂其掺量一般应不大于水泥质量的 5%（特殊情况除外）。

混凝土是由胶结料和骨料按一定比例配合、搅拌并在一定环境条件下养护硬化而成的一种复合材料。按胶结料分类，混凝土可以分为无机胶结料和有机胶结料两大类。而混凝土外加剂则仅作用于无机胶结料混凝土中以水泥作胶结料的混凝土，用以改善水泥混凝土性能的物质。随着各种各样外加剂的不断涌现，尤其是减少剂、泵送剂的大量应用，不仅可改善水泥混凝土的各种性能，而且为水泥混凝土的施工工艺的发展和混凝土新品种的发展创造了良好的条件。

一、外加剂的品种、性能和使用

（一）外加剂的品种和性能要求

混凝土外加剂按其化学成分可分为以下三类：无机外加剂、有机外加剂、复合外加剂。无机外加剂主要为一些电解质盐类。有机外加剂大多为表面活性物质，还有一些高分子聚合物、有机化合物及复盐。表面活性剂类外加剂又可分为阴离子型、阳离子型和非离子型三类，其中阴离子型表面活性剂是目前应用最多的。复合外加剂通常由无机和有机化合物复合而成，一般具有多种功能。混凝土外加剂按化学性质的分类参见表 7-1。

混凝土外加剂按其功能可分为 6 大类，主要有 10 余个品种，参见表 7-2。

混凝土外加剂按化学性质的分类　　**表 7-1**

类别	名称	分　类	外 加 剂	作　用
无机化合物外加剂	无机电解质盐类	Ⅰ价金属强酸盐	$LiCl$、Li_2SO_4 $NaCl$、KNO_3、KCl、K_2SO_4、$NaSO_4$ $NaNO_3$、$NaNO_2$	碱骨料反应抑制剂 调凝剂 阻锈剂
		Ⅰ价金属弱酸盐	Na_2CO_3、Na_2SiO_2、Na_3PO_4 NaP_2O_7、$K_4P_2O_7$、CH_3COONa	调凝剂
		Ⅱ价金属强酸盐	$CaCl_2$、$MgCl_2$、CaI_2、CaF_2 $Ca(NO_3)_2$、$Ca(NO_2)_2$ $BaCl_2$、$SiCl_2$、$Ba(NO_2)_2$ $CaSO_4 \cdot 2H_2O$、$CaSO_4$、$MgSO_4$、$PbSO_4$ $BaSO_4$	调凝剂、早强剂（作用并不全部相同）
		Ⅱ价金属弱酸盐	$Ca(CH_3COO)_2$、$CaCO_3$、$ZnCO_3$、$Ca_2P_2O_7$	调凝剂
		Ⅲ价金属强酸盐	$Al_2(SO_4)_3$、$AlCl_3$、$Al(NO_3)_3$	—

续表

类别	名称	分类	外加剂	作用
无机化合物外加剂		金属氢氧化物	$NaOH$、KOH、$Ca(OH)_2$ $Mg(OH)_2$、$Al(OH)_3$、$Fe(OH)_3$	调凝剂、早强剂
		金属氧化物	CaO	膨胀剂
			CaO、CuO、Fe_2O_3、CrO_3	着色剂
			ZnO、PbO、CdO、B_2O_3	缓凝剂
		轻金属	Al 粉、Mg 粉	加气剂
有机化合物外加剂	表面活性剂	阴离子表面活性剂	木质素磺酸盐类 多环芳香族磺酸盐类 羟基、羟基酸盐类 多羟基碳水化合物及其盐类 水溶性蜜胺树脂甲醛磺酸盐 烷基苯磺酸盐类 其他	减水剂 调凝剂 引水剂
		阳离子表面活性剂	三甲烷基或二甲二烷基胺盐 杂环胺盐 其他	减水剂 调凝剂
		非离子表面活性剂	多元醇化合物 含氧有机酸 醇胺 其他	早强剂 调凝剂
	高分子聚合物	树脂类	聚氯乙烯 聚醋酸乙烯 聚丙烯酸酯 聚乙烯基呋喃	胶粘剂 防水剂
		橡胶类	合成橡胶	胶粘剂
		高分子电解质	各种高分子盐类	凝聚剂
	各种有机化合物及复盐	各种醇、酸、酯、酚及衍生物	烷基磷酸盐 硼酸酯等	消泡剂
		皂类化合物	松香皂热聚物	引水剂
		硬脂酸盐 油酸盐	硬脂酸钙、硬脂酸锌、硬脂酸铵 油脂钙、油脂铵、丁基硬脂酸	防水剂

混凝土外加剂的类型及主要品种　　　表 7-2

按外加剂功能分类	品种	按外加剂功能分类	品种
改善新拌混凝土流变特性	普通减水剂 高效减水剂 早强减水剂 缓凝减水剂 引气减水剂	改善混凝土耐久性	抗冻剂
调节混凝土硬化性能	速凝剂	提供混凝土特殊性能	膨胀剂 防水剂 养护剂
调节混凝土含气量	引气剂 消泡剂	其他功能	砂浆外加剂 矿渣水泥改性剂 混凝土表面缓凝剂 混凝土界面处理剂

各种外加剂由于其在混凝土中的作用不同，其组成材料也是不相同的，部分外加剂的组成材料参见表7-3。

常用外加剂的主要功能及适用范围参见表7-4，掺外加剂后其混凝土的匀质性指标应符合表7-5的要求，其性能指标应符合表7-6的要求。

部分混凝土外加剂的组成材料 **表7-3**

外加剂名称	材料
普通减水剂	1. 木质磺酸盐类(木钙、木镁、木钠) 2. 腐殖酸类 3. 烤胶类
高效减水剂	1. 多环芳香族磺酸盐类(萘系磺化物与甲醛缩合的盐类) 2. 水溶性树脂磺酸盐类(磺化三聚氰胺树脂、磺化古马隆树脂)
早强剂及早强减水剂	1. 氯盐类(氯化钙、氯化钠) 2. 硫酸盐类(硫酸钠、硫代硫酸钠) 3. 有机胺类(三乙醇胺、三异丙醇胺)
缓凝剂及缓凝减水剂	1. 糖类(糖钙) 2. 木质素磺酸盐类(木钙、木钠、木镁) 3. 羟基羧酸及其盐类(柠檬酸、酒石酸钾钠) 4. 无机盐类(锌盐、硼酸盐、磷酸盐)
引气剂及引气减水剂	1. 松香树脂类(松香热聚物、松香皂) 2. 烷基苯磺酸盐类(烷基苯磺酸盐、烷基苯酚聚氧乙烯醚) 3. 脂肪醇磺酸盐类(脂肪醇聚氧乙烯醚、脂肪醇聚氧乙烯磺酸钠)
膨胀剂	1. 硫铝酸钙类(明矾石、CSA膨胀剂) 2. 氧化钙类(石灰膨胀剂) 3. 氧化镁类(氧化镁) 4. 金属类(铁屑) 5. 复合类(氧化钙、硫铝酸钙)

常用外加剂主要功能及适用范围 **表7-4**

名称	定义	主要功能	适用范围
减水剂(又称分散剂或塑化剂)	在混凝土坍落度基本相同的条件下，能减少拌合用水量的外加剂	1. 保证混凝土的强度及和易性不变的条件下，可节约水泥和减少用水量 2. 保证混凝土的和易性和水泥用量不变的条件下，可减少用水量，提高混凝土强度 3. 保证混凝土用水量及水泥用量不变的条件下，可增大混凝土拌合物的流动性	1. 预制及现浇混凝土 2. 钢筋混凝土及预应力混凝土 3. 大体积混凝土 4. 泵送混凝土 5. 有防水、抗渗要求的混凝土
防水剂(又称抗渗剂)	能降低混凝土在静水压力下的透水性的外加剂	1. 减少孔隙和堵塞毛细通道，使混凝土降低吸水量，减少渗水，达到抗渗防水的效果 2. 具有早强、塑化、抑制碱骨料反应等综合效应	有防水抗渗要求的混凝土工程和地下工程
膨胀剂	能使混凝土在硬化过程中产生一定体积膨胀的外加剂	1. 防止混凝土收缩龟裂 2. 提高混凝土的抗渗性 3. 产生化学预应力 4. 后期强度能稳定上升	1. 补偿收缩混凝土或砂浆 2. 填充用混凝土或砂浆 3. 自应力混凝土

续表

名称	定义	主要功能	适用范围
防冻剂	能使混凝土在负温下硬化，并在规定时间内达到足够强度的外加剂	1. 降低水的冰点，使水泥在负温下仍能继续水化 2. 提高混凝土的早期强度，抵抗水冰结产生的膨胀应力 3. 使冰晶粒度细小且均匀分散，减轻对混凝土的破坏应力 4. 引入适量封闭的微气泡，减轻冰胀压力	1. 工业与民用建筑中有抗冻要求的混凝土 2. 冬期施工的混凝土
砂浆外加剂	改善砂浆性能的外加剂	能改善砂浆的和易性、密实性及其他性能，有一定的减水作用	工业与民用建筑中 M5 及 M5 以下的混合砂浆，M10 以上的水泥砂浆，M1 以下的白灰砂浆等

掺外加剂后混凝土的匀质性指标 表 7-5

试验项目	指标
固含量或含水量	1. 对液体外加剂，应在生产厂所控制值的相对量的 3%之内 2. 对固体外加剂，应在生产厂所控制值的相对量的 5%之内
密度	对液体外加剂，应在生产厂所控制值的±0.02g/cm^3 之内
氯离子含量	应在生产厂所控制值的相对量的 5%之内
水泥净浆流动度	应不小于生产厂控制值的 95%
细度	0.315mm 筛筛余应小于 15%
pH 值	应在生产厂控制值±1 之内
表面张力	应在生产厂控制值±1.5 之内
还原糖	应在生产厂控制值±3%之内
总碱量($Na_2O+0.658K_2O$)	应在生产厂所控制值的相对量的 5%之内
硫酸钠	应在生产厂所控制值的相对量的 5%之内
泡沫性能	应在生产厂所控制值的相对量的 5%之内
砂浆减水率	应在生产厂所控制值±1.5%之内

注：本表摘自《混凝土外加剂》(GB 8076—1997)。

掺外加剂混凝土性能指标 表 7-6

试验项目		外加剂品种								
		普通减水剂		高效减水剂		早强减水剂		缓凝高效减水剂		缓凝减水剂
		一等品	合格品	一等品	合格品	一等品	合格品	一等品	合格品	一等品
减水率(%)≥		8	5	12	10	8	5	12	10	8
泌水率比(%)≤		95	100	90	95	95	100	100		100
含气率(%)		≤3.0	≤4.0	≤3.0	≤4.0	≤3.0	≤4.0	<4.5		<5.5
凝结时间之差	初凝	−～+		−～+		−～+		>+90		>+90
	终凝							—		—
抗压强度比≥	1d	—	—	140	130	140	130	—		—
	3d	115	110	130	120	130	120	125	120	100
	7d	115	110	125	115	115	110	125	115	110
	28d	110	105	120	110	105	100	120	110	110
收缩率比(%)≤	28d	135		135		135		135		135
相对耐久性指标(%)≥(200 次)		—		—		—		—		—
对钢筋锈蚀作用		应说明对钢筋有无锈蚀危害								

续表

试验项目		外加剂品种								
		缓凝减水剂	引气减水剂		早强剂		缓凝剂		引气剂	
		合格品	一等品	合格品	一等品	合格品	一等品	合格品	一等品	合格品
减水率(%)≥		5	10	10	—	—	—	—	6	6
泌水率比(%)≤		100	70	80	100	100	100	70	80	
含气率/%		＜5.5	＞3.0		—		—		＞3.0	
凝结时间之差	初凝	＞+90	−～+		−～+		＞+90		−～+	
	终凝	—					—			
抗压强度比≥	1d	—	—		135	125	—		—	
	3d	100	115	110	130	120	100	90	95	80
	7d	110	110		110	105	100	90	95	80
	28d	105	100		100	95	100	90	90	80
收缩率比(%)≤	28d	135	135		135		135		135	
相对耐久性指标(%)≥(200次)		—	80	60	—		—		80	60
对钢筋锈蚀作用		应说明对钢筋有无锈蚀危害								

注：1. 除含气量外，表中所列数据为掺外加剂混凝土与基准混凝土的比值。

2. 凝结时间指标，"—"号表示提前，"+"号表示延缓。

3. 相对耐久性指标一栏中，"200次≥80和60"表示将28d龄期的掺外加剂混凝土试件冻融循环200次后，动弹性模量保留值≥80%或≥60%。

4. 对于可以用高频振捣排除的，由外加剂所引入的气泡的产品，允许用高频振捣，达到某类型性能指标要求的外加剂，可按本表进行命名和分类，但须在产品说明书和包装上注明"用于高频振捣的××剂"。

5. 本表摘自《混凝土外加剂》(GB 8076—1997)。

(二) 外加剂的选用

1. 选择外加剂的步骤

面对品种繁多的外加剂，应根据不同的技术要求选择不同品种的外加剂。其步骤如下：

(1) 确定选用外加剂的主要目的；

(2) 根据已知水泥的品种选用适宜的外加剂或根据已确定的外加剂品种来选用适宜的水泥品种；

(3) 根据外加剂不同的性能、不同的工程要求，通过试验来确定掺量；

(4) 根据不同的施工方案，如搅拌、运输、成型方法、养护条件等工艺，确定外加剂的掺入方法；

(5) 根据掺用外加剂的目的和掺入量，调整其配合比；

(6) 一批产品需要多次搅拌，试块要求采用第三、第四拌的混凝土；

(7) 对于氯盐及氯盐制剂、硫酸盐及其复合制剂等外加剂的限制使用见表7-7。

2. 外加剂的抽样测试

对于进场的外加剂都要抽样进行测试合格后方可使用。当第一次使用某种外加剂时，为掌握其有关性能，应先送到试验室进行测试，方可大量使用。在工地使用时，为了便于班组掌握操作要求，应做含固量、流动性监测。

氯盐、硫酸盐制剂等在混凝土工程中使用的限制　表 7-7

外加剂	不得使用的混凝土工程
氯盐、含氯盐的早强剂、含氯盐的早强减水剂	1. 在高湿度空气环境中使用的结构(排出大量蒸汽的车间、澡堂、洗衣房和经常处于空气相对湿度大于80%的房间以及有顶盖的钢筋混凝土蓄水池等) 2. 处于水位升降部位的结构 3. 露天结构或经常受水淋的结构 4. 有镀锌钢材或铝铁相接触部位的结构,以及有外露钢筋预埋件而无防护措施的结构 5. 与含有酸、碱或硫酸盐等侵蚀性介质相接触的结构 6. 使用过程中经常处于环境温度为60℃以上的结构 7. 使用冷拉钢筋或冷拔、冷轧钢丝的结构 8. 薄壁结构、中或重级工作制吊车梁、屋架、落锤或锻锤基础等结构 9. 电解车间和直接靠近直流电源的结构 10. 直接靠近高压电源(发电站、变电所)的结构 11. 预应力混凝土结构 12. 蒸养混凝土构件
硫酸盐及其复合剂	1. 有活性骨料的混凝土 2. 电器化运输设施和使用直流电源的工厂、企业的钢筋混凝土结构 3. 有镀锌钢材或铝铁相接触部位的结构 4. 有外露钢筋预埋件而无防护措施的结构
含有毒性的外加剂	饮水工程的混凝土

注：在使用掺氯盐的钢筋混凝土中，氯盐掺量（按无水状态计算）不得超过水泥质量的1%。

（1）为了保证外加剂掺量的准确性，对液态外加剂或已受潮的外加须进行含固量的检测，其计算公式如下：

$$含固量=\frac{溶液（或受潮外加剂）烘干后的质量（g）}{溶液（或受潮外加剂）未烘干时的质量（g）}\times 100$$

（2）为检验外加剂的流动性，可进行水泥净浆流动度的检验。其检验方法如下：取准备施工用的水泥300g，倒入用湿布擦拭过的水泥净浆搅拌锅（采用普通搪瓷锅即可）内，加入按拟用比例的减水剂及水87g，采用铜质搅拌棒（ϕ10mm×300mm）搅拌3min，迅速注入置于水平状态的玻璃板上的开口截锥体模内（$\phi_{上}=36$min，$\phi_{下}=64$mm，$h=60$mm，内部光滑无焊缝），刮平，将截锥体模迅速提起，此时，原注入开口截锥体模内的水泥净浆即在玻璃板［玻璃板规格为400mm×400mm×(3mm或5mm)］面上向四周流动，在迅速提起开口截锥体模的同时，开动能读秒值的计时器，30s后，测取水泥净浆在玻璃板上的平均直径（单位为mm），即为流动度。

3. 外加剂的掺入方法

外加剂是一种用量小，但作用大的材料，故在使用外加剂时必须计量，且要求计量正确，其计量允许偏差为±2%。

外加剂就形态而言，有粉状、胶状、液体、固体之分。使用粉状外加剂时，应事先按标准用量称好，用小包装好备用，不应待需使用时，临时用小勺或量杯以体积代替质量；使用胶状、液体、固体等剂型的外加剂时，要事先用水按比例稀释备用，用前必须将其搅拌均匀。

各种外加剂的掺加方法见表7-8。

外加剂的掺加方法　表 7-8

掺加方法	搅拌时间(s)	示意图
干粉先掺法	比常规多 30～60	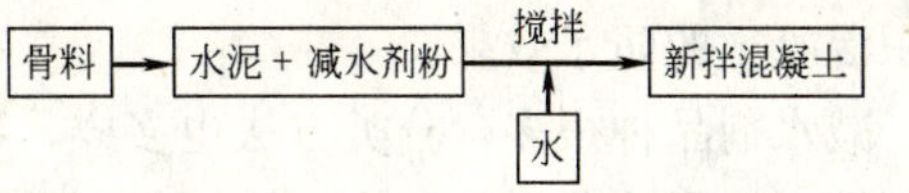 骨料 → 水泥＋减水剂粉 →(搅拌，加水)→ 新拌混凝土
溶液同掺法	比常规多 30～60	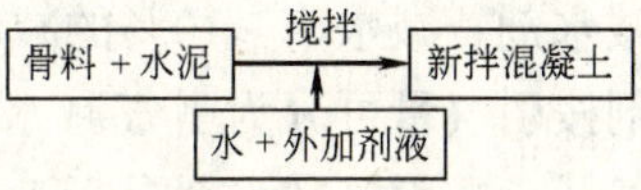 骨料＋水泥 →(搅拌，加水＋外加剂液)→ 新拌混凝土
滞水法	第一次：常规 第二次：60～120	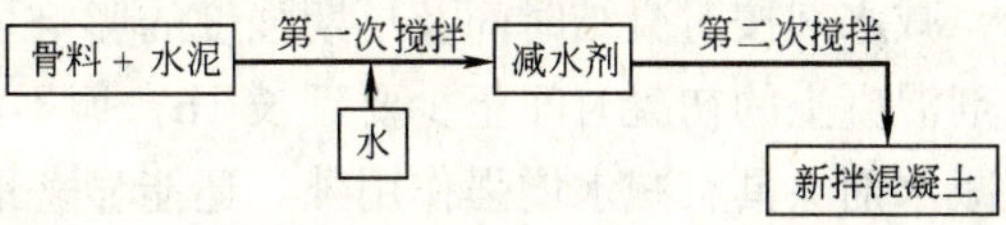 骨料＋水泥 →(第一次搅拌，加水)→ 减水剂 →(第二次搅拌)→ 新拌混凝土
后掺法（商品混凝土）	第一次：常规 第二次：60～120	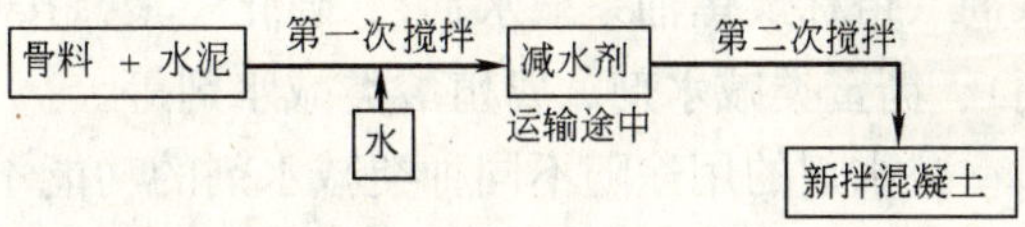 骨料＋水泥 →(第一次搅拌，加水)→ 减水剂（运输途中）→(第二次搅拌)→ 新拌混凝土

注：1. 滞水法中，如以减水剂溶液掺入，称为溶液滞水法；以干粉掺入时，称为干粉滞水法。
2. 后掺法即混凝土用运输搅拌车运输，减水剂在运输途中加入，可分一次或几次加入，称为一次或几次后掺法。
3. 缓凝剂、缓凝减水剂、引气剂、引气减水剂宜用同掺法，不得采用干掺法及后掺法；膨胀剂只能使用干掺法。

（三）应用于防水混凝土的外加剂品种

外加剂的种类虽多，但应用于刚性防水混凝土或防水砂浆的外加剂主要有减水剂、引气剂、早强剂、防冻剂、膨胀剂、防水剂等多种。

二、减水剂

减水剂是一种能减少混凝土中必要的单位用水量，并能满足规定的稠度要求，提高混凝土和易性的外加剂。

减水剂的主要作用有以下几个方面：增加水化效率，减少单位用水量，增加强度，节省水泥用量；改善尚未凝固的混凝土的和易性，防止混凝土成分的离析；提高抗渗性，减少透水性，避免混凝土建筑结构漏水，增加耐久性；增加耐化学腐蚀性能；减少混凝土凝固的收缩率，防止混凝土构件产生裂缝；提高抗冻性，有利于冬期施工。

混凝土硬化后孔隙率和孔径的大小，是混凝土质量好坏和防水性能优劣的重要特征。而对混凝土孔隙率和孔径大小，混凝土结构的密实性和防渗性能起决定作用的是混凝土拌合物的水灰比。因为混凝土的渗透系数是随着水灰比的增加而迅速增加的，当水灰比从0.4增加到0.7时，其渗透系数即增大100倍以上，而减水剂对水泥具有强烈的分散作用，它借助于极性吸附作用，可大大降低水泥颗粒间的吸引力，有效地阻碍和破坏颗粒间的絮凝作用，并释放出絮凝体中的水，从而提高了混凝土的和易性，所以可以大大降低拌合用水量，亦即可降低水灰比，混凝土硬化后毛细孔隙结构的分布得到改变，孔径和总孔率都显著减小，提高混凝土的密实性和抗渗性能。减水剂还可以使水泥水化热峰值推迟出现，这样就可减少或避免在大体积混凝土取得一定强度前因温度应力而开裂，从而提高大体积混凝土的防水效果。

减水剂品种很多，分类方法也多样，有按塑化效果分类的，有按引气量分类的，有按对凝结时间影响分类的，也有按原材料及化学成分分类的。

减水剂按塑化效果可分为普通减水剂和高效减水剂。减水率≥5%且＜10%的减水剂称为普通减水剂；减水率≥10%的减水剂称为高效减水剂。

减水剂按引气量可分为引气减水剂和非引气减水剂。引气减水剂混凝土的含气量为3.5%～5.5%；非引气减水剂混凝土的含气量≤3%。国内习惯上将含气量＜2%的称为非引气型减水剂，将含气量 3%左右的称为低引气型减水剂。

减水剂按对凝结时间及早期强度的影响可分为标准型、缓凝型及早强型。掺标准型减水剂混凝土的初凝时间至少要延长 1h，但不超过 3.5h；终凝时间延长不超过 3.5h。早强型减水剂除具有减水增强作用外，还能显著地提高混凝土的早期强度。

减水剂按原材料及化学成分可分为：木质素磺酸盐类减水剂、聚烷基芳基磺酸盐类减水剂（俗称煤焦油系减水剂）、磺化三聚氰按甲醛树脂磺酸盐类减水剂（俗称蜜胺类减水剂）、糖蜜类减水剂、腐殖酸类减水剂等。

减水剂的用途随不同种类减水剂的功能不同而有所区别，主要用途如图 7-1 所示。

- 减水剂功能与应用
  - 减水增强
    - 配制早强混凝土（目的是缩短工期、加速模板及场地周转、取消蒸养等）
    - 配制高强混凝土（主要用于大跨度结构、高层建筑，以缩小结构断面）
    - 利用较低强度等级水泥配制高强混凝土
  - 减水引气
    - 配制耐冻融、盐类结晶破坏的混凝土
    - 配制防水混凝土等
  - 缓凝作用　配制高温下施工用混凝土
  - 降低水泥初期水化热　配制大体积混凝土
  - 塑化作用
    - 改善施工条件，加快施工速度
    - 提高混凝土的浇筑质量
    - 配制泵送混凝土、商品混凝土、流态混凝土
    - 利用质量较差的砂石
  - 提高拌合物的黏聚性
    - 配制喷射混凝土
    - 用于钢丝网水泥（提高可抹性）
    - 用于抽芯成型的混凝土
  - 可节省水泥或代替特种水泥

图 7-1　减水剂的用途

（一）木质素磺酸盐类减水剂

木质素磺酸盐系由纸浆废液加工而得，木质素磺酸盐类减水剂是最早研究成功，应用最广泛的减水剂，其相对分子量为 1000～3000，属于天然高分子化合物。

木质素磺酸盐类减水剂可分为钙盐和钠盐两类，建筑过程中常用木质素磺酸钙，简称木钙，主要有三种。

其一，纸浆废液或其干粉，这种产品是纸浆废液经提取酒精及酵母后的产物，废液浓

缩物含固性物55%，含糖量7%～8%；也有只提取酒精后喷雾干燥而得的干粉，含糖量为10%～12%、木钙60%、灰分14%、pH=4～5。

其二，简易脱糖木钙，这种产品是将酒精废液用石灰乳加温到92～95℃，约经过0.5～1h，然后冷却至40℃左右，再经过硫酸的中和，滤去沉淀物硫酸钙，经浓缩干燥即得，其成品率为96%，含糖量小于4%。

其三，精制木钙，这种产品的制备与上述两种产品的制备相类似，只是在浓缩至50%后，经喷雾干燥而得制品，其成品率为40%，其含糖率则小于3%。

木质素磺酸盐类减水剂主要性能特点如下：

(1) 节省水泥　保持混凝土强度及坍落度与基准混凝土相近时，可节省水泥10%左右。

(2) 改善混凝土的性能　当水泥用量及坍落度与基准混凝土相近时，减水10%左右，混凝土3～28d强度提高15%左右，后期强度也有所增加。

(3) 改善混凝土的和易性　掺用木钙后混凝土的保水性、黏聚性和可泵性显著改善。

(4) 具有一定的引气性　当木钙掺量为0.25%时，混凝土含气量增加了2%～3%，从而提高混凝土的抗掺、抗冻融等性能。

(5) 具有缓凝及降低水泥初期水化热的作用。

由于木钙具有缓凝和引气的功能，故在使用中应注意以下事项：

(1) 严格控制掺量，切忌过量。因过量后使新拌混凝土凝结时间显著延长，甚至几天也不硬化，且混凝土含气量增加会导致强度下降。

(2) 注意施工温度。木钙有缓凝作用，气温较低时更明显。因此，对一般工业与民用建筑，规定日最低气温5℃以上时可单掺木钙；低于5℃时，应为早强剂复合使用；负温下，除要复合早强剂外，还要同时掺用抗冻剂。

(3) 蒸养性能差，如使用应延长制品静停时间，或使用复合早强剂及减少木钙掺量，否则会出现强度降低、结构疏松等现象。

(4) 木钙宜配制成溶液使用，配制好的溶液应在10d内用完，对其不溶物质要定期排放。

(5) 木钙对以硬石膏为调凝剂的水泥有时会出现不适应现象，应通过试验后使用。

(6) 对有引气量要求的混凝土，应选择合适的振捣设备和振捣时间。

(二) 糖蜜减水剂

糖蜜减水剂是以制糖工业制糖生产过程中提炼食糖后剩下的残液（称为糖蜜）为原料，采用石灰中和处理调制成的一种粉状或液体状产品，属非离子表面活性剂，国内产品有3FG、TF、ST等。

1. 糖蜜减水剂的主要性能

(1) 具有缓凝作用，能降低水泥初期水化热，气温低于10℃后缓凝作用加剧。

(2) 改善混凝土的性能，当保持水泥用量相同，坍落度与空白混凝土相近时，可减少5%～10%的用水量，早期强度发展较慢，28d龄期时混凝土压缩强度提高15%左右。

(3) 保持混凝土强度相等的条件下可节省5%～10%的水泥。

(4) 提高混凝土的流动性。掺用糖蜜减水剂的混凝土，其坍落度比不掺的增大5cm左右。

(5) 对钢筋无锈蚀危害。

2. 糖蜜减水剂的主要用途

(1) 用于要求缓凝的混凝土，如大体积混凝土、夏季施工用混凝土等。

(2) 用于要求延缓水泥初期水化热的混凝土，如大体积混凝土。

(3) 可节省水泥，改善混凝土的和易性。

3. 糖蜜减水剂的配制

将相对密度1.3～1.6的浓稠糖蜜，用热水稀释至相对密度为1.2，再将生石灰粉末(粒径小于0.3mm) 徐徐加入稀释液中，边加边搅，直至石灰粉均匀分布于糖蜜中，生石灰粉为糖蜜质量的16%。经一周存放，溶液成红棕色，逐渐凝结为糊状的减水剂。由于糖蜜是酸性混合物，在高温时易发酵变质，故应注意贮存。为克服这一缺陷，已研制出糖钙硫酸钠复合减水剂，糖钙制备是利用石灰膏代替生石灰粉，再与糖蜜按比例经搅拌制成，陈化一周，经干燥后备用，经与无水硫酸钠混合、磨细，即制成成品。

4. 糖蜜减水剂在使用中应注意的事项

(1) 严格控制掺量，一般掺量为水泥质量的0.1%～0.3%（粉剂）；掺量超过1%时混凝土长时间酥松不硬；掺量为4%时28d强度仅为不掺的1/100。

(2) 糖蜜减水剂本身有不均匀沉淀现象，使用前必须搅拌均匀。

(3) 粉状糖蜜减水剂在保存期间应避免浸水受潮，受潮后并不影响质量，但必须配成溶液使用。

(4) 蒸养混凝土中不宜使用。

(三) 聚烷基芳基磺酸盐类减水剂

聚烷基芳基磺酸盐类减水剂又称煤焦油系减水剂。它是以煤焦油中某种馏分或某一些馏分为原料，经过磺化反应生成磺酸衍生物，再用甲醛与其缩合，然后将此缩合物以碱类或碱性物质中和，除去或不除去多余的硫酸盐而制得的产品。

根据生产中所使用的馏分不同，煤焦油系减水剂可分为以下三类：

萘系减水剂　它以工业萘为原料，主要成分是聚次甲基萘磺酸钠，典型产品有日本的迈蒂高效减水剂、国产的FDN等。

甲基萘系减水剂　它以甲基萘或含有较高甲基萘的洗油为原料，主要成分是聚次甲基萘磺酸钠，典型产品如MF等。

蒽系减水剂　它以蒽油为原料，主要成分是聚次甲基蒽磺酸钠，典型产品有日本的NL-1400、国产的AF等。

该类减水剂具有早强、增强效果显著；能大幅度提高混凝土的流动性；节省水泥；在适宜掺量下，对混凝土的凝结时间影响较小；不会引起钢筋锈蚀等性能。

对这类减水剂，使用中应注意以下事项：

(1) 这类减水剂的适宜掺量一般为水泥质量的0.5%～1.0%。

(2) 掺加方法对这类减水剂的塑化效果影响较大，一般在搅拌中先加水搅拌2～3min，然后加入减水剂效果好。

(3) 当混凝土采用多孔骨料时，必须先加水，最后掺加减水剂。

(4) 大坍落度混凝土不宜用翻斗车长距离运输，减水剂应采用后掺法。

(5) 这类减水剂的含气量相差很大，应根据不同的使用目的慎重选用。

1. NNO减水剂（亚甲基二萘磺酸钠）

NNO系由萘经磺化后与甲醛缩合，再经中和而得，是一种高效能分散剂，呈棕色粉末，易溶于水，对酸、碱、硬水的稳定性好，无毒不燃。其减水作用为12%～20%；增强作用为15%～30%，早强作用明显。为进一步提高其减水性，多与其他组分复合作用，其配比参见表7-9。这种减水剂的分散作用，可使混凝土的抗渗性能提高一倍。

NNO三组分复合减水剂 **表7-9**

材料名称	NNO	松香热聚物加气剂	纸浆废液
掺量(占水泥质量百分比)(%)	0.5～0.75	0.005～0.01	0.2

2. MF减水剂（亚甲基萘磺酸钠）

MF减水剂的配制与NNO减水剂的配制基本相同，只是组分中的精萘采用甲基萘代替。MF减水剂是一种兼有加气作用的高效分散剂，呈棕色粉末，易溶于水，热稳定性好，无毒、不燃。其减水性能较NNO好。为了进一步提高其减水性，多与其他组分复合作用，参见表7-10。

MF四组分复合减水剂 **表7-10**

材料名称	MF	木钙	海波	三乙醇胺
掺量(占水泥质量百分比)(%)	0.5～0.7	0.1	1.0	0.03

此外在聚烷基芳基磺酸盐类减水剂中，有“建1”（与MF基本相同）、UNF、FDN、JN、JN、NF、SH-Ⅱ、HM减水剂等。

（四）磺化三聚氰胺甲醛树脂类减水剂

磺化三聚氰胺甲醛树脂类减水剂简称蜜胺树脂减水剂，它是由三聚氰胺、甲醛、亚硫酸钠按适当比例，在一定条件下经磺化、缩聚而成的阴离子表面活性剂，典型产品有德国的“美尔门脱”、日本的NL-4000及我国的SM高效减水剂。

SM为非引气型早强高效减水剂，各项性能与效果均比萘系减水剂的好，其主要性能如下：

（1）SM适宜掺量为0.5%～2.0%，减水率可达20%～27%，1d强度提高40%～100%，7d强度提高30%～70%（可达基准混凝土28d的强度），28d强度提高30%～60%，长期强度也有明显提高。

（2）SM蒸养适应性较好，蒸养出池强度可提高20%～30%，达到同样出池强度可缩短蒸养时间1～2h。

（3）适用于铝酸盐水泥所配制的耐火混凝土，110℃烘干及高温下的压缩强度可提高60%～170%。

SM高效减水剂适用于配制高强混凝土、早强混凝土、流态混凝土、蒸养混凝土及耐火混凝土等。它在市场上常以一定浓度的水溶剂供应，使用时应注意其有效成分的含量。

应用于防水混凝土的减水剂种类很多，工程中常用的减水剂主要有木质素磺酸钙、糖蜜、NNO（亚甲基二萘磺酸钠）和MF（亚甲基萘磺酸钠）等。

应用于防水混凝土的减水剂按其有无加气作用，可分为加气型和非加气型两类。就配制防水混凝土而言，用加气型减水剂的抗渗性能较优越，如木质素磺酸钙、MF等；而非加气型减水剂混凝土则强度较高，如NF等。

按对混凝土凝结时间的影响，减水剂又有普通型、缓凝型和促凝型之分。缓凝型减水剂可使混凝土的凝结时间推迟3～6h；促凝型减水剂可使混凝土的凝结时间提早1～2h；一般混凝土中常用普通型减水剂，如MF属普通型减水剂。冬期施工和需要早强的混凝土可采用促凝型减水剂，NNO、MF与混凝土早强剂复合使用的属于促凝型减水剂。缓凝型减水剂适用于大坝、大型设备基础等大体积混凝土及夏季施工采用滑模工艺的混凝土工程，糖蜜及木质素磺酸钙均属于缓凝型。表7-11是已在防水混凝土应用中初见成效的几种减水剂。

用于防水混凝土的几种减水剂 表7-11

种类		优点	缺点	适用范围
木质素磺酸钙M		有增塑及引气作用，提高抗渗性能最为显著 有缓凝作用，可推迟水化热峰出现 可减水10%～15%或增强10%～20% 价格低廉，货源充足	分散作用不及NNO、MF、JN等高效减水剂 温度较低时，强度发展缓慢，须与早强剂复合作用	一般防水工程均可使用，更适用于大坝、大型设备基础等大体积混凝土工程和夏季施工
多环芳香族磺酸钠	NNO MF JN FDN UNF	均为高效减水剂，减水12%～20%，增强15%～20% 可显著改善和易性，提高抗渗性 MF、JN有引气作用，抗冻性、抗渗性较NNO好 JN减水剂在同类减水剂中价格最低，仅为NNO的40%左右	货源少，价格较贵 生成气泡较大，需要高频振捣器排除气泡以保证混凝土质量	防水混凝土工程均可使用，冬季气温低时，适用更为适宜
糖蜜		分散作用及其他性能均同木质素磺酸钙 掺量少，经济效果显著有缓凝作用	由于可从中提取酒精丙酮等副产品，因而货源日趋减少	宜于就地取材，配制防水混凝土

防水混凝土常用减水剂掺量：NNO、MF一般掺量为水泥用量的0.5%～1%；木质素磺酸钙掺量为水泥用量的0.2%～0.3%；糖蜜掺量为水泥用量的0.2%～0.3%。

为了使减水剂在混凝土分布均匀，在使用干粉减水剂时，应将其预溶成液体而掺入拌合用水中，预溶时为避免结团难溶现象，宜先将水加热至60℃左右，再将干粉状减水剂徐徐倒入，预溶溶液体浓度约20%为宜，一般施工采用密度法较易控制。

三、引气剂

引气剂是一种具有憎水作用的表面活性物质，是在混凝土搅拌过程中能引入大量分布均匀、稳定而封闭的微小气泡的外加剂。

它能显著降低混凝土拌合水的表面张力，经搅拌可在拌合物中产生大量密闭、稳定和均匀的微小气泡，从而使混凝土的毛细管变得细小、曲折、分散，减少了渗水通道。引气剂还可以增加黏滞性，改善，减少沉降泌水和分层离析，弥补混凝土结构的缺陷，从而提高了混凝土的密实性和抗渗性。它还能提高混凝土的抗冻性，引气剂防水混凝土的抗冻性最高可为普通混凝土的3～4倍。

（一）引气剂的品种

引气剂品种有多种，目前常用的引气剂品种主要有松香酸钠（松香皂）和松香热聚物，此外尚有烷基磺酸钠、烷基苯磺酸钠等。

常用于防水混凝土的引气剂及其性能要求见表7-12。

防水混凝土常用的引气剂 表 7-12

名　称	主要成分	一般掺量(占水泥质量的百分比)/%	主要性能、用途
PC-2 引气剂	松香热聚物	0.006	具有引气、减水作用，适用于有防冻、防渗的港工及水工混凝土工程，含气量 3%～8%，强度降低
CON-A 引气减水剂	松香皂三乙醇胺等	0.005～0.01	具有引气、减水增强作用，适用于有防冻、防渗、耐碱要求的混凝土工程，含气量 8%
烷基苯磺酸钠引气剂	烷基苯磺酸钠	0.005～0.01	改善混凝土的和易性，提高抗冻性，用于有抗冻、抗渗要求的混凝土工程，含气量 3.7%～4.4%
OP 乳化剂	烷基酸环氧乙烷缩聚物	0.005～0.06	改善混凝土的和易性，提高抗冻性，适用于防水混凝土工程，含气量 4%，减水 7%
801 引气剂	高级脂肪醇衍生物	0.01～0.03	具有引气、减水增强作用，有良好的抗渗性，适用于防水工程，含气量 5%～6%，减水 7%左右
烷基磺酸钠	烷基磺酸钠等	0.008～0.01	具有引气作用，适用于有防冻、防渗要求的水工混凝土工程，含气量 4%左右

（二）引气剂的配制

1. 松香酸钠（松香皂）的配制

松香酸钠引气剂是以松香或氧化树脂酸和氢氧化钠溶液加热反应配制而成。

（1）直接将松香粉碎后存放一段时间备用，也可将松香放入铁锅中，边加热边搅拌，至 200℃左右，松香熔融至冒青烟，色泽由淡黄变为深棕色后，冷却粉碎备用。如采用氧化树脂酸时，则可直接粉碎使用。

（2）氢氧化钠溶液的浓度应根据松香皂化系数确定，一般取 160～180，以 180 为宜，皂化系数是指 1g 松香所需的氢氧化钠毫克数。

配制 1L 氢氧化钠溶液需要的氢氧化钠质量可按下式计算：

$$a=100K\frac{B}{C}$$

式中 a——氢氧化钠质量（g）；

B——松香皂化系数；

C——氢氧化钠纯度；

K——比例系数$\left(\frac{\text{NaOH 当量}}{\text{KOH 当量}}=\frac{40.0}{56.1}=0.71\right)$。

（3）将氢氧化钠配成相对密度为 1.125～1.160 的溶液备用，1kg 松香粉约需 1kg 上述浓度的氢氧化钠溶液。

将氢氧化钠溶液煮沸，边搅拌边徐徐加入松香粉，加热的火要小，只需保持溶液沸腾即可，在熬制的过程中，要随时补充热水，以抵偿水分的蒸发，防止松香凝聚结底，如产生凝聚结底时，则可以加入适量的热水，使溶液浓度降低 1～2 倍，便于松香充分皂化。全部松香加完后，开始进入皂化阶段，再继续熬制 30min 以上。

将熬制的松香酸钠先取出少量用水稀释，如外观澄清透明、无混浊物和沉淀物，即为皂化完全。可将松香酸钠加温水稀释至一定浓度备用。

使用时应将加气剂溶液与混凝土拌合用水预先混合均匀，切忌将松香酸钠溶液直接倒入搅拌机中而损害加气剂混凝土的质量。

2. 松香热聚物的配制

松香热聚物是用硫酸和石碳酸将松香聚合，再用氢氧化钠中和而成。

松香热聚物所组成的原材料，松香需经粉碎后过 0.6mm 筛孔，石碳酸、硫酸、氢氧化钠均采用工业品。松香 70g、石炭酸 35g、硫酸 2ml、氢氧化钠 4g，以上配方可制成 100g 制品。

先将松香粉、石炭酸和硫酸正确计量后，按比例投入烧瓶中，徐徐加热，并用搅拌器加以搅拌，并安装冷凝器和温度计，温度控制在 70～80℃，加热 5～6h；然后停止加热，将氢氧化钠溶液按比例加入，继续加热 2h，控制温度接近而不超过 100℃，然后停止加热，并静置片刻，趁热倒入贮存器中，即制成胶状的松香热聚物成品，并在阴凉处贮存。

拌合混凝土用的引气剂溶液其配合比如下：氢氧化钠∶引气剂∶70～80℃热水＝1∶5∶150。

（三）影响引气剂使用效果的因素

影响引气剂使用效果的因素主要有以下几方面：

1. 引气剂掺量的影响

引气剂和引气减水剂的掺量应满足设计要求的混凝土含气量。掺量较少时混凝土的含气量太少，抗冻性、抗渗性和耐久性改善不大；掺量过多后混凝土中含气量太多会引起强度降低。

2. 引气剂和引气减水剂品种的影响

在相同含气量条件下，气泡的分布对和易性、强度和耐久性有影响。优质的引气剂及引气减水剂的气泡呈球形，气泡微小，直径多在 0.02～0.2mm，气泡间距多数小于 0.2mm。若气泡直径较大，则使用效果就差。

3. 水泥品种的影响

在引气剂掺量相同的条件下，普通硅酸盐水泥混凝土中的含量比矿渣水泥和火山灰水泥混凝土中的含气量高。

4. 骨料粒径和砂率的影响

在引气剂掺量相同的条件下，随着骨料粒径增大和砂率的减少，混凝土的含气量减少。

5. 水和水灰比的影响

拌合水的硬度增加，引气剂的引气量会降低；混凝土的含气量随水灰比的减小的而降低。

6. 搅拌方式和搅拌时间的影响

在引气剂掺量相同的条件下，人工搅拌比机械搅拌的含气量低。随搅拌时间的延长，混凝土含气量增大，但时间过长反而会引起混凝土含气量减少。故机械搅拌一般为 3～5min。

7. 气温的影响

混凝土的含气量，随着气温的升高而减少。当温度从 10℃增加到 32℃时，含气量将降低一半。

8. 振捣方式和时间的影响

同一种混凝土，随着振捣频率的提高，含气量降低；随振捣时间的延长，含气量也减少。

四、早强剂

能够提高混凝土早期强度并对后期强度无明显影响的外加剂，称之为早强剂。

要使混凝土提高早期强度的方法有三：其一使用特种水泥；其二改进混凝土施工和养护方法；其三即使用早强型外加剂。早强剂的使用最初是从无机早强剂单独使用开始，后来采取了无机与有机复合使用、早强剂与减水剂复合使用。早强剂与减水剂的复合使用既保证了混凝土减水、增强、密实的作用，又充分发挥了早强的优势。

早强剂可分为无机盐类早强剂、有机物类早强剂、复合型早强剂三大类。常用的无机盐类早强剂主要有氯化物、硫酸盐、硝酸盐和亚硝酸盐、碳酸盐等。有机醇类、胺类以及一些有机酸聚可用作混凝土早强剂，主要是指三乙醇胺、三异丙醇胺、甲酸、乙二醇等。复合型早强剂主要是指有机与无机盐复合型早强剂，也可以是无机材料与无机材料复合、有机材料与有机材料复合的早强剂。

三乙醇胺早强剂是一种可加速混凝土早期强度发展的外加剂。三乙醇胺早强剂外观为橙黄色透明黏稠状的吸水性液体，无臭、不燃、呈碱性，在掺入混凝土中后，可提高抗渗性，具有早强和增加混凝土密实性的作用，在建筑防水工程中，常用三乙醇胺来配制防水混凝土。

三乙醇胺早强防水剂的配制，一般常采用三个基本配方，见表 7-13。三乙醇胺早强防水剂溶液的配制对材料的要求是：

三乙醇胺　相对密度为 1.12～1.13，pH 8～9、工业品纯度为 70%～80%；

氯化钠　工业品；

亚硝酸钠　工业品。

配制三乙醇胺早强防水剂时，先将水放入容器中，然后再将其他材料放入水中，搅拌至充分溶解均匀，即成三乙醇胺早强防水剂。当配制 3 号配方时，应先用水将亚硝酸钠溶解，然后再加入氯化钠待其溶解，最后再加入三乙醇胺。

三乙醇胺防水剂配料表　　**表 7-13**

1号配方		2号配方			3号配方			
三乙醇胺 0.05%		三乙醇胺 0.05%+氯化钠 0.5%			三乙醇胺 0.05%+氯化钠 0.5%+亚硝酸钠 1%			
水	三乙醇胺	水	三乙醇胺	氯化钠	水	三乙醇胺	氯化钠	亚硝酸钠
$\frac{98.75}{98.33}$	$\frac{1.25}{1.67}$	$\frac{86.25}{85.83}$	$\frac{1.25}{1.67}$	$\frac{12}{12.5}$	$\frac{61.25}{60.83}$	$\frac{1.25}{1.37}$	$\frac{12.5}{12.5}$	$\frac{25}{25}$

注：1. 此表为每 100kg 防水剂的配料表。
2. 表中数据分子为采用化学纯（纯度为 100%）三乙醇胺，分母为采用纯度 75%的工业三乙醇胺。
3. 表中百分数为水泥质量的百分数。
4. 1 号配方用于常温和夏季施工；2 号、3 号配方用于冬期施工。

五、混凝土膨胀剂

混凝土膨胀剂是指与水泥、水拌合后经水化反应生成钙矾石或氢氧化钙，使混凝土产生一定体积膨胀的外加剂。在普通混凝土中掺入膨胀剂可以配制补偿收缩混凝土和自应力混凝土，因而膨胀剂的应用十分广泛。

混凝土透水、渗水的本质原因是混凝土自身的开裂、连通孔的存在。为了使混凝土达到抗渗的效果，使用新品种水泥——膨胀水泥，来提高混凝土结构本身的密实性——抗渗性，这是一种重要的配制防水混凝土的方法。作为单独的膨胀剂从膨胀水泥中分出来，在市场上直接出售膨胀剂，把膨胀剂作为膨胀组分掺加到硅酸盐水泥中去，这样在应用中更加灵活。

（一）膨胀剂的类别、性能要求及适用范围

根据膨胀剂的化学成分或膨胀产物的不同可将膨胀剂分为以下类型：硫铝酸钙类、氧化钙类、氧化镁类、氧化铁类、加气剂类以及复合类等几个类别的膨胀剂。

我国已发布了《混凝土膨胀剂》（JC 476—2001）行业标准，该标准适用于硫铝酸钙类、硫铝酸钙-氧化钙类与氧化钙类粉状混凝土膨胀剂。混凝土膨胀剂的性能指标应符合表 7-14 的规定，复合混凝土膨胀剂的限制膨胀率、抗压强度和抗折强度指标应符合表 7-14 的规定，其他性能指标应符合相应的混凝土化学外加剂标准的规定。

混凝土膨胀剂的性能指标　　**表 7-14**

项目					指标值
化学成分	氧化镁(%)			≤	5.0
	含水率(%)			≤	3.0
	总碱量(%)			≤	0.75
	氯离子(%)			≤	0.05
物理性能	细度	比表面积(m^2/kg)		≥	250
		0.08mm 筛筛余(%)		≤	12
		1.25mm 筛筛余(%)		≤	0.5
	凝结时间	初凝(min)		≥	45
		终凝(h)		≤	10
	限制膨胀率	水中	7d	≥	0.025
			28d	≤	0.10
		空气中	21d	≥	−0.020
	抗压强度(MPa) ≥		7d		25.0
			28d		45.0
	抗折强度(MPa) ≥		7d		4.5
			28d		6.5

注：1. 细度用比表面积和 1.25mm 筛筛余或 0.08mm 筛筛余表示，仲裁检验用比表面积和 1.25mm 筛筛余。
2. 本表摘自《混凝土膨胀剂》（JC 476—2001）。

膨胀剂的组分在混凝土中引起化学反应而产生膨胀效应的水化硫铝酸钙（钙矾石）或氢氧化钙，在钢筋作用约束下，这种膨胀转变成压应力，从而减少或消除混凝土干缩和凝缩时的体积缩小，改善混凝土质量，与此同时，生成的钙矾石等晶体具有充填、堵塞混凝土毛细孔隙的作用，提高混凝土的抗渗能力。

依据国家标准《混凝土外加剂应用技术规范》（GB 50119—2003）的规定，膨胀剂的适用范围应符合表 7-15 的规定。

含硫铝酸钙类、硫铝酸钙-氧化钙类膨胀剂的混凝土（砂浆）不得用于长期环境温度为 80℃以上的工程；含氧化钙类膨胀剂配制的混凝土（砂浆）不得用于海水或有侵蚀性水的工程。

掺膨胀剂的混凝土适用于钢筋混凝土工程和填充性混凝土工程；掺膨胀剂的大体积混

膨胀剂的适用范围　表 7-15

用　途	适 用 范 围
补偿收缩混凝土	地下、水中、海水中、隧道等构筑物，大体积混凝土（除大坝外），配筋路面和板，屋面与厕浴间防水，构件补强，渗漏修补，预应力混凝土，回填槽等
填充用膨胀混凝土	结构后浇带、隧道堵头、钢管与隧道之间的填充等
灌浆用膨胀混凝土	机械设备的底座灌浆、地脚螺栓的固定、梁柱接头、构件补强、加固等
自应力混凝土	仅用于常温下使用的自应力钢筋混凝土压力管

凝土，其内部最高温度应符合有关标准的规定，混凝土内外温差宜小于 25℃。

（二）硫铝酸钙类混凝土膨胀剂

硫铝酸钙类混凝土膨胀剂是指与水泥、水拌合后经水化反应生成钙矾石的混凝土膨胀剂，其主要品种参见表 7-16。

我国主要硫铝酸钙膨胀剂　表 7-16

膨胀剂	代号	基 本 组 成	膨胀源
CSA 型膨胀剂	CSA	硫铝酸钙熟料、石灰石、石膏	钙矾石
U 型膨胀剂	UEA	硫铝酸盐熟料、明矾石、石膏	钙矾石
复合膨胀剂	CEA	石灰系熟料、明矾石、石膏	CaO、钙矾石
铝酸钙膨胀剂	AEA	铝酸钙熟料、明矾石、石膏	钙矾石
明矾石膨胀剂	EA-L	明矾石、石膏	钙矾石

1. CSA 膨胀剂

CSA 膨胀剂是由铝土矿、石灰石和石膏为主要原料，在 1300℃左右经煅烧后粉磨的一类膨胀剂产品。

CSA 膨胀剂掺入量一般在 8%～10%。水泥砂浆的膨胀率为 0.5%；净浆膨胀率为 1%；混凝土的膨胀率为 0.04%～0.1%。

在硅酸盐水泥中掺 8%～12%CSA 膨胀剂可拌制成补偿收缩混凝土；内掺 17%～25%则可拌制成自应力混凝土。

2. U 型混凝土膨胀剂

U 型混凝土膨胀剂（United Expansion Agent），简称 UEA，是以硫酸铝、氧化铝、硫酸铝钾、硅酸钙等无机化合物配制而成的防裂型混凝土防水剂，是一种“治本”的刚性防水材料。

本品为灰白色粉末，不含有害物质，不污染环境，对水质无影响。

普通混凝土由于收缩开裂，往往会发生渗漏，因而降低它的使用功能和耐久性，在普通混凝土中加入一定量的 UEA，形成微膨胀混凝土，使混凝土凝固时产生的收缩应力得到补偿，所以加入 UEA 或其他微膨胀剂的混凝土亦称为补偿收缩混凝土。UEA 加入到普通混凝土中后，与水搅拌后生成大量膨胀性结晶水化硫铝酸钙（即钙矾石），在养护期间使混凝土产生适度膨胀，同时产生 0.2～0.7MPa 的预压应力（自应力），拉伸强度得到增大，足以抵消混凝土凝固时产生的收缩应力，从而减少或防止裂缝的出现，使混凝土基面外表美观，防止钢筋氧化锈蚀，减少修补工作量等。UEA 还可以降低水化热，补偿混凝土的温差收缩，与缓凝减水剂复合应用可以解决大体积混凝土的开裂问题。

加入较多UEA的钢筋混凝土，由于化学膨胀力而引起钢筋张拉，其反力使混凝土受到压缩应力，所以取得了和预应力方法相同的机械张拉钢筋的效果。

当加入UEA的混凝土或砂浆受到外部限制约束时，UEA化学膨胀力便在内部起作用，钙矾石结晶不断填充到混凝土微孔中，可以得到非常细致密实的无收缩高强混凝土或砂浆。所以其化学压力发挥了和机械压力相同的效果。

掺入UEA的混凝土在水化过程中形成的大量膨胀钙矾石结晶体，具有填充、切断毛细孔缝的作用，使大孔减小，总孔隙率下降，从而增强了混凝土的自防水能力，所以膨胀水泥又称不透水水泥，是一种省料、省工、省时的理想刚性材料。

在实际工程中，掺入本品的混凝土在限制条件下，其强度比普通水泥混凝土提高10%～30%，增强了构筑物的安全性。采用UEA混凝土做接缝或填充材料时，由于膨胀作用，使新老混凝土粘结紧密，将整个基面连成一体，克服了普通混凝土应力集中在施工缝处，凝固后形成收缩裂缝的缺点。UEA混凝土凝固后，在潮湿或有水的条件下，仍存在一定的微膨胀和内应力，对于小于0.25mm的结构裂缝，由于UEA形成的膨胀结晶水化物具有强烈的生长能力，可以自行将微缝愈合，防止产生微缝渗漏现象。

凡要求抗裂、防渗、接缝、填充的混凝土工程和水泥制品都可以用UEA，特别适用于地下、水下、水池、贮罐等结构自防水工程，两次灌注工程和补强接缝工程等。

本品的技术性能指标见表7-17。

UEA的技术性能指标 表7-17

项目		性能指标	项目		性能指标
密度(g/cm^3)		2.88	限制膨胀率(%)空气中(28d)	≥	0.02
细度 比表面积(cm^2/g)	≥	2500	水中(14d)	≥	一级品0.04 合格品0.02
0.08mm筛筛余(%)	≤	10	抗压强度(MPa) 7d	≥	30
1.25mm筛筛余(%)	≤	0.5	28d	≥	50
凝结时间 初凝(min)	≥	45	抗折强度(MPa) 7d	≥	5.0
终凝(h)	≤	12	28d	≥	7.0

3. 复合型膨胀剂（CEA）

复合型膨胀剂（CEA）吸收了石灰型膨胀剂和明矾石膨胀剂的优点，因其膨胀来源于过烧石灰和钙矾石的双重作用，故名复合型，它是以石灰石、铝土质材料、铁质原料磨制成生料，经1400～1500℃煅烧成熟料，再经熟料磨细而成，其碱含量较低。采用10%CEA掺量的1∶2砂浆的基本性能参见表7-18。

CEA掺量为10%的1∶2砂浆的基本性能 表7-18

试验项目	3d	7d	28d	3m	6m	1年	3年	6年
抗压强度(MPa)	27.4	40.2	59.0	70.3	74.3	75.9	81.7	83.1
抗折强度(MPa)	6.5	7.5	9.9	10.0	10.1	10.0	10.1	10.1
限制膨胀(%)	0.021	0.032	0.043	0.048	0.049	0.047	0.048	—
自应力值(MPa)	0.58	0.88	1.18	1.31	1.37	1.29	1.32	—

4. 铝酸钙膨胀剂（AEA）

AEA膨胀剂是由一定比例的高铝熟料、天然明矾石、石膏共同粉磨制成的一类混凝土膨胀剂。其化学成分特点是CaO含量几乎比UEA多一倍，AEA组分中高铝熟料的铝酸钙矿物 CA 等首先与 $CaSO_4$、$Ca(OH)_2$ 作用，水化生成水化硫铝酸钙（钙矾石）而膨胀，水泥硬化中期明矾石在石灰、石膏激发下也生成钙矾石而产生微膨胀。

掺 AEA 膨胀剂的混凝土物理性能见表 7-19。

掺 AEA 膨胀剂的混凝土的物理性能　**表 7-19**

稠度	掺量	凝结时间(h：min)		限制膨胀率(%)		抗压强度(MPa)		抗折强度(MPa)	
		初凝	终凝	水中(14d)	空气(28d)	7d	28d	7d	28d
25.0	10	2：55	5：30	0.044	−0.006	46.0	57.1	6.6	8.0
25.2	10	1：35	3：20	0.056	0.003	42.0	51.2	6.6	7.1

5. 明矾石膨胀剂（EA-L）

明矾石膨胀剂是利用天然明矾石为主要膨胀组分，掺入少量石膏，共同粉磨而成。这种膨胀剂不经煅烧，节能，在自然干燥环境中可存放 2 年不变质，使用方便，但它的含碱量较高。

（三）氧化钙类混凝土膨胀剂

氧化钙类混凝土膨胀剂是以 CaO 为膨胀源，是由普通石灰和硬酯酸按一定比例共同磨细而成。石灰（氧化钙）在磨细过程中加入硬酯酸，一方面起助磨剂作用，另一方面在球磨机球磨过程中石灰表面黏附了硬酯酸，形成一层硬酯酸膜，起到了憎水隔离作用，使 CaO 不能立即与水作用，而是在水化过程中膜逐渐破裂，延缓了 CaO 的水化速度，从而控制膨胀速率。氧化钙类膨胀剂主要用于设备灌浆，制成灌浆料，应用于大型设备的基础灌浆和地脚螺丝的灌浆，使混凝土减少收缩，增加体积稳定性和提高强度，这类材料在安装工程中已大量使用。

（四）复合混凝土膨胀剂

复合混凝土膨胀剂是指硫铝酸钙类或氧化钙类混凝土膨胀剂分别与混凝土化学外加剂复合的，兼有混凝土膨胀剂与其他混凝土化学外加剂性能的混凝土复合膨胀剂。

复合膨胀剂种类很多，性能各异，有的品种相差甚大，绝大多数是与缓凝剂复合，以减小坍落度经时损失，有利于商品混凝土的远距离运输和泵送。

（五）膨胀剂的使用方法

膨胀剂的品种掺量及使用范围见表 7-20。

膨胀剂的品种掺量及使用范围　**表 7-20**

可配制的膨胀混凝土种类	膨胀剂名称	掺量(占水泥质量的百分比)(%)	使用范围
补偿收缩混凝土	明矾石膨胀剂 硫铝酸钙膨胀剂 氧化钙膨胀剂 氧化钙-硫铝酸钙复合膨胀剂	13～17 8～10 3～5 8～12	屋面及地下防水、堵漏、基础后浇缝、混凝土构件补强、预埋骨料混凝土、钢筋混凝土及预应力混凝土
填充用膨胀混凝土	明矾石膨胀剂 硫铝酸钙膨胀剂 氧化钙膨胀剂 氧化钙-硫铝酸钙复合膨胀剂 铁屑膨胀剂	10～13 8～10 3～5 8～10 30～35	机械设备底座灌浆、地脚螺栓的固定、梁柱接头混凝土、管道接头及防水堵漏混凝土
自应力混凝土	硫铝酸钙膨胀剂 氧化钙-硫铝酸钙复合膨胀剂	15～25 15～25	常温下使用的自应力混凝土压力管

注：水泥及膨胀剂掺量按内掺法计算，即计算水泥用量是实际水泥用量与膨胀剂用量之和。

膨胀剂仅作为补偿收缩混凝土使用时，其标准掺入量为12%（内掺)。掺膨胀剂的混凝土坍落度损失大，可采用掺加缓凝减水剂来解决，但要注意水泥的适应性问题。

在使用中，必须对膨胀剂的自由膨胀采取限制措施，否则，抗压、抗折等各项强度会随着掺量增大而降低。配筋和复合纤维可以限制膨胀剂的自由膨胀，无筋膨胀剂混凝土则应当推迟拆模时间来达到限制膨胀。膨胀剂水泥在成型后72h内膨胀率急剧上升，7d内快速增长，14d之前仍有增长，因此无筋膨胀剂混凝土可采取推迟拆模时间来达到限制膨胀的效果，例如在试模内掺有膨胀剂的混凝土试块，应当至少在48h后拆模。

各种类型的膨胀剂其含碱量可参见表7-21。

膨胀剂品种及碱含量 **表7-21**

膨胀剂品种	主要原材料	含碱量(%)
U-Ⅰ型膨胀剂	硫铝酸盐熟料、明矾石、石膏	1.0～1.5
U-Ⅱ型膨胀剂	硫酸铝熟料、石膏、明矾石	1.7～2.0
UEA-H型膨胀剂	硅铝酸盐熟料、石膏、明矾石	0.5～1.0
铝酸钙膨胀剂	矾土水泥熟料、石膏、明矾石	0.57～0.70
复合膨胀剂(CEA)	石灰系熟料、明矾石、石膏	0.4～0.6
明矾石膨胀剂	石膏、明矾石	2.55～3.0

注：碱含量以Na_2O当量计。

混凝土膨胀剂在使用中应注意以下事项：

(1) 掺硫铝酸钙膨胀剂配制的膨胀混凝土（砂浆)，不得用于长期处于环境温度为80℃以上的工程中。

(2) 掺铁屑膨胀剂的填充膨胀混凝土（砂浆)，不得用于有杂散电流的工程和与铝镁材料接触的部位。

(3) 膨胀混凝土配合比设计与普通混凝土相同，配合比计算时的水泥用量为1m^3混凝土中实际水泥用量与膨胀剂用量之和，铁屑膨胀剂的质量不计入水泥用量内。

(4) 膨胀混凝土（砂浆）宜采用机械搅拌，必须搅拌均匀，一般比普通混凝土（砂浆）的搅拌时间延长30s以上。

(5) 膨胀混凝土（砂浆）必须在潮湿状态下养护14d以上，或采用喷涂养护剂养护。

(6) 对掺硫铝酸钙类或氧化钙类膨胀剂的混凝土，不宜同时使用氯盐类外加剂。

六、防水剂

防水剂系由化学原料配制而成的一种能起到提高水泥混凝土和水泥砂浆不透水性的外加剂。防水剂在使用时，一般是按比例掺入到水泥混凝土或水泥砂浆中（也有涂刷在表面而渗透到水泥混凝土或水泥砂浆中的）以形成防水混凝土或防水砂浆，从而起到防水作用。

混凝土在硬化后，一般情况下其内部存在毛细管及空隙，因此会透过水分，即混凝土存在渗透性，如果使用防水剂则可大大减少这种空隙，使混凝土的密实性得到提高，从而提高混凝土的抗渗性。

防水剂是以防水为主要功能的一类防水剂，其他的外加剂如引气剂、膨胀剂等虽也能提高混凝土的抗渗性，但各自所具有的防水机理不尽相同，且它们还有引气、膨胀等主要功能，故它们归属于不同的类别。

(一) 防水剂的分类、防水机理及性能

1. 防水剂的分类及防水机理

根据防水剂的形态，可分为液态防水剂和固态防水剂。按照防水剂的化学组成可将防水剂分为无机质系、有机质系和复合系三类，参见图 7-2。无机质系的防水剂主要有氯化物金属盐类防水剂、无机铝盐防水剂、硅酸钠类防水剂、混凝土密封剂、硅酸质粉末等品种。有机质系的防水剂又称聚合物防水剂，多以聚合物的形式出现，一般都是指橡胶胶乳、树脂乳液或水溶性聚合物等，如有机硅防水剂、阳离子氯丁胶乳、丁苯胶乳等，有机质系防水剂还有金属皂类防水剂、脂肪酸系、石蜡和沥青乳液等品种。复合系是指无机质混合物、有机质混合物、无机质与有机质的混合物复合而成的一类防水剂。

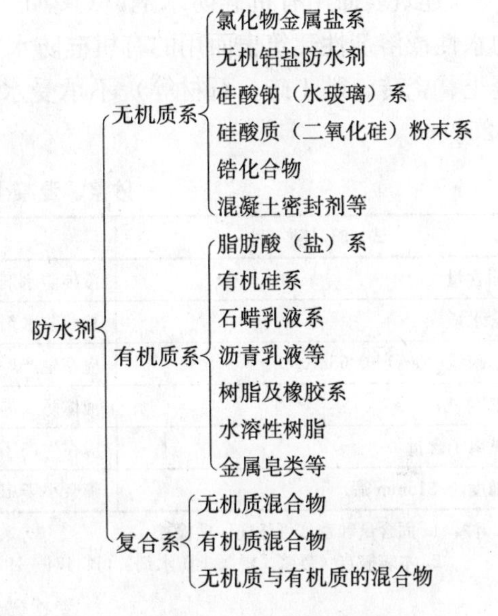

图 7-2　防水剂（按化学组成）分类

按照防水剂的防水机理，可将防水剂分为减渗性防水剂和憎水性防水剂两大类。

减渗性防水剂是以减少混凝土中的空隙，提高其材料的密实度，从而达到抗渗目的的一类防水剂。这类防水剂占防水剂品种的多数，且多为无机化合物，它们自身或是它们与水泥水化过程中生成的产物反应所形成的化合物能填充混凝土中的毛细管通道，减少空隙，例如氧化铁防水剂，它在水泥水化过程中生成氯铝酸钙、氢氧化铁和氢氧化铝胶体，并以此来填充混凝土的空隙，提高混凝土的密实性。又如硅酸质粉末防水剂，一方面其自身很细，可以填塞空隙；另一方面由于它们有一定的活性，可与水泥在水化过程中形成氢氧化钙反应，生成胶状水化硅酸盐，填充空隙，提高抗水性。

憎水性防水剂，它不同于以密封处理为特征的前一类防水剂，这类防水剂多为有机物质，并以憎水处理为特征，它们可使混凝土中的毛细管壁由亲水性变为憎水性，使混凝土的表面成为憎水面，从而减少因毛细管的作用而引起的渗水，提高混凝土的抗水性，这类防水剂以有机硅防水剂为代表。

防水剂提高混凝土和砂浆水密性的防水机理，具体可分为以下几个方面：

(1) 促进水泥的水化反应，生成水化凝胶，填充早期的空隙；

(2) 掺入微细物质来填充混凝土中的空隙，隔断渗水通道；

(3) 掺入憎水性的物质，或与水泥中的成分生成疏水性的成分；

(4) 在混凝土（砂浆）的空隙中形成致密性好的膜；

(5) 涂布或渗透可溶性成分，与水泥水化反应过程中产生可溶性成分结合生成不溶性晶体。

2. 防水剂的性能要求

目前我国已发布了《砂浆、混凝土防水剂》(JC 474—1999)、《建筑表面用有机硅防水剂》（JC/T 902—2002）等建材行业标准。

《砂浆、混凝土防水剂》（JC 474—1999）中所规定的砂浆、混凝土防水剂是指能降低砂浆、混凝土在静水压力下的透水性的外加剂，其匀质性指标见表7-22；其受检砂浆的性能指标见表7-23；其受检混凝土的性能指标见表7-24。

《建筑表面用有机硅防水剂》（JC/T 902—2002）适用于以硅烷和硅氧烷为主要原料的水性或溶剂性建筑表面用的有机硅防水剂，有机硅防水剂多用于多孔性无机基层（如混凝土、瓷砖、黏土砖、石材等）不承受水压的防水及防护。其产品的理化性能指标见表7-25。

砂浆、混凝土防水剂匀质性指标　　表7-22

试验项目	指标
固含量	液体防水剂：应在生产厂控制值相对量的3%之内
含水量	粉状防水剂：应在生产厂控制值相对量的5%之内
总碱量（$Na_2O+0.658K_2O$）	应在生产厂控制值相对量的5%之内
密度	液体防水剂：应在生产厂控制值相对量的±0.02g/cm³之内
氯离子含量	应在生产厂控制值相对量的5%之内
细度（0.315mm筛）	筛余小于15%

注：1. 固含量和密度可任选一项检查。
2. 本表摘自《砂浆、混凝土防水剂》（JC 474—1999）。

受检砂浆的性能指标　　表7-23

试验项目		性能指标		试验项目		性能指标	
		一等品	合格品			一等品	合格品
净浆安全性		合格	合格	透水压力比	≥	300	200
凝结时间	初凝≥			48h吸水量比（%）	≤	65	75
	终凝≤			28d收缩率比（%）	≤	125	135
抗压强度比≥	7d	100	85	对钢筋的锈蚀作用		应说明对钢筋有无锈蚀作用	
	28d	90	80				

注：1. 除凝结时间、安定性为受检净浆的试验结果外，表中所列数据均为受检砂浆与基准砂浆的比值。
2. 本表摘自《砂浆、混凝土防水剂》（JC 474—1999）。

受检混凝土的性能指标　　表7-24

试验项目		性能指标		试验项目	性能指标	
		一等品	合格品		一等品	合格品
净浆安定性		合格	合格	渗透高度比≤		
泌水率比（%）≤		50	70			
凝结时间差≤	初凝	90		48h吸水量比（%）≤	65	75
	终凝	—		28d收缩率比（%）≤	125	125
抗压强度比≥	3d	100	90	对钢筋的锈蚀作用	应说明对钢筋有无锈蚀作用	
	7d	110	100			
	28d	100	90			

注：1. 除净浆安定性为净浆的试验结果外，表中所列数据均为受检混凝土与基准混凝土差值或比值。
2. "—"表示提前。
3. 本表摘自《砂浆、混凝土防水剂》（JC 474—1999）。

建筑表面用有机硅防水剂理化性能　表 7-25

试验项目			指标 W	指标 S
pH			规定值±1	
固体含量(%)		≥	20	5
稳定性			无分层,无漂油,无明显沉淀	
吸水率(%)		≤	20	
渗透性≤	标准状态		2mm 无水迹,无变色	
	热处理		2mm 无水迹,无变色	
	低温处理		2mm 无水迹,无变色	
	紫外线处理		2mm 无水迹,无变色	
	酸处理		2mm 无水迹,无变色	
	碱处理		2mm 无水迹,无变色	

注：1. 前三项为未稀释的产品性能，规定值在生产企业说明书中告知用户。

2. W 为水性建筑表面用有机硅防水剂；S 为溶剂型建筑表面用有机硅防水剂。

(二) 氯化物金属盐类防水剂

氯化物金属盐类防水剂是由氯化钙、氯化铝等金属盐和水按一定比例混合配制而成的有色液状物，简称为氯盐防水剂。

氯盐防水剂在掺入混凝土（砂浆）中后，在水泥水化硬化过程中，能与水泥及水作用生成复盐，填补混凝土与砂浆中的空隙，提高混凝土的密实度与不透水性，以起到防水、防渗作用，这种防水剂有速凝、早强、耐压、防水、抗渗、抗冻等作用，可用于屋面、地下室、地下防潮层、游泳池、水箱等的防水、抗渗，其掺量为水泥用量的5%左右。

1. 氯化铁防水剂

氯化铁防水剂是由氧化铁皮、铁粉和工业盐酸按一定比例在常温下进行化学反应后，生成的一种深棕色强酸性液体，氯化铁防水剂可用来配制氯化铁防水混凝土和氯化铁防水砂浆，适用于工业与民用建筑地下室、水池、水塔及设备基础等处的刚性防水以及其他处于地下和潮湿环境下的砖砌体、混凝土及钢筋混凝土工程和防水堵漏，也可用来配制防汽油渗漏的砂浆及混凝土等。根据限制氯盐使用范围的有关规定，对于接触直流电源的工程、预应力钢筋混凝土及重要的薄壁结构上禁止使用氯化铁防水混凝土。氯化铁防水剂宜用于水中结构、无筋或少筋大体积混凝土工程。

氯化铁防水剂的配制方法如下：

(1) 以氧化铁皮为原料的氯化铁防水剂的配制

这类氯化铁防水剂是以轧钢时脱落的氧化铁皮和工业用盐酸按适当比例，在常温（>10℃）下进行化学反应后，生成的一种氯化铁溶液。

① 组成　氧化铁皮具有下列成分：Fe_2O_3（氧化铁）、FeO（氧化亚铁）、Fe_3O_4（四氧化三铁）。氧化铁皮如有油垢应清除干净，并粉碎通过 3mm 筛孔。

盐酸（HCl）可采用工业盐酸，相对密度为 1.15～1.19。

硫酸铝［$Al_2(SO_4)_3$］的主要成分是 $Al_2(SO_4)_3 \cdot 18H_2O$，少量的硫酸铝加入氯化铁溶液中，其主要作用是与水泥中的 $Ca(OH)_2$ 反应生成 $Al(OH)_3$ 胶体，另外生成硫铝酸钙，膨胀增加混凝土和砂浆的密实性。硫酸铝可采用硫酸铝含量<5%的工业含水硫酸铝。

氧化铁粉应采用炼钢吹氧钢灰，即红色铁粉。

② 配制方法　氧化铁防水剂的配合比为：氧化铁皮：铁粉：盐酸：硫酸铝＝80：20：200：12。

将铁粉投入陶瓷缸中，加入所用盐酸的二分之一，用空气泵或机械搅拌15min，使其得到充分反应，如采用人工搅拌，其时间应加长至1～1.5h，待铁粉全部溶解后，再加入氧化铁皮以及剩余的二分之一盐酸，机械搅拌45～60min，再自然反应3～4h，直至溶液成浓稠的酱油状，即成氯化铁溶液，该溶液静置2～3h，倒出清液，清除杂质及未溶物，放置12h后，然后再加入占氯化铁溶液总量5%的工业硫酸铝，充分搅拌使其完全溶解后，即可使用。

③ 成品要求　氯化铁防水剂其相对密度应大于1.4，其中二氯化铁和三氯化铁的比例应在1：(1～1.3)（质量比）范围内，而且其有效含量应不小于400g/L；防水剂溶液的pH为1～2；硫酸铝含量约占氯化铁溶液质量的5%。

(2) 以硫铁矿渣为原料的氯化铁防水剂的配制

这类氯化铁防水剂是以硫酸厂的工业废料和工业盐酸，并加入适量的明矾，在常温下经化学反应而成的一种氯化铁溶液。

① 组分　硫铁矿渣为制造硫酸后的工业废料，其主要成分为氧化铁以及少量的铁、氧化硅、氧化铝、氧化钙和硫等。配制氯化铁防水剂，应选用氧化铁含量较高、二氧化硅含量低的矿渣，配制前需干燥，含水量<2%，并过筛除去其中的杂质。

铁屑可采用机械加工时的切削废料。明矾一般采用工业明矾。

盐酸和硫酸铝同配制氧化铁皮为原料的氧化铁防水剂中的要求。

② 配制方法　按照硫铁矿渣：盐酸＝1：(2～3)的质量备料，将盐酸倒入陶瓷缸中，然后将占盐酸质量5%～10%的硫铁矿渣和铁屑混合物，徐徐倒入盐酸中，连续搅拌3h左右，以后每0.5h搅拌一次，经24h澄清并测其相对密度，当相对密度>1.3时，便可以加入溶液质量10%左右的明矾或硫酸铝，继续搅拌至完全溶解，即成制品。

2. 防水浆

防水浆系采用氯化钙、氯化铝等金属盐和水按一定比例混合而配制成的，外观为淡黄色液体的一类防水剂。

防水浆掺入水泥砂浆后，能与水泥和水起作用，在砂浆凝结硬化的过程中生成复盐，起到填补砂浆中空隙的作用，从而提高砂浆的密实性和防水性能。产品具有速凝、早强、耐压、防水、抗渗、抗冻等性能，可配制防水水泥净浆、防水砂浆或防水混凝土，适用于涂刷防水层、堵塞漏水点、拌合钢筋混凝土及水泥砂浆抹灰层等。

防水浆有成品供应，也可自行配制，其配制方法见表7-26；采用防水浆的防水砂浆的配制见表7-27。

防水浆的施工要点如下：

(1) 一般工程先刷防水砂浆两遍，再刷防水砂浆一遍，每遍刷后至少间隙1d，并先浇水，然后再刷；

(2) 防水浆按水泥质量3%～7%掺入拌合水内，拌捣混凝土或水泥砂浆；

(3) 搅拌混凝土或砂浆时，应先将防水浆加入拌合的水内搅拌均匀；

防水浆的配制　表 7-26

材　料	质量配合比(%)		质量要求	配　制　方　法
	Ⅰ	Ⅱ		
氯化铝	4	4	固体,工业用	首先将水放置在耐腐蚀的木质或陶制容器中 30～60min,待水中可能有氯气挥发后,再将预先打成碎块(直径约 30mm)的氯化钙全部溶解为止(在此工程中,溶液温度将逐渐升高)。待液体冷却到 50～52℃时再将氯化铝全部加入,继续搅拌到全部溶解,即成防水浆
氯化钙(结晶体)	23	—	工业用,其中 $CaCl_2$ 含量≥70%,结晶体可全部用固体代替	
氯化钙(固体)	23	46	工业用	
水	50	50	自来水或饮用水	

防水砂浆的配制方法　表 7-27

配　合　比		备　注
质量比	体积比	
防水浆占水泥质量的 3%～7%	防水砂浆 防水浆∶水∶水泥∶黄砂=1∶5∶8∶3 防水净浆 防水浆∶水∶水泥=1∶5∶8	配制时,按表列体积比先用水将防水浆稀释后,再加水泥、黄砂调匀

(4) 水泥需 32.5 级以上的普通硅酸盐水泥，黄砂、石子需清洁；

(5) 再涂刷防水层前，建筑物表面应先清除浮松物，并浇水冲洗；

(6) 夏季施工须防烈日暴晒；冬期施工须加强防冻措施；

(7) 每 1kg 防水浆约可涂刷 8m² 面积 3 遍，需随用随调，调好后应在 30min 内用完。

(三) 无机铝盐类防水剂

无机铝盐类防水剂是以铝盐和碳酸钙为主要原料，通过多种无机化学原料化合反应而成的油状液体，颜色呈淡黄色或褐黄色。其抗渗漏、抗冻、耐热、耐压、早强、速凝功能齐全，无毒、无味、无污染。

无机铝盐防水剂的掺量为水泥用量的 3%～5%，无机铝盐掺入混凝土中，即与水泥水化后生成的 $Ca(OH)_2$ 产生化学反应，生成氢氧化铝、氢氧化铁等胶凝物质，同时与水泥中的水化氯酸钙作用，生成具有一定膨胀性的复盐硫铝酸钙晶体，这些胶体物质和晶体填充在混凝土和砂浆结构的毛细孔及空隙中，阻塞了水分迁移的通道，提高了混凝土的密实性和防水抗渗的能力。

无机铝盐防水剂适用于混凝土、钢筋混凝土结构刚性自防水及表面防水层，可用于屋顶平面、厕卫间、地下室、隧道、下水道、水塔、桥梁、蓄水池、油池、建筑板缝、堤坝灌浆、粮库、下水井设施及壁面防潮等新建和修旧的防水工程。

采用无机铝盐防水剂的各种结构防水材料的配合比见表 7-28。

1. 地下室、厕所、水池、堤坝、渠道的施工要点

(1) 基层清理：清除表面及拼缝接头缝内的杂物，不得有疏松及空鼓，并用韧性材料嵌缝，嵌缝表面及时撒大粒砂，以便于防水砂浆层粘结；

(2) 刷防水素浆；

(3) 抹防水基层，厚度 10～15mm，反复压实用木刮板搓出麻面；

(4) 刷防水素浆；

各种结构防水材料的配合比（质量比）　表 7-28

组成材料	混凝土(C20)	混凝土(C30)	防水素浆	防水砂浆(底层)	防水砂浆(面层)
水泥	1	1	1	1	1
中粗砂	1.7	0.14	—	2.5～3.5	2.5～3.0
碎石	2.4	1.91	—	—	—
水	0.4～0.5	0.4～0.5	2.0～2.5	0.4～0.5	0.4～0.5
防水剂	0.03～0.05	0.03～0.05	0.03～0.05	0.05～0.08	0.05～0.10
混凝土外加剂	0.003	0.003	—	—	—
厚度(mm)	根据设计要求	根据设计要求	1～2	20～25	20～25
选用材料要求	1. 水泥：普通硅酸盐水泥，矿渣水泥、火山灰质水泥，强度等级不低于 32.5 级，不同品种、不同强度水泥不能混合使用 2. 砂：中砂、粗砂质量应符合混凝土用砂要求 3. 水：使用洁净天然水或自来水				

(5) 每层接茬处应错开，距离不少于 100mm；

(6) 进行养护，养护期 14d。

2. 注意事项

(1) 原基层要干净、粗糙、湿润，高温时不宜施工；

(2) 防水砂浆或防水混凝土的搅拌时间，比素砂浆、素混凝土的搅拌时间要长一些；

(3) 防水砂浆要反复压光压实，防水混凝土要振捣密实。

WJ_1 防水剂是在无机铝盐防水剂的基础上进一步研制成功的，系以无机盐为主体的多种无机盐类混合而成的淡黄色液体。它抗渗漏、抗冻、耐热、耐压、早强、速凝功能突出，抗老化性能强，冷施工，操作安全简便，适用于钢筋混凝土、水泥混凝土及砖石结构的内部和表面，即顶平面、厕卫间、建筑板缝、地下屋、粮库顶地面、人防工程、隧道、下水道、水塔、桥梁、蓄水贮油池、堤坝灌浆、下水井设施及壁面防潮等新建和修旧的防水工程。

WJ_1 防水剂的配合比见表 7-29。

WJ_1 防水剂配制防水混凝土和防水砂浆的配合比　表 7-29

标号项目		混凝土	混凝土	防水砂浆	防水砂浆	防水砂浆	防水净浆	素浆
		C20	C20	1∶3	1∶2.5	1∶2	—	—
组成材料	防水剂(kg)	20	20	61	73	110	1.5	—
	水泥(kg)	363	363	404	485	550	2.5	1.0
	中砂(m^3)	0.536	0.536	1.284	1.284	1.17	—	—
	碎石(m^3)	0.847	0.847	—	—	—	—	—
	水(m^3)	0.2	0.2	0.3	0.3	0.3	3.1	3.0
使用范围		预制板填缝	屋面或基层	屋面、墙壁	地下室、坑道、仓库、地面	水池、水塔、井下	防水砂浆层表面	粘结层

WJ_1 防水剂的组成材料的质量要求见表 7-30。

WJ$_1$ 防水剂组成材料的质量要求　表 7-30

材料名称	质量要求
水泥	使用硅酸盐系类水泥，强度等级不得低于 325。不同品种、不同标号的水泥不得混合使用
砂	采用中砂或粗砂。粒径为 3.5～5.0mm，含泥量不大于 2%，必要时应淘洗
水	采用洁净的天然水或自来水，水中不得含有影响水泥正常凝结和硬化的糖、油类等有害杂质
防水剂	WJ$_1$ 防水剂

（四）硅酸钠类（水玻璃类）防水剂

硅酸钠类防水剂，又称防水油、防水药水，是掺入适量的水和数种矾类配制而成的一种具有促凝作用的油状液体。

硅酸钠类防水剂系绿色黏性液体，与水泥拌合后可配制成防水混凝土和防水砂浆，可堵塞渗漏水的缝隙与孔洞，其凝固时间夏季约 35s，冬季约 1min 左右，为一种快速堵漏材料。

硅酸钠类防水剂目前常用的有二矾、三矾、四矾、五矾防水剂以及快燥精五个品种。硅酸钠类防水剂所谓的二矾、三矾是根据配制防水剂时采用的矾的种类数多少而定为二矾防水剂、三矾防水剂的。不论哪一种防水剂，配制时硫酸铜（蓝矾）和重铬酸钾（红矾）都是必不可少的成分，这四种防水剂之间相比较，其性能差别不大，均可做促凝剂，但采用的矾类越多，防水剂的性能越稳定，堵漏效果越好。快燥精则是以水玻璃为基料，掺入适量的硫酸、荧光粉（硫化锌）和水配制而成的。

硅酸钠类防水剂是有速凝、防水、抗渗、堵漏的功能，用其混合水泥涂刷在底灰层做防水层，干固后形成胶膜，能制止外来水分的侵入，用该防水剂拌合水泥素浆，能即刻堵塞局部的涌水外冒。本品可应用于建筑物屋面、地下室、水池、水塔、油库等的防水补漏。

1. 防水促凝剂

防水促凝剂系以水玻璃为基料，加入适量的水、硫酸铜和重铬酸钾配制而成的一种液体防水剂，亦称二矾防水剂。其配合比见表 7-31。

防水促凝剂的配制方法如下：

防水促凝剂的用料及配合比　表 7-31

用料及配合比（质量比）					备注
材料名称	通称	分子式	配合比	色泽	
硫酸铜	胆矾	$CuSO_4 \cdot 5H_2O$	1	水蓝色	三级化学试剂
重铬酸钾	红矾	K_2CrO_7	1	橙红色	三级化学试剂
硅酸钠	水玻璃	$NaSiO_3$	400	无色	相对密度 1.63
水		H_2O	60		

其配制方法可按配合比将定量水加热至 100℃，再将硫酸铜及重铬酸钾放入水中继续加热，不断搅拌，待全部溶解后，冷却至 30～40℃，然后将此溶液倒入已经称量好的水玻璃中，搅拌均匀，静置半小时后即可使用。配制好的促凝剂相对密度为 1.50 左右。

2. 四矾防水油（四矾防水剂）

四矾防水油系以硅酸钠（水玻璃）为基本原料，按一定的配合比，加入适量的水和四种矾类材料（起发热、离水、快干作用）配制而成的一种草绿色液体，它具有促凝作用，可和水泥拌制成防水水泥浆，加入到水泥砂浆或混凝土中即成防水砂浆及防水混凝土，用以堵塞漏水缝洞。四矾防水油配制简单、材料来源广、施工方便、价格低廉。其配比及配制方法见表 7-32。

四矾防水油的用料配合比及配制方法　　表 7-32

用料名称		配制用量(kg)	配制方法
化学名称	通称		
硫酸铜	蓝矾	0.05	先将水加热至100℃，按左列用量比例把四矾加入水中，继续加热搅拌，使四矾充分溶解不见颗粒时即停止加热，使其慢慢自然冷却到50℃左右，然后再加入水玻璃，搅拌均匀后即成四矾防水油（简称防水油）
钾铝矾	白矾、明矾	0.05	
重铬酸钾	红矾	0.05	
铬矾	紫矾	0.05	
硅酸钠	泡花碱、水玻璃	20	
水	—	3	

四矾防水油的使用操作要点如下：

(1) 配制防水水泥胶浆　水泥拌入四矾防水油后，即成防水水泥胶浆（一般凝固时间为 40s 左右）。

(2) 施工操作方法

① 将防水水泥胶浆在手心中捏拌使成为胶泥状后，立即往缝洞处堵塞，并沿洞眼处向内紧按（最好又旋又按），用水泥胶浆将洞塞严塞紧。

② 如堵塞较大漏水洞时，必须先用大块防水水泥胶浆将洞堵塞，然后再照上述方法将洞补严。

(3) 使用防水油注意事项

① 水玻璃相对密度与防水材料凝固时间有关，最好相对密度控制在 1.411～1.498 之间。相对密度越小，凝固时间越快，但相对密度小于 1.252，凝固时间反而放慢。

② 凝固时间与气候有关。夏季凝固时间快，施工时应特别注意。一般四矾防水水泥胶浆夏季凝固时间约 35s，冬季约 1min 左右。

③ 用四矾防水油配制防水材料，宜用 42.5 级普通硅酸盐水泥。

④ 如墙内含有无补给来源的大量渗漏水，在作防水层时，需先凿洞，把水排走后再做防水层。

⑤ 生活用水的贮水池不用四矾防水油作防水层。

⑥ 加入防水油的水泥砂浆，在操作时不得再加水稀释，否则会产生粘结脱离现象。

3. 五矾防水剂

五矾防水剂的配合比见表 7-33。

五矾防水剂原材料配合比　　表 7-33

材料名称	俗称	分子式	质量配合比	色泽
硫酸铜	蓝矾	$CuSO_4 \cdot 5H_2O$	1	水蓝色
重铬酸钾	红矾	K_2CrO_7	1	橙红色
硫酸亚铁	绿矾	$FeSO_4 \cdot 7H_2O$	1	绿色
硫酸铝钾	明矾	$KAl(SO_4)_2 \cdot 12H_2O$	1	白色
硫酸铬钾	黑(紫)矾	$KCr(SO_4)_2 \cdot 12H_2O$	1	深紫红色
硅酸钠①	水玻璃	$NaSiO_3$	400	无色
水(饮用水)	—	H_2O	60	无色

① 要求模数为 2.4～2.6，相对密度为 1.39～1.40。

按表7-33规定的各组分用量正确计量，将水加热到100℃，然后把五种矾组分放入热水中，不断地搅拌并继续加热，直至把全部固体材料溶解，然后再冷却至55℃左右，最后倒入水玻璃液体组分，将其全面搅拌均匀，约0.5h后，即成为草绿色防水剂。水玻璃的模数和相对密度要适当，模数过大，与水泥拌合后硬化快，难以操作；模数过小，速凝效果差，凝结时间长。市售的水玻璃一般模数为2.95，相对密度为1.5，需加3%固体的NaOH调整；调整时，先将固体的NaOH配制成40%的溶液，再加入到水玻璃中去，调整后的水玻璃模数为2.45，相对密度为1.4。用此防水剂配制成的防水胶泥终凝时间为2min。

4. 快燥精

快燥精系硅酸钠（水玻璃为基料，掺入适量的硫酸钠、荧光粉）和水配制而成的一种绿色浓液体。其掺入水泥内具有速凝的作用，适用于地下室等水泥构筑物防水堵漏及抢修小型不受荷重的混凝土工程，不能掺入混凝土内作为防水混凝土承重结构使用。

快燥精的配合比见表7-34。

快燥精的配合比　　表7-34

原材料	质量比	原材料	质量比
硅酸钠	200	硫化锌	0.001
硫酸钠	2	水	14

配制快燥精的水需要经过处理方可使用，其配制方法是用硫酸铝钾（明矾）10kg、氨水9kg、水380kg，倒入缸内搅拌，使明矾颗粒完全溶化为止，并将混合水反复澄清即可备用，快燥精应随配随用，其凝固时间与掺量的关系见表7-35。

快燥精拌水泥的凝结时间与配合比（温度25℃）　　表7-35

分级	凝固时间	水泥用量(g)	砂用量(g)	水用量(g)	快燥精用量(g)
甲	1min内	100	—	—	50(水泥质量的50%)
乙	5min内	100	—	20	30(水泥质量的30%)
丙	30min内	100	—	35	15(水泥质量的15%)
丁	1h内	500	1000	280	70(水泥质量的14%)

注：丁类为1∶2水泥砂浆，水灰比为0.70。

快燥精的使用操作要点如下：

（1）使用操作

用时先用力摇动，使上下均匀。

① 当修理地下室、游泳池时，不论是洞或是裂缝，皆需凿深6～7cm，洗刷干净，即用快燥精调拌纯水泥，用铁镘大力塞入约5～6cm，待其完全坚硬后，再用1∶1.5水泥砂浆粉光。

② 如因混凝土多孔而导致漏水者，应将多孔混凝土凿去3～4cm，再就其最低处或出水最多处凿一洞，以橡皮管塞入，引水外出，四周用快燥精拌合42.5级普通硅酸盐水泥涂塞，3～4h拔出导水管，照上述方法塞止后，再以1∶1.5水泥砂浆粉光。

（2）注意事项

① 本品不能与皮肤接触，操作时需戴橡皮手套。

② 使用时水应先和快燥精充分拌匀，然后再拌调 42.5 级新鲜普通硅酸盐水泥，即成防水胶泥。

③ 使用时防水胶泥不要拌合太多，随用随拌，以免凝固，造成浪费。

④ 施工时温度超过 25℃时，快燥精用量须增加。胶泥凝固时间随气温的变化而变化。

（五）硅酸质（SiO_2）粉末系防水剂

粉煤灰、火山灰、硅藻土、硅灰等硅酸质粉末细掺料作为防水剂直接填充到混凝土或砂浆的颗粒间隙之中，起到了提高混凝土和砂浆的密实性和抗渗性的效果。

这些硅酸质粉末掺入到混凝土和砂浆之中，从而改善了它们的微级配以及和易性，特别是粉煤灰可较大降低单位用水量，减少孔隙率；矿物质细掺料能促进水化反应；并且以火山灰反应产物填充混凝土中的孔隙，因此可以大大改善长期的抗渗性；硅灰是活性很高的细掺料，其比表面积高达 $20m^2/g$，几乎全是 SiO_2，而且是活性非晶态，如掺入 10%的硅灰则可改善混凝土的水密性；如将矿物细掺料与超塑化剂结合使用，提高混凝土的密实性和抗渗性的效果更佳。

（六）锆化合物

锆的化合性强，不存在金属离子形态，具有与负电荷元素结合性好的性能，锆容易与胺和乙二醇等物质化合，利用这一性质，可作为混凝土防水剂，也有市售，锆与水泥中的钙结合可生成不溶性物质，具有憎水的效果。

（七）M1500 水性水泥密封剂

1. 技术性能

M1500 无机水性水泥密封防水剂系引进美国有关技术生产的一种具有良好渗透性的防水剂。M1500 无机水性水泥密封防水剂含有催化剂和载体复合的水基溶液。其最大的特点是可以渗透到水泥混凝土内部，并和碱性物质起化学反应，在水泥内部生成乳胶体，填充堵塞水泥内的毛细管道而起到作用，形成致密的永久防水层。由于它是无机混合物，不受水、阳光（紫外线）、温度等外界环境的影响，具有永久的防水效果。

本品其特性如下：本材料为无色、无臭、无毒、不燃的密封剂，可以达到长久的防水效果；可防止盐、酸雨和大气中二氧化硫、二氧化碳等气体对水泥混凝土表面的侵蚀，防止碳化；可提高混凝土的强度，7d 内可使水泥强度增加 15%，1 个月则可提高强度的 28%；用它喷涂于混凝土表面，可防止水泥中水分的过快蒸发，使水泥得到充分水化，从而获得足够的强度，并避免裂纹出现；本品还具有抗吸水、抗风化和提高防污染能力，易于清洗等作用。

本品的限制性是只适用于混凝土和砖石，不可密封沥青、金属和木制品，不能渗透有机玻璃或无孔隙橡胶剂油漆，不可用于珐琅质砖石，不可于冰点使用。本品如用于疏松混凝土砖石，则需经特别处理。

本品喷涂在背水面可提高试体抗渗压力 0.3MPa，在迎水面可提高抗渗压力 0.4MPa。故适用于水泥面层、混凝土结构、砖结构的各种建筑物的防水防潮；建筑物外墙、内墙的防水；对地下室或地下工程防水、修护最能发挥它的功效，一般情况，M1500 能承受地下室 5～6 层的水压（约 30.48m）。具体举例如下：水泥屋面防漏，仓库、地下室、水塔、氨水池、沼气池等贮水装置的防渗、防漏；用混凝土浇筑的隧道、管道及其他地下建筑物的防水、防渗、防漏、防潮；用于飞机跑道、飞机库、公路、桥梁、码头；用于水泥船，不仅可以防漏，还可以减缓钢筋腐蚀。

M1500水性水泥密封剂的技术性能指标见表7-36。

M1500水性水泥密封剂的技术性能指标　表7-36

<table>
<tr><th>项　目</th><th colspan="4">性 能 指 标</th></tr>
<tr><td>外观</td><td colspan="4">无色、无毒、无臭、不燃的混合水性溶液</td></tr>
<tr><td>黏度(Pa·s)</td><td colspan="4">11.0±0.5</td></tr>
<tr><td>密度(g/cm³)</td><td colspan="4">1.082±0.004</td></tr>
<tr><td>pH值</td><td colspan="4">14</td></tr>
<tr><td>凝胶化时间(h)</td><td colspan="4">2.0±0.5</td></tr>
<tr><td>渗透性</td><td colspan="4">施工后24h渗透混凝土内深度约40mm，以后渐渐渗入混凝土内150～200mm</td></tr>
<tr><td>对混凝土抗压强度影响</td><td colspan="4">7d后提高混凝土强度约15%，30d后提高混凝土强度23%～25%</td></tr>
<tr><td>抗吸水性</td><td colspan="4">按在水中浸泡24h后所增加的质量
未经M1500表面处理：砖4%，砂石7%
经M1500表面处理：砖1.3%，砂石1.3%</td></tr>
<tr><td>抗风化性</td><td colspan="4">在5%浓度的硫酸钠溶液中浸泡，经M1500处理后的物质，约有30%出现风化现象
在5%浓度的硫酸钠溶液中浸泡，未经M1500处理后的物质，约有100%出现风化现象</td></tr>
<tr><td rowspan="6">耐酸性</td><td rowspan="2">酸类</td><td rowspan="2">浓度(%)</td><td colspan="2">耐 酸 状 况</td></tr>
<tr><td>第一次外露浸泡表面</td><td>2～6次外露浸泡表面</td></tr>
<tr><td>盐酸</td><td>37</td><td>表面有浸蚀</td><td>无反应</td></tr>
<tr><td>硝酸</td><td>70</td><td>表面有浸蚀</td><td>无反应</td></tr>
<tr><td>磷酸</td><td>85</td><td>无反应</td><td>无反应</td></tr>
<tr><td>硫酸</td><td>95</td><td>表面有</td><td>无反应</td></tr>
</table>

2. 施工方法

(1) 在待施工的基层表面喷洒足够量的水，过30min后，再进行M1500防水剂的喷涂。

(2) 用低压喷射器（如农药喷射器）喷射整个表面两次，第一次喷后将干前再喷第二次，务使整个表面达到均匀饱和。小面积的作业面可用刷子刷。

(3) 喷涂M1500防水剂3h后或将干前，需用水湿润表面，特别是在夏季高温季节，更要注意浇水湿润，但浇水量不宜过大，以免影响防水性能。施工24h后，可见到混凝土表面有白色杂质出现为止。

每天湿润的次数：夏季一般6～7次，其他季节1～2次，大约共需保养3d左右。

(4) 材料参考用量　每$1m^2$防水层面积需防水剂0.22～0.25kg，若防水层需喷涂两遍，则每$1m^2$防水层面积需防水剂0.44～0.50kg。

(5) 注意事项

① 可在潮湿表面施工，但不得在有流动水状态下施工。如遇流动水，应将其止住后方可施工。

② 不能拌在水泥砂浆中使用，否则无效。

③ 密封剂可渗透油基或水基涂料而不影响涂料颜色。

④ 新浇筑的混凝土，模板去掉后，即可以用密封剂均匀喷涂整个表面达饱和状；现

浇屋面及新抹水泥面层在将干前喷刷效果最好。

(八) 聚合物类防水剂

聚合物类防水剂一般都是指橡胶胶乳、树脂乳液或水溶性聚合物等防水材料。聚合物类防水剂有有机硅防水剂、阳离子氯丁胶乳、天然胶乳、丁苯胶乳以及不饱和聚酯等各种乳胶。

在这一类防水剂中加入稳定剂(表面活性剂)、消泡剂和一定量的水,混合后搅拌均匀,就配成了稳定的混合乳液。加入稳定剂的作用是为了避免胶乳在搅拌过程中产生析出、凝聚现象。但由于稳定剂的表面活性影响,在搅拌时会产生大量的气泡,这会增加水泥砂浆凝固后的孔隙率,强度下降,防水性能受到影响。所以在加入稳定剂的同时,还必须加入适量的消泡剂。

用配制好的混合乳液可以拌制出具有防水性能的聚合物砂浆,其方法是按配方将水泥和砂干拌均匀后,再加入混合乳液,搅拌均匀后就制成了防水砂浆。若用人工拌制,则必须在灰槽或铁板上进行,切不可在水泥地面上进行,以免胶乳因失水而成膜,防水砂浆就失去了防水性能。

聚合物类防水砂浆不仅具有良好的防水性能,还具有较高的抗冲击性和耐磨性。胶乳状聚合物可封闭水泥砂浆的毛细孔缝,抗渗能力一般可达 1.5MPa 以上。

1. 有机硅防水剂

有机硅防水剂的主要成分为甲基硅醇钠(钾)和高沸硅醇钠(钾)等,是一种小分子水溶性聚合物,易被弱酸分解,形成不溶于水的有防水性能的甲基硅醚(即防水膜)。

本品的特点是经过此类防水剂处理过的各种建筑材料,由于防水膜包围在材料的每一微细粒子之上,因此对粒子间的通风性能毫无妨碍,而且具有很强的排水作用,这就使水泥混凝土在硬化时既不妨碍其内部水分的排放,又能够防止其本身的风化作用;本防水剂为无色或淡黄色透明液体,因此涂刷后不影响饰面的原来色泽,是外墙饰面的良好保护剂;建筑物表面经喷涂本防水剂后,可防止原来饰面因降雨而被玷污形成的斑点,另外,由于有防水膜的存在,污水不能渗透进去,故可保持建筑物饰面不受污染。

有机硅防水剂无味、不挥发、不易燃,有良好的耐腐蚀性和耐候性,可用于混凝土、石灰石、砖石、石膏制品等的防水。如混凝土墙壁、灰泥墙壁、混凝土预制板及其他混凝土、水泥制品;土壁、木房外墙、石灰墙壁及其他一般石材、砖、磁砖、混凝土构件等铺设的地面。如用硫酸铝或硝酸铝中和后,可用作木材、纤维板、纸及其他工程等的防水。

将有机硅防水剂和水按一定比例混合均匀后,制成硅水,可用来配制防水砂浆。

有机硅防水剂硅水的配合比见表 7-37 和表 7-38。

有机硅防水砂浆的配合比见表 7-39。

碱性硅水的配合比 **表 7-37**

质量比		体积比		用途
防水剂	水	防水剂	水	
1	7~9	1	9~11	防水砂浆、抹防水层

中性硅水的配合比　表 7-38

质量比			用途
防水剂	水	硫酸铝或硝酸铝	
1	5～6	0.4～0.5	防水砂浆、抹防水层

有机硅防水砂浆的配合比（质量比）　表 7-39

层次	硅水配合比	砂浆配合比	材料要求
	防水剂∶水	水泥∶砂∶硅水	
结合层水泥浆膏	1∶7	1∶0∶0.6	水泥：最好选用 42.5 级普通硅酸盐水泥 砂：以选用颗粒坚硬、表面粗糙、洁净的中砂为宜。砂的粒径为 1～2mm 水：一般饮用水即可 有机硅防水剂：相对密度以 1.21～1.25 为宜，pH 为 12
底层防水砂浆	1∶8	1∶2∶0.5	
面层防水砂浆	1∶9	1∶2.5∶0.5	

有机硅防水剂的使用操作要点如下：

（1）防水砂浆施工

① 清理基层　排除积水，将表面的油污、浮土、泥砂清理干净，并进行凿毛后用水冲洗干净。表面如有裂缝、缺棱、掉角、凹凸不平时，应用水泥砂浆进行修补。

② 抹结合层　在基层上抹 2～3mm 厚的水泥素浆膏，使基层与水泥素浆膏牢固地结合在一起，待其达到初凝时再进行下道工序。

③ 抹防水砂浆　分两层施工，每层约 10mm，底层初凝时，压实并用木抹戳成麻面，再做面层；当面层初凝时赶光压实，戳成麻面待做保护层。

④ 做保护层　抹不掺防水剂的砂浆 2～3mm 厚，

⑤ 养护　露天按正常养护，一般应养护 14d。

（2）防水混凝土施工

① 配制硅水　防水剂∶水＝1∶(12～13)（体积比）。

② 施工方法　与普通混凝土施工方法相同。

（3）渗漏维修工程施工

① 原基础为光面时，需要凿毛呈麻面，清洗浮灰后用水泥素浆膏做结合层，再抹防水砂浆 20～30mm 厚。

② 有漏水的部位，先用速凝剂堵漏止水。

③ 施工方法按上述防水砂浆施工方法进行。

（4）特殊部位处理

① 阴阳角要做成圆角，并要压实。

② 基层地面过于潮湿或雨天时，均不得进行有机硅防水材料的施工。

③ 有机硅防水剂系碱性材料，施工时操作人员需注意保护眼睛，并勿使该剂与皮肤接触。

④ 有机硅防水剂耐高低温，冬期可以施工，特别寒冷时可能结冻，但经熔融后仍可使用，效果不变。

2. 丙烯酸酯乳液

丙烯酸酯是丙烯酸及其同系物酯类的总称，比较重要的有丙烯酸甲酯、丙烯酸乙酯、丙烯酸丁酯以及甲基丙烯酸甲酯、甲基丙烯酸乙酯、甲基丙烯酸丁酯等。丙烯酸酯能够自聚或和其他单体共聚，是生产丙烯酸酯乳液的主要原材料。

丙烯酸酯乳液是指丙烯酸酯单体（丙烯酸甲酯、乙酯、丁酯和甲基丙烯酸丁酯等）通过使用乳液共聚法而制得乳液。其固体含量一般在40%～50%的范围内。丙烯酸酯乳液具有涂膜光亮、柔韧的特点，其粘结性、耐水性、耐碱性和耐候性等性能均较优异。其应用范围主要是外墙涂料和内墙高档装饰涂料。丙烯酸酯乳液的性能比聚醋酸乙烯乳液的性能要好得多，特别是在新的水泥或石灰墙面上使用时，更能体现出其优点，因为丙烯酸酯乳液的涂膜遇碱皂化所生成的钙盐不溶于水，而醋酸乙烯乳液皂化所生成的聚乙烯醇是不溶性的，耐水性能差。

各种不同的丙烯酸酯单体不但可以共聚，而且还可以和苯乙烯、醋酸乙烯等其他单体共聚，前者常称为纯丙乳液，后者则称之为苯丙乳液和乙丙乳液。制备聚丙烯酸酯及其共聚乳液常用的单体见表7-40，甲基丙烯酸甲酯和苯乙烯为硬单体，丙烯酸乙酯和丁酯是软体单体，丁酯则比乙酯更软些，通过不同比例的搭配，可获得不同性能的共聚乳液。

制备聚丙烯酸酯及其共聚物常用单体　　表7-40

单体种类	作　用	单体种类	作　用
甲基丙烯酸甲酯 苯乙烯 丙烯腈	提高共聚物硬度	甲基丙烯酸十二酯 顺丁烯二酸二丁酯	能增加树脂的柔韧性
丙烯酸甲酯 丙烯酸乙酯 丙烯酸丁酯 丙烯酸-2-乙基己酯 甲基丙烯酸丁酯	能增加树脂的柔韧性	丙烯酰胺 甲基丙烯酸-β-羟乙酯 甲基丙烯酸缩水甘油酯 甲基丙烯酰胺 丙烯酸 甲基丙烯酸	起交联作用

3. 醋酸乙烯-乙烯共聚物乳液（VAE乳液）

VAE乳液是醋酸乙烯与乙烯经乳液聚合而得共聚物水分散体系，为乳白色黏稠液体，其固含量为50%～55%，黏度为200～3300mPa·s，pH 4～5.5，最低成膜温度－3～10℃，玻璃化温度Tg=－3～7℃，表面张力30mN/m。

在VAE乳液的分子中，由于乙烯基的引入使得高分子主链变得柔软，具有内增塑作用，避免了外加低分子量增塑剂产生的迁移、渗吸、挥发等缺点。

VAE乳液加入水泥中不仅可以大幅度提高水泥的强度，而且在修补混凝土及蓄水池的防渗处理中，可以达到优异的效果。

4. 氯丁胶乳

氯丁胶乳是由2-氯-1，3-丁二烯经乳液聚合而成制得的橡胶乳液，简称为CRL。其结构式如下：

$$\sim\sim\underset{H_2}{C}-\overset{Cl}{\overset{|}{C}}=\underset{H}{C}-\underset{H_2}{C}\sim\sim$$

氯丁胶乳由于具有优异的综合性能，如较强的粘合能力，成膜性能较好，湿凝胶和干胶膜均具有较高的强度，且又有耐油、耐溶剂、耐热、耐臭氧老化等性能，因而应用广泛；但氯丁橡胶也有某些不足，如耐寒性较差，其室温下为流动性液体，冷至10℃以下即黏度较大，接近0℃时成膏状，0℃以下胶乳即冻结，乳化剂破坏，凝固，再加热也不能恢复到原来的胶乳状态。目前已出现了改性的氯丁橡胶，如氯丁二烯与少量苯乙烯共聚制得的耐寒型氯丁胶乳。氯丁胶乳的绝缘性能较低，贮存稳定性也不够好。氯丁胶乳与丙稀腈共聚可以改善耐芳香族溶剂的性能，与丙烯酸类化合物共聚可以制得羧基氯丁胶乳，具有良好的粘结性能、弹性和成膜性。

氯丁胶乳可分为通用胶乳和特种胶乳，前者为均聚物，有阴离子、凝胶型；后者有凝胶型、溶剂型，包括与苯乙烯、丙烯腈、甲基丙烯酸等的共聚物。阳离子胶乳通常用四铵盐作稳定剂。

5. 丁苯胶乳

丁苯胶乳是由丁二烯与苯乙烯乳液共聚而得，简称SBRL，丁苯胶乳的丁二烯-苯乙烯共聚物的分子结构如下：

$$(\underset{\displaystyle C_6H_5}{CH}-CH_2)_m(CH_2-CH=CH-CH_2)$$

丁苯胶乳相对密度为0.9～1.05，结合苯乙烯量为23%～85%，大量生产的丁苯胶乳结合苯乙烯量在23%～25%，而高苯乙烯胶乳（SBR-HSL）结合苯乙烯量高达80%～85%。一般方法制得的丁苯胶乳总固含量为40%～50%，而高固胶乳总固含量则在63%～69%，丁苯胶乳的耐热性优于天然胶乳，老化后不发黏，不软化，但却变硬。

本类胶乳兼具橡胶和塑料的特点及性能，具有优良的附着力、耐热性、耐磨性、耐酸、耐碱和耐化学药品性，广泛应用于涂层、建筑用胶乳等。

（九）金属皂类防水剂

金属皂类防水剂分可溶性金属皂类（简称可溶皂）防水剂和沥青质金属皂防水剂。

可溶性金属皂类防水剂是以硬酯酸、氨水、氢氧化钾（或碳酸钠）和水等按一定比例混合加热皂化配制而成的一种防水剂。本品为有色浆状物，掺于水泥砂浆或混凝土中，起填充微小孔隙和堵塞毛细管通路作用。

沥青质金属皂防水剂是由液体石油沥青、石灰和水混合搅拌，经烘干磨细而成，掺于水泥砂浆或混凝土中，主要起填充微小孔隙和堵塞毛细管通路作用。

金属皂类防水剂的质量要求参见表7-41。

金属皂类防水剂的质量标准　　表7-41

项　目	指标的技术条件	指　标
相对密度及细度	20℃相对密度　≥	1.04(浆状)
	细度通过4900孔/cm²筛余百分数　≤	15(粉状)
凝结时间(防水剂掺量占水泥质量5%时)	初凝　≥	1h
	终凝　≤	8.5h
体积安定性	经沸煮、汽蒸及水浸后，应无翘曲现象	合格
不透水性	防水剂掺量占水泥质量5%时，比未掺加防水剂的提高百分数　≥	50%
抗压强度	防水剂掺量占水泥质量5%时，比未掺加防水剂的提高或降低百分数	降低不得大于15%

金属皂类防水剂的配制方法见表7-42。

金属皂类防水剂的配制方法　　表7-42

<table>
<tr><th colspan="2">项　目</th><th colspan="7">要 求 和 说 明</th></tr>
<tr><td rowspan="6">原材料</td><td>硬脂酸</td><td colspan="7">工业品,凝固点54～58℃,皂化值200～220</td></tr>
<tr><td>碳酸钠</td><td colspan="7">工业品,纯度约99%,含碱量约82%</td></tr>
<tr><td>氨水</td><td colspan="7">工业品,相对密度0.91,含NH_3约25%</td></tr>
<tr><td>氟化钠</td><td colspan="7">工业品</td></tr>
<tr><td>氢氧化钾</td><td colspan="7">工业品</td></tr>
<tr><td>水</td><td colspan="7">自来水或饮用水</td></tr>
<tr><td colspan="2" rowspan="3">配合比(质量比)</td><td>配方</td><td>硬脂酸</td><td>碳酸钠</td><td>氨水</td><td>氟化钠</td><td>氢氧化钾</td><td>水</td></tr>
<tr><td>1</td><td>4.13</td><td>0.21</td><td>3.1</td><td>0.005</td><td>0.82</td><td>91.735</td></tr>
<tr><td>2</td><td>2.63</td><td>0.16</td><td>2.63</td><td>—</td><td>—</td><td>94.58</td></tr>
<tr><td colspan="2">用具及工具</td><td colspan="7">铁锅两口及加热用具、搅拌用木棒、温度计、0.6mm孔筛等</td></tr>
<tr><td colspan="2">配制方法和步骤</td><td colspan="7">1. 按配合比称取所需的材料
2. 将硬脂酸放在锅内加热熔化
3. 在另一锅内将1/2用量的水加热至50～60℃后,依次加入碳酸钠、氢氧化钾和氟化钠搅拌至溶解,并保持恒温
4. 将熔化好的硬脂酸慢慢加入并迅速搅拌均匀,此时将产生大量气泡,要防止溢出
5. 全部硬脂酸加入后,再将另一半水加入拌匀制成皂液
6. 待皂液冷却至30℃以下时,加入氨水搅拌均匀
7. 用0.6mm筛孔的筛子过滤皂液,除去块粒和浮沫,将滤液装入非金属密闭容器中,置于阴凉处备用</td></tr>
</table>

避水浆系用几种金属皂配制而成的一种乳白色浆状液体，在掺入水泥后能与之生成水溶性物质，填塞毛细孔道或形成憎水性壁膜，是提高水泥砂浆或混凝土不透水性的外加剂。

该防水剂掺入42.5级或以上级别的硅酸盐水泥拌合成防水砂浆或防水混凝土用于防水、防潮等工程。

避水浆有成品供应，也可自行配制。

采用避水浆配制的防水砂浆和防水混凝土见表7-43。

避水浆配制防水砂浆、防水混凝土　　表7-43

配制材料类别	配　合　比	备　注
防水砂浆	砂浆配比为水泥∶中砂＝1∶2,掺入需用水泥质量1.5%～5.0%的避水浆	掺入避水浆时应进行搅拌
防水混凝土	混凝土配比为水泥∶中砂∶细石子＝1∶2∶4,掺入水泥质量0.5%～2.0%的避水浆	掺入避水浆时应进行搅拌 掺入量的多少,视建筑物与水接触情况及水压大小而定,一般屋面、墙体等用量比水池、水塔、地下室的用量少

避水浆的施工使用说明如下：

(1) 在拌合防水砂浆或防水混凝土时，须将所需质量的避水浆先倒入桶内，再逐渐加入水（洁净的清水或饮用水），边加入边搅拌，直至其总量等于所需的水灰比为止，而且必须搅拌均匀一致。

(2) 基层如有裂缝或渗水部分，应进行嵌补、堵塞处理。

(3) 施工前基层应清除浮物，光滑处先斩毛，充分浇水，以防铺抹后吸收砂浆中的水分。清理后用水泥净浆（不加避水浆）薄而均匀地刷涂一度，边刷边铺抹防水砂浆。

(4) 防水砂浆的抹面层一般厚度为 20～30mm。

(5) 防水砂浆凝结后即需遮盖，并浇水养护 7～14d。

第二节　防水混凝土

以混凝土自身的密实性、憎水性而具有一定防水能力的混凝土结构或钢筋混凝土结构称之为混凝土结构自防水。其兼具承重、围护、防水等三重作用，且还可以满足一定的耐冻融和耐侵蚀要求。

地下防水工程和屋面防水工程的结构材料多为这类混凝土和钢筋混凝土，主要依靠其本身的憎水性和密实性来达到防水目的。这类混凝土和钢筋混凝土称之为防水混凝土，又称为防渗混凝土。防水混凝土是按混凝土的性能用途进行分类得出的一个混凝土类别。

防水混凝土是以调整混凝土的配合比，掺外加剂（如掺加少量的减水剂、引气剂、早强剂、密实剂、膨胀剂）或使用新品种水泥等方法来提高自身的密实性、憎水性和抗渗性，使其满足抗渗压力大于 0.6MPa 的不透水性混凝土。

一、防水混凝土的分类

防水混凝土按其组成的不同，主要可分为普通防水混凝土、掺外加剂防水混凝土和膨胀水泥防水混凝土三大类别。它们各自具有不同的特点，可根据不同的工程要求选择使用。防水混凝土的分类及适用范围见表 7-44。

防水混凝土的分类及适用范围　　**表 7-44**

种类		最高抗渗压力(MPa)＞	特点	适用范围
普通防水混凝土		3.0	施工简便，材料来源广	适用于一般工业与民用建筑及公共建筑的地下防水工程
外加剂防水混凝土	引气剂防水混凝土	2.2	抗冻性好	适用于北方高寒地区抗冻性要求较高的防水工程及一般防水工程，不适于抗压强度＞20MPa 或耐磨性要求较高的防水工程
	减水剂防水混凝土	2.2	拌合物流动性好	适于钢筋密集或捣固困难的薄壁型防水构筑物，也适用于对混凝土凝结时间（促凝或缓凝）和流动性有特殊要求的防水工程（如泵送混凝土）
	三乙醇胺防水混凝土	3.8	早期强度高、抗渗等级高	适用于工期紧迫，要求早强及抗渗性较高的防水工程
	氯化铁防水混凝土	3.8	早期有较高抗渗性，密实性好，抗渗等级高	适用于水中结构的无筋、少筋厚大的防水混凝土工程及一般地下防水工程、砂浆修补抹面工程，接触直流电源或预应力混凝土及重要薄壁结构不宜使用
膨胀水泥防水混凝土	膨胀水泥防水混凝土	3.6	密实性好，抗渗等级高，抗裂性好	适用于地下工程和地上防水构筑物、山洞、非金属油罐和主要工程的后浇缝、梁柱接头等
	膨胀剂防水混凝土	3.0		适用于一般地下防水工程及屋面防水混凝土工程

防水混凝土与柔性防水相比较，其具有以下特点：

(1) 兼有防水、承重等功能，能节约材料，加快施工速度；

(2) 在结构物造型复杂的情况下，施工简便，防水性能可靠；

(3) 渗漏水发生时易于检查，便于修补；

(4) 耐久性好；

(5) 材料来源广泛，成本低廉；

(6) 可改善劳动条件。

防水混凝土材料的组成与普通混凝土虽然相同，但其对性能的要求却不同于普通混凝土，它既有一定的强度要求，又有较高的抗渗要求。防水混凝土的抗渗等级一般根据工程埋置深度（m）来确定，参见表7-45。由于防水工程配筋较多，不允许渗漏，其抗渗等级最低定为P6，低于P6的混凝土常由于其水泥用量较少，容易出现分层离析等施工问题，抗渗性能难以保证，重要工程的防水混凝土的抗渗等级宜定为P8～P20。防水工程的设防高度应根据地下水情况和建筑物周围的土壤情况来确定，见表7-46。

防水混凝土设计抗渗等级　　　**表7-45**

工程埋置深度(m)	设计抗渗等级	工程埋置深度(m)	设计抗渗等级
<10	P6	20～30	P10
10～20	P8	30～40	P12

注：1. 本表适用于Ⅳ、Ⅴ级围岩（土层及软弱围岩）。

2. 山岭隧道防水混凝土的抗渗等级可按铁道部门的有关规范执行。

设防高度确定　　　**表7-46**

土 壤 性 质	地下水情况	设 防 高 度
强透水地基，渗透系数>1m/24h或有裂缝的坚硬岩层	潜水水位较高，建筑物在潜水水位以下	设在毛细管带区，即取潜水水位以下1m
	潜水水位较低，建筑物基础在潜水水位以下	毛细管带区以上放置防潮层
若透水性地基，渗透系数每昼夜<0.001m的黏土、重黏土及密实的块状坚硬岩石	有潜水或海水	防水高度设至地面
一般的透水性地基，渗透系数每昼夜1～0.001m，如黏土、亚黏土及裂缝小的坚硬岩石	有潜水或海水	防水高度设至地面

近年来，又有一批新型防水混凝土应用于工程，如聚合物水泥混凝土、纤维混凝土等。

为了提高混凝土的抗渗能力，防水界工程技术人员又采取了各种措施来克服水泥混凝土材料存在的抗拉强度低、极限拉应力变小的缺点，减少其总收缩值，增加其韧性，如采用聚合物混凝土，对混凝土施加预应力，从而使刚性防水得到了新的发展。

二、防水混凝土的配制

（一）普通防水混凝土的配制

普通防水混凝土是以调整配合比的方法，来达到提高自身密实度和抗渗性要求的一种防水混凝土。

普通防水混凝土不仅材料来源广泛，配制、施工均简便，且强度高，抗渗性能好，最高抗渗压力＞3.0MPa。

普通防水混凝土虽说是在普通混凝土的基础上发展起来的，但两者配制的原则是不同的，即普通混凝土是根据结构所需要的强度进行配制的，普通防水混凝土则是根据结构所需要的抗渗等级要求进行配制的。

普通防水混凝土配合比设计的原则是：以提高砂浆不透水性为根本目的，增大石子拨开系数，在混凝土粗骨料周边形成足够数量和质量良好的砂浆包裹层，并使粗骨料彼此间隔离，有效地阻隔沿粗骨料互相连通的渗水孔网；在配制时，应采取较小的水灰比，适当增加水泥用量和砂率，合理使用自然级配，限制最大骨料粒径，以减少混凝土的孔隙率，抑制孔隙间的连通，使混凝土具有足够的密实性、可靠的防水性。

1. 组分

普通防水混凝土其主要组分是水泥、细骨料（砂）、粗骨料（石子）、水。

（1）水泥

配制普通防水混凝土用的水泥除满足国家标准《硅酸盐水泥、普通硅酸盐水泥》（GB 175—1999）的规定以外，还要求其抗水性能好，泌水性小，水化热低，并具有一定的抗侵蚀性。选用的水泥强度等级应在32.5级以上，过期或受潮结块以及掺入有害物质的水泥均不得使用。

防水混凝土水泥品种选择见表7-47。

防水混凝土水泥品种选择 表7-47

水泥品种	普通硅酸盐水泥	火山灰质硅酸盐水泥	矿渣硅酸盐水泥
优点	早期及后期强度都较高，在低温下强度增长比其他水泥快，泌水性小，干缩率小，抗冻耐磨性好	耐水性强，水化热低，抗硫酸盐侵蚀能力较好	水化热低，抗硫酸盐侵蚀性能优于普通硅酸盐水泥
缺点	抗硫酸盐侵蚀能力及耐水性比火山灰差	早期强度低，在低温环境中强度增长较慢，干缩变形大，抗冻和耐磨性差	泌水性和干缩变形大，抗冻和耐磨性均较差
适用范围	一般地下和水中结构及受冻融作用及干湿交替的防水工程，应优选采用本品种水泥，含硫酸盐地下水侵蚀时不宜采用	适用于有硫酸盐侵蚀介质的地下防水工程，受反复冻融及干湿交替作用的防水工程不宜采用	必须采取提高水泥研磨细度或掺入外加剂的办法减小或消除泌水现象后，方可用于一般地下防水工程

（2）骨料

防水混凝土用的砂、石等骨料，其材质要求见表7-48。当以矿渣碎石为粗骨料时，矿渣碎石的坚固性则应符合冶金部制定的《矿渣应用规范》的规定，参见表7-49。

防水混凝土砂、石材质要求　　表 7-48

项目名称	砂						石		
筛孔尺寸(mm)	0.16	0.315	0.63	1.25	2.50	5.0	5.0	$\frac{1}{2}D_{max}$	$D_{max}\leqslant40$mm
累计筛余(%)	100	70～95	45～75	20～55	10～35	0～5	95～100	30～65	0～5
含泥量	≤3%,泥土不得呈块状或包裹砂子表面						≤1%,且不得呈块状或包裹石子表面		
材质要求	1. 宜选用洁净的中砂,内含有一定的粉细料 2. 颗粒坚实的天然砂或由坚硬的岩石粉碎制成的人工砂						1. 坚硬的卵石、碎石(包括矿渣碎石)均可 2. 石子粒径宜为 5～40mm		

矿渣碎石的坚固性要求　　表 7-49

混凝土强度等级	经硫酸钠溶液 5 次浸泡烘干循环后的质量损失(%)≤
C40	3
C30～C20	5
C15	10

防水混凝土常用的粗骨料品种有卵石和碎石，这两种粗骨料是密实的，不透水的。它们的表面状态不同，混凝土拌合物的和易性也不相同。碎石表面由于较为粗糙，且多棱角，其与水泥的粘着力则比卵石要优越得多，一般而言，对混凝土强度及抗渗性均有利，但由于碎石表面的特点，要获得与卵石混凝土同样的和易性，每立方米混凝土则需多用10～20kg 的水泥，用水量则也随之增加，故对抗渗性未必有利。若在相同配比的情况下，当砂率较低时，碎石防水混凝土抗渗性略低于卵石防水混凝土；若提高砂率，则两种骨料配制的混凝土的抗渗性相近。经有关专家的试验表明，在相同条件下用碎石配制的防水混凝土其和易性均比用卵石配制的防水混凝土的差，故要想获得良好的和易性和抗渗性，必须适当增加水泥的用量及砂率。石子品种对防水混凝土抗渗性的影响参见表 7-50。

石子品种对防水混凝土抗渗性的影响　　表 7-50

水灰比	水泥用量(kg/m³)	砂率(%)	石子品种	坍落度(cm)	抗压强度(MPa)	抗渗压力(MPa)
0.50	400	51.5	卵石	6.2	21.7	>2.5
			碎石	1.1	26.8	2.3
0.55	382	51.5	卵石	7.5	20.8	>2.6
			碎石	3.3	27.7	2.5
0.60	333	51.5	卵石	5.4	21.4	1.4
			碎石	2.3	23.3	0.9
0.50	340	32	卵石	1.07	27.2	>2.5
			碎石	0.1	31.4	1.2
0.55	327	32	卵石	5.0	30.3	1.0
			碎石	0.53	30.8	0.8
0.60	300	32	卵石	11.05	25.0	1.2
			碎石	0.35	25.6	0.8

注：石子最大粒径为 30mm。

为了控制混凝土中的孔隙，减少分层离析，必须限制石子的最大粒径，由于混凝土在硬化过程中，石子不会收缩，而周围的水泥砂浆则产生收缩，故可造成石子与砂浆变形不一致。石子粒径越大，其周边越长，与砂浆收缩的差值越大，越易使砂浆与石子界面间产生微细的裂缝，因此防水混凝土的石子粒径不宜过大，最大粒径应不大于40mm。

在防水混凝土中可以掺加定量的细分料，以达到填充一部分微小的空隙，改善混凝土抗渗性的目的，掺量的多少应根据混凝土中的水泥用量、水泥强度等级、砂中小于0.15mm颗粒数量多少及混凝土要求的抗渗等级而定。常用的细粉料品种主要有磨细砂、石粉和防水性能好的火山灰等。细粉料的含量对防水混凝土抗渗性的影响参见表7-51。

细粉料的含量对防水混凝土抗渗性的影响　表7-51

细粉料含量(%)	水用量(kg/m³)	水泥用量(kg/m³)	坍落度(cm)	抗压强度(MPa)	抗渗压力(MPa)
0	205	350	5.0	26.4	1.0
2.9	210	350	5.5	26.0	1.2
5.7	215	350	8.1	21.3	2.2
8.5	220	350	8.8	20.8	2.8

注：1. 河砂中原有粒径小于0.15mm的细粉料为1.5%，折合占骨料总质量的0.95%。
2. 水泥为32.5级火山灰质硅酸盐水泥。
3. 所用细粉料为磨细砂。

(3) 水

普通防水混凝土应采用无侵蚀性的洁净的水。

2. 配合比的设计

(1) 设计原则

普通防水混凝土配合比一般采用绝对体积法设计，设计时应考虑以下原则：

① 首先满足工程所需的抗渗性要求，同时考虑工程所需的抗压强度，必要时还应满足抗侵蚀性、抗冻性及其他的特殊要求，还应考虑到施工的和易性和经济性等方面的要求。

② 根据工程要求和结构特点，由混凝土的抗渗性、耐久性、使用条件及材料来源情况确定水泥品种；由混凝土强度决定水泥强度等级，但水泥强度等级不宜低于32.5级，水泥用量不小于300kg/m³，当掺用活性粉细料时，其水泥用量不得少于280kg/m³。

③ 防水混凝土所采用的骨料应优先使用当地的砂、石材料，但其质量必须符合国家标准，满足工程要求。

(2) 设计步骤

① 确定水灰比　主要依据工程要求的抗渗性和施工和易性，其次考虑强度要求。

由于抗渗要求的水灰比比强度要求的水灰比小，因此往往防水混凝土的强度会超过设计要求。水灰比可参照表7-52选择。

普通防水混凝土的水灰比选择　表7-52

抗渗等级	水灰比	
	C20～C30混凝土	C30以上混凝土
P6～P8	0.6	0.55
P8～P12	0.55	0.50
P12以上	0.5	0.45

混凝土水灰比的大小是一个至关重要的技术参数，它对混凝土硬化后孔隙的大小和数量起着决定性的作用，直接影响着混凝土的密实性。从理论上讲，混凝土水化反应所需的水量，大约为水泥用量的25%左右，所以，在用水量能满足水化反应的前提下，水灰比越小，混凝土的密实性越好，其强度和抗渗性也越好。但就当前的施工条件，若水灰比过小，则会给浇筑和振捣带来很大的难度，如达不到质量要求，反而会增加施工孔隙，这对混凝土的抗渗性显然是不利的。若水灰比过大，水化反应结束后，水分蒸发留下许多渗水通道，混凝土的抗渗性也将随之降低。

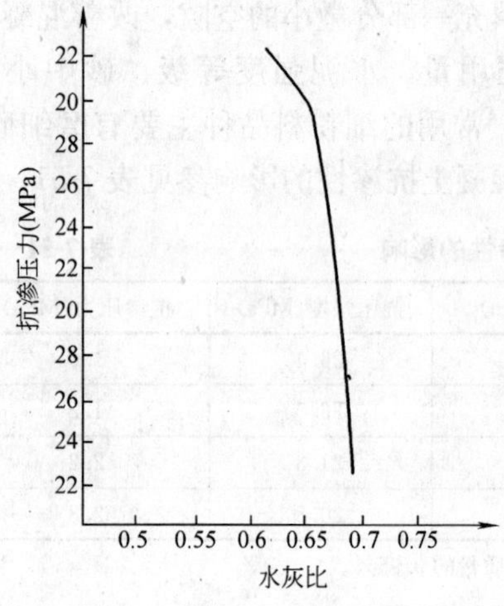

图 7-3　水灰比与抗渗性的关系

从图 7-1 可以看出，当水灰比超过 0.65 后，混凝土的抗渗性会急剧下降。考虑到施工现场与试验室的施工条件差别以及防水混凝土的抗渗压力大于 0.6MPa 的要求以及满足耐久性的要求，所以防水混凝土的最大水灰比限值应不超过 0.60 为宜。

② 确定用水量　根据结构条件（如结构截面的大小、钢筋布置的稀密等）和施工方法（运输、浇捣方法等）综合考虑，按普通混凝土配合比设计的用水量表决定用水量，可参照表 7-53 选择坍落度后，再根据选定的坍落度通过试拌来确定混凝土的用水量。普通防水混凝土拌合用水量的选用参见表 7-54，最后根据试配结果确定。

普通防水混凝土坍落度的选择　　**表 7-53**

结构种类	坍落度(mm)	结构种类	坍落度(mm)
厚度≥25cm	20～30	厚度大的少筋结构	30
厚度＜25cm 或钢筋稠密的结构	30～50	大体积混凝土或立墙	沿高度逐渐减小坍落度

混凝土拌合用水量参考表（单位：kg/m³）　　**表 7-54**

砂率(%) / 坍落度(mm)	35	40	45
1030	175～185	185～195	195～205
3050	180～190	190～200	200～210

注：1. 表中石子粒径为 5～20mm，若石子最大粒径为 40mm，用水量应减少 5～10kg/m³；表中石子按卵石考虑，若为碎石应增加 5～10 kg/m³。
2. 表中采用火山灰质硅酸盐水泥，若采用普通硅酸盐水泥，则用水量可减少 5～10kg/m³。

③ 计算确定水泥的用量　水泥的用量可以根据用水量与水灰比的关系按下式计算确定：

$$m_{c0}=\frac{m_{w0}}{W/C}$$

式中　m_{c0}——每 1m³ 混凝土的水泥用量（kg/m³）；

m_{w0}——每 1m³ 混凝土的水的用量（kg/m³）；

W/C——混凝土要求的水灰比；

W——每 $1m^3$ 混凝土的用水量（kg）；

C——每 $1m^3$ 混凝土的水泥用量（kg）。

计算所得的水泥用量应考虑到防水混凝土的特点，其用量不小于 300 kg/m^3。

在水灰比有一定限制后，水泥用量和砂率对混凝土的抗渗性有比较明显的影响，足够的水泥用量和适宜的砂率可以使混凝土中有一定数量和质量的水泥砂浆，使混凝土具有良好的抗渗性。试验证明，防水混凝土的抗渗性，随着水泥用量的增加而提高，当水泥用量不小于 $300kg/m^3$ 时，抗渗等级则可以稳定在 P8 以上。

④ 选用砂率　防水混凝土的砂率不得小于 35%，具体的数值可根据砂石粒径、石子空隙率按表 7-55 加以选定。对于钢筋稠密、厚度较小、埋设件较多等不易浇捣施工的混凝土工程，亦可将砂率提高到 40%左右。

普通防水混凝土砂率的选择　表 7-55

砂子细度模数(MK)	平均粒径(mm)	砂率(%) 石子空隙率(%)				
		30	35	40	45	50
0.70	0.25	35	35	35	35	35
1.18	0.30	35	35	35	35	36
1.62	0.35	35	35	35	36	37
2.16	0.40	35	35	36	37	38
2.71	0.45	35	36	37	38	39
3.25	0.50	36	37	38	39	40

注：本表是按石粒径为 5～30mm 计算的，若采用 5～20mm 石时，砂率可增加 2%。

石子空隙率可按下式计算：

$$n_g=\left(1-\frac{\rho_{gm}}{\rho_g}\right)\times 100\%$$

式中　n_g——石子的空隙率（%）；

ρ_{gm}——石子的质量密度（t/m^3）；

ρ_g——石子的表观密度（t/m^3）。

防水混凝土主要以抗渗性为设计标准，它所采用的砂率不同于普通混凝土，故应采用较高的砂率，因为所组成的水泥砂浆，不仅要填充石子的空隙，而且还要包裹在石子表面，成为具有一定厚度的砂浆层，但是，普通防水混凝土砂率的选择，必须和水泥用量相适应。

配制普通防水混凝土的技术要求　表 7-56

项　目	技　术　要　求
水灰比	0.5～0.6
坍落度(mm)	30～50
水泥用量(kg/m^3)	320
含砂率	35%。对于厚度较小、钢筋稠密、埋设件较多等不易浇捣施工的工程可提高到 40%
灰砂比	1∶2～1∶2.5
骨料	粗骨料最大粒径 40mm;采用中砂或细砂

⑤ 计算粗细骨料的用量　根据砂、石骨料种类的级配情况，结合防水混凝土的技术要求（表 7-56 和表 7-57），可采用绝对体积法计算混凝土的配合比，即假设混凝土组成材料绝对体积的总和等于混凝土的体积，从而得到以下公式：

$$\frac{m_{c0}}{\rho_c}+\frac{m_{w0}}{\rho_w}+\frac{m_{sg}}{\rho_{sg}}=1000$$

配制矿渣碎石防水混凝土的技术要求　　表 7-57

项　目	要　求
水泥用量(kg/m³)	最低用量　普通硅酸盐水泥:300 矿渣水泥:360
水灰比	0.5～0.6,另增加矿渣润湿水,应以控制适宜坍落度为宜
坍落度(mm)	10～30
砂率(%)	37～42
灰砂比	1∶2～1∶2.5
骨料	大小矿渣搭配使用,适当掺用部分 5～25mm 小粒径矿渣

a. 根据选用的砂率，按照下式计算沙石的混合密度：

$$\rho_{sg}=\rho_s\beta_s+\rho_g(1-\beta_s)$$

式中　ρ_{sg}——砂石混合密度（t/m³）；

ρ_s——砂的表观密度（t/m³）；

ρ_g——石子的表观密度（t/m³）；

β_s——砂率。

b. 计算沙石的总用量：

$$m_{sg}=\rho_{sg}\left(1000-\frac{m_{w0}}{\rho_w}-\frac{m_{c0}}{\rho_c}\right)$$

式中　m_{sg}——砂石总用量（kg/m³）；

m_{w0}——每 1m³ 混凝土水的用量（kg/m³）；

ρ_w——水的密度（t/m³）；

m_{c0}——每 1m³ 混凝土水泥用量（kg/m³）；

ρ_c——水泥密度（t/m³），一般取 2.9～3.1。

c. 分别计算砂、石用量：

$$m_{s0}=m_{sg}\beta_s$$

$$m_{g0}=m_{sg}-m_{s0}$$

式中　m_{s0}——每 1m³ 混凝土的砂用量（kg/m³）；

m_{g0}——每 1m³ 混凝土的石子用量（kg/m³）；

m_{sg}——砂石总用量（kg/m³）；

β_s——砂率。

通过以上公式计算出普通防水混凝土的初步配合比，然后再在此基础上进行试配调整，直到满足设计要求为止。

⑥ 灰砂比的验证　在防水混凝土最小水泥用量及砂率均已确定的情况下，还应对灰砂比进行验证，此时灰砂比对防水混凝土的抗渗性的影响则更为直接，它可以直接反映水泥砂浆的浓度以及水泥包裹砂粒的情况，灰砂比以 1∶2～1∶2.5 为宜。

当最小水泥用量确定后，灰砂比的大小也影响着防水混凝土的抗渗性，灰砂比的大小，不仅影响水泥包裹砂子的情况，而且关系着水泥砂浆是否具有抗渗性。如果灰砂比过大，则水泥含量大，砂子数量少，往往易出现不均匀收缩和过大收缩现象，使混凝土的抗渗性降低。如果灰砂比偏小，由于砂子数量过多，混凝土拌合物则表现为干涩而缺乏黏性，使混凝土的密实性同样不高。因此，只有选用适宜的灰砂比时，对提高防水混凝土的抗渗性才是有利的。

⑦ 确定配合比　混凝土的质量配合比为：

$$水泥:砂:石子 = m_{c0}:m_{s0}:m_{g0}$$

或

$$1:\frac{m_{s0}}{m_{c0}}:\frac{m_{g0}}{m_{c0}}$$

$$水灰比 = \frac{W}{C}$$

⑧ 试拌校正：

称量　试配时应采用工程中实际使用的原材料，砂、石骨料的称量均应以干燥状态为基准，如骨料含水，应在用水量中扣除骨料中超过的含水量值，骨料称量也应相应增加。

试拌　按已计算出的配合比称量进行试拌，以检定混凝土拌合物的性能，如试拌得出的混凝土拌合物坍落度不能满足要求，或黏聚性和保水性能不好，或含气量不符合规定要求时，则应在保证水灰比不变的条件下相应调整用水量或含砂率，直至符合要求为止，然后提出供检验混凝土强度用的基准配合比。

试配　用以检验混凝土强度及抗渗性能时的试配，应采用 3 个不同的配合比，其中 1 个为试拌调整后的基准配合比，另两个配合比的水灰比值，应较基准配合比分别增加及减少 0.05，其用水量应该与基准配合比相同，但砂率值可做适当的调整。

试件制作　在制作混凝土强度试块时，尚需检验每个配合比拌合物的坍落度、黏聚性、保水性、含气量及拌合物密度，并以此结果作为代表这一配合比的混凝土拌合物性能。

为了检验混凝土强度，每种配合比至少制作 1 组（3 块）抗压试块、1 组（6 块）抗渗试块，以鉴定其强度指标及抗渗性能。

⑨ 配合比的确定　由试验中得出的各水灰比（水灰比的倒数）值时的抗压强度值，用作图法或计算法求出与试配强度相对应的水灰比值，并结合抗渗试验值进行核实后以确定配合比。最后确定的配合比必须满足抗渗值与强度值两项指标。

⑩ 防水混凝土配合比计算举例　钢筋混凝土地下室工程，采用 C20、P12 普通防水混凝土；水泥用 42.5 级普通硅酸盐水泥，$\rho_c = 3.1\text{t/m}^3$；砂用中砂，平均粒径 0.35mm，$\rho_s = 2.6\text{t/m}^3$；石子采用卵石，最大粒径为 30mm，石子空隙率为 45%，$\rho_g = 2.7\text{t/m}^3$；要求混凝土坍落度为 30～50mm，用机械搅拌、振捣。试确定抗渗混凝土的初步配合比。

其计算步骤如下：

a. 选取水灰比、用水量和砂率　根据所要求的强度等级（C20）、抗渗等级（P12）、坍落度（30～50mm）及材料情况，由表 3-75 初步确定水灰比为 0.55；查表 7-55 砂率为 36%；查表 7-54 用水量为 185kg/m^3。

b. 计算水泥用量：

$$m_{c0}=\frac{m_{w0}}{W/C}=\frac{185}{0.55}=336\text{kg/m}^3$$

符合防水混凝土水泥用量不小于 300kg/m³ 的要求。

c. 计算砂石混合密度：

$$\rho_{sg}=\rho_s\beta_s+\rho_g(1-\beta_s)$$
$$=2.6\times0.36+2.7\times(1-0.36)=2.66\text{t/m}^3$$

d. 计算砂石混合质量：

$$m_{sg}=\rho_{sg}\left(1000-\frac{m_{w0}}{\rho_w}-\frac{m_{c0}}{\rho_c}\right)$$
$$=2.66\times(1000-185\div1-336\div3.1)=1880\text{kg/m}^3$$

e. 分别计算砂石用量：

$$m_{s0}=m_{sg}\beta_s=1880\times0.36=677\text{kg/m}^3$$
$$m_{g0}=m_{sg}-m_{s0}=1880-677=1203\text{kg/m}^3$$

f. 初步确定配合比　水泥：砂：卵石：水＝336：677：1203：185

＝1：2.01：3.58：0.55

混凝土的计算密度为：336＋677＋1203＋185＝2401kg/m³

试拌后坍落度为 30～40mm，符合工程要求。

3. 普通防水混凝土的养护

加强养护对普通防水混凝土是极为重要的，是使防水混凝土获得一定抗渗性的必要条件。表 7-58 列出了养护方式对防水混凝土的抗渗性能的影响。

养护方式对防水混凝土抗渗性能的影响　　表 7-58

养护方式	水灰比	砂率(%)	坍落度(cm)	抗压强度(MPa)	抗渗压力(MPa)
标准养护 28d	0.60	45	3.5	29.3	＞2.2
标准养护 14d 后，在水中 14d	0.60	45	4.5	29.6	2.0
标准养护 14d 后，在空气中放 14d	0.60	45	4.0	30.6	1.2
标准养护 28d 后	0.50	35	7.1	—	＞3.5
在室内空气中 28d	0.50	35	6.4	—	＜0.4
蒸汽养护	0.50	—	3.3	1.71	0.4

从表中可以看出，当在水中或潮湿环境中养护时，可以延缓水分的蒸发速度，而且随着水泥水化的不断深入，水化生成的胶体和晶体体积将不断增大，它将填充一部分原来水占据的空间，阻塞水分蒸发的毛细管通道，破坏彼此连通的网状毛细管体系，或使毛细管变得细小，因此可以增加混凝土的密实性，提高混凝土的抗渗性。

当混凝土浇筑完毕后，立即放在干燥的空气中，此时游离水则通过表面迅速蒸发，在混凝土中形成彼此连通的毛细管网系，形成渗水的通道，因而使混凝土的抗渗性能急剧降低。

防水混凝土并不适宜用蒸汽养护，因为在蒸汽养护时会使毛细管径受蒸汽的压力而扩张，使混凝土的抗渗性能降低。

(二) 外加剂防水混凝土的配制

外加剂防水混凝土是在普通混凝土拌合物中掺加少量有机或无机外加剂来改善混凝土

的和易性，提高密实性和抗渗性，以适应建筑工程防水需要的一系列防水混凝土的总称。外加剂防水混凝土的主要品种有减水剂防水混凝土、引气剂防水混凝土、三乙醇胺早强防水混凝土、密实剂防水混凝土（包括氯化铁防水混凝土、硅质密实剂防水混凝土）、膨胀剂防水混凝土等。

外加剂防水混凝土所用的外加剂，根据其基本物质可分为有机物外加剂、无机物外加剂以及混合物外加剂三类。常用的有机物外加剂品种有减水剂、加气剂、三乙醇胺早强防水剂，常用的无机物外加剂品种有氯化铁防水剂、硅质密封剂等，常用的混合物外加剂有无机混合物系、有机混合物系和无机-有机物混合物。

对外加剂防水混凝土所用的外加剂（防水剂），在物理和化学方面的要求如下：

（1）在水泥凝结硬化的过程中，能把砂浆表面的毛细管封闭，能减少混凝土拌合物中的水滴空隙，能减少干燥收缩，增大伸缩能力，抑制混凝土产生裂缝，加入外加剂后不会降低砂浆的强度，有粘附性；

（2）能促进砂浆的凝固和硬化，由于砂浆的水化反应，能使可溶性物质固化，并生成憎水性物质，对混凝土中所配制的钢筋不会产生腐蚀，且对混凝土拌合物的稳定性和持久性没有大的影响。

1. 减水剂防水混凝土

减水剂防水混凝土是指在混凝土拌合物中掺入适量不同类型的减水剂，以提高混凝土抗渗能力为目的的一类防水混凝土。

采用减水剂可减少混凝土的拌合用水量，从而则可减少混凝土的孔隙率，增加混凝土的密实性和抗渗性，也可在不增加混凝土拌合用水的条件下，大大提高混凝土的坍落度，从而在满足特殊施工要求的同时，保持混凝土具有一定的抗渗性。采用减水剂配制的防水混凝土，应用在工程中除了具有较高的抗渗性能外，还具有良好的和易性、可调的凝结时间以及推迟水化热峰值出现等特点，因而特别适用于钢筋稠密的薄壁建筑物、滑模、泵送、大型设备基础混凝土，水工混凝土以及要求高强、早强的各种防水混凝土过程。

（1）组分

配制减水剂防水混凝土时，对原材料的质量有一定的要求。

水泥除一般采用普通硅酸盐水泥外，也可采用矿渣水泥配制。使用的水泥泌水性小，水化热较低，水泥强度等级不得低于 42.5MPa。

采用减水剂配制防水混凝土时，减水剂的选择原则应根据混凝土的施工工艺、工程结构和对混凝土的抗渗性、强度等性能要求以及施工时的气温条件和减水剂的来源状况等多方面的因素来考虑，对抗冻性要求较高的防水混凝土，还可以与引气剂复合使用或选用引气减水剂以获得较好的抗渗、抗冻效果。由于水泥和减水剂的品种均较多，因此在选用减水剂前，还应对现场所用的水泥进行试配后再确定。

减水剂种类的选择，是配制减水剂防水混凝土的关键所在，NNO 减水剂是一种高效能分散剂，其减水率为 12%～20%，增强作用为 15%～30%，3d 和 7d 早强作用明显，可使混凝土的抗渗性提高一倍，但价格较贵；MF 减水剂是一种兼有加气作用的高效能分散剂，其减水和增强作用优于 NNO，且在提高抗渗性和抗冻性效果上均比 NNO 更佳，是配制减水剂防水混凝土首选的外加剂；木钙减水剂兼有加气的作用，但分散效果上不及 MF 和 NNO，其减水率一般为 10%～15%，增强作用为 10%～20%，对抗渗性的提高明显，且有缓凝作用，宜应用于夏季施工，价格低廉，是应用最为广泛的一种减水剂；糖蜜减水剂性能与木钙减水剂基本上相似，但其掺量比木钙少。减水剂的掺量见表 7-59。

不同品种减水剂的适量掺量　　表 7-59

种　类	适量掺量 （占水泥质量分数）(%)	备　注
木钙糖蜜	0.2～0.3	掺量不大于 0.3%，否则将使混凝土强度降低及过分缓凝
NNO、MF	0.5～1	在此范围内只稍微增加混凝土造价，而对混凝土其他性能无大影响
JN	0.5	
UNF-5	0.5	外加 0.5%三乙醇胺，抗渗性能好

配制减水剂防水混凝土所用的砂为中砂，水为饮用水。

(2) 配合比的设计

① 掺外加剂混凝土的设计方法　混凝土外加剂品种虽多，用途虽广，但从配合比设计方法来划分，仅分为减水性外加剂和非减水性外加剂两类，减水性外加剂即减水剂或某某减水剂（如早强减水剂、缓凝减水剂、引气减水剂等）；非减水性外加剂即专用性外加剂（如引气剂、早强剂等）。

掺用外加剂混凝土配合比的设计，应先按普通混凝土配合比设计得出基准混凝土配合比，如系掺用减水性外加剂，则应从基准混凝土配合比的用水量中按其减水率减除一部分用水量开始设计；如系掺用非减水性外加剂，可以即按基准混凝土配合比开始设计，通常采用实验法确定外加剂掺量，因外加剂用量不多，故原有配合比不必调整。

② 减水剂防水混凝土配合比的设计　减水剂防水混凝土的配制，可遵循普通防水混凝土的一般规定，其不同点在于视工程需要而调节水灰比。减水剂防水混凝土配合比设计一般采用绝对体积法，考虑以下原则：

a. 水泥用量由混凝土强度而定，水泥用量一般为 350kg/m³ 左右；

b. 砂率不低于 35%，对钢筋稠密、厚度较小、埋设件较多等不易浇捣施工的工程，可将砂率提高到 40%左右；

c. 确定水灰比主要依据抗渗要求和施工和易性，其次考虑强度要求，一般控制在 0.5～0.6 范围，抗渗等级要求大于 P12，强度要求大于 30MPa，水灰比可降到 0.45～0.5。

按施工需要调节水灰比，当满足施工和易性和坍落度的前提下，应尽量降低水灰比，水灰比越小，抗渗性越好，见表 7-60。

水灰比与抗渗性能的关系　　表 7-60

水灰比	0.4～0.5	0.55	0.60
抗渗等级	≥P12	≥P8	≥P6

由上述三项控制数即可按绝对体积法计算其配合比。

③ 减水剂的掺量　减水剂的掺量见表 7-59。减水剂在实际使用时，不宜完全按照产品说明书推荐的最佳掺量，应从施工实际所用材料和施工条件，进行配合比试验，求得适宜掺量，并在施工中严格控制，其误差宜控制在±1%以内。减水剂掺入时严禁将干粉直接加入，应将干粉先溶于 60℃左右的热水中，制成 20%浓度的溶液再掺加混凝土中。

④ 坍落度　由于减水剂对水泥有高度的扩散作用，从而使混凝土的和易性得到显著改善，在相同的配合比情况下，掺入减水剂比不掺减水剂的防水混凝土坍落度明显增大，其增大值随减水剂的品种、掺量和水泥的品种而异，一般情况混凝土坍落度增大值见表7-61。

不同品种减水剂对混凝土坍落度的影响　表 7-61

减水剂的品种	坍落度增大值(mm)
NNO、MF、JN、FDN、UNF	100～150
木钙及糖蜜	80～100

坍落度增大值还与不掺减水剂混凝土的原始坍落度有关。干硬性混凝土及坍落度大于100mm的混凝土，坍落度增加较少，而低流动性混凝土坍落度增加极为显著。

由于减水剂能增大混凝土的流动性，故掺有减水剂的防水混凝土，其最大施工坍落度可不受50mm限制，但也不宜过大，以50～100mm为宜。当工程需要混凝土坍落度80～100mm时，可不减少或稍减少拌合用水量；当要求坍落度30～50mm时，可大大减少拌合用水量。

⑤ 掺合料　当混凝土内掺入粉煤灰时，由于粉煤灰中含有一定量的碳，能降低减水效果，故应调整减水剂的掺量。

2. 引气剂防水混凝土

引气剂防水混凝土是在混凝土拌合物中掺入微量（占水泥质量万分之几至十万分之几）引气剂配制而成的一类防水混凝土。影响引气剂防水混凝土的因素很多，归纳起来可分为两类，一类是原材料方面的因素，另一类则是工艺方面的因素，其关键是在于含气量的多少。

(1) 组分

水泥采用普通硅酸盐水泥，也可使用砂渣水泥或火山灰质水泥，后两种水泥加入引气剂后，其抗渗、抗冻性均比不掺者提高，但仍略差于普通硅酸盐水泥配制的引气剂防水混凝土。

砂宜采用中砂或细砂，以采用细度模数在2.6左右的砂为好。石子级配见表7-62，无特殊要求，其最大粒径不宜大于40mm。水采用饮用水。

(2) 配合比的设计

引气剂防水混凝土的配制要求见表7-62。

引气剂防水混凝土的配制要求　表 7-62

项　目	要　求
引气剂掺量(%)	以使混凝土获得3%～6%的含气量为宜，松香酸钠掺量约为0.01～0.03，松香热聚物掺量约为0.1
含气量(%)	以3%～6%为宜，此时拌合物表观密度减小不得超过6%，混凝土强度降低值不得超过25%
坍落度(mm)	30～50
水泥用量(kg/m³)	≥250，一般为280～300，当耐久性要求较高时，可适当增加用量
水灰比	≤0.65，以0.5～0.6为宜，当抗冻性、耐久性要求高时，可适当降低水灰比
砂率(%)	28～35
灰砂比	1∶2～1∶2.5
砂石级配	粒径(10～20)mm∶(20～40)mm＝30∶70或自然级配

① 引气剂的掺量　引气剂防水混凝土的质量与含气量密切相关，而含气量的多少主要取决于引气剂的掺量。掺量的不同会引起混凝土内部结构的差别并影响混凝土的各种性能。加气剂的掺量有一个适宜的范围，在这个范围内，混凝土内气泡比较细小、均匀，混凝土结构也比较均匀，加气剂的作用能得到充分发挥，使混凝土获得较高的抗渗性；掺量过大、过小均会导致结构物组织不良，性能下降。引气剂防水混凝土的含气量以3%～6%为宜，此时松香酸钠的掺量约为1/10000～3/10000，松香热聚物掺量约为1/10000。

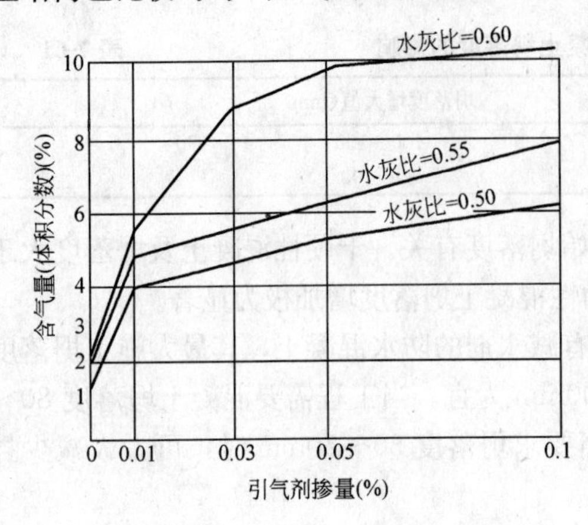

图 7-4　水灰比、含气量与引气剂掺量之间的关系

② 水灰比　水灰比对引气剂防水混凝土的抗渗性有着显著的影响，水灰比不仅决定着混凝土内部毛细管网的数量及大小，而且对形成的气泡数量与质量也有很大的影响。其水灰比、含气量与引气剂掺量之间的关系参见图7-4。从图中可见看出，水灰比不同时，引气剂的极限掺量也不同，为了使含气量不超过6%，以保持防水混凝土的抗渗性能能满足要求，其适用范围大致如下：

水灰比＝0.50，引气剂掺量为1/10000～5/10000；
水灰比＝0.55，引气剂掺量为0.5/10000～3/10000；
水灰比＝0.60，引气剂掺量为0.5/10000～1/10000。

引气剂防水混凝土的抗渗性与水灰比的关系见表7-63。

引气剂防水混凝土抗渗性与水灰比的关系　　表 7-63

水灰比	0.4～0.5	0.55	0.60	0.65
抗渗等级　≥	P12	P8	P6	P4

③ 砂的粒径　砂子的粒径越细，加气混凝土中气泡越小，采用细砂对抗渗性越有利，但用水量和水泥用量相应要增加，使混凝土收缩性增大，因此，在实际过程中可因地制宜，采用细砂或中砂，尤以细度模数2.6左右的砂子为好。砂粒径对混凝土抗渗性的影响见表7-64。

砂粒径对混凝土抗渗性的影响　　表 7-64

砂的特性		坍落度(mm)	含气量(%)	拌合物堆积密度(kg/m³)	抗渗压力(MPa)
中砂：细砂	细度模数				
100：0	2.88	90	9.1	2300	0.6
50：50	2.335	95	7.35	2320	0.8
0：100	1.79	87	7.1	2360	1.0

④ 水泥品种和灰砂比　由于加气剂对水泥品种有良好的适应性，故普通水泥、矿渣水泥、火山灰质水泥均可采用。

灰砂比决定了混凝土的黏滞性，水泥所占比例越大，混凝土黏滞性越大，含气量越小；反之。如果增加砂子比例，则物料摩擦机会增加，混凝土的含气量增加。

引气剂对水泥品种的适应较好，只要掌握合宜的含气量，即可保证混凝土的各项性能。一般水泥用量为250～300kg/m³，砂率为28%～35%，砂子的细度模量在2.6左右为宜，参考以上数值可用绝对体积法得到配合比。在工程应用时，经现场试配并作局部调整以满足工程要求和施工条件要求。

（3）拌合、振捣和养护

掺入引气剂的防水混凝土含气量受搅拌时间的影响较大。一般情况下，从搅拌开始，含气量将随搅拌时间的增加而增加，当搅拌到2～3min时含气量达到最大值，如继续进行搅拌，则含气量开始下降。适宜的搅拌时间应通过试验确定，在通常情况下，较普通混凝土的搅拌时间稍长，约需2～3min。

各种振动都会降低混凝土的含气量，振动时间越大，含气量损失越大，为了保证混凝土有一定的含气量，同时又保证混凝土能振捣密实，振捣时间不应过长或过短。当采用振动台或平板式振捣器时，振捣时间不宜超过30s；使用插入式振捣器时，振捣时间不宜超过20s。

养护条件也是影响引气剂防水混凝土性能的重要因素之一，尤其是对混凝土的抗渗性影响更为重要。混凝土的硬化需要在一定的温度和湿度条件下进行，低温条件对引气剂防水混凝土的强度和抗渗性不利，如果在5℃的温度条件下养护，该混凝土将失去抗渗能力，在冬期施工时应注意温度的影响。在养护湿度足够大的情况下，对引气剂防水混凝土的抗渗性有利，在适宜温度的水中养护，可使引气剂防水混凝土获得最佳的抗渗性能。混凝土初凝后需覆盖草包，及时洒水，保持草包湿润，养护时间不少于两周。

3. 三乙醇胺防水混凝土

在混凝土拌合物中掺入适量的三乙醇胺，以提高其抗渗性能为目的而配制的混凝土称之为三乙醇胺防水混凝土。

（1）组分

水泥　可采用普通硅酸盐水泥，对要求低水化热的防水工程则宜采用矿渣水泥；

砂　中砂；

石子　对石子级配无特殊要求；

三乙醇胺　工业品，纯度为70%～80%，在配制溶液时应折算为100%纯度后计算。

（2）配合比的设计

三乙醇胺防水混凝土的配制要求如下：

① 三乙醇胺早强防水剂对混凝土具有早强、增强和密实作用，因此，当抗渗性与其他几种防水混凝土相同时，所用水泥用量较低，当设计抗渗压力为0.8～1.2MPa时，水泥的用量以300kg/m³为宜，见表7-65。

水泥用量对三乙醇胺防水混凝土抗渗性影响　**表7-65**

配合比 水泥砂石	水灰比	水泥用量 (kg/m³)	砂率 (%)	早强防水剂含量(%)		抗压强度 (MPa)	抗渗压力 (MPa)
				三乙醇胺	氯化钠		
1∶2.40∶3.62	0.58	320	41	0.05	0.5	26.6	2.4
1∶2.60∶3.80	0.62	300	41	0.05	0.5	26.1	2.2
1∶2.82∶4.09	0.66	280	41	0.05	0.5	24.0	1.8
1∶3.08∶4.46	0.69	260	41	0.05	0.5	25.4	1.8

注：1. 表中水泥为巢湖水泥厂产42.5级矿渣水泥。
2. 砂子细度模数为2.16～2.71，石子规格为20～40mm。

② 砂率必须随着水泥用量的降低而相应地提高，使混凝土有足够的砂浆量，以确保其抗渗性，见表7-66。当水泥用量为280～300kg/m³时，砂率以40%左右为宜，掺三乙醇胺早强剂后，灰砂比可以小于普通防水混凝土1：2.5的限制。

三乙醇胺防水混凝土砂率选用表 表7-66

配合比 水泥砂石	水灰比	水泥用量 (kg/m³)	砂率 (%)	早强防水剂含量(%)		抗压强度 (MPa)	抗渗压力 (MPa)
				三乙醇胺	氯化钠		
1：1.84：4.07	0.58	320	31	0.05	0.5	28.2	2.2
1：2.12：3.80	0.58	320	36	0.05	0.5	27.6	2.2
1：2.40：3.62	0.58	320	41	0.05	0.5	26.6	2.4
1：2.00：4.38	0.62	300	31	0.05	0.5	21.6	0.6
1：2.30：4.08	0.62	300	36	0.05	0.5	23.9	1.2
1：2.60：3.80	0.62	300	41	0.05	0.05	26.1	2.2
1：2.50：4.41	0.66	280	36	0.05	0.05	24.7	0.4
1：2.82：4.09	0.66	280	41	0.05	0.05	24.0	1.8

注：表中水泥采用巢湖水泥厂产42.5级矿渣水泥；石子粒径为20～40mm。

③ 对石子级配无特殊要求，只要在一定水泥用量范围内并保证足够的砂率，无论采用哪一种级配的石子，都可以使混凝土有良好的密实性和抗渗性，见表7-67。

不同石子级配下三乙醇胺防水混凝土的抗渗性 表7-67

不同粒级(mm)				水泥品种和强度等级	水灰比	水泥用量 (kg/m³)	砂率 (%)	三乙醇胺 (%)	抗渗压力(MPa)
5～15	5～25	20～40	5～40						
含量(%)									
—	—	100	—	矿渣水泥 42.5	0.62	300	40	—	0.6
—	—	100	—		0.62	300	40	0.05	2.4
—	—	—	100	普硅水泥42.5	0.50	380	38	—	1.4
—	—	—	100	矿渣水泥42.5	0.50	380	38	0.05	3.0

④ 三乙醇胺早强剂对不同品种的水泥的适应性较强，特别能改善矿渣水泥的泌水性和黏滞性，明显的提高其抗渗性。因此，对要求低水化热防水工程，以使用矿渣水泥为好。

⑤ 在混凝土中掺入单一的三乙醇胺或三乙醇胺与氯化钠复合剂，可显著提高混凝土的抗渗性能，抗渗压力可提高三倍以上，见表7-68。

⑥ 三乙醇胺溶液应随拌合水一起掺合均匀后再投入搅拌机，一般以50kg或100kg水泥计量，加入定量的三乙醇胺溶液，约50kg水泥加2kg溶液。

⑦ 三乙醇胺对不同水泥品种的反应是不同的，在施工中如调换水泥品种时，则应重新做配合比试验。

4. 密实剂防水混凝土

密实剂防水混凝土包括氯化铁防水混凝土和硅质密实剂防水混凝土。

(1) 氯化铁防水混凝土

氯化铁防水混凝土是指在混凝土拌合物中加入少量氯化铁防水剂而成的一类具有高抗渗性能和密实度的混凝土。

三乙醇胺防水混凝土的抗渗性能 表 7-68

序号	水泥品种	配合比 水泥砂石	水灰比	水泥用量 (kg/m³)	早强防水剂(%)		抗压强度 (MPa)	抗渗压力 (MPa)
					三乙醇胺	氯化钠		
1	强度等级 52.5 级普通水泥	1∶1.6∶2.93	0.46	400	—	—	35.1	1.2
2	强度等级 52.5 级普通水泥	1∶1.6∶2.93	0.46	400	0.05	0.5	46.1	>3.8
3	强度等级 42.5 级矿渣水泥	1∶2.19∶3.50	0.60	342	—	—	27.4	0.7
4	强度等级 42.5 级矿渣水泥	1∶2.19∶3.50	0.60	342	0.05	—	26.2	>3.5
5	强度等级 42.5 级普通水泥	1∶2.66∶3.80	0.60	300	0.05	—	28.2	>2.0

注：1. 序号 1、2、5 砂子细度模数为 2.16～2.71，石子粒级为 20～40mm。
2. 序号 3、4 的石子粒级为 5～40mm。
3. 序号 3 配方中加入了亚硝酸钠阻锈剂，可抑制钢筋的锈蚀。
4. 对于比较重要的防水工程宜采用序号 2 及序号 4 的配方和防水剂的掺量；靠近高压电源和大型直流电源的防水工程宜采用序号 2 配方及早强防水剂。

氯化铁防水混凝土的配制与普通混凝土基本相同。

① 组分 普通硅酸盐水泥、矿渣水泥均可获得优良的抗渗性能；采用中砂；石子级配及种类无特殊要求，同普通防水混凝土，拌合用水采用饮用水。

氯化铁防水剂其外观为深棕色溶液，市场上有成品出售，但应注意，不能将化学试剂的氯化铁误作氯化铁防水剂使用，作为防水剂的氯化铁，其质量要求有以下几点：

a. 相对密度应大于 1.4，其中氯化铁和氯化亚铁的比例应在 1∶1～1∶3 范围内，其有效含量应不少于 400g/l；

b. pH 值为 1～2；

c. 硫酸铝占氯化铁溶液质量应不大于 5%。

② 配合比的设计 氯化铁防水混凝土的配制应满足表 7-69 的技术要求，并应注意以下一些问题：

氯化铁防水混凝土配制要求 表 7-69

项 目	技术要求	项 目	技术要求
水灰比	≤0.55	坍落度(mm)	30～50
水泥用量(kg/m³)	≥310	防水剂掺量(%)	以 3%为宜，掺量过多对钢筋锈蚀及混凝土干缩有不良影响。如果采用氯化铁砂浆抹面，掺量可增至 3%～5%

a. 氯化铁防水剂掺量一般以 3%为宜，含量过多对钢筋锈蚀、混凝土干缩和凝结时间都有影响，掺量少了则达不到效果；

b. 氯化铁防水混凝土设计抗压强度等级不宜低于 P18，但也不必过高，水泥用量增加过多，对提高抗渗性并无显著效果；

c. 从保持抗渗性出发，根据有关试验资料，工作环境温度不宜超过 100℃。

③ 施工要点：

a. 氯化铁防水混凝土使用前需正确计量用量，并用80%以上的拌合水稀释，搅拌均匀后方可再拌入混凝土中，严禁将氯化铁防水剂直接注入水泥或骨料中；

b. 配料要准确，采用机械搅拌，进料时先注入拌合水及水泥，然后方可再注入氯化铁水溶液，以免搅拌机遭受腐蚀，搅拌时间不少于2min；

c. 施工缝要用10～15min厚防水砂浆胶结，防水砂浆的质量配合比为水泥：砂：氯化铁防水剂＝1：0.5：0.03，水灰比为0.55；

d. 氯化铁防水混凝土的养护极为重要，不同的养护条件下其抗渗性截然不同，参见表7-70；蒸养时应控制温度不超过50℃，升温速度不要超过6～8℃/h；自然养护时，浇灌8h后，即用湿草袋等盖上，夏季要提前一些，24h后定期浇水养护14d，特别是前7d，要保持混凝土充分湿润。

不同的养护制度对抗渗性的影响 **表7-70**

液体氯化铁防水剂掺量(%)	养护温度(℃)	养护时间(h)	蒸汽加热		抗渗压力(MPa)
			温度(℃)	时间(h)	
0	10	3	—	—	0
3	10	3	—	—	0.1
0	25	3	—	—	0～0.1
3	25	3	—	—	1.5
3	20	一天后脱模蒸养	60	4	1.5
0	20	一天后脱模蒸养	100	4	0.1～0.2
3	20	一天后脱模蒸养	100	4	0.5

注：试件厚度为3cm。

(2) 硅质密实剂防水混凝土

硅质密实剂防水混凝土是指在混凝土拌合物中掺入微量JJ91硅质密实剂配制而成的一类具有防水性能的混凝土。

JJ91硅质密实剂防水混凝土的配制方法与自防水混凝土的配制方法基本相同，混凝土的配合比应按设计要求严格控制。

原材料要求水泥采用≥42.5级普通硅酸盐水泥，不宜采用矿渣水泥，禁止使用火山灰质水泥；宜用中、粗砂，含泥量不应大于2%；石子采用碎石时，其含泥量不应大于1%；硅质密实剂应符合行业标准《砂浆、混凝土防水剂》(JC 474—1999) 中一等品的技术要求。

硅质密实剂防水混凝土的抗渗等级应≥P15，施工中应从严控制坍落度，确保抗渗性能，应严格控制混凝土的拌合时间，确保搅拌均匀；施工缝可采用钢板止水带及防水砂浆两道设防，防水砂浆应掺入3%JJ91硅质密实剂，其厚度为30mm、宽50mm，分三次刮涂；变形缝应采用橡胶止水带或铝板止水带作为主要防水措施，并配合使用R2胶堵塞漏水通道，应无水施工。

(三) 膨胀混凝土的配制

膨胀混凝土是一类特种混凝土，它包括采用各种膨胀水泥制作的膨胀水泥混凝土和在施工现场采用掺加各种膨胀剂配制而成的膨胀剂混凝土。

配制膨胀混凝土一般有两种途径，即采用膨胀水泥和膨胀剂。应用于建筑防水工程的膨胀水泥和膨胀剂主要是硫铝酸盐类，包括自应力硅酸盐水泥、自应力铝酸盐水泥、自应力硫铝酸盐水泥、自应力铁铝酸盐水泥、低热微膨胀水泥、明矾石膨胀水泥、明矾石膨胀剂等。

膨胀混凝土的各种物理性能与普通混凝土的各种物理性能有着不同程度的差别，这些差别是由于膨胀所引起的。

根据膨胀值的不同，可将膨胀混凝土分为补偿收缩混凝土、自应力混凝土等类别。补偿收缩混凝土的功能和目的是减少或者避免混凝土因体积收缩而引起的开裂，自应力混凝土的功能和目的是提高构件或制品的承载与工作能力。两者的区别和适用范围见表 7-71。

补偿收缩混凝土与自应力混凝土的区别和适用范围　　表 7-71

项　目	补偿收缩混凝土	自应力混凝土
功能	是以限制膨胀来补偿限制收缩，达到减少或防止开裂的目的	是以承受荷载为主要目的，同时也有减免混凝土裂缝的功能
膨胀能	只需具有足够补偿限制收缩的膨胀能，因此通常比自应力混凝土要小，一般膨胀率在 0.05%～0.08%之间	为了有效地承受荷载，要求具有较大的膨胀能
自应力值	要求较低，一般小于 1.0MPa	要求具有较高的自应力值，一般大于 2MPa，常用值为 3.0～6.0MPa
配筋率	同普通混凝土的配筋率	配筋率要比补偿收缩混凝土高，且要选择最适宜的配筋率(即最佳配筋率)
应用范围	应用于屋面防水、地下防水、梁柱接头、大体积混凝土、地脚螺栓锚固、设备底座灌浆及构件补强等	目前仅使用于管、板、壳等三向或双向配筋的薄壁构件和制品

膨胀防水混凝土是膨胀水泥防水混凝土和膨胀剂防水混凝土的统称，与膨胀混凝土基本相同，属于补偿收缩混凝土范畴，故亦称之为补偿收缩防水混凝土。

膨胀水泥防水混凝土是以膨胀水泥为胶结材料配制而成的一类防水混凝土，其防水机理主要是依靠膨胀水泥水化后产生一定的体积膨胀来补偿混凝土的干缩变形，从而达到密实混凝土，提高抗渗性的目的，同时还改变了混凝土的应力状态，使混凝土处于受压状态，从而提高了混凝土的抗裂能力。

在混凝土拌合物中掺入一定量的膨胀剂，产生适量的体积膨胀以弥补混凝土收缩，使混凝土具有抗裂、抗渗性能的一类混凝土称之为膨胀剂防水混凝土。

1. 组分

（1）水泥　补偿收缩防水混凝土中的水泥胶结料可以使用膨胀水泥，也可采用一定掺量的膨胀剂与普通水泥或矿渣水泥一起搅拌配制混凝土。所采用的膨胀剂和膨胀水泥的主要品种除表 7-72 中所列的外，还可以用氧化镁型、铁型和铝型膨胀水泥。

（2）骨料和水　骨料和水的要求同普通混凝土。

（3）外加剂　掺硫铝酸盐钙类或氧化钙类膨胀剂的混凝土，不宜使用铝盐类外加剂，可以使用各种缓凝剂、缓凝减水剂、普通减水剂及高效减水剂、缓凝高效减水剂、泵送剂及防冻剂与膨胀剂复合。

2. 配合比设计

补偿收缩防水混凝土的配合比设计与普通混凝土配合比设计相同，所用的膨胀剂和水

膨胀剂及膨胀水泥的主要品种　　表 7-72

品种	配　方	膨胀源	固相体积膨胀倍率	商品名称	
				膨胀水泥	膨胀剂
硫铝酸钙型	在水泥中加入一定数量的以下任何一组分均可。 1. 矾土水泥+石膏 2. 明矾石+石膏 3. 明矾石+石膏+石灰 4. 无水硫铝酸钙	水化硫铝酸钙（钙矾石） $3CaO \cdot Al_2O_3 \cdot 3CaSO_4 \cdot 32H_2O \cdot Ca(OH)_2$、明矾石	1.22～1.75 倍	石膏矾土膨胀水泥 硅酸盐膨胀水泥 明矾石膨胀水泥 硫铝酸钙膨胀水泥	U 型膨胀剂、钙矾石、复合膨胀剂
氧化钙型	在硅酸盐水泥中加入以下任何一组分即可。 1. 3%～5%过烧石灰 2. 生石灰+有机酸抑制剂	氢氧化钙 $CaO+H_2O \longrightarrow Ca(OH)_2$	0.98 倍	浇注水泥	脂膜石灰膨胀剂

泥质量之和为每立方米混凝土的水泥用量，铁屑膨胀剂的质量则不计入水泥用量内。要求水灰比不大于 0.60，每立方米水泥用量不少于 350kg，表 7-73 可供配合比设计时参考。

膨胀水泥防水混凝土的配制要求　　表 7-73

项　目	技 术 要 求
水泥用量(kg)	350～380
水灰比	0.5～0.52 0.47～0.5(加减水剂后)
砂率(%)	35～38
砂子	宜用中砂
坍落度(mm)	40～60
膨胀率(%)	0.1
自应力值(MPa)	0.2～0.7
负应变(mm/ m)	注意施工与养护，尽量不产生负应变，最多不大于 0.2%

水泥及膨胀剂的用量，由于膨胀剂的性质不同，它们对混凝土性能的影响亦有所不同，故一般规定每立方米混凝土中水泥与膨胀剂的总用量为 350～380kg，其中各种膨胀剂为内掺量（替换水泥率）。因品种不同而掺量不同，明矾石膨胀剂的规定掺量为水泥质量的 15%～20%；U 型膨胀剂和复合膨胀剂规定其内掺量（替换水泥率）为 10%～14%。原则上 U 型膨胀剂与五大水泥均适用，但是为了确保混凝土质量，宜用 52.5 级普通硅酸盐水泥、42.5 级普通或矿渣水泥；火山灰质水泥和粉煤灰水泥要经试验后方可确定。U 型膨胀剂的加入量，应根据工程的要求和选用的水泥级别而定，参见表 7-74。

UEA 膨胀剂掺量参考表　　表 7-74

使用条件	水泥强度等级	UEA 掺量(%)	使用条件	水泥强度等级	UEA 掺量(%)
砂浆	52.5 级 42.5 级	6～10 6～8	高配筋混凝土	42.5 级	10～12
高配筋混凝土	52.5 级	10～14	低配筋混凝土	52.5 级 42.5 级	8～12 8～10

(四) 纤维混凝土的配制

纤维混凝土又称为纤维增强混凝土，是以水泥净浆、砂浆或混凝土作为基材，以非连续的短纤维或连续的长纤维作为增强材料，均匀地掺合在混凝土中而形成的一种增强材料。就目前情况来看，纤维混凝土，特别是钢纤维混凝土已经成功地应用在许多混凝土工程上，如一些水利、交通、军工、矿山等行业的混凝土工程。纤维混凝土因具有良好的抗拉、抗弯、韧性，不易裂缝，所以在防水工程上有使用，又因其具有良好的抗疲劳和抗冲击性能，人们正研究将其用于多震灾地带的抗震建筑上，使之为人类做出更大贡献。

1. 钢纤维混凝土

在普通混凝土中掺入适量的钢纤维而制成的混凝土，称为钢纤维混凝土或钢纤维增强混凝土。将抗拉强度高的钢纤维加入混凝土中，能显著提高混凝土对塑性收缩、温度、应力等因素导致的非结构性裂缝的抗裂能力，有效提高混凝土的抗渗能力。

(1) 组分

① 钢纤维

因为钢纤维混凝土被破坏时，往往是钢纤维被破坏，所以钢纤维混凝土中的钢纤维要有较好的韧性，不宜使用易脆断的钢纤维。为使钢纤维能均匀分布于混凝土中，钢纤维必须具有合适的尺寸、形状。较合适的钢纤维的尺寸是：断面积为0.1～0.4mm^2，长度为20～50mm，且长径比不应超过纤维的临界长径比。钢纤维如果太粗或太短，混凝土的强化特性较差；如果过长或过细，搅拌时容易结团。水泥混凝土增强用钢纤维主要技术指标见表7-75。

水泥混凝土增强用钢纤维主要技术指标　　表7-75

材料名称	相对密度	直径（$\times10^{-3}$mm）	长度（mm）	软化点能熔点(℃)	弹性模量（$\times10^{-3}$MPa）	抗拉强度（MPa）	泊桑比
低碳钢纤维	7.8	250～500	20～50	500/1400	200	400～1200	0.3～0.33
不锈钢纤维	7.8	250～500	20～50	550/1450	200	500～1600	—

② 基体混凝土

配制钢纤维混凝土一般使用42.5级、52.5级的普通硅酸盐水泥，配制高强度的钢纤维混凝土可使用62.5级以上的硅酸盐水泥或明矾石水泥。砂的粒径一般为0.15～5mm，卵石或碎石的最大粒径一般不宜大于15mm，对于钢纤维喷射混凝土则不宜大于10mm。

为了使纤维混凝土拌合物具有良好和易性，使短纤维可均匀地分布于其中，在浇筑时混凝土应无离析、泌水现象并应易于捣实，混凝土的砂率一般不应低于50%，其单位体积水泥用量应适当增加，较之未掺纤维的混凝土高10%左右。

钢纤维混凝土宜选用优质的减水剂，但严禁添加氯盐。

(2) 配合比的设计

钢纤维混凝土的配制最重要的问题是如何将钢纤维均匀地分散在混凝土中，钢纤维混凝土的配合比大多根据抗拉强度及抗弯强度确定，并且是以大量的实验数据为基础的。根据抗拉强度和抗弯强度设计钢纤维混凝土的配合比时，应该把重点放在纤维的掺入量上，其次是水灰比。这是因为纤维的掺入量不仅支配弯曲强度和拉伸强度，而且影响钢纤维混凝土的韧性和抗裂性等优良性能，还影响钢纤维混凝土拌合物的施工和易性。

① 技术要求

配制钢纤维混凝土的主要技术要求见表7-76。

配制钢纤维混凝土的技术要求 表7-76

项 目	技术要求	项 目	技术要求
水灰比	0.45～0.53	砂率(%)	45～50
水泥用量(kg/m³)	360～400	坍落度(mm)	10～20
钢纤维体积掺率(%)	0.5～2.0	膨胀率(%)	0.02～0.04
用水量(kg/m³)	200～240	外加剂掺量	通过试验确定

a. 钢纤维掺量

钢纤维混凝土的强度主要取决于水灰比和纤维的含量。对于每一种规格的钢纤维与每一种混凝土组分，均存在一个最大的纤维掺量。钢纤维的掺量多以体积率表示，即1m³钢纤维混凝土中钢纤维所占体积的百分数，一般为0.5%～2%，最大不可以超过3%。刚性屋面防水层混凝土的钢纤维体积率宜为0.8%～1.2%，不宜大于1.5%。

b. 水灰比

钢纤维混凝土的水灰比宜选用0.45～0.53。对于以耐久性为主要要求的钢纤维，水灰比不得大于0.50。钢纤维的平均间隔越小（即钢纤维含量多），混凝土的水灰比越小。表7-77和表7-78列出了钢纤维混凝土的抗弯强度、抗剪强度与水灰比、纤维含量（V_x）的关系，可供确定水灰比时参考。请注意：这两表数据使用的钢纤维为0.5mm×0.5mm×30mm，粗骨料最大粒径为15mm，直接双面剪切试验。

钢纤维混凝土的抗弯强度（MPa） 表7-77

V_x(%) / 水灰比	0.40	0.50	0.60
0	6.3	5.7	5.0
1.0	7.8	7.2	3.8
1.5	9.0	8.6	8.2
2.0	9.8	9.6	9.3

钢纤维混凝土的抗剪强度（MPa） 表7-78

V_x(%) / 水灰比	0.40	0.50	0.60
0	7.6	7.2	6.7
0.5	9.9	9.0	8.1
1.0	11.4	10.5	9.2
1.5	13.0	11.5	10.0
2.0	14.0	12.4	10.9

另外应当注意，对于钢纤维混凝土，当采用较小的水灰比时，其强度有所提高，但是韧性也会有些减小。当对韧性有要求时，应当选用长度较长、表面有变形的钢纤维。当钢纤维混凝土有抗冻性要求时，应该加适量的引气剂来配制，但是含气量不宜过大，一般以5%为宜。

c. 用水量

钢纤维混凝土单位体积用水量可参考表7-79，但要注意：坍落度变化范围10～50mm时，每增减10mm，单位用水量相应增减7kg；钢纤维体积掺率每增减0.5%，单位用水量相应增减8kg；钢纤维长径比每增减10，单位用水量相应增减10kg。钢纤维混凝土单位体积用水量也可以通过试验或根据已有经验确定。

钢纤维混凝土单位体积用水量 **表7-79**

拌合物条件	骨料品种	骨料最大粒径(mm)	用水量(kg/m^3)
钢纤维长径比为50,钢纤维体积掺量为0.5%,坍落度为20mm,水灰比为0.5～0.6,中砂	碎石	10～15	235
		20	220
	卵石	10～15	225
		20	205

d. 骨料粒径及砂率

钢纤维混凝土所用的骨料的最大粒径，对其抗弯强度有较大的影响，必须从混凝土的强度角度来确定。当钢纤维掺量为1%左右时，其影响较小，达到1.8%时其影响变得十分明显，在粗骨料粒径为15mm时，能获得最高的抗弯强度；而在最大粒径为25mm时，钢纤维不能均匀地分布于混凝土中，使得钢纤维的增强效果差，从而抗弯强度降低。一般当纤维含量为2%时，粗骨料的最大粒径为钢纤维长度的1/2；当纤维含量为1%时，粗骨料的最大粒径为钢纤维长度的1/3～2/3。但是粗骨料最大粒径均不应该超过15mm。

从强度方面考虑，砂率一般控制在50%～60%比较好，但从施工和易性考虑，砂率一般控制在60%～70%比较适宜。

② 配合比设计方法及步骤

钢纤维混凝土的配合比设计应采用试验-计算法，并参考下面步骤进行。

a. 确定试配强度

钢纤维混凝土的强度采用双控标准，既由抗压强度和抗拉强度或由抗拉强度和抗折强度确定。

钢纤维的掺入体积率≤2%时，对抗压强度的影响较小，钢纤维混凝土的抗压强度与相同水灰比的普通混凝土相近，因此试配抗压强度与普通混凝土相同。钢纤维混凝土的抗拉强度和抗折强度与钢纤维含量和特征参数相关：

$$f_{ftk}=f_{tk}(1+\alpha_t\lambda_f)$$
$$f_{ft}=f_t(1+\alpha_t\lambda_f)$$
$$f_{ftm}=f_{tm}(1+\alpha_m\lambda_f)$$
$$f_{ftm}=f_{tm}(1+\alpha_{tm}\lambda_f)$$

式中 f_{ftk}、f_{ft}、f_{ftm}——钢纤维混凝土的抗拉强度标准值、设计值和抗折强度设计值；

f_{tk}、f_t——根据钢纤维混凝土强度等级按混凝土结构设计规范确定的抗拉强度标准值、设计值；

f_{tm}——同强度等级素混凝土抗折强度设计值；

λ_f——钢纤维含量特征参数：

$$\lambda_f=\rho_f\frac{l_f}{d_f}$$

ρ_f——钢纤维体积率；

l_f——钢纤维长度；

d_f——钢纤维直径（或等效直径）；

α_t——钢纤维对抗拉强度的影响系数，宜通过试验确定，当钢纤维混凝土强度等级为 CF20～CF40 时，可按表 7-80 采用；

α_{tm}——钢纤维对抗折强度的影响系数，宜通过试验确定，当 $f_{tm}<$ 6MPa 时，可按表 7-80 采用。

钢纤维对抗拉强度、抗折强度的影响系数　　**表 7-80**

钢纤维品种	熔抽型（$l_f<35$mm）、圆直型	熔抽型（$l_f\geqslant35$mm）、剪切型
α_t	0.36	0.47
α_{tm}	0.52	0.73

钢纤维混凝土抗拉或抗折强度的施工配制强度提高系数，可参考普通混凝土抗压强度的施工配制强度提高系数确定。

b. 根据试配抗压强度确定水灰比

确定钢纤维混凝土水灰比的方法与普通混凝土的相同。

c. 确定钢纤维体积率及掺量

钢纤维体积率应由试配抗拉强度或抗折强度确定。一般刚性屋面防水层可取 $\rho_f=$ 0.8%～1.5%。每 1%约相当于 $1m^3$ 混凝土内含钢纤维质量为 78.67kg，并由此计算出钢纤维质量：

$$G_f=78.67\times\rho_f\times100$$

式中　G_f——$1m^3$ 钢纤维混凝土所需钢纤维质量（kg）。

d. 根据坍落度等因素确定单位体积用水量，如掺用外加剂时应考虑外加剂影响。

e. 确定合理砂率。

f. 按绝对体积法或假定质量密度法计算材料用量，确定试配配合比。

g. 试配和调整

试配配合比确定后，通过拌合物性能试验检验是否满足施工要求，若不满足则应在保持水灰比和钢纤维体积率不变的条件下，调整用水量或砂率，直到满足要求为止，并据此确定用于强度试验的基准配合比。

h. 强度试验

每种强度试验至少应采用三种不同配合比。

抗压强度　一种为基准配合比，另两种配合比的水灰比应比基准配合比分别减少和增加 0.05。

抗拉强度或抗折强度　一种为基准配合比，另两种配合比的钢纤维体积率应比基准配合比增加或减少 0.2%。

改变水灰比或钢纤维体积率时，单位体积用水量应保持不变，可通过调整砂率来保持拌合物坍落度不变。

i. 根据试配和强度试验结果确定施工配合比

对钢纤维补偿收缩混凝土，还应进行膨胀率和收缩率等项试验。

(3) 配制及施工要求

① 搅拌

a. 钢纤维混凝土施工时应采用机械搅拌，以强制式搅拌机为宜。当钢纤维体积率较高、拌合物稠度较大时，强制式搅拌机的一次搅拌量，不宜超过搅拌机额定容量的70%。

b. 搅拌钢纤维混凝土的各种材料的质量，应按施工配合比和一次搅拌量计算确定，其称量偏差不得超过表7-81的规定。

钢纤维混凝土材料称量允许偏差 表7-81

材料名称	钢纤维	水泥、混合材	粗、细骨料	水	外加剂
允许偏差(%)	±2	±2	±3	±1	±2

c. 钢纤维混凝土搅拌时投料顺序和方法，应以搅拌过程中钢纤维不结团，并保证一定的生产率为原则，并通过试验或根据经验确定。搅拌时间应通过现场搅拌试验确定，并应较普通混凝土规定的搅拌时间延长1～2min。

采用强制式搅拌机时，可将钢纤维、水泥、石子、砂一次投入搅拌机内，干拌约1.5min，然后加水湿拌约1.5min。

当采用直落式搅拌机时，应先将钢纤维及石子投入搅拌机内干拌1min，使钢纤维分散在石子中，再将水泥、砂投入搅拌机中搅拌1min，最后往转动着的搅拌机内加水，湿拌1.5min。

当采用将钢纤维以外的材料湿拌，在拌和过程中边拌边加入钢纤维的搅拌方式时，宜采用钢纤维分散机投放钢纤维。

d. 对于零星工程采用人工搅拌时，应遵守以下规定：在平滑的铁板上或其他不渗水的平板上搅拌；宜先将水泥和砂干拌均匀，再加石子继续干拌，边拌边分散加入钢纤维，干料混合均匀再加水搅拌，直至均匀为止。

② 运输、浇筑和振捣

a. 钢纤维混凝土的运输宜采用易于卸料的搅拌运输车、翻斗车或其他运送器具。坍落度在80mm以上的钢纤维混凝土，可同普通混凝土一样用混凝土搅拌车运送；坍落度在50mm以下的钢纤维混凝土可用翻斗车运送；坍落度在50～80mm的钢纤维混凝土可用铲斗、皮带运输机等运输。

与普通混凝土一样，钢纤维混凝土也可用泵送。但泵送时混凝土中的钢纤维具有按泵送方向排列的倾向，必须引起注意。

b. 钢纤维混凝土运输时间不宜超过30min，如在浇筑之前发现有分层离析或过干现象，应进行二次搅拌。

c. 在一个规定连续浇筑的区域内，钢纤维混凝土浇筑施工过程不得中断，以保证钢纤维分布的均匀性和结构的连续性。拌合料从搅拌机卸出到浇筑完毕的时间不宜超过30min。在浇筑过程中严禁因拌合料干涩而加水。

d. 钢纤维混凝土应采用机械振捣，不得用人工插捣。所采用的振捣机械与振捣方法处应保证混凝土密实外，尚应保证钢纤维分布均匀。刚性防水层可采用平板振动器捣固。

由于振捣作用，钢纤维会出现与模板表面平行、与重力作用方向垂直、与振动方向平行及振捣棒周围的钢纤维按振捣棒的插入方向排列等倾向，且振捣过程中频率越高或振动时间越长，这些倾向也越强。振捣过程中应避免振捣方法不当或振捣时间过长而产生的对钢纤维分布和趋向不利的影响。

防水层钢纤维混凝土浇筑后，其表面收光和养护与普通防水混凝土的相同。

2. 聚丙烯纤维混凝土

聚丙烯纤维混凝土是将切成一定长度的聚丙烯纤维均匀地分布于水泥砂浆或普通混凝土的基材中，用以增强基材的物理力学性能的一种复合材料。在混凝土中掺入适量的聚丙烯纤维可以显著提高混凝土的抗渗性能，聚丙烯纤维均匀的分布在混凝土中，有效地阻止了粗细骨料的沉降，降低了混凝土的泌水率，减少了混凝土中的总空隙率，提高了混凝土的密实性。同时加入聚丙烯纤维后，混凝土的抗拉强度提高，减少了塑性裂缝的出现，避免了渗漏水的隐患，因此聚丙烯混凝土也用在防水工程中。其特点是化学稳定性较好；纤维表面具有憎水性、分散性，在混凝土中拌合不易结团，拌合物和易性好；不与混凝土中的任何组分发生化学反应；成本低廉等。

聚丙烯纤维混凝土对水泥没有什么特殊要求，采用 42.5 级或 52.5 级硅酸盐水泥或普通硅酸盐水泥即可；所用的粗骨料、细骨料与普通混凝土基本相同，细骨料可用细度模数为 2.3～3.0 的中砂或 3.1～3.7 的粗砂，粗骨料可用最大粒径不超过 10mm 的碎石或卵石。

聚丙烯纤维混凝土不同的成型工艺对配料的要求有所不同，参见表 7-82。

聚丙烯纤维混凝土不同成型工艺的配料要求　　**表 7-82**

成型工艺	聚丙烯膜裂纤维	水泥	骨料
搅拌法	细度＝6000～13000D 切短长度＝40～70mm 体积掺率＝0.4%～1%	42.5 级、52.5 级硅酸盐水泥或普通硅酸盐水泥	细骨料粒径≤5mm 粗骨料粒径≤10mm
直接喷射法	细度＝4000～12000D 切短长度＝20～60mm 体积掺率＝2%～6%		d_{max}＝2mm
成型工艺	**外加剂**	**灰砂比**	**水灰比**
搅拌法	减水剂或高效减水剂适量	砂浆∶水泥∶砂＝1∶1～1∶3 混凝土∶水泥∶砂∶石子＝1∶2∶2～1∶2∶4	0.45～0.50
直接喷射法		水泥∶砂＝1∶0.3～1∶0.5	0.32～0.40

聚丙烯纤维混凝土可用于制作预制品，也可用于现场浇筑。

聚丙烯纤维混凝土一般采用普通转筒式搅拌机进行搅拌，可采用两种加料方法：一是先将砂、石、水泥、水混拌均匀后再加入纤维搅拌至纤维在混凝土中分散均匀为止，约需 3～5min；二是将砂、石、水泥、纤维干拌均匀后加水搅拌，约比普通混凝土搅拌时间长 1～2min。纤维混凝土运输时间应加以控制，一般由搅拌站运至工地不超过 30min。聚丙烯纤维混凝土初凝、终凝时间均较普通混凝土稍长，宜在终凝前进行修抹，以防纤维外露。

（五）聚合物水泥混凝土的配制

聚合物水泥混凝土是由水泥混凝土和高分子聚合物有效结合而成的一种性能比普通混

凝土好的有机复合材料。它一般具有较好的粘结性、耐久性、耐磨性，较高的抗折性，耐水性、不透水性、耐腐蚀性和耐冲击性、抗裂性、耐冻性和尺寸稳定性，同时操作简单、成本低。

1. 组分

(1) 胶结材料

聚合物水泥混凝土的胶结材料除了水泥之外，还有聚合物。水泥可以用强度等级42.5MPa及其以上的普通水泥、矿渣水泥、硫铝酸盐早强水泥、铁铝酸盐水泥以及掺一定膨胀剂的各种硅酸盐水泥。聚合物常用天然或合成橡胶乳液、聚丙烯酸酯等热塑性聚合物、环氧等热固性聚合物以及丁苯乳胶、丙烯酸乳液、醋酸乙烯乳液等。

聚合物水泥混凝土中与水泥一起使用的聚合物应该不影响水泥凝结固化以及胶结性能，并且不受水泥的影响，如果是接触钢筋的话，还应该不腐蚀钢筋。

(2) 骨料和水

骨料和水与普通水泥混凝土的要求一样。骨料可以使用河卵石、河砂、硅砂、碎砂、碎石。如用于防腐蚀工程，应该使用硅质粗细骨料，使用不含有害杂质的水。

(3) 助剂

聚合物水泥混凝土中主要使用稳定剂、抗水剂、促凝剂、消泡剂等。

2. 物理力学性能

聚合物水泥混凝土的性能优于普通混凝土。随着聚合物种类、聚灰比、水灰比的不同，聚合物水泥混凝土的强度与普通混凝土又有不同，见表7-83。

聚合物水泥混凝土的强度特征 **表7-83**

混凝土种类	聚灰比	水灰比	相对强度		
			抗压	抗剪	抗拉
普通水泥混凝土	0	60	100	100	100
丁苯橡胶水泥混凝土(SBR)	5	53.3	123	118	126
	10	48.3	134	129	154
	15	44.3	150	158	212
	20	40.3	146	178	236
聚丙烯酸酯水泥混凝土(PAE-1)	5	40.3	159	127	150
	10	33.6	179	146	158
	15	31.3	157	143	192
	20	30.0	140	192	184
聚丙烯酸酯水泥混凝土(PAE-2)	5	59.0	111	106	128
	10	52.4	112	116	139
	15	43.0	137	167	219
	20	37.4	138	214	238
醋酸乙烯酯水泥混凝土(PVAC)	5	51.8	98	95	112
	10	44.9	82	105	120
	15	42.0	55	80	90
	20	36.8	37	62	91

由于掺加了聚合物，聚合物水泥混凝土具有一定的减水效果。聚合物水泥混凝土的弹性模量小于普通水泥混凝土的弹性模量，但是其抗收缩性能较好，还具有良好的耐磨性。

3. 配合比设计

聚合物水泥混凝土的配合比是否适当直接影响到混凝土的性能。在进行聚合物水泥混凝土的配合比设计时不仅要考虑混凝土的一般性能，还应该考虑聚合物的种类、聚合物的掺量、聚灰比（聚合物与水泥的质量比）、水灰比以及助剂的影响。

在聚合物水泥混凝土配合比设计中，聚灰比与性能的关系比与水灰比的更为密切。设计时以要求的和易性及坍落度来确定水灰比。聚合物水泥混凝土中的聚合物的掺量一般为水泥质量的5%～25%，并且根据实际工程要求和聚合物种类而确定。由于大多数聚合物具有一定的减水作用，水灰比应稍低于普通水泥混凝土的。其他的设计可以参照普通水泥混凝土的配合比设计进行。

4. 配制及施工要求

(1) 搅拌

聚合物水泥混凝土的搅拌与普通混凝土相似，拌制时可以使用与普通混凝土一样的搅拌设备，但搅拌时间应稍微长一些。

聚合物的添加有两种：一种是拌合混凝土加水时加入；另一种是直接掺入水泥中。其具体的添加方式通过试验确定。

(2) 施工

聚合物水泥混凝土的成型与普通水泥混凝土相似。不同的聚合物水泥混凝土的养护方法不尽相同，一般宜早期采用湿养护，而后再进行干养护，但是耐水性差的聚醋酸乙烯酯乳液水泥混凝土不宜采用湿养护。

第三节　防水砂浆

地下工程的防水主要是采用结构自防水法，即采用防水混凝土来抗渗，为了避免在大面积浇筑防水混凝土的过程中留下一些缺陷，故往往在防水混凝土结构的内外表面抹上一层砂浆，以弥补缺陷，提高地下结构的防水抗渗能力。

砂浆是由胶凝材料、细骨料、掺合料和水以及根据需要加入的外加剂，按一定的比例配制而成的建筑工程材料。在建筑工程中起着粘结、衬垫和传递应力的作用，砂浆按其胶凝材料的不同可分为水泥砂浆、沥青砂浆、聚合物水泥砂浆、水玻璃砂浆等；砂浆按其用途则可分为砌筑砂浆和抹灰砂浆，抹灰砂浆是指以薄层涂抹在建筑物表面的砂浆，抹灰砂浆还可以进一步细分为一般抹灰砂浆、装饰砂浆、防水砂浆、保温隔热砂浆、耐腐蚀砂浆等多种。

应用于制作建筑防水层的砂浆称之为防水砂浆。防水砂浆是通过严格的操作技术或掺入适量的防水剂、高分子聚合物等材料，以提高砂浆的密实性，达到抗渗防水目的的一种重要的刚性防水材料。水泥砂浆防水层一般又称作刚性防水层。

防水砂浆防水与卷材、金属、混凝土等几种其他防水材料相比较，虽具有一定防水功能和施工操作简便、造价便宜、容易修补等优点，但由于其韧性差、较脆、极限抗拉强度低，易随基层开裂而开裂，故难以满足防水工程越来越高的要求。为了克服这些缺点，近年来，利用高分子聚合物材料制成聚合物改性砂浆来提高材料的抗拉强度和韧性，则是一个重要的途径。

在国外，掺入水泥砂浆、混凝土中的聚合物品种很多，主要由胶乳、液体树脂、水溶性聚合物等，并均已作为商品在市场上出售，被广泛地作为防水、防腐、粘结、抗磨等材料来使用。

在国内，掺入水及砂浆和混凝土中的聚合物品种主要有氯丁胶乳、天然胶乳、丁苯胶乳、氯偏胶乳、丙烯酸酯乳液以及有机硅乳液等聚合物，它们应用在地下工程防渗、防潮、船甲板敷层及某些有特殊气密性要求的工程中，已取得效果。

水泥砂浆防水层适用于结构刚度较大，建筑物变形较小，埋置深度不大，在使用时不会因结构沉降，温度、湿度变化以及受振动等产生有害裂缝的地面及地下防水工程。除聚合物防水砂浆外，其他防水砂浆均不宜用在长期受冲击荷载和较大振动作用下的防水工程，也不适用于处在侵蚀性介质、100℃以上高温环境以及遭受着反复冻融的砖砌工程。

采用防水砂浆作防水层，其基层要求需为混凝土或砖石砌体墙面，混凝土强度等级不应小于C20；砖石结构的砌筑砂浆其强度等级不应低于M7.5；基层应保持湿润、清洁、平整、坚实、粗糙。其变形缝设置，当年平均温差≤15℃时，一般建筑物的纵向变形缝间距应小于30m。

一、防水砂浆的分类

常用的防水砂浆可分为多层抹面水泥砂浆、掺加剂的防水砂浆和膨胀水泥与无收缩性水泥配制的防水砂浆三类。掺外加剂防水砂浆可分为掺无机盐类（氯化钙、氯化铝、氯化铁）防水砂浆、掺微膨胀剂（UEA、FS、AWA等）补偿收缩水泥砂浆、掺聚合物（有机硅、丙烯酸酯共聚乳液、阳离子氯丁胶乳等）防水砂浆和掺纤维防水砂浆等品种。

根据防水砂浆施工方法的不同可分为两种：一种是利用高压喷枪机械施工的防水砂浆；另一种是大量应用人工抹压的防水砂浆，这种砂浆防水主要依靠特定的施工工艺要求或在砂浆中掺入某种防水剂来提高水泥砂浆的密实性或改善砂浆的抗裂性，从而达到防水抗渗的目的。

二、防水砂浆的配制

防水砂浆的胶凝材料主要是水泥，采用的水泥其强度不应低于32.5级，其品种可采用普通硅酸盐水泥、膨胀水泥或矿渣硅酸盐水泥，在受侵蚀性介质作用的部位，应按照设计要求选用水泥品种。严禁使用过期、受潮和结块的水泥，不同品种、不同强度等级的水泥不能够混用。

细骨料主要采用中、粗砂，含泥量不应大于3%，砂中不得含有垃圾、草根等有机杂质，含硫化物和硫酸盐量应不大于1%，使用前需过3～5mm孔径的筛子。

拌合水则应采用符合标准的洁净水、饮用水和自然水均可使用，水中不能含有糖类、油类等有害杂质，海水不能使用。

掺合料宜采用微膨胀和后期强度稳定的掺合料。

配制防水砂浆宜掺用的外加剂是防水剂或防水粉。在众多的防水剂品种中，大部分有机质及复合防水剂都是专用于掺入防水砂浆中作防水抹面的，一部分无机质防水剂如氯化铁、氯化钙等也可以掺入砂浆。减水剂、三乙醇胺等应用于防水混凝土。

防水层加筋，当采用有膨胀性的自应力水泥时，应增加金属网。

（一）多层抹面水泥砂浆的配制

多层抹面水泥砂浆又称普通防水砂浆。因其所构成的防水层是利用不同配合比的素浆

(即稠度较小的水泥浆)、水泥浆和水泥砂浆分层分次施工，相互交替抹压密实，充分切断各层次的毛细孔网，构成一个多层次的，具有一定防水效果的整体防水层，故名多层抹面水泥砂浆。多层抹面水泥砂浆防水层一般做法是采用“五层抹面法”(迎水面)和“四层抹面法”(背水面)。

1. 组分

多层抹面水泥砂浆材料的技术性能对防水层的质量有直接影响。

水泥宜采用硅酸盐水泥或膨胀水泥，也可以采用矿渣硅酸盐水泥，强度等级不低于32.5级，在受侵蚀性介质作用时，所用水泥应按设计要求选用，水泥出厂后存放时间不得超过三个月，不同品种和强度等级的水泥不得混用，以免其化学成分和凝结时间不同而影响防水层质量。

砂则以粗砂为主，粒径1～3mm，大于3mm的使用前应筛选，砂的颗粒要坚硬、粗糙，洁净。

拌合水宜采用饮用水或一般天然水。

一般可不掺防水剂，但在防水抹面五层做法中，则掺加了占水泥质量1%的五矾防水剂，主要起促凝作用，但也有微小的防水作用。其原材料配合比见表7-33。

2. 配制方法

素灰和水泥浆的拌合，可采用拌灰机，也可用人工拌合，拌合方法是先将水泥放入拌合桶中，然后加入水，搅拌均匀即可。

水泥砂浆宜用砂浆搅拌机拌合，也可用人工拌合。机械拌合时，先将水泥与砂逐步加入，干拌到色泽一致，再加水搅拌均匀，加水后搅拌1～2min即可；人工拌合时，先将水泥与砂倒在铁板上干拌均匀，然后堆成中间低四周高状态，向中间低处的干料中倒入水，反复进行搅拌均匀。

无论采用何种拌合方法，均需称料准确，并不得随意增加和减少用水量。拌好的砂浆不宜存放过久，防止离析和产生初凝，以保证砂浆的和易性和质量。其存放时间见表7-84。

拌合好灰浆存放时间参考表　　表7-84

灰浆所用水泥品种	气温(℃)	存放时间	灰浆所用水泥品种	气温(℃)	存放时间
普通硅酸盐水泥	5～20 20～25	不宜超过60min 不宜超过45min	矿渣硅酸盐水泥 火山灰质硅酸盐水泥	5～20 20～35	不宜超过90min 不宜超过50min

当采用普通硅酸盐水泥拌制砂浆时，气温在5～20℃，存放时间应小于60min；气温在20～35℃时，存放时间应小于45min。当采用矿渣硅酸盐水泥或火山灰质硅酸盐水泥拌制砂浆时，气温在5～20℃时，存放时间应小于90min；气温在20～35℃时，存放时间应小于50min。

(二) 外加剂防水砂浆的配制

外加剂防水砂浆是指在水泥砂浆中掺入各种防水剂配制而成的一类防水砂浆。

防水剂是一种由各种无机或者有机化学原料组成的外加剂。在水泥砂浆中掺入占水泥质量3%～5%的无机盐或金属皂类防水剂，在砂浆凝结硬化过程中，产生不溶性物质，填充砂浆中的微小空隙和堵塞毛细孔通道，切断或减少渗水通道，增加了砂浆的密实性，提高了砂浆的不透水性和抗渗能力，一般可承受水压0.4MPa以下。如在水泥砂浆中掺入占水泥质量10%的抗裂防水剂，利用其微膨胀作用，则可提高砂浆的抗裂与抗渗能力，其抗渗压力最高可达3MPa以上。

外加剂防水砂浆的材料组成见表7-85。应用于防水砂浆的防水剂的主要品种及性能参见表7-86。

外加剂防水砂浆的材料组成 **表7-85**

材料名称	要求
水泥	强度等级不低于42.5级的普通硅酸盐水泥或42.5级矿渣硅酸盐水泥
砂	洁净中砂或细砂，粒径不大于3mm，含泥量不大于2%
防水剂	宜采用氯化物金属盐类防水剂或金属皂类防水剂，质量符合要求
水	自来水或洁净天然水，不得含糖类、油类等有害物质

防水剂的主要品种及性能 **表7-86**

名称	主要成分	性能	适用范围
氯化物金属盐类防水剂	氯化钙、氯化铝	加入水泥浆后，与水泥和水起作用生成含水氯硅酸钙、氯铝酸钙等化合物，能填补砂浆中空隙，增强防水性能	防水砂浆、混凝土
氧化铁防水剂	三氯化铁和氯化亚铁	掺入水泥浆中，三氯化铁等氯化物能与水泥水化生成的氢氧化钙作用，生成不溶于水的氢氧化铁等胶体，堵塞砂浆中微孔及毛细管道，提高抗渗性	防水砂浆、混凝土
金属皂类防水剂	硬脂酸、氢氧化钾、碳酸钠	该防水剂有塑化作用，可降低水灰比，同时在水泥浆中生成不溶性物质，堵赛毛细孔道，提高抗渗性	防水砂浆
无机铝盐防水剂	铝和碳酸钙	掺入水泥砂浆或混凝土中，产生促进水泥构件密实的复盐，填充水泥砂浆和混凝土在水化过程中形成的孔隙及毛细管通道，形成刚性防水层	防水砂浆、防水混凝土
水玻璃矾类防水促凝剂	硅酸钾	该防水剂凝固速度快，应随拌随用，拌好的要及时完成，常用有五矾、四矾、三矾、二矾，其中五矾防水效果最佳	防水砂浆、堵漏

1. 氯化物金属盐类防水砂浆的配制

氯化物金属盐类防水砂浆是在混凝土砂浆中掺入氯化物金属盐类防水剂配制而成的一类砂浆防水材料。

(1) 氯化铁防水砂浆的配制

① 组分

水泥：32.5～42.5级普通硅酸盐水泥或矿渣硅酸盐水泥；

砂子：粒径为0.5～0.3mm的中砂。

② 配制方法

氯化铁防水剂的掺量一般为水泥质量的3%～5%。

防水净浆的配制，先将防水剂放入容器中，缓慢地加入并搅拌均匀，然后加入水泥，充分搅拌均匀即可；防水砂浆的配制，先将防水剂加入拌合水中搅拌均匀，同时将水泥和砂干拌均匀，然后将溶有防水剂的拌合水加入水泥和砂中，搅拌1～2min即成，防水净浆和防水砂浆应随伴随用，避免凝固失效。

(2) 防水浆、防水砂浆的配制

防水浆的配制见表7-26；采用防水浆配制的氯化物金属盐类防水砂浆，其配制方法参见表7-27。

2. 金属皂类防水砂浆的配制

金属皂类防水砂浆是指在普通混凝土砂浆中加入金属皂类防水剂配制而成的一类刚性防水材料。

以拒水物质为基料的金属皂类防水剂包括可溶性金属皂类防水剂（因系浆液，故又称为避水浆）和不溶性金属皂类防水剂（如钙铝皂、因系固体粉末，又称为防水粉）两大类。金属皂类防水剂的配制见表7-42。

采用避水浆来配制防水砂浆，宜用32.5级硅酸盐水泥或矿渣水泥，其配比为：水泥：中砂＝1：2，避水浆按所用水泥质量的1.5%～5.0%掺合。在拌合防水砂浆时，将所需质量的避水浆先倒入桶内，再逐渐加水，按定量的水边加边搅拌直至搅拌均匀。

防水净浆应将水泥加入已搅拌均匀的防水剂中，反复拌匀即可。

防水净浆应采用机械搅拌，以保证水泥浆的匀质性，拌制时要严格掌握水灰比，水灰比过大，砂浆易产生离析现象，水灰比过小则不易施工。拌制砂浆时，先将水泥和砂投入砂浆搅拌机内干拌均匀（色泽一致），然后再加入防水剂与定量用水配制成的混合液，搅拌1～2min即可。每次搅拌的防水净浆和防水砂浆应在初凝前用完。

3. 硅酸钠类促凝防水砂浆的配制

硅酸钠类（水玻璃）促凝防水砂浆是指在水泥浆或水泥砂浆中加入适量的硅酸钠类防水剂作促凝剂配制而成的促凝灰浆类防水材料。

促凝灰浆适用于地下室、水池、基础坑、沟道等的孔洞修补，较宽裂缝漏水及大面积渗漏水的修补。

硅酸钠类促凝灰浆的配制见表7-87。

硅酸钠类促凝灰浆的配制　　**表7-87**

灰浆类别	配合比及配制	备　注
促凝灰浆	在水灰比为0.55～0.60的水泥浆中，掺入水泥质量1%的促凝剂，拌合均匀即成促凝水泥浆	
快凝水泥胶浆（亦称胶泥）	用水泥和促凝剂按下列质量比直接拌合而成 1. 配合比（质量比） 水泥＋促凝剂[1＋(0.5～0.6)] 2. 配合比（质量比） 水泥＋促凝剂[1＋(0.8～0.9)]	该胶浆凝固较快，从开始拌合到使用完毕以1～2min为宜。在水中也可凝固
快凝水泥砂浆	系以干拌砂子灰[水泥＋砂子(1＋1)(质量比)]，用促凝剂＋水(1＋1)的混合液调制而成，水灰比为0.45～0.50	干拌好的水泥和砂子不得隔夜使用
快燥精拌制的水泥胶浆、水泥砂浆	水泥＋快燥精＋水＋砂(质量比) 1＋0.5＋0＋0(1min内凝固) 1＋0.3＋0.2＋0(5min内凝固) 1＋0.15＋0.35＋0(30min内凝固) 1＋0.14＋0.56＋2(60min内凝固)	

以五矾防水胶泥和快燥精拌制的水泥胶浆、砂浆为例，其具体的配制方法如下：

五矾防水胶泥的配制：

按表7-33的比例量配制五矾防水剂。

根据不同的使用条件，防水胶泥的配合比可按水泥＋五矾防水剂［1＋(0.5～0.6)］或［1＋(0.8～0.9)］配制（见表7-87)。水泥要求采用32.5级或42.5级普通硅酸盐水泥，不宜使用矿渣水泥。配制时，按上述配合比取量，将两者搅拌均匀即可，胶泥必须在规定时间内用完，应随配随用。

五矾防水胶泥的使用要点：胶泥凝结时间的快慢，与配合比、用水量、气温、水玻璃模数等直接有关，施工前应根据具体条件通过试配确定比例。采用胶泥进行修堵渗漏水时，应在胶泥即将凝固的瞬间进行，使堵完后的胶泥正好凝固。施工时首先将防水水泥胶浆在手心中或铁板、木板中捏拌成胶泥状，立即往缝洞处堵塞，并沿洞眼处向内紧按，将洞塞严，用手将其按紧直至凝固。

快燥精拌制的水泥胶浆、砂浆的配制

配制快燥精的水需要经过处理方可使用，其配制方法是用明矾（硫酸铝钾）10kg、氨水9kg、水380kg，倒入缸内搅拌至明矾颗粒完全溶化为止，将水反复澄清成为清水备用。

快燥精按要求进行配制，并应随配随用，快燥精拌制的水泥胶浆、水泥砂浆其配合比见表7-87。快燥精拌合的水泥胶浆和水泥砂浆的凝固时间与快燥精的掺入量有关，参见表7-87。

快燥精拌制的水泥胶浆和水泥砂浆的使用方法如下：地下室、水池渗漏的孔洞或裂缝均需先凿深6～7cm，洗刷干净，将快燥精与32.5级以上普通硅酸盐水泥拌合均匀的胶浆用铁镘大力塞入洞内或裂缝中，深约5cm，待硬化后再用1∶1.5水泥砂浆抹光加以保护。

(三）膨胀水泥防水砂浆的配制

膨胀水泥与无收缩性水泥配制的防水砂浆其密实性和抗渗性主要是由于这两种水泥所具有的良好抗渗特性所形成的，使用于一般的防水工程能获得较好的防水效果。其砂浆配合比为水泥∶砂子＝1∶2.5（体积比)，水灰比为0.4～0.5，在常温下配制的砂浆需在1h内用完，其铺抹方法与其他防水砂浆相同。

U型抗裂防水剂（UWA）是继U型混凝土膨胀剂（UEA）后，专用于防水砂浆的外加剂，与UEA相比，UWA的早期强度较高，适用于防水混凝土的抹面，也适用于潮湿和渗漏水工程的抹面和修补，由于它不仅有较好的抗渗性，还有一定的抗裂性，因此在防水工程中有着良好的应用前景。

(四）钢纤维聚合物防水砂浆的配制

SPRC钢纤维聚合物防水砂浆是将钢纤维和聚合物乳液同时掺入水泥砂浆中，使其具有良好的防水、抗拉、限缩等性能，是一种抗裂、阻裂型的防水材料。

钢纤维聚合物防水砂浆抗渗性能良好，与多种不同材性的材料均具有良好的粘结性能，该材料具有优良的机械力学性能，抗拉强度和抗折强度比普通砂浆高1～1.5倍；抗裂性、抗折韧性比同配比的砂浆高近20倍，抗弯折最大载荷的应变值提高7～8倍。

(五）聚合物水泥防水砂浆的配制

聚合物水泥防水砂浆是由水泥、砂和一定量的橡胶胶乳或树脂乳液以及稳定剂、消泡剂等助剂经搅拌混合均匀配制而成的一类刚性防水材料。

聚合物水泥防水砂浆是在水泥砂浆中掺入一定量的聚合物，如有机硅、氯丁胶乳、丙烯酸酯乳液等，使砂浆具有良好的抗渗、抗裂与防水性能。如将有机硅防水剂掺入水泥砂浆后，在水和空气中二氧化碳的作用下，能生成甲基硅氧烷，进一步缩聚成网状甲基硅树脂防水膜，渗入基层内可堵塞水泥砂浆内部的毛细孔，增加密实性，提高抗渗性，从而起到防水作用。又如胶乳、树脂类聚合物掺入砂浆中后，由于其能均匀地分布在砂浆内部细粒骨料的表面，在一定温度条件下凝结，使水泥、骨料、聚合物三者相互形成一个完整的网络膜，封闭住砂浆空隙的通路，从而阻止了介质的浸入，使砂浆的吸水率大大减少，而抗渗能力则相应地得到了提高。

可与水泥掺和使用的聚合物品种繁多，有天然和合成橡胶胶乳、热塑性和热固性树脂乳液、水溶性聚合物等，聚合物水泥砂浆的各项性能在很大程度上取决于聚合物本身的特性及其在砂浆中的掺入量，掺入量低，砂浆的性能则达不到要求，掺入量高，则不仅仅是造价高，而且粘结性及干缩均向劣化方向发展，因此，从实用、价廉、防水效果的角度出发，聚合物应符合表7-88的质量要求。聚合物水泥防水砂浆物理力学性能见表7-89。

水泥掺和用聚合物的质量要求　　表7-88

实验种类	实验项目	规定值
分散体试验	外观及总体成分	应无粗颗粒、异物和凝固物 35%以上，误差在(0±1.0)%以内
聚合物水泥砂浆试验	抗弯强度(MPa)≥	4
	抗压强度(MPa)≥	10
	粘结强度(MPa)≥	1.0
	吸水率(%)<	15
	透水率(%)<	30
	长度变化率(%)	0～0.15，<0.15

聚合物水泥防水砂浆的物理力学性能（JC/T 984—2005）　　表7-89

序号	项目			干粉类(Ⅰ类)	乳液类(Ⅲ类)
1	凝结时间[a]	初凝(min)	≥	45	45
		终凝(h)	≤	12	24
2	抗渗压力(MPa)	7d	≥	1.0	
		28d	≥	1.5	
3	抗压强度(MPa)	28d	≥	24.0	
4	抗折强度(MPa)	28d	≥	8.0	
5	压折比		≤	3.0	
6	粘结强度(MPa)	7d	≥	1.0	
		28d	≥	1.2	
7	耐碱性：饱和 $Ca(OH)_2$ 溶液，168h			无开裂、剥落	
8	耐热性：100℃水，5h			无开裂、剥落	
9	抗冻性-冻融循环：(−15～+20)，25次			无开裂、剥落	
10	收缩率(%)	28d	≤	0.15	

[a] 凝结时间项目可根据用户需要及季节变化进行调整。

聚合物水泥砂浆主要由水泥、砂子、胶乳等组成，不同用途的聚合物水泥砂浆配合比参见表 7-90。

聚合物水泥砂浆的参考配合比 **表 7-90**

用途	参考配合比(质量份)			涂层厚度
	水泥	砂	聚合物	
防水材料	1	2～3	0.3～0.5	5～20
地板材料	1	3	0.3～0.5	10～15
防腐材料	1	2～3	0.4～0.6	10～15
粘结材料	1	0～3	0.2～0.5	—
新旧混凝土或砂浆接缝材料	1	0～1	0.2 以上	—
修补裂缝材料	1	0～3	0.2 以上	—

为了使聚合物乳液具有对水泥水化产物中大量多价金属离子的化学稳定性以及对于搅拌时产生的剪切力的机械稳定性，避免胶乳在搅拌过程中产生析出、凝聚现象，在拌制乳液砂浆过程中，必须加入一定量的稳定剂，此外由于胶乳中稳定剂的表面活化影响，在搅拌时会产生大量的气泡，导致材料孔隙率增加，强度下降，从而使砂浆的质量受到影响，因此在加入稳定剂的同时，还必须加入适量的消泡剂，并在满足上述化学机械稳定性要求的前提下，取其最小掺量以降低成本。稳定剂和消泡剂的种类较多，可视所选乳液的种类品种不同而加以选择，才能相匹配，才能获得良好的技术经济效果，选用时可参见表 7-91。

聚合物水泥常用的助剂 **表 7-91**

种类	作用	主要产品
消泡剂	消除乳液与水泥拌合时产生气泡	异丁烯醇、3-新醇、甘油、硬脂酸异戊酯、磷酸三丁酯、二烷基聚硅氧烷等
稳定剂	防止乳液与水泥拌合时及凝结过程中聚合物过早凝聚	OP 型乳化剂、均染剂、102、农乳 600 等

1. 有机硅防水砂浆的配制

有机硅防水砂浆是在水泥砂浆中渗入有机硅防水剂配制而成的一类刚性防水材料。

有机硅防水剂是由甲基硅醇钠或高沸硅醇钠为基材，在水和 CO_2 作用下，生成甲基硅氧烷并进一步缩聚成高分子聚合物——甲基网状树脂膜（即防水膜）的一种防水剂。有机硅防水剂使用方便，即可掺合于水泥砂浆中构成有机硅防水砂浆，又可直接在建筑物表面喷涂，构成防水层。有机硅防水剂中的小分子有机硅聚合物被空气中的二氧化碳分解成甲基硅酸，并很快聚合成不溶于水的甲基聚硅醚防水膜而具有防渗作用。有机硅防水剂的用料配合比参见表 7-92。

有机硅防水剂用料配合比 **表 7-92**

中性有机硅防水剂配比(质量比)	有机硅表面喷涂防水剂配比
有机硅：硫酸铝：水 1：0.4：5 1：5：0.4	有机硅：水 1：9(质量比) 1：11(体积比)

有机硅防水砂浆的配制方法如下：

将防水剂和水按比例混合均匀配制成溶液，称之为硅水，硅水有碱性和中性之分。

将水泥和砂按一定比例干拌均匀后，再按一定比例加入硅水搅拌均匀即成有机硅防水砂浆。

各层砂浆的水灰比以满足施工要求为准，若水灰比过大，砂浆则易产生离析，而水灰比过小则不易施工。因此，严格掌握水灰比对保证施工质量十分重要。

有机硅防水砂浆对原材料的要求为：水泥宜选用42.5级普通硅酸盐水泥；砂子则以颗粒坚硬，表明粗糙、洁净的中砂为宜，砂的粒径为1～2mm；水可采用一般洁净水；有机硅防水剂相对密度以1.24～1.25为宜，pH值为12。

2. 丙烯酸酯共聚乳液防水砂浆的配制

丙烯酸酯共聚乳液防水砂浆是在水泥砂浆中掺入丙烯酸酯共聚乳液配制而成的一类刚性防水材料。

丙烯酸酯乳液具有良好的减水性能，将其掺入水泥砂浆中可以大大改善砂浆的和易性，在相同的流动度下，掺入丙烯酸酯乳液的水泥砂浆比不掺乳液的水泥砂浆可减水35%～43%；该防水砂浆有很高的抗裂性，如在砂浆中掺入12%（聚灰比）乳胶，收缩变形减小，极限伸长率增加1倍以上，抗裂性系数可增加50倍以上；砂浆粘结强度可提高1倍以上；丙烯酸酯共聚乳液防水砂浆的抗渗性亦比普通水泥砂浆有显著提高，如聚合物掺量为12%、灰砂比为1∶1时，其抗渗能力可提高1.5倍。

丙烯酸酯共聚乳液防水砂浆由一定比例的水泥、砂、丙烯酸酯共聚乳液以及适量的稳定剂和消泡剂经搅拌均匀而成。

丙烯酸酯乳液固体含量一般为50%左右，丙烯酸酯乳液掺入量一般为水泥质量的10%～25%（即聚灰比为10%～25%），作为防水材料掺量以12%较为适宜。

配制丙烯酸酯共聚乳液防水砂浆，其水泥应采用强度等级为42.5级普通硅酸盐水泥或其他各种硅酸盐水泥；砂宜采用细砂，严禁混入大于8mm的颗粒；水宜用饮用水。

丙烯酸酯共聚乳液防水砂浆在配制时，将混合乳液按需要的聚灰比（约12%）加入已干拌均匀的灰砂内拌合，使流动度达到180～200mm左右，若砂浆仍太干，可适当增加少量的水以满足施工要求。

丙烯酸酯共聚乳液防水砂浆的施工方法与普通水泥砂浆的施工方法基本一样，但其养护方法则稍有不同，要求早期（一般在7d）潮湿养护，以利于水泥水化，后期干燥养护，以利聚合物成膜，采用这种干湿混合养护工艺得到的砂浆性能最好。这是各种类型的聚合物砂浆需共同注意的问题。

3. 阳离子氯丁胶乳防水砂浆的配制

阳离子氯丁胶乳防水砂浆是采用一定比例的水泥、砂并掺入水泥质量10%～20%（以固体含量计）的阳离子氯丁胶乳，一定量的稳定剂、消泡剂和适量的水，经搅拌混合均匀配制而成的一种具有防水性能的聚合物水泥砂浆。

阳离子氯丁胶乳防水砂浆由于乳液均匀地分散在材料中骨料的表面上，在一定温度条件下逐步完成交链，使橡胶、骨料、水泥三者相互形成橡胶骨料网络膜，封闭了材料中的毛细孔道，从而使砂浆起到防水抗渗的作用。

阳离子氯丁胶乳防水砂浆适用于地下建筑物和水箱、水池、水塔等储水设施的防水层，屋面、墙面防水防潮层，建筑物裂缝的修补等工程。

氯丁胶乳水泥砂浆的主要技术指标要求参见表7-93。

氯丁胶乳水泥砂浆的主要技术指标　　表7-93

项　目	指　标	项　目	指　标
抗拉强度(28d)(MPa)	5.3～6.7	抗渗性(MPa)	1.5以上
抗弯强度(28d)(MPa)	8.2～12.5	抗冻性（冻融50次，冻－15～－20℃、4h，融15～20℃、4h，为一循环）	无明显变化
抗压强度(28d)(MPa)	34.8～40.5		
粘结强度(28d)(MPa)	粗糙面3.6～5.8 光滑面2.5～3.8	抗压强度(MPa) 抗弯强度(MPa)	33.4～40.0 8.3～10.4
干缩值(28d)	$(7.0\sim7.3)\times10^{-4}$	抗拉强度(MPa)	4.4～5.6
吸水率(%)	2.6～2.9		

氯丁胶乳防水砂浆是由水泥、砂、氯丁胶乳以及表面活性剂（稳定剂、消泡剂）组成。水泥采用42.5级普通硅酸盐水泥，砂以粒径在3mm以下，并过筛的洁净中砂为宜，水采用饮用水。阳离子氯丁胶乳的主要性能见表7-94。

阳离子氯丁胶乳的主要性能　　表7-94

性　能	指　标	性　能	指　标
外观	白色乳状液	相对密度	＞1.085
		转子粘度计(Pa·s)	0.0124
分子结构		薄球粘度计(Pa·s)	0.00648
		硫化胶抗张强度(MPa)	＞150
pH值	3～5，用醋酸调节	硫化胶伸长率(%)	＞750
含固量(%)	约50	含氯量(%)	35

阳离子氯丁胶乳防水砂浆的配制工艺可先根据配方将阳离子氯丁胶乳装入桶内，然后加入复合助剂及一定量的水，混合搅拌均匀即成混合乳液。按配方将水泥和砂干拌均匀后，再将混合乳液加入，用人工或机械搅拌均匀即可使用。

氯丁胶乳防水砂浆的人工拌合必须在灰槽或铁板上进行，切不可在水泥地面上进行，以免胶乳失水，成膜过快而失去稳定性。

4. 环氧树脂防水砂浆的配制

环氧砂浆是由环氧树脂、固化剂、增塑剂、稀释剂及填料按一定比例配制而成的一类防水材料，是最早应用于水工混凝土建筑物修补的材料之一，现已开发出了潮湿水下环氧、弹性环氧等改性环氧修补材料。配制各类环氧砂浆的常用组分见表7-95。

配制各类环氧砂浆的常用组分　　表7-95

环氧树脂	固化剂	增塑剂	稀释剂	填料
E-51#618	间苯二胺	邻苯二甲酸二丁酯	活性	水泥
E-44#6101	乙二胺	邻苯二甲酸二辛酯	环氧丙烷苯基醚#600	石粉
E-42#634	聚酰胺树脂#600		环氧丙烷丁基醚#501	石棉粉
	T-31(水下)		甘油环氧树脂#662	砂
	810(水下)		乙二酸二缩水甘油醚#669	
	MA(水下)		非活性	
	酮亚胺(水下)		丙酮、二甲苯	
	CJ-915(弹性)			

环氧砂浆具有强度高、弹性模量低、极限拉伸大等优点，但其热膨胀系数大（$25\times10^{-6}\sim30\times10^{-6}$℃$^{-1}$），温度剧烈变化时能使环氧砂浆与老混凝土脱开；另一个缺点是材料易老化。它适用于温度变化较小，日光不易照到部位的修补。

弹性环氧砂浆有两种，一种是采用柔性固化剂（室温下固化），既保持环氧树脂优良的粘结力，又表现出类似橡胶的弹性行为，固化过程中放热量低而平缓，固化后产物弹性模量低，伸长率大。另一种是以聚硫橡胶作为改性剂，使弹性环氧砂浆的伸长率增大到25%～40%，但抗拉强度大幅度降低，28d 抗压强度仅为 17～19MPa。

当环氧树脂材料用于潮湿基面或水下基面时，必须使用潮湿水下环氧固化剂。常用的水下固化剂有 MA、酮亚胺、T-31 等水下环氧固化剂。

水下修补裂缝还碰到低温条件，故需采用由低温水下环氧固化剂配制的低温水下环氧砂浆，在低温水下条件时，其与混凝土粘结强度可达 2MPa 以上，本身抗拉强度为16MPa 左右，常温水下与混凝土粘结强度为 3MPa 左右，干燥条件下粘结强度为 4.5MPa。

主要参考文献

[1] 中国建筑工程总公司．建筑防水工程施工工艺标准．北京：中国建筑工业出版社，2003.

[2]《建筑施工手册》（第四版）编写组．建筑施工手册．第四版 3　北京：中国建筑工业出版社，2003.

[3]《建筑施工手册》（第三版）编写组．建筑施工手册缩印本．第二版．北京：中国建筑工业出版社，1999.

[4] 中国建筑防水材料工业协会．建筑防水手册．北京：中国建筑工业出版，2001.

[5]《建筑工程防水设计与施工手册》编写组．建筑工程防水设计与施工手册．北京：中国建筑工业出版社，1999.

[6] 王朝熙．简明防水工程手册．北京：中国建筑工业出版社，1999.

[7] 刘庆普．建筑防水与堵漏．北京：化学工业出版社，2002.

[8] 叶琳昌．防水工手册．第三版．北京：中国建筑工业出版社，2005.

[9] 靳玉芳．房屋建筑学．北京：中国建材工业出版社，2004.

[10] 徐剑．建筑识图与房屋构造．北京：金盾出版社，2005.

[11] 刘昭如．房屋建筑构成与构造．上海：同济大学出版社，2005.

[12] 许传华，贾莉莉．房屋建筑学．合肥：合肥工业大学出版社，2005.

[13] 俞宾辉．建筑防水工程施工手册．济南：山东科学技术出版社，2004.

[14] 梁新焰．建筑防水工程手册．太原：山西科学技术出版社，2005.

[15] 梁敦维．建筑工程施工常见问题防治系列手册　防水工程．太原：山西科学技术出版社，2006.

[16] 李振霞，魏广龙．房屋建筑学概论．北京：中国建材工业出版社，2005.

[17] 中国建筑工程总公司．建筑砌体工程施工工艺标准．北京：中国建筑工业出版社，2003.

[18] 中国建筑工程总公司．建筑装饰装修工程施工工艺标准．北京：中国建筑工业出版社，2003.

[19] 中国建筑工程总公司．建筑地面工程施工工艺标准．北京：中国建筑工业出版社，2003.

[20] 中国建筑工程总公司．屋面工程施工工艺标准．北京：中国建筑工业出版社，2003.

[21] 熊杰民．地面工程施工与验收手册．北京：中国建筑工业出版社，2005.

[22] 彭跃军．装饰装修工程．北京：中国建筑工业出版社，2005.

[23] 邓学方．建筑地面与楼面手册．北京：中国建筑工业出版社，2005.

[24] 高爱军．建筑地面施工便携手册．北京：中国计划出版社，2006.

[25] 北京土木建筑学会．建筑地面工程施工操作手册．北京：经济科学出版社，2004.

[26] 北京土木建筑学会．砌体工程施工操作手册．北京：经济科学出版社，2004.

[27] 北京土木建筑学会．混凝土结构工程施工操作手册．北京：经济科学出版社，2004.

[28] 北京土木建筑学会．防水工程施工技术措施．北京：经济科学出版社，2005.

[29] 北京土木建筑学会．屋面工程施工操作手册．北京：经济科学出版社，2004.

[30] 徐占发．简明砌体工程施工手册．北京：中国环境科学出版社，2003.

[31] 朱国梁，顾雪龙．简明混凝土工程施工手册．北京：中国环境科学出版社，2003.

[32] 朱晓斌，李群．简明地面工程施工手册．北京：中国环境科学出版社，2003.

[33] 本书编委会．建筑工程分项施工工艺表解速查系列手册．砌体结构与木结构工程．北京：中国建材工业出版社．2004.

[34] 本书编委会．建筑工程分项施工工艺表解速查系列手册．建筑地面与屋面工程．北京：中国建材工业出版社，2004.

[35] 图集编绘组. 工程建设分项设计施工系列图集 防水工程. 北京：中国建材工业出版社，2004.
[36] 宋伏麟. 砖混房屋施工. 上海：同济大学出版社，1999.
[37] 杨绍林. 建筑砂浆实用手册. 北京：中国建筑工业出版社，2003.
[38] 侯君伟. 砌筑工手册. 第三版. 北京：中国建筑工业出版社，2006.
[39] 李立权. 混凝土工手册. 第二版. 北京：中国建筑工业出版社，1999.
[40] 本丛书编委会/看图学砌体施工技术. 北京：机械工业出版社. 2004.
[41]《建筑设计资料集》编委会. 建筑设计资料集. 第二版（8）. 北京：中国建筑工业出版社，1996.
[42] 朱国梁等. 防水工程施工禁忌手册. 北京：机械工业出版社，2006.
[43] 刘峰，方文启. 防水工程施工. 武汉：中国地质大学出版社，2005.
[44] 孙波. 装饰与防水工程施工. 哈尔滨：黑龙江科学技术出版社，2005.
[45] 雍本. 幕墙工程施工手册. 北京：中国计划出版社，2000.
[46] 张芹，黄拥军. 金属与石材幕墙工程实用技术. 北京：机械工业出版社，2005.
[47] 张保善. 砌体结构. 北京：化学工业出版社，2005.
[48] 韩喜林. 新型防水材料应用技术. 北京：中国建材工业出版社，2003.
[49] 雍传德，雍世海. 防水工操作技巧. 北京：中国建筑工业出版社，2003.
[50] 田延中. 建筑幕墙施工图集. 北京：中国建筑工业出版社，2006.
[51] 王寿华. 屋面工程技术规范理解与应用. 北京：中国建筑工业出版社，2005.
[52] 张文华，项桦太. 屋面工程施工质量验收规范培训讲座. 北京：中国建筑工业出版社. 2002.
[53] 瞿义勇. 防水工程施工与质量验收实用手册. 北京：中国建材工业出版社，2004.
[54] 王寿华，王比君. 屋面工程设计与施工手册. 第三版. 北京：中国建筑工业出版社，2003.
[55] 徐文彩，宋伏麟. 怎样做好屋面工程和屋面防水. 上海：同济大学出版社，1999.
[56] 薛莉敏编. 建筑屋面与地下工程防水施工技术. 北京：机械工业出版社，2004.
[57] 劳动和社会保障部中国就业培训技术指导中心组织编写. 国家职业资格培训教材 防水工 基础知识 初级 中级 高级技师. 北京：中国城市出版社，2003.
[58] 上海市建设工程质量监督总站. 上海市工程建设监督研究会. 建筑安装工程质量工程师手册. 上海：上海科学技术文献出版社，2001.
[59] 孙加保. 新编建筑施工工程师手册. 哈尔滨：黑龙江科学技术出版社，2000.
[60] 张智强，杨斧钟，陈明凤. 化学建材. 重庆：重庆大学出版社，2000.
[61] 陈长明，刘程. 化学建筑材料手册. 南昌：江西科学技术出版社. 北京：北京科学技术出版社，1997.
[62] 张海梅. 建筑材料. 北京：科学出版社，2001.
[63] 杨生茂. 建筑材料工程质量监督与验收丛书防水材料与屋面材料分册. 北京：中国计划出版社. 1998.
[64] 朱馥林. 建筑防水新材料及防水施工新技术. 北京：中国建筑工业出版社，1997.
[65] 金孝权，杨承忠. 建筑防水. 第2版. 南京：东南大学出版社，1998.
[66] 姜继圣，杨慧玲. 建筑功能材料及应用技术. 北京：中国建筑工业出版社，1998.
[67] 陈世霖，邓钫印. 建筑材料手册. 第4版. 北京：中国建筑工业出版社，1997.
[68] 邓钫印. 建筑工程防水材料手册. 第2版. 北京：中国建筑工业出版社，2001.
[69] 陈巧珍. 建筑材料试验计算手册. 广州：广东科技出版社. 1992.
[70] 潘长华. 实用小化工生产大全. 第二卷. 北京：化学工业出版社，1997.
[71] 赵世荣，顾秀云. 实用化学配方手册. 哈尔滨：黑龙江科学技术出版社，1988.
[72] 建筑工程常用数据系列手册编写组. 建筑设计常用数据手册. 北京：中国建筑工业出版社，1997.

[73] 中国建筑防水材料工业协会. 建筑防水设计教材（试用本），2000.
[74] 马清浩. 混凝土外加剂及建筑防水材料应用指南. 北京：中国建材工业出版社，1998.
[75] 叶琳昌，薛绍祖. 防水工程. 第2版. 北京：中国建筑工业出版社，1996.
[76] 朱维益. 防水工操作技术指南. 北京：中国计划出版社，2000.
[77] 北京城建集团一公司. 建筑防水施工工艺与技术. 北京：中国建筑工业出版社，1998.
[78] 建设部人事教育劳动司. 土木建筑职业技能岗位培训教材、防水工（中高级工）. 北京：中国建筑工业出版社，1998.
[79] 刘民强. 防水工考核应知. 北京：北京工业大学出版社，1992.
[80] 朱维益，张晓钟，张先权. 建筑工程识图与预算. 北京：中国建筑工业出版社，1999.
[81] 建筑安装工程质量保证资料管理手册编写组. 建筑安装工程质量保证资料管理手册. 北京：机械工业出版社，1999.
[82] 李金星. 建筑·装饰工程施工技术资料编写指南. 合肥：安徽科学技术出版社，1999.
[83] 尹辉. 民用建筑房屋防渗漏技术措施. 北京：中国建筑工业出版社，1996.
[84] 张承志. 建筑混凝土. 北京：化学工业出版社，2001.
[85] 韩喜林编著. 新型建筑绝热保温材料应用设计施工. 北京：中国建材工业出版社，2005.
[86]《实用建筑施工手册》编写组. 实用建筑施工手册. 北京：中国建筑工业出版社，1999.
[87] 叶琳昌. 防水工手册. 第2版. 北京：中国建筑工业出版社，2001.
[88] 夏明耀，曾进伦主编. 地下工程设计施工手册. 北京：中国建筑工业出版社，1999.
[89] 鞠建英主编. 实用地下工程防水手册. 北京：中国计划出版社，2002.
[90] 薛绍祖主编. 地下防水工程质量验收规范培训讲座. 北京：中国建筑工业出版社，2002.
[91] 张行锐，王凌辉. 防水施工技术. 第二版. 北京：中国建筑工业出版社，1983.
[92] 康宁，王友亭，夏吉安. 建筑工程的防排水. 北京：科学出版社，1998.
[93] 彭振斌. 注浆工程设计计算与施工. 武汉：中国地质大学出版社. 1997.
[94] 薛绍祖. 地下建筑工程防水技术. 北京：中国建筑工业出版社，2003.
[95] 徐天平. 地基与基础工程施工质量问答. 北京：中国建筑工业出版社，2004.
[96] 张文华，项桦太. 建筑防水工程施工质量问答，北京：中国建筑工业出版社，2004.
[97] 李相然，岳同助. 城市地下工程实用技术. 北京：中国建材工业出版社，2000.
[98] 中国建筑标准设计研究所，总参谋部工程兵科研三所. OZJ 301地下建筑防水构造. 北京：中国建筑标准设计研究所，2003.
[99] 图集编绘组. 建筑工程设计施工系列图集　土建工程. 北京：中国建材工业出版社，2003.
[100] 张健主. 建筑材料与检测. 北京：化学工业出版社，2003.
[101] 王惠忠. 化学建材. 北京：中国建材工业出版社，1992.
[102] 张书香，隋同波，王惠忠. 化学建材生产及应用. 北京：化学工业出版社，2002.
[103] 戴振国. 建筑粘结密封技术. 北京：中国建筑工业出版社，1981.
[104] 王燕谋，苏慕珍，张量. 硫铝酸盐水泥. 北京：北京工业大学出版社，1999.
[105] 熊大玉，王小虹. 混凝土外加剂. 北京：化学工业出版社，2002.
[106] 顾国芳，浦鸿汀. 化学建材用助剂原理与应用. 北京：化学工业出版社，2003.
[107] 冯乃谦. 实用混凝土大全. 北京：科学出版社，2001.
[108] 曹文达. 新型混凝土及其应用. 北京：金盾出版社，2001.
[109] 李继业. 新型混凝土技术与施工工艺. 北京：中国建筑工业出版社，2002.
[110] 冯浩，朱清江. 混凝土外加剂工程应用手册. 北京：中国建筑工业出版社，1999.
[111] 朱国梁，潘金龙. 简明防水工程施工手册. 北京：中国环境科学出版社，2003.
[112] 张应立. 现代混凝土配合比设计手册. 北京：人民交通出版社，2002.

[113] 李立权. 混凝土配合比设计手册. 第三版. 广州：华南理工大学出版社，2002.
[114] 黄国兴，陈改新. 水工混凝土建筑物修补技术及应用. 北京：中国水利水电出版社，1999.
[115] 杜嘉鸿，张崇瑞，何修仁，熊厚金. 地下建筑注浆工程简明手册. 北京：科学出版社，1998.
[116] 沈春林. 防水材料手册. 北京：中国建材工业出版社，1998.
[117] 沈春林. 化学建材配方手册. 北京：化学工业出版社，1999.
[118] 沈春林. 防水技术手册. 北京：中国建材工业出版社，1993.
[119] 沈春林，苏立荣，李芳，高德才. 刚性防水及堵漏材料. 北京：化学工业出版社，2004.
[120] 沈春林，苏立荣，岳志俊. 建筑防水材料. 北京：化学工业出版社，2000.
[121] 沈春林，苏立荣，李芳. 建筑涂料. 北京：化学工业出版社，2001.
[122] 沈春林. 防水工程手册. 北京：中国建筑工业出版社，1998.
[123] 沈春林. 建筑防水工程师手册. 北京：化学工业出版社，2002.
[124] 广州市鲁班建筑防水补强有限公司. 通用建筑防水图集，2000.
[125] 何移. 高层建筑外墙防渗漏技术的探讨. 中国建筑防水，2003 (1).
[126] 邓天宇. 建筑外墙防水问题探讨. 中国建筑防水，1999 (3).
[127] 王仲辰，严汉军，顾乐民. 沿海地区建筑外墙渗漏防治原理及其应用. 中国建筑防水，2003 (12).